普通高等教育“十一五”国家级规划教材

矿井通风与安全

第三版

主　编　王德明
副主编　周福宝　仲晓星　时国庆　王和堂　任廷祥

中国矿业大学出版社
·徐州·

内 容 提 要

本书是普通高等教育“十一五”国家级规划教材。全书共十四章，内容包括：矿内空气，矿内空气动力学基础，矿井通风阻力，矿井通风动力，局部通风，通风网络风量分配与调节，采区通风，矿井通风系统设计，矿井热害，矿井瓦斯，矿井火灾，矿尘，矿井防治水，矿山救护。该书内容精练，重视基础，也反映了与本学科发展相关的最新的理论、技术和法规。

本书可供普通高等学校安全工程、采矿工程、消防工程等专业作为本科教材使用，也可供其他从事矿业工程的管理、设计、研究及技术人员阅读参考。

图书在版编目(CIP)数据

矿井通风与安全/王德明主编. —3 版. —徐州：中国矿业大学出版社，2023.12

ISBN 978-7-5646-6108-3

Ⅰ. ①矿… Ⅱ. ①王… Ⅲ. ①矿山通风—高等学校—教材②矿山安全—高等学校—教材 Ⅳ. ①TD7

中国国家版本馆 CIP 数据核字(2023)第 238995 号

书　　名　矿井通风与安全

主　　编　王德明

责任编辑　黄本斌

出版发行　中国矿业大学出版社有限责任公司

（江苏省徐州市解放南路　邮编 221008）

营销热线　(0516)83885370　83884103

出版服务　(0516)83995789　83884920

网　　址　http://www.cumtp.com　**E-mail**：cumtpvip@cumtp.com

印　　刷　江苏苏中印刷有限公司

开　　本　787 mm×1092 mm　1/16　**印张** 29.75　**字数** 761 千字

版次印次　2023 年 12 月第 3 版　2023 年 12 月第 1 次印刷

定　　价　56.00 元

（图书出现印装质量问题，本社负责调换）

前　言

采矿业是我国的基础工业，它在整个国民经济发展中占有重要地位。煤炭是我国一次能源的主体。我国煤炭生产以井工开采为主，而地下作业首先面临的是通风问题，在矿井生产过程中，必须源源不断地将地面新鲜空气输送到井下各个作业地点，以供人员呼吸，并稀释和排除井下各种有毒有害气体和矿尘，创造良好的矿内工作环境，保障井下作业人员的身体健康和劳动安全。煤矿的地下开采又面临最为严重的安全问题，瓦斯、火、矿尘、水、冒顶是煤矿普遍存在的五大自然灾害，随着矿井开采深度的不断延伸，高温也成为煤矿又一严重的自然灾害。“矿井通风与安全”是人们在与矿井自然灾害做斗争过程中，不断积累经验、吸取教训、总结规律、建立理论、完善措施而逐渐形成的一门学科，它是采矿工程、安全工程等专业的一门核心专业课。

本书是根据普通高等学校采矿工程和安全工程专业“矿井通风与安全”课程教学质量标准精心编写的，是普通高等教育“十一五”国家级规划教材。《矿井通风与安全》教材第一版于2007年10月出版，第二版于2012年6月出版，迄今为止18次重印，共发行5.6万余册，该教材已在全国高校得到广泛使用，在培养学生专业知识、实践能力和创新能力以及实现专业培养目标中发挥了重要作用，显著提升了学生分析问题及解决问题的能力，受到老师和学生们一致好评。2009年本书和配套课程被评为中国矿业大学精品教材和精品课程，2010年本书被评为第一届全国煤炭高等教育优秀教材一等奖，2021年本书被列为江苏省高等学校重点教材。

本书反映了国内外本领域最前沿的科学与技术，尤其针对我国矿井主要的自然灾害进行了较全面和深入的阐述，其特色主要体现在以下几个方面：

(1) 较系统地反映了我国近些年来矿井安全科学技术与管理体制的变化，尤其依据最新修订和制定的《煤矿安全规程》《防治煤与瓦斯突出细则》《煤矿防灭火细则》等安全法规中定义的基本概念及术语、标准等，更新了过去教材中已落后的内容，及时反映了该领域的最新成果。

(2) 及时反映了煤矿安全的最新需求，教材中理论与实际紧密结合，可直接指导从事煤矿安全方面的科技工作，在推广和普及煤矿安全技术、减少煤矿重大灾害事故方面具有重要的指导作用。

(3) 重视基础和专业基本技能的训练，对一些重要的基本概念和理论，结合实际进行更为深入和详细的阐述，对安全技术更重视从原理、基本规律进行介绍，更好地体现出该教材的科学性，有利于培养厚基础、高素质的矿业安全人才。

(4) 根据我国煤矿自然灾害的特点，特别对矿井瓦斯、矿井火灾等重特大事故的理论与技术进行系统的总结，形成了具有我国特色的矿井通风与安全理论与新技术的教材内容体系。

(5) 在体系的编排上有创新，在习题、案例的选择上有代表性，突出重点，阐述问题深入浅出，习题丰富全面，语言精练、图文并茂。

(6) 为满足对外开放和国际学术交流需要，总结吸收了国外相关教材的优点和最新成果，同时配套出版了英文版教材 *Mine Ventilation and Safety*，实现了与国外同类教育接轨，有利于国际化教学和交流。

本书由王德明教授担任主编。全书分为十四章。第一、二章由王德明教授（中国矿业大学）、王凯教授（中国矿业大学（北京））、辛海会教授（中国矿业大学）编写，第三、七章由周福宝教授（中国安全生产科学研究院）、仲晓星教授（中国矿业大学）编写，第四章由时国庆教授（中国矿业大学）、左树勋高级工程师（中国矿业大学）编写，第五章由陈开岩教授（中国矿业大学）、时国庆教授（中国矿业大学）编写，第六、八章由秦波涛教授（中国矿业大学）、仲晓星教授（中国矿业大学）、魏连江副教授（中国矿业大学）编写，第九章由秦跃平教授（中国矿业大学（北京））、杨胜强教授（中国矿业大学）编写，第十章由王德明教授（中国矿业大学）、任廷祥教授（澳大利亚伍伦贡大学）编写，第十一章由王德明教授（中国矿业大学）、戚绪尧教授（中国矿业大学）、仲晓星教授（中国矿业大学）编写，第十二章由王德明教授（中国矿业大学）、王和堂教授（中国矿业大学）、任廷祥教授（澳大利亚伍伦贡大学）编写，第十三章由张壮路教授级高级工程师（中煤科工西安研究院）、邵振鲁副教授（中国矿业大学）编写，第十四章由朱红青教授（中国矿业大学（北京））编写，王德明教授对全书进行了总审定稿。

本书在编写过程中得到了中国煤炭工业协会的大力支持和帮助。中国煤炭工业协会直接参与了本书第一版的编写组织工作：首先针对煤炭工业教育与培训的迫切需求，提出了编写任务和要求；然后邀请了方裕章教授对编写大纲进行了审核；最后邀请了周心权教授对第一版书稿进行了审核。中国矿业大学出版社编辑马跃龙、黄本斌等为本书的出版给予了支持和帮助。在本书第三版完成修订之际，编者向他们表示衷心的感谢。

编　者

2023 年 8 月于徐州

目　　录

第一章 矿内空气

矿井通风的目的是为井下各工作地点提供足够的新鲜空气，使其中有毒有害气体、粉尘的浓度不超过规定值，并有适宜的气候条件。矿井通风系统通常被称为矿井的“心脏”与“动脉”。矿井通风是保障矿井安全的最主要技术手段之一。

本章重点阐述矿内空气成分及其性质、主要物理参数以及矿内气候条件。

第一节 矿内空气成分及其基本性质

一、矿内空气的主要成分

井下空气的主要来源是地面空气。地面空气是由多种气体组成的干空气和水蒸气组合而成的混合气体。通常状况下，干空气各组分的数量基本不变(表 1-1)。在混合气体中，水蒸气的浓度随地区和季节而变化，其平均浓度约为 1%；此外还含有尘埃和烟雾等杂质。

表 1-1 干空气主要成分

气体成分	按体积计/%	按质量计/%
氮气(N_2)	78.13	75.57
氧气(O_2)	20.90	23.10
二氧化碳(CO_2)	0.03	0.05
氩气(Ar)	0.93	1.27
其他(水蒸气、惰性稀有气体和微量的灰尘与微生物等)	0.01	0.01

地面空气进入矿井以后，由于受到污染，其成分和性质要发生一系列的变化，如氧气浓度降低，二氧化碳浓度增加；空气的状态参数(温度、湿度、压力等)发生改变等。一般来说，将井巷中经过用风地点以前、受污染程度较轻的进风巷道内的空气称为新鲜空气(新风)；经过用风地点以后、受污染程度较重的回风巷道内的空气称为污浊空气(乏风)。矿内空气主要成分除氧气(O_2)、氮气(N_2)、二氧化碳(CO_2)、水蒸气(H_2O)以外，有时还混入一些有害气体和物质，如瓦斯(主要成分为甲烷，CH_4)、一氧化碳(CO)、硫化氢(H_2S)、二氧化硫(SO_2)、二氧化氮(NO_2)、氨气(NH_3)、氢气(H_2)和矿尘等。

(一) 氧气(O_2)

氧气是无色、无臭、无味、无毒和无害的气体，对空气的相对密度为 1.11。它的化学性质很活泼，几乎可以与所有气体发生化学反应。氧气能助燃和供人与动物呼吸。

氧气与人的生命有着密切关系。人之所以能生存，是因为人体内不断进行着细胞的新陈代谢，而细胞的新陈代谢是靠人吃进食物和吸入空气中的氧气，在体内进行氧化来维持的。因此，凡是井下有人员工作或通行的地点，都必须要有充足的氧气。人体维持正常的生命过程所需的氧量取决于人的体质、精神状态和劳动强度等。一般来说，人在休息时平均需氧量为 0.25 L/min，进行工作和行走时为 1～3 L/min。

矿内氧气来源于进入矿井的地面大气所固有的氧气。矿内各有机物（木材、支架等）和无机物（矿物、岩石）的氧化，矿物自燃，矿井火灾以及瓦斯、煤尘爆炸等，都要直接消耗氧气。此外，井巷内不断放出的各种有害气体，也会相对地降低氧气的浓度。但是，只要是通风良好的巷道，氧浓度减少量是微小的；只有在通风不良或采空区的旧巷内，氧浓度才可能显著降低。人在进入上述巷道之前，必须进行气体检查，否则绝不能贸然进入。

空气中氧浓度对人的健康影响很大。最有利于呼吸的氧浓度为 21%左右；当空气中的氧浓度降低时，人体就可能产生不良的生理反应，出现种种不舒适的症状，严重时可能导致缺氧死亡。人体缺氧症状与空气中氧浓度的关系如表 1-2 所列。

表 1-2　人体缺氧症状与空气中氧浓度的关系

氧浓度(体积)/%	主要症状
17	静止时无影响，工作时能引起喘息和呼吸困难
15	呼吸及心跳急促，耳鸣目眩，感觉和判断能力降低，失去劳动能力
10～12	失去理智，时间稍长有生命危险
6～9	失去知觉，呼吸停止，如没有及时抢救几分钟内可能导致死亡

《煤矿安全规程》规定，采掘工作面的进风流中，氧气浓度不低于 20%。为此，必须对矿井进行不断的通风，将适量的新鲜空气源源不断地送到井下。这是矿井通风最基本的任务之一。

（二）氮气（N_2）

氮气是无色、无味、无臭的惰性气体，是新鲜空气中的主要成分，对空气的相对密度为 0.97，它本身无毒、不助燃，也不供呼吸。在正常情况下，氮气对人体无害，但空气中若氮气浓度升高，则势必造成氧浓度相对降低，从而也可能导致人员的窒息性伤害。在废弃的旧巷或隔离火区内，可积存大量的氮气，使氧浓度相对减少，使人缺氧而窒息。正因为氮气为惰性气体，又可将其用于井下防灭火和防止瓦斯爆炸。

矿井空气中氮气的主要来源是：地面大气、井下爆破和生物的腐烂，有些煤岩层中涌出的氮气，以及井下注氮区域的氮气逸散等。

（三）二氧化碳（CO_2）

二氧化碳是无色略带酸臭味的气体，对空气的相对密度为 1.52，是一种较重的气体，很难与空气均匀混合，常积聚于巷道的底部、井筒和下山的掘进迎头，在静止的空气中有明显的分界。二氧化碳不助燃也不能供人呼吸，易溶于水，生成碳酸，使水溶液呈弱酸性，对眼、鼻、喉黏膜有刺激作用。在新鲜空气中含有微量的二氧化碳对人体是无害的，它对人的呼吸有刺激作用，如果空气中完全不含有二氧化碳，人体的正常呼吸功能就不能维持。当肺泡中二氧化碳增多时，能刺激人的呼吸神经中枢，引起呼吸频繁、呼吸量增加，所以在急救受到有害气体伤害的患者时，常常首先让其吸入含有 5%二氧化碳的氧气以加强呼吸。但当空气中二氧化碳的浓度过高时，也将使空气中的氧浓度相对降低，轻则使人呼吸加快、呼吸量增加，严重时也可能造成人员中毒或窒息。空气中二氧化碳对人体的危害程度与浓度的关系如表 1-3 所列。

表 1-3 二氧化碳中毒症状与浓度的关系

二氧化碳浓度(体积)/%	主要症状	二氧化碳浓度(体积)/%	主要症状
1	呼吸加深，但对工作效率无明显影响	6	严重喘息，极度虚弱无力
3	呼吸急促，心跳加快，头痛，人体很快疲劳	7～9	动作不协调，大约 10 min 可发生昏迷
5	呼吸困难，头痛，恶心，呕吐，耳鸣	9～11	数分钟内可导致死亡

矿井下二氧化碳的主要来源有：有机物的氧化、人员的呼吸、煤和岩石的缓慢氧化、矿井水与碳酸性岩石的分解作用、爆破工作、矿内火灾、煤炭自燃以及瓦斯煤尘爆炸等。此外，有的煤层或岩层能长期连续放出二氧化碳，甚至有的煤层在短时间内大量喷出或与大量煤粉同时喷出二氧化碳。发生这种现象时，往往会造成严重破坏性事故。例如吉林省营城煤矿五井，在 1976 年 6 月曾发生一次二氧化碳和岩石突出，突出岩石 1 005 t、二氧化碳 11 000 m^3。法国也曾发生过二氧化碳突出事故。

《煤矿安全规程》规定：采掘工作面的进风流中，二氧化碳浓度不超过 0.5%。采区回风巷、采掘工作面回风巷风流中二氧化碳浓度超过 1.5%时，必须停止工作，撤出人员，采取措施，进行处理。矿井总回风巷或一翼回风巷中，二氧化碳浓度超过 0.75%时，必须立即查明原因，进行处理。

二、矿内空气中常见的有害气体

矿井常见的有害气体有一氧化碳、硫化氢、二氧化氮、二氧化硫、氨气、瓦斯等。下面分别作具体介绍。

（一）一氧化碳(CO)

一氧化碳是一种无色、无味、无臭的气体，对空气的相对密度为 0.97，微溶于水，能与空气均匀地混合。与酸、碱不起反应，只能被活性炭少量吸附。

一氧化碳能燃烧，当空气中一氧化碳浓度在 13%～75%时有爆炸的危险。

一氧化碳是一种对血液、神经有害的有毒气体。一氧化碳随空气吸入人体内后，通过肺泡进入血液，并与血液中的血红蛋白结合。一氧化碳与血红蛋白的结合力比氧与血红蛋白的结合力大 200～300 倍。一氧化碳与血红蛋白结合成碳氧血红蛋白(COHb)，不仅减少了血球携氧能力，而且抑制、减缓氧和血红蛋白的解吸与氧的释放。

一氧化碳对人的危害主要取决于空气中一氧化碳的浓度和与人的接触时间(表 1-4、图 1-1)。一氧化碳还可导致心肌损伤，对中枢神经系统特别是锥体外系统也有损害，经实验证明一氧化碳还可引起慢性中毒。

矿内爆破作业、煤炭自燃及发生火灾或煤尘、瓦斯爆炸时都能产生一氧化碳。

《煤矿安全规程》规定其最高允许浓度为 0.002 4%。

表 1-4　一氧化碳中毒症状与浓度的关系

一氧化碳浓度(体积)/%	主　要　症　状
0.02	2～3 h 内可能引起轻微头痛
0.08	40 min 内出现头痛、眩晕和恶心。2 h 内发生体温和血压下降，脉搏微弱，出冷汗，可能出现昏迷
0.32	5～10 min 内出现头痛、眩晕。30 min 内可能出现昏迷并有死亡危险
1.28	几分钟内出现昏迷和死亡

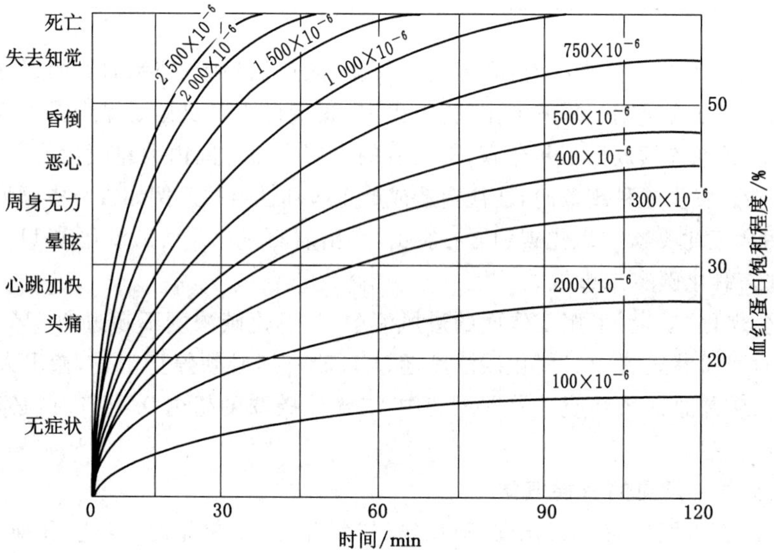

图 1-1　CO 对人的身体状况的影响

(二) 硫化氢(H_2S)

硫化氢无色、微甜、有浓烈的臭鸡蛋味，当空气中浓度达到 0.000 1%时即可嗅到，但当浓度较高时，因嗅觉神经中毒麻痹，反而嗅不到。硫化氢对空气的相对密度为 1.19，易溶于水，在常温、常压下 1 体积水可溶解 2.5 体积的硫化氢，所以它可能积存于旧巷的积水中。硫化氢能燃烧，空气中硫化氢浓度为 4.3%～45.5%时有爆炸危险。

硫化氢有剧毒，有强烈的刺激作用，不但能引起鼻炎、气管炎和肺水肿，而且还能阻碍生物的氧化过程，使人体缺氧。当空气中硫化氢浓度较低时主要以腐蚀刺激作用为主；浓度较高时能引起人体迅速昏迷甚至死亡，腐蚀刺激作用往往不明显。硫化氢中毒症状与浓度的关系如表 1-5 所列。

井下空气中硫化氢的主要来源：有机物腐烂；含硫矿物的水解；矿物氧化和燃烧；从老空区和废旧巷道积水中放出；从煤层中涌出。

《煤矿安全规程》规定：井下空气中硫化氢含量不得超过 0.000 66%。

表 1-5 硫化氢中毒症状与浓度的关系

硫化氢浓度(体积)/%	主要症状
0.002 5～0.003	有强烈臭味
0.005～0.01	1～2 h 内出现眼及呼吸道刺激症状,臭味"减弱"或"消失"
0.015～0.02	出现恶心、呕吐、头晕、四肢无力、反应迟钝,眼和呼吸道有强烈刺激症状
0.035～0.045	0.5～1 h 内出现严重中毒,可发生肺炎、支气管炎及肺水肿,有死亡危险
0.06～0.07	很快昏迷,短时间内死亡

(三) 二氧化氮(NO_2)

二氧化氮是一种褐红色的气体,有强烈的刺激气味,对空气的相对密度为 1.59,易溶于水生成 HNO_3,对眼睛、呼吸道黏膜和肺部组织有强烈的刺激及腐蚀作用,严重时可引起肺水肿。二氧化氮中毒有潜伏期,有的在严重中毒时尚无明显感觉,还可坚持工作。但经过 6～24 h 后发作,中毒者指头出现黄色斑点,并出现严重的咳嗽、头痛、呕吐甚至死亡。二氧化氮中毒症状与浓度的关系如表 1-6 所列。

表 1-6 二氧化氮中毒症状与浓度的关系

二氧化氮浓度(体积)/%	主要症状
0.004	2～4 h 内可出现咳嗽症状
0.006	短时间内感到喉咙刺激,咳嗽,胸疼
0.01	短时间内出现严重中毒症状,神经麻痹,严重咳嗽,恶心,呕吐
0.025	短时间内可能出现死亡

矿内空气中二氧化氮的主要来源是井下爆破工作。

《煤矿安全规程》规定:氮氧化合物浓度不得超过 0.000 25%。

(四) 二氧化硫(SO_2)

二氧化硫为无色气体,具有强烈的硫黄气味及酸味,对空气的相对密度为 2.22,易积聚在巷道底部,易溶于水。

矿内含硫矿物氧化、燃烧及在含硫矿物中爆破都会产生二氧化硫,有时含硫矿层也会涌出二氧化硫。

二氧化硫能被眼结膜和上呼吸道黏膜的富水黏液吸收,刺激眼睛和鼻咽等黏膜;在潮湿的矿内,能与空气中的水分子结合缓慢地形成硫酸(H_2SO_4),使其刺激作用更强。当空气中二氧化硫浓度为 $0.3\times10^{-6}\sim1\times10^{-6}$时,健康的人可由嗅觉感知,使呼吸道轻度收缩,呼气受阻;$4\times10^{-6}\sim6\times10^{-6}$时,则对鼻咽及呼吸道黏膜有强烈的刺激作用;长时间在二氧化硫浓度为 $5\times10^{-6}\sim10\times10^{-6}$(或更低)的环境中呼吸,可引起慢性支气管炎、慢性鼻咽炎。呼吸道阻力增大、呼吸道炎症及肺泡本身受到二氧化硫的破坏,可导致肺气肿和支气管哮喘。吸入含高浓度的二氧化硫空气,可引起急性支气管炎,发生声门水肿和呼吸道麻痹,浓度为 $400\times10^{-6}\sim500\times10^{-6}$时可立即危及生命。

《煤矿安全规程》规定：矿内空气中二氧化硫最高允许浓度为0.000 5%。

（五）氨气(NH_3)

氨气为无色、剧毒的气体，对空气的相对密度为0.59，易溶于水，其浓度达到0.01%时就可嗅到其特殊臭味。氨气主要在矿内发生火灾或爆炸事故时产生。《煤矿安全规程》规定：矿内氨气最高允许浓度为0.004%(3 mg/m³)。

（六）瓦斯(CH_4)

瓦斯的主要成分是甲烷(CH_4)，甲烷是一种无色、无味、无臭的气体，对空气的相对密度为0.55，难溶于水，扩散性较空气大1.6倍。虽然无毒，但当浓度较高时，会引起窒息。不助燃，但在空气中具有一定浓度(5%～16%)并遇到高温(650～750 ℃)时能引起爆炸。

《煤矿安全规程》规定：工作面进风流中CH_4的浓度不得大于0.5%；采掘工作面和采区的回风流中CH_4的浓度不得大于1.0%；矿井总回风巷或一翼回风巷中CH_4浓度超过0.75%时，必须立即查明原因，进行处理。

（七）氢气(H_2)

氢气无色、无味，具有爆炸性，在矿井火灾或爆炸事故中和井下充电硐室均会产生，其最高允许浓度为0.5%。

（八）其他有害物质

矿内空气除了上述有害气体外，还含有其他一些有害物质，如在采掘生产过程中所产生的煤和岩石的细微颗粒(统称为矿尘)。矿尘对矿内空气的污染不容忽视，它对矿井生产和人体都有严重危害。煤尘能引起爆炸，粉尘特别是呼吸性粉尘能引起矿工患上尘肺病。因此《煤矿安全规程》对作业场所空气中粉尘(总粉尘、呼吸性粉尘)浓度作了如表1-7的规定。

表1-7　作业场所空气中粉尘浓度标准

粉尘中游离SiO_2含量/%	最高允许浓度/($mg\cdot m^{-3}$)	
	总粉尘	呼吸性粉尘
<10	10	3.5
10～<50	2	1
50～<80	2	0.5
≥80	2	0.3

此外，井下小型空气压缩机产生的废气及使用柴油的矿井柴油机排出的废气都会污染矿内空气，这些废气的主要成分为氮的氧化物、一氧化碳、醛类和油烟等。

第二节　矿内空气的主要物理参数

一、密度

单位体积空气所具有的质量称为空气的密度，用符号ρ表示。空气可以看作是均质气体，即：

$$\rho = \frac{m}{V} \tag{1-1}$$

式中　m——空气的质量，kg；

V——空气的体积，m^3；

ρ——空气的密度，kg/m^3。

一般来说，当空气的温度和压力改变时，其体积会发生变化。所以空气的密度是随温度、压力而变化的，从而可以得出空气的密度是空间点坐标和时间的函数。如在大气压 p_0 为 101 325 Pa、气温为 0 ℃(273.15 K)时，干空气的密度 ρ_0 为 1.293 kg/m^3。

湿空气的密度是指每立方米空气中所含干空气质量和水蒸气质量，即：

$$\rho = \rho_d + \rho_v \tag{1-2}$$

式中　ρ_d——每立方米空气中干空气的质量，kg/m^3；

ρ_v——每立方米空气中水蒸气的质量，kg/m^3。

由气体状态方程和道尔顿分压定律可以得出湿空气的密度计算公式：

$$\rho = 0.003\,484 \frac{p}{273+t}\left(1 - \frac{0.378\varphi p_s}{p}\right) \tag{1-3}$$

式中　p——空气的压力，Pa；

t——空气的温度，℃；

p_s——温度 t 时饱和水蒸气的分压，Pa；

φ——相对湿度，用小数表示。

二、比体积

空气的比体积是指单位质量空气所占有的体积，用符号 v(m^3/kg)表示，比体积和密度互为倒数，它们是一个状态参数的两种表达方式，即：

$$v = \frac{V}{m} = \frac{1}{\rho} \tag{1-4}$$

在矿井通风中，空气流经复杂的通风网络时，其温度和压力将会发生一系列的变化，这些变化都将引起空气密度的变化，在不同的矿井这种变化规律是不同的。在实际应用中，应考虑什么情况下可以忽略密度的这种变化，而在什么条件下又是不可忽略的。

三、黏度

当流体层间发生相对运动时，在流体内部两个流体层的接触面上，便产生黏性阻力（内摩擦力）以便阻止相对运动，流体具有的这一性质，称作流体的黏性。例如，空气在管道内以速度 u 作层流流动时，管壁附近的流速较小，向管道轴线方向流速逐渐增大，如同把管内的空气分成若干薄层，如图 1-2 所示。

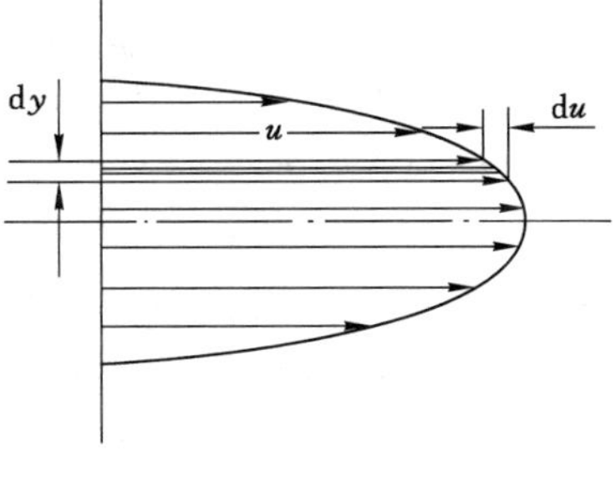

图 1-2　空气黏性

在垂直流动方向上，设有厚度为 dy(m)、速度为 u(m/s)、速度增量为 du(m/s)的分层，在流动方向上的速度梯度为 du/dy，由牛顿内摩擦定律：

$$f = \mu \cdot s \cdot \frac{du}{dy} \tag{1-5}$$

式中　f——内摩擦力，N；

s——流层之间的接触面积，m^2；

μ——动力黏度(或称绝对黏度),Pa·s,它随着气温和气压而变化。

另外,在矿井通风中还常用运动黏度 $\nu(m^2/s)$ 表示气体的黏性,它和系数 μ 有以下关系:

$$\nu = \frac{\mu}{\rho} \tag{1-6}$$

式中 ρ——气体的密度,kg/m^3。

液体黏度大小取决于分子间的距离和分子引力,当温度升高或压强降低时液体膨胀,分子间距离增大,分子引力减小,黏度降低;反之,温度降低,压强升高时,液体黏度增大。

气体分子间距较大,内聚力较小,但分子运动较剧烈,黏性主要源于流层之间分子的动量交换。当温度升高时,分子运动加剧,所以黏性增大;而当压强升高时,气体的动力黏度和运动黏度都减小。温度是影响流体黏性的主要因素之一,但对气体和液体的影响不同。气体的黏性随温度的升高而增大,液体的黏性随温度的升高而减小,如图 1-3 所示。

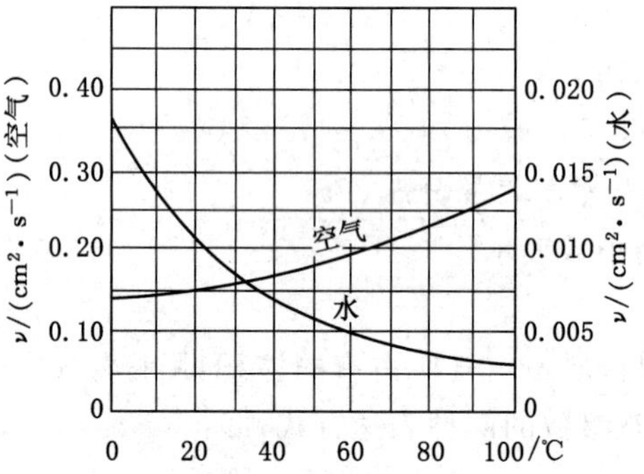

图 1-3　空气与水的黏性随温度的变化

在实际应用中,压力对流体的黏性影响很小,可以忽略。在考虑流体的可压缩性时常采用动力黏度 μ 而不用运动黏度。表 1-8 为几种流体的黏度。

表 1-8　几种流体的黏度(0.1 MPa,20 ℃)

流体名称	动力黏度 μ/(Pa·s)	运动黏度 $\nu/(m^2 \cdot s^{-1})$
空气	1.808×10^{-5}	1.501×10^{-5}
氮气(N_2)	1.76×10^{-5}	1.41×10^{-5}
氧气(O_2)	2.04×10^{-5}	1.43×10^{-5}
甲烷(CH_4)	1.08×10^{-5}	1.52×10^{-5}
水	1.005×10^{-3}	1.007×10^{-6}

四、比热容

为了计算热力过程的热交换量,必须知道单位数量气体的热容量或比热容。单位物量的气体,升高或降低绝对温度 1 K 时所吸收或放出的热量称为比热容(又称质量热容)。定义式为:

$$c = dQ/dT \tag{1-7}$$

比热容的单位取决于热量单位和物量单位。表示物量的单位不同，比热容的单位也不同。通常采用的物量单位有：质量(kg)、标准容积(Nm^3)和千摩尔(kmol)。因此，相应的就有质量比热容、容积比热容和摩尔比热容之分。

质量比热容的符号是 c，表示 1 kg 气体在温度升高或降低 1 K 时所吸收或放出的热量，单位是 J/(kg·K)。

容积比热容的符号是 c'，表示 1 Nm^3体积气体在温度升高或降低 1 K 时所吸收或放出的热量，单位是 J/(Nm^3·K)。

摩尔比热容的符号是 C 或 Mc，表示 1 kmol 气体在温度升高或降低 1 K 时所吸收或放出的热量，单位是 J/(kmol·K)。

三种比热容的换算关系为：

$$c' = \frac{Mc}{22.4} = \rho_0 c \tag{1-8}$$

式中 ρ_0——气体在标准状态下的密度，kg/m^3。

热量不是气体状态参数，所以 c 也不是状态参数，而是气体热力变化过程的函数。影响其大小的主要因素是：物质的性质、热力过程、物质所处的状态等。

气体的比热容与热力过程有关，工程中最为常见的是定容过程和定压过程。比热容相应地分为比定容热容(c_V)和比定压热容(c_p)。c_V 和 c_p 值分别表示为：

$$c_V = \left(\frac{dQ}{dT}\right)_V \qquad c_p = \left(\frac{dQ}{dT}\right)_p \tag{1-9}$$

在等容过程中，气体不能膨胀做功，所吸收的热量全部用来增加气体的内能，使内能增加，温度升高；在等压过程中，气体可以膨胀，所吸收的热量除用来增加气体分子的内能外，还应克服外力做功，因而对相同质量的气体升高同样的温度，在等压过程中所需的热量要比等容过程多，故比定压热容 c_p 总是大于比定容热容 c_V。理想气体的比热容也是温度的单值函数，比热容随温度的升高而增大。不同温度时，空气的 c_p 和 c_V 的数值如表 1-9 所列。

表 1-9 空气的比热容

比热容类型	温度				
	−10 ℃	0 ℃	15 ℃	30 ℃	80 ℃
比定容热容 c_V/[kJ·(kg·K)$^{-1}$]	0.707 6	0.711 8	0.711 8	0.715 9	0.720 1
比定压热容 c_p/[kJ·(kg·K)$^{-1}$]	0.996 5	1.006 0	1.006 0	1.006 0	1.009 0

令 $c_p/c_V = k$，这个比值称为比热比，或称绝热指数。每种气体各有一个几乎不变的 k 值，对于空气，$k \approx 1.41$。

第三节 矿井气候

矿井气候是指矿井空气的温度、湿度和风速这三个参数的综合作用状态。这三个参数的不同组合，便构成了不同的矿井气候条件。矿井气候条件对井下作业人员的身体健康和劳动安全有重要的影响。

一、矿内空气的温度

温度是气体状态的基本参数之一。气体分子的运动是热运动，气体分子热运动的动能大小，表示这种热运动的强弱程度，体现出气体的冷热程度。表示这种冷热程度的参数就是温度，温度的高低用“温标”来衡量。目前国际上常用的有绝对温标（开氏温标），单位为K；摄氏温标，单位为℃。

$$t = T - 273.15 \tag{1-10}$$

矿内空气温度是影响矿内气候条件的重要因素，对人体的散热起着主要作用。气温过高或过低，均会对人体产生不良影响。最适宜的矿内空气温度是15～20 ℃。

（一）影响矿内空气温度的主要因素

（1）岩石温度

矿内空气的温度与岩石温度直接相关。地表温度是随地面气温的变化而变化的，随着深度的增加，地温随气温变化的幅度则逐渐减小，当达到一定深度时，地温不再变化。岩层温度分为三带。

变温带——随地面气温的变化而变化的地带。夏季岩层从空气中吸热而使地温升高，冬季则相反。

恒温带——地表下地温常年不变的地带。恒温带的深度一般为20～30 m，恒温带的温度则接近于当地的年平均气温。

增温带——恒温带以下地带。

随深度的增加岩层温度成正比增加，不同深度处的岩层温度可按下式计算：

$$t = t_0 + G(Z - Z_0) \tag{1-11}$$

式中 t_0——恒温带处岩层的温度，℃；

G——地温梯度，即岩层温度随深度变化率，℃/m，常用百米地温梯度，即 ℃/100 m；

Z——岩层的深度，m；

Z_0——恒温带的深度，m。

（2）空气的压缩与膨胀

空气向下流动时，由于空气柱的增加，空气受到压缩而产生热量，一般垂深每增加100 m，其温度升高1 ℃；相反，空气向上流动时，则又因膨胀而降温，平均每升高100 m，温度下降0.8～0.9 ℃。

（3）氧化生热

矿井内的有机矿物、坑木、充填材料、油垢、布料等都能氧化发热。例如，经氧化生成2 g二氧化碳时，可使1 m^3空气升温14.5 ℃。在煤层中的采掘巷道，暴露煤面氧化产生的热量较大，故采煤工作面是通风系统中温度最高的区段。

（4）水分蒸发

水分蒸发时从空气中吸收热量，使空气温度降低。每蒸发1 g水可吸收2.45 kJ（0.585 kcal）的热量，能使1 m^3空气降温1.9 ℃，可见水的蒸发对降低气温起着重要的作用。

（5）通风强度（指单位时间内进入井巷的风量）

温度较低的空气流经巷道或工作面时，能够吸收热量，供风量越大，吸收热量越多。因此，加大通风强度是降低矿井温度的主要措施之一。

（6）地面空气温度的变化

地面气温对井下气温有直接影响，尤其是较浅的矿井，矿内空气温度受地面气温的影响更为显著。

(7) 地下水的作用

矿井地层中如果有高温热泉或有热水涌出时，能使地温升高；相反，则地温降低。

(8) 其他因素

如机械运转以及人体散热等都对井下气温有一定影响，特别是随着机械化程度的不断提高，机械运转所产生的热量不能忽视。

（二）井下空气温度变化规律

《煤矿安全规程》规定，进风井口以下的空气温度（干球温度，下同）必须在 2 ℃以上；当采掘工作面空气温度超过 26 ℃、机电设备硐室超过 30 ℃时，必须缩短超温地点工作人员的工作时间，并给予高温保健待遇；当采掘工作面的空气温度超过 30 ℃、机电设备硐室超过 34 ℃时，必须停止作业；因此，除机电硐室外井下风流的气温允许在 2～26 ℃的范围变化。井下气温小于 2 ℃或大于 26 ℃时，就得采取加热或降温的措施。

在一般情况下，井下气温在上述范围内变化，大致有以下规律性：

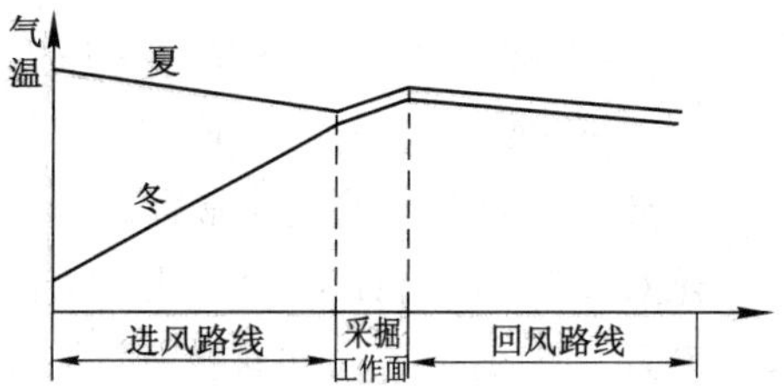

图 1-4　气温变化图

如图 1-4 所示，在进风路线（指自矿井进风口到采掘工作面的一段路线）上，冬季冷空气进入井下，冷气温与地温进行热交换，风流吸热，地温散热，因地温随深度增加且风流下行受压缩，故沿线气温逐渐升高；夏季与冬季的情况相反，沿线气温逐渐降低。即在进风路线上气温随四季而变，和地表气温相比，有冬暖夏凉的现象，对地表气温起调节作用，故进风路线好比“调节器”。在采掘工作面内，由于物质的氧化程度大、机电设备多、人员多以及爆破工作等，致使产生较多的热量，对风流起着加热作用，气温逐渐升高，而且常年变化不大，故采掘工作面好比是“恒温加热器”。在回风路线上，因地温逐渐变小，风流向上流动，体积膨胀，风流汇合，风速增加，使气温逐渐降低，且常年变化不大。

对于平硐进风、井下风流路线不长的矿井，由于热交换不充分，致使整个风流路线上（包括采掘工作面）的气温都可能随四季地面气温而变化。

二、矿内空气的湿度

矿内空气湿度是指矿内空气中所含的水蒸气量。湿度是井下工作环境的重要参数，它和温度一起影响工人工作环境的舒适度。湿度过高和过低都会影响人体机能和降低劳动效率。

（一）湿度的表示方式

空气的湿度表示空气中所含水蒸气量的多少或潮湿程度，表示空气湿度的方法有绝对湿度、相对湿度和含湿量 3 种。

(1) 绝对湿度

绝对湿度是指单位容积或单位质量湿空气中含有水蒸气的质量，用 ρ_v 表示。其单位与密度的单位相同，其数值等于水蒸气在其分压力与温度下的密度。在温度不变的条件下，单位体积空气所能容纳的水蒸气分子数是有一定限度的，超过这一限度，多余的水蒸气就会凝结出来。这种含有最大限度水蒸气量的空气叫作饱和湿空气；其所含水蒸气量叫饱和湿度，用 ρ_s 表示，此时的水蒸气分压力叫作饱和水蒸气压力，用 P_s 表示。因为湿空气中水蒸气可视为理想气体，故有：

$$p_v V = \frac{m_v}{M_v} R_0 T$$

$$\frac{m_v}{V} = \frac{p_v}{\frac{R_0}{M_v} T}$$

则

$$\rho_v = \frac{p_v}{R_v T} \tag{1-12}$$

式中 ρ_v——绝对湿度，kg/m^3；

V——湿空气中的水蒸气体积，m^3；

m_v——湿空气中的水蒸气质量，kg；

M_v——湿空气中的水蒸气分子量；

R_0——普氏气体常数；

p_v——湿空气中的水蒸气分压力，Pa；

T——湿空气的温度，K；

R_v——水蒸气的气体常数。

绝对湿度只能说明空气中实际含有的水蒸气量（kg/m^3），但并不能说明其饱和程度。例如对于温度为 18 ℃的空气，如果含水蒸气量为 0.015 36 kg/m^3，它已是饱和空气，或者说 18 ℃时饱和湿度 ρ_s 为 0.015 36 kg/m^3。但对于温度为 30 ℃的空气，在含有 0.015 36 kg/m^3 水蒸气量时，它还有相当大的容纳水分的能力而被认为是比较干燥的空气，因 30 ℃时的饱和湿度为 0.030 37 kg/m^3。所以在通风和空调中常用相对湿度表示空气的干、湿程度（即饱和程度）。

（2）相对湿度

相对湿度是指湿空气中实际含有水蒸气量（绝对湿度 ρ_v）与同温度下的饱和湿度 ρ_s 之比的百分数，用 φ 表示。

$$\varphi = \frac{\rho_v}{\rho_s} \times 100\% \tag{1-13}$$

式中 ρ_v——绝对湿度，kg/m^3；

ρ_s——在同一温度下空气中的饱和湿度，kg/m^3。

相对湿度 φ 反映空气所含水蒸气量接近饱和的程度，也叫饱和度。φ 值小则空气干燥，吸收水分的能力强；$\varphi=0$ 时为干空气；φ 值大则空气潮湿，吸收水分的能力弱；$\varphi=1$（即 100%）时为饱和空气。因此，不论气温高低，由 φ 值的大小可直接看出其干湿程度。水分向空气中蒸发的快慢直接与相对湿度有关。

上面已导出：

$$\rho_v = \frac{p_v}{R_v T}$$

同理

$$\rho_s = \frac{p_s}{R_v T}$$

故
$$\varphi=\frac{p_v}{p_s}\times 100\% \tag{1-14}$$

将不饱和空气冷却时，随着温度下降，其相对湿度逐渐增大。冷却达到 $\varphi=100\%$ 时的温度称为露点，如再继续冷却，就会有部分水蒸气以雾或露的形式凝结成水。

(3) 含湿量

因为湿空气中干空气的质量不随空气的状态变化而变化，故采用 1 kg 质量的干空气作为计算基础。在含有 1 kg 干空气的湿空气中，所挟带的水蒸气质量，称为湿空气的含湿量(d)。

$$d=\frac{m_v}{m_d} \tag{1-15}$$

式中　d——湿空气的含湿量，kg(水蒸气)/kg(干空气)；

m_v——水蒸气质量，kg；

m_d——干空气质量，kg。

根据含湿量的定义以及工程热力学理论的推导，可以得出其与相对湿度(φ)的关系为：

$$d=0.622\frac{\varphi p_s}{p-\varphi p_s} \tag{1-16}$$

式中　d——湿空气的含湿量，kg(水蒸气)/kg(干空气)；

p_s——饱和水蒸气压力，Pa；

其他符号意义同前。

(二) 影响湿度的因素

(1) 地面湿度随季节变化较大，阴雨季节湿度较大；夏季相对湿度较低，但气温较高，绝对湿度较高；冬季相对湿度较大，但气温较低，绝对湿度并不太高。地面湿度除受季节影响外，还与地理位置有关，我国湿度分布呈沿海地区较高(平均为 70%～80%)，向内陆逐渐降低，西北地区达最低值(平均为 30%～40%)。

(2) 当矿井涌水量较大或滴水较多时，由于水珠易于蒸发，故井下比较潮湿。一般金属矿山井下湿度为 80%～90%。在盐矿，涌水较小，且盐类吸湿性较强，相对湿度一般为 15%～25%。

(三) 矿内空气湿度的变化规律

如图 1-5 所示，一般情况下，在矿井进风路线上，冬季，含有一定量水蒸气的冷空气进入井下，气温逐渐升高，体积逐渐增大，则其饱和能力逐渐变大，沿途要吸收井巷中的水分；夏季，热空气进入井下，气温逐渐降低，体积逐渐减少，其饱和能力逐渐变小，使其中一部分水蒸气量沿途失掉。故进风线路有可能出现冬干夏湿的现象(进风井巷有淋水的情况除外)。在采掘工作面和回风线路上，气温长年不变，湿度也长年不变，一般都接近 100%，随着矿井排出的污风，每昼夜可从矿井内带走数吨甚至上百吨的地下水。

三、风速

(一) 井巷断面上的风速分布

在矿井通风中，空气流速简称为风速。井巷中风流质点的运动状态是极其复杂的，运动参数随时间变化而变化。井巷中某点在水平方向的瞬时速度随时间的变化在某一平均值的上下波动，这种现象称为脉动现象。因此，可以利用该平均值代替具有脉动现象的真实风速

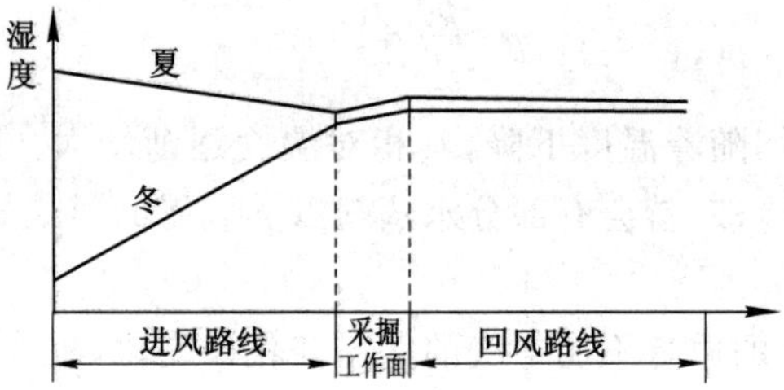

图 1-5　湿度变化图

值，这个平均值称为时均风速，即通常所说的井巷断面上某点的风速。采用时均风速后，井巷中空气的流动一般可视为定常流(稳定流)。

由于空气的黏性和井巷壁面摩擦影响，井巷断面上风速分布是不均匀的。在贴近壁面处仍存在层流运动薄层，即层流边层。其厚度 δ 随 Re 增加而变薄，它的存在对流动阻力、传热和传质过程有较大影响。在层流边层以外，从巷壁向巷道轴心方向，风速逐渐增大，呈抛物线分布，如图 1-6 所示。设断面上任一点风速为 v_i，则井巷断面的平均风速 v 为：

$$v = \frac{1}{S}\int_S v_i \mathrm{d}S \tag{1-17}$$

式中，S 为断面积，$\int_S v_i \mathrm{d}S$ 即为通过断面 S 上的风量 Q，则

$$Q = v \cdot S$$

断面上平均风速 v 与最大风速 $v_{\max}$ 的比值称为风速分布系数(速度场系数)，用 K_v 表示：

$$K_v = \frac{v}{v_{\max}} \tag{1-18}$$

其值与井巷粗糙程度有关。巷壁愈光滑，K_v 值愈大，即断面上风速分布愈均匀。据调查，对于砌碹巷道，$K_v = 0.80 \sim 0.86$；木棚支护巷道，$K_v = 0.68 \sim 0.82$；无支护巷道，$K_v = 0.74 \sim 0.81$。

由于受井巷断面形状和支护形式的影响，以及局部阻力物的存在，最大风速不一定在井巷的轴线上，风速分布也不一定具有对称性。图 1-7 为实测的某巷道断面上的等风速线分布图。

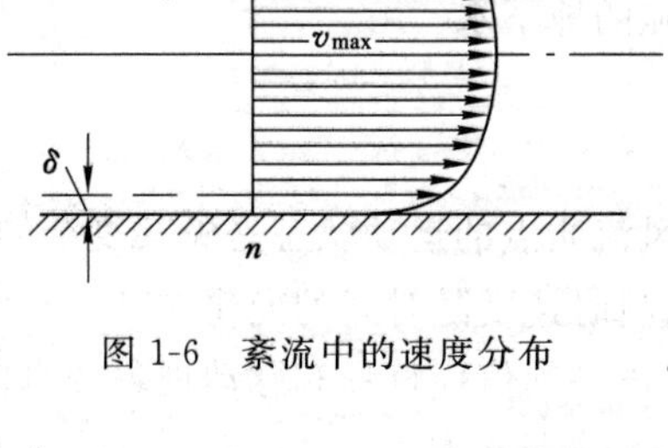

图 1-6　紊流中的速度分布

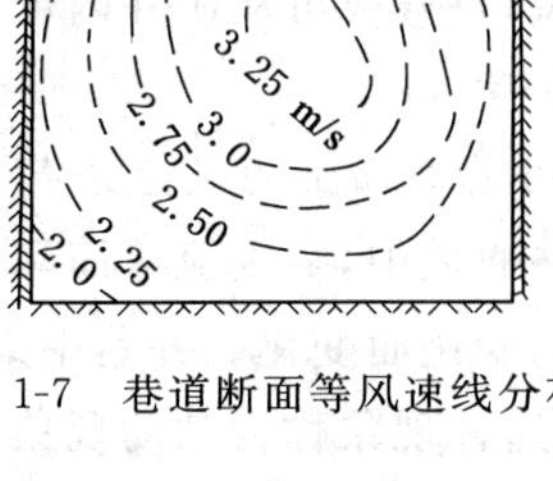

图 1-7　巷道断面等风速线分布

《煤矿安全规程》规定，井巷中的风流速度应符合表1-10要求。设有梯子间的井筒或者修理中的井筒，风速不得超过8 m/s；梯子间四周经封闭后，井筒中的最高允许风速可以按下表规定执行；无瓦斯涌出的架线电机车巷道中的最低风速可低于下表的规定值，但不得低于0.5 m/s；综合机械化采煤工作面，在采取煤层注水和采煤机喷雾降尘等措施后，其最大风速可高于下表的规定值，但不得超过5 m/s。安设风门的联络巷在符合规程规定的前提下不受最低风速限制。而当煤层倾角大于12°的采煤工作面采用下行通风时，采煤工作面风速不得低于1 m/s。

表1-10 井巷中的允许风流速度

井巷名称	允许风速/($m \cdot s^{-1}$)	
	最低	最高
无提升设备的风井和风硐		15
专为升降物料的井筒		12
风桥		10
升降人员和物料的井筒		8
主要进、回风巷		8
架线电机车巷道	1.0	8
箕斗提升井兼作风井		6
装有带式输送机兼做回风的井筒		6
输送机巷，采区进、回风巷	0.25	6
装有带式输送机兼做进风的井筒		4
采煤工作面、掘进中的煤巷和半煤岩巷	0.25	4
掘进中的岩巷	0.15	4
*其他通风人行巷道	0.15	

（二）风速对矿内气候的影响

冬季，地面空气流入井下后，风流吸热，岩层放热，所以，进风路线上气温逐渐升高；夏季，情况相反，气温逐渐降低。这就是说，在进风路线上矿内空气的温度与地面气温相比，有冬暖夏凉的现象。这种现象的产生，主要是围岩起着空气温度调节器的作用。如果矿井开采深度较大，进风路线又很长时，则地面气温只能影响进风路线一定的距离（1 000～2 000 m），超过此段距离时，不论冬季还是夏季，随着进风路线的延长，气温逐渐升高。

采煤工作面的气温在整个风流路线上，一般是最高的区段。因为采煤工作面除煤岩氧化外，还有人体和机械运转生热、爆破工作等，这些因素都会导致气温升高。但采煤工作面的气温又与开采深度及进风路线的长度有关。开采深度大、进风路线长时，由于风流在进风路线上已充分进行了热交换，使气温常年基本保持不变；当开采深度不大、进风路线短时，采煤工作面的气温仍将随着地面气温的变化而变化。例如阳泉各矿的采煤工作面，冬季气温很低，夏季气温则较高。不少小型煤矿的采煤工作面，其气温变化更有类似的情况。

在回风路线上，因通风强度较大，水分蒸发吸热，加之气流向上流动而膨胀降温，使气温略有下降，但基本上常年变化不大。

四、矿内气候参数的测定

（一）温度和湿度的测定

通常，是用干湿球温度计测算空气温度和湿度的。如图 1-8 所示，干湿球温度计由 2 支相同的普通温度计组成，一支用于测定气温，称干球温度计；另一支在球部用蒸馏水浸湿的纱布包住，纱布下端浸入蒸馏水中，称湿球温度计。干湿球温度计的测试原理是：在一定风速下，湿球外边的湿纱布的水分蒸发带走湿球温度计探头上的热量，使其温度（t_w）低于环境空气的温度；而干球温度计测量出来的就是环境空气的实际温度（t_d），此时，湿球与干球之间的温度差（Δt）与环境的相对湿度有一个相应的关系，但该关系是非线性的且受很多因素的影响，如：风速、温度计本身的精度、大气压力、干湿球温度计的球泡表面积大小、纱布材质等。干球温度 t_d 可以直接通过干球温度计读出，但是，对于湿球温度计，并不是任一读数都可以认为是湿球温度，只有在热湿交换达到平衡，即稳定条件下的读数才称之为湿球温度 t_w。

测算矿内空气湿度常用仪表是风扇湿度计（图 1-9），它是由干球温度计和湿球温度计组成，用自带的发条转动小风扇。测量时，从 2 支温度计上分别读出空气的干温度（又名干球温度）t_d（℃）和湿温度（又名湿球温度）t_w（℃），含水蒸气量较少的空气容易吸收纱布上的水分，或者说湿纱布上的水分比较容易蒸发，水分被蒸发越多，被纱布包着水银球的温度降低就越多，则 t_d 与 t_w 之差越大，表示空气越干燥或其相对湿度越小。根据实测的 t_d 和 t_d-t_w 两个数值在附录Ⅰ中查出空气的相对湿度 φ 值；又根据 t_d 在附录Ⅱ中查出饱和绝对湿度 ρ_s 的近似值（g/m^3），再根据式（1-13）算出绝对湿度 ρ_v 值（g/m^3）。

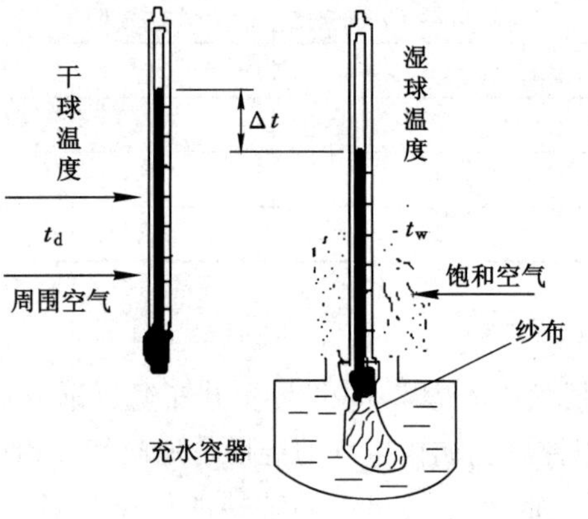

图 1-8　干湿球温度计

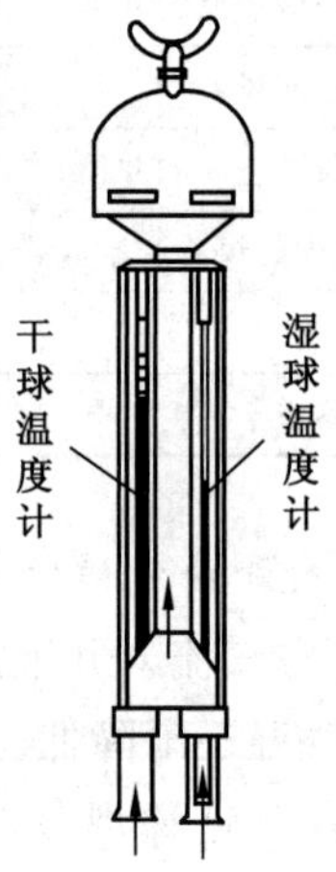

图 1-9　风扇湿度计

例如，测得某矿总进风量为 4 000 m^3/min，其干温度的平均值 $t_d=22$ ℃，湿温度的平均值 $t_w=21$ ℃，则查附录Ⅰ得其相对湿度 $\varphi=91\%$，又根据 t_d 值查附录Ⅱ得出饱和绝对湿度 $\rho_s=19.3\ g/m^3$，故其绝对湿度为 $\rho_v=91\%\times19.3\ g/m^3=17.56\ g/m^3$。

（二）风速的测定

测量巷道中任一断面上各点风速的平均值，常用检测风速的仪表。只要测出巷道断面上各点风速的平均值，就可算得风量。

测量单位时间内空气流动距离的仪表称为风速计，又称为风速表或风表。根据风速计的结构原理，可将其分为机械翼轮式、电子翼轮式、超声波式及热效式几种。风表的分类及其优缺点如表 1-11 所列。

表 1-11　风表分类及其优缺点

风表种类		优　　点	缺　　点
机械翼轮式		体积小，质量轻，可测平均风速，也可用于点风速的测定	精度低，不能直接指示风速，不能自动化遥测，不能测微风
电子翼轮式（分感应式、电容式、充电式）		能发展遥测，精度比机械翼轮式高，能直接指示瞬时风速	叶片有惯性运动，测定值偏大，体积和质量比机械翼轮式大，构造复杂，风速过高或过低都不能测
超声波式	涡街式	没有运动部件，可与矿井检测系统连接，实现风速的远距离和连续测量；寿命长，性能稳定；不受风流的影响	风速过低时不能测量，在低雷诺数下性能不佳
	时差式	没有运动部件，结构简单，不受风流的影响，精度高	受温度影响比较大
热效式（分热球式、热线式、热敏电阻式）		没有惯性的影响，高低风速均可测，能发展遥测	热敏电阻和热球式的测值呈非线性，易受湿度和气体成分的影响

目前，我国煤矿使用最广泛的是机械式风表。机械式风表按迎风转动部件的形式分为叶式和杯式两种，如图 1-10 所示。叶式风表转轮由 8 块铝质叶片组成，叶式风表其中的一种用于测量 0.5～10 m/s 的中等风速，一种用于测量 0.3～0.5 m/s 的低风速；杯式风表的转轮由 4 个杯状铝勺组成，能被风流吹转，适用于测量 5～25 m/s 的较高风速，它的惯性和机械强度较大，开始转动的最低风速为 1.0～1.5 m/s。

(a) 叶式风表　　　　(b) 杯式风表

图 1-10　风表

机械式风表有一小杆，专作开关之用。打开开关，指针随叶轮转动；关闭开关，叶轮虽仍转动，但指针不动。有些风表还有回零装置，不论指针在何位置，只要一按回零装置，指针便回到零位。有的风表还附有计时装置，称为自动风表，用这种风表测风，不必另带秒表，测风时只要打开开关，秒表就自动记录，1 min 或 100 s 后自动关闭，此时指针不再随叶轮而转动。

空气在巷道内流动时，由于受到内外摩擦的影响，风速在巷道断面内的分布是不均匀的。一般来说，在巷道的轴心部分风速最大，而靠近巷道周壁风速最小。通常所谓巷道内风流的速度是对平均风速而言。因此，测量风速时，风表不能只停留在巷道断面的某部位，而应把风表正迎风流，在整个断面内均匀移动。其移动路线如图 1-11 所示的几种形式，根据巷道断面的大小和测风时间的长短选用。

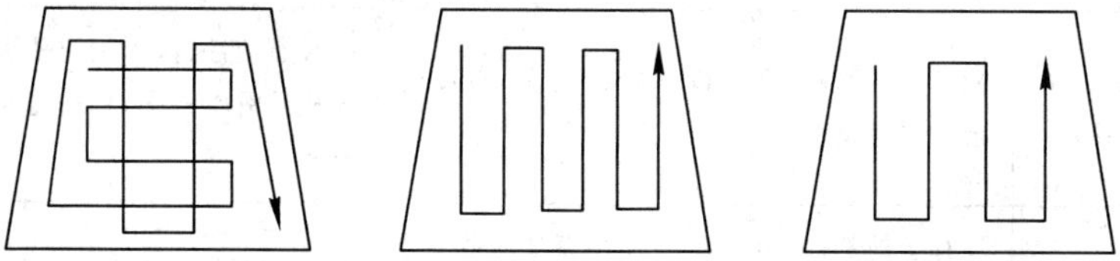

图 1-11　风表移动路线

测定时，先使计数指针回零，手持风表在巷道断面上某点迎风放置，待叶轮转动稳定后打开开关，计数指针开始走动，同时开动秒表，按上图路线移动，记录测定时间，测定 1 min 或 2 min，关闭开关。根据指针读数 n 和测风时间 t，算得风表指示风速 v_a，再按风表的校正曲线查得真实风速 v_t，即为断面上该点的风速。图 1-12 为某叶式风表校正曲线，图中 1 部分为非线性区，2 部分为线性区。在线性区 v_t 与 v_a 的关系可用下式表示：

$$v_t = a + bv_a \tag{1-19}$$

式中　a——常数，取决于风表转动部件的惯性和摩擦力；

b——风表系数，决定于风表构造尺寸。

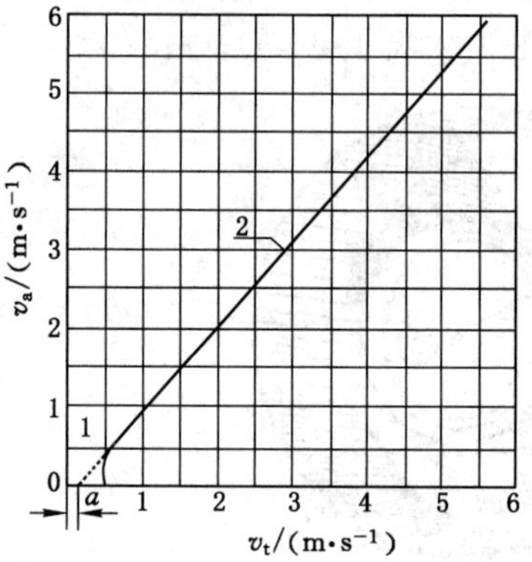

图 1-12　风表校正曲线

用风表测量巷道内的平均风速，一般习惯用侧身法。用此法测风时，测风员背向巷道壁站立，手持风表将手臂向风流垂直方向伸直，然后在巷道断面内作均匀移动。用侧身法测风，由于测风员立于巷道中，减少了通风断面，从而增加了风速，测得结果较实际风速为大。因此需根据断面大小进行校正，才能得到巷道断面的实际风速 v。通常采用下列断面校正算式：

$$v = \frac{S - S_P}{S} v_t \tag{1-20}$$

式中　v——巷道断面的实际风速，m/s；

v_t——按风表校正曲线校正后的风速，m/s；

S——巷道断面，m^2；

S_P——测风员占据巷道的近似面积，通常取 0.3～0.4 m^2。

机械传动式风表是受到风流动压作用而转动的，空气密度对风表的转速有一定影响。当测风地点的空气密度 ρ 与风表校正时的空气密度 ρ' 相差较大时，按风表校正曲线校正后的风速 v_t 还要用下式校正：

$$v = v_t \sqrt{\frac{\rho'}{\rho}} \tag{1-21}$$

为了保证测风精度，使用风表时应注意下列几点：

① 风表度盘那一面背着风流，即测风员能看到度盘；否则风表指针会发生倒转。

② 风表不能距人体太近，以免引起较大的误差。

③ 风表按上述路线移动时，速度要均匀，如果风表在巷道中心部分停留的时间长，则测量结果较实际风速为大；反之，若风表在巷道四壁停留时间长，则测量结果偏小。

④ 叶式风表一定要与风流垂直，尤其在倾斜巷道测风时更应注意此点。

⑤ 在同一断面的测风次数不应小于 3 次，每次测量结果的误差不应超过 5%。

⑥ 所使用的风表应和测定的风速相适应，风速大于 10 m/s，应选用高速风表；风速为 0.5～10 m/s，选用中速风表；风速小于 0.5 m/s，要选用低速风表。否则，将损坏风表或测量不准确，甚至吹不动叶轮。

⑦ 为了减少测量误差，一般要求在 1 min 内刚好从移动路线的起点移到终点。

矿用电子翼轮式风表的测风方法与机械式风表大致相同，电子翼轮式测风仪采用单片机技术及存储元件，自动控制测量过程，自动对测量值进行线性修正，并直接显示测量风速值，同时还具有数据存储功能，具有较好的应用前景。

此外，在矿井安全监测系统之中，常采用固定式风速传感器测量风速，如超声波涡街式和超声波时差式。超声波涡街式是基于卡门涡街原理，在流动的流体中放置一根轴线与流向垂直的非流线型阻流体（即涡街发生体），当流体沿涡街发生体绕流时，会在涡街发生体下游产生两列不对称但有规律的交替涡列。其原理如图 1-13 所示。其局限性是在风速比较低的情况下形成的卡门旋涡很弱，甚至形成不了旋涡，导致不能检测风速。

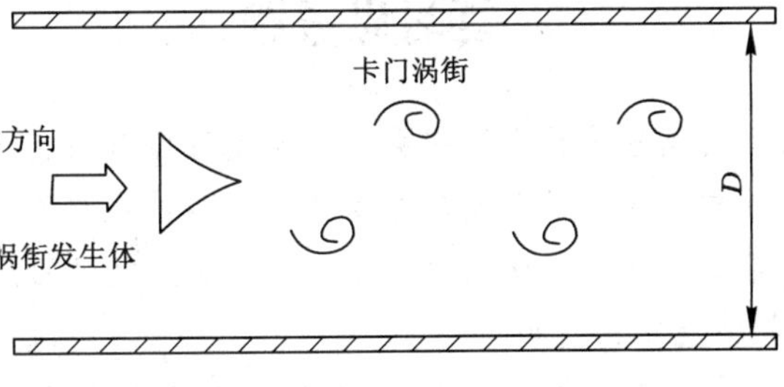

图 1-13　卡门涡街

超声波时差式是通过测定顺流和逆流超声波传播一段距离所需时间的差值来测量风速，其测量原理如图 1-14 所示。其主要构件是超声波发射和接收 2 种换能器，可以测量通风巷道断面的平均风速，也可以测量点风速。超声波时差原理的风速传感器，测定精度高，启动风速小，可实现低至 0.2 m/s 的微风测量，性能可靠。

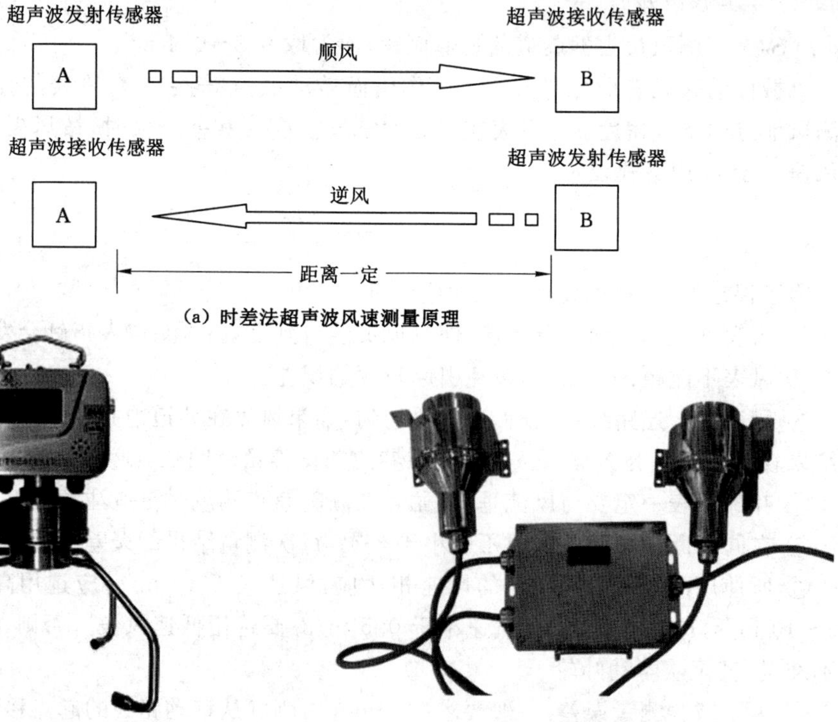

(a) 时差法超声波风速测量原理

(b) 超声波点风速传感器

(c) 超声波线风速传感器

图 1-14　超声波时差式风速测定

我国目前生产的热效式风表主要是热球式。它的测风原理是，一个被加热的物体置于风流中，其温度随风速大小和散热多少而变化，通过测量物体在风流中的温度便可测量风速。由于只能测瞬时风速，且测风环境中的灰尘及空气湿度等对它也有一定的影响，因此这种风表使用不太广泛，多用于微风测量。

复习思考题

1-1　地面空气的主要成分是什么？矿井空气与地面空气有何区别？

1-2　氧气有哪些性质？造成矿井空气中氧浓度减少的主要原因有哪些？

1-3　矿井空气中常见的有害气体有哪些？《煤矿安全规程》对矿井空气中有害气体的最高允许浓度有哪些具体规定？

1-4　CO 有哪些性质？试说明 CO 对人体的危害以及矿井空气中 CO 的主要来源。

1-5　什么叫矿井气候？简述井下空气温度的变化规律。

1-6　影响矿内空气温度和湿度的因素分别有哪些？

1-7 简述风速对矿内气候的影响。

1-8 简述湿度的表示方式以及矿内湿度的变化规律。

1-9 某矿井冬季总进风流的温度为 5 ℃，相对湿度为 70%，矿井总回风流的温度为 20 ℃，相对湿度为 90%，矿井总进、总回风量平均为 2 500 m^3/min。试求风流在全天之内从井下带走多少水分。（已知总进、回空气的饱和湿度为 4.76 g/m^3 和 15.48 g/m^3）

1-10 某矿一采煤工作面 CO_2 的绝对涌出量为 7.56 m^3/min，当供风量为 850 m^3/min 时，问该工作面回风流中 CO_2 浓度为多少？能否进行正常工作？

1-11 井下空气中，按体积计 CO 浓度不得超过 0.002 4%。试将体积浓度 C_v(%)换算为 0 ℃、压力为 101 325 Pa 状态的质量浓度 C_m(mg/m^3)。

第二章　矿内空气动力学基础

本章根据能量平衡及转换定律，结合矿井风流的特点，分析矿井风流任一断面上的机械能和风流沿井巷运动的能量变化规律及其应用，为后面章节提供理论基础。

第一节　流体的概念

流体是一种分子可以自由相对运动的物质，而固体如果在没有温度和压力破坏条件下，分子的相对位置是固定不变的。这是流体和固体的区别。流体又可细分为液体和气体。

理想流体：既没有内摩擦又没有压缩性的流体，叫作理想流体。流体的流动实际上是由于压力或密度不同而形成的，要想得到持续的流动，就必须给流体施加外力，使其有一定的压力差，因此在矿井通风中设有通风机，这样就可以对进风井筒和出风井筒形成压力差，从而维持持续流动，进风井筒和出风井筒的空气密度不同也是空气流动的一个原因。

下面是一些描写流体的术语：

(1) 稳定流动：如果流体在某一点的速度、压力、密度和温度不随时间而变化称为稳定流动（或定常流）。如果这些量随时间而变化称为不稳定流动。在矿井里，由于井巷特征、岩壁温度、通风机风压和矿井供风量等在某一时期内变化不大，矿井正常通风期间风门的开启、提升设备的升降对局部风流产生瞬时扰动的影响也不大，因此，可以把矿井风流近似地视为一维稳定流。但是井下一旦发生煤尘、瓦斯爆炸，火灾或煤（岩）与瓦斯突出等重大灾害时，矿井风流就变为不稳定。

(2) 流线：同一时刻若干流体质点的速度方向形成的光滑曲线，如图 2-1 所示。在稳定流动中，流线是不随时间而变化的，这种流动又叫层流。在不稳定流动中，流线是变化的，这种流动又叫紊流。

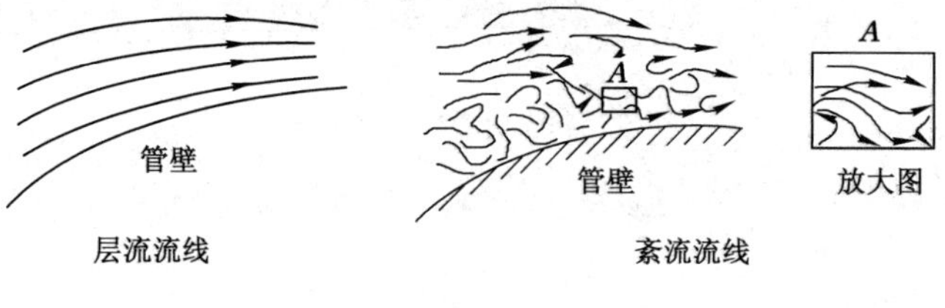

图 2-1　流线图

(3) 流管：在流场内作一本身不是流线又不相交的封闭曲线，通过这样的封闭曲线上各点的流线所构成的管状表面称为流管，如图 2-2 所示。

(4) 流量：单位时间内流经某一规定表面的流体量称为经过该表面的流量。流量可以用体积或质量来计量，因此流量又分为体积流量（m^3/s）和质量流量（kg/s）。用 q_v、q_m 分别

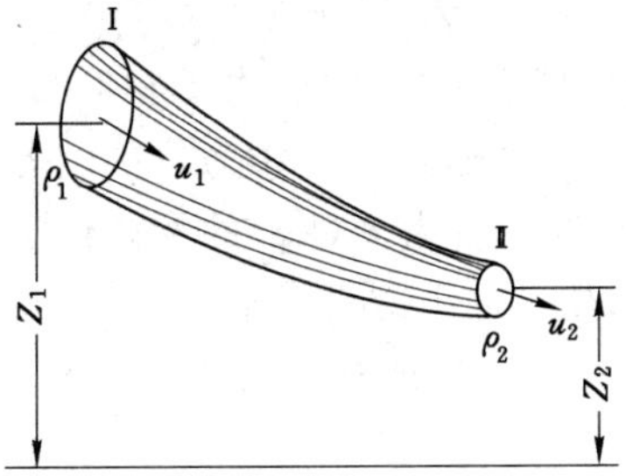

图 2-2　流管

表示体积流量和质量流量。则通过流管中有效截面的体积流量计算公式为：

$$q_v = \iint_A v\mathrm{d}A = uA \tag{2-1}$$

式中　$\mathrm{d}A$——微元面积，m^2；

v——有效截面上各点的速度，m/s；

u——平均速度，m/s。

质量流量：$q_m = \rho q_v$，其中 ρ 为流体密度（$\mathrm{kg/m^3}$）。

(5) 连续方程：因为流体在矿井中流动时，没有质量传递，所以有：

$$\rho A u = \mathrm{const} \tag{2-2}$$

式中　ρ——流体密度，$\mathrm{kg/m^3}$；

A——通过巷道的面积，m^2；

u——流体的平均速度，m/s。

对上式微分：

$$\mathrm{d}\rho/\rho + \mathrm{d}A/A + \mathrm{d}u/u = 0 \tag{2-3}$$

在不可压缩流动时有：

$$\mathrm{d}A/A + \mathrm{d}u/u = 0 \tag{2-4}$$

式(2-3)和式(2-4)分别为可压缩流体和不可压缩流体的连续方程的微分形式。

第二节　风流能量与能量方程

一、风流能量

矿井通风是典型的稳定流，风流沿着一维的巷道连续地流动。在这个流动中涉及能量的转移和消耗，所以认识这些问题的本质规律并准确地用数学语言表达出来，是非常重要的。能量的改变是计算风量和通风压力等通风工程中重要参数的基础。

风流任一断面上的能量 E_i（机械能）都由位能 E_{p0}、压能 E_p 和动能 E_v 三部分组成，能量表达式为：

$$E_i = E_{p0} + E_p + E_v \tag{2-5}$$

式中　i——任一断面标号。

假设从风流中任取一质量为 m、速度为 u、相对高度为 Z、大气压为 p 的控制体。现在用外力对该控制体做功的多少来衡量这三种机械能的大小。

(一) 位能(势能)

物体在地球重力场中因受地球引力的作用,由于相对位置不同而具有的一种能量叫重力位能,简称位能,用 E_{p0} 表示。任何标高都可作为位能的基准面。在矿井中,不同的地点标高不同,则位能亦不一样。假设质量为 m(kg)的物体位于基准面上,其势能为 0,当我们施加一个克服重力向上的力 F,使其向上缓慢运动。

$$F = mg\text{ ,N}$$

式中 g——重力加速度。

当向上移动到高于基准面 Z m 时,对物体克服重力所做的功为 mgZ,物体因而获得同样数量(mgZ)的位能,即:

$$W = E_{p0} = mgZ\text{ ,J} \tag{2-6}$$

重力位能是一种潜在的能量,只能通过计算得到它的大小。

位能的特点:① 位能是由空气重力产生的,作用力方向始终铅垂向下;② 位能是相对某一基准面具有的能量,它随选定基准面的变化而变化,因此在讨论位能时,必须首先选定基准面,一般将基准面选在所研究系统风流流经的最低水平;③ 位能是一种潜在的能量,相对基准面而言在某处对外无外力作用,即不呈现压力,不能像静压力那样用仪表进行直接测量,只能通过高度差及空气柱的平均密度进行计算;④ 位能和静压能可以相互转化,在转化时遵循能量守恒定律。

(二) 静压能(流动功)

由分子热运动产生的分子动能的一部分转化的能够对外做功的机械能称为静压能。单位体积空气的静压能就是绝对静压,用 E_p 表示(J/m^3)。

如图 2-3 所示,有一两端开口的水平管道,断面积为 A,在其中放入体积为 V、质量为 m 的单元流体,使其从左向右流动,即使不考虑摩擦阻力,由于管道中存在压力 p,单元体的运动就会有阻力,因此必须施加一个力 F 克服这个阻力,单元体才会运动。当该力使单元体移动一段距离 S 后,就做了功。

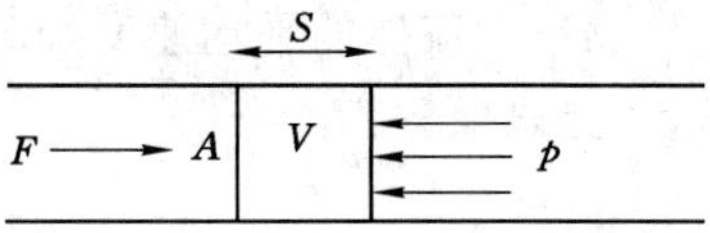

图 2-3 管道内对单位流体做的流动功

为平衡管道内的压力,施加的力为:

$$F = pA\text{ ,N}$$

做的功为:

$$W = E_p = pAS\text{ ,J}$$

AS 是流体的体积 V,所以

$$W=E_p=pV$$

根据密度的定义:

$$\rho = m/V\text{,kg/m}^3$$

或者

$$V = m/\rho\text{,m}^3$$

则对该单元体做的流动功为:

$$W = E_p = pm/\rho\text{,J} \quad 或者 \quad W = E_p = p/\rho\text{,J/kg} \tag{2-7}$$

当流体在管道中连续流动时,压力就必须对流体连续做功,此时的压力就称作压能,所做的功为流动功。上式就是单位质量流体的静压能表达式。

（三）动能

当空气流动时，除了位能和静压能外，还有空气定向运动的动能，用 E_v 表示。如果我们对一个质量为 m 的物体施加大小为 F 的外力，使其从静止以加速度 a 做匀加速运动，在 t 时刻速度达到 u，则其平均速度为：

$$(0+u)/2=u/2,\mathrm{m/s}$$

此时，物体运动的距离 L 为：

$$L=\frac{u}{2}\times t=\frac{ut}{2},\mathrm{m}$$

根据加速度 a 的定义：

$$a=\frac{u}{t},\mathrm{m/s^2}$$

施加的外力：

$$F=m\times\frac{u}{t}=\frac{mu}{t},\mathrm{N}$$

所以，使物体从静止加速到速度 u，外力对其做的功为：

$$W=E_v=\frac{mu}{t}\times\frac{u}{2}\times t=\frac{mu^2}{2},\mathrm{N\cdot m}\text{ 或 }\mathrm{J} \tag{2-8}$$

这就是质量为 m 的物体所具有的动能。

二、不可压缩单位流体的能量方程

能量方程表达了空气在流动过程中的位能、静压能和动能的变化规律，是能量守恒的转换定律在矿井通风中的应用。

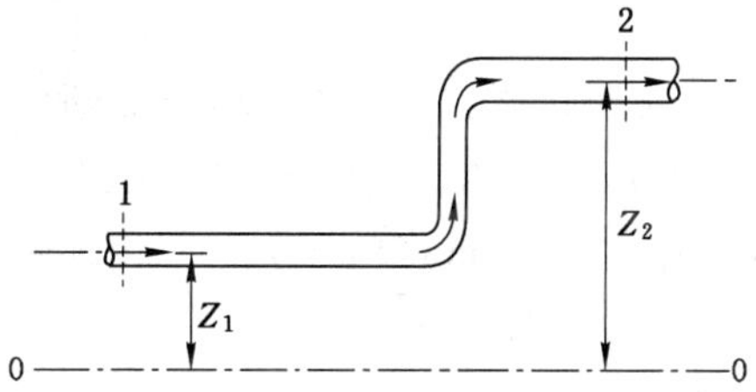

图 2-4　巷道内流动空气能量之间的关系

假设空气不可压缩，则在井下巷道内流动空气的任意断面，它的总能量都等于动能、位能和静压能之和。现有空气在一巷道内流动，如图 2-4 所示，考虑到在任意两点间的能量变化，内能的变化和其他形式的能量变化相比是非常小的，所以忽略不计，又因为外加的机械能通常单独考虑，撇开这些因素，在图中 1 点的总能量等于 2 点的总能量与 1—2 之间损失的能量之和，如果用 e_1 和 e_2 分别表示 1 点和 2 点的单位质量空气的总能量，h_{1-2} 表示 1 点到 2 点单位质量空气的能量损失，0—0 选为基准面，则有下式：

$$e_1=e_2+h_{1-2}$$

$$e_1=\frac{u_1^2}{2}+Z_1g+\frac{p_1}{\rho_1},e_2=\frac{u_2^2}{2}+Z_2g+\frac{p_2}{\rho_2}$$

由 1—2 断面能量守恒可得：

$$\frac{u_1^2}{2}+Z_1g+\frac{p_1}{\rho_1}=\frac{u_2^2}{2}+Z_2g+\frac{p_2}{\rho_2}+h_{1-2} \tag{2-9}$$

这里的 $u^2/2$ 是动能（J/kg），Zg 是位能（J/kg），p/ρ 是流动功（静压能）（J/kg），h_{1-2} 表示断面 1 至 2 间的通风阻力。如果认为空气是不可压缩的，此时有：$\rho_1=\rho_2=\rho$。

所以式(2-9)变为：

$$h_{1-2}=\frac{u_1^2-u_2^2}{2}+(Z_1-Z_2)g+\frac{p_1-p_2}{\rho} \tag{2-10}$$

式(2-10)两边同乘以 ρ，可得：

$$h'_{1-2}=(p_1-p_2)+\frac{\rho}{2}(u_1^2-u_2^2)+g\rho(Z_1-Z_2) \tag{2-11}$$

式中 h'_{1-2}——1 点到 2 点单位体积空气的能量损失。

这就是不可压缩单位体积流体常规的伯努利方程表达式。

三、可压缩风流能量方程

在矿井通风系统中，严格地说空气的密度是变化的，即矿井风流是可压缩的。当外力对它做功增加其机械能的同时，也增加了风流的内(热)能。因此，在研究矿井风流流动时，风流的机械能加上其内(热)能才能使能量守恒及转换定律成立。

(一) 可压缩空气单位质量流体的能量方程

前面已经介绍了理想风流的能量由静压能、动能和位能组成，当考虑到空气的可压缩性时，空气的内能就必须包括在风流的能量中，用 e_k 表示单位质量空气所具有的内能。

如图 2-4 所示，在 1 断面上，单位质量空气所具有的总能量为：

$$\frac{u_1^2}{2}+Z_1g+\frac{p_1}{\rho_1}+e_{k1}$$

风流流经 1—2 断面间，到达 2 断面时的总能量为：

$$\frac{u_2^2}{2}+Z_2g+\frac{p_2}{\rho_2}+e_{k2}$$

单位质量空气由 1 断面流至 2 断面的过程中，克服流动阻力消耗的能量转化成的热能为 q_R(J/kg)，仍存在于空气中；另外还有地温、机电设备等传给单位质量空气的热量为 q(J/kg)；这些热量将增加空气的内能并使空气膨胀做功；假设 1—2 断面间无其他动力源(如局部通风机)。

通过上面的分析，则式(2-9)可变为：

$$\frac{u_1^2}{2}+Z_1g+\frac{p_1}{\rho_1}+e_{k1}+q_R+q=\frac{u_2^2}{2}+Z_2g+\frac{p_2}{\rho_2}+e_{k2}+h_{1-2}$$

即：

$$h_{1-2}=\left(\frac{u_1^2}{2}-\frac{u_2^2}{2}\right)+\left(\frac{p_1}{\rho_1}-\frac{p_2}{\rho_2}\right)+g(Z_1-Z_2)+e_{k1}-e_{k2}+q_R+q,\text{J/kg} \tag{2-12}$$

式(2-12)就是单位质量可压缩空气在无压源的井巷中流动时能量方程的一般表达式。如果图 2-4 中 1—2 断面间有压源(如局部通风机)L_t(J/kg)存在，则此时能量方程的一般表达式为：

$$h_{1-2}=\left(\frac{u_1^2}{2}-\frac{u_2^2}{2}\right)+\left(\frac{p_1}{\rho_1}-\frac{p_2}{\rho_2}\right)+g(Z_1-Z_2)+e_{k1}-e_{k2}+q_R+q+L_t,\text{J/kg} \tag{2-13}$$

在这里引入 $v=\dfrac{1}{\rho}$——空气的比容，m^3/kg。

式(2-12)和式(2-13)中

$$\frac{p_2}{\rho_2}-\frac{p_1}{\rho_1}=p_2v_2-p_1v_1=\int_1^2 d(pv)=\int_1^2 p\,dv+\int_1^2 v\,dp \tag{2-14}$$

根据热力学第一定律，消耗的能量转化的热能增加了空气的内能且使空气膨胀做功，即

$$q_R + q = e_{k2} - e_{k1} + \int_1^2 v\mathrm{d}p \tag{2-15}$$

将式(2-14)、式(2-15)代入式(2-12)和式(2-13)，整理得：

$$h_{1-2} = \left(\frac{u_1^2}{2} - \frac{u_2^2}{2}\right) + g(Z_1 - Z_2) - \int_1^2 v\mathrm{d}p \tag{2-16}$$

$$h_{1-2} = \left(\frac{u_1^2}{2} - \frac{u_2^2}{2}\right) + g(Z_1 - Z_2) - \int_1^2 v\mathrm{d}p + L_t \tag{2-17}$$

考虑断面 1、2 间状态过程的变化，如为多变过程时，其气体状态方程为：

$$\frac{1}{\rho} = \frac{C^{\frac{1}{n}}}{p^{\frac{1}{n}}}$$

式中，n 为多变指数。上式的积分项变为：

$$\int \frac{\mathrm{d}p}{\rho} = \int \frac{C^{\frac{1}{n}}}{p^{\frac{1}{n}}}\mathrm{d}p = C^{\frac{1}{n}}\int \frac{\mathrm{d}p}{p^{\frac{1}{n}}} = \frac{n}{n-1}\,\frac{C^{\frac{1}{n}}}{p^{\frac{1}{n}}}p = \frac{n}{n-1}\,\frac{p}{\rho}$$

因此可压缩空气单位质量流体的能量方程可表示为：

无压源能量方程：

$$h_{1-2} = \frac{p_1 - p_2}{\rho_m} + \left(\frac{u_1^2}{2} - \frac{u_2^2}{2}\right) + g(Z_1 - Z_2),\mathrm{J/kg} \tag{2-18}$$

有压源能量方程：

$$h_{1-2} = \frac{p_1 - p_2}{\rho_m} + \left(\frac{u_1^2}{2} - \frac{u_2^2}{2}\right) + g(Z_1 - Z_2) + L_t,\mathrm{J/kg} \tag{2-19}$$

其中　ρ_m——1、2 断面间按状态过程考虑的空气平均密度。

（二）可压缩空气单位体积流体的能量方程

上面我们详细讨论了单位质量流体的能量方程，但在我国矿井通风中习惯使用单位体积(1 m^3)流体的能量方程。在考虑空气的压缩性时，单位体积空气流动过程中的能量损失，即通风阻力 h，J/m^3(Pa)，可由单位质量空气流动过程中的能量损失(h_{1-2})乘以 1、2 断面间空气的平均密度 ρ_m，即 $h = h_{1-2}\cdot\rho_m$；并将式(2-18)和式(2-19)代入得：

$$h = p_1 - p_2 + \left(\frac{u_1^2}{2} - \frac{u_2^2}{2}\right)\rho_m + g\rho_m(Z_1 - Z_2),\mathrm{J/m^3} \tag{2-20}$$

$$h = p_1 - p_2 + \left(\frac{u_1^2}{2} - \frac{u_2^2}{2}\right)\rho_m + g\rho_m(Z_1 - Z_2) + H_t,\mathrm{J/m^3} \tag{2-21}$$

其中　$H_t = L_t \cdot \rho_m$。

式(2-20)和式(2-21)就是可压缩空气单位体积流体的能量方程，其中式(2-21)是有压源(H_t)时的能量方程。

四、关于能量方程使用的几点说明

从能量方程的推导过程可知，方程是在一定的条件下导出的，并对它做了适当的简化。因此，在应用能量方程时应根据矿井的实际条件，正确理解能量方程中各参数的物理意义，灵活应用。

(1) 能量方程的意义：表示单位质量(或单位体积)空气由 1 断面流向 2 断面的过程中所消耗的能量(通风阻力)等于流经 1、2 断面间空气总机械能(静压能、动能和位能)的变化量。

(2) 风流流动必须是稳定流，即断面上的参数不随时间的变化而变化；所研究的始、末断面要选在缓变流场上。

(3) 风流总是从总能量(机械能)大的断面流向总能量小的断面。在判断风流方向时，应用始、末两断面上的总能量来进行，而不能只看其中的某一项。若不知风流方向，列能量方程时，应先假设风流方向，如果计算出的能量损失(通风阻力)为正，说明风流方向假设正确；如果为负，则风流方向假设错误。

(4) 正确选择基准面。

(5) 在始、末断面间有压源时，压源的作用方向与风流的方向一致，压源为正，说明压源对风流做功；如果两者方向相反，压源为负，则压源成为通风阻力。

(6) 应用能量方程时要注意各项单位的一致性。

第三节　风流压力及压力坡度

一、压力的基本概念

空气的压力也称为空气的静压，用符号 p 表示。压强在矿井通风中习惯称为压力。它是空气分子热运动对器壁碰撞的宏观表现。其大小取决于在重力场中的位置(相对高度)、空气温度、湿度(相对湿度)和气体成分等参数。

根据分子运动论：一切物体都是由永不停止地做无规则运动的分子所组成。随着温度的升高，分子的无规则运动也因之加剧，因此把这种运动叫作分子的热运动。分子因热运动而具有动能。理想气体的分子平均动能与其绝对温度成正比。

由于无数个空气分子与井壁碰撞，结果就形成了空气作用于井壁的压力(静压或压强)。此压力与单位容积内空气分子的平均动能成正比，也就是分子运动的速度愈大，压力也愈大；同时还与单位容积内空气的分子数成正比，单位容积内空气的分子数愈多，则在单位时间内与井壁碰撞的分子数亦愈多，所以压力也就愈大。因此，可归结为：气体的压力与单位容积内气体的分子数和绝对温度成正比。

由于无数个空气分子做无规则的热运动，不断地与器壁(或井壁或巷道壁)相碰撞，平均起来对任何方向的撞击次数是相等的，故器壁各面上所受的压力也是相等的，即各向同值。同理，由于是无规则的分子热运动，平均起来使各个分子对器壁撞击力的合力垂直于器壁，因此空气的压力是垂直于器壁的。

根据上面的分析，空气的压力可用下式表示：

$$p = \frac{2}{3}n\left(\frac{1}{2}mv^2\right) \tag{2-22}$$

式中　n——单位体积内的空气分子数；

$\frac{1}{2}mv^2$——分子平移运动的平均动能。

上式阐述了气体压力的本质，是气体分子运动的基本公式之一。由式可知，空气的压力是单位体积内空气分子不规则热运动产生的总动能的三分之二转化为能对外做功的机械能。空气的压力大，表明单位体积内空气分子数目多，或者空气温度高，分子热运动的平均动能大。空气压力大小就表示单位体积空气所具有的机械能量的大小。空气压力的大小可以用仪表测定。

压力的单位为 Pa（帕斯卡，1 Pa＝1 N/m^2），压力较大时可采用 kPa（1 kPa＝10^3 Pa）、MPa（1 MPa＝10^3 kPa＝10^6 Pa）。

在地球引力场中的大气由于受分子热运动和地球重力场引力的综合作用，空气的压力在不同标高处其大小是不同的；也就是说空气压力还是位置的函数；在同一水平面、不大的范围内，可以认为空气压力是相同的；但空气压力与气象条件等因素（主要是温度）也有关，如安徽淮南地区一昼夜内空气压力的变化为 0.27～0.40 kPa；一年中的空气压力变化可高达 4.0～5.3 kPa。

二、风流点压力及其相互关系

（一）风流点压力

风流的点压力是指测点的单位体积（1 m^3）空气所具有的压力。在井巷和通风管道中流动风流的点压力，就其形成特征来说，可分为静压、动压和全压（风流中某一点的静压和动压之和称为全压）。根据压力的 2 种计算基准，压力又分为绝对压力（p）和相对压力（h）。绝对压力是指以真空为测算零点而测得的压力，相对压力是以当地当时同标高的大气压力 p_0 为测算基准测得的压力，三者之间的关系式为 $h=p-p_0$。

全压可分为绝对全压（p_t）和相对全压（h_t），静压又可分为绝对静压（p）和相对静压（h）。在图 2-5 的通风管道中，(a)图为压入式通风，在压入式通风时，风筒中任一点 i 的相对全压 h_{ti} 恒为正值，所以称之为正压通风；(b)图为抽出式通风，在抽出式通风时，除风筒的风流入口断面的相对全压为零外，风筒内任一点 i 的相对全压 h_{ti} 恒为负值，故又称为负压通风。

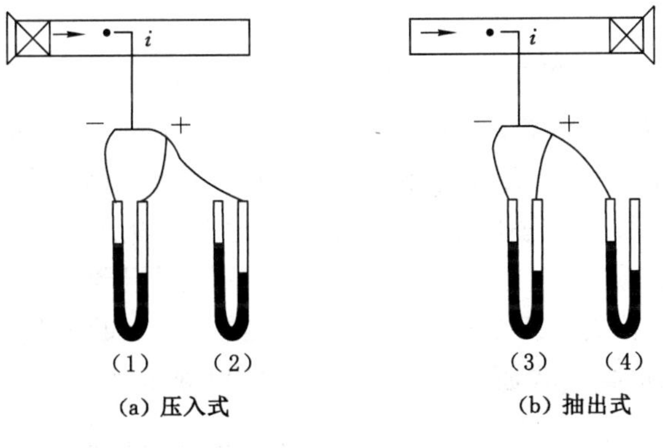

图 2-5　压入式和抽出式通风

在风筒中，断面上的风速分布是不均匀的，一般中心风速最大，风速随距中心距离增大而减小。因此，在断面上相对全压 h_{ti} 是变化的。

无论是压入式还是抽出式，其绝对全压均可用下式表示：

$$p_{ti}=p_i+h_{vi} \tag{2-23}$$

式中　p_{ti}——风流中 i 点的绝对全压，Pa；

p_i——风流中 i 点的绝对静压，Pa；

h_{vi}——风流中 i 点动压，Pa。

由于 $h_{vi}>0$，故由式(2-23)可得，风流中任一点(无论是压入式还是抽出式)的绝对全压恒大于其绝对静压：

$$p_{ti} > p_i \tag{2-24}$$

风流中任一点的相对全压为：

$$h_{ti} = p_{ti} - p_{0i} \tag{2-25}$$

式中　p_{0i}——当时当地与风道中 i 点同标高的大气压，Pa。

在压入式风道中($p_{ti}>p_{0i}$)　　$h_{ti}=p_{ti}-p_{0i}>0$

在抽出式风道中($p_{ti}<p_{0i}$)　　$h_{ti}=p_{ti}-p_{0i}<0$

由此可见，风流中任一点的相对全压有正负之分，它与通风方式有关。而对于风流中任一点的相对静压，其正负不仅与通风方式有关，还与风流流经的管道断面变化有关。在抽出式通风中其相对静压总是小于零(负值)；在压入式通风中，一般情况下，其相对静压是大于零(正值)，但在一些特殊的地点其相对静压可能出现小于零(负值)的情况，如在通风机出口的扩散器中的相对静压一般为负值。对于这一点在学习中应给予注意。

(二) 风流点压力的测定

测定风流点压力的常用仪器是压差计和皮托管。

压差计是度量压力差或相对压力的仪器。在矿井通风中测定较大压差时，常用 U 形水柱计；测值较小或要求测定精度较高时，则用各种倾斜压差计或补偿式微压计；目前，一些先进的电子微压计正在被运用于通风测定中。有关仪器的使用参见第三章。

皮托管是一种测压管，它是承受和传递压力的工具。它由 2 个同心管(一般为圆形)组成，其结构如图 2-6 所示。尖端孔口 a 与标着(+)号的接头相通，侧壁小孔 b 与标着(−)号的接头相通。

测压时，将皮托管插入风筒，如图 2-7 所示。将皮托管尖端孔口 a 在 i 点正对风流，侧壁孔口 b 平行于风流方向，只感受 i 点的绝对静压 p_i，故称为静压孔；端孔 a 除了感受 p_i 的作用外，还受该点的动压 h_{vi} 的作用，即感受 i 点的全压 p_{ti}，因此称之为全压孔。用胶皮管分别将皮托管的(+)、(−)接头连至压差计上，即可测定 i 点的点压力。如图 2-7 所示的连接，测定的是 i 点的动压；如果将皮托管(+)接头与压差计断开，这时测定的是 i 点的相对静压；如果将皮托管(−)接头与压差计断开，这时测定的是 i 点的相对全压。

下面以图 2-8 所示的抽出式通风风筒中 i 点的相对静压测定为例，说明风流点压力的

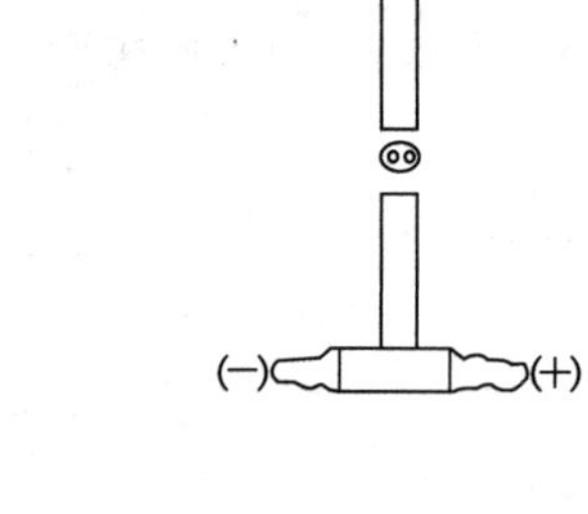

图 2-6　皮托管

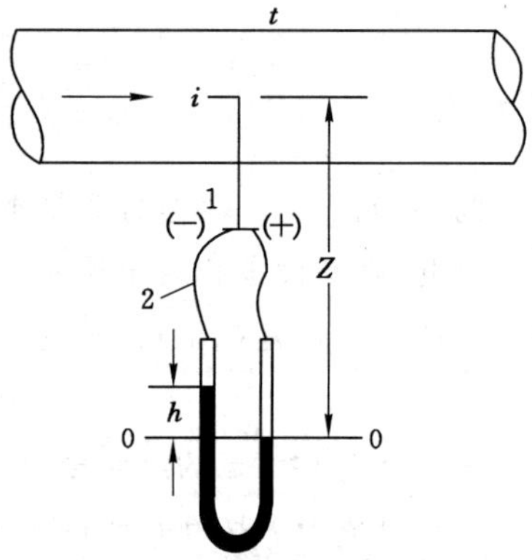

图 2-7　点压力测定

测定原理。

其测定的布置如图 2-8 所示，皮托管的(－)接头用胶皮管连在 U 形水柱计上，水柱计的压差为 h。以水柱计的等压面 0—0 为基准面。设 i 点至基准面的高度为 Z，胶皮管内的空气平均密度为 ρ_m，胶皮管外的空气平均密度为 ρ'_m；与 i 点同标高的大气压为 p_{0i}；则水柱计等压面 0—0 两侧的受力分别为：

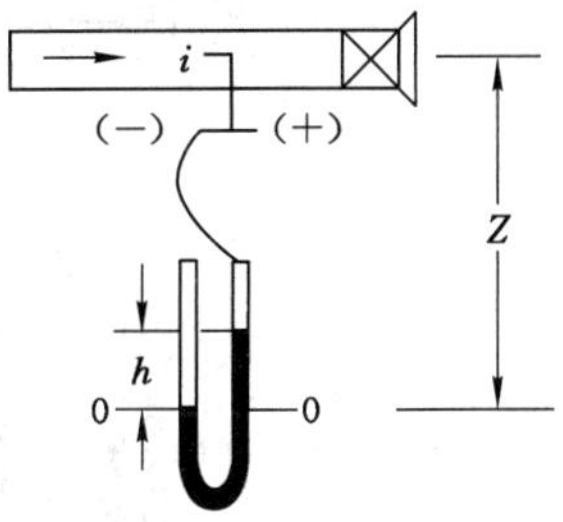

图 2-8　抽出式通风的相对静压测定

水柱计左边等压面上受到的力：

$$p_{0i}+\rho_m gZ$$

水柱计右边等压面上受到的力：

$$p_i+\rho'_m g(Z-h)+h$$

由等压面的定义得：

$$p_{0i}+\rho_m gZ=p_i+\rho'_m g(Z-h)+h$$

设 $\rho_m=\rho'_m$，且忽略 $\rho'_m gh$ 这一微小量，经整理得：

$$h=p_i-p_{0i}$$

由此可见，这样测定的 h 值就是 i 点的相对静压 h_i。试问在测定中，水柱计的放置位置是否对测值 h 有影响？请读者思考。

同理可以证明相对全压、动压及压入式通风时的情况。请读者自己证明。

(三) 风流点压力的相互关系

由上面讨论可知，风流中任一点 i 的动压、绝对静压和绝对全压的关系为：

$$h_{vi}=p_{ti}-p_i \tag{2-26}$$

h_{vi}、h_i 和 h_{ti} 三者之间的关系为：

$$h_{ti}=h_i+h_{vi} \tag{2-27}$$

由式(2-27)可知。无论是压入式还是抽出式通风，任一点风流的相对全压总是等于相对静压与动压的代数和。

对于抽出式通风，式(2-27)可以写成：

$$h_{ti}(负)=h_i(负)+h_{vi} \tag{2-28}$$

在实际应用中，习惯取 h_{ti}、h_i 的绝对值，即：

$$|h_{ti}|=|h_i|-h_{vi};|h_{ti}|<|h_i| \tag{2-29}$$

图 2-9 清楚地表示出不同通风方式时，风流中某点各种压力之间的相互关系。

例 1　如图 2-9 中压入式通风风筒中某点 i 的 $h_i=1\ 000$ Pa，$h_{vi}=150$ Pa，风筒外与 i 点同标高的 $p_{0i}=101\ 332$ Pa，求：

(1) i 点的绝对静压 p_i；

(2) i 点的相对全压 h_{ti}；

(3) i 点的绝对全压 p_{ti}。

解　(1) $p_i=p_{0i}+h_i=101\ 332+1\ 000=102\ 332$(Pa)

(2) $h_{ti}=h_i+h_{vi}=1\ 000+150=1\ 150$(Pa)

(3) $p_{ti}=p_{0i}+h_{ti}=p_i+h_{vi}=102\ 332+150=102\ 482$(Pa)

例 2　如图 2-9 中抽出式通风风筒中某点 i 的 $h_i=-1\ 000$ Pa，$h_{vi}=150$ Pa，风筒外与 i

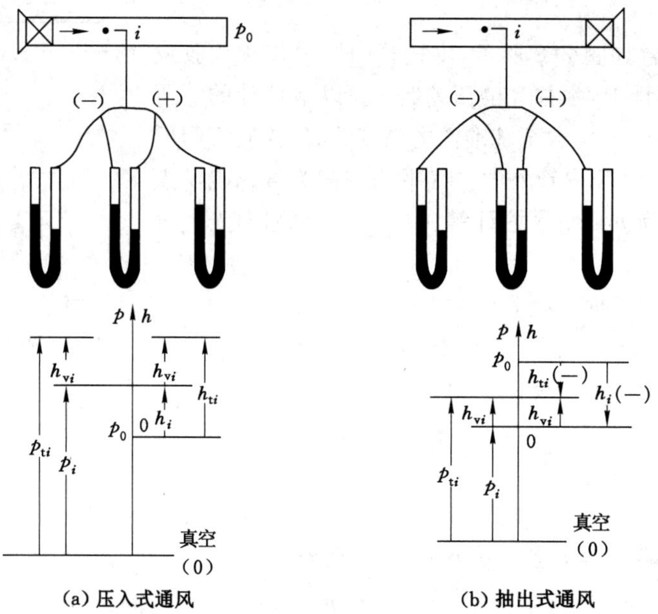

图 2-9　不同通风方式风流中某点各种压力间的相互关系

点同标高的 $p_{0i}=101\ 332$ Pa,求:

(1) i 点的绝对静压 p_i;

(2) i 点的相对全压 h_{ti};

(3) i 点的绝对全压 p_{ti}。

解　(1) $p_i=p_{0i}+h_i=101\ 332-1\ 000=100\ 332(\text{Pa})$

(2) $|h_{ti}|=|h_i|-h_{vi}=1\ 000-150=850(\text{Pa})$

(3) $p_{ti}=p_{0i}+h_{ti}=101\ 332-850=100\ 482(\text{Pa})$

三、压力坡度

通风压力坡度线是对能量方程的图形描述。从图形上比较直观地反映了空气在流动过程中压力沿程的变化规律、通风压力和通风阻力之间的相互关系以及相互转换。正确理解和掌握通风压力坡度线,将有助于加深对能量方程的理解。通风压力坡度线是通风管理和均压防灭火的有力工具。

(一) 压入式通风系统

某压入式通风系统如图 2-10 所示。在风硐内断面 1 处造成静压为 p_1,平均风速为 v_1;出风井口断面 2 处的静压等于地表大气压力 p_0,出风口平均速度为 v_2。

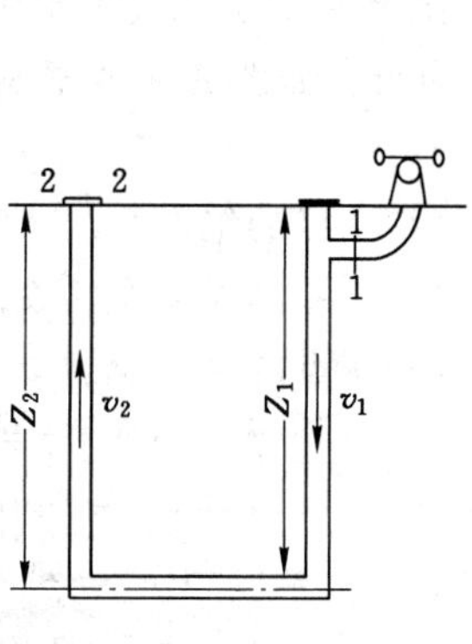

图 2-10　压入式通风系统图

由式(2-9)可得 1、2 断面的能量方程为:

$$h_{1-2}=(p_1-p_0)+\left(\frac{\rho_1 v_1^2}{2}-\frac{\rho_2 v_2^2}{2}\right)+\rho_1 gZ_1-\rho_2 gZ_2$$

式中　$H_s=p_1-p_0$——通风机在风硐中所造成的相对静压;

$H_N=\rho_1 gZ_1-\rho_2 gZ_2$——自然风压,Pa。

上式可写成：

$$\left(H_s + \frac{\rho_1 v_1^2}{2}\right) + H_N = h_{1-2} + \frac{\rho_2 v_2^2}{2} \tag{2-30}$$

对 0、1 断面分析，由于通风机入口外静压为 p_0，其风速等于 0，当忽略这段巷道的阻力不计时，其能量方程式为：

$$H_f = H_s + \frac{\rho_1 v_1^2}{2} \tag{2-31}$$

式中　H_f——通风机全压，Pa。

通风机的全压等于通风机在风硐中所造成的静压（即为通风机的静压）与动压之和。将式(2-31)代入式(2-30)得：

$$H_f + H_N = h_{1-2} + \frac{\rho_2 v_2^2}{2} \tag{2-32}$$

此式表明，通风机全压与自然风压共同作用，克服了矿井阻力，并在出风井口造成动压损失。通风机压力与矿井阻力的关系压力坡度如图 2-11 所示。

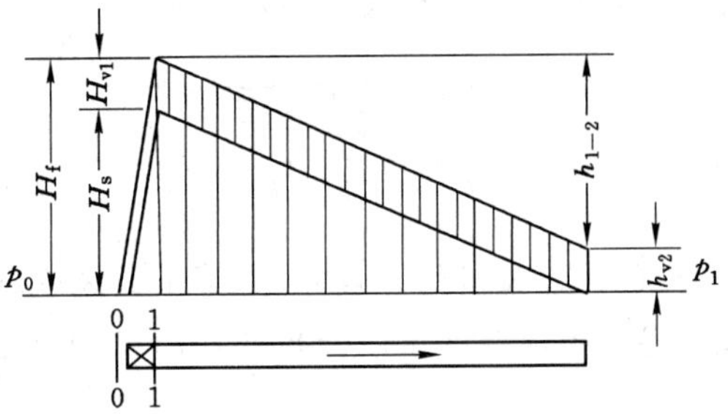

图 2-11　压入式通风系统压力坡度图

该图表明，在压入式通风机风硐内，通风机的全压 H_f 等于通风机静压 H_s 与动压 $\frac{\rho_1 v_1^2}{2}$ 之和。随着风流向前流动，由于克服矿井阻力，通风机的全压和静压都逐渐降低。在矿井出风口处，通风机的全压大部分用于克服矿井阻力 h_{1-2}，只剩下一小部分，矿井出风口的动压损失为 $\frac{\rho_2 v_2^2}{2}$。

（二）抽出式通风系统

某抽出式通风系统如图 2-12 所示。在出风井口安设抽出式通风机，在风硐中断面 2 处静压为 p_2，平均风速为 v_2。入口井口外断面 1 处静压等于地表大气压 p_0，平均风速等于零。

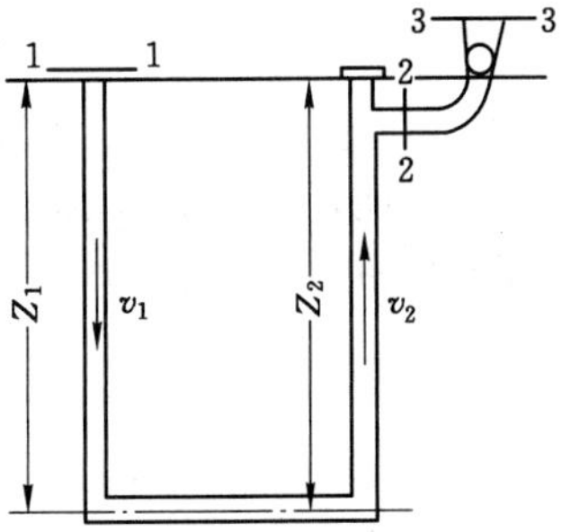

图 2-12　抽出式通风系统图

由式(2-9)可得 1、2 断面的能量方程为：

$$h_{1-2} = (p_0 - p_2) + (\rho_1 g Z_1 - \rho_2 g Z_2) - \frac{\rho_2 v_2^2}{2}$$

即

$$H_s + H_N = h_{1-2} + \frac{\rho_2 v_2^2}{2} \tag{2-33}$$

此式表明，抽出式通风时，通风机在风硐中所造成的静压(绝对值)与自然风压共同作用，克服矿井通风阻力，并在风硐中造成动压损失。为了分析通风机全压与通风阻力的关系，需要列出由通风机入口 2 到扩散塔出口 3 的能量方程式。

$$H_f = H_s + \frac{\rho_3 v_3^2}{2} - \frac{\rho_2 v_2^2}{2} + h_{2-3} \tag{2-34}$$

将式(2-33)、式(2-34)两式合并，忽略 h_{2-3} 可得：

$$H_f + H_N = h_{1-2} + \frac{\rho_3 v_3^2}{2} \tag{2-35}$$

此式说明，抽出式通风机的全压与自然风压共同作用，克服矿井通风阻力，并在通风机扩散塔出口，造成动压损失。在通风技术上，利用良好的扩散器，降低通风机出口的动压损失，对提高通风机的效率具有实际意义。

当不考虑自然风压时，在通风机的全压中，用于克服矿井阻力 h_{1-2} 那一部分，常称为通风机有效静压，以 H'_s 表示。由式(2-33)和式(2-35)不难得出：

$$H'_s = H_s - \frac{\rho_2 v_2^2}{2} \tag{2-36}$$

或

$$H'_s = H_f - \frac{\rho_3 v_3^2}{2} \tag{2-37}$$

上式说明，在抽出式通风时，通风机的有效静压，等于通风机在风硐中所造成的静压与风硐中风流动压之差，或者等于通风机的全压与扩散塔出口动压之差。抽出式通风时的压力分布如图 2-13 所示。

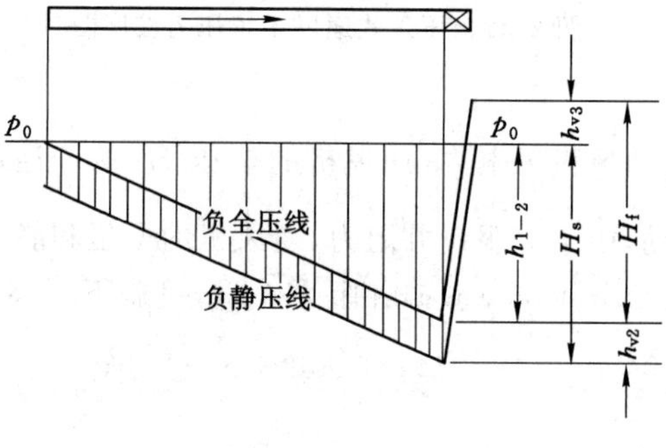

图 2-13 抽出式通风系统压力坡度图

该图表明，抽出式通风机风筒内风流的全压不等于通风机的全压，而等于矿井通风阻力。而通风机的静压 H_s 则等于通风机在风硐中所造成的静压，即该断面风流的静压。

复习思考题

2-1 何谓空气的静压，它是怎样产生的？说明其物理意义和单位。

2-2 何谓空气的重力位能？说明其物理意义和单位。

2-3 简述绝对压力和相对压力的概念。为什么在正压通风中断面上某点的相对全压大于相对静压，而在负压通风中断面某点的相对全压小于相对静压？

2-4　试述能量方程中各项的物理意义。

2-5　分别叙述在单位质量和单位体积流体能量方程中，风流的状态变化过程是怎样反映的。

2-6　在压入式通风的风筒中，测得风流中某点 i 的相对静压 $h_i=600$ Pa，动压 $h_{vi}=100$ Pa，已知风筒外与 i 点同标高处的压力为 100 kPa。

求：(1) i 点的相对全压、绝对全压和绝对静压；

(2) 将上述压力之间的关系作图表示(压力为纵坐标轴，真空为 0 点)。

2-7　在抽出式通风风筒中，测得风流中某点 i 的相对静压 $h_i=-900$ Pa，动压 $h_{vi}=160$ Pa，风筒外与 i 点同标高的 $p_{0i}=101\ 332.32$ Pa，求：

(1) i 点的绝对静压 p_i；

(2) i 点的相对全压 h_{ti}；

(3) i 点的绝对全压 p_{ti}；

(4) 将上述压力之间的关系作图表示(压力为纵坐标轴，真空为 0 点)。

2-8　用压差计和皮托管测得风筒内 A 点的相对全压 $|h|$ 为 300 Pa，相对静压 $|h_s|$ 为 240 Pa，已知空气密度为 1.2 kg/m^3，试求 A 点的风流速度，并判断通风方式。

第三章　矿井通风阻力

当空气沿井巷运动时，由于风流的黏滞性和惯性以及井巷壁面等对风流的阻滞、扰动作用而形成通风阻力，它是造成风流能量损失的原因。通常矿井通风阻力分为摩擦阻力（也称沿程阻力）与局部阻力2类，它们与风流的流动状态有关。一般情况下，摩擦阻力是矿井通风阻力的主要组成部分。

第一节　风流的流动状态

风流的流动状态分为层流与紊流。层流是指流体各层的质点互不混合，质点流动的轨迹为直线或是有规则的平滑曲线，并与管道轴线方向基本平行。紊流是指流体的质点互相强烈混合，质点的流动轨迹极不规则，除了沿流动总方向发生位移外，还有垂直于流动总方向的位移，且在流体内部存在着时而产生、时而消失的旋涡。

流体的流动状态受流体的速度、黏性和管道尺寸等影响。流体的流速越大、黏性越小、管道的尺寸越大，则流体越易成为紊流；反之，越易成为层流。可用一个无因次参数 Re（雷诺数）来表示上述三因素的综合作用，对于圆形管道：

$$Re = \frac{vd}{\nu} \tag{3-1}$$

式中　v——管道中流体的平均速度，m/s；

d——圆形管道的直径，m；

ν——流体的运动黏性系数，与流体的温度、压力有关，对于正常通风时期矿井风流，一般取平均值 $\nu=14.4\times10^{-6}$ m^2/s。

设 r 为流体的水力半径，指流体的断面 $S(m^2)$ 与流体的周界 $U(m)$ 之比，即 $r=S/U$。因风流充满管道，故在直径为 d 的圆形管道中，风流的水力半径为：

$$r = \frac{\pi d^2}{4}/(\pi d) = d/4，或\ d = 4r = 4S/U \tag{3-2}$$

代入式(3-1)，得出用于非圆形巷道风流雷诺数的计算式为：

$$Re = \frac{4vS}{\nu U} \tag{3-3}$$

据前人的实验，水流在各种粗糙壁面、平直的圆管内流动，当 $Re\leqslant2\ 000$ 时，水流呈层流状态；当 $Re>2\ 000$ 时，水流开始向紊流过渡，故称2 000为临界雷诺数；当 $Re\geqslant100\ 000$ 时，水流呈完全紊流。把这些数值近似应用于风流，便可大致估算出风流在各种流态下的平均风速。例如某巷道的断面 $S=2.5$ m^2，周界 $U=6.58$ m，风流的运动黏性系数 $\nu=14.4\times10^{-6}$ m^2/s，则用式(3-3)估算出风流开始向紊流过渡的平均风速为：

$$v = ReU\nu/(4S) = 2\ 000\times6.58\times14.4\times10^{-6}/(4\times2.5) = 0.019(m/s)$$

井巷中最低风速都在0.15 m/s以上，且大多数井巷的断面都大于2.5 m^2，故大多数井巷中的风流不会出现层流，只有风速很小的漏风风流，才可能出现层流。又如在上例中，$Re=100\ 000$ 时，该巷道内风流呈现完全紊流的平均风速约为：

$$v = 100\ 000 \times 6.58 \times 14.4 \times 10^{-6}/(4 \times 2.5) = 0.95(\mathrm{m/s})$$

第二节　摩擦阻力

一、摩擦阻力的意义和理论基础

风流在井巷中做均匀流动时，沿程受到井巷固定壁面的限制，引起内外摩擦而产生的阻力叫作摩擦阻力。所谓均匀流动是指风流沿程的速度和方向都不变，而且各断面上的速度分布相同。流态不同的风流，摩擦阻力 h_{fr} 的产生情况和大小也不同。

前人实验得出水流在圆管中的沿程阻力公式：

$$h_{\mathrm{fr}} = \frac{\lambda \rho L v^2}{2d} \tag{3-4}$$

式中　λ——实验比例系数，无因次；

ρ——水流的密度，$\mathrm{kg/m^3}$；

L——圆管的长度，m；

d——圆管的直径，m；

v——圆管内水流的平均速度，m/s。

上式是矿井风流摩擦阻力计算式的基础，它对于不同流态的风流都能应用，只是流态不同时，式中 λ 的实验表达式不同。

前人在壁面能胶结各种粗细砂粒的圆管中，实验得出流态不同的水流 λ 系数和管流雷诺数 Re 的关系。实验用管壁平均凸起的高度（即砂粒的平均直径）k(m)和管道的直径 d(m)之比来表示管壁的相对光滑度，并用阀门不断改变管内水流的速度，实验结果如图 3-1 所示，图中表明以下几种情况：

(1) 在 $\lg Re \leqslant 3.3$（即 $Re \leqslant 2\ 000$）以下，即当流体做层流运动时，由左边斜线可以看出，相对光滑度不同的所有实验点都分布于其上，λ 随 Re 的增加而减少，且与管道的相对光滑度无关，此时，λ 与 Re 的关系式为：

$$\lambda = 64/Re \tag{3-5}$$

(2) 在 $3.3 < \lg Re < 5.0$（即 $2\ 000 < Re < 100\ 000$）的范围内，即当流体由层流到紊流再到完全紊流的中间过渡状态时，λ 系数既与 Re 有关，又与管壁的相对光滑度有关。

(3) 在 $\lg Re \geqslant 5.0$（即 $Re \geqslant 100\ 000$）以上，即当流体做完全紊流状态流动时，λ 系数与 Re 无关，只与管壁的相对光滑度有关，管壁的相对光滑度越大，λ 值越小。其实验式为：

$$\lambda = \frac{1}{\left(1.74 + \lg \dfrac{d}{k}\right)^2} \tag{3-6}$$

在紊流状态下，流体的能量损失大大超过层流状态。在层流状态下，能量只损失在速度不同的流体层间的内摩擦力方面，而在紊流状态下，除这种损失外，还有消耗在因流体质点相互混杂、能量交换而引起的附加损失，当雷诺数增加到一定程度时，这种附加损失将增大到主导地位。如图 3-2 所示，紊流流体的结构可分为层流边层、过渡层和紊流区 3 个组成部分。紊流区又称紊流核，是紊流的主体，层流边层流速很小或接近于零。随着雷诺数增大，

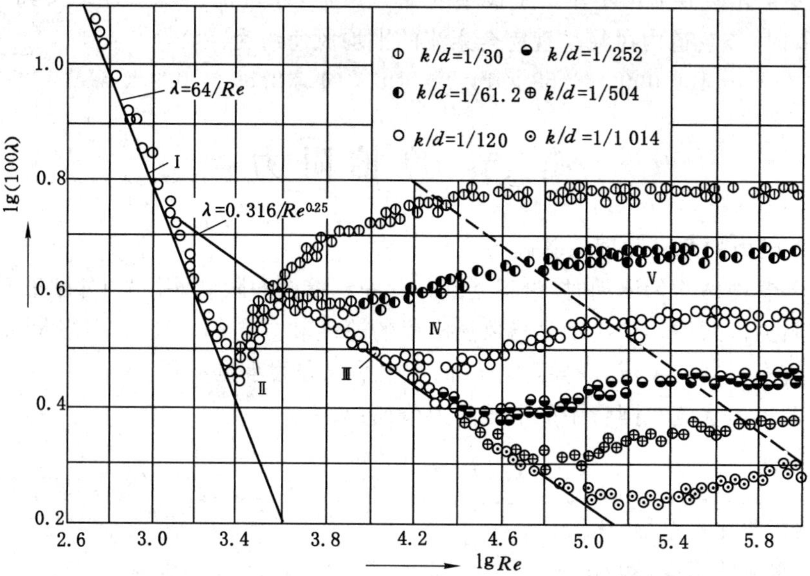

图 3-1 尼古拉茨实验图

层流边层的厚度减薄，以致不能遮盖管壁的突起高度，管壁粗糙度即对流动阻力发生影响。当 $Re \geqslant 100\ 000$，流体呈完全紊流，层流边层厚度趋于零，则如式(3-6)所示，λ 值只决定于管壁的相对粗糙度，而与 Re 无关。

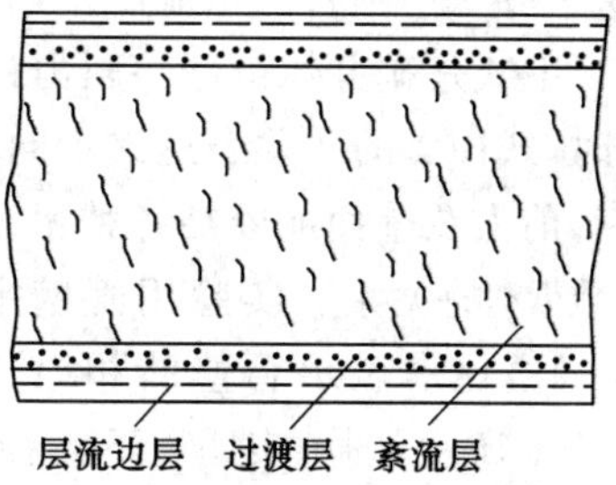

图 3-2 紊流结构简图

二、完全紊流状态下的摩擦阻力定律

前面谈到，井下多数风流属于完全紊流状态，故下面重点讨论完全紊流状态下的摩擦阻力。把式(3-2)代入式(3-4)，得：

$$h_{fr} = \frac{\lambda \rho L U v^2}{8S} \tag{3-7}$$

因矿井空气密度 ρ 变化不大，而且对于尺度和支护已定型的井巷，其壁面的相对光滑度是定值，则在完全紊流状态下，λ 值是常数。把上式中的 $\frac{\lambda \rho}{8}$ 用一个系数 α（$N \cdot s^2/m^4$ 或 kg/m^3）来表示，即

$$\alpha = \frac{\lambda \rho}{8} \tag{3-8}$$

此 α 系数称为摩擦阻力系数。在完全紊流状态下，井巷的 α 值只受 λ、ρ 的影响。对于尺寸和支护已定型的井巷，α 值只与 ρ 成正比。

将式(3-8)代入式(3-7)，得：

$$h_{fr} = \frac{\alpha L U v^2}{S} \tag{3-9}$$

若通过井巷的风量为 Q（m^3/s），则 $v = Q/S$，代入式(3-9)，得：

$$h_{fr} = \frac{\alpha LUQ^2}{S^3} \tag{3-10}$$

式(3-9)与式(3-10)都是完全紊流状态下摩擦阻力的计算式。只要知道井巷的 α、L、U、S 各值和其中风流的 Q 或 v 值,便可计算出摩擦阻力。

对于已定型的井巷,L、U 和 S 等各项都为已知数,α 值只和 ρ 成正比。故把上式中的 $\alpha LU/S^3$ 项用符号 R_{fr}($N \cdot s^2/m^8$ 或 kg/m^7)来表示,即

$$R_{fr} = \frac{\alpha LU}{S^3} \tag{3-11}$$

此 R_{fr}参数称为井巷的摩擦风阻,它反映了井巷的特征。它只受 α、L、U 和 S 的影响,对于已定型井巷,只受 ρ 的影响。

将式(3-11)代入式(3-10),得:

$$h_{fr} = R_{fr}Q^2 \tag{3-12}$$

上式就是风流在完全紊流状态下的摩擦阻力定律。当摩擦风阻一定时,摩擦阻力与风量的平方成正比。

三、层流状态下的摩擦阻力定律

前已说明,在层流状态下,具有式(3-3)的特点,而且式(3-5)也适用,故将式(3-2)、式(3-3)及式(3-5)代入式(3-4)中,得:

$$h_{fr} = \frac{2\nu\rho LU^2 v}{S^2}$$

将式 $v=Q/S$ 代入上式,得:

$$h_{fr} = \frac{2\nu\rho LU^2 Q}{S^3} \tag{3-13}$$

用一个符号 α[$N \cdot s/m^2$ 或 $kg/(s \cdot m)$]代表上式中的 $2\nu\rho$,即

$$\alpha = 2\nu\rho \tag{3-14}$$

此 α 系数叫作层流状态下的摩擦阻力系数。

将式(3-14)代入式(3-13),得:

$$h_{fr} = \frac{\alpha LU^2 Q}{S^3} \tag{3-15}$$

用一个符号 R_{fr}[$N \cdot s^2/m^5$或 $kg/(s \cdot m^4)$]代表上式中的 $\alpha LU^2/S^3$,即

$$R_{fr} = \alpha LU^2/S^3 \tag{3-16}$$

此 R_{fr}参数叫作层流状态下的摩擦风阻。

将式(3-16)代入式(3-15),得:

$$h_{fr} = R_{fr}Q \tag{3-17}$$

式(3-14)、式(3-15)、式(3-16)和式(3-17)都与完全紊流状态下相应的公式不同,式(3-17)就是风流在层流状态下的摩擦阻力定律,即层流状态下 R_{fr}一定时,h_{fr}与 Q 的一次方成正比。

四、摩擦阻力的计算方法

完全紊流状态下计算井巷摩擦阻力是新矿井通风设计的重要依据。即按照所设计的井巷长度、周界、净断面积、支护方式和要求通过的风量,以及其中有无提升运输设备等,用查表法选定该井巷的摩擦阻力系数 α 值,然后用式(3-8)或式(3-10)计算该井巷的摩擦阻力。

确定 α 值的查表法是从前人实验或实测所归纳出来的表中查出适合该井巷的标准值的方法(标准值指空气密度为 1.2 kg/m³ 的 α 值,N·s²/m⁴)。对于平原地区的新矿井通风设计,可用此标准值进行计算。

例如,某工字梁梯形支架巷道的支柱直径 $d_0=12$ cm,棚距 $l=60$ cm,净断面 $S=10$ m²,周界 $U=14$ m,长度 $L=500$ m,计划通过的风量 $Q=1\ 440$ m³/min,试计算该巷道的摩擦风阻和摩擦阻力。

解:纵口径 $\Delta=L/d_0=60/12=5$,查附录Ⅲ中附表 3-4 得 $\alpha=245\times10^{-4}\times0.84=0.020\ 6$(N·s²/m⁴)。

用式(3-8)算出摩擦风阻为:$R_{fr}=0.020\ 6\times500\times14/10^3=0.144\ 2$(N·s²/m⁸)

用式(3-9)算出摩擦阻力为:$h_{fr}=0.144\ 2\times(1\ 440/60)^2=83.06$(Pa)

投产后,若这条巷道内空气密度的实际值是 $\rho'=1.25$ kg/m³,这时该巷道的摩擦阻力系数为:

$$\alpha'=\frac{\rho'}{\rho}\cdot\alpha=\frac{1.25}{1.2}\times0.020\ 6=0.021\ 5(\mathrm{N\cdot s^2/m^4})$$

风阻变为:

$$R'_{fr}=\frac{\rho'}{\rho}\cdot R_{fr}=\frac{1.25}{1.2}\times0.144\ 2=0.150\ 2(\mathrm{N\cdot s^2/m^8})$$

摩擦阻力变为:

$$h'_{fr}=\frac{\rho'}{\rho}\cdot h_{fr}=\frac{1.25}{1.2}\times83.06=86.52(\mathrm{Pa})$$

或

$$h'_{fr}=R'_{fr}Q^2=0.150\ 2\times\left(\frac{1\ 440}{60}\right)^2=86.52(\mathrm{Pa})$$

这条设计巷道若用于某高原矿井,该井下空气的平均密度为 0.9 kg/m³。这时,该巷道的摩擦阻力系数为:

$$\alpha''=\frac{0.9}{1.2}\times0.020\ 6=0.015\ 45(\mathrm{N\cdot s^2/m^4})$$

摩擦风阻为:

$$R''_{fr}=\frac{0.9}{1.2}\times0.144\ 2=0.108\ 2(\mathrm{N\cdot s^2/m^8})$$

摩擦阻力为:

$$h''_{fr}=\frac{0.9}{1.2}\times83.06=62.30(\mathrm{Pa})$$

以上计算表明,高原矿井比平原矿井的空气密度小,对特征相同的井巷,其摩擦阻力系数和摩擦风阻都较小,通过相同的风量,高原矿井的摩擦阻力小。

五、降低摩擦阻力的措施

降低矿井通风阻力,在安全(治理自然发火和瓦斯)和经济(减少通风电费)方面都有重要意义。摩擦阻力是矿井通风阻力的主要组成部分,降低矿井通风阻力故要以降低摩擦阻力为重点。根据式(3-10)可知,要降低摩擦阻力需从以下几个方面来考虑:

(1) 降低摩擦阻力系数。例如 A、B 两条规格尺寸和通过风量都相同的巷道,支护方式都是混凝土砌碹,但 A 巷的壁面抹灰浆,并注意施工质量,壁面比较光滑,其摩擦阻力系数

$\alpha_A=39.2/10^4$(表 3-2);B 巷不抹灰浆,施工质量较差,壁面比较粗糙,其摩擦阻力系数 $\alpha_B=68.6/10^4$(表 3-2)。α_B 比 α_A 大 75%,因而 B 巷比 A 巷的摩擦阻力和通风电费都大 75%。此例说明,选择摩擦阻力系数较小的支护方式,注意施工质量和维护质量,尽可能使井巷壁面平整光滑,是降低摩擦阻力的重要措施。因此,对于主要的井巷,要尽可能采用砌碹的支护方式;对于无支护的巷道,要尽可能使壁面平整;对于用棚子支护的采区巷道,也要尽可能使支架整齐、背好帮顶。

(2) 扩大巷道断面。因巷道周界与断面的 1/2 次方成正比,把这个关系引入式(3-7),便知摩擦阻力和断面的 2.5 次方成反比。即断面的扩大,会使摩擦阻力显著减少。因此,扩大巷道断面是降低摩擦阻力的主要措施。改造通风困难的矿井,几乎都采用这种措施。例如把某些总回风道的断面扩大;必要时,甚至开掘并联巷道。在通风设计时,应综合考虑使用年限、开掘费、维护费和通风电费等因素,选定主要回风道和总回风道的经济断面(即总费用最小的断面)。

(3) 选用周界较小的井巷。井巷的周界与摩擦阻力成正比,在断面相同的条件下,以圆形断面的周长为最小,拱形次之,梯形最大。故井筒要采用圆形断面;主要巷道要采用拱形断面;只有采区内的服务期限不长的巷道可采用梯形断面。

(4) 缩短通风流程。因巷道的长度和摩擦阻力成正比,进行通风系统设计时,在满足开采需要的条件下,要尽可能缩短通风流程。例如,中央并列式通风系统的阻力过大时,可改为两翼式通风系统,以缩短回风路线长度。

(5) 避免巷道内风量过大。摩擦阻力与风量的平方成正比。巷道内的风量如果过大,摩擦阻力就会大大增加。因此,要尽可能使矿井的总进风早分开,总回风晚汇合,即风流“早分晚合”。

第三节 局部阻力

一、局部阻力的概念

风流在井巷的局部地点,由于速度或方向突然发生变化,导致风流本身产生剧烈的冲击,形成极为紊乱的涡流,因而在该局部地带产生一种附加的阻力,称为局部阻力。井下产生局部阻力的地点较多,例如巷道拐弯、分岔和汇合处,巷道断面变化处,进风井口和回风井口等。

二、局部阻力定律

前人实验证明,在完全紊流状态下,不论井巷局部地点的断面、形状和拐弯如何变化,所产生的局部阻力都和局部地点的前面或后面断面上的动压成正比。例如图 3-3 所示突然扩大的巷道,该局部地点的局部阻力为:

$$h_{er}=\xi_1 h_{v1}=\xi_2 h_{v2}=\xi_1\frac{\rho v_1^2}{2}=\xi_2\frac{\rho v_2^2}{2} \qquad (3\text{-}18)$$

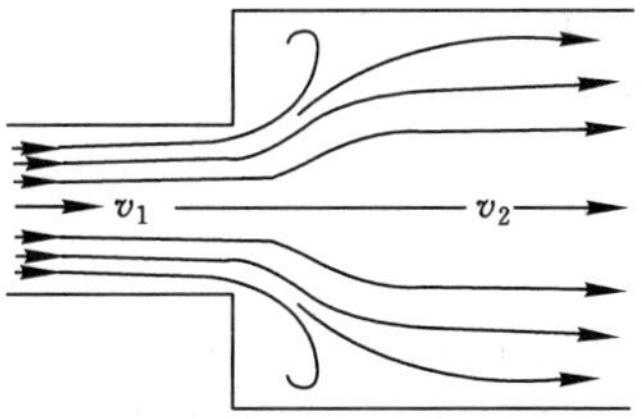

图 3-3 突然扩大的巷道

式中 v_1,v_2——分别是局部地点前后断面上的平均风速,m/s;

ξ_1,ξ_2——局部阻力系数,无因次,分别对应于 h_{v1}、h_{v2}。对于形状和尺寸已定型的局部地点，这两个系数都是常数，但它们彼此不相等，可以任用其中的一个系数和相应的动压计算局部阻力；

ρ——局部地点的空气密度，kg/m^3。

若通过局部地点的风量为 Q，前后两个断面积是 S_1 和 S_2，则两个断面上的平均风速为：

$$v_1 = \frac{Q}{S_1};v_2 = \frac{Q}{S_2}$$

代入式(3-18)，得：

$$h_{er} = \xi_1 \frac{Q^2\rho}{2S_1^2} = \xi_2 \frac{Q^2\rho}{2S_2^2} \tag{3-19}$$

令

$$R_{er} = \xi_1 \frac{\rho}{2^2 S_1} = \xi_2 \frac{\rho}{2S_2^2}(N \cdot s^2/m^8) \tag{3-20}$$

式中，R_{er} 称为局部风阻。当局部地点的规格尺寸和空气密度都不变时，R_{er} 是一个常数。将式(3-20)代入式(3-19)，得：

$$h_{er} = R_{er} \cdot Q^2, Pa \tag{3-21}$$

上式表示完全紊流状态下的局部阻力定律，和完全紊流状态的摩擦阻力定律一样，当 R_{er} 一定时，h_{er} 与 Q 的平方成正比。

三、局部阻力的计算方法

在一般情况下，由于矿井内风流的动压较小，所产生的局部风阻也较小，井下各处的局部阻力之和只占矿井总阻力的10%～20%左右。故在通风设计工作中，一般不逐一计算井下各处的局部阻力，只在这个百分数范围内估计一个总数。但对掘进通风用的风筒和风量较大的井巷，由于其中风流的动压较大，就要逐一计算局部阻力。

计算局部阻力时，用式(3-18)比较简便。先要根据井巷局部地点的特征，对照附录Ⅲ中附表 3-16 和附表 3-17，查出局部阻力系数的近似值，然后用指定的相应风速进行计算。

四、降低局部阻力的措施

由于局部阻力与风速的平方(或风量的平方)成正比。故对于风速高、风量大的井巷，更要注意降低局部阻力，即在这些井巷内，要尽可能避免断面的突然扩大或突然缩小；尽可能避免拐 90°的弯，拐弯处的内侧和外侧要做成斜面或圆弧形，拐弯的弯曲半径应尽可能加大，还可设置导风板；尽可能避免突然分岔和突然汇合，分岔和汇合处的内侧要做成斜面或圆弧形。对于风速大的风筒，要悬挂平直，拐弯的弯曲半径要尽可能加大。此外，在主要巷道内不得随意停放车辆、堆积木材或器材；必要时，宜把正对风流的固定物体(例如罐道梁)做成流线型。

第四节　通风阻力定律和特性

一、通风阻力定律

所谓通风阻力定律，就是前面所述的摩擦阻力定律和局部阻力定律的结合，也就是通风阻力、风阻和风量 3 个参数相互依存的规律。

在完全紊流状态下，通风阻力定律是：

$$h = RQ^2, Pa \tag{3-22}$$

即 h 与 $R(N \cdot s^2/m^8)$ 的一次方成正比，与 $Q(m^3/s)$ 的平方成正比。若某一井巷通过一定风量，同时产生摩擦阻力和局部阻力，则 h 和 R 分别是该井巷的通风阻力和总风阻。对于一个矿井来说，h、R 和 Q 分别代表该矿井的通风阻力、总风阻和总风量。

在层流状态下，通风阻力定律是：

$$h = RQ \tag{3-23}$$

即 h 与 $R(\mathrm{N \cdot s^2/m^8})$ 的一次方成正比，与 $Q(\mathrm{m^3/s})$ 的一次方成正比。

在中间过渡状态下，通风阻力定律是：

$$h = RQ^x \tag{3-24}$$

即 h 和 $R(\mathrm{N \cdot s^x/m^{2+3x}})$ 的一次方成正比，和 $Q(\mathrm{m^3/s})$ 的 x 次幂成正比。指数 x 大于 1 而小于 2。

上述通风阻力定律是矿井通风学科中最基本的定律。只有井下个别风速较小的地方才可能用到层流或中间过渡状态下的通风阻力定律。

二、井巷的通风特性

某一井巷或矿井的通风特性就是该井巷或矿井所特有的反映通风难易程度或通风能力大小的指标。这种特性可用该井巷或矿井的风阻值的大小来表示。即风量相同时，风阻大的井巷或矿井，通风阻力必大，表示通风困难，通风能力小；反之，风阻小的井巷或矿井，通风阻力必小，表示通风容易，通风能力大。通风阻力相同时，阻力大的井巷或矿井，风量必小，表示通风困难，通风能力小；反之，风阻小的井巷或矿井，风量必大，表示通风容易，通风能力大。所以，井巷或矿井的通风特性又称风阻特性。

为了形象化，习惯引用一个和风阻的数值相当、意义相同的假想的孔口面积值($\mathrm{m^2}$)来表示井巷或矿井的通风难易程度。这个假想的孔口称作井巷或矿井的等积孔（又称当量孔）。具体来说，等积孔是指衡量井巷通风难易程度的假想薄板孔口的面积值，假定在无限空间有一薄壁，在薄壁上开一面积为 A 的孔口，当孔口通过的风量等于矿井风量，而且孔口两侧的风压差等于矿井通风阻力时，孔口的面积 A 就是矿井的等积孔。

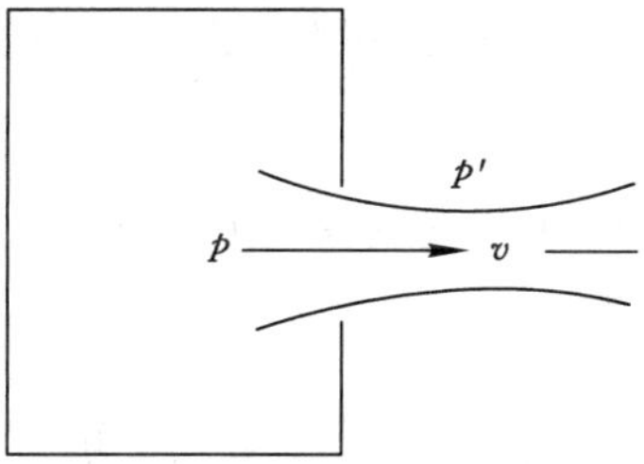

图 3-4　等积孔假想模型

由于等积孔不是实物，宜用一种假想的模型（图 3-4）来说明式(3-25)的来源：假设压气缸内的静压为 p，动压等于零；孔口外气流收缩最小处的静压为 p'，动压为 $\rho v^2/2$，式中 v 为收缩最小处的速度，ρ 为空气的密度。当孔口的面积值 A 一定时，p 与 p' 差值越大，孔口流出的风量 Q 就越大。这种关系好比某一井巷或矿井的风阻值一定时，通风阻力 h 越大，通过该井巷或矿井的风量就越大，因此，需要找出 h_s、A 和 Q 的关系式来模拟井巷或矿井的通风阻力定律。为了简化关系式，假设气流突然扩大的局部阻力为零，则得：

$$p - (p' + \frac{\rho v^2}{2}) = 0 \tag{3-25}$$

即

$$h_s = p - p' = \frac{\rho v^2}{2}, \mathrm{Pa} \tag{3-26}$$

因气流收缩最小处的面积 A' 平均为孔口面积 A 的 65%，则流出的风量为：

$$Q = v \cdot A' = v \cdot A \times 65\% = \sqrt{2h_s/\rho} \times 65\% A, \mathrm{Pa} \tag{3-27}$$

即 $$A = Q/(0.65\sqrt{2h_s/\rho}),\mathrm{m^2}$$

将上式用于矿井通风，则式中的 h_s 代表井巷或矿井的通风阻力 h，Q 代表通过井巷或矿井的风量。若取井下的空气密度平均值为 1.2 kg/m³，故上式变为：

$$A = Q/(0.65\sqrt{2h/1.2}) = 1.191\,7Q/\sqrt{h},\mathrm{m^2} \tag{3-28}$$

其面积值 A 用下式计算：

$$A = 1.191\,7Q/\sqrt{h},\mathrm{m^2} \tag{3-29}$$

式中 Q——通过井巷或矿井的风量，m³/s；

h——井巷或矿井的通风阻力，Pa。

既然 A 和 R 的数值相当，便可得出 A 和 R 的转换公式，把式(3-22)代入式(3-29)，得：

$$A = 1.191\,7/\sqrt{R} \tag{3-30}$$

上式表示 A 和 $\sqrt{R}$ 成反比，即井巷或矿井的 R 值大，相应的 A 值就小，表示该井巷或矿井通风困难，反之亦然。

用矿井等积孔 A 和矿井风阻 R 表示矿井通风的难易程度实质上一样，只是矿井等积孔比矿井风阻更形象。值得指出的是，矿井等积孔仅仅是评定矿井通风难易程度的一个指标，它并不能全面地反映矿井通风难易程度。矿井通风难易程度的评判应当从矿井通风的根本目的（供给井下充足的新鲜空气，冲淡有毒有害气体，创造良好的生产环境）入手，具体应考虑：① 矿井总风量是否满足需要；② 井下各用风区域间的风量调配是否容易；③ 矿井瓦斯涌出量的大小；④ 矿井开采强度；⑤ 采煤方法；等等。

三、风流的功率与电耗

通风困难的井巷或矿井，其风流的功率必大，电耗必多。物体在单位时间内所做的功叫作功率，其计量单位是 kW。风流的风压 h 乘以风量 Q 的计量单位是：

$$\mathrm{Pa\cdot m^3/s} = \frac{\mathrm{N}}{\mathrm{m^2}}\cdot\frac{\mathrm{m^3}}{\mathrm{s}} = \mathrm{N\cdot m/s} = \mathrm{J/s} = \mathrm{W} = \frac{1}{1\,000}\mathrm{kW}$$

故风流功率的计算式为：

$$N = h\cdot Q/1\,000 \tag{3-31}$$

矿井一天的通风电费是：

$$C = \frac{24h_f\cdot Q_f\cdot e}{1\,000\eta} \tag{3-32}$$

式中 h_f——矿井主要通风机的风压，Pa；

Q_f——通过主要通风机的风量，m³/s；

24——一天的小时数，h/d；

e——每度电的单价，元/(kW·h)；

η——风机的效率和输电、变电、传动等总效率。一般地，风机与电机直接传动时，取 0.6；间接传动时，取 0.5。

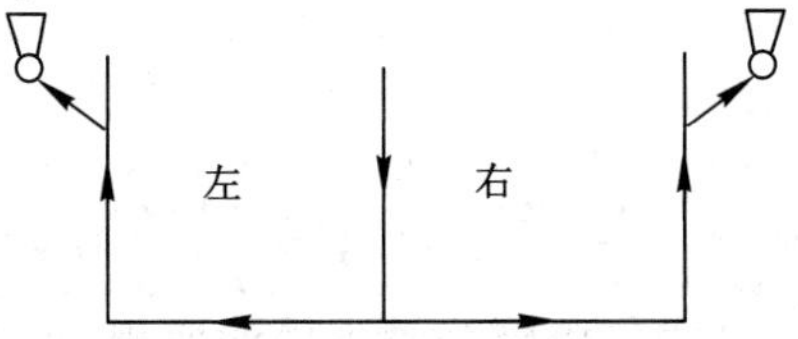

图 3-5 示例矿井

例 如图 3-5 所示的矿井，左右两翼的通风阻力分别为 $h_{r1}=1\,274$ Pa；$h_{r2}=1\,960$ Pa；通过主要通风机的风量分别为 $Q_{f1}=60$ m³/s，$Q_{f2}=70$ m³/s；两翼的外

部漏风率分别为 $L_{e1}=4\%$；$L_{e2}=5\%$；则两翼的总回风量分别为：

$$Q_{m1}=(1-L_{e1})Q_{f1}=(1-4\%)\times 60=57.6(m^3/s)$$

$$Q_{m2}=(1-L_{e2})Q_{f2}=(1-5\%)\times 70=66.5(m^3/s)$$

两翼不包括外部漏风的风阻分别是：

$$R_1=h_{r1}/Q_{m1}^2=1\ 274/(57.6)^2=0.383\ 99(N\cdot s^2/m^8)$$

$$R_2=h_{r2}/Q_{m2}^2=1\ 960/(66.5)^2=0.443\ 21(N\cdot s^2/m^8)$$

左翼不包括外部漏风的风阻曲线方程是：

$$h_1=0.383\ 99Q_1^2$$

以任意 6 个 Q 值代入上式，得出相应的 h 值。同理可得右翼不包括外部漏风的风阻曲线方程，并得出 6 个 Q 值对应的 h 值，结果如表 3-1 所列。用这些对应数值可画出图 3-6 所示的左、右翼不包括外部漏风的风阻曲线 1 和 2。

表 3-1　风阻风量对应数值表

$Q/(m^3\cdot s^{-1})$	0	20	40	60	80	100
h_1/Pa	0	153.6	614.4	1 382.4	2 457.5	3 839.9
h_2/Pa	0	177.3	709.1	1 595.6	2 836.5	4 432.1

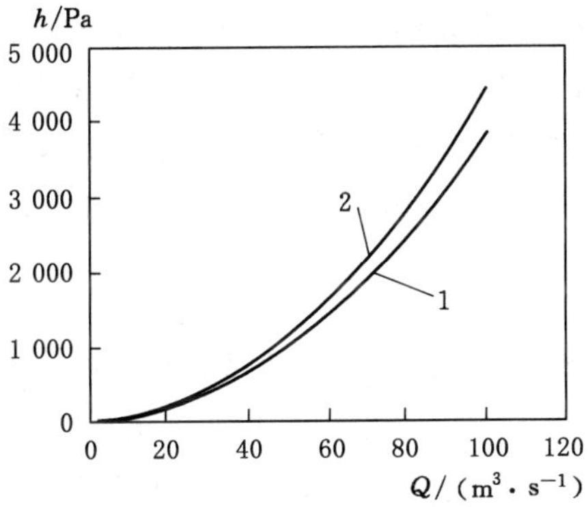

图 3-6　风阻曲线

两翼不包括外部漏风的等积孔分别是：

$$A_1=1.191\ 7\times 57.6/\sqrt{1\ 274}=1.92(m)^2$$

$$A_2=1.191\ 7\times 66.5/\sqrt{1\ 960}=1.79(m)^2$$

为了计算全矿的总风阻和总等积孔，须先求出全矿的总阻力，因全矿的风流总功率等于左右两翼风流的功率之和，即：

$$h_r(Q_{m1}+Q_{m2})=h_{r1}Q_{m1}+h_{r2}Q_{m2}$$

故
$$h_r=\frac{h_{r1}Q_{m1}+h_{r2}Q_{m2}}{Q_{m1}+Q_{m2}}=\frac{1\ 274\times 57.6+1\ 960\times 66.5}{57.6+66.5}=1\ 641.6(Pa)$$

则全矿不包括外部漏风的总风阻是：

$$R=h_r/(Q_{m1}+Q_{m2})^2=1\ 641.6/(57.6+66.5)^2=0.106\ 59(N\cdot s^2/m^8)$$

全矿不包括外部漏风的总等积孔是：

$$A = 1.191\,7(Q_{m1} + Q_{m2})/\sqrt{h_r} = 1.191\,7 \times (57.6 + 66.5)/\sqrt{1\,641.6} = 3.65(m^2)$$

或
$$A = 1.191\,7/\sqrt{R} = 1.191\,7/\sqrt{0.106\,59} = 3.65(m^2)$$

对于用多台主要通风机的矿井，都要用这种方法计算全矿的总风阻和总等积孔。只有 $h_{r1}=h_{r2}$ 时，才能用 $A=A_1+A_2$ 计算。

若两翼主要通风机的风压分别是 $h_{f1}=h_{r1}$，$h_{f2}=h_{r2}$，且两翼通风机电设备总效率 $\eta_1=\eta_2=0.6$，电费单价 $e=0.54$ 元/(kW·h)，则两翼一天的通风电费分别是：

$$C_1=\frac{h_{f1}\cdot Q_{f1}\times 24\times e}{1\,000\eta_1}=\frac{1\,274\times 60\times 24\times 0.54}{1\,000\times 0.6}=1\,651.10(\text{元/天})$$

$$C_2=\frac{h_{f2}\cdot Q_{f2}\times 24\times e}{1\,000\eta_2}=\frac{1\,960\times 70\times 24\times 0.54}{1\,000\times 0.6}=2\,963.52(\text{元/天})$$

每天全矿的通风电费是：

$$C=C_1+C_2=1\,651.10+2\,963.52=4\,614.62(\text{元/天})$$

第五节　通风阻力测量

矿井通风阻力大小及其分布是否合理，直接影响主要通风机的工作状况和井下采掘工作面的风量分配，也是评价矿井通风系统和通风管理优劣的主要指标之一。测量矿井通风阻力是矿井通风管理部门的日常和基础工作之一，是进行通风管理和通风设计的依据，也是掌握生产矿井通风情况的重要手段。《煤矿安全规程》规定：新井投产前必须进行 1 次矿井通风阻力测定，以后每 3 年至少进行 1 次。矿井转入新水平生产或改变一翼通风系统后，必须重新进行矿井通风阻力测定。

一、通风阻力测定原理

目前，通风阻力测量的常用方法有气压计法（用气压计不用连接两测点的测法）和压差计法（胶皮管和压差计把两测点连起来的测法）2 种。两种方法相比，气压计法是目前通风阻力测量所采用的主要方法，该方法测量所用的仪器体积小，重量轻，测量工作简便、快速、省人、省时、省力，适合于全矿性的大规模通风阻力的测量。本节重点介绍气压计法测定井巷阻力。

用气压计测量通风阻力，实质是基于能量守恒原理，测定各测点间的空气静压差、动压差以及位压差，进而计算测点间通风阻力。即：

$$h_{1-2} = (p_1 - p_2) + g\rho_{12}(Z_1 - Z_2) + (\rho_1\frac{v_1^{\ 2}}{2} - \rho_2\frac{v_2^{\ 2}}{2}) \tag{3-33}$$

式中　p_1，p_2——分别为起、末两测点风流的绝对静压，Pa；

其他符号意义同前。

气压计法测量通风阻力是用精密气压计测出两测点间的绝对静压差，再加上动压差和位压差，以计算通风阻力。气压计法又分为基点法和同步法。

（一）基点法

将一台气压计留在基点监测大气压变化，另一台作为测压仪器从基点开始测量每一测点的静压力。如果在测量时间内大气压和通风状况没有变化，那么两测点的绝对静压差就是气压计在两测点的仪器读数差值，即：

$$p_1 - p_2 = h_1 - h_2 \tag{3-34}$$

式中　h_1, h_2——前、后测点的气压计读数，Pa。

由于地面大气压和矿井通风状况都有可能随时发生变化。因此，井下任一点的绝对静压也要随之变化。这就必须根据基点设置的气压计读数，对这两测点的绝对静压进行校正，即：

$$p_1 - p_2 = (h_1 - h_2) - (h'_1 - h'_2) \tag{3-35}$$

将式(3-35)代入式(3-33)，则两点间的通风阻力为：

$$h_{1-2} = (h_1 - h_2) - (h'_1 - h'_2) + g\rho_{12}(Z_1 - Z_2) + (\rho_1 \frac{v_1^{\ 2}}{2} - \rho_2 \frac{v_2^{\ 2}}{2}) \tag{3-36}$$

式中　h'_1——读取 h_1 时基点的气压计读数，Pa；

h'_2——读取 h_2 时基点的气压计读数，Pa。

（二）同步法

用 2 台气压计同时放在 2 个测定点，并约定时间同步读取 2 台仪器的测定值，如此循环测量，直至测定完毕。因为 2 个测点的静压值是同步读取的，所以不需要进行大气压变化的校正。在实际测定中，要始终保持 2 个测点的同步测定是相当困难的，因此矿井通风阻力测定主要采用基点法。

二、通风阻力测定及计算的参数

(1) 测定的参数主要包括各测点的风流压力、温度、湿度、风速、巷道断面等。

(2) 通过测量任意两点间的通风阻力和风量，计算其风阻值($R=h/Q^2$)。

(3) 依据计算得出的巷道风阻值和实测的巷道尺寸参数，计算出巷道的摩擦阻力系数($\alpha=\frac{hS^3}{LUQ^2}$)。

三、通风阻力测定步骤

（一）图纸资料的准备

为做好通风阻力的测定工作，下井测定之前需收集当前矿井的通风系统平面图、通风网络图、矿井开拓开采工程平面图。调查主要通风机运行的工况点和稳定性，井下各用风地点的风量、风速、巷道断面和支护状况，以及主要进风、回风、采区巷道的风量、风速、断面、支护状况等。在此基础上需绘制矿井通风系统平面示意图、通风系统网络图和通风系统立体示意图。

利用气压计法进行阻力测定时，测点的标高是影响测定结果的一个重要因素。为此，在选择测点时应对每个测点的标高进行认真的核查。

（二）仪器设备的准备

实测之前，所用仪器仪表都需进行严格的检验，每个井下测组配备的仪器、仪表和用品如表 3-2 所列。

表 3-2　井下测组测量仪器、仪表和用品

序号	名　称	型　号	数　量	用　途
1	精密气压计		1	测气压
2	干湿温度计		1	测干湿温度
3	高、中、低速风表		3	测风速

表 3-2(续)

序号	名　称	型　号	数　量	用　途
4	秒表		1	测风计时
5	皮尺	5 m	1	测断面尺寸
6	手表	机械表	1	记录测量时间
7	竹竿	2 m	1	辅助测量
8	记录表格	自制	若干	测风和测压记录

注：表中所用仪器、仪表在测量前需收集和标定有关的校正系数。

（三）记录表格设计

阻力测量的数据量大，井下巷道关系错综复杂，记录容易出错。为此，按测量分工和数据处理的需要，设计出基点大气压变化记录表、测风点巷道断面及风速测量记录表、矿井巷道阻力测点大气参数测量记录表，以便完整、准确地记录各个测点数据和有关情况。这些表格的表头格式分别如表 3-3 至表 3-5 所列。

表 3-3　基点大气压变化记录表

监测时间(时：分)	气压计读数/Pa	干温度/℃	湿温度/℃

表 3-4　测风点巷道断面及风速测量记录表

测点	风表读数		风表号			全高 /m	净宽 /m	巷道 形状	支护 方式	测点附近 巷道素描
	1	2	高	中	微					
A										
B										
C										
D										
E										

表 3-5　矿井巷道阻力测点大气参数测量记录表

测点标高：		测点位置：		测定日期：　月　日		
测定时间(时：分)	压差读数 /Pa	大气压力 /hPa	干温度 /℃	湿温度 /℃	顶底板 高差/m	气压计名称： 气压计编号：

（四）测点布置及测线选择

测点布置原则上按照分风点和汇风点选择，但对风量变化不大、距离相近的巷道，阻力测定影响不大的节点进行合并和简化。此外，在选择测点时，还应考虑到风门、风窗、运输机胶带等通风设施的影响。测定路线一般按风流方向顺次测定。

（五）人员组织

为确保阻力测定工作的顺利完成，要成立通风阻力测定领导机构，根据测定内容不同，成立压力测量组、风量与密度测量组、记录与测算组等。各成员由组长提前做好分工，明确任务。每人应根据任务，掌握所需测定项目的测定方法，熟悉仪表的使用方法、性能和注意事项。如果测定范围很大，可以根据测定路线分成若干区域，由几个组同时测量。分组测量时，仪表种类、校正方法、测量方法、读数和计算精度应保持一致。

四、阻力参数计算与处理

（一）相关参数计算

在获取所有测点的测量原始数据后，首先对精密气压计、风表、干湿温度计的读数进行校正，然后按下述步骤计算各项参数。

（1）计算测点空气密度

$$\rho_i = 0.003\,488\frac{p_i}{273.15 + t_d}\left(1 - \frac{0.378\varphi_i p_{vi}}{p_i}\right),\text{kg/m}^3 \qquad (3\text{-}37)$$

式中　p_i——测点 i 气压校正值，Pa；

t_d——测点 i 空气的干温度，℃；

φ_i——测点 i 空气的相对湿度，%；

p_{vi}——空气温度下的饱和水蒸气压力，Pa。

（2）计算测点动压 h_{vi}

$$h_{vi} = \frac{1}{2}\rho_i v_i^2,\text{Pa} \qquad (3\text{-}38)$$

式中　v_i——测点 i 断面上的平均风速，m/s。

（3）计算测点标高 Z_i

选择的测点标高绝大多数可以从地质资料直接查找获得，个别测点标高，由地测人员根据标高控制的基点标高和巷道倾斜角度推算出，所以较为翔实、可靠，所给出的标高均为底板标高。

（4）巷道几何参数的获取

巷道断面积、周长计算参见表 3-6。

表 3-6　巷道断面和周长计算公式表

断面形状	断　面　积	周　　长
梯形	$S_L = H_L \cdot B_L$	$U_L = 4.16\sqrt{S_L}$
半圆拱	$S_L = (H_L - 0.173B_L) \cdot B_L$	$U_L = 3.84\sqrt{S_L}$
三心拱	$S_L = (H_L - 0.0867B_L) \cdot B_L$	$U_L = 4.10\sqrt{S_L}$
圆形	$S_L = \pi \cdot R^2$	$U_L = 2\pi \cdot R$
矩形	$S_L = H_L \cdot B_L$	$U_L = 2(H_L + B_L)$

注：H_L——巷道全高，m；B_L——巷道中心宽度，m；R——圆半径，m。

(5) 计算巷道风量

$$Q_L = S_L \cdot v_L \tag{3-39}$$

式中 v_L——巷道 L 断面上的平均风速,m/s。

(6) 计算巷道风阻 R_L

$$R_L = h_L / Q_L^2 \tag{3-40}$$

(7) 计算巷道标准风阻 R'_L

$$R'_L = 1.2 R_L / \rho_L \tag{3-41}$$

(8) 计算巷道摩擦阻力系数 α_L

$$\alpha_L = \frac{R_L S^3}{U_L L} \tag{3-42}$$

(9) 计算巷道标态摩擦阻力系数 α'_L

$$\alpha'_L = 1.2 \alpha_L / \rho_L \tag{3-43}$$

(10) 计算巷道百米风阻 R_{100}

$$R_{100} = \frac{R_L}{L} \times 100 \tag{3-44}$$

(11) 计算巷道标态百米风阻 R'_{100}

$$R'_{100} = 1.2 R_{100} / \rho_L \tag{3-45}$$

(12) 测算自然风压

利用测线上各测点测算所获得的空气密度和标高值,采取平均密度法,求该测线上的逐段位压差代数和,即可得出该测线上整个闭合回路的自然风压。值得指出的是,虽然测线上各巷道分支也存在自然风压,但其数值并不等于分支的位压差。分支的自然风压可由巷道 k 中风流在换热过程前后的位压差的变化值确定:

$$h_{Nk} = -g\left(\int \rho_k \, dZ_k - \int \rho_0 \, dZ_k\right) \tag{3-46}$$

式中 ρ_k,ρ_0——风流与巷道四周环境有、无热交换的密度,kg/m^3;

Z_k——巷道 k 的标高,m。

(二) 测定结果检验

受仪器本身的精度及人为等多种因素的影响,通风阻力的测定结果难免存在一定的误差,只有将这种误差限定在一定范围内,才能保证测定结果的可靠性,因此必须对测定结果进行精度检验。

矿井系统阻力测定误差是指按通风机房水柱计读数计算出系统理论通风阻力与实测系统通风阻力相比较而得出的相对误差,其值可按式(3-47)计算:

$$\delta = \frac{|h_r - h'_r|}{h'_r} \times 100\% \tag{3-47}$$

式中 h_r——系统实测通风阻力,Pa;

h'_r——由通风机房水柱计读数计算出的系统理论通风阻力,Pa。

系统理论通风阻力可按式(3-48)计算:

$$h'_r = h_s - h_v + h_N, \text{Pa} \tag{3-48}$$

式中 h_s——风机房水柱计读数,Pa;

h_v——风硐内测压断面的动压,Pa;

h_N——矿井自然风压，Pa。

根据矿井通风系统阻力的大小，矿井通风系统阻力的测定精度应符合如表 3-7 所列的标准。

表 3-7　矿井通风系统阻力测定精度表

矿井通风系统阻力/Pa	≤1 500	1 500～3 000	≥3 000
相对误差/%	15～10	10～5	≤5

五、通风阻力测定算例

算例如图 3-7 所示。要求测定某矿 1—3 段巷道通风阻力参数，按风流方向顺次标记节点 1、节点 2 和节点 3。

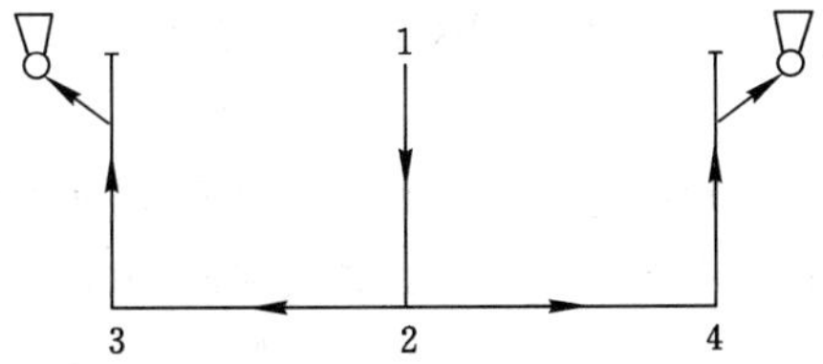

图 3-7　某矿通风系统示意图

按照通风阻力测定步骤，完成对节点 1、节点 2 和节点 3 的相关参数测定后，编入表 3-3、表 3-4 和表 3-5，利用参数计算公式，得出结果如表 3-8 所列，可知 1—3 段巷道的通风阻力即为 308.85 Pa。

表 3-8　某煤矿通风阻力测量结果汇总表

序号	巷道名称	始点	末点	长度/m	面积/m^2	周长/m	风量/($m^3 \cdot s^{-1}$)	阻力/Pa	风阻/($N \cdot s^2 \cdot m^{-8}$)	标准风阻/($N \cdot s^2 \cdot m^{-8}$)	标态百米风阻/($kg \cdot m^{-7}$)	标态阻力系数/($N \cdot s^2 \cdot m^{-4}$)
1	1—2 段	1	2	360	33.18	20.40	168.16	200.22	0.007 1	0.006 8	0.001 9	0.033 8
2	2—3 段	2	3	420	14.06	14.40	48.97	108.63	0.045 3	0.043 5	0.010 4	0.020 0

复习思考题

3-1　解释层流、紊流的概念，并介绍判别流体的流动状态的方法。

3-2　通风阻力和风压损失在概念上是否相同？它们之间有什么关系？

3-3　通风阻力有几种形式？产生阻力的物理原因是什么？

3-4　通风阻力与井巷风阻有什么不同？

3-5　矿井等积孔的含义是什么？如何计算？

3-6　降低通风阻力有什么意义？降低摩擦阻力和局部阻力可以采用的措施有哪些？

3-7　某等腰梯形木支架巷道，上宽 1.8 m、下宽 2.8 m、高 2 m，在长度为 400 m，风量为

480 m^3/min 时，阻力损失为 38.0 Pa，试求该段巷道的摩擦风阻和摩擦阻力系数。若其他条件不变，在风量增为 960 m^3/min 时，阻力损失应是多少？

3-8　某圆形井筒，当井筒直径增大 10%，在其他条件不变的情况下，井筒的通风阻力降低多少？

3-9　某矿竖井井筒的直径 D=6 m，井筒的阻力系数 α=0.004 2 N·s^2/m^4，当流过风量为 6 000 m^3/min，井深为 600 m 时，求井筒的通风阻力。

3-10　某巷道摩擦阻力系数 α=0.004 N·s^2/m^4，通过风量 Q=40 m^3/s，空气密度 1.25 kg/m^3。在突然扩大段，巷道断面由 S_1=6 m^2 变为 S_2=12 m^2。求：(1) 突然扩大的局部阻力；(2) 若风流由 2 流向 1，则局部阻力是多少？

3-11　在 100 m 长的平巷中，测得通风阻力为 59.6 Pa，巷道断面为 6.4 m^2，周界为 10.8 m，测定时巷道的风量为 1 200 m^3/min，求该巷道的摩擦阻力系数。若在此巷道中停放一列矿车，风量仍保持不变，测得此段巷道的总风压损失为 84.65 Pa，求矿车的局部阻力系数。

3-12　用胶皮管和水柱计测定巷道 1、2 点之间的静压差为 196 Pa，如图 3-8 所示，巷道中流过风量为 30 m^3/s，S_1=10 m^2，S_2=5 m^2，求该段巷道的通风阻力和风阻。

3-13　某矿通风系统如图 3-9 所示。已知风阻值为 R_1=0.01 N·s^2/m^8，R_2=0.05 N·s^2/m^8，R_3=0.02 N·s^2/m^8，R_4=0.02 N·s^2/m^8，风量 Q=30 m^3/s，试求该矿的通风阻力和等积孔是多少？

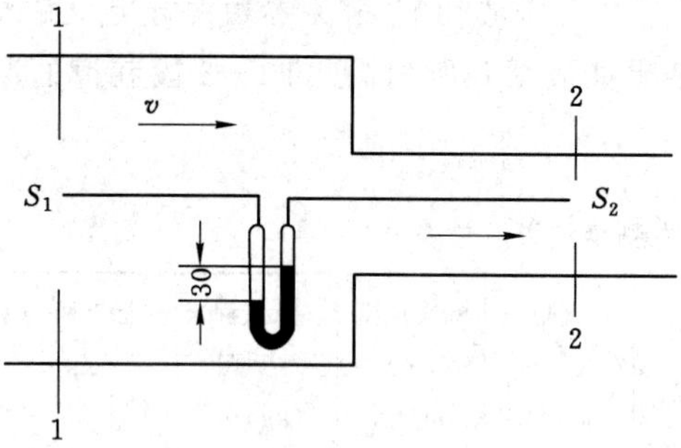

图 3-8　(题 3-12)

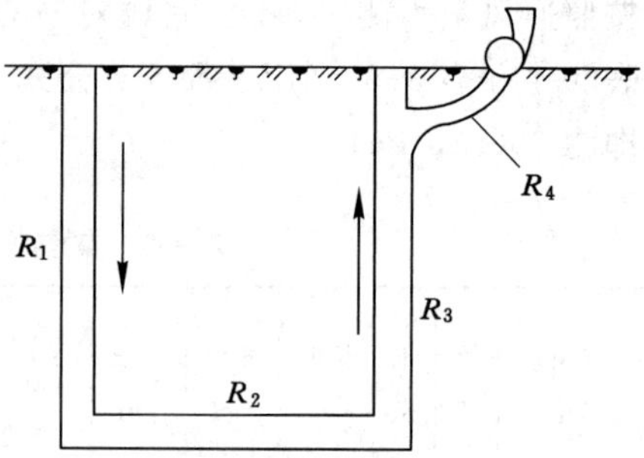

图 3-9　(题 3-13)

3-14　某矿通风系统如图 3-10 所示。已知 R_0=0.07 N·s^2/m^8，R_1=0.12 N·s^2/m^8，R_2=0.25 N·s^2/m^8，风量 Q_1=10 m^3/s，Q_2=20 m^3/s，试求该矿等积孔是多少？

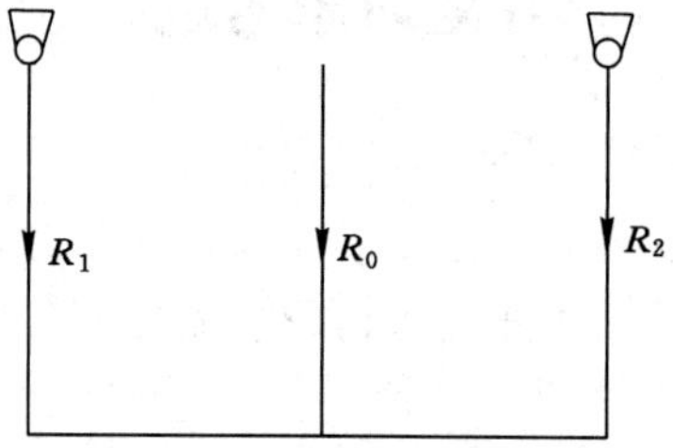

图 3-10　(题 3-14)

第四章　矿井通风动力

空气之所以能沿着矿井巷道流动，是由于风流的起末点间存在着能量差(风压差)。这种用以克服矿井的通风阻力，保证井巷空气连续流动的能量或风压称为矿井通风动力。若这种能量是由通风机提供的，则称为机械通风；若是由自然因素产生的，则称为自然通风。机械通风的风压和自然通风的风压都是矿井通风的动力，但自然风压一般较小且随季节变化，难以满足矿井通风的要求，因此我国《煤矿安全规程》规定：矿井必须采用机械通风。

第一节　自然风压

自然风压是一种受矿井地形、地温以及当地气候条件等因素影响而产生的能量。虽然自然风压不能作为矿井通风的主要动力，但自然风压会对机械通风的矿井产生影响，需加以研究以趋利避害。

一、自然风压的形成和计算

(一) 自然风压的形成

图 4-1 为简化的矿井通风系统示意图，其中，1—2 为垂直井筒，2—3 为水平巷道，0—5 为系统最高点的水平线。1—0、0—5 之间可视为断面无限大、风阻为零的风路，则该通风系统为一个闭合的回路。在冬季，由于地温的作用，空气柱 0—1—2 的平均温度应比 5—4—3 的平均温度低，则其平均空气密度也较大，导致两个高度相等的空气柱作用在 2—3 水平面上的重力不再相等。其重力之差就是该系统的自然风压。该风压将使空气源源不断地从井口 1 流入，从井口 5 流出。而在夏季时，可能会出现空气柱 5—4—3 比 0—1—2 温度低，则系统产生与冬季相反的自然风压方向。地面空气将从井口 5 流入，从井口 1 流出。这种由自然因素作用而形成的风压就叫自然风压。而由自然风压的作用形成的风流叫自然通风。

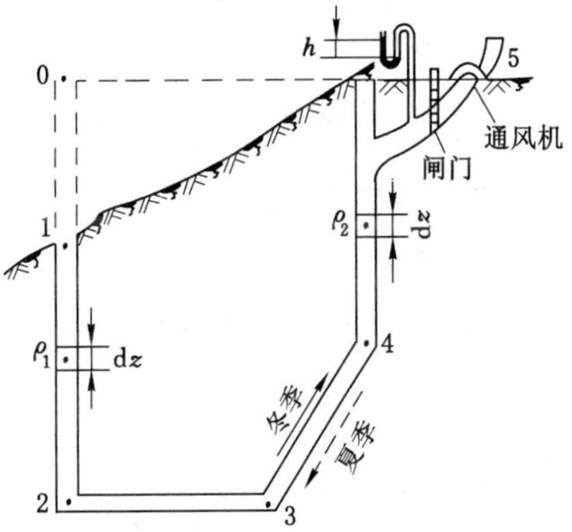

图 4-1　简化的矿井通风系统示意图

(二) 自然风压的计算

如前所述，在一个闭合回路中，只要两侧巷道中空气的温度或密度不等，则该回路就会产生自然风压。根据自然风压定义，图 4-1 所示系统的自然风压 H_N 可用下式计算：

$$H_N = \int_0^2 \rho_1 g\mathrm{d}z - \int_3^5 \rho_2 g\mathrm{d}z \tag{4-1}$$

式中　z——矿井最高水平至最低水平间的距离，m；

g——重力加速度，m/s^2；

ρ_1,ρ_2——0—1—2 和 5—4—3 井巷中 dz 段空气密度，kg/m^3。

由于空气密度受多种因素影响，与高度 z 呈复杂的函数关系。因此利用式(4-1)计算自然风压较为困难。为了简化计算，一般采用测算出的 0—1—2 和 5—4—3 井巷中空气密度的加权平均值 ρ_{m1} 和 ρ_{m2} 分别代替式(4-1)中的 ρ_1 和 ρ_2，则式(4-1)可写为：

$$H_N = zg(\rho_{m1} - \rho_{m2}) \tag{4-2}$$

二、自然风压的变化规律和影响因素

（一）自然风压的变化规律

自然风压的大小和方向，主要受地面空气温度变化的影响。风流与围岩的热交换作用使机械通风的回风井中一年四季气温变化并不太大，而进风井中的气温则随季节变化明显，这就导致一年中自然风压随季节发生周期性的变化。例如在冬季，地面气温很低，空气柱 0—2 比空气柱 5—3 重，风流由 1 流向 2，经出风井 3—5 排至地面；夏季，地面气温高于井筒 3—5 内的平均气温，使风流由 2—1 排出。而在春秋季节，地面气温与井筒内空气柱的平均气温相差不大，自然风压很小，因此，单靠自然风压通风的矿井将造成井下风流停滞的现象。在一些地区，由于气温昼夜变化较大，所以自然风压也会随之发生变化，如夜晚从 1—2 段进风；午间则可能反之。

图 4-2 和图 4-3 分别为浅井和北方地区的深井自然风压随季节变化的情形。由图可以看出，对于浅井，夏季的自然风压会出现负值，而对于北方地区较深的矿井，全年的自然风压都为正值，只是夏季略小些。

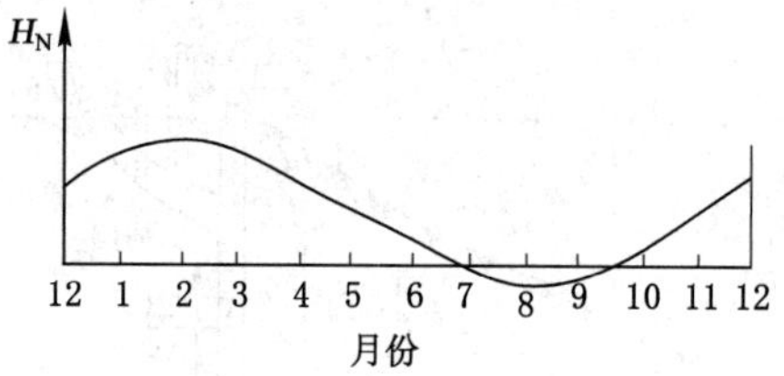

图 4-2　浅井自然风压随季节变化的情形

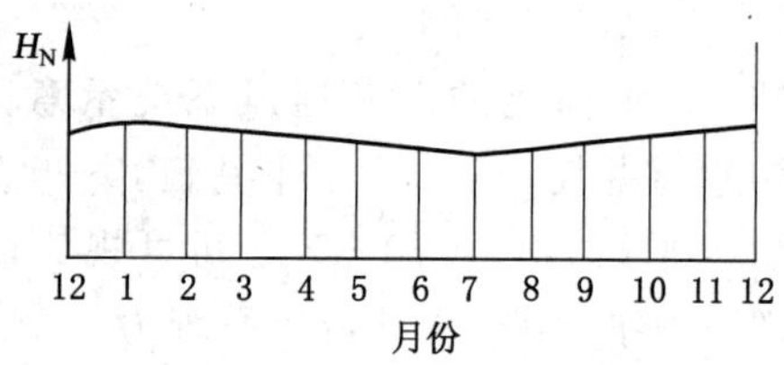

图 4-3　北方地区的深井自然风压随季节变化的情形

（二）自然风压的影响因素

由式(4-2)可见，影响自然风压的决定性因素是两侧空气柱的密度差，而空气密度除了受温度的影响，还受大气压力和相对湿度等因素影响。

(1) 矿井某一回路中两侧空气柱的温差是影响 H_N 的主要因素。而影响温差的主要因素是地面入风气温和风流与围岩的热交换。其影响程度与矿井的开拓方式、采深、地形和地理位置等因素有关。

(2) 空气成分和湿度也影响空气的密度，因而对自然风压有一定影响，但影响较小。

(3) 井深。由式(4-2)可见，当两侧空气柱密度差一定时，自然风压与矿井通风回路最高与最低点间的高差 z 成正比。

(4) 机械通风对自然风压的大小也有影响，有时甚至决定着自然风压的方向。这是因为矿井主要通风机工作时决定了风流的方向，由于风流与围岩的热交换作用，会使回风井气温高于进风井气温，尤其在冬季，当进风井形成了冷却带以后，即使通风机停转或通风系统改变，由于地热作用进、回风井筒之间仍将维持一定的气温差，从而将此自然风压维持下去，有时甚至会干扰通风系统改变后的正常通风工作，这在建井时期表现得尤其明显。

三、自然风压的控制、利用和测量

自然风压既可作为矿井通风的动力，也可能是通风事故的肇因。因此，研究自然风压的控制、利用和测量具有重要的现实意义。

（一）自然风压的控制

(1) 新设计矿井在选择开拓方案、拟定通风系统时，应充分考虑利用地形和当地气候特点，使在全年大部分时间内自然风压作用的方向与机械通风风压的方向一致，以便利用自然风压。例如，在山区要尽量将回风井井口布置在高处，将进风井井口布置在较低的背阳处等。

(2) 根据自然风压的变化规律，适时调整主要通风机的工况点以使其满足矿井通风需要。例如在冬季当自然风压帮助机械通风且其值较大时，可适当减小叶片角度或转速来降低机械通风风压，还可节约电能。

(3) 在多井口通风的山区，尤其在高瓦斯矿井，要掌握自然风压的变化规律，防止因自然风压作用造成某些巷道无风甚至风流反向的事故。

图 4-4 为某矿因自然风压使风流反向示意图。

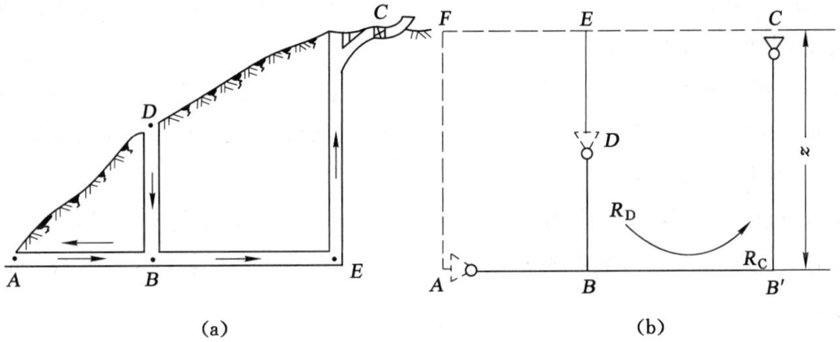

图 4-4　某矿因自然风压使风流反向示意图

该矿为抽出式通风，正常情况下平硐 AB 和立井 BD 均应进风，但在夏季由于平硐自然风压作用方向与主要通风机作用方向相反，致使平硐风流反向，反向出风量达 300 m^3/min，反向风流把平硐某处涌出的瓦斯带至硐口的给煤机附近，因电火花引起瓦斯爆炸。下面就此例分析平硐 AB 风流反向的条件及其预防措施。如图 4-4(b)所示，对出风井来说夏季存在 2 个系统自然风压。$ABB'CEFA$ 系统的自然风压为 $H_{NA}=zg(\rho_{CB'}-\rho_{FA})$，$DBB'CED$ 系统的自然风压为 $H_{ND}=zg(\rho_{CB'}-\rho_{EB})$，其中，$\rho_{CB'}$、$\rho_{FA}$ 和 ρ_{EB} 分别为 CB'、FA 和 EB 空气柱的平均密度(kg/m^3)。

自然风压与主要通风机作用方向相反，相当于在平硐口 A 和进风立井口 D 各安装一台抽风机。设 AB 风流停滞，对回路 $ABDEFA$ 和 $ABB'CEFA$ 可分别列出压力平衡方程：

$$\begin{cases} H_{NA}-H_{ND}=R_D Q_D{}^2 \\ H_S-H_{NA}=R_C Q_D{}^2 \end{cases} \tag{4-3}$$

式中　H_S——风机静压，Pa；

Q_D——$DBB'C$ 风路风量，m^3/s；

R_D，R_C——DB 和 $BB'C$ 分支风阻，$N \cdot s^2/m^8$。

方程组(4-3)中两式相除，得：

$$\frac{H_{NA}-H_{ND}}{H_S-H_{NA}}=\frac{R_D}{R_C} \tag{4-4}$$

此即 AB 段风流停滞条件式。当上式变为：

$$\frac{H_{NA}-H_{ND}}{H_S-H_{NA}}>\frac{R_D}{R_C} \tag{4-5}$$

则 AB 段风流反向。根据式(4-5)，可采用下列措施防止 AB 段风流反向：① 加大 R_D；② 增大 H_S；③ 在 A 点安装通风机向巷道压风。

为了防止风流反向，必须做好调查研究和现场实测工作，掌握矿井通风系统和各回路的自然风压和风阻，以便在需要的时候采取相应的措施。

（二）自然风压的利用

(1) 在建井时期，要注意因地、因时制宜充分利用自然风压通风。如在表土施工阶段可利用自然通风；在主副井与风井贯通之后，有时也可利用自然通风；有条件时还可利用钻孔构成回路，形成自然风压，解决局部地区通风问题。

(2) 人为影响进、回风井内空气的温差。如有些矿井在进风井巷设置水幕或者淋水以降低空气温度，并同时净化风流。

(3) 利用自然风压做好非常时期的通风。一旦主要通风机因事故遭受破坏时，便可利用自然风压进行通风。这在矿井制定事故预防和灾变处理计划时应予以考虑。

（三）矿井自然风压的测量

在机械通风的矿井中，自然风压既可帮助主要通风机工作增大矿井风量，也可能阻碍主要通风机工作减小矿井风量，甚至造成安全事故。所以，测量计算矿井自然风压值的大小对矿井通风管理十分必要。

1. 间接测算法

在如图 4-1 所示的矿井中，测算出矿井进、回风侧的空气平均密度，然后按式(4-2)计算出自然风压。

为了较准确测量矿井进、回风侧的空气平均密度，一般要布置较多测点，如图中的 1、2、3、4、5 等点，必要时还须增设测点。每个测点都要测量大气压(绝对压力)、温度、相对湿度(或湿球温度)才能计算出该点的空气密度值，并将相邻两点间的密度平均值当作该段井巷的密度值。这种测算方法劳动强度大，且由于影响因素较多，测算精度也比较低。

2. 直接测量法

如图 4-1 所示的抽出式通风矿井也可直接测量自然风压，测量时让 5 点处的主要通风机停止运转，并将风硐闸门完全放下，此时闸门内侧的相对压力即通风机机房压差计的读数就是自然风压值。当相对压力为负值时表明自然风压是帮助主要通风机工作的。这种方法虽然简单，但由于矿井生产中是不能停止主要通风机工作的，所以只能在矿井停产检修、主要通风机装置性能测定和矿井反风演习等特定情况下进行测量。

3. 其他方法

根据公式 $H=RQ^2$，在主要通风机停止运转期间打开风硐闸门，测量出自然通风风量 Q，可在已知矿井风阻 R 的条件下计算出自然风压。另外，在抽出式通风矿井中，根据公式

$H_t \pm H_N - h_{vd} = RQ^2$，在较准确地测得相关数据后，也能反算出矿井自然风压。

为掌握矿井自然风压一年四季的变化情况，测算工作应选在不同的季节里进行。

第二节　矿井主要通风机类型及构造

矿用通风机按其服务范围和所起的作用可分为 2 类。

（1）主要通风机。安装在地面的，担负全矿井或矿井的一翼或一个分区通风的通风机，称为矿井的主要通风机。主要通风机必须昼夜运转，它对矿井安全生产和井下工作人员的身体健康、生命安全关系极大。主要通风机是矿井的重要耗电设备，所以主要通风机的选用，必须从安全、技术、经济等方面进行综合考虑。

（2）局部通风机。为满足井下某一局部地点通风需要而使用的通风机，称为局部通风机。局部通风机主要用作井巷掘进通风，将在后续章节中讨论。

本章重点讨论主要通风机及其附属装置。矿用主要通风机按其构造和工作原理不同，可分为离心式通风机和轴流式通风机两大类，其中轴流式通风机又可分为普通式和对旋式 2 种。

一、离心式通风机

离心式通风机的构造及其安装在矿井通风井口做抽出式通风的示意图如图 4-5 所示。

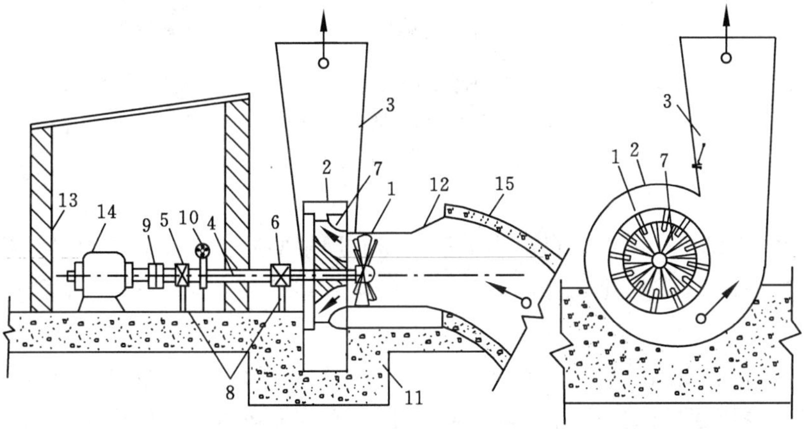

1—工作轮；2—蜗壳体；3—扩散器；4—主轴；5—止推轴承；6—径向轴承；
7—前导器；8—机架；9—齿轮联轴节；10—制动器；11—机座；12—吸风口；
13—通风机机房；14—电动机；15—风硐。

图 4-5　离心式通风机构造示意图

离心式通风机主要由机壳、工作轮（动轮）、主轴（联轴器）、锥形扩散器和电动机等部件构成。其特点是构造简单，检修、操作方便。

离心式通风机的机壳也称蜗壳体，理论上其内壁曲线为对数螺旋线。工作轮是在 2 个圆盘间装有若干个叶片构成，由主轴带动旋转。主轴两端分别由止推轴承和径向轴承支撑。这两个轴承由机架支撑并和机座固定。主轴和电动机通过齿轮联轴节连接，构成直接传动（也可用胶带传动）。前导器（G4-73 系列）是用来调节风流进入通风机工作轮时的方向，也可通过调节其角度来控制通风机产生的风压和风量。图中制动器 10 用于使主要通风机紧急停转。吸风口 12 与风硐 15 及回风井巷相连构成通风系统。通风机机房 13 中通常设有能反映通风机工作状况的风压、风量指示仪表等。

当工作轮转动时，在离心力作用下，空气由吸风口 12 进入，经前导器 7 进入工作轮的中心部分，然后折转 90°沿径向离开工作轮而流入机壳 2 中，再经扩散器 3 排出，空气经过主要通风机后获得能量，使出风侧的压力高于入风侧的压力，其压差用以克服井巷的通风阻力促使空气流动，达到了通风的目的。

离心式通风机工作轮根据叶片角度的不同，可分为径向式、后倾式和前倾式 3 种，如图 4-6 所示，其中，β_2 为叶片出口的构造角，即为空气沿叶片出口的相对速度的方向与工作轮外缘圆周速度方向的夹角。对于径向式 β_2 为 90°，后倾式 β_2 大于 90°，而前倾式的 β_2 则小于 90°。

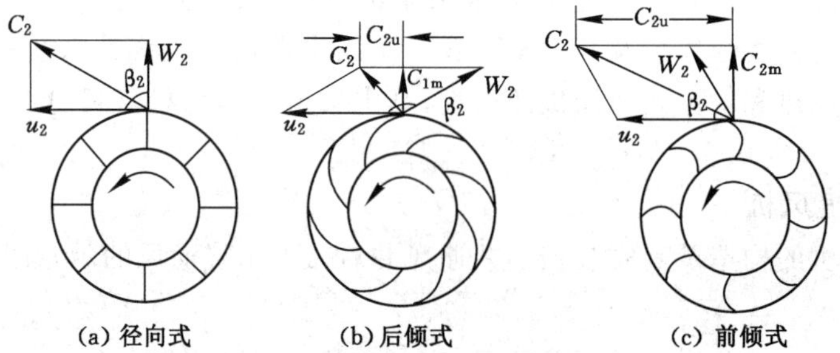

β_2—叶片出口的构造角；W_2—空气沿叶片出口的相对速度；u_2—工作轮外缘圆周速度；

C_2—合速度；C_{2u}—C_2 的切向分量；C_{2m}—C_2 的径向分量。

图 4-6　离心式通风机工作轮

后倾叶片的通风机效率高，所以，中低压大型矿用主要通风机一般都为后倾叶片。小型离心式通风机，为便于制造，多为径向叶片。前倾叶片主要用于工业鼓风机，能产生较高的压力。

离心式通风机有单面吸风口与双面吸风口 2 种，采用双面吸风口的风机可增加风量。

目前，矿井主要通风机多采用轴流式通风机，离心式通风机使用较少。

二、轴流式通风机

轴流式通风机的构造及其安装在矿井通风井口做抽出式通风的示意图如图 4-7 所示。

轴流式通风机主要由工作轮、圆筒形外壳、集风器、整流器、前流线体和扩散器等组成。集风器是一个外壳呈曲面形、断面收缩的风筒。前流线体是一个遮盖动轮轮毂部分的曲面圆锥形罩，它与集风器构成环形入风口，以减小入口对风流的阻力。整流器用来引导由动轮流出的旋转气流以减小涡流损失。环形扩散器是轴流式通风机的特有部件，其作用是使环状气流过渡到柱状（风硐或外扩散器内的）气流，使动压逐渐变小，同时减小冲击损失。工作轮由固定在轮轴上的轮毂和在其上安装的若干叶片组成。叶片用螺栓固定在轮毂上，叶片呈梯形（中间是空的），其横截面和机翼形相似，如图 4-8 所示。一个工作轮与其后的一个整流器（固定工作轮）组成一级，依据工作轮数量不同轴流式通风机有一级（或一段）和二级（或两段）之分。图 4-8 中 θ 称为轴流式通风机的叶片安装角，其大小是可调的。因为通风机的

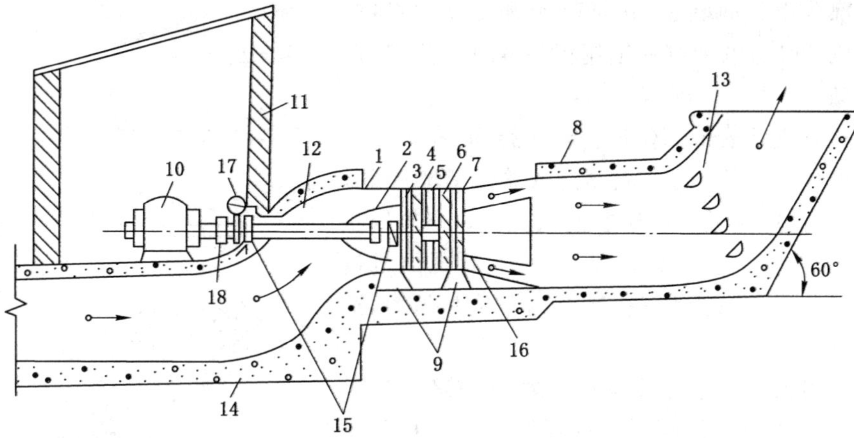

1—集风器；2—前流线体；3—前导器；4—第一级工作轮；5—中间整流器；6—第二级工作轮；7—后整流器；8—扩散器；9—机架；10—电动机；11—通风机房；12—风硐；13—导流板；14—基础；15—径向轴承；16—止推轴承；17—制动器；18—齿轮联轴节。

图 4-7　轴流式通风机构造示意图

风压、风量的大小与 θ 有关，所以工作时可根据所需要的风量、风压调节 θ 的角度。只有一级工作轮的通风机，θ 的调节范围是 10°～40°；二级工作轮的通风机是 15°～45°，角度可按 5°或 2.5°间隔调节。增加工作轮数量可增加通风机的风压和风量。

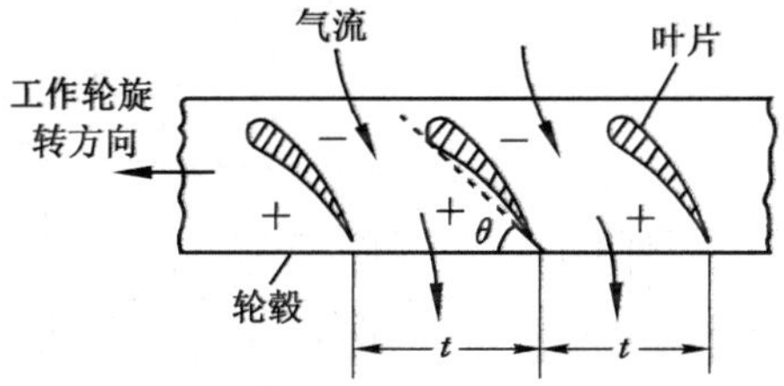

θ—叶片安装角；t—叶片间距。

图 4-8　轴流式通风机的叶片安装角

叶片在轮毂上是等间距分布的，相邻叶片间是空气的流道。当工作轮叶片（机翼）在空气中快速扫过时，由于翼面（叶片的凹面）与空气冲击，给空气以能量，产生正压力，空气则从叶道流出，而翼背牵动背面的空气，产生负压力，将空气吸入叶道，如此一推一吸造成了空气流动。空气经过工作轮时获得了能量，即工作轮的工作提高了风流全压。

为了改善轴流式主要通风机的空气动力性能，提高主要通风机工作效率，通常主要通风机的叶片在径向方向都做成各种扭曲形的，如图 4-9 所示。在调整叶片的安装角时，应以叶片根部角度为准。

与直叶片相比，扭曲叶片由于沿径向方向扭角逐渐减小，故能使处在不同径向位置的空气质点都获得近似相等的轴向分量速度，不仅可有效减小风流的涡流损失，同时还降低了气动噪声。目前，我国通风机扭曲叶片采用的扭曲规律主要有一般通用扭曲、等环量扭曲、等反动度扭曲和弯掠组合正交型叶片等。

传动部分由径向轴承、止推轴承和传动轴组成。主要通风机的轴与电动机的轴用齿轮联轴节连接，形成直接传动。

主要通风机运转时，风流经集风器、流线体进入第一级工作轮，再经中间整流器进入第二级工作轮，又经后整流器进入扩散器，最后流入大气。空气经主要通风机工作轮后，会获得能量，造成主要通风机进风口与出风口之间形成压差，从而克服矿井阻力，达到通风的目的。

我国矿用轴流式主要通风机主要有 FCZ、ANN、GAF、FBCDZ 和 2K 系列等，这些系列的通风机是我国煤矿用量较大的通风机，均适用于风量、风压较大的矿井。

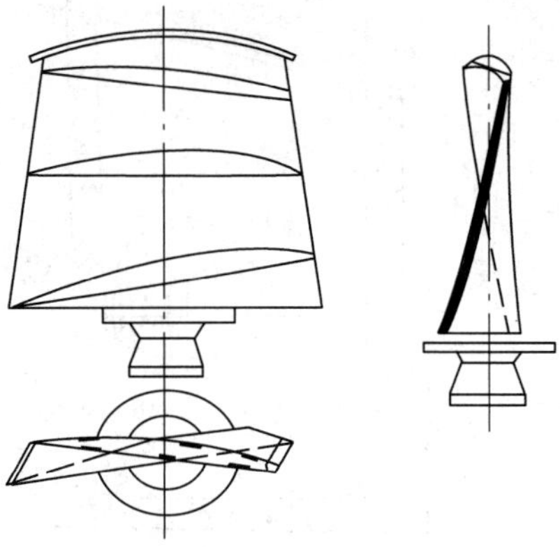

图 4-9　扭曲叶片

三、对旋式通风机

对旋式通风机在构造上属于轴流式。其采用双级双电动机驱动结构，两级工作轮相对并反向旋转，没有导流叶片，相当于 2 台轴流式通风机对接在一起串联工作，因此被称为对旋式通风机。这种结构可省去中间及后置固定导叶，且涡流损失较小，和传统轴流式通风机相比较，还具有传动损失小、高风压、大风量、高效区宽、运行方式多、安装检修方便等优点。国内对旋式通风机有 BD、BDK、FB 系列等，其结构示意图如图 4-10 所示。

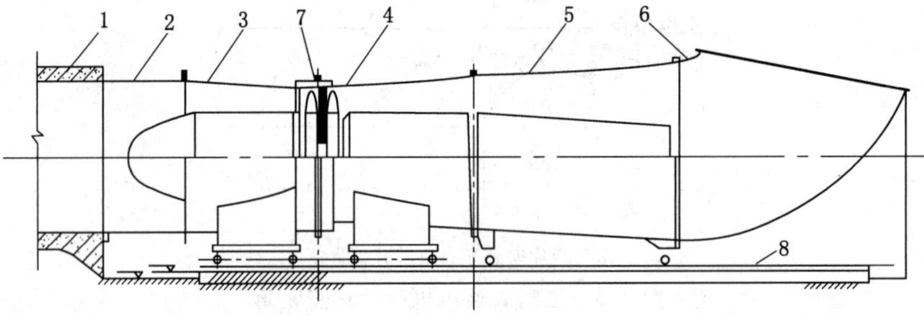

1—进风道；2—机壳；3—一级通风机；4—二级通风机；
5—扩散筒；6—扩散塔；7—稳流环；8—钢轨。

图 4-10　对旋式通风机结构示意图

对旋式通风机的电动机安装在主风筒内密闭罩中，密闭罩具有一定的耐压性，可使电动机与通风机流道中含瓦斯的气体隔绝，罩内空气可保持正压状态，符合安全防爆要求。在主风筒中设置有稳流环，使得通风机性能曲线中无驼峰区，在任何阻力情况下均可稳定运行。

对旋式通风机的工作原理是：工作时两级工作轮分别由 2 个等容量、等转速、旋转方向相反的电动机驱动，当气流通过集流器进入第一级工作轮获得能量后，再经第二级工作轮升压排出。两级工作轮互为导叶，经过第一级工作轮后形成的旋转速度，由第二级工作轮反向旋转消除并形成单一的轴向流动。这不仅使通过两级工作轮的气流平稳，有利于提高通风机的全压效率，而且使前后两级工作轮的负载分配比较合理，不易造成电动机过载。

对旋式通风机还有如下特点：

(1) 在相同的工作轮直径、叶片安装角、轮毂比和叶片数下可获得比一般双级普通型轴流式通风机更高的压力。

(2) 该系列通风机除了可在较大范围内调整叶片角度外，还可对前后级叶片数和安装角度进行适当组合。通常通风机工作轮叶片安装角可在 25°～45°范围内调整。一、二级工作轮叶片安装角可以一致，也可使二级的小于一级的。对旋式通风机在矿井投产初期可以单级运行，因此可调工况范围较宽。

(3) 由于该系列通风机结构的整体性和密闭性均较好，且可以实现反转反风，因此使用时可以不建机房，不用反风道，具有基建工期短、节省基建费用等优势，更适合于要求尽快投产的新建风井。

(4) 由于对旋式通风机的两级工作轮靠得很近且相对高速反方向旋转，使得相对线速度很大，易导致通风机的气动噪声较高，因此需在制造或安装时采取必要的降噪措施。

对旋式通风机作为目前我国矿用通风机的新生代产品，由于省去中间及后置固定导叶，涡流损耗相对较小、高效范围较宽、效率较高，结构性能也在不断改进和提高。目前推出的各种新型扭曲叶片技术的对旋式通风机，其静压效率、噪声等性能指标也有较大改善。

第三节　通风机基本参数与特性曲线

一、通风机工作基本参数

主要通风机工作的基本参数是风量、风压、功率和效率，它们共同表达主要通风机的规格和特性。

(一) 主要通风机的工作风量 Q_f

主要通风机的工作风量指单位时间内通过通风机入口的空气体积，亦称体积流量，其单位可用 m^3/s、m^3/min 或 m^3/h 来表示。当主要通风机做抽出式通风时，主要通风机的风量等于回风道总排风量与井口漏入风量之和；当主要通风机做压入式通风时，主要通风机的风量等于进风道的总进风量与井口漏出风量之和。所以主要通风机的风量要用风速计或皮托管在风硐或主要通风机的扩散器处实测。

(二) 主要通风机的工作风压

主要通风机的工作风压是用其出入口风流的压力参数来反映和测算的，一般分为主要通风机全压、静压和动压。

1. 主要通风机全压 H_{ft}

主要通风机全压是通风机对每 1 m^3 空气做的功，它用于克服管网阻力和消耗于出口处的动能损失。其值等于通风机出口 2 断面与入口 1 断面[如图 4-11(a)所示]风流的全压之差，可用下式计算：

$$H_{ft} = p_{t2} - p_{t1} \tag{4-6}$$

式中　p_{t1}，p_{t2}——通风机入口 1 断面和出口 2 断面风流的全压，Pa。

2. 主要通风机静压 H_{fs}

主要通风机产生的全压中用于克服管网阻力的部分，称为主要通风机静压。

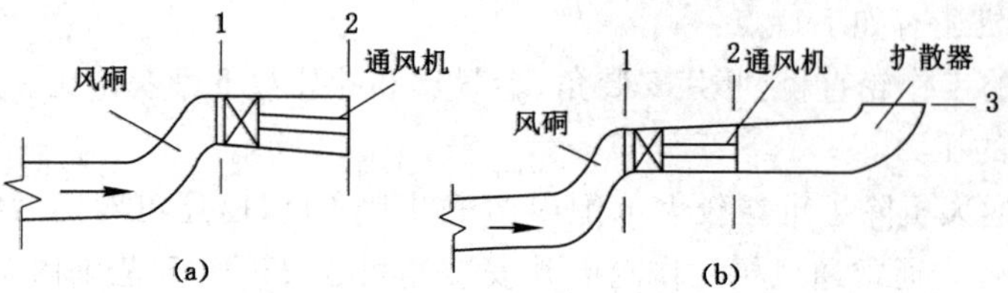

图 4-11 矿井主要通风机及其装置示意图

3. 主要通风机动压 h_{fv}

主要通风机全压中的出口(2 断面)动能损失部分,称为主要通风机动压。其值可用下式计算:

$$h_{fv} = \frac{\rho}{2S_f^2}Q_f^2 \tag{4-7}$$

式中 ρ——空气密度,kg/m³;

S_f——通风机出口断面面积,m²;

Q_f——通风机风量,m³/s。

故主要通风机的全压还可表示为:

$$H_{ft} = H_{fs} + h_{fv} \tag{4-8}$$

(三) 主要通风机装置的风压

现以抽出式通风为例说明主要通风机装置风压参数的概念和物理意义。通风机出口动压为无益能耗,为了降低其值,采用抽出式通风方式的矿井主要通风机一般均安装有外接扩散器以降低出口风速,通风机与扩散器一起被称为主要通风机装置。

1. 主要通风机装置全压 H_t

如图 4-11(b)所示,通风机入口 1 断面与扩散器出口 3 断面风流的全压之差称为主要通风机装置全压,即:

$$H_t = p_{t3} - p_{t1} \tag{4-9}$$

式中 p_{t1},p_{t3}——通风机入口 1 断面和扩散器出口 3 断面风流的全压,Pa。

主要通风机装置全压与主要通风机全压的关系为:

$$H_{ft} = H_t + h_{Rd} \tag{4-10}$$

式中 h_{Rd}——扩散器阻力,Pa。

2. 主要通风机装置静压 H_s

在没有自然风压条件下,主要通风机装置的全压 H_t 等于克服矿井风网阻力 h_{Rm} 与扩散器出口动能 h_{vd} 损失之和,即:

$$H_t = h_{Rm} + h_{vd} \tag{4-11}$$

其中克服通风系统阻力所消耗的风压为有益能耗,通常称为主要通风机装置静压或有效静压,即:

$$H_s = h_{Rm} \tag{4-12}$$

3. 主要通风机装置动压 h_{vd}

扩散器出口动能损失称为主要通风机装置动压,即:

$$h_{vd} = \frac{\rho}{2S_d^2}Q_f^2 \tag{4-13}$$

式中　S_d——扩散器出口断面面积，m^2。

由此可见，主要通风机装置全压与其静压和动压之间有如下关系：

$$H_t = H_s + h_{vd} \tag{4-14}$$

主要通风机装置静压与主要通风机全压的关系是：

$$H_s = H_{ft} - (h_{Rd} + h_{vd}) \tag{4-15}$$

一般情况下，安装扩散器后所回收的动压值相对于通风机全压来说很小，所以，通常不把主要通风机与主要通风机装置的参数严加区别。现场所说的，以及本书中下面出现的通风机的全压、静压和动压一般都是指通风机装置的参数。

（四）主要通风机的功率和效率

1．主要通风机的有效功率（或输出功率、空气功率）

主要通风机的有效功率是指单位时间内主要通风机对通过风量为 Q_f 的空气所做的功，可分为全压功率和静压功率。

全压功率 N_t（kW）：

$$N_t = H_t Q_f \times 10^{-3} \tag{4-16a}$$

静压功率 N_s（kW）：

$$N_s = H_s Q_f \times 10^{-3} \tag{4-16b}$$

2．主要通风机的轴功率（或输入功率）

电动机经传动部件输入给主要通风机的功率称为轴功率，用 N 表示，单位为 kW，主要通风机的轴功率可用下式计算：

$$N = \frac{\sqrt{3}UI\cos\psi}{1\ 000}\eta_d\eta_c \tag{4-17}$$

式中　U——线电压，V；

I——线电流，A；

$\cos\psi$——功率因数；

η_d——电动机效率，%；

η_c——传动效率，%。

3．主要通风机的效率

由于风流在机体内流动时会产生冲击、摩擦等各种能量损失，故输入主要通风机的功率要大于有效功率。有效功率与输入功率之比，称为通风机的效率，用 η 表示。因为主要通风机的输出功率有全压输出功率与静压输出功率之分，所以主要通风机的效率也分为全压效率 η_t 与静压效率 η_s。

故主要通风机的轴功率又可表示为：

$$N = \frac{N_t}{\eta_t} = \frac{H_t Q_f}{1\ 000\eta_t} \tag{4-18}$$

或

$$N = \frac{N_s}{\eta_s} = \frac{H_s Q_f}{1\ 000\eta_s} \tag{4-19}$$

（五）电动机功率 N_d

为带动通风机运转而消耗的功率即为电动机功率，可实际测量或按下式计算：

$$N_d = \frac{N}{\eta_d \eta_c} = \frac{H_t Q_f}{1\,000\eta_t \eta_d \eta_c} = \frac{H_s Q_f}{1\,000\eta_s \eta_d \eta_c} \tag{4-20}$$

式中　η_d，η_c——电动机效率和传动效率。

二、通风机个体特性曲线

主要通风机的风量、风压、功率和效率这四个基本参数可以反映出主要通风机的工作特性，对每一台主要通风机来说，在额定转速的条件下，对应于一定的风量，就有一定的风压、功率和效率与之对应。风量如果变动，其他三者也随之改变。因此，可将主要通风机的风压、功率和效率随风量变化而变化的关系，分别用曲线表示出来，即称为主要通风机的个体特性曲线。这些个体特性曲线必须通过实测来绘制。

主要通风机的个体特性曲线一般形状如图 4-12、图 4-13 所示。

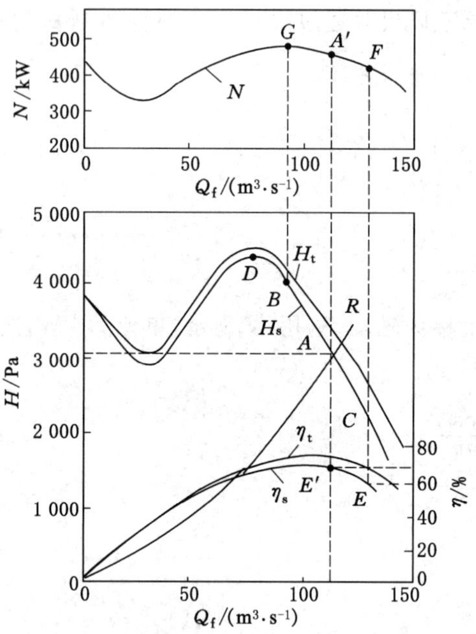

图 4-12　轴流式通风机个体特性曲线

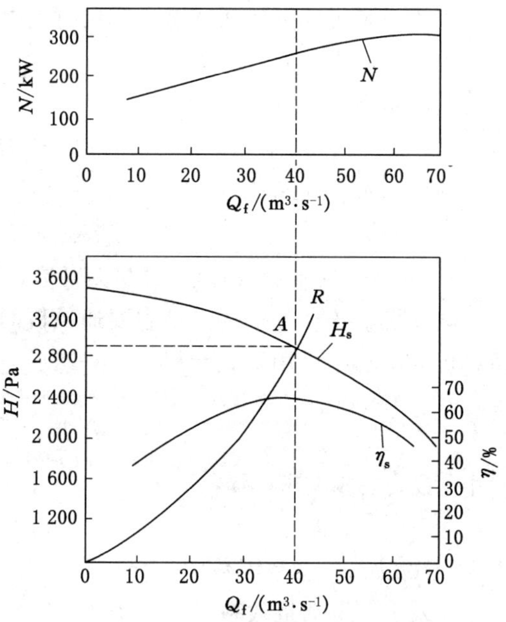

图 4-13　离心式通风机个体特性曲线

（一）风压特性曲线（H-Q_f）

轴流式主要通风机的风压特性曲线一般比较陡，风量较小时可能会有一个马鞍形的风压不稳定区，当风量在正常工作区间变化时，风压变化较大。

离心式主要通风机的风压特性曲线比较平缓，当风量变化时，风压变化不大。

（二）功率曲线（N-Q_f）

轴流式主要通风机在 B 点的右下侧功率是随着风量的增加而减小，所以启动时应先全敞开或半敞开闸门，待运转稳定后再逐渐关至合适位置，以防止启动时电流过大，引起电动机过负荷。

离心式主要通风机的功率随着风量的增加而增大，所以在启动时，应先关闭闸门然后再逐渐打开。

（三）效率曲线（η-Q_f）

当风量由小到大逐渐增加时，主要通风机效率也逐渐增大，当增到最大值后便逐渐下降。

轴流式主要通风机通常将不同叶片角度下的多条曲线绘制在同一坐标系中，此时可将各条风压曲线上的效率相同的点连接起来绘制成曲线，称之为等效率曲线，如图 4-14 所示。轴流式主要通风机 2 个不同的叶片安装角 θ_1 与 θ_2 下的风压特性曲线分别为 1 与 2，效率曲线分别为 3 与 4。从各个效率值（如 0.2、0.4、0.6、0.8）画水平虚线，分别和 3 与 4 曲线相交，可得 4 对相等的交点，从这 4 对交点作垂直虚线分别与相应的个体曲线 1 与 2 相交，又在曲线 1 与 2 上得出 4 对效率相等的交点，然后把相等的效率的交点连接起来，即得出图中 4 条等效率曲线：0.2、0.4、0.6、0.8。注意驼峰区中的效率点无使用价值。

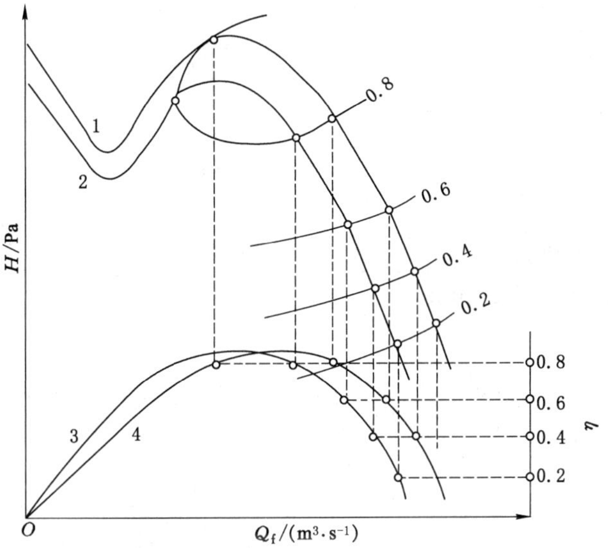

1、2—风压特性曲线；3、4—效率特性曲线。

图 4-14 轴流式通风机等效率曲线的绘制

三、无因次系数与比例定律

同一类型、同一系列或结构相似的主要通风机，其风量、风压、功率及效率与尺寸（一般用工作轮直径代表）和转速之间存在一定的比例关系。通风机内部风流的运动符合流体相似模型的各项准则，具有运动相似和动力相似特性。

（一）通风机的相似条件

两台相似通风机内的气体流动过程相似，或者说它们之间任一对应点的同名物理量之比为常数，这些常数叫相似常数或比例系数。同一系列通风机在相应工况点的流动是彼此相似的，几何相似是通风机相似的必要条件，动力相似则是通风机相似的充要条件。几何相似是指主要通风机各部件的对应边成比例，对应角相等；运动相似是指对应点的速度三角形相似，即其对应速度成比例；动力相似是指对应点上各作用力成比例，满足动力相似的条件是雷诺数 Re 和欧拉数 Eu 分别相等。同系列通风机在相似的工况点符合动力相似的充要条件。

（二）无因次系数

无因次系数主要有：

1. 压力系数 $\overline{H}$

同系列通风机在相似工况点的全压和静压系数均为一常数，可用下式表示：

$$\frac{H_t}{\rho u^2}=\overline{H}_t,\frac{H_s}{\rho u^2}=\overline{H}_s \tag{4-21}$$

或

$$\frac{H}{\rho u^2}=\overline{H}=\text{常数} \tag{4-22}$$

式中 $\overline{H}_t$，$\overline{H}_s$——全压系数和静压系数；

ρ——空气密度；

u——圆周速度。

2. 流量系数 $\overline{Q}$

由几何相似和运动相似可以推得：

$$\frac{Q}{\frac{\pi}{4}D^2u}=\overline{Q}=\text{常数} \tag{4-23}$$

式中 D——工作轮外缘直径。

同系列通风机的流量系数相等。

3. 功率系数 $\overline{N}$

通风机轴功率计算公式 $N=\dfrac{HQ}{1\,000\eta}$ 中的 H 和 Q 分别用式(4-22)和式(4-23)代入得：

$$\frac{1\,000N}{\frac{\pi}{4}\rho D^2u^3}=\frac{\overline{H}\,\overline{Q}}{\eta}=\overline{N}=\text{常数} \tag{4-24}$$

同系列通风机在相似工况点的效率相等，功率系数 $\overline{N}$ 为常数。

$\overline{Q}$、$\overline{H}$、$\overline{N}$ 3 个参数都不含有因次，因此叫无因次系数。

（三）比例定律

由式(4-22)、式(4-23)和式(4-24)可见，同系列通风机在相似工况点的无因次系数 $\overline{Q}$、$\overline{H}$、$\overline{N}$ 和 η 是相等的。它们的压力 H、流量 Q 和功率 N 与其转速 n、尺寸 D 和空气密度 ρ 之间成一定比例，这种比例关系叫比例定律。将圆周速度 $u=\pi Dn/60$ 代入式(4-22)、式(4-23)和式(4-24)得：

$$H=0.002\,74\rho D^2n^2\overline{H} \tag{4-25}$$

$$Q=0.041\,12D^3n\overline{Q} \tag{4-26}$$

$$N=1.127\times10^{-7}\rho D^5n^3\overline{N} \tag{4-27}$$

对于 1、2 两个相似通风机而言，$\overline{Q_1}=\overline{Q_2}$、$\overline{H_1}=\overline{H_2}$、$\overline{N_1}=\overline{N_2}$，所以其压力、风量和功率之间关系为：

$$\frac{H_1}{H_2}=\frac{0.002\,74\rho_1D_1^2n_1^2\overline{H}_1}{0.002\,74\rho_2D_2^2n_2^2\overline{H}_2}=\frac{\rho_1}{\rho_2}\times\left(\frac{D_1}{D_2}\right)^2\times\left(\frac{n_1}{n_2}\right)^2 \tag{4-28}$$

$$\frac{Q_1}{Q_2}=\frac{0.041\,12D_1^3n_1\overline{Q}_1}{0.041\,12D_2^3n_2\overline{Q}_2}=\left(\frac{D_1}{D_2}\right)^3\times\frac{n_1}{n_2} \tag{4-29}$$

$$\frac{N_1}{N_2}=\frac{1.127\times10^{-7}\rho_1 D_1^5 n_1^3\overline{N}_1}{1.127\times10^{-7}\rho_2 D_2^5 n_2^3\overline{N}_2}=\frac{\rho_1}{\rho_2}\times\left(\frac{D_1}{D_2}\right)^5\times\left(\frac{n_1}{n_2}\right)^3 \tag{4-30}$$

各种情况下相似通风机的 H、Q 和 N 换算公式如表 4-1 所列。

表 4-1 两台相似通风机 H、Q 和 N 的换算

类别	$D_1\neq D_2$ $n_1\neq n_2$ $\rho_1\neq\rho_2$	$D_1=D_2$ $n_1=n_2$ $\rho_1\neq\rho_2$	$D_1=D_2$ $n_1\neq n_2$ $\rho_1=\rho_2$	$D_1\neq D_2$ $n_1=n_2$ $\rho_1=\rho_2$
压力换算	$\frac{H_1}{H_2}=\frac{\rho_1}{\rho_2}\times\left(\frac{D_1}{D_2}\right)^2\times\left(\frac{n_1}{n_2}\right)^2$	$\frac{H_1}{H_2}=\frac{\rho_1}{\rho_2}$	$\frac{H_1}{H_2}=\left(\frac{n_1}{n_2}\right)^2$	$\frac{H_1}{H_2}=\left(\frac{D_1}{D_2}\right)^2$
风量换算	$\frac{Q_1}{Q_2}=\left(\frac{D_1}{D_2}\right)^3\times\frac{n_1}{n_2}$	$Q_1=Q_2$	$\frac{Q_1}{Q_2}=\frac{n_1}{n_2}$	$\frac{Q_1}{Q_2}=\left(\frac{D_1}{D_2}\right)^3$
功率换算	$\frac{N_1}{N_2}=\frac{\rho_1}{\rho_2}\times\left(\frac{D_1}{D_2}\right)^5\times\left(\frac{n_1}{n_2}\right)^3$	$\frac{N_1}{N_2}=\frac{\rho_1}{\rho_2}$	$\frac{N_1}{N_2}=\left(\frac{n_1}{n_2}\right)^3$	$\frac{N_1}{N_2}=\left(\frac{D_1}{D_2}\right)^5$
效率换算	$\eta_1=\eta_2$			

四、通风机类型特性曲线

用同类型通风机模型进行实验时，模型尺寸 D、叶片外缘圆周速度 u 及空气密度 ρ 都是已知的，在此条件下测取某个工况点的参数 Q、H、N 及 η 值。而后用式(4-22)、式(4-23)和式(4-24)计算出该系列通风机的 $\overline{Q}$、$\overline{H}$、$\overline{N}$。然后以 $\overline{Q}$ 为横坐标，以 $\overline{H}$、$\overline{N}$ 和 η 为纵坐标，绘出 $\overline{H}$-$\overline{Q}$、$\overline{N}$-$\overline{Q}$ 和 η-$\overline{Q}$ 曲线，此曲线即为该系列通风机的类型特性曲线，亦叫通风机的无因次特性曲线或抽象特性曲线。图 4-15 和图 4-16 分别为 4-72-11 和 G4-73-11 型离心式通风机的类型特性曲线。可根据类型特性曲线和通风机直径、转速换算得到个体特性曲线。需要指出的是，对于同一系列通风机，当几何尺寸 D 相差较大时，在加工和制造过程中很难保证流道表面相对粗糙度、叶片厚度以及机壳间隙等参数完全相似，为了避免因尺寸相差较大而造成误差，有些通风机(如 4-72-11 系列)的类型特性曲线有多条，可按不同尺寸选用。

例 某矿使用的主要通风机为 4-72-11№20B 型离心式通风机，其类型特性曲线如图 4-17 所示，图中给出了 3 种不同转速 n 的 H_t-Q 曲线，4 条等效率曲线。转速为 $n_1=630$ r/min，通风机工作风阻 $R=0.536\ 57$ N·s²/m⁸，工况点为 M_0($Q=58$ m³/s，$H_t=1\ 805$ Pa)，后来，风阻变为 $R'=0.793\ 2$ N·s²/m⁸，进风量减小不能满足生产要求，拟采用调整转速方法保持风量 $Q=58$ m³/s，求转速应调至多少。

解：因管网风阻已变，故应先将新风阻 $R'=0.793\ 2$ N·s^2/m^8 的曲线绘制在图中，得其与 $n_1=630$ r/min 曲线的交点为 M_1，其风量 $Q_1=51.5$ m^3/s。在此风阻下风量增至 $Q_2=58$ m^3/s 的转速 n_2，可按下式求得：

$$n_2=n_1Q_2/Q_1=630\times58/51.5=710(\text{r/min})$$

即转速应调至 $n_2=710$ r/min，可满足通风要求。

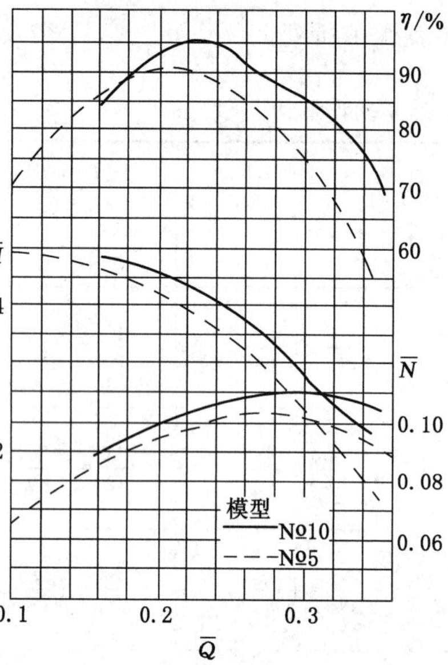

图 4-15　4-72-11 系列离心式通风机的类型特性曲线

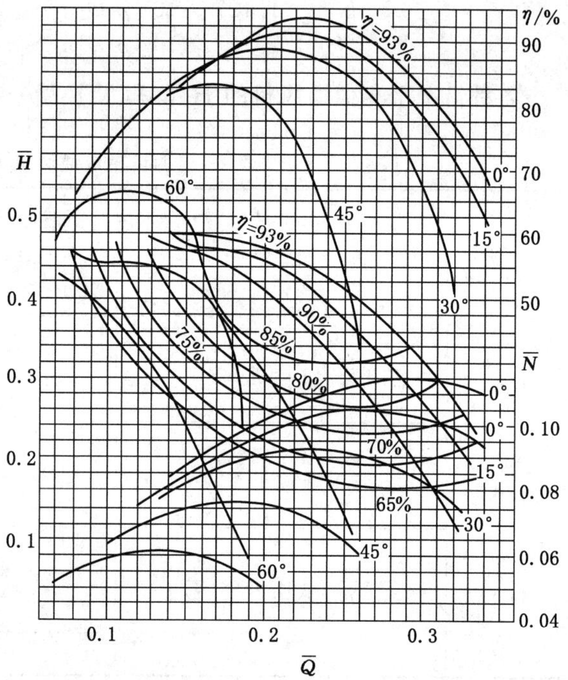

图 4-16　G4-72-11 系列离心式通风机的类型特性曲线

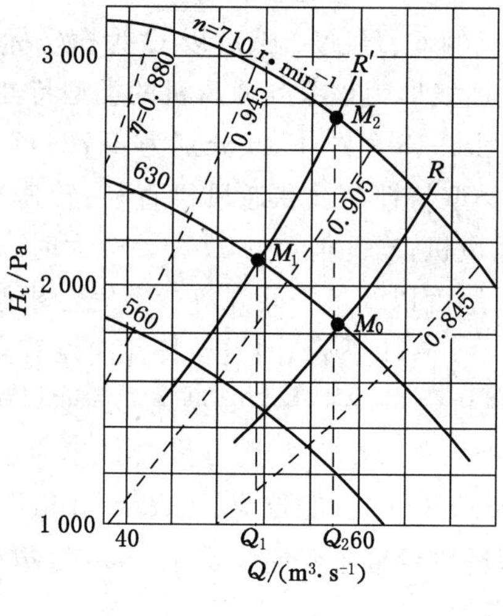

图 4-17　4-72-11№20B 型离心式通风机的类型特性曲线

第四节　矿井主要通风机附属装置

主要通风机的附属装置包括风硐、防爆门(防爆井盖)、扩散器(扩散塔)以及反风装置等。

一、风硐

对抽出式通风矿井来说，风硐通常是指矿井回风井和主要通风机之间的一段联络巷道。由于通过风硐的风量及内外压力差较大，所以应特别注意降低风硐的通风阻力和减少漏风。在风硐设计、施工及通风管理中应注意以下要求：

(1) 风硐断面不宜过小，应使其风速小于 10 m/s，最大不应超过 15 m/s。

(2) 风硐风阻应不大于 0.02 $N \cdot s^2/m^8$，通风阻力应不大于 100～200 Pa。因此风硐不宜过长，壁面应光滑，转弯、变径处应呈圆滑过渡，且应经常保持其中无堆积物。为尽量降低局部阻力，在急拐弯处应安设导流叶片。

(3) 风硐及其闸门等装置的结构要严密，防止漏风。

(4) 风硐内应安设测量风速及压力的装置。为此，风硐和主要通风机相连的一段长度应不小于(10～12)D'(D'为主要通风机工作轮直径)。

(5) 水平风硐部分要有流水坡度，以防积水。

二、防爆门(防爆井盖)

防爆门是安装在主要通风机的排风井口上的特殊密封井盖。在正常通风时，它被用来隔离井下气流与地面大气，防止风流短路，保证通风系统正常工作。当井下发生瓦斯或煤尘爆炸事故时，防爆门被爆炸的气流冲击打开，爆炸气流直接排放到地面大气，起到卸压作用，防止主要通风机因爆炸气流冲击而造成损坏。当主要通风机停止运行时，可以打开防爆门，利用自然风压通风。因此《煤矿安全规程》规定：装有主要通风机的出风井口应当安装防爆门，防爆门每 6 个月检查维修 1 次。

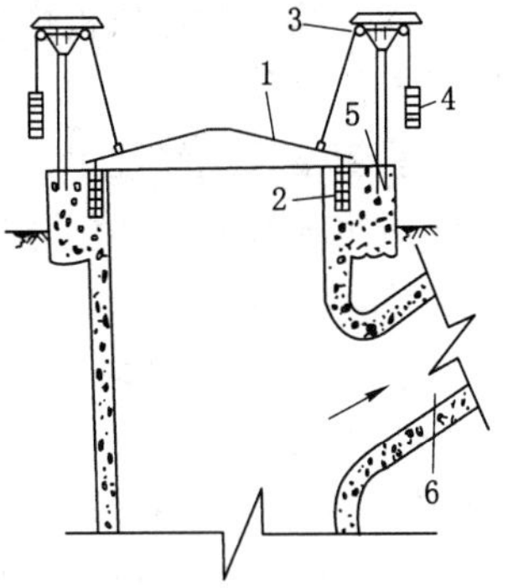

1—防爆井盖；2—密封液槽；
3—滑轮；4—平衡重锤；
5—压脚；6—风硐。

图 4-18　不提升的通风立井井口的钟形防爆门示意图

无论是斜井还是立井的出风井口所安设的防爆门的面积都不得小于出风井口的断面面积，并应正对出风井口的风流方向。图 4-18 为不提升的通风立井井口的钟形防爆门示意图。防爆井盖 1 用钢板焊接而成，其下端放入密封液槽 2 中，密封液槽中用油或不冻液密封(不结冰地区可用水封)，密封液槽深度应与负压相适应，即必须使其内盛装的液体的内外高差大于最大负压值。在其四周用 4 条钢丝绳绕过滑轮 3 并用平衡重锤 4 配重；井口壁四周还应装设一定数量的压脚 5，在反风时用以压住井盖，防止被气压顶开造成风流短路。装有提升设备的井筒设井盖门，一般为铁木结构，与门框接合处应加胶皮垫层以减少漏风。

风井防爆门是矿井通风系统最主要的安全部件，要求设计合理、结构严密、维护良好、动作可靠。实际使用中防爆门可能存在的安全问题主要有漏风严重、开启困难、冲开后不能自行复位、不满足反风要求等。

(1) 漏风问题。采用水密封的防爆门，水分容易蒸发，一旦密封水的高低压差小于通风负压，水就会被负压突然吸光，造成严重漏风。如连续补水，又会造成水的浪费。选择油和不冻液密封也有使用维护比较困难等问题。目前改进后的新型防爆门多采用胶皮密封，密封面宽，既能有效密封，又能保证不漏风，这既克服了液体密封的液体挥发和冬季冻结等问题，又克服了液体对防爆门的腐蚀。

（2）开启困难。北方某矿立风井所用防爆门按标准形式设计，为适应较高负压密封和气候要求，采用密封油槽。使用几年后，雨水由外密封圈与基础之间的环形接合部渗入密封油槽。雨水沉到密封油槽底部而使密封油溢出密封油槽外。到冬季密封油槽底部的积水结冰，将防爆门和基础部分冻在一起，导致事故发生时防爆门无法开启。

个别矿井为防止防爆门漏风，用水泥将防爆门封死，使防爆门不能起作用，危及通风机和通风系统的安全。

（3）复位问题。对防爆门设计要求：一旦产生瓦斯爆炸被冲开后，防爆门应能自行复位，确保井下通风系统正常工作。但使用中的防爆门存在着爆炸开启后因变形等原因不能自行复位的问题，导致通风系统短路，或需要人工关闭，速度慢，影响通风系统正常运行。

立井防爆门的开启和复位都与平衡重锤有一定关系，防爆门应靠主要通风机的负压保持关闭状态，平衡重锤可以产生向上的拉力，其重量应尽可能与防爆门的重量相等或略大于防爆门的重量。当主要通风机停止运行时，自然风压向上产生的力应可以打开防爆门，形成自然通风。当主要通风机恢复运行时，由于防爆门的开启高度的限制，防爆门应能在气压差作用下自行关闭。

目前新设计或经技术改造后的防爆门具有运行状态监视、远距离遥控复位操作、在矿井反风前能实现快速锁扣门体等功能，这提高了矿井通风的可靠性，使防爆门的安全功能得以充分发挥，能有效提高矿井抵御恶性事故的能力。

三、扩散器(扩散塔)

抽出式通风时，无论是离心式通风机还是轴流式通风机，在通风机的出口都外接一定长度、断面逐渐扩大的构筑物——扩散器。其作用是将主要通风机出风口的动压大部分转变为静压，以减少通风机出风口的动压损失，提高主要通风机的有效静压。如图 4-19 所示，轴流式主要通风机的扩散器是由圆锥形内筒和外筒构成的环状扩散器，外圆锥体的敞角可取 7°～12°，内圆锥体的敞角可取 3°～4°。扩散器出口要与由混凝土砌筑成的外接扩散器相连。外接扩散器是一段向上弯曲的风道，一般用砖和混凝土砌筑，其各部分尺寸应根据通风机类型、结构、尺寸和空气动力学特性等具体情况而定，总的原则是：阻力小，出口动压损失小并且无回流（涡流）现象。

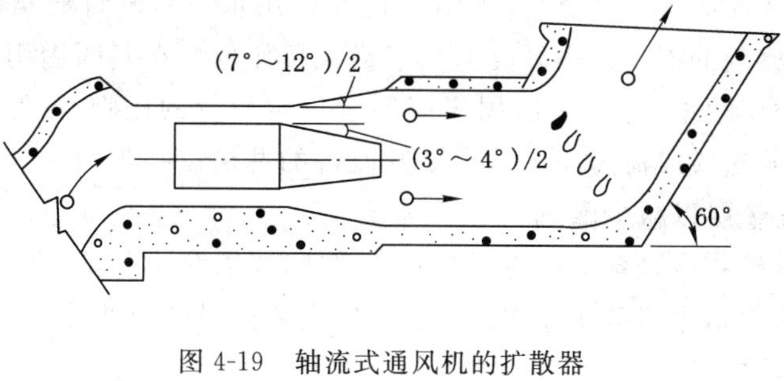

图 4-19　轴流式通风机的扩散器

如图 4-20 所示，离心式主要通风机的扩散器多为矩形，其敞角取 8°～10°，出风口断面面积（S_3）与入风口断面面积（S_2）之比约为 3～4。

四、反风装置

反风装置是用来使井下风流反向的一种设施。设置反风装置是为了防止进风系统中一旦发生火灾、瓦斯或煤尘爆炸时所产生的一氧化碳等有毒有害气体沿风流进入采掘或其他区域，危及工作人员的生命安全。有时也为适应救灾工作的需要而反风。

《煤矿安全规程》规定：生产矿井主要通风机必须装有反风设施，并能在 10 min 内改变巷道中的风流方向；当风流方向改变后，主要通风机的供给风量不应小于正常供风量的 40%。每季度应当至少检查 1 次反风设施，每年应当进行 1 次反风演习；矿井通风系统有较大变化时，应当进行 1 次反风演习。

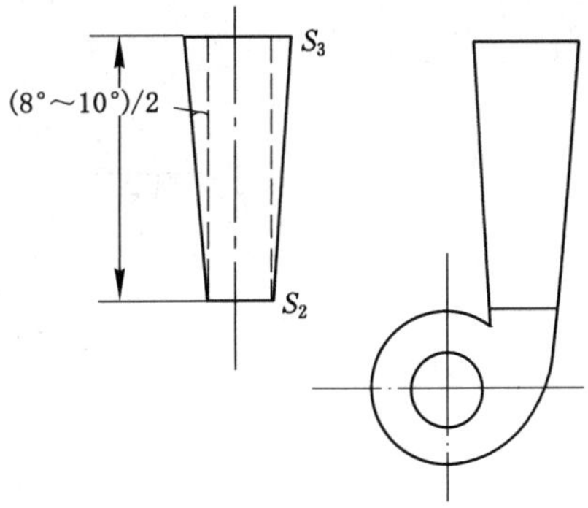

图 4-20　离心式通风机的扩散器

主要通风机反风方法因通风机的类型和结构不同而异。目前的反风方法有反风道反风、通风机反转反风和改变叶片角度反风等。

（一）反风道反风

利用反风道反风是一种传统的反风方法，能满足反风要求。轴流式通风机做抽出式通风时利用反风道反风的示意图如图 4-21 所示。正常通风时，风门 1、5、7 均处于水平位置，井下的污浊风流经风硐 2 直接进入通风机 3，然后经扩散器 4 排到大气中。反风时，风门 1、5、7 打开，新鲜风流由进风门 1 经反风风门 7 进入风硐 2，由通风机 3 排出，然后经反风风门 5 进入反风绕道 6，再返回风硐 2 送入井下。

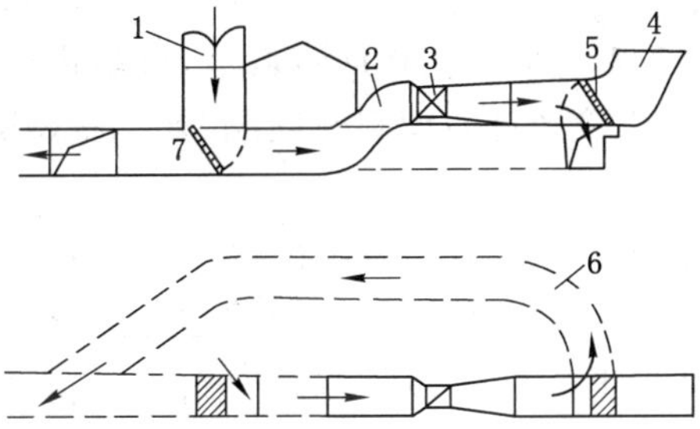

1—进风门；2—风硐；3—通风机；4—扩散器；

5、7—反风风门；6—反风绕道。

图 4-21　轴流式通风机反风道反风示意图

离心式通风机做抽出式通风时利用反风道反风的示意图如图 4-22 所示。正常通风时，用反风风门 1 关闭反风绕道 3，用进风门 2 关闭风硐的地面空气入口，使井下的风流经风硐进入主要通风机，从扩散器排入大气。反风时，放下进风门 2，同时提起反风风门 1，打开反风绕道 3，关闭扩散器，使地面空气从进风门 2 进入主要通风机，由主要通风机作用经反风绕道 3 送往井下。

（二）通风机反转反风

通风机反转反风只适用于轴流式通风机。反风时，只需将电动机三相供电电源线中的任意两相调换，即可使电动机反转，从而使通风机工作轮反转，使井下风流反向。这种反风方法具有简单、基建费用少等优点，但反风量一般都不如利用反风道反风时的大。目前新型

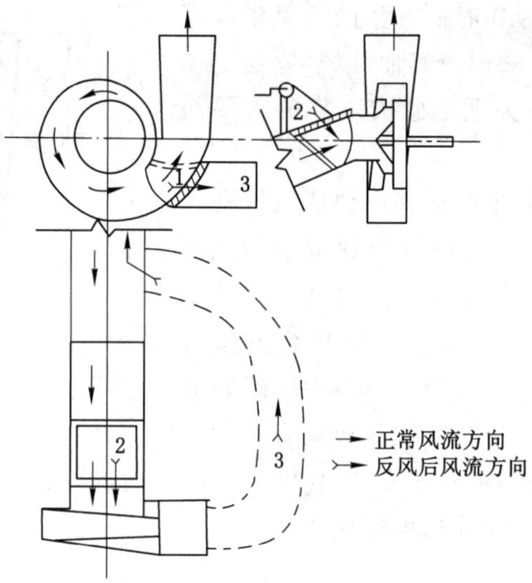

1—反风风门；2—进风门；3—反风绕道。

图 4-22 离心式通风机反风道反风示意图

通风机在设计时已考虑了这一因素，反风量能满足《煤矿安全规程》的要求。

（三）改变叶片角度反风

GAF 系列通风机是在引进技术的基础上，结合国内的实际情况加以改造的轴流式通风机。叶片角度可通过一套蜗轮蜗杆装置实现同步调节，自动化程度高。由于叶片角度调整方便，这类通风机可通过直接改变风叶角度实现反风，既不需要反风道，也不需要通风机反转控制装置。

灾变时矿井能否及时进行反风，直接关系到矿井救灾工作的成效，甚至可能会决定事故是否会进一步扩大。所以矿井必须充分认识到反风设施和反风演习的重要性。平时一定要把工作做实做细并编制各种可能灾害的反风实施计划。反风实施计划要有方案设计、指挥程序、方案执行、出现问题的应急措施等，从而提高矿井的抗灾能力。

反风设施在每季度的例行检查时，要着重检查反风风门及其绞车系统的可靠性，其次是防爆门的压紧装置，要防止反风时矿井通风由负压通风改为正压通风时顶开防爆门造成风流短路，影响反风救灾。

第五节 主要通风机运行与管理

一、通风机工况点及合理工作范围

以同样的比例把矿井总风阻 R 曲线绘制于通风机个体特性曲线图中，则风阻 R 曲线与风量风压曲线交于 A 点，此点就是通风机的工况点或工作点，如图 4-12、图 4-13 所示。工况点的坐标值就是该主要通风机实际产生的静压和风量；通过 A 点作垂线分别与 N-Q_f 和 η_s-Q_f 曲线的交点的纵坐标 N 值与 η_s 值，分别为主要通风机实际的轴功率和静压效率。从工况点 A 可看出，此时通风机的静风压为 3 040 Pa，风量为 115 m^3/s，功率为 450 kW（A' 点），静压效率为 68%（E'点）。由此启示我们，可以根据矿井通风设计所算出的需要风量 Q_f

和风压 H 的数据，再从许多条表示不同型号、尺寸、不同转速或不同叶片安装角的主要通风机运转特性曲线中选择一条合适的特性曲线，所选的这条特性曲线，载明了它所属的主要通风机型号、尺寸、转速和叶片安装角等。这就是最简单的选择主要通风机的方法。所谓选择合理是要求预计的工况点在 $H\text{-}Q_f$ 曲线(图 4-12)的位置应满足以下 2 个条件：

一是从经济方面考虑，所选择的工况点对应主要通风机的静压效率不应低于 60%，即工况点应在 C 点以上。

二是从安全的角度，要求通风机工况点不能处于不稳定区。实践证明，许多轴流式主要通风机在 $H\text{-}Q_f$ 曲线最高点的左侧，风压与风量的关系不再具有唯一性，如果工况点位于风压曲线最高点的左侧即所谓的“驼峰”区时，主要通风机的运转就可能产生不稳定状况，即工况点发生跳动，风压忽大忽小，声音极不正常(喘振现象)。为了防止矿井风阻偶然增加等原因使工况点进入不稳定区，在选择和使用通风机时规定通风机的实际工作风压不应大于最大风压的 90%，即工况点应在 B 点以下；在转速上要求其不超过额定转速；对于电动机，要求不超负荷运行。所以轴流式通风机在风压曲线上的合理工作范围应是 BC 段。

由于受到工作轮和叶片等部件的结构强度所限，通风机工作轮的转速不能超过它的额定转速；轴流式通风机除转速有限制外，还有工作轮叶片的安装角 θ 的限制，对于一级工作轮的轴流式通风机，最大的 θ 为 45°，越过最大的 θ，运行就不易稳定。又考虑到通风机工作的经济性，一级工作轮的轴流式通风机，其 θ 不小于 10°；二级工作轮的轴流式通风机，其 θ 不小于 15°。综上所述，在图 4-23 中的阴影部分即为轴流式通风机的合理工作范围。

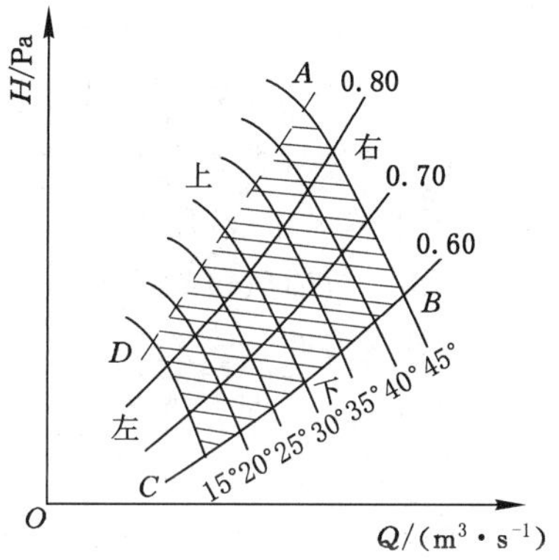

图 4-23 轴流式通风机合理工作范围

应该指出的是，分析主要通风机工况点是否合理时，应使用安装后实测的主要通风机特性曲线。厂方提供的特性曲线只能供选型时参考。

二、通风机联合运转

许多大中型矿井，由于矿井范围大，通风系统复杂，用一个回风井已不能满足生产对通风的要求，必须使用多回风井通风，即多台通风机共同在通风网络中联合工作，形成对角并联或多通风机并联。一些老矿井在通风系统改造时为满足矿井所需风量，也可用两台主要通风机并联在同一回风井工作来增加矿井风量。由于多台通风机联合工作与单台通风机工作不同，因此，分析通风机联合运转的特点、效果、稳定性和合理性是很有必要的。

通风机联合工作除了各种并联形式外，还有通风机与自然风压串联工作的情况。下面分别予以介绍。

主要通风机并联工作有如图 4-24 所示的几种：(a)是两台主要通风机集中并联工作，(b)是两台主要通风机分别安设在对角式通风系统的两翼风井井口上实现对角并联通风，(c)是多井口多台主要通风机实现分区并联通风。在实际工作中，并联工作的通风机其风压特性曲线可能相同也可能不同。在此以后者为例来说明通风机并联工作的特性。

(一) 集中并联特性分析

理论上，两台通风机的进风口(或出风口)可视为连接在同一点。所以两台通风机的静

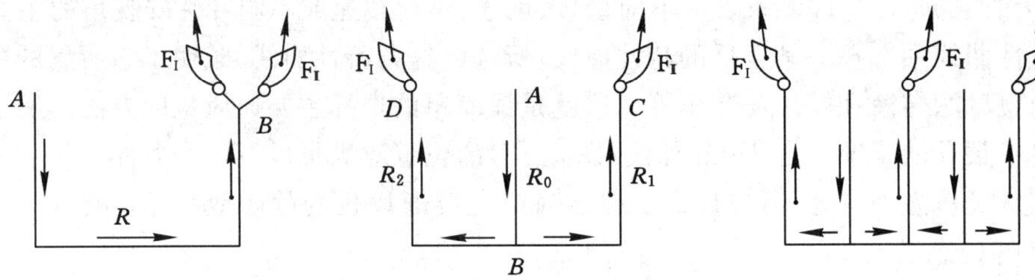

(a) 集中并联工作　　(b) 对角并联工作　　(c) 分区并联工作

图 4-24　通风机并联工作

压相等，等于管网阻力；两台通风机的风量流过同一条巷道，故通过巷道的风量等于两台通风机风量之和，即：

$$H = H_{Ⅰ} = H_{Ⅱ}$$
$$Q = Q_{Ⅰ} + Q_{Ⅱ}$$

1. 等效特性曲线

如图 4-25 所示，两台不同型号通风机 $F_{Ⅰ}$ 和 $F_{Ⅱ}$ 的特性曲线分别为Ⅰ、Ⅱ。两台通风机并联后的等效特性曲线Ⅲ可按风压相等风量相加原理求得。即在两台通风机的风压范围内，作若干条等风压线（压力坐标轴的垂线），在等风压线上把两台通风机的风量相加，得该风压下并联等效通风机的风量（点），将等效通风机的各个风量点连起来，即可得到通风机并联工作时等效特性曲线Ⅲ。

2. 通风机的实际工况点

通风机并联后在风阻为 R 的管网上工作，R 与等效特性曲线Ⅲ的交点 M，过 M 作纵坐标轴垂线，分别与曲线Ⅰ和Ⅱ相交于 m_1 和 m_2，此两点即是两台通风机的实际工况点。

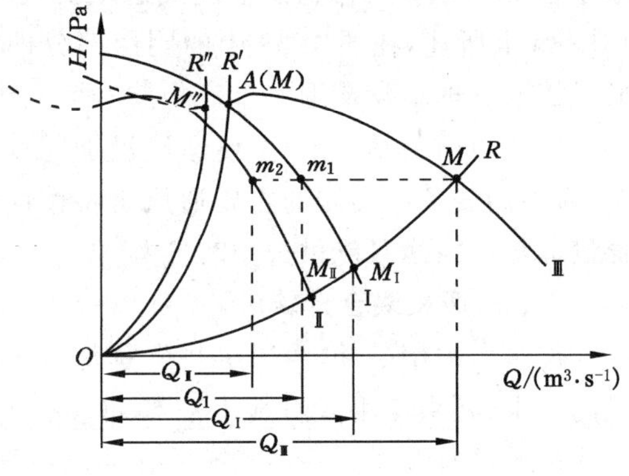

图 4-25　两台不同型号通风机集中并联

并联工作的效果，也可用并联等效通风机产生的风量 $Q_{Ⅲ}$ 与能力较大的通风机 $F_{Ⅰ}$ 单独工作产生风量 $Q_{Ⅰ}$ 之差来分析。由图 4-25 可见，当 $\Delta Q=Q_{Ⅲ}-Q_{Ⅰ}>0$，即工况点 M 位于等效特性曲线与能力较大的通风机曲线Ⅰ的交点 A 右侧时，则并联有效；当管网风阻 R'（称为临界风阻）通过 A 点时，$\Delta Q=0$，则并联增风无效；当管网风阻 $R''>R'$ 时，工况点 M'' 位于 A 点左侧时，$\Delta Q<0$，即此时能力较小的通风机会反向进风，则并联不但不能增风，反而有害。

此外，由于轴流式通风机的特性曲线存在马鞍形区段，因而等效特性曲线在小风量时比较复杂，当管网风阻 R 较大时，通风机可能出现不稳定工作。另外，当两台特性相同的通风机并联工作时，也同样会存在不稳定运转情况。

（二）对角并联特性分析

如图 4-24(b)所示的对角并联通风系统中，两台不同型号通风机 $F_{Ⅰ}$ 和 $F_{Ⅱ}$ 的特性曲线分别为Ⅰ、Ⅱ，各自单独工作的管网分别为 DB（风阻为 R_2）和 CB（风阻为 R_1），公共风路为 BA（风阻为 R_0），为了分析对角并联系统的工况点，先将两台通风机移至 B 点[图 4-26(a)]。方法是，按等风量条件下把通风机 $F_Ⅰ$ 的风压与风路 DB 的阻力相减的原则，求通风机 $F_Ⅰ$ 为风路 DB 服务后的剩余特性曲线Ⅰ′，即作若干条等风量线，在等风量线上将通风机 $F_Ⅰ$ 的风压减去风路 DB 的阻力，得通风机 $F_Ⅰ$ 服务风路 DB 后的剩余风压点，将各剩余风压点连起来即得剩余特性曲线Ⅰ′。按相同方法，在等风量条件下，把通风机 $F_Ⅱ$ 的风压与风路 CB 的阻力相减得通风机 $F_Ⅱ$ 为风路 CB 服务后的剩余特性曲线Ⅱ′。这样就变成了等效通风机 $F'_Ⅰ$ 和 $F'_Ⅱ$ 集中并联于 B 点，为公共风路 BA 服务。按风压相等风量相加原理求得等效通风机 $F'_Ⅰ$ 和 $F'_Ⅱ$ 集中并联的特性曲线Ⅲ，它与风路 BA 的风阻 R_0 曲线交点为 M_0，由此可得 BA 风路的风量 Q_0[图4-26(b)]。

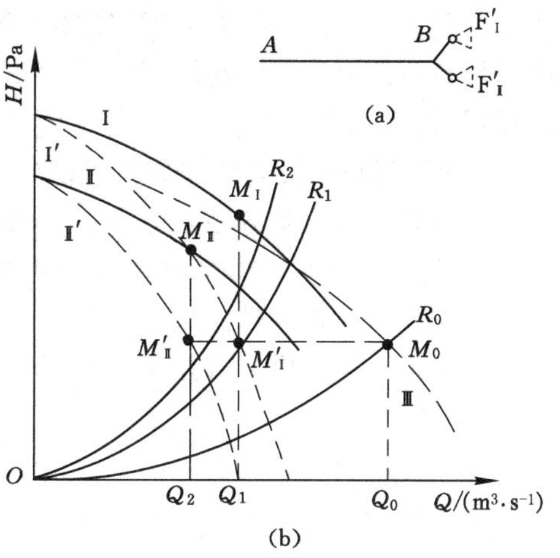

图 4-26　两台不同型号通风机对角并联

过 M_0 作 Q 轴平行线与特性曲线Ⅰ′和Ⅱ′分别相交于 $M'_Ⅰ$ 和 $M'_Ⅱ$ 点。再过 $M'_Ⅰ$ 和 $M'_Ⅱ$ 点作 Q 轴垂线与曲线Ⅰ和Ⅱ相交于 $M_Ⅰ$ 和 $M_Ⅱ$，此即为两台通风机的实际工况点，其风量分别为 Q_1 和 Q_2。显然 $Q_0=Q_1+Q_2$。

由图可见，每台通风机的实际工况点 $M_Ⅰ$ 和 $M_Ⅱ$，既取决于各自风路的风阻，又取决于公共风路的风阻。当各分支风路的风阻一定时，公共段风阻增大，两台通风机的工况点上移；当公共段风阻一定时，某一分支的风阻增大，则该系统通风机的工况点上移，另一系统通风机的工况点下移，反之亦然。这说明两台通风机的工况点是相互影响的。因此，采用轴流式通风机做并联通风的矿井，要注意防止因一个系统的通风阻减小引起另一系统的通风机风压增加而进入不稳定区工作。

多台通风机并联工作特性分析时，原理相同，但更复杂些。

（三）自然风压与主要通风机串联工作

1. 自然风压特性

自然风压特性是指自然风压与风量之间的关系。在机械通风矿井中，冬季自然风压随风量增大略有增大；夏季，若自然风压为负时，其绝对值亦将随风量增大而增大。通风机停止工作时自然风压依然存在。故一般用平行 Q 轴的直线表示自然风压的特性。如图 4-27 中Ⅱ和Ⅱ′分别表示正和负的自然风压特性。

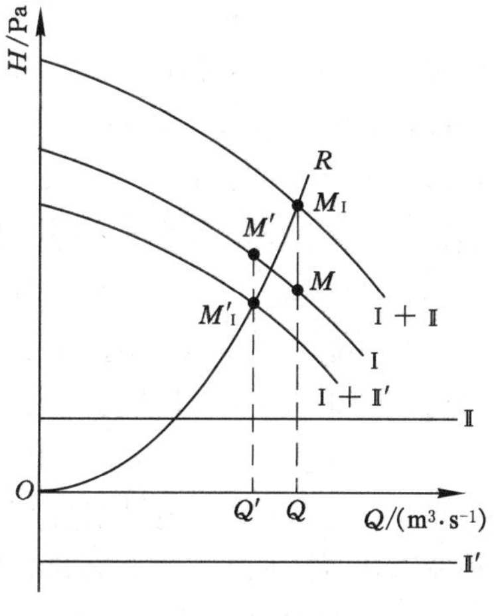

图 4-27　自然风压和通风机串联

2. 自然风压对通风机工况点的影响

在机械通风矿井中自然风压对机械风压的影响，类似于两台通风机串联工作。如图 4-27 所示，矿井风阻曲线为R,通风机特性曲线为Ⅰ,自然风压特性曲线为Ⅱ,按风量相等风压相加原则,可得到正负自然风压与通风机风压的等效特性曲线Ⅰ+Ⅱ和Ⅰ+Ⅱ′。风阻R与其交点分别为$M_{Ⅰ}$和$M'_{Ⅰ}$,据此可得通风机的实际工况点为M和M'。由此可见,当自然风压为正时,机械风压与自然风压共同作用克服矿井通风阻力,使风量增大,而当自然风压为负时,则起阻碍作用,使风量减小。

三、提高通风机运行效率的技术途径

煤矿主要通风机是各种机电设备中耗电量较大的设备之一,其耗电量一般占矿井总耗电量的20%~30%。造成主要通风机耗电量大的一个主要因素就是通风机整体效率低。有关部门曾对现有在用轴流式通风机的100个风井调查表明:效率低于50%的通风机占通风机总数的近一半。国有重点煤矿的主要通风机,平均运转效率不到55%,远低于《煤矿安全规程》的要求。

造成主要通风机效率低下的原因是多方面的,主要有:

第一,通风机本身性能问题,这方面主要存在以下问题:

(1) 通风机进风口部件不齐全或结构不合理。轴流式通风机进风口是由集流器和流线型整流罩围成的一段断面逐渐缩小的圆环形通道,可使风流以较小的阻力损失均匀地进入工作轮。如果进风口部件不齐全或结构不合理,就会增加进风口处的冲击和涡流损失,使通风机效率降低。

(2) 叶片径向间隙过大。轴流式通风机的径向间隙过大是造成效率低的一个重要原因。通风机的径向间隙大,会使通风机内部的涡流损失增加。径向间隙超过规定值,不仅通风机效率下降,而且通风机产生的压力也会下降。

(3) 整流器导叶不齐全或锈蚀严重。整流器的作用是改变气流在通风机内部的旋转速度和方向,减少涡流损失,提高通风机效率。当通风机整流器的导叶不齐全或被锈蚀时,就会影响整流器的性能,形同虚设。另外诸如前导器不合格、通风机外壳锈蚀严重等因素也能导致通风机性能变差,影响通风机效率。

第二,主要通风机附属装置也会对通风机效率产生影响。

(1) 扩散器结构不合理。通风机扩散器的主要作用是把通风机出口的一部分动压转化为静压,以提高效率。但是有的矿井安装的扩散器结构不合理或壁面粗糙,或扩散器内障碍物太多,从而使扩散器阻力增大,效率下降。

(2) 引风道结构不合理。引风道是指抽出式通风矿井的风硐和通风机进风口之间的一段过渡风道。为了保证减少阻力和使风流均匀稳定地进入通风机,要求引风道应设计成流线型,且曲率半径要和坡度适合,引风道内无局部障碍物。

第三,主要通风机及其驱动电动机选型不当。

矿井在进行通风设计时,主要通风机及其驱动电动机大都是按投产后通风容易时期和困难时期的最大需要风量及负压选型的,而在投产初期实际产量往往与设计产量相差较大,造成了"大马拉小车"的局面。由于电动机的效率和功率因数都是随着负荷率的变化而变化的,负荷率低必将导致电动机功率因数和综合效率下降。据调查:约4成的驱动电动机负荷率低于50%;6成以上的电动机,负荷率低于65%。因此驱动电动机负荷率低也是导致通风机总体效率低的一个原因。

另外,也有的矿井主要通风机效率低是由于安装质量不符合要求,或在长期运转中严重锈蚀而检修不及时造成的。

提高矿井主要通风机的运行效率，应从以上分析的各种原因入手，尤其是新设计的矿井，安装的通风机的各项性能指标必须满足相关规定。在用的通风机也可通过技术改造提高运行效率。我国在20世纪90年代曾进行过大面积的通风机改造工作，将老式通风机的直叶片更换为扭曲叶片，效果良好。

除更换叶片外，对在用通风机的改造，还有如下技术途径：

途径一，调整叶片角度，尽量在高效区工作。

较早安装的轴流式通风机，其高效区往往都在高压区，如矿井的通风阻力较小，就会使通风机长期在低效区运行。生产实践中发现，这一类轴流式通风机，可以通过调节导叶角度的方法来改善通风机的性能，即在通风机动叶与导叶间，探索一个最佳的匹配角度，以提高通风机效率。对一些对旋式通风机，也可通过调整前后级叶片的角度差，实现既能与风网匹配，又能提高通风机效率的目的。

途径二，改造附属设施，提高通风机效率。

(1) 改造风硐，采用合理的进风口结构。

改进进风口结构，降低进风口漏风和各种局部损失，避免产生涡流，将风硐的通风阻力减到最小，实践证明这能使通风机效率明显提高。如果引风道结构不合理，就会加大通风机入口的风流紊乱程度，不仅影响效率甚至会使叶片共振而受损。

(2) 改造扩散器。减小扩散器的内外转角可缩小扩散器出口回流范围，降低排风阻力。对于卧式扩散器来说，其内转角以50°～60°为宜，外转角应为45°。立式外接扩散器的敞角以8°～10°为宜。这样可减少扩散器内的回流损失。

途径三，加强维护，及时检修。

在安装通风机或调整叶片角度时，应注意不能使径向间隙过大，径向间隙不要超过叶片长度的1%。不少矿井将径向间隙减小后，取得了较好的效果。

调整叶片安装角时，各叶片的安装角度偏差应严格控制，如不能保持一致，就会引起翼栅间距不等，增大叶片间的气流阻力，增大冲击和涡流损失，降低通风机效率。

及时对通风机进行检修可以使其保持良好的工作性能，避免因构件受损而影响通风机的效率。

有些老式通风机效率低，仅靠改造可能解决不了根本问题，及时更换新型高效通风机是提高这类通风机效率的一个有效措施。

四、主要通风机的变频与切换

1. 主要通风机的变频调速

变频调速技术是为了解决主要通风机运行效率低、耗能高的问题。在矿井的设计阶段，通常会依据矿井的最大通风阻力和风量选择主要通风机，这样矿井开采初期因风流路线短、需风量少，主要通风机与风网不匹配，会造成不必要的能源浪费。随着采掘工作面的不断延伸，矿井对风量的需求是一个动态变化的过程，需要对主要通风机的工作状况进行适时的调节使其能够满足生产的需要。传统的风量调节方式是依靠调节风门的开度或者叶片安装角度来达到所需的风量，这种方式操作不方便，自动化程度低，且耗损增大，易造成电能的浪费。

变频调速技术是根据主要通风机转速与频率的线性比例关系，通过增加变频器改变电源的频率来调节主要通风机电动机的转动频率并降低启动电流，从而实现对电动机的软启动、变频调速和改变功率等功能。变频调速本质上是改变通风机的转速，导致通风机特性曲线改变，从而改变通风机的输出功率，达到调节流量、降低能耗和提高效率的目的。

变频调速技术具有如下特点：

(1) 精确调节风量和风压，使主要通风机处于合理的工况点。

(2) 延长设备的使用年限，减少对主要通风机维修和保养的次数，节约开支。

(3) 节能降耗。

(4) 自动化程度高，系统稳定安全，易于控制操作。

2. 主、备用通风机的不停风倒机

根据《煤矿安全规程》要求，主要通风机必须一用一备，在必要的情况下主、备用通风机可在 10 min 内完成切换。主要通风机的不停风切换功能可避免矿井主、备用通风机切换时井下出现短时无风的情况。当主要通风机运行一段时间后要进行检修，此时将备用通风机切换为主用通风机的操作称为倒机。按照传统的"停机倒机"的方式，倒机过程中井下会有一段无风的时间，在高瓦斯矿井容易造成瓦斯超限的问题，而且备用通风机常处于冷备用状态，主用通风机停转后，此时如果备用通风机出现故障无法启动，再恢复主用通风机的运行需要较长时间，容易引发安全事故。

主要通风机不停风倒机系统摒弃了传统的手工操作方式，基于自动化控制技术，通过监控系统和风门系统监测主要通风机及其电动机、风门等装置的运行状况，并相互进行通信和反馈，实施远程自动控制。这种系统的原理是在主用通风机不停机的情况下启动备用通风机，待备用通风机运转正常后，通过远程控制风门的开度实现主、备用通风机的平稳切换。如果备用通风机因故无法正常启动，也可以先暂停倒机操作，对备用通风机进行故障排查和检修，主用通风机的运行在此过程中不受影响。

主要通风机不停风倒机流程图如图 4-28 所示。第一步：主用通风机正常运转中，打开备用通风机水平对空旋叶风门 1，零角度开启备用通风机，待备用通风机启动稳定后，将备用通风机叶片角度调整到工作角度，此时备用通风机处于空运转状态，风流从水平对空旋叶风门进、出风口出，实现开机前热备用。第二步：经检查备用通风机运转正常后，打开主用通风机水平对空旋叶风门 1，同时关闭主用通风机立式旋叶风门 2，使主用通风机过渡到空运转状态。打开备用通风机立式旋叶风门 2，同时关闭备用通风机水平对空旋叶风门 1，使之过渡到正常井下通风运转状态。第三步：备用通风机完全开启，备用通风机水平对空旋叶风门 1 关闭，实现备用通风机挂网运行；主用通风机立式旋叶风门 2 完全关闭，主用通风机水平对空旋叶风门 1 完全开启，热备用 5 min 后，主用通风机停止运转，叶片恢复到零角度，此时主、备用通风机倒机工作完成。

不停风倒机技术具有如下特点：

(1) 备用通风机在倒机前处于热备用状态，解决了传统倒机方式中备用通风机能否正常启动的不确定性。

(2) 倒机时间相较于传统倒机方式大大缩短。

(3) 解决了传统倒机方式下倒机过程中通风系统短时无风的问题，风流持续稳定。

(4) 实现了一键式倒机，操作方便快捷，减少了人员检查确认流程，降低了人为操作失误的可能性。

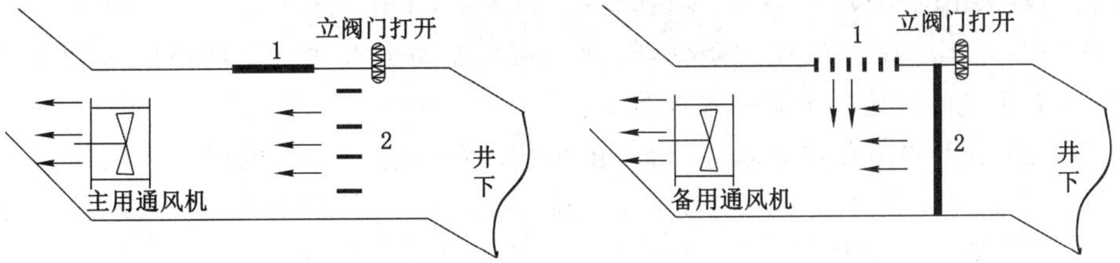

1——水平对空旋叶风门；2——立式旋叶风门。

图 4-28 主要通风机不停风倒机流程图

五、主要通风机性能测定

通风机出厂时的特性曲线大多是生产厂家根据同类通风机模型试验的资料按比例定律换算求得的，很少有单独进行测定的，故一般都不能作为个体特性曲线来使用。加之通风机安装质量差异、加装扩散器以及使用中的磨损和锈蚀等因素，安装后的主要通风机性能都会发生变化。为了掌握运转条件下通风机的实际性能，合理有效地使用好通风机，我国《煤矿安全规程》规定：新安装的主要通风机投入使用前，必须进行试运转和通风机性能测定，以后每 5 年至少进行 1 次性能测定。

主要通风机性能测定的目的是求得在一定转速或叶片安装角(轴流式)条件下，通风机装置在不同风阻时的风量与风压、风量与轴功率、风量与通风机效率之间的一组关系曲线。

(一) 测定方案选择和工况调节

主要通风机装置的布置形式多种多样，一般依主要通风机类型、台数和尺寸，回风井筒的形式以及周围地形等因素而定。因此，在确定测定方案时也须因地制宜，力求使测定工作简单、安全，测定结果能满足精度要求。确定测定方案需考虑的内容和顺序应为：

(1) 选择调节主要通风机工况点的地点和方法；

(2) 选择测风速、风量的地点和方法；

(3) 选择测定风压等其他参数的方法。

主要通风机测定方案的确定，通常可分以下 3 种情况：

(1) 新安装的主要通风机在投产前进行测定。这种测定是必不可少的且测定内容要求全面，测定工作既要获得主要通风机装置的特性曲线，又要检验主要通风机装置的制造和安装质量，检验各附属装置的合理性及其漏风情况等，为投入正常运转提供基础数据。

(2) 在不影响正常生产条件下对备用通风机进行性能测定。测定时风流以短路形式进入主要通风机，由于受运转通风机的影响，风流通道往往较短，难以找到风流稳定区段进行风量和风压的测定，从而影响测定结果的准确性和稳定性。特别是目前许多新建风井采用反转反风设计，有的在设计时没有考虑通风机性能测定的需要，使备用通风机无法形成独立的风流回路，因此必须在停产时才能进行测定。

(3) 在停产条件下进行主要通风机装置性能测定。测定工作常安排在节假日或检修日进行。停产测定时，工况调节大多在防爆门处进行，条件合适时也可用分风硐的闸门调节。以在防爆门处调节为例，测定时，揭开防爆井盖，用木板等控制不同工况下的风流进入主风硐、分风硐、通风机，由扩散塔排出，实现短路通风测定。为测出阻力较高的工况点，还需在井下总回风道中构筑临时密闭墙以隔断与矿井的联系，密闭墙应有足够的强度以防大风压时被拉破。而采用闸门调节则不需要构筑井下密闭墙，工作量较小。与不停产测定相比，停产测定能为测定工作提供较佳的条件，特别是在风流稳定方面，从而使测定结果更接近实际。因此，条件许可时应尽量采用停产测定。

如图 4-29 所示的离心式通风机装置，在对其进行性能测定时可有如下几种方案选择：第一种方案是打开防爆井盖 2 用调节闸门 4 调节工况点；第二种方案，为了获得更长的风流稳定段，也可如前所述在井下打临时密闭墙隔断通风机与风网的联系，将调节闸门 4 全部开启，在防爆井盖处进行工况调节；第三种方案，将调节闸门 4 全部关闭，进风侧反风闸门处于反风状态，在反风门处的风窗与行人门等处进行工况调节，可实现不停产时的备用通风机测定，条件是构筑物须有足够强度且能保证风量测定的准确性，也可考虑在出风侧进行风量测定。

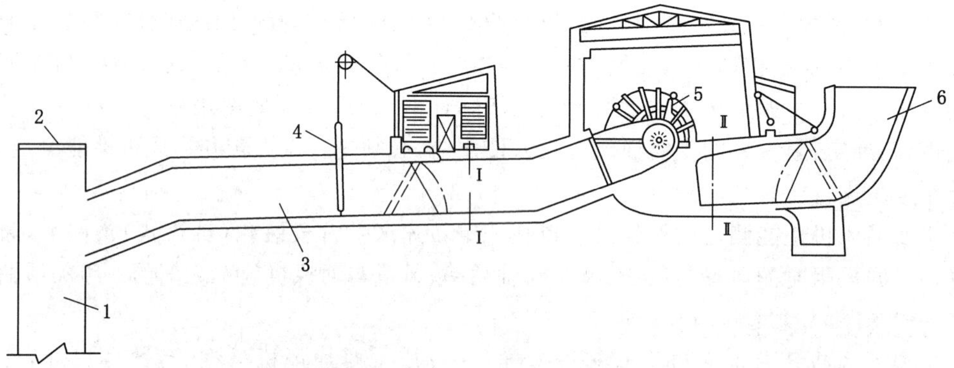

1—风井；2—防爆井盖；3—风硐；4—调节闸门；5—离心式通风机；6—扩散塔。

图 4-29　离心式通风机性能测定时的布置方案

根据现场具体条件，可灵活采用各种方式调节工况，如局部增阻、通过另一台通风机的风道进风、打开入风侧的观测小门进风等。

有些矿井主要通风机装置在布置上不具备测风、测压的完备条件，所以测定前须周密考虑测定各项指标的地点和所用的方法。必要时可对通风机装置进行简单的改造，以适应测定工作需要。

调节工况点的次数应能保证测得连续完整的特性曲线。一般不应少于 7 个工况点，并以 8～10 个工况点为佳。

为避免电动机在启动时电流过大超负荷而烧毁，调节工况的顺序须依主要通风机的功率特性而定。因离心式主要通风机的功率特性是功率随风量增大而增大，所以测定时应先关闭闸门或调节风窗，使其在工作风阻较大时启动，待转速正常后再逐渐打开闸门或风窗来调节工况点。而轴流式主要通风机工况调节顺序则相反，因轴流式通风机的功率特性是功率随风量增大而减小，所以应打开闸门或临时风窗，在主要通风机工作风阻较小时启动，启动后待转速正常时再逐渐关闭闸门或临时风窗来调节风量。

（二）测定的参数及测定方法

测定主要通风机装置性能时，测定的内容还与主要通风机的工作方式有关，如对抽出式主要通风机装置应测定每一个工况点的静压(负压)、风速(风量)、电动机的功率、通风机的转速和大气参数等。

1. 静压(负压)的测定

静压(负压)测定的位置,应在工况调节处与风机入口之间,如图 4-29 中Ⅰ—Ⅰ断面与通风机之间某处,引出的压力接入U形水柱计或测定仪器的负压传感器。

2. 风速(风量)的测定

风速(风量)的测定,通常采用动压测量法。动压测量即皮托管测量风量法。这是传统的测风方法,理论上十分成熟。皮托管测得的动压与测点处平均风速的关系为:

$$\bar{v}=\sqrt{\frac{2}{\rho}}\times\frac{\sum\sqrt{h_i}}{n} \tag{4-31}$$

式中　$\bar{v}$——测得的平均风速,m/s;

h_i——皮托管测得的动压,Pa;

ρ——空气密度,kg/m^3;

n——皮托管的个数。

再根据测风点的断面面积即可计算出通风机的风量。

3. 通风机轴功率的测定

主要通风机的轴功率是通过测量电动机的耗电功率并考虑各种损耗经计算求得的。分离仪表测量时可采用精度较高的电流表、电压表、功率因数表来测量各参数,也可用电参数综合测量仪器直接测得。而用通风机装置性能测定仪测定时,只需将电动机配电柜中电压、电流互感器的二次回路信号接入传感器即可。对低压(380/660 V)供电的通风机,可直接测量一次电压和电流(用钳形电流互感器)。

4. 通风机转速的测定

主要通风机的实际转速可用机械转速表和红外转速测量仪直接测量(图 4-30)。在通风机装置性能测定仪中的转速测量则是由转速传感器来完成的。

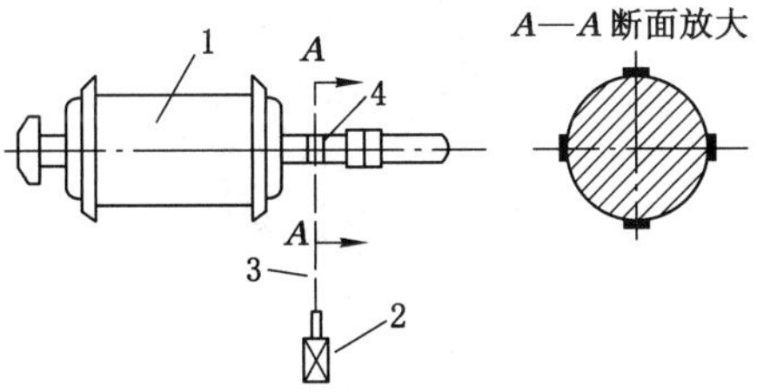

1—电动机;2—红外转速测定仪;3—红外光束;4—反射纸。

图 4-30　红外转速仪测量电动机转速图

5. 大气参数的测定

大气参数的测定应尽量在测压处进行,如不具备条件可在进风口处测量。测量的主要参数有:大气压力、空气温度和相对湿度,以便计算空气密度。这些参数既可人工测量,也可由相应的传感器来采集测量。

此外,还可根据安全检测检验的需要,对通风机的噪声、轴温、振动等参数进行测量。

复习思考题

4-1 自然风压是怎样产生的？进、回风井井口标高相同的井巷系统内是否会产生自然风压？

4-2 影响自然风压大小和方向的主要因素是什么？能否用人为的方法产生或增加自然风压？

4-3 如图4-1所示的井巷系统，当井巷中空气流动时，2、3两点的绝对静压力之差是否等于自然风压？为什么？

4-4 如图4-31所示的井巷系统，各点空气的物理参数如下表，求该系统的自然风压。

测点	0	1	2	3	4	5	6
温度/℃	−5	−3	10	15	23	23	20
气压/Pa	98 924.9	100 178.2	102 751.2	105 284.4	102 404.6	100 071.5	989 24.9
湿度/%	50				95		

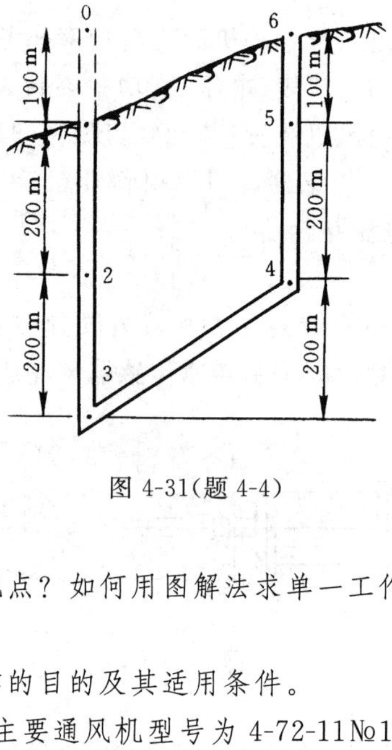

图4-31(题4-4)

4-5 什么叫通风机的工况点？如何用图解法求单一工作或联合工作通风机的工况点，举例说明。

4-6 试述通风机并联工作的目的及其适用条件。

4-7 某矿为抽出式通风，主要通风机型号为4-72-11№16型，转速 $n=630$ r/min，矿井风阻 $R_m=0.735\ 75\ N\cdot s^2/m^8$，扩散器出口断面面积 $S_{dv}=6.72\ m^2$，扩散器风阻 $R_d=0.035\ 76\ N\cdot s^2/m^8$（自然风压忽略）。用作图法求主要通风机的工况点。

4-8 某矿主要通风机为4-72-11№16型离心式通风机，转速 $n=800$ r/min，主要通风机的全压工作风阻 $R_1=1.962\ N\cdot s^2/m^8$，在冬季自然风压 $H_{NW}=196.2$ Pa，夏季自然风压 $H_{NS}=98.1$ Pa。求冬夏两季主要通风机的实际工况点。

4-9 某矿通风系统如图4-24(b)所示，通风机 F_I 为4-72-11№20型，转速 $n=630$ r/min，通风机 F_{II} 为4-72-11№16型，转速 $n=710$ r/min，BA 风路风阻 $R_0=0.294\ 3\ N\cdot s^2/m^8$，$DB$ 风路

风阻 $R_2=0.981\ \text{N}\cdot\text{s}^2/\text{m}^8$，$CB$ 风路风阻 $R_1=1.4715\ \text{N}\cdot\text{s}^2/\text{m}^8$，试用图解法求两翼通风机的工况点及各段风路的通风阻力。（忽略自然风压和主要通风机装置各部分阻力损失）

4-10　如图 4-32 所示，1、2 两点分别安装通风机 F_1 和 F_2，进风井 A 和 B 的入风量拟定为 $Q_A=40\ \text{m}^3/\text{s}$，$Q_B=30\ \text{m}^3/\text{s}$，已知风路风阻 $R_A=0.981\ \text{N}\cdot\text{s}^2/\text{m}^8$，$R_B=R_D=1.4715\ \text{N}\cdot\text{s}^2/\text{m}^8$，$R_C=2.943\ \text{N}\cdot\text{s}^2/\text{m}^8$，$R_E=0.249\ \text{N}\cdot\text{s}^2/\text{m}^8$，用作图法求主要通风机工况点及风路 C 中风流流向。

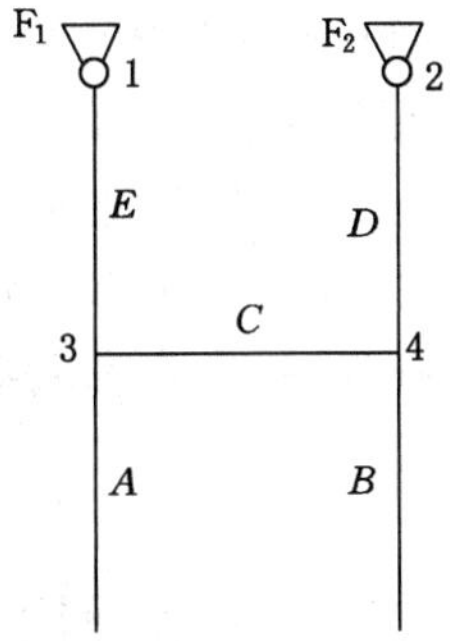

图 4-32（题 4-10）

4-11　描述主要通风机特性的主要参数有哪些？其物理意义是什么？

4-12　轴流式通风机和离心式通风机的风压和功率特性曲线各有什么特点？在启动时应注意什么问题？

4-13　主要通风机附属装置各有什么作用？设计和施工时应符合哪些要求？

第五章 局部通风

无论在新建、扩建还是在生产矿井中，都需开掘大量的井巷工程，以便准备新的采区和采煤工作面。在开掘井巷时，为了稀释和排除自煤(岩)体涌出的有害气体、爆破产生的炮烟和矿尘以及保持良好的气候条件，必须进行不间断的通风。这种只有一个出口的井巷称为独头巷道，它不能形成贯穿风流，必须利用导风设施和通风动力向掘进工作面输送新鲜风流并排出污浊风流。这种针对局部地点的通风方法称之为局部通风(又称掘进通风)。

本章介绍局部通风方法、局部通风装备、局部通风系统设计、局部通风安全技术装备及管理。

第一节 局部通风方法

向井下局部地点进行通风的方法，按通风动力形式不同，可分为局部通风机通风、全风压通风和引射器通风。其中又以局部通风机通风最为常用。

一、局部通风机通风

利用局部通风机做动力，通过风筒导风的通风方法称为局部通风机通风，它是目前局部通风最主要的方法。局部通风机的常用通风方式有压入式、抽出式和混合式。

(一) 压入式通风

压入式通风布置如图 5-1 所示，是指局部通风机及其附属装置安装在离掘进巷道口 10 m 以外的进风侧，将新鲜空气经风筒输送到掘进工作面，污浊空气沿掘进巷道排出。新风流出风筒形成的射流属末端封闭的有限贴壁射流，其风流结构如图 5-2 所示。气流贴着巷壁射出风筒后，由于卷吸作用，射流断面逐渐扩张，直至射流的断面达到最大，此段称为扩张段，用 L_e 表示；然后，射流断面逐渐减少，直到为零，此段称为收缩段，用 L_a 表示，在收缩段，射流一部分经巷道排走，另一部分又被扩张段射流所卷吸。从风筒出口至射流反向的最远距离(即扩张段和收缩段总长)称为射流的有效射程 L_s，在有效射程以外的工作面中会出现涡流区，如图 5-2 和图 5-3 所示的 L_v 段。在巷道边界条件下，当风筒布置在巷道侧壁中

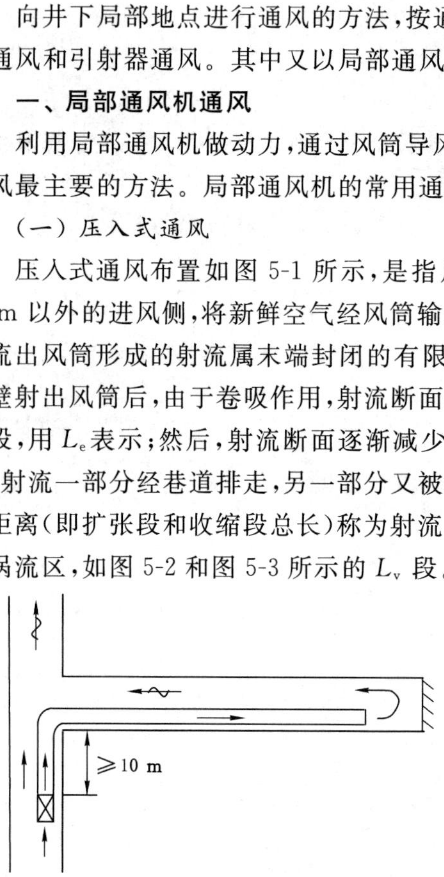

图 5-1 压入式通风布置

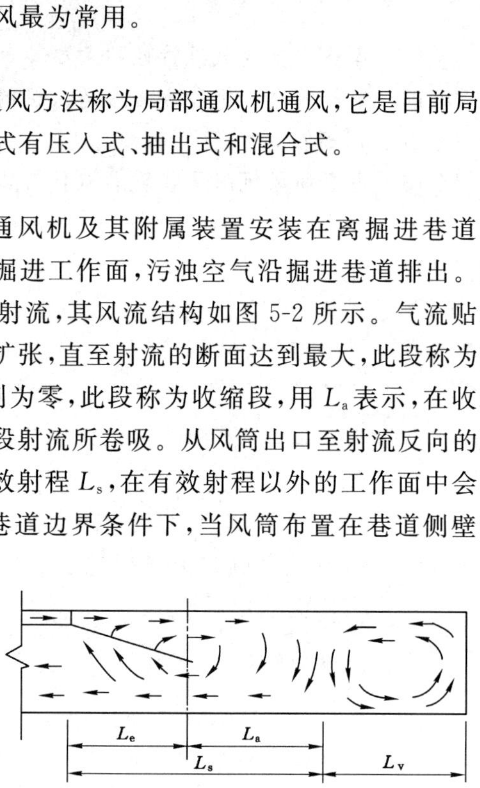

图 5-2 有限贴壁射流的风流结构

腰处、出口射流速度大于 12.9～65.3 m/s 时，射流的有效射程可用下面经验公式计算：

$$L_s = (4 \sim 5)\sqrt{S} \tag{5-1}$$

式中 S——巷道断面面积，m^2。

压入式通风排炮烟过程如图 5-4 所示，当工作面煤岩爆破后，烟尘抛出形成炮烟。风流由风筒射出后，由于射流的紊流扩散和卷吸作用，使工作面炮烟与新风发生强烈掺混，沿着巷道向外推移和扩散。为了能有效地排出炮烟，压入式通风时风筒出风口至工作面迎头的距离应不超过射流的有效射程。

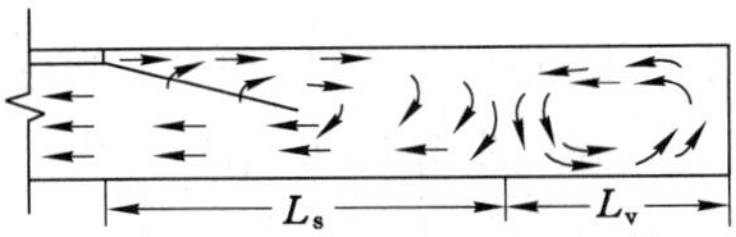

图 5-3 射流的有效射程示意图

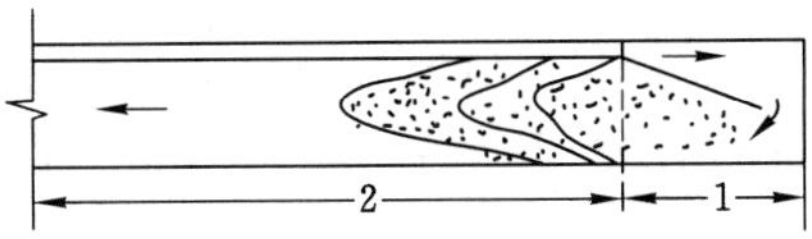

1—迎头区；2—巷道排烟。

图 5-4 压入式通风排炮烟过程

（二）抽出式通风

抽出式通风布置如图 5-5 所示，是指局部通风机安装在离掘进巷道口 10 m 以外的回风侧，将掘进工作面的污浊空气经风筒抽出，新鲜空气沿巷道流入。

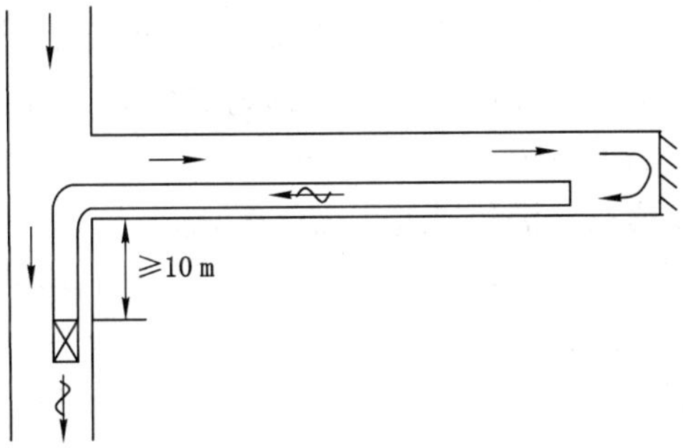

图 5-5 抽出式通风布置

圆形风筒吸风口的风流结构如图 5-6 所示。当风筒挂靠巷壁吸风时，风流沿巷道流入工作面，然后折返，由各个方向流吸风筒吸风口内，因而在风筒吸风口前各点上造成一定的速度分布，该速度场是由一系列等速面组成的，离风筒吸风口越远，等速面的速度值下降越快。通常把抽出式风筒的有效吸风长度称为有效吸程 L_i，有效吸程以外的污风呈涡流状态，排除困难。因此，抽出式通风时风筒吸风口至工作面迎头的距离应不大于有效吸程。

有效吸程 L_i 按下式计算：

$$L_i = 2.52\,\frac{S}{U} \tag{5-2}$$

式中 S——巷道断面面积，m^2；

U——巷道断面周长，m。

抽出式通风排污风过程如图 5-7 所示，当工作面掘进爆破煤（岩）后，形成一个炮烟分布集中带，在抽出式通风的有效吸程范围内，借紊流扩散作用使炮烟与新风掺混并被排出。

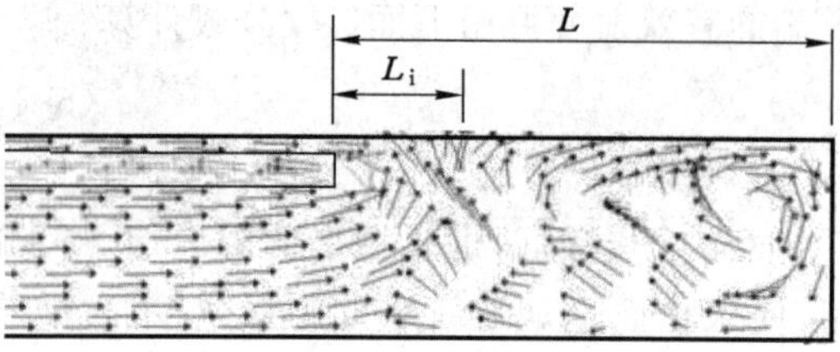

图 5-6　圆形风筒吸风口的风流结构

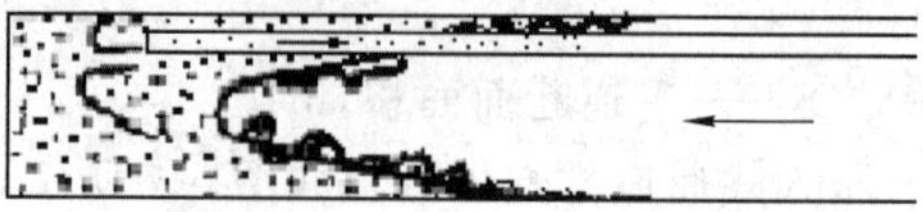

图 5-7　抽出式通风排污风过程

抽出式通风回风风流经过局部通风机，进风风流沿途携带巷道内涌出的瓦斯流向工作面，安全性较差，因此在有瓦斯涌出的掘进工作面不宜使用。抽出式通风的有效射程很短（一般为 1～3 m），只有当风筒吸风口离工作面很近时才能获得满意的效果。

（三）压入式和抽出式通风的比较

（1）压入式通风时，局部通风机及其附属电气设备均布置在新鲜风流中，污风不通过局部通风机，安全性好；而抽出式通风时，含瓦斯的污风通过局部通风机，若局部通风机不具备防爆性能，则是非常危险的。

（2）压入式通风风筒出风口风速和有效射程均较大，有利于防止瓦斯层状积聚和提高散热效果。抽出式通风有效吸程较小，掘进施工中难以保证风筒吸风口到工作面的距离在有效吸程之内。与压入式通风相比，抽出式通风风量小，工作面排污风所需时间长、速度慢。

（3）压入式通风时，掘进巷道涌出的瓦斯向远离工作面方向排走；而抽出式通风时，巷道壁面涌出的瓦斯随风流流向工作面，安全性较差。

（4）抽出式通风时，新鲜风流沿巷道进入工作面，整个井巷空气清新，劳动环境好；而压入式通风时，污风沿巷道缓慢排出，巷道越长，排污速度越慢，受污染时间越久。

（5）压入式通风可用柔性风筒，其成本低、质量小，便于运输；抽出式通风的风筒承受负压作用，必须使用刚性或带刚性骨架的可伸缩风筒，其成本高、质量大，运输不便。

基于上述分析，当以排除瓦斯为主的煤巷、半煤岩巷掘进时应采用压入式通风，而当以排除粉尘为主的井筒或巷道掘进时，可考虑采用抽出式通风。

（四）混合式通风

混合式通风是指用两套局部通风设备中的一套做压入式通风、另一套做抽出式通风的方式，即压入与抽出两种通风方式联合运用，兼有压入式和抽出式两者的优点，其中压入式向工作面供新风，抽出式从工作面排出污风。混合式通风一般布置方式有 2 种：

（1）长抽短压（前压后抽）方式：主导局部通风机和主导风筒做抽出式通风，位于掘进巷道中的局部通风机和风筒做压入式通风的方式，见图 5-8(a)。新鲜风流沿巷道流入，其中一部分风流经掘进巷道中的局部通风机和短风筒压入工作面，以加快工作面炮烟稀释和排出的速度，并由后方的抽出式风筒将其全部抽出。这种以抽出式为主、压入式为辅的通风方式，适用于无瓦斯涌出的大断面长距离岩巷炮掘工作面通风。

（2）长压短抽（前抽后压）方式：主导局部通风机与主导风筒做压入式通风，位于掘进巷道中的局部通风机（或水力引射器）和风筒做抽出式通风的方式，见图 5-8(b)。压入式局部通风机把新鲜风流经主导风筒送入工作面，工作面一部分污风经短风筒和除尘器净化，被净化后的风流沿巷道排出。这种以压入式为主、抽出式为辅的通风方式，在大断面长距离煤巷

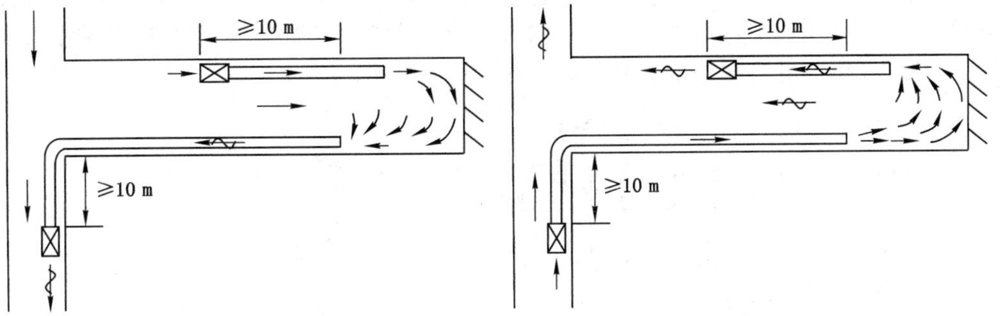

(a) 长抽短压（前压后抽）　　(b) 长压短抽（前抽后压）

图 5-8　混合式通风布置方式

机掘中使用较多。

混合式通风中，压入式风筒出风口至工作面距离应不大于有效射程。抽出式风筒吸风口至工作面迎头距离：长抽短压（前压后抽）时应不小于炮烟抛出带长度，一般为 30～50 m；长压短抽（前抽后压）时应尽量靠近工作面产尘点并不大于 5 m。压抽两列风筒的重叠段长度应不小于 10 m。

混合式通风的优点是巷道作业环境好，通风效果好，是大断面长距离岩巷掘进通风的较好方式，机掘工作面多采用与除尘通风机配套的长压短抽混合式通风，如图 5-9 所示。

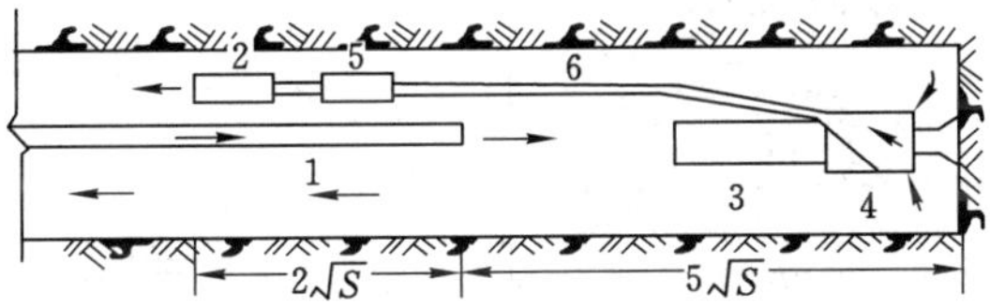

1—压入式风筒；2—除尘器；3—转载机；4—掘进机；
5—除尘通风机；6—抽出式风筒；S—巷道断面面积。

图 5-9　机掘工作面长压短抽通风方式

由于混合式通风中存在抽出式通风，在煤巷、半煤岩巷和有瓦斯涌出的岩巷掘进时，如果采用混合式，必须制定安全措施。混合式通风的主要缺点是：降低了压入式与抽出式两列风筒重叠段巷道内的风量，当掘进巷道断面大时，风速就更小，则此段巷道顶板附近易形成瓦斯层状积聚。因此，两台通风机之间的风量要合理匹配，使风筒重叠段内的风速大于最低风速，以免形成循环风。

二、全风压通风

全风压通风是利用矿井主要通风机产生的风压，借助导风设施向掘进工作面供风的通风方法。其通风量取决于可利用的主要通风机风压和风路风阻。按其导风设施不同可分为 4 种方式。

（一）风障导风

如图 5-10 所示，在巷道内设置纵向风障，把风障上游一侧的新风引入掘进工作面，清洗后的污风从风障下游一侧排出。在短距离巷道掘进时，可用木板、竹、帆布等制作风障；长距离巷道掘进时，可用砖、石、混凝土等材料构筑风障。这种通风方法，构筑和拆除风障的工程量大，一般在短距离巷道掘进或无其他好方法可用时采用。

图 5-10　风障导风布置

（二）风筒导风

如图 5-11 所示，在巷道内设置挡风墙截断主导风流，用风筒把新鲜空气引入掘进工作面，污浊空气从掘进巷道中排出。此种方法辅助工程量小，风筒安装、拆卸比较方便，通常用于需风量不大的短距离巷道掘进通风中。

（三）平行巷道导风

如图 5-12 所示，在掘进主巷的同时，在附近与其平行掘一条配风巷，每隔一定距离在主、配巷间开掘联络巷，形成贯穿风流，当新的联络巷沟通后，旧联络巷即封闭。两条平行巷道的独头部分可用风障或风筒导风，巷道的其余部分用主巷进风、配巷回风。此方法常用于煤巷掘进，尤其是厚煤层的采区巷道掘进中，当运输、通风等需要开掘双巷时。此方法也常用于解决长距离巷道掘进工作面通风的困难。

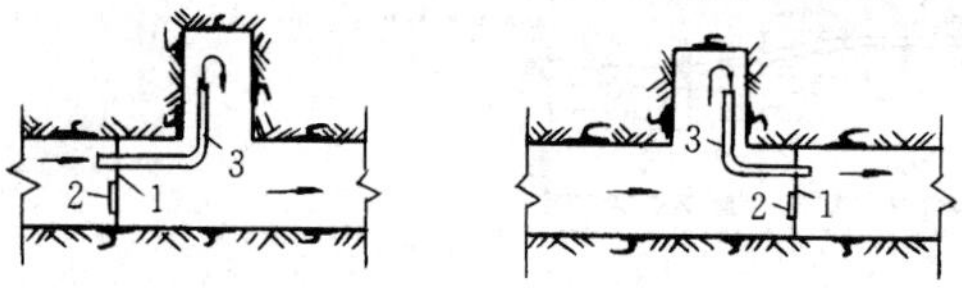

(a)　　(b)

1—挡风墙；2—风窗；3—风筒。

图 5-11　风筒导风布置

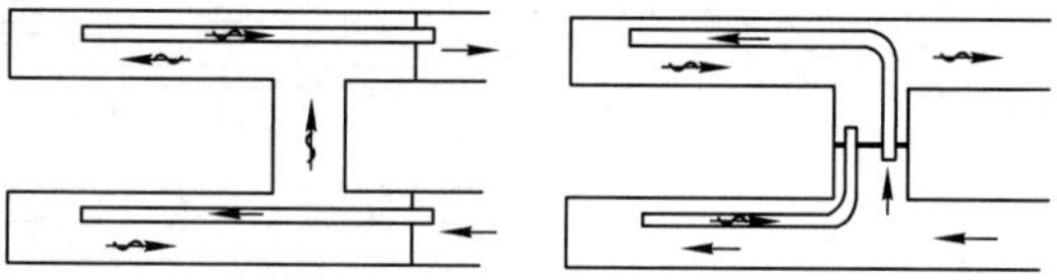

(a) 串联通风　　**(b) 并联通风**

图 5-12　平行巷道导风布置

（四）钻孔导风

如图 5-13 所示，离地表或邻近水平较近处掘进长巷反眼或上山时，可用钻孔提前沟通掘进巷道，以便形成贯穿风流。为克服钻孔阻力，增大风量，可用大直径(300～400 mm)钻孔或在钻孔处安装通风机。这种通风方法曾被应用于煤层上山的掘进通风，取得了良好的排瓦斯效果。

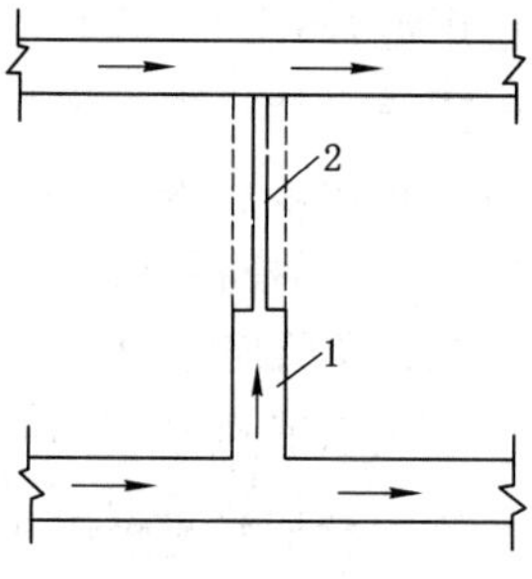

1—上山；2—钻孔。

图 5-13　钻孔导风布置

在主要通风机正常运转，并有足够的全风压克服导风设施的阻力时，全风压通风能连续供给掘进工作面所需风量，而无须附加通风动力，管理方便。但其工程量大，使用风障有碍运输。因此在瓦斯涌出量大，使用通风设备不安全或技术不可行的局部地点，可以使用全风压通风。但是，如果全风压通风在技术上不可行或经济上不合理，则必须借助专门的通风动力设备，对掘进工作面进行局部通风。

三、引射器通风

引射器通风是指利用引射器产生的通风负压，通过风筒导风的通风方法。引射器通风一般都采用压入式通风，其布置如图 5-14 所示。

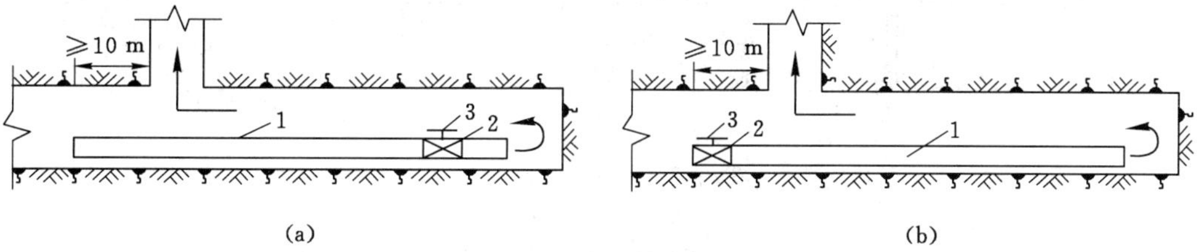

1—风筒；2—引射器；3—水管（风管）。

图 5-14　引射器通风布置

引射器按其动力源可分为压气引射器和水力引射器 2 种。压气引射器体积小、质量小、噪声小、结构简单、制造方便、无电气设备和运转部件、运转安全可靠，对改善气候条件有一定的效果；但其以压气为动力，费用高，故未获得广泛运用。水力引射器具有压气引射器同样的优点，并兼有消烟、除尘的作用。它是用高压水作为动力，成本较低，在用水砂充填管理顶板的抚顺、鹤岗等高瓦斯矿区获得应用。在煤与瓦斯突出严重的煤层掘进时，用引射器代替局部通风机通风，设备简单，安全性较高；其缺点是风压低、风量小、效率低，并存在巷道积水问题。故这种方法适用于断面小、需风量不大的短距离巷道掘进通风；在含尘大、气温高的采掘机械附近，采取水力引射器与其他通风方法（全风压通风或局部通风机通风）联合使用形成混合式通风。

第二节　局部通风装备

局部通风装备是由局部通风动力设备、导风装置及其附属装置组成。

一、局部通风机

井下局部地点通风所用的通风机称为局部通风机。局部通风机按局部通风方式可分为压入式和抽出式 2 种，按其结构可分为轴流式、对旋轴流式和离心式 3 种。其中以压入式对旋轴流局部通风机最为常用。按动力驱动方式可分为电动、水力和压气局部通风机，其中以电动机驱动最为常用。

我国煤矿掘进工作面广泛使用隔爆型压入式对旋轴流局部通风机。如国产 FBDY 系列和 DBKJ 系列煤矿用隔爆型压入式对旋轴流局部通风机，其结构如图 5-15 所示，是由集流器、消声前筒、第一级筒体、第一级叶轮组、第二级叶轮组、第二级筒体、消声器扩散筒等 7 部分组成。消声前筒的内筒采用多孔板，内外筒之间充消声材料。该机具有结构紧凑、噪声小、效率高、可采用单级运转或多级运转、风压高、在小流量区域运行稳定、高效应用范围宽等特点，适用于中长距离巷道掘进的局部通风。

FBDY 系列局部通风机有№3.5、4.0、4.5、5.0、5.6、6.0、6.3 等规格，其主要技术性能参数如表 5-1 所列。该系列局部通风机型号的一般含义是：

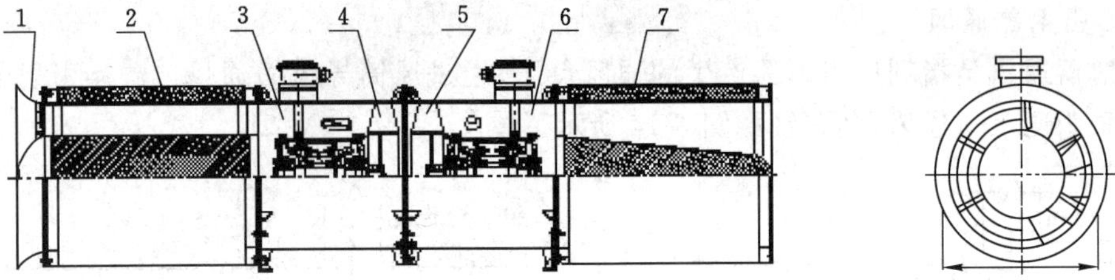

1—集流器；2—消声前筒；3—第一级筒体；4—第一级叶轮组；
5—第二级叶轮组；6—第二级筒体；7—消声器扩散筒。

图 5-15　FBDY 系列对旋轴流式局部通风机结构图

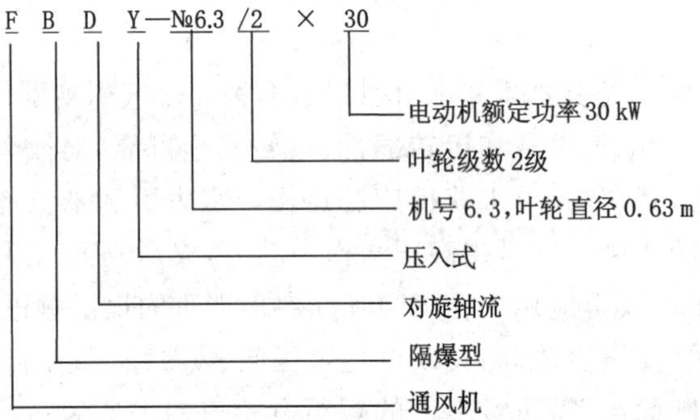

表 5-1　FBDY 系列对旋轴流式局部通风机的主要技术性能参数

规　格	电机功率 /kW	电压 /V	电流 /A	风量 /($m^3 \cdot min^{-1}$)	全压 /Pa	最高全压效率/%	比 A 声级 /[dB(A)]
№3.5/2×1.1	2×1.1	380/660	2.5/1.4	153～76	250～1 500	≥75	≤30
№4.0/2×2.2	2×2.2	380/660	4.7/2.7	220～113	300～1 800	≥75	≤30
№4.5/2×4	2×4	380/660	8.2/4.7	220～150	300～2 300	≥75	≤30
№4.5/2×5.5	2×5.5	380/660	11.1/6.4	240～160	320～3 100	≥75	≤30
№5.0/2×7.5	2×7.5	380/660	15.0/8.6	300～180	340～3 500	≥75	≤30
№5.6/2×11	2×11	380/660	20.8/12.6	400～200	350～4 000	≥80	≤25
№6.0/2×15	2×15	380/660	29.4/16.9	450～250	440～5 100	≥80	≤25
№6.0/2×18.5	2×18.5	380/660	35.5/20.4	500～250	450～5 500	≥80	≤25
№6.0/2×22	2×22	380/660	42.2/24.3	550～250	450～6 000	≥80	≤25
№6.3/2×30	2×30	380/660	56.9/32.8	630～260	460～6 300	≥80	≤25

DBKJ 系列局部通风机主要性能参数见附录Ⅳ。

二、风筒

风筒是最常见的导风装置。对风筒的基本要求是漏风小、风阻小、质量小、拆装方便。

（一）风筒的种类

风筒按其材料力学性质可分为刚性风筒、柔性风筒和带金属骨架的可伸缩柔性风筒3种，按使用条件可分为正压风筒和负压风筒2种。

刚性风筒是由阻燃抗静电的硬质材料制成，如铁风筒和玻璃钢风筒，可用于抽出式和压入式局部通风。刚性风筒抗压强度高、表面光滑、摩擦阻力系数小，但制造成本高、质量较大、安装搬运不便，故适用于服务年限较长的建井时期井巷掘进通风。铁风筒规格参数如表5-2所列。

表5-2 铁风筒规格参数

风筒直径/mm	风筒节长/m	壁厚/mm	垫圈厚/mm	风筒单位长度质量/(kg·m^{-1})
400	2,2.5	2	8	23.4
500	2.5,3	2	8	28.3
600	2.5,3	2	8	34.8
700	2.5,3	2.5	8	46.1
800	3	2.5	8	54.5
900	3	2.5	8	60.8
1 000	3	2.5	8	68.0

柔性风筒常用PVC高强聚酯纤维涂覆布、玻璃纤维橡胶涂覆布和塑料涂覆布制成，具有质量小、表面光滑、抗拉强度高、渗漏小、阻燃、抗静电、防腐蚀、环保、易修补、耐寒热、耐折叠、拆装方便的特点，适用于压入式局部通风。其结构如图5-16所示。常用的柔性风筒直径有300 mm、400 mm、450 mm、500 mm、600 mm、800 mm、1 000 mm共7种；风筒节长有5 m、10 m、20 m、30 m、50 m共5种，其规格参数如表5-3所列。

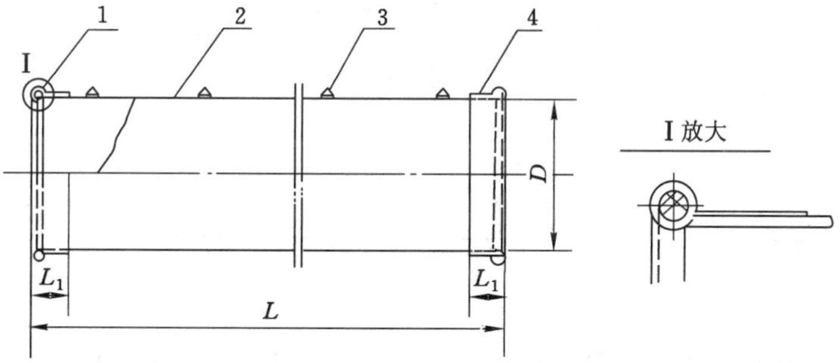

1—端圈；2—吊环安装线；3—吊环；4—反边。

图5-16 柔性风筒结构

随着大断面长距离巷道机械化掘进的增多，抽出式通风除尘技术得到了广泛应用。为了适应抽出式负压通风条件，需用带金属骨架的可伸缩柔性风筒，其结构如图5-17所示。它兼有刚性与柔性风筒两者的优点，既可承受一定的负压，又具有柔性、可伸缩的特点，比铁风筒质量小，使用方便，适用于任何一种局部通风方式。该风筒规格参数如表5-4所列。

表 5-3　柔性风筒规格参数

风筒直径 D/mm	风筒节长 L/m	壁厚 δ/mm	风筒单位长度质量/($kg\cdot m^{-1}$)
300	5,10,20,30,50	1.2	1.3
400			1.6
450			1.8
500			1.9
600			2.3
800			3.2
1 000			4.0

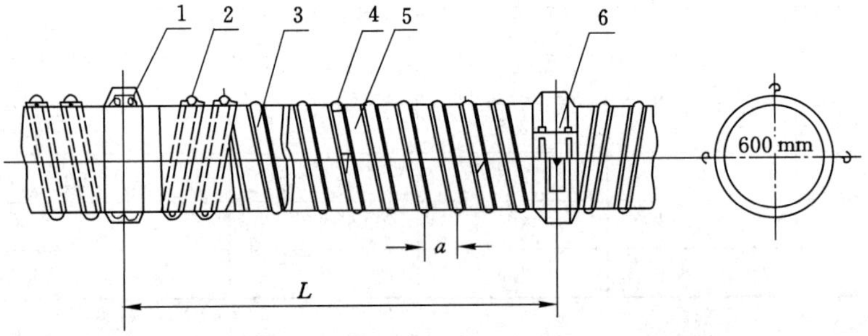

1—端圈；2—螺旋钢丝；3—压条；4—吊环；5—涂覆布；6—快速接头软带。

图 5-17　带金属骨架的可伸缩柔性风筒结构

表 5-4　带金属骨架的可伸缩柔性风筒规格参数

风筒内径/mm	端圈外径/mm	螺旋节距 a/mm	弹簧钢丝直径/mm	风筒节长 L/m
300	330	100,150	3	3,5,10,30,50
400	430	100,150	4	
500	530	100,150	5	
600	630	100,150	6	
800	830	100	6	

（二）风筒接头

刚性风筒一般采用法兰盘连接方式。柔性风筒的接头有插接、单反边、双反边和快速接头软带等多种连接方式，如图 5-18 所示。插接最简单，但漏风最大，通风距离只宜在 300 m 以内；单反边连接比插接复杂，漏风较小，不易胀开，但局部风阻较大；双反边连接比单反边连接漏风小，但连接拆装较麻烦，易胀开。快速接头软带连接是一种替代传统接头连接的方式，具有漏风小、风阻小、不易胀开、拆装简便快速的特点，故常用于中长距离巷道掘进通风中。

（三）风筒的阻力

风筒的阻力主要取决于整列风筒的风阻和风量。整列风筒的风阻包括摩擦风阻和局部风阻，可用下式计算：

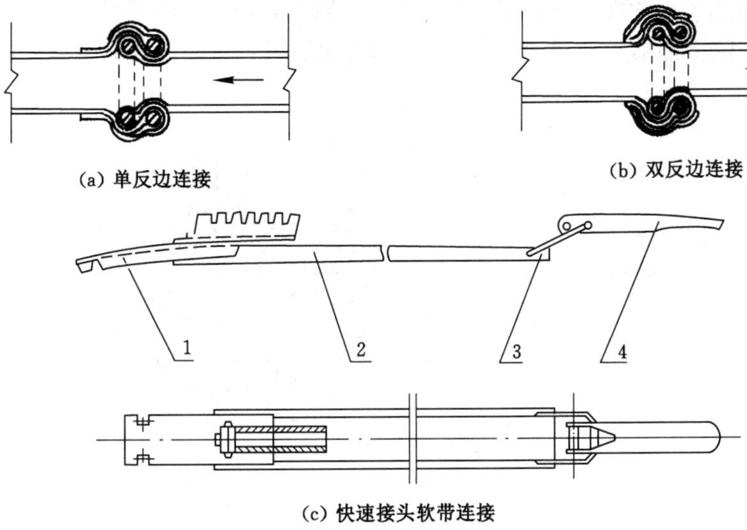

1—压板组件；2—软带；3—钢绞线；4—手柄。

图 5-18　柔性风筒接头连接方式

$$R = R_L + R_j + R_b = \frac{6.5\alpha L}{D^5} + n\xi_j \frac{\rho}{2S^2} + \sum \xi_b \frac{\rho}{2S^2} \tag{5-3}$$

式中　R——风筒的总风阻，$N \cdot s^2/m^8$；

R_L——风筒的摩擦风阻，$N \cdot s^2/m^8$；

R_j——风筒接头处的局部风阻，$N \cdot s^2/m^8$；

R_b——风筒拐弯处的局部风阻，$N \cdot s^2/m^8$；

α——风筒的摩擦阻力系数，$N \cdot s^2/m^4$；

L——风筒长度，m；

D——风筒直径，m；

n——风筒的接头数目；

S——风筒截面面积，m^2；

ξ_j——风筒接头的局部阻力系数，无因次；

ξ_b——风筒拐弯的局部阻力系数，无因次；

ρ——空气密度，kg/m^3。

风筒的摩擦阻力系数 α 与风筒内表面粗糙度和风筒直径有关，同材质、同直径刚性风筒的 α 值可视为常数，同材质的风筒直径增大，表面相对粗糙度变小，摩擦阻力系数也变小。铁风筒的 α 值可按表 5-5 选取。

表 5-5　铁风筒摩擦阻力系数

风筒直径/mm	400	500	600	700	800	900	1 000
$\alpha/(\times 10^4\ N \cdot s^2 \cdot m^{-4})$	35.3	34.3	29.4	29.4	28.4	27.5	24.5

柔性风筒和带金属骨架的可伸缩柔性风筒的摩擦阻力系数还与其承受风压有关。柔性

风筒随压入式通风风压的增大而鼓胀，其 α 值逐渐减少，如图 5-19 中曲线Ⅰ所示；KSS600-X 型带金属骨架的可伸缩柔性风筒的 α 值，随抽出式通风负压的增大而略有增大，如图 5-19 中曲线Ⅱ所示。

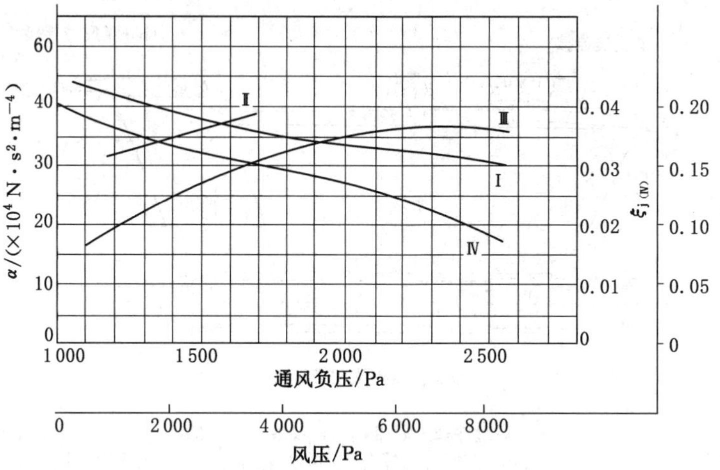

图 5-19　风筒摩擦阻力系数及接头局部阻力系数曲线(风筒直径 600 mm)

当金属风筒用法兰盘连接，内壁较光滑时，风筒接头局部阻力系数 ξ_j 可以忽略不计。而柔性风筒的接头套圈向内凸出，风压增大、风筒向外膨胀，接头套圈向内凸出越多，接头局部阻力系数也越大，如图 5-19 中曲线Ⅲ所示。带金属骨架的可伸缩柔性风筒采用快速接头软带连接，接头局部阻力系数随通风负压增大而略有减小，如图 5-19 中曲线Ⅳ所示。

风筒拐弯和出(入)风口局部阻力系数见附录Ⅴ。

在实际应用中，整列风筒风阻除与长度和接头等有关外，还与风筒的吊挂维护等管理质量密切相关，一般根据实测风筒百米风阻(包括局部风阻)作为衡量风筒管理质量和阻力计算的参考依据。表 5-6 是开滦某矿实测的风筒百米风阻。

表 5-6　开滦某矿实测的风筒百米风阻

风筒类型	风筒直径/mm	接头连接方式	百米风阻/($N\cdot s^2\cdot m^{-8}$)	备　注
胶布风筒	400	单反边	131.32	节长 10 m
	400	双反边	121.72	节长 10 m
	500	双反边	64.11	节长 50 m
	600	双反边	23.33	节长 10 m
	600	双反边	15.88	节长 30 m
KSS600-150 型	600	快速接头软带	30.20	节长 10 m，螺距 150 mm
KSS600-100 型			37.83	节长 10 m，螺距 100 mm

当缺少实测资料时，胶布风筒的摩擦阻力系数 α 与百米风阻 R_{100}(吊挂质量一般，包括接头局部风阻)可参用表 5-7 所列数据。

表 5-7 胶布风筒的摩擦阻力系数与百米风阻

风筒直径/mm	300	400	500	600	800	1 000
$\alpha/(\times 10^4\ N \cdot s^2 \cdot m^{-4})$	53	49	45	41	32	29
$R_{100}/(N \cdot s^2 \cdot m^{-8})$	1 418	314	94	34	6.4	1.9

（四）风筒的漏风

正常通风条件下，刚性风筒的漏风主要发生在接头处，柔性风筒不仅在接头而且在其全长的壁面和缝合针眼处都有漏风。漏风使局部通风机风量 Q_f 与掘进工作面压入式风筒出风口（抽出式风筒入风口）风量 Q_h 不等，两者之差即为风筒的漏风量 Q_l。一般假设漏风是在风筒全长上均匀分布的，故采用风筒始末两端风量的几何平均值计算风筒的平均风量 Q 比较合理，即：

$$Q = \sqrt{Q_f Q_h} \tag{5-4}$$

风筒的漏风量大小与风筒种类、规格尺寸、接头连接方式、接头质量以及风筒内风压等因素有关。反映风筒漏风程度的指标参数如下。

1. 漏风率

风筒漏风量 Q_l 占局部通风机工作风量的百分数称为风筒漏风率 β。

$$\beta = \frac{Q_l}{Q_f} \times 100\% = \frac{Q_f - Q_h}{Q_f} \times 100\% \tag{5-5}$$

β 虽能反映风筒的漏风状况，但不具有可比性。故常用百米漏风率 β_{100} 表示：

$$\beta_{100} = \beta \frac{100}{L} \tag{5-6}$$

式中 L——风筒全长，m。

采用不同接头连接方式的胶布风筒百米漏风率如表 5-8 所列，对于节长为 10 m 的正压风筒百米漏风率一般要求不超过 4%，负压风筒百米漏风率不超过 5%。

表 5-8 胶布风筒百米漏风率

通风长度 L/m	接头连接方式	百米漏风率 β_{100}/%
500 以内	插接	10
500 以内	单反边或双反边	5
500～1 000	单反边或双反边	4
1 000 以上	单反边或双反边	3～2

2. 有效风量率

掘进工作面风量占局部通风机工作风量的百分数称为有效风量率 E。

$$E = \frac{Q_h}{Q_f} \times 100\% = (1 - \beta) \times 100\% \tag{5-7}$$

3. 漏风系数

局部通风机工作风量与掘进工作面风量的比值称为风筒的漏风系数 ϕ。

$$\phi = \frac{Q_f}{Q_h} = \frac{1}{1 - \beta} \tag{5-8}$$

对于仅存在接头漏风的刚性风筒，漏风系数可按下式计算：

$$\phi = \left(1 + \frac{1}{3}KDn\sqrt{R_0 L}\right)^2 \tag{5-9}$$

式中 K——相当于直径为 1 m 的刚性风筒每个接头的漏风率，$m^3/(s \cdot J^{1/2})$，法兰盘加草绳垫圈连接时，K 为 0.001 9～0.002 6 $m^3/(s \cdot J^{1/2})$，加胶质垫圈连接时，K 为 0.000 32～0.001 90 $m^3/(s \cdot J^{1/2})$；

n——风筒接头数；

R_0——长度 1 m 的风筒风阻，$N \cdot s^2/m^8$；

D——风筒直径，m；

L——风筒全长，m。

对于柔性风筒，漏风系数可根据风筒百米漏风率 β_{100} 来计算：

$$\phi = \frac{1}{1 - \frac{\beta_{100} L}{100}} \tag{5-10}$$

三、引射器

引射器是一种输送流体的装置，由喷管、引射管、混合管及扩散器组成，其原理示意图如图 5-20 所示。高压流体从喷管喷出形成射流，卷吸周围部分空气一起前进，在引射管内形成一个低压区，使被引射的空气连续被吸进，与射流共同进入混合管，再经扩散器流出，此过程称为引射作用。显然，引射作用的实质是高压射流将自身的部分能量传递给被引射的流体。

煤矿中应用的引射器有水力引射器和压气引射器 2 种。水力引射器的结构如图 5-21 所示，工作水压一般在 1.5～3.0 MPa，超过 3.0 MPa 时经济效益差，低于 0.5 MPa 时引射效果差。压气引射器有 2 种，一种是中心喷嘴式引射器，另一种是环隙式引射器。

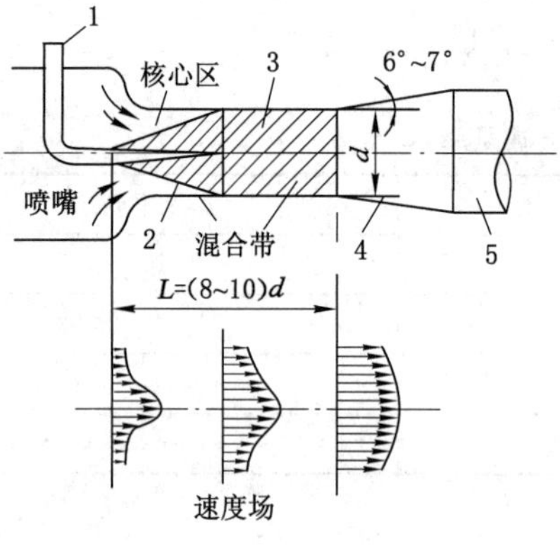

1—喷管；2—引射管；3—混合管；
4—扩散器；5—风筒。

图 5-20 引射器原理示意图

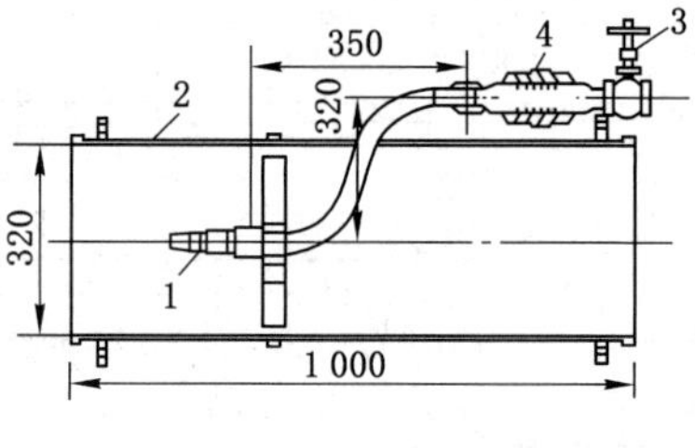

1—喷嘴；2—混合管；
3—阀门；4—过滤网。

图 5-21 水力引射器结构图

环隙式引射器由压气接头、集风器、环形气室、环缝间隙、凸缘、喷头和扩散器等组成，如图 5-22 所示。压气经过滤后，由进气管进入环形气室，从喷头喷出，沿凸缘表面流动，并在凸缘表面附近产生负压区，使外界空气沿集风器流入，与高速射流混合后，通过扩散器，使动能大部分转化为压能，用以克服风筒阻力。环隙式引射器的工作气压一般在 0.4～0.5 MPa，环缝间隙宽度为 0.10～0.15 mm，引射风量为 40～140 m^3/min，通风压力为 255～1 080 Pa，耗气量为 3～6 m^3/min。

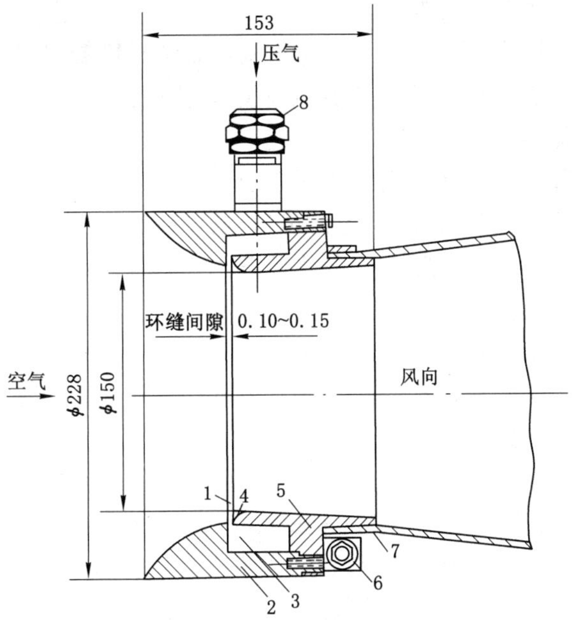

1—环缝间隙；2—集风器；3—环形气室；4—凸缘；

5—喷头；6—卡箍；7—扩散器；8—压气接头。

图 5-22 环隙式引射器结构图

引射器的引射特性与射流的压力及喷头的结构和大小有关。射流压力升高，引射的风量和压力均增加，耗水(气)量也增加。为加大供风量和送风距离，除了提高引射器的射流压力外，还可采取多台引射器分散串联工作，但要保证两台引射器串联间距大于引射流场影响的长度。

第三节 局部通风系统设计

根据开拓、开采巷道布置，掘进区域煤岩层的自然条件以及掘进工艺，确定合理的局部通风方法及布置方式，选择风筒类型和直径，计算风筒出(入)风口风量，计算风筒通风阻力，选择局部通风机等工作称之为局部通风系统设计。

一、局部通风系统的设计原则

局部通风系统是矿井通风系统的一个重要组成部分，其新风取自矿井主风流，污风又排入矿井主风流。局部通风系统设计原则可归纳如下：

(1) 矿井和采区通风系统设计应为局部通风创造条件。

(2) 局部通风系统要安全可靠、经济合理和技术先进。

(3) 尽量采用技术先进的低噪、高效型局部通风机。

(4) 压入式通风宜用柔性风筒，抽出式通风宜用带刚性骨架的可伸缩风筒或刚性风筒。

风筒材质应选择阻燃、抗静电型。

(5) 当一套局部通风设备不能满足风量要求时可考虑增加一套局部通风设备联合使用。

二、局部通风系统的设计步骤

(1) 确定局部通风系统,绘制掘进巷道局部通风系统布置图。

(2) 按通风方法和最大通风距离,选择风筒类型与直径。

(3) 计算风机风量和风筒出(入)风口风量。

(4) 按掘进巷道通风距离,计算局部通风系统总阻力。

(5) 按计算所得局部通风机设计风量和风压,选择局部通风机。

(6) 按矿井灾害特点,选择配套安全技术装备。

(一) 风筒的选择

选用风筒要与局部通风机选型一并考虑,其原则是:

(1) 风筒直径能保证最大通风长度时,局部通风机供风量能满足工作面通风的要求。

(2) 风筒的直径和节长主要取决于供风量及通风距离。供风量大、距离长时,风筒直径和节长应选大一些,以降低风阻,减少漏风,节约通风电耗。此外,还应考虑巷道断面的大小,使风筒不致影响运输和行人的安全。一般来说,竖井掘进时,选用直径 600～1 000 mm 的铁风筒或玻璃钢风筒。其他巷道掘进时:通风距离在 200 m 以内时,宜选用直径 400 mm 的风筒;通风距离 200～500 m 时,宜选用直径 500 mm 的风筒;通风距离 500～1 000 m 时,宜选用直径 600～800 mm 的风筒;通风距离在 1 000 m 以上时,可选用直径 800～1 000 mm 的风筒。大断面长距离巷道掘进通风时宜选用直径不小于 1 000 mm 的风筒。

(二) 掘进工作面需风量计算

掘进工作面需风量,应满足《煤矿安全规程》对作业地点空气的成分、含尘量、气温、风速等规定要求。每个掘进工作面实际需风量 Q_{hfi},应按对瓦斯涌出量、二氧化碳涌出量、炸药量、最小风量以及工作人员数量等的规定分别进行计算,然后取其中最大值,并对风速进行验算。

1. 按瓦斯涌出量计算

$$Q_{hfi} = 100 q_{hgi} k_{hgi} \tag{5-11}$$

式中 q_{hgi}——第 i 个掘进工作面回风风流中平均绝对瓦斯涌出量,m^3/min(瓦斯抽采矿井的瓦斯涌出量,应扣除瓦斯抽采量进行计算);

k_{hgi}——第 i 个掘进工作面瓦斯涌出不均匀系数(正常生产条件下,为连续观测一个月后最大绝对瓦斯涌出量与月平均绝对瓦斯涌出量的比值);

100——掘进工作面回风风流中瓦斯的浓度不应超过 1% 的换算系数。

2. 按二氧化碳涌出量计算

$$Q_{hfi} = 67 q_{hci} k_{hci} \tag{5-12}$$

式中 q_{hci}——第 i 个掘进工作面回风风流中平均绝对二氧化碳涌出量,m^3/min;

k_{hci}——第 i 个掘进工作面二氧化碳涌出不均匀系数(正常生产条件下,为连续观测一个月后最大绝对二氧化碳涌出量与月平均绝对二氧化碳涌出量的比值);

67——掘进工作面回风风流中二氧化碳的浓度不应超过 1.5% 的换算系数。

3. 按炸药量计算

(1) 一级煤矿许用炸药：

$$Q_{hfi} = 25A_{hfi} \tag{5-13}$$

(2) 二、三级煤矿许用炸药：

$$Q_{hfi} = 10A_{hfi} \tag{5-14}$$

式中　A_{hfi}——第 i 个掘进工作面一次爆破所用的最大炸药量，kg；

25——每千克一级煤矿许用炸药需风量，$m^3/(min \cdot kg)$；

10——每千克二、三级煤矿许用炸药需风量，$m^3/(min \cdot kg)$。

4. 按最小风量计算

(1) 无瓦斯涌出的岩巷：

$$Q_{hfi} = 60 \times 0.15S_{hfi} \tag{5-15}$$

式中　0.15——无瓦斯涌出岩巷的允许最低风速，m/s；

S_{hfi}——第 i 个掘进工作面巷道的净断面面积，m^2。

(2) 有瓦斯涌出的岩巷、半煤岩巷和煤巷：

$$Q_{hfi} = 60 \times 0.25S_{hfi} \tag{5-16}$$

式中　0.25——有瓦斯涌出的岩巷、半煤岩巷和煤巷允许的最低风速，m/s。

5. 按工作人员数量计算

$$Q_{hfi} = 4N_{hfi} \tag{5-17}$$

式中　4——每人每分钟应供给的最小风量，$m^3/(min \cdot 人)$；

N_{hfi}——第 i 个掘进工作面同时工作的最多人数，人。

按上述条件计算的最大值，确定局部通风机吸风量。

6. 风量验算

(1) 验算最小风量

无瓦斯涌出的岩巷：

$$\sum Q_{afi} \geqslant 60 \times 0.15S_{hfi} \tag{5-18}$$

式中　$\sum Q_{afi}$——第 i 个掘进工作面同时运转的局部通风机实际吸风量的总和，m^3/min。

有瓦斯涌出的岩巷、半煤岩巷和煤巷：

$$\sum Q_{afi} \geqslant 60 \times 0.25S_{hfi} \tag{5-19}$$

(2) 验算最大风量：

$$\sum Q_{afi} \leqslant 60 \times 4.0S_{hfi} \tag{5-20}$$

式中　4.0——岩巷、半煤岩巷和煤巷允许的最高风速，m/s。

(3) 按煤矿用防爆柴油动力装置机车功率验算：

$$\sum Q_{afi} \geqslant 4N_{dli}P_{dli} \tag{5-21}$$

式中　N_{dli}——掘进工作面最多运行防爆柴油动力装置机车的台数，台；

P_{dli}——煤矿用防爆柴油动力装置机车的功率，kW；

4——每台机车每千瓦每分钟应供给的最低风量，$m^3/(min \cdot kW \cdot 台)$。

(三) 局部通风机的选型

已知井巷掘进所需风量和所选用的风筒，即可求算风筒的通风阻力。根据风量和风筒的通风阻力，在可供选择的各种通风动力设备中选用合适的设备。

(1) 确定局部通风机的工作参数。

根据掘进工作面需风量 Q_{hfi} 和风筒的漏风情况，用下式计算局部通风机的工作风量 Q_f：

$$Q_f = \phi Q_{hfi} \tag{5-22}$$

式中　ϕ——风筒漏风系数。

压入式通风时，设风筒出风口动压损失为 h_{v0}，风筒出风口局部阻力系数取 1，则局部通风机全压 h_{ft} 为：

$$h_{ft} = RQ_fQ_{hfi} + h_{v0} = RQ_fQ_{hfi} + 0.811\rho\frac{Q_{hfi}^2}{D^4} \tag{5-23}$$

式中　R——风筒风阻，$N \cdot s^2/m^8$。

抽出式通风时，完全修圆的风筒入风口局部阻力系数 ξ_e 为 0.1，不加修圆的直角入风口 ξ_e 为 0.5～0.6。设风筒入风口局部阻力系数 $\xi_e = 0.5$，则局部通风机静压 h_{fs}：

$$h_{fs} = RQ_fQ_{hfi} + 0.406\rho\frac{Q_{hfi}^2}{D^4} \tag{5-24}$$

(2) 选择局部通风机。

根据需要的 Q_f、h_{ft} 值，在各类局部通风机特性曲线上，确定局部通风机的合理工作范围，选择长期运行效率较高的局部通风机。

例　某一条水平煤巷长 $L = 2\ 015$ m，断面面积 $S_{hfi} = 18$ m^2，采用机械化掘进，工作面绝对瓦斯涌出量 $q_{hgi} = 2.0$ m^3/min，瓦斯涌出不均匀系数 $k_{hgi} = 1.5$，巷道内最多工作人数 $N =$ 35 人，空气密度 $\rho = 1.2$ kg/m^3。根据上述基本条件，进行局部通风设计，其步骤如下：

① 选择压入式通风，绘制局部通风系统如图 5-23 所示。

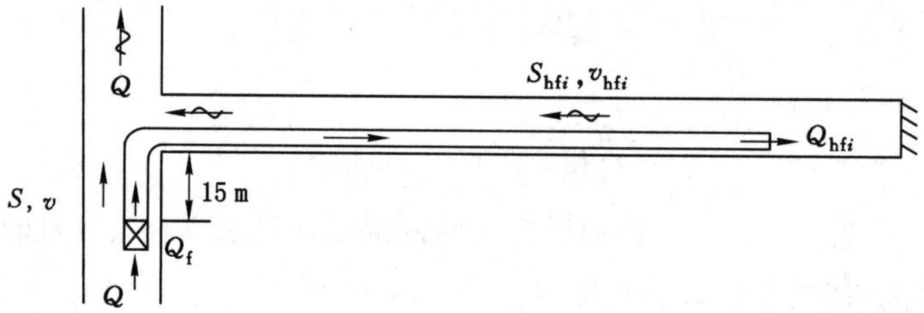

图 5-23　局部通风系统布置

② 计算工作面需风量 Q_{hfi}。

a. 按人数计算：

$$Q_{hfi} = 4N = 4 \times 35 = 140(m^3/min)$$

b. 按瓦斯涌出量计算：

$$Q_{hfi} = 100q_{hgi}k_{hgi} = 100 \times 2.0 \times 1.5 = 300(m^3/min)$$

c. 按允许最低风速计算：

$$Q_{hfi} = 60 \times 0.25S_{hfi} = 60 \times 0.25 \times 18 = 270(m^3/min)$$

根据以上风量计算，取其中最大值作为工作面的需风量，即 $Q_{hfi} = 300$ m^3/min。

③ 计算风筒漏风系数。

取风筒百米漏风率 $\beta_{100}=2\%$，则风筒漏风系数为：

$$\phi=\frac{1}{1-\frac{L}{100}\beta_{100}}=\frac{1}{1-\frac{2\ 015}{100}\times 0.02}=1.67$$

④ 计算局部通风机风量。

由式(5-16)得局部通风机风量：

$$Q_f=\phi Q_{hfi}=1.67\times 300=500(m^3/min)$$

⑤ 计算风筒通风阻力。

选用直径 1.0 m、节长 50 m 的胶布风筒，查表 5-7 取风筒的百米风阻 $R_{100}=1.9\ N\cdot s^2/m^8$，则平直段风筒风阻 R 为：

$$R=\frac{L}{100}R_{100}=\frac{2\ 015}{100}\times 1.9=38.285(N\cdot s^2/m^8)$$

由阻力计算公式可得平直段风筒阻力 h：

$$h=RQ_fQ_{hfi}=38.285\times\frac{300\times 500}{60^2}=1\ 595.21(Pa)$$

由风筒布置可知，在离通风机出风口 15 m 处有 1 个 90°圆弧拐弯和 1 个风筒末端出风口，查附录Ⅴ取其局部阻力系数分别为 $\xi_b=0.15$，$\xi_0=1.0$，则 90°圆弧拐弯局部阻力 h_b：

$$h_b=\xi_b\frac{1}{2}\rho v^2=\xi_b\rho\frac{8}{\pi^2}\frac{Q_f^2}{D^4}=0.15\times 1.2\times\frac{8}{3.14^2}\times\left(\frac{500}{60}\right)^2=50(Pa)$$

风筒出风口局部阻力 h_0：

$$h_0=\xi_0\frac{1}{2}\rho v^2=\xi_0\rho\frac{8}{\pi^2}\frac{Q_{hfi}^2}{D^4}=1.0\times 1.2\times\frac{8}{3.14^2}\times\left(\frac{300}{60}\right)^2=24.32(Pa)$$

则压入式局部通风机全压等于以上各阻力之和：

$$h_{ft}=h+h_b+h_0=1\ 595.21+50+24.32=1\ 669.53(Pa)$$

⑥ 局部通风机选型。

局部通风机的工作风阻为：

$$R_f=\frac{h_{ft}}{Q_f^2}=\frac{1\ 669.53}{(500/60)^2}=24.041\ (N\cdot s^2/m^8)$$

由以上计算得到的局部通风机设计工况点参数：风量 $Q_f=8.333\ m^3/s$，全压 $h_{ft}=1\ 669.53$ Pa，选择对旋轴流局部通风机 FBDY№6.0/2×22，其实际工况点如图 5-24 所示。由图可知，采用直径1 000 mm、节长 50 m 的柔性风筒，配1 台工作轮直径 0.6 m，功率 2×22 kW 的对旋轴流局部通风机，则实际工况点参数为：风量 8.5 m^3/s，全压 1 750 Pa，故风量可满足要求。

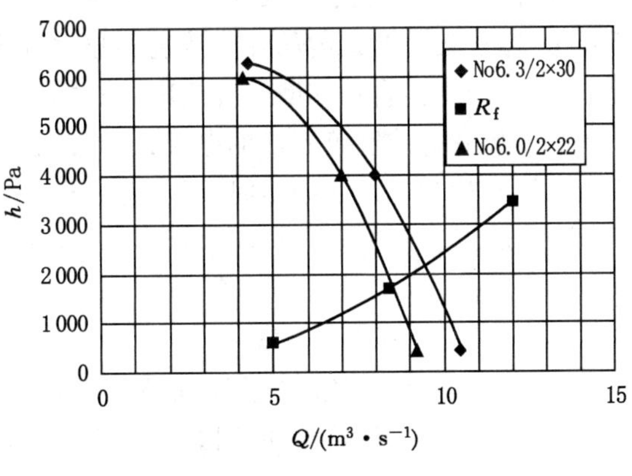

图 5-24　局部通风机选型工况

第四节　局部通风安全技术装备及管理

掘进工作面是瓦斯、煤尘事故的多发地点，因此加强掘进工作面的地质工作、通风设计、安全技术装备系列化和施工管理，不仅有利于提高掘进速度，而且对保证安全生产具有重要意义。

一、局部通风安全技术装备

（一）双通风机、双电源、自动换机和风筒自动倒风装置

正常通风时由专用开关供电，使局部通风机运转通风；一旦主用通风机因故障停机时，电源开关自动切换，备用通风机即刻启动，继续供风，从而保证了局部通风机的连续运转。由于双通风机共用同一主风筒，通风机要实现自动倒风，则连接两个通风机的风筒也必须能够自动倒风。风筒自动倒风装置有以下 2 种结构。

1. 短节倒风

将连接主用通风机风筒一端的半圆与连接备用通风机风筒一端的半圆胶粘、缝合在一起（其长度为风筒直径的 1～2 倍），套入共用风筒，并对接头部进行粘连防漏风处理，即可投入使用。主用通风机运转时，由于通风机风压作用，连接主用通风机的风筒被吹开，将与此并联的备用通风机风筒紧压在双层风筒段内，关闭了备用通风机风筒。若主用通风机停转，备用通风机启动，则连接主用通风机的风筒被紧压在双层风筒段内，关闭了主用通风机风筒，从而达到自动倒风换流的目的。

2. 切换片倒风

在连接主用通风机的风筒与连接备用通风机的风筒之间平面夹粘一片长度等于风筒直径 1.5～3.0 倍、宽度大于 1/2 风筒周长的倒风切换片，将其嵌套在共用风筒内并胶粘在一起，经防漏风处理后便可投入使用。主用通风机运行时，由于通风机风压作用，倒风切换片将连接备用通风机的风筒关闭。若主用通风机停机，备用通风机启动，则倒风切换片又将连接主用通风机的风筒关闭，从而达到自动倒风换流的目的。

（二）“三专两闭锁”装置

正常工作的局部通风机必须采用“三专”供电，“三专”是指专用变压器、专用开关、专用电缆。“两闭锁”则指风电闭锁和瓦斯电闭锁。“三专两闭锁”装置的功能是：只有在局部通风机正常供风、掘进巷道内的瓦斯浓度不超过规定限值时，方能向巷道内机电设备供电；当局部通风机停转时，自动切断所控机电设备的电源；当瓦斯浓度超过规定限值时，系统能自动切断瓦斯传感器控制范围内的电源，而局部通风机仍可照常运转。若局部通风机停转、停风区内瓦斯浓度超过规定限值时，局部通风机便自行闭锁，重新恢复通风时，要人工复电，先送风，当瓦斯浓度降到安全容许值以下时才能送电。这提高了局部通风机连续运转供风的安全可靠性。

（三）局部通风机遥信装置

局部通风机遥信装置的作用是监视局部通风机开停的运行状态。高瓦斯和突出矿井所用的局部通风机要安设载波遥信器，以便实时监视其运转情况。

（四）瓦斯自动报警断电装置

安设实时瓦斯遥测装置。当掘进巷道中瓦斯浓度达到 1%时，通过低浓度瓦斯传感器

自动报警；瓦斯浓度达到1.5%时，通过瓦斯断电仪自动断电。

（五）隔爆与防突设施

设置安全可靠的隔爆设施。煤与瓦斯突出矿井的煤巷掘进，应安设防瓦斯逆流灾害设施，如防突反向风门、风筒和水沟防逆风装置。

二、智能局部通风系统

智能局部通风系统通过闭环控制系统实现“安全可靠、节能环保”的局部通风目标，主要目的是通过巷道内的瓦斯传感器、风速传感器、温度传感器、粉尘传感器的监测数据反馈，智能调节局部通风机转速来改变局部通风机的出口风量和风压，解决局部通风机供风时“一风吹”现象。智能局部通风系统采用变频调速技术和脉动供风技术，实现了瓦斯的实时控制、改善工作环境，同时节省了大量电耗。

（一）系统的结构

智能局部通风系统由局部通风机、变频器、智能控制开关、分风器、风筒、瓦斯报警器、测风仪等单元组成。如图5-25所示，该系统可分别实现自动调节和人工调节，当系统使用PLC智能控制器控制风量时就处于自动调节状态，当使用手动开关控制时，该系统转为人工调节状态。

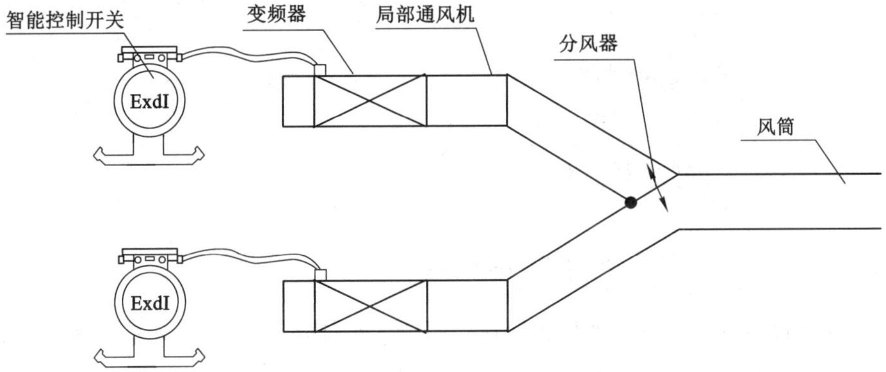

图5-25　智能局部通风系统结构

智能局部通风系统是由软件自动控制的，软件可以根据不同的信息自动判断系统下一步的工作状态，可以迅速地调节局部通风机，达到调节风量的目的，高效而又节能，软件控制流程如图5-26所示。

（二）系统的功能

智能局部通风系统主要具有以下几个方面的功能。

(1) 按需供风功能

自动调节局部通风机转速，调节输出风量、风压，避免瓦斯超限，使局部通风机能节能经济运行。系统根据传感器检测的掘进工作面瓦斯浓度和掘进巷道回风风流的瓦斯浓度（浓度低于设定值下限，则局部通风机减速；浓度高于设定值上限，则局部通风机升速）控制变频器，自动调节风量。

(2) 排放瓦斯功能

人工或自动进入排放瓦斯状态后，依据传感器检测的掘进工作面、工作面回风风流和总汇

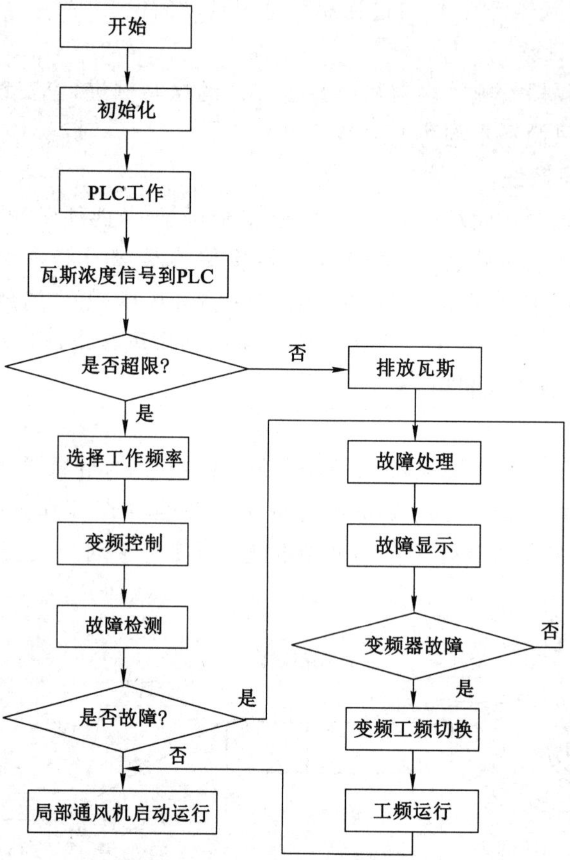

图 5-26　智能局部通风系统的软件控制流程

合风流的瓦斯浓度自动控制局部通风机转速。当浓度超过设定值时，升速加大风量，当浓度低于设定值时，减速减小风量，依此原则调节输出风量，控制排至回风风流的瓦斯浓度在安全设定值的范围内，即以最大效率进行安全排放瓦斯，能够避免瓦斯超限，减少瓦斯安全事故。

（3）人工调节风量功能

通过手动设置变频器的频率，从而设定局部通风机的转速，该频率一旦设定就不再根据瓦斯等传感器的数据而改变转速，这样就达到了人工调节的目的。

（4）主、备电源和局部通风机智能切换功能

智能系统有两套局部通风机调节系统，主用局部通风机因故障或人工停止时，主用局部通风机的 PLC 智能控制器就向备用局部通风机的 PLC 智能控制器发出故障信号，备用局部通风机就会自动开启。两套自动控制开关在正常工作状态下不通电，只有在局部通风机相互切换过程中短时带电，更加安全可靠。

（5）瓦斯、风电闭锁接口功能

系统主控制开关不能正常工作时，主控制开关发出故障信号，馈电开关使巷道内所有动力电源切断，完成风电闭锁功能。系统主控制开关正常，当巷道内的瓦斯传感器检测值达到闭锁值后，主控制开关向馈电开关发出指示，馈电开关使巷道内所有动力电源切断，完成瓦斯电闭锁功能。

(6) 声光报警功能

为了在异常情况下，及时提醒现场工作的人员，系统配备了声光报警装置，装置采用36 V 交流输入。当 PLC 智能控制器通过探头检测到瓦斯传感器超限、或通过总线通信发现变频器故障时，会发出声光报警，从而提示工作人员采取相应措施，解决异常情况。

三、局部通风技术管理

（一）合理进行局部通风设计

(1) 矿井开拓或者准备采区时，在设计中必须根据该处全风压供风量和瓦斯涌出量编制通风设计。掘进巷道的通风方式、局部通风机和风筒的安装和使用等应当在作业规程中明确规定。

(2) 对于通风距离较短的掘进工作面，可根据经验选择局部通风机和风筒。

(3) 对于长距离通风的掘进工作面，可选择多级局部通风机，分级使用，或配备变频调速装置，以提高其节能效果，配套风筒的规格应按最远通风距离选择。

(4) 严禁使用 3 台及以上局部通风机同时向 1 个掘进工作面供风。不得使用 1 台局部通风机同时向 2 个及以上作业的掘进工作面供风。

（二）掘进工作面应贯彻实施安全技术装备系列化标准

掘进工作面安全技术装备系列化是实现现代化管理和减少掘进工作面瓦斯事故的重要措施之一。因此，必须根据相关标准，结合矿井实际条件制定出相应的管理实施办法。掘进工作面开工前，应组织机电、通风、生产技术、安监和施工单位对掘进工作面的电气设备、通风设施和瓦斯含量等进行达标验收，不符合标准者不得开工；设备设施使用时必须按标准维护管理，其中对电气设备的防爆、防火、综合保护、风电瓦斯闭锁等性能做定期检查和校验，并有详细记录，发现问题及时处理，否则不得继续运行。

（三）局部通风系统管理

(1) 掘进工作面应实行独立通风。布置独立通风确有困难时，在制定措施后，可采用串联通风，但串联通风的次数不得超过 1 次。

(2) 串联通风时，串联通风掘进工作面的局部通风机的上风侧应安设瓦斯传感器和自动报警的断电仪。

(3) 掘进开工前应安好通风设备，按设计要求建立好掘进通风系统。

(4) 整个掘进施工过程中，为掘进工作面通风服务的风门和调节风窗等通风设施应始终处于良好状态。

(5) 急倾斜煤层的巷道用压气引射器通风时，应保证不停压风，否则应改用局部通风机通风。

(6) 每个掘进工作面要建立台账和卡片，记录内容有地点、巷道长度、开工日期、装备达标情况等。

(7) 煤巷、半煤岩巷和有瓦斯涌出的岩巷的掘进工作面，必须装备甲烷风电闭锁装置或甲烷断电仪和风电闭锁装置。无瓦斯涌出的岩巷掘进工作面，必须装备风电闭锁装置。

(8) 使用局部通风机供风的地点必须实行风电闭锁，保证当正常工作的局部通风机停止运转或停风后能切断停风区内全部非本质安全型电气设备的电源。正常工作的局部通风机故障，切换到备用局部通风机工作时，该局部通风机通风范围内应停止作业，排除故障；待故障被排除，局部通风机恢复正常工作后方可恢复作业。使用两台局部通风机同时供风的，两台局部通风机都必须同时实现风电闭锁。

(9) 每 15 d 至少进行一次甲烷风电闭锁试验，每天应进行一次正常工作的主用局部通风机与备用局部通风机自动切换试验，试验期间不得影响局部通风，试验记录要存档备查。

（四）局部通风机管理

局部通风机的安装与使用应符合以下要求：

(1) 局部通风机设备要齐全，吸风口要有风罩和整流器，高压部位（包括电缆接线盒）有衬垫，其噪声超过规定 85 dB(A)应安装消声器。局部通风机必须吊挂和垫高，离地面高度大于 0.3 m，吸风口附近 2 m 范围内不得有杂物。

(2) 局部通风机和启动装置必须安设在进风巷道中，距掘进巷道回风口不小于 10 m；全风压供给该处的风量必须大于局部通风机的吸风量，局部通风机安装地点到回风巷巷口间的巷道中最低风速不低于 0.15 m/s。

(3) 高瓦斯矿井、煤（岩）与瓦斯（二氧化碳）突出矿井、低瓦斯矿井中高瓦斯区的煤巷、半煤岩巷和有瓦斯涌出的岩巷掘进工作面必须配备两台同等能力的局部通风机，一台工作，另一台备用，并能自动切换。

(4) 局部通风机必须采用“三专”供电，专用变压器最多可向 4 套不同掘进工作面的局部通风机供电；备用局部通风机电源必须取自同时带电的另一电源，当正在工作的局部通风机发生故障时，备用局部通风机能自动启动。

(5) 正在工作和备用局部通风机均失电停止运转后，当电源恢复时，这两台局部通风机均不得自行启动，必须人工开启局部通风机。

(6) 局部通风机应设置设备开停传感器，将局部通风机的开停状态信号传输至地面监测主机上，以便随时了解井下局部通风机的运行状态。

(7) 局部通风机运转前应检查其进风风流瓦斯，瓦斯浓度小于 0.5%时方可启动；因故停风后，只有在停风区中最高瓦斯浓度不超过 1%和最高二氧化碳浓度不超过 1.5%，并且局部通风机及其开关附近 10 m 以内风流中的瓦斯浓度都不超过 0.5%时，方可由指定人员开启局部通风机。

(8) 局部通风机必须由指定人员负责管理，专人定期检查维修，保证局部通风机正常运转。因井下空气潮湿，且空气中含有粉尘，在局部通风机运转的过程中，粉尘会逐渐粘积在流道和叶片上，若不定期清洗和检修会使其性能降低。

（五）风筒管理

风筒的安装与使用应符合以下要求：

(1) 风筒吊挂必须做到平、直、稳，逢环必挂，环环吊紧，防止急拐弯。局部通风机与风筒吊挂高度不同时，应减小其 S 形连接的弯度。局部通风机与风筒直径不同时，要用异径缓变接头连接。正常工作的局部通风机和备用局部通风机自动切换的交叉风筒接头的规格和安设应符合标准。

(2) 采用有接缝的柔性风筒时，应粘补或涂胶封堵所有的缝合针眼，防止漏风。

(3) 在风筒上每隔一定距离安装放水嘴，随时放出风筒中凝结的积水。

(4) 风筒由指定人员负责管理，实行定期巡回检查制度，加强维护，发现破漏，及时修补，悬吊不平直，及时调整。

(5) 局部通风机启动时，要开、停几次，以防止因突然升压而使风筒胀裂或脱节。

复习思考题

5-1 全风压通风有哪些布置方式？试简述其优缺点及适用条件。

5-2 简述引射器通风的原理、优缺点及适用条件。

5-3 简述压入式通风的排烟过程及其技术要求。

5-4 试述压入式、抽出式通风的优缺点及其适用条件。

5-5 试述混合式通风的特点与要求。

5-6 有效射程、有效吸程的含义各是什么？

5-7 长距离独头巷道通风在技术上有何困难，应如何克服？

5-8 试述局部通风机串联和并联的目的、方式和使用条件。

5-9 试述风筒有效风量率、漏风率、漏风系数的含义及其相互关系。

5-10 试述局部通风系统的设计步骤。

5-11 局部通风装备选型的一般原则是什么？

5-12 掘进通风安全装备系列化包括哪些内容？有什么安全作用？

5-13 某岩巷掘进长度为 300 m，断面面积为 8 m^2，风筒漏风系数为 1.19，一次爆破炸药量为 10 kg，采用压入式通风，通风时间为 20 min，求该掘进工作面需风量。若该岩巷掘进长度延至 700 m，漏风系数为 1.38，再求工作面需风量。

5-14 某岩巷掘进长度为 400 m，断面面积为 6 m^2，一次爆破最大炸药量 10 kg。采用抽出式通风，通风时间为 15 min，求该掘进工作面需风量。

5-15 某岩巷掘进长度 1 000 m。用混合式(长压短抽)通风，断面面积为 8 m^2，一次爆破最大炸药量 10 kg，抽出式风筒距掘进工作面 40 m，通风时间 20 min。试计算掘进工作面需风量和抽出式风筒的吸风量。

5-16 某煤巷掘进长度 500 m，断面面积 18 m^2，采用机械化掘进方法，最大瓦斯绝对涌出量 10 m^3/min，求掘进工作面需风量。

5-17 柔性与刚性风筒的风阻有何异同点？两者的漏风状况有何不同？

5-18 风筒的选择与使用中应注意哪些问题？

5-19 为开拓新区而掘进的运输大巷，长度 1 800 m，断面面积为 12 m^2，一次爆破最大炸药量为 15 kg。若选用直径为 800 mm 的胶布风筒，风筒节长为 30 m，双反边连接，风筒百米漏风率为 1.5%。试进行该巷道掘进局部通风设计：

(1) 计算掘进工作面需风量；

(2) 计算局部通风机工作风量和风压；

(3) 选择局部通风机型号；

(4) 若选用直径为 1 000 mm 的胶布风筒，其他条件不变时，再重新选择局部通风机的型号。

第六章　通风网络风量分配与调节

本章介绍矿井通风系统图的绘制、通风网络中风流分配的基本定律、通风网络基本参数的计算、计算机解算通风网络、矿井风量调节、多台通风机联合运转的相互调节等。

第一节　矿井通风系统图的绘制

矿井通风系统图是煤矿安全生产必备的图件。它是根据矿井开拓、采区巷道布置及矿井的通风系统绘制而成的。矿井通风系统图包括矿井通风系统的风流路线与方向、通风设施和安装的位置，分为通风系统平面图、通风系统网络图和通风系统立体图三类，下面分别对这三类图形的绘制方法进行说明。

一、通风系统平面图

通风系统平面图是表示通风系统的风流路线与方向、流速、风量及阻力、通风装备和通风设施等情况的总图，由各巷道在水平面上投影绘制而成。根据线型的不同，矿井通风系统平面图可以分为单线图和双线图。

对于单一煤层开采的采区通风系统和矿井通风系统，其通风系统平面图一般是在复制的开拓平面图上标注风流方向、风量、通风装备和通风设施绘制而成。

对于多煤层、多水平开采的矿井，绘图时各主要巷道按投影关系与比例绘制，各采区与工作面尺寸按比例绘制，至于各煤层的各采区与工作面不必拘泥于严格的高程与投影关系，可有意识地把各煤层的各采区或工作面位置错开，以便在图纸上清楚地看出各巷道在通风系统中的相互关系，避免图形重叠、混乱。

二、通风系统网络图

矿井通风系统往往是十分复杂的立体结构，巷道数目多、纵横交错、上下重叠，相互关系不易一目了然，直接用实际的通风系统图分析通风问题有很多不便。为克服这些缺点，需要对通风系统网络化，即用长短不按比例不反映空间位置关系的曲直单线条来表示通风系统中风流（道）的分合关系，将通风系统抽象成点线集合的网络示意图，此图即是通风系统网络图，简称通风网络图。在该图中点可以位移，边可以伸缩、曲直、翻转，必要时，还可以对点或边进行简化，但必须能反映风流的分合关系。图的几何形状不是唯一的，可画成长方形（图中分支用直线表示），也可画成圆形，目前常用的是总体呈椭圆形（图中分支多用弧线表示）的通风网络图。

（一）通风系统网络图的绘制步骤

1. 节点编号

在通风系统平面图上确定节点（风流的分合点）的位置，并从进风井口开始，沿风流流动方向直到出风井口为止，按由小到大的顺序对节点进行编号。为便于查对，编号时可以按翼、采区逐片编号，以使其编号接近；如果通大气的点的标高明显不同，要考虑自然风压时，在两点之间可加一个虚分支(用虚线表示)；井底车场或采区车场可简化为一个节点，风硐与回风井交叉点处应设一个节点，以便绘出地面漏风分支；通风机入口可设节点，也可不设节点；不能漏掉应编号的节点；不要用 1′、2′、…、10′编号。

2. 绘制草图

首先把用风地点(采煤工作面、独立通风的掘进工作面、硐室等)排列在图纸中央的同一条竖线或横线位置，各个用风地点用写上用风地点名称的长方框形表示或用不同符号表示。节点可用圈内写有节点号的圆圈表示，也可用旁边写有节点号的点表示，如图 6-1 和图 6-2 所示。为便于查对，通常把对称的两翼画在对称的位置上，即把同一翼的用风地点排列在图纸的一侧(如左侧)，把另一翼的用风地点排在图纸的另一侧(如右侧)，而每一采区用风地点又排列在一起。其次从每个用风地点的始点开始，逆风流方向逐个节点、逐条分支地画到进风井口或压入式通风机的入风口；再从用风地点的末点开始，顺风流方向画至出风井口或抽出式通风机的扩散器出口。在向两端逐点绘制过程中，遇到风流流入或流出时，在节点处应留出分岔，并在分岔上标明流入或流向节点的号码。为使图形美观，应利用边(分支)可伸缩、曲直、位移的特点，尽量避免或减少跨越分支的数量。整个网络图可水平排列，也可垂直排列。习惯上，水平排列时，把进风系统排在图的左侧，回风系统排在图的右侧；垂直排列时，把进风系统排在图的下部，回风系统排在图的上部。

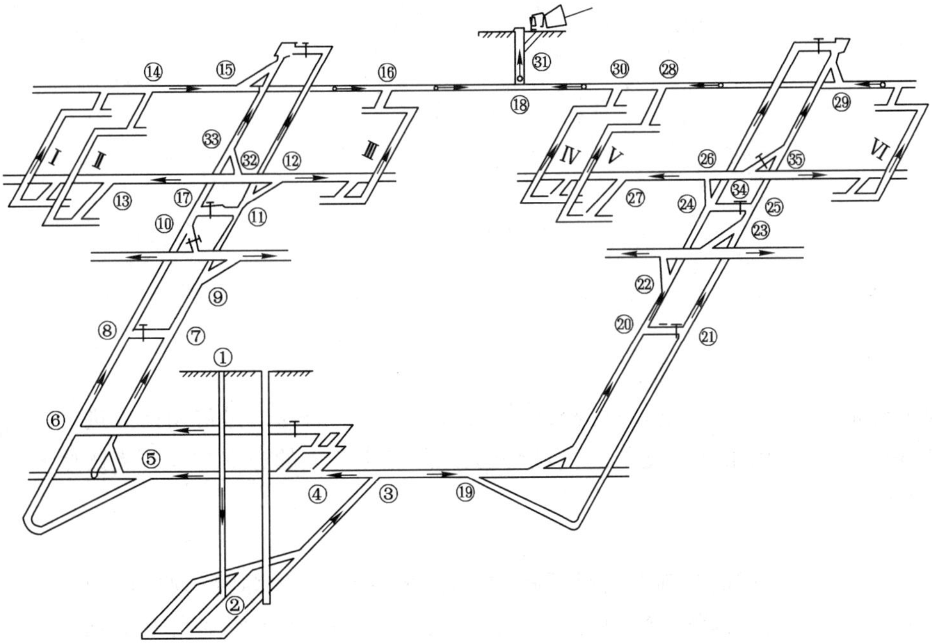

图 6-1　通风系统示意图

图上用实线表示实际存在的分支，用虚线表示漏风分支或准备开掘的分支；用不同的标志表示进、回风井，采掘工作面，进、回风风流，通风构筑物等；用不同颜色的线条或用粗线条表示固定风量分支。

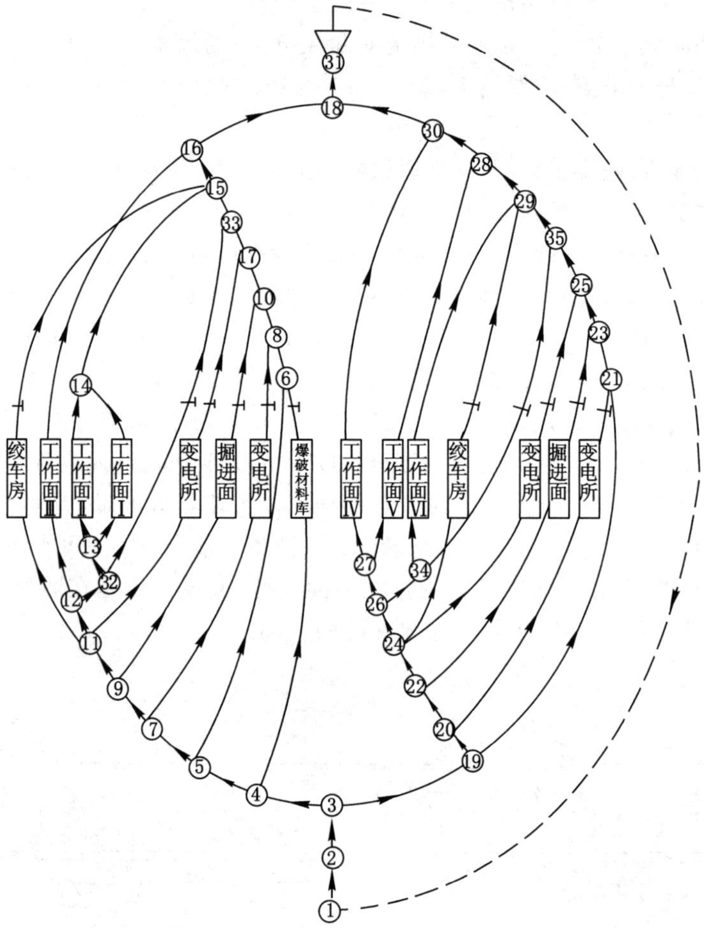

图 6-2　通风系统网络图

3. 检查核对

为了防止遗漏节点或分支，草图绘好后，应进行查对。查对时最好由两人进行。查对的方法是：按节点序号由小到大逐个进行，检查流入与流出节点的分支数及分支的始末点号是否与平面图上的相符。

4. 修整图形

在经检查核对无误的基础上，根据网络图的同构特性，利用翻转和伸缩的方法，对草图进行修整和变形。要求修整、变形后的网络图中有较少的跨越分支，且外观美观、结构正确。经再次检查核对无误后，即成正式的通风系统网络图。

（二）通风系统网络图的简化

按通风系统图实际分支和节点画出的网络图，往往过于复杂（尽管在绘图过程中已做初步简化），不便分析研究问题，有时重点不突出。因而应根据分析问题的需要，对网络图进行简化。简化的原则是：简化后的网络结构必须体现出原通风系统的结构特点，不失真；由于简化导致的网络解算误差应在允许的误差范围内，解算的结果有实用价值。简化的内容和方法如下。

1. 并边

简单的串联或并联分支可用一条等效分支代替。等效分支的风阻,按串、并联风阻计算公式求算。一进一出的局部角联风网,也可用一条等效分支代表,其等效风阻按 $R=h/Q^2$ 计算。根据需要,在某些情况下,一个采区或某个系统(如一翼)也可用一条等效分支代替,例如,研究全矿通风系统时,每个采区都可简化为一条分支,研究某个系统(采区或一翼)内的问题时,别的系统(采区或一翼)则可简化为一条分支;多台通风机工作的矿井,如果只是为了研究各主要通风机之间的相互影响,则可把各主要通风机工作的通风系统简化为一条分支。在需详细研究的通风系统内,具有下述情况之一者,不能做并边处理:① 用风地点所处的分支;② 需要进行调节的分支;③ 有源(辅助通风机、自然风压)分支。

2. 并点

在实际系统中,阻力很小(如小于 10 Pa,或小于总阻力的 1%)的分支,可将其始末点并为一个节点,压降很小的局部风网(如井底车场、采区车场)也可并为一个节点;标高相同的几个进风井口可并为一个节点;当几个进风井口标高相同、井底之间通风阻力很小(10 Pa),而且不需要研究各井的风量分配时,可将这几个进风井合并为一个等效分支,即各井底节点并为一个节点,各井口节点也并为一个节点。但是,在某些情况下,尽管两节点间的阻力很小,也不宜进行并点,例如,并点后会改变风流分合关系、某些不能简化的角联风网的两端点、直接用分支两端点。能否并点,主要取决于研究问题的目的及并点后引起的误差大小。

3. 断路

风阻很大的分支可视为断路。例如,一些漏风量很少的通风构筑物所在的分支,可视为断路,在网络图中可不画出。

总之,应根据分析研究的目的、对象和要求结果的精确程度决定网络的简化程度。简化后,必然产生误差,简化越多,误差越大。一般而言,重点研究区域的风网,尽量少简化,非重点研究的区域,可多简化。

(三) 通风系统网络图的计算机自动绘制

由于手工绘制通风系统网络图速度慢、工作量大,近年来计算机自动绘制通风系统网络图得到了发展。可以根据通风系统网络图的特点,制定通风系统网络图的计算机绘制规则,再根据通风网络拓扑关系编程实现通风系统网络图的自动绘制。

采用计算机自动生成通风系统网络图总的要求是:需要人工输入数据尽可能少,生成以后人工编辑也要尽可能地少,生成的网络图美观,符合一般的使用习惯。通风系统网络图的绘制规则一般如下。

(1) 用风地点并排布置在网络图的中部,进风节点位于网络图的下部,回风节点在网络图的上部,风机出口节点在网络图的最上部;

(2) 分支方向基本应由下至上;

(3) 节点与节点之间应有一定的间距;

(4) 分支与其他分支之间应有一定的间距;

(5) 分支间的交叉尽可能少;

(6) 网络图总的形状基本为椭圆形或圆形。

要由计算机自动实现通风系统网络图的绘制,除满足上述基本原则外,还需对许多绘图的元素和方法进行定义,绘出的图形既要准确反映风流之间的相互关系,又要布局合理、易于辨识,因此计算机自动绘制通风系统网络图是一项比较复杂的工作。图 6-3 是采用中国矿业大学通风防灭火课题组编制的矿井通风可视化仿真系统自动绘制的一个通风系统网络图示例。

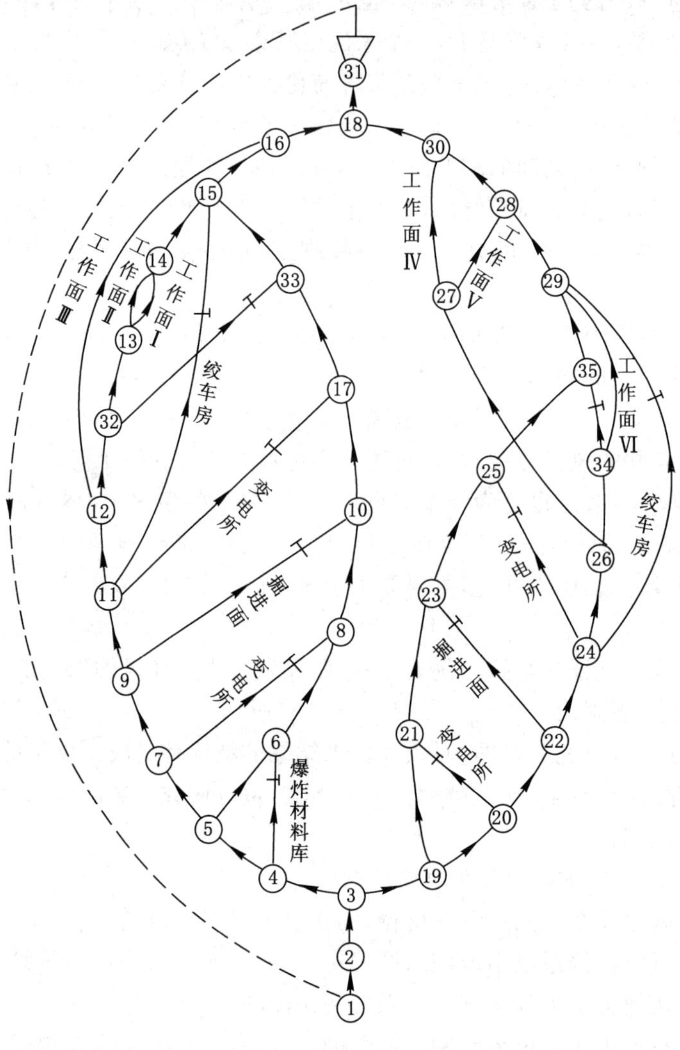

图 6-3 计算机自动绘制的通风系统网络图

三、通风系统立体图

通风系统立体图是根据投影原理把矿井巷道立体投影到平面上而形成的图形。它能较好地表达巷道之间的立体关系,是进行通风系统设计和现场施工管理必不可少的。一般采用轴测投影法绘制通风系统立体图。轴测投影法的实质就是把空间物体连同空间坐标轴投影于投影面上,利用 3 个坐标轴确定物体的 3 个尺度。其特点是:平行于某一坐标轴的所有线段,其变形系数相等。其作图步骤如下。

(1) 在通风系统平面图上选定假定的坐标系的坐标原点和坐标轴的方向。坐标轴原点宜采用平面图上已有的特征点(如立井中心),坐标轴 x 和 y 宜平行于主要巷道方向(如石门和平巷),然后在平面图上画出坐标轴网格(宜用铅笔轻轻地画出,以便于修改或删除)。

(2) 确定轴间角(两投影轴间的夹角)和变形系数(沿某一投影轴的线段的投影长度与该线段真实长度之比),轴间角一般为 45°～60°。变形系数 p(x 轴)、q(y 轴)和 r(z 轴)一般为 0.5～1,p、q 和 r 可相等(称为等投影),也可各不相等(称为三投影),或者有两个相等,而第三个系数不同(称为二投影)。

(3) 根据各水平的巷道平面图作出投影图。如在作图 6-4 所示的－30 m 水平巷道投影时,首先在绘图纸的上部作轴 x、y、z,轴间角为 45°,并根据平面图的比例尺和变形系数($p=0.5$,$q=1$,$r=1$),画－30 m 水平的坐标格网,此后,根据平面图中巷道特征点(如立井中心,巷道交叉点等)的坐标,在坐标格网中画出巷道特征点,然后用双线连接各特征点,即得各井巷的轮廓。

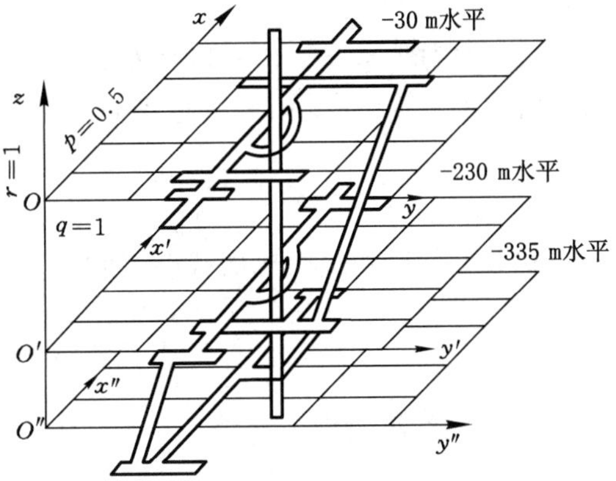

图 6-4　通风系统立体图绘制

(4) 画完上水平后,将 z 轴向下延长,在延长线上按比例尺截取两水平间高差的投影长度(如图 6-4 所示的－30 m 水平与－230 m 水平间高差为 200 m,乘上变形系数 $r=1$,即得投影长度为 200 m),然后过截取点,平行于上水平的 x 轴和 y 轴作下水平的 x'轴和 y'轴,最后按上一步骤所述,作出下水平(如－230 m 水平)的巷道轴测投影。依此类推,即可作出各水平的投影。

(5) 用双线连接各水平之间的井巷(如上、下山,立、斜井)。

(6) 用阴影线或其他线条对各井巷进行修饰(如两平行线中某一侧线条粗,另一侧线条细),即得全矿或某地区的巷道轴测投影图。

(7) 涂抹掉投影图上的坐标网格,标注巷道名称、风向、通风设备和构筑物等内容,即得通风系统立体图。

为使图面更清晰,立体感更强,可以不必拘泥于某些巷道的严格尺寸及其位置,做些放大、缩小、简化和移动,这样画出的图即为通风系统立体示意图。

由于立体图的三维性,其投影关系复杂且不易掌握,因此近年来计算机绘制通风系统立体图得到了发展。使用计算机绘图又可分为以下 2 种:① 直接绘图方式,利用某些绘图命令直接绘图,其过程基本同人工绘图,键入一条命令,绘制一部分图纸,从而使图形质量得以改善、图纸修改量大为减少。② 编程方式,完全由程序控制绘图所需命令及其执行过程。只要输入程序所需要的原始数据,便可自动绘出满足要求的图纸。这有利于简化绘图过程、提高绘图速度,同时有助于计算机绘图的推广。

第二节 风量分配基本规律

一、通风网络的基本术语

任何一个通风网络都是由一些基本单元组成的，要认识一个矿井通风网络首先必须弄清楚这些基本单元的含义。

（一）节点

节点是指两条或两条以上风道的交点。每个节点有唯一的编号，称为节点号。在通风网络图中常用圆圈表示节点，圆圈中的数字为节点号。

（二）分支

分支是两节点间的连线，也叫风道，表示一段通风井巷的有向线段，在通风网络图上，用单线表示分支。其方向即为风流的方向，箭头由始节点指向末节点。每条分支可以有一个编号，称为分支号。

（三）路（通路）

路是由若干方向都相同的分支首尾相接而成的线路，即某一分支的末节点是下一分支的始节点。

（四）回路和网孔

由若干方向并不都相同的分支所构成的闭合线路，其中有分支者叫回路，无分支者叫网孔。

（五）假分支

假分支是风阻为零的虚拟分支，一般是指通风机出口到进风井口虚拟的分支。

（六）生成树、余树

生成树是包括通风网络中全部节点而不构成回路或网孔的一部分分支构成的图形。每一种通风网络都可选出若干生成树。通常讨论的树都是生成树。一个通风网络图中，把生成树去掉，剩下的部分图形称之为余树。在通风网络解算时需要选择一棵合适的生成树。选择生成树的算法很多，常用的有破圈法、加边法和缩边法。

（七）弦

在通风网络任一棵树中，每增加一个分支就构成一个独立回路或网孔，这种分支叫作弦（又名余树弦）。

二、风量平衡定律

根据质量守恒定律，在单位时间内流入一个节点的空气质量，等于单位时间内流出该节点的空气质量，由于矿井空气不压缩，故可用空气的体积流量（即风量）来代替空气的质量流量。在通风网络中，流进节点或闭合回路的风量等于流出节点或闭合回路的风量，即任一节点或闭合回路的风量代数和为零。

对于图 6-5 的流进节点的情况：

$$Q_{1-4}+Q_{2-4}+Q_{3-4}+Q_{4-5}+Q_{4-6}=0 \tag{6-1}$$

对于图 6-6 流进闭合回路的情况：

$$Q_{1-2}+Q_{3-4}+Q_{5-6}+Q_{7-8}=0 \tag{6-2}$$

把式(6-1)、式(6-2)写成一般关系式，则为：

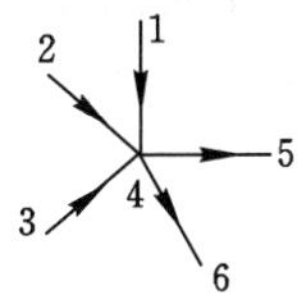

图 6-5

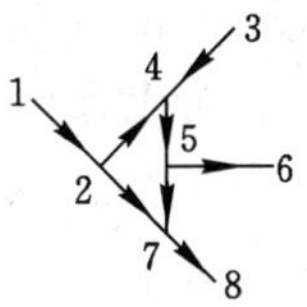

图 6-6

$$\sum_{i=1}^{n} Q_i = 0 \tag{6-3}$$

上式表明：流入节点、回路或网孔的风量与流出节点、回路或网孔的风量的代数和等于零。一般取流入的风量为正，流出的风量为负。

三、风压平衡定律

任一回路或网孔中的风流遵守能量守恒定律，回路或网孔中不同方向的风流，它们的风压或阻力必须平衡或相等，对图 6-6 有：

$$h_{2-4} + h_{4-5} + h_{5-7} = h_{2-7}$$

或者：

$$h_{2-4} + h_{4-5} + h_{5-7} - h_{2-7} = 0$$

写成一般的数学式为：

$$\sum_{i=1}^{n} h_i = 0 \tag{6-4}$$

上式表明：回路或网孔中，不同方向的风流，它们的风压或阻力的代数和等于零。一般取顺时针方向风流的风压为正，逆时针方向风流的风压为负。

在如图 6-7(a)所示的矿井中，平硐口 1 和进风井口 2 的标高差 Z(m)；风道 2—3 和 1—3 构成敞开并联风网。在 2—3 风道上安装一台辅助通风机，其风压 h_f 作用方向和顺时针方向一致；1 和 2 两点的地表大气压力分别为 p_0 和 p'_0，1 和 2 两点高差间的地表空气密度平均值为 ρ，进风井内的空气密度平均值为 ρ'，则：

$$p_0 = p'_0 + Z\rho g$$

式中　g——重力加速度，m/s^2。

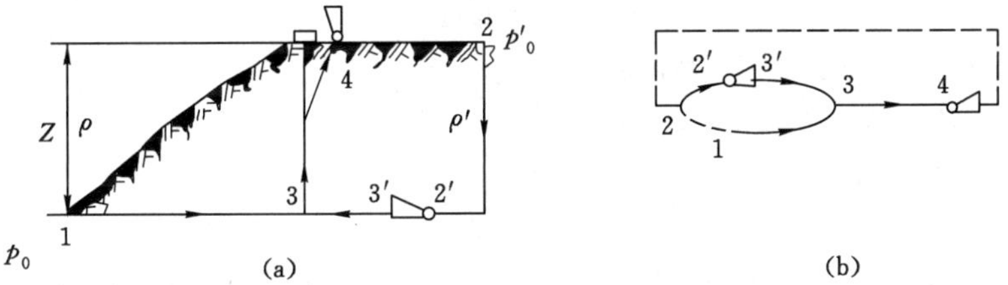

图 6-7

根据风流的能量方程得平硐 1—3 段的风压为：

$$h_{1-3} = p_0 - (p_3 + h_{v3}) = p'_0 + Z\rho g - (p_3 + h_{v3})$$

式中　p_3，h_{v3}——3 点的绝对静压和动压，Pa。

风路 2—3 段的风压是风道 2—2′和 3′—3 段的风压之和，即：

$$h_{2-3}=h_{2-2'}+h_{3'-3}=[p'_0-(p'_2+h_{v2'})+Z\rho' g]+[(p'_3+h_{v3'})-(p_3+h_{v3})]$$

式中 p'_2, p'_3——辅助通风机进风口 2′和出风口 3′的绝对静压；

$h_{v2'}, h_{v3'}$——辅助通风机进风口和出风口的动压。

因机械风压 h_f 是：

$$h_f=p'_3+h_{v3'}-(p'_2+h_{v2'})$$

则

$$h_{2-3}=p'_0+h_f-(p_3+h_{v3})+Z\rho' g$$

$$=p'_0+Z\rho g-(p_3+h_{v3})+h_f+Z(\rho'-\rho)g$$

或

$$h_{2-3}-h_{1-3}=h_f+Z(\rho'-\rho)g$$

因敞开并联通风网络中自然风压 h_N 是：

$$h_N=Z(\rho'-\rho)g$$

故得

$$h_{2-3}-h_{1-3}=h_f+h_N$$

或

$$h_{2-3}-h_{1-3}-h_f-h_N=0$$

写成一般数学式是：

$$\sum_{i=1}^{n}h_i-h_f-h_N=0 \tag{6-5}$$

上式就是风压平衡定律，在网孔或回路中有机械风压和自然风压存在时应用，表明：只要把敞开并联通风网络中的机械风压和自然风压加入计算，便可把两个能量不同的进风点(例如图 6-7(b)之中的 1 点和 2 点)用虚线连起来，形成概念的网孔或回路。上式的适用条件是：取顺时针方向的风流的风压为正；网孔或回路中机械风压和自然风压的作用方向都是顺时针方向[即当图 6-7(a)中的 $\rho'>\rho$ 时]。若网孔或回路中机械风压和自然风压的作用方向都是逆时针方向[即当图 6-7(a)中的 $\rho'<\rho$ 时]，则上式变为：

$$\sum_{i=1}^{n}h_i+h_f+h_N=0 \tag{6-6}$$

分析有 h_f 和 h_N，或只有 h_N 存在的网孔或回路参数时，要应用上述原则来识别 h_f、h_N 的正负。

四、阻力定律

风流在通风网络中流动，绝大多数属于完全紊流状态，其阻力定律遵守平方关系，即：

$$h_i=R_iQ_i^2 \tag{6-7}$$

式中 h_i——风路 i 的风压或阻力，Pa；

R_i——风路 i 的风阻，$N\cdot s^2/m^8$；

Q_i——风路 i 的风量，m^3/s。

第三节　风网的基本形式及通风参数的计算

一、通风网络的基本形式

通风网络联结形式比较复杂，多种多样，但其基本联结形式可分为：串联通风网络、并联通风网络、角联通风网络和复杂通风网络。

（一）串联通风网络

由两条或两条以上的分支彼此首尾相连，中间没有分岔点的线路叫作串联通风网络，如

图 6-8 所示。

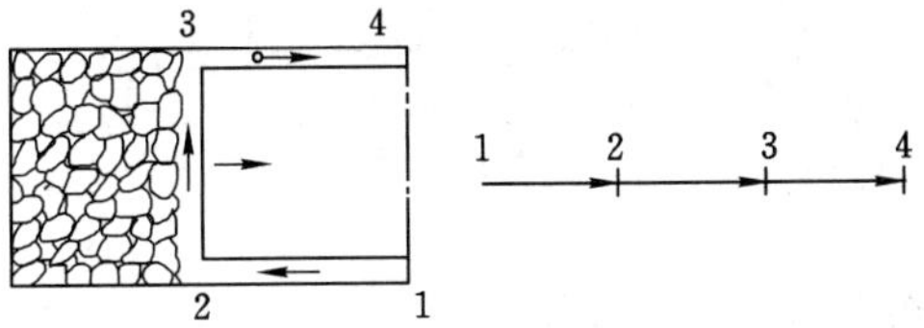

图 6-8　串联通风网络

（二）并联通风网络

由两条或两条以上具有相同始节点和末节点的分支所组成的通风网络叫作并联通风网络，如图 6-9 所示。

（三）角联通风网络

在简单并联风网的始节点和末节点之间有一条或几条风路贯通的通风网络叫作角联通风网络，如图 6-10 所示。贯通的分支习惯叫作对角分支。单角联通风网络只有一条对角分支，多角联通风网络则有两条或两条以上的对角分支。

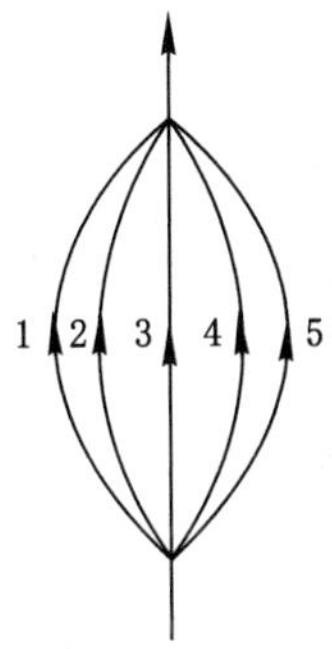

图 6-9　并联通风网络

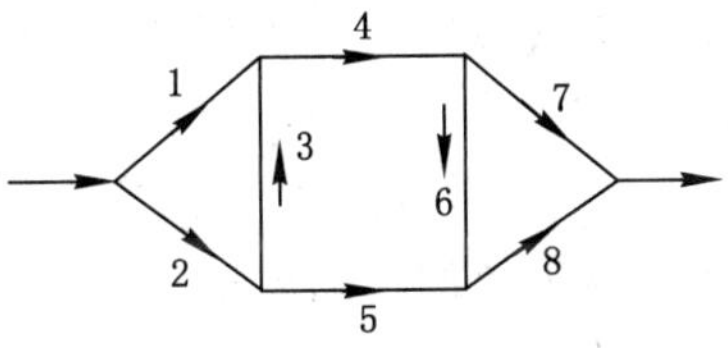

图 6-10　角联通风网络

（四）复杂通风网络

由串联、并联、角联和更复杂的联结方式所组成的通风网络，统称为复杂通风网络。

二、通风网络参数的计算

（一）串联通风网络

串联通风网络具有如下特性：

（1）总风量 M_s 等于各分支的风量，即：

$$M_s = M_1 = M_2 = M_3 = \cdots = M_n$$

当各分支的空气密度相等时，或将所有风量换算为同一标准状态的风量 Q 后：

$$Q_s = Q_1 = Q_2 = Q_3 = \cdots = Q_n \tag{6-8}$$

（2）总风压 h_s 等于各分支风压之和，即：

$$h_s = h_1 + h_2 + h_3 + \cdots + h_n = \sum_{i=1}^{n} h_i \tag{6-9}$$

（3）总风阻 R_s 等于各分支风阻之和，即：

$$R_s = h_s / Q_s^2 = R_1 + R_2 + R_3 + \cdots + R_n = \sum_{i=1}^{n} R_i \tag{6-10}$$

(4) 串联通风网络等积孔 A_s 与各分支等积孔间的关系：

$$A_s = \frac{1}{\sqrt{\frac{1}{A_1^2}+\frac{1}{A_2^2}+\frac{1}{A_3^2}+\cdots+\frac{1}{A_n^2}}} \tag{6-11}$$

(二) 并联通风网络

(1) 总风量 M_s 等于各分支风量之和，即：

$$M_s = M_1 + M_2 + M_3 + \cdots + M_n = \sum_{i=1}^{n} M_i$$

当各分支的空气密度相同时，或将所有风量换算为同一标准状态的风量 Q 后：

$$Q_s = Q_1 + Q_2 + Q_3 + \cdots + Q_n = \sum_{i=1}^{n} Q_i \tag{6-12}$$

(2) 总风压 h_s 等于各分支风压，即：

$$h_s = h_1 = h_2 = h_3 = \cdots = h_n \tag{6-13}$$

注意：当各分支的位能差不相等，或分支中存在通风机等通风动力时，并联分支的风压并不相等。

(3) 总风阻 R_s 与各分支风阻的关系：

$$R_s = h_s/Q_s^2 = \frac{1}{\left(\sqrt{\frac{1}{R_1}}+\sqrt{\frac{1}{R_2}}+\sqrt{\frac{1}{R_3}}+\cdots+\sqrt{\frac{1}{R_n}}\right)^2} = \frac{1}{\left(\sum_{i=1}^{n}\sqrt{\frac{1}{R_i}}\right)^2} \tag{6-14}$$

(4) 并联通风网络等积孔 A_s 等于各分支等积孔之和，即：

$$A_s = A_1 + A_2 + A_3 + \cdots + A_n = \sum_{i=1}^{n} A_i \tag{6-15}$$

(5) 并联通风网络的风量分配。

若已知并联通风网络的总风量 Q_s，在不考虑其他通风动力及风流密度变化时，可由下式计算出分支 i 的风量 Q_i：

$$Q_i = \sqrt{\frac{R_s}{R_i}} Q_s \tag{6-16}$$

由上式可见，并联通风网络中的某分支所分配得到的风量取决于并联通风网络总风阻 R_s 与该分支风阻 R_i 之比。风阻小的分支风量大，风阻大的分支风量小。若要调节各分支风量，可通过改变各分支的风阻比值实现。

(三) 串联与并联通风网络的比较

在任何一个矿井通风网络中，都同时存在串联通风网络与并联通风网络。矿井的进、回风风路多为串联通风网络，而工作面与工作面之间多为并联通风网络。从提高工作地点的空气质量及安全性出发，采用并联通风网络(即分区通风)具有明显的优点。此外，在同样的分支风阻和总风量条件下，若干分支并联时的总阻力也远小于它们串联时的总阻力。因此在有条件的情况下，应尽量采用并联通风网络，以降低矿井通风阻力。

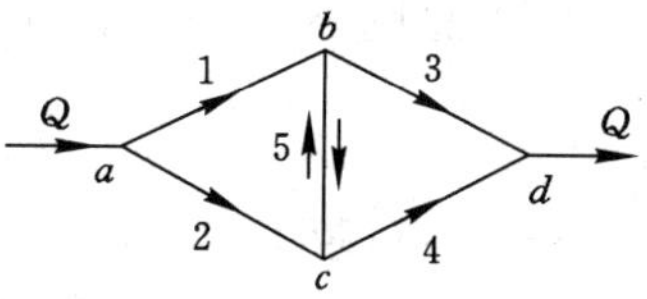

图 6-11　角联通风网络

(四) 角联通风网络

如图 6-11 所示，在单角联通风网络中，对角分支 5 的风流方向，随着其他 4 条分支的风阻 R_1、R_2、R_3、R_4 在大于零、小于无穷大范围内变化而变化，即有 3 种变化：

当对角分支 5 的风流向上流时，风压 $h_1>h_2$，$h_3<h_4$，风量 $Q_1<Q_3$，$Q_2>Q_4$。

则有：

$$R_1Q_1^2>R_2Q_2^2\rightarrow R_1Q_1^2>R_2Q_4^2$$
$$R_3Q_3^2<R_4Q_4^2\rightarrow R_3Q_1^2<R_4Q_4^2$$

将上面两式相除，得：

$$\frac{R_1}{R_3}>\frac{R_2}{R_4}\quad 或\quad K=\frac{R_1R_4}{R_2R_3}>1 \tag{6-17}$$

这是对角分支 5 的风流向上流的判别式。

同理可推出对角分支 5 的风流向下流的判别式为：

$$K=\frac{R_1R_4}{R_2R_3}<1 \tag{6-18}$$

对角分支 5 的风量 Q_5 等于零的判别式为：

$$K=\frac{R_1R_4}{R_2R_3}=1 \tag{6-19}$$

判别式中不包括对角风路本身的风阻 R_5，说明无论 R_5 怎样变化，该风路的风流方向不会变化，只可能使这一风路的风量大小发生变化。这是因为该风路的风流方向只取决于该风路起末两点风流的能量之差，而这项能量差与 R_5 无关。

判别式的作用之一是用来预先判别不稳定风流的方向。例如在对角分支 5 尚未贯通之前，便可判定该风路贯通后的风流方向，即把 4 条非对角分支的风阻值代入判别式，如算得判据 $K>1$，便可判定对角分支 5 的风流向上流，如得 $K<1$，则对角分支 5 的风流必然向下流，如得 $K=1$，Q_5 趋于零。

判别式的作用之二是用来制定风流不稳定的预防措施。例如，若分支 1、5、4 流经的都是工作面，为保持对角分支 5 的风流稳定地向上流，不允许对角分支 5 的风流向下流或 $Q_5=0$，须始终满足 $K>1$，而且 K 值越大，Q_5 向上流就越稳定。故可根据实际情况，采取增大 R_1 或 R_4、减小 R_2 或 R_3 的技术措施，并不断进行调整，使 K 始终保持最大的合理值，以保证对角分支 5 的风流方向和 Q_5 始终稳定。

（五）复杂通风网络

矿井通风的基本任务就是根据井下各个用风地点（采掘工作面、充电硐室、爆炸材料库等）的需要，供给它们一定的新鲜风量（即按需分配的风量），这个风量是已知数。新风在被送到各用风地点之前，以及各用风地点用过的回风，都要经过许多风路，这些风路有时形成复杂的通风网络。在风速不超限的条件下，这些复杂通风网络中各条分支中通过的风量任其自然分配（即自然分配的风量），是未知数，需通过计算确定。

计算复杂通风网络中的自然分配风量主要是为了掌握复杂通风网络的通风总阻力和总风阻，若不先求出通风网络中各分支的自然分配风量，就无法计算复杂通风网络的通风总阻力和总风阻，另外是为了验算各分支的风速是否符合《煤矿安全规程》的规定。

复杂通风网络中自然分配风量的计算方法有很多，但无论哪种方法都必须使用本章前述的那些规律建立数学方程，然后用不同的数学手段进行计算。这里介绍的计算方法是 Scott-Hinsley 法。此种方法的实质是：预先在通风网络中选择若干个网孔或回路，拟定其中各分支的初始风量，然后求解其校正值以校正拟定的初始风量，经过几次迭代计算，使风量接近真值。这种思路也是计算机解算通风网络中自然分配风量的思路。

1. 基本方程

任何通风网络中都有 N 条分支，须列出线性无关的 N 个独立方程，以求解 N 条分支中的 N 个风量。前已说明，当风路中有 J 个节点时，该通风网络中独立的网孔或回路数为 $M=N-J+1$，用风压平衡定律可列出 M 个线性无关的独立方程。又因为风网有 J 个节点，用风量平衡定律可列出$(J-1)$个线性无关的独立方程(有一个是和其他方程线性相关的)。故对于任何通风网络，可列出线性无关的独立方程数为 $M+(J-1)$，正好等于通风网络中的分支数 N。

通风网络中的网孔或回路并不是随意确定的，而是要根据最小树的概念来选择网孔或回路。先在通风网络中选择风阻较小的(但不一定是最小的)$(J-1)$条分支作为树枝，构成一棵最小树，再选择风阻较大的 M 条分支作为弦，这样由这棵最小树的树枝和弦所构成的网孔或回路就是所选定的独立网孔或回路。

2. 计算各分支的自然分配风量

现以并联通风网络为例计算各分支的自然分配风量。如图 6-12 所示，设并联通风网络的总风量为 Q，风路 ACB、ADB 的风阻分别为 R_1、R_2，先需求这两条分支的自然分配风量 Q_C、Q_D。

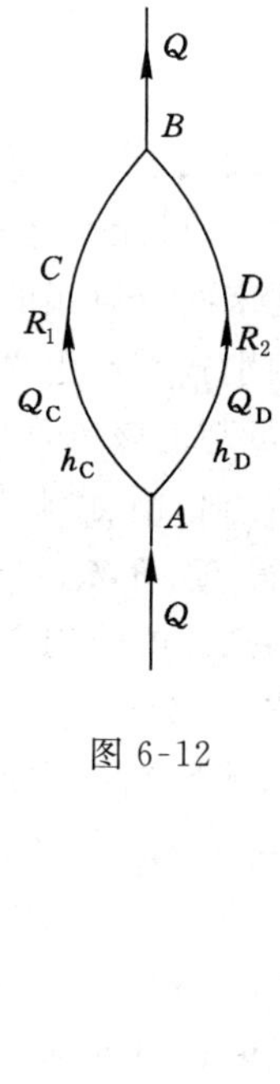

图 6-12

图中有 2 个节点，用风量平衡方程可以列出 $J-1=2-1=1$ 个方程：

$$Q = Q_C + Q_D$$

用风压平衡方程可以列出 $N-(J-1)=2-(2-1)=1$ 个方程：

$$h_C = h_D$$

即

$$R_1 Q_C^2 = R_2 Q_D^2$$

由于 Q_C、Q_D 是未知的，需要求出。Scott-Hinsley 法首先假定风路 ACB、ADB 的风量是 Q_1 和 Q_2，则有：

$$Q_1 + Q_2 = Q_C + Q_D = Q$$

Q_1 与 Q_C 的差值就是 Q_D 与 Q_2 的差值 ΔQ：

$$\Delta Q = Q_1 - Q_C = Q_D - Q_2$$

这一差值也是我们要求的 $ACBD$ 网孔中的风量校正值。将它代入风压平衡方程，可得：

$$R_1(Q_1-\Delta Q)^2 = R_2(Q_2+\Delta Q)^2$$

上式展开后略去二阶微量可得：

$$\Delta Q = -\frac{R_1 Q_1^2 - R_2 Q_2^2}{2R_1 Q_1 + 2R_2 Q_2} = -\frac{h_1 - h_2}{2R_1 Q_1 + 2R_2 Q_2}$$

有了风量校正值，就可以对这一网络中各分支的风量进行校正。其校正式为：

$$Q'_1 = Q_1 + \Delta Q, Q'_2 = Q_2 - \Delta Q$$

上式中 Q_1 的方向为顺时针方向，ΔQ 取正值，Q_2 的方向为逆时针方向，ΔQ 取负值。

如果第一次校正后还未达到需要的精度，则可以进行第二次、第三次校正……一般来说，经过三次渐进计算，Q'''_1 与 Q_C、Q'''_2 与 Q_D 就非常接近了。网孔中的风压差值不超过最小风压的 5%。

这是在通风网络中只有一个网孔的情况。如果网络中有 M 个这样独立的网孔，就需要求出 M 个这样的风量校正值，并对网孔中各分支的风量进行校正。

如果一个网孔中有 n 条分支，而不是并联网孔中的两条分支，则对照前面的风量校正公式，这时的风量校正公式为：

$$\Delta Q_i = -\frac{\sum_{i=1}^{n} h_i}{2\sum_{i=1}^{n} R_i Q_i}$$

该式分子为各分支的风压的代数和，单位为 Pa。风流顺时针为正值，逆时针为负值。

若网孔或回路中另有机械风压 h_f 和自然风压 h_N 存在时，则：

$$\Delta Q_i = -\frac{\sum_{i=1}^{n} h_i - h_f - h_N}{2\sum_{i=1}^{n} R_i Q_i}$$

式中取顺时针方向的风流的风压为正，网孔或回路中的机械风压 h_f 和自然风压 h_N 都是顺时针方向。

同样，有了各网孔或回路的风量修正值 ΔQ_i，可用下式对该网孔或回路中各分支的风量进行修正：

$$Q'_i = Q_i \pm \Delta Q_i$$

式中取风流顺时针方向流动时的 ΔQ_i 为正值，反之为负值。

为加快计算中的收敛速度，须做到：

① 在有多个网孔的通风网络中，选择网孔时须使得网孔的公共分支风阻最小，而非公共分支风阻较大。要做到这一点，可先将通风网络中风阻较小的(J—1)条分支作为树枝，构成一棵最小树，再选择风阻较大的 M 条分支作为弦，这样在由这棵最小树的树枝和弦所构成的 M 个独立网孔或回路中，风阻最小的分支处于公共分支，而风阻较大的分支处于非公共分支上。

② 任一闭合网孔或风路的风量校正值求得后，应对本闭合风路的各分支风量及时进行校正。

③ 在相邻闭合风路的风量校正值计算中，凡是进行过风量校正的风路均应采用校正后的风量，而不再采用拟定风量。

现举例说明手算方法和步骤。在图 6-13 所示的通风网络中，各分支的风阻分别为：$R_1=0.38\ \text{N}\cdot\text{s}^2/\text{m}^8$，$R_2=0.5\ \text{N}\cdot\text{s}^2/\text{m}^8$，$R_3=0.2\ \text{N}\cdot\text{s}^2/\text{m}^8$，$R_4=0.085\ \text{N}\cdot\text{s}^2/\text{m}^8$，$R_5=0.65\ \text{N}\cdot\text{s}^2/\text{m}^8$。通风网络总风量 $Q=30\ \text{m}^3/\text{s}$，无附加的机械风压和自然风压。求各分支的自然分配风量和该通风网络的总阻力、总风阻。

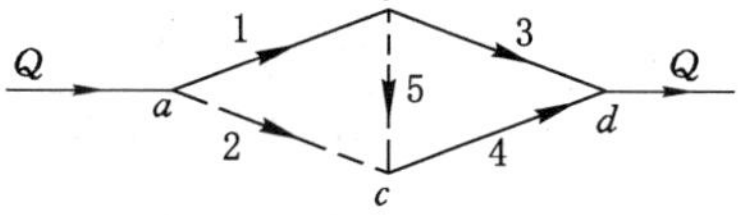

图 6-13

解：

(1) 判别对角分支的风向

因
$$\frac{R_1R_4}{R_2R_3}=\frac{0.38\times0.085}{0.5\times0.2}=0.323<1$$

故该对角分支中的风流是自 b 流向 c。对于其他通风网络，如事先无法判别其中不稳定风流的方向，可先假定，若计算出该假定风向的风量是负值时，则假定的风向不正确，改正过来即可。

(2) 确定独立网孔或回路的数目

因该通风网络的分支数 $N=5$，节点数 $J=4$，则独立网孔或回路数 $M=N-J+1=5-4+1=2$。

(3) 选择独立网孔或回路

因该通风网络的树枝数为 $J-1=4-1=3$，故选风阻较小的 3 条分支 $c—d$、$b—d$ 和 $a—b$ 作为树枝，构成图中实线所示的最小树 $c—d—b—a$。又因弦数 $M=2$，故选风阻较大的 2 条分支 $a—c$ 和 $b—c$ 作为弦。由此确定出 1 个独立回路 $a—b—d—c—a$ 和 1 个独立网孔 $b—d—c—b$ 来进行迭代计算。

(4) 拟定各分支的初始风量

首先把各个网孔看作是并联，用并联通风网络中自然分配风量计算公式给出各分支的风量：

$$Q_1=\frac{Q}{1+\sqrt{\frac{R_1}{R_2}}}=\frac{30}{1+\sqrt{\frac{0.38}{0.5}}}=16.03(\mathrm{m^3/s})$$

$$Q_3=\frac{Q}{1+\sqrt{\frac{R_3}{R_4}}}=\frac{30}{1+\sqrt{\frac{0.2}{0.085}}}=11.84(\mathrm{m^3/s})$$

$$Q_2=Q-Q_1=30-16.03=13.97(\mathrm{m^3/s})$$

$$Q_4=Q-Q_3=30-11.84=18.16(\mathrm{m^3/s})$$

$$Q_5=Q_1-Q_3=16.03-11.84=4.19(\mathrm{m^3/s})$$

(5) 进行迭代计算

对所选定的 1 个回路和 1 个网孔计算其风量校正值 ΔQ_i，然后对网孔或回路中的各分支的风量进行校正。这种校正要循环进行多次，直到达到规定的精度。为了便捷，宜把有关的已知数和计算值列入表中进行计算。例如，对回路 $a—b—d—c—a$，第一次的 ΔQ_i 值用下式计算：

$$\Delta Q_i=\frac{-(R_1Q_1^2+R_3Q_3^2-R_2Q_2^2-R_4Q_4^2)}{2(R_1Q_1+R_3Q_3+R_2Q_2+R_4Q_4)}$$

$$=\frac{-(0.38\times16.03^2+0.2\times11.84^2-0.5\times13.97^2-0.085\times18.16^2)}{2\times(0.38\times16.03+0.2\times11.84+0.5\times13.97+0.085\times18.16)}$$

$$=\frac{-0.07}{33.98}=-0.002(\mathrm{m^3/s})$$

然后，校正计算该回路中各分支的风量。例如，1 分支第一次校正后的风量为：

$$Q'_1=Q_1+\Delta Q_i=16.03-0.002=16.028(\mathrm{m^3/s})$$

2 分支第一次校正后的风量为：

$$Q'_2 = Q_2 - \Delta Q_i = 13.97 + 0.002 = 13.972(m^3/s)$$

回路 $a-b-d-c-a$ 校正完后，就按同样的方法校正计算网孔 $b-d-c-b$ 中各分支的风量。其他各项的计算结果见表 6-1。表中带括号的风量值是上一次校正过的风量值，这样可以加快收敛。

表 6-1　计 算 结 果

网孔或回路	分支	R_i /(N·s²·m⁻⁸)	第一次计算					第二次计算				
			Q_i /(m³·s⁻¹)	$2R_iQ_i$	$R_iQ_i^2$ /Pa	ΔQ_i /(m³·s⁻¹)	Q'_i /(m³·s⁻¹)	Q'_i /(m³·s⁻¹)	$2R_iQ'_i$	$R_iQ'^2_i$ /Pa	$\Delta Q'_i$ /(m³·s⁻¹)	Q''_i /(m³·s⁻¹)
$a-b-d-c-a$	1	0.38	16.03	12.183	97.645		16.028	16.028	12.181	97.621		15.828
	3	0.2	11.84	4.736	28.037		11.838	(12.699)	5.080	32.253		12.499
	4	0.085	18.16	3.087	−28.032		18.162	(17.301)	2.941	−25.443		17.501
	2	0.5	13.97	13.970	−97.580		13.972	13.972	13.972	−97.608		14.172
	$\sum$			33.976	0.070	−0.002			34.174	6.823	−0.200	
$b-d-c-b$	3	0.2	(11.838)	4.735	28.028		12.699	(12.499)	5.000	31.245		12.661
	4	0.085	(18.162)	3.088	−28.038		17.301	(17.501)	2.975	−26.034		17.339
	5	0.65	4.19	5.477	−11.411		3.329	3.329	4.328	−7.203		3.167
	$\sum$			13.270	−11.421	0.861			12.303	−1.992	0.162	

(6) 检验计算结果

各分支风量和风压校正结果如表 6-2 所列。经过验算，得知 1 个回路和 2 个网孔中不同方向的累计风压很接近，误差均小于 5%，如表 6-3 所列。故表 6-2 中数据即为通风网络各分支的自然分配风量和风压。

表 6-2　各分支风量和风压校正结果

分支	1	2	3	4	5
风阻/(N·s²·m⁻⁸)	0.38	0.5	0.2	0.085	0.65
风量/(m³·s⁻¹)	15.828	14.172	12.661	17.339	3.167
风压/Pa	95.200	100.423	32.060	25.554	6.519

表 6-3　检验计算结果

回路或网孔	$a-b-d-c-a$	$a-b-c-a$	$b-d-c-b$
累计风压的较大值/Pa	127.260	101.719	32.073
累计风压的较小值/Pa	126.977	100.423	32.060
累计风压之差/Pa	0.283	1.296	0.013
误差/%	0.222	1.274	0.041

(7) 计算通风网络的总阻力和总风阻

总阻力为：

$$h_{a-d}=\frac{h_1+h_2+h_3+h_4}{2}=\frac{95.200+100.423+32.060+25.554}{2}=126.619(\text{Pa})$$

总风阻为：

$$R_{a-d}=\frac{h_{a-d}}{Q^2}=\frac{126.619}{30^2}=0.141(\text{N}\cdot\text{s}^2/\text{m}^8)$$

第四节　计算机解算通风网络

煤矿实际的通风网络绝大多数为复杂通风网络，复杂通风网络中风量的解算是矿井通风安全技术管理中的一项重要的内容。而多数情况下，复杂通风网络参数的解算仅依靠手工计算是难以完成的。电子计算机的出现使复杂通风网络的计算步入一个新阶段，计算机解算通风网络也经历了两个阶段。第一个阶段主要是纯数值计算时期，这一时期开发的通风网络解算软件仅仅满足数值计算的功能，数据的输入、输出多采用文本方式的数据文件，没有图形显示功能。复杂通风网络的解算往往需要处理大量的数据，数据类型繁杂，对每一分支的查找、分析与处理相当困难；数据的输入输出格式均以数据文件的格式存储，没有提示，用户难以弄清每个数据项所代表的具体含义，而且缺少数据的自动检错能力，容易出错；数据的修改更新也相当困难。这些不足极大地制约了矿井通风网络解算软件的推广使用。第二个阶段就是通风网络可视化解算时期。这是在 Windows 操作系统推出后，有关普通高等学校和科研机构在原数值计算的基础上，采用可视化编程技术，规范了通风网络参数的录入与输出，关联了通风网络参数与图形，使通风网络解算软件更加实用化。其中 1998 年中国矿业大学通风防灭火课题组成功开发出的矿井通风可视化仿真系统(VentGIS)，不仅具有通风网络解算的数据处理功能，而且实现了解算过程和解算结果的可视化以及通风网络图的自动绘制等功能，是国内早期具有代表性的矿井通风网络解算软件之一。

一、迭代方法

如图 6-14 所示的通风网络，其中分支数 $N=6$，节点数 $J=4$，按图论该通风网络的独立回路数 $M=N-J+1=3$。如已知通风网络各分支的风阻、风机特性和自然风压，则通风网络各分支的风量可由下列方程确定：

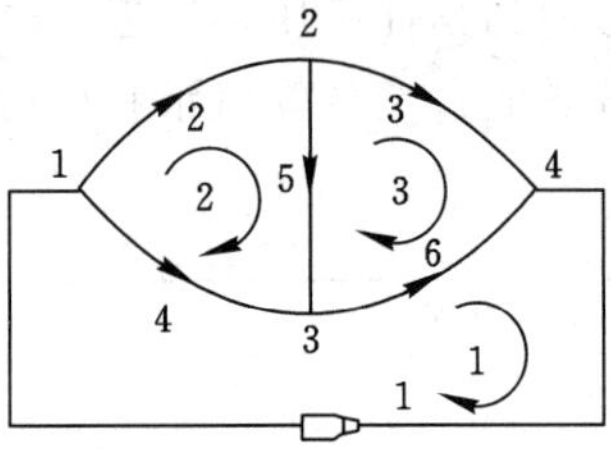

图 6-14

(1) 节点风量平衡方程

$$\sum_{j=1}^{N}a_{ij}Q_j=0,i=1,2,\cdots,M \qquad (6\text{-}20)$$

式中　Q_j——j 分支的风量，m^3/s；

a_{ij}——风流方向的符号函数。

$$a_{ij}=\begin{cases}1 & i\text{ 节点为 }j\text{ 分支的末节点，即风流流向该节点；}\\ -1 & i\text{ 节点为 }j\text{ 分支的始节点，即风流流出该节点；}\\ 0 & i\text{ 节点不是 }j\text{ 分支的端点。}\end{cases}$$

由于 J 个节点可列出 $J-1$ 个独立方程，故图 6-14 可列出 3 个独立方程：

由节点 1：$Q_4=Q_1-Q_2$

由节点 2：$Q_5=Q_2-Q_3$

由节点 4：$Q_6=Q_1-Q_3$

即各分支的风量均可用 Q_1、Q_2 和 Q_3 表示，故 1、2、3 分支可选为余树。

(2) 回路风压平衡方程

$$f_i=\sum_{j=1}^{N}b_{ij}R_jQ_j|Q_j|-p_i-F_i(Q_i)=0, i=1,2,\cdots,M \tag{6-21}$$

式中　f_i——i 回路的阻力或风压的代数和，Pa；

Q_j——j 分支的风量，m^3/s；

R_j——j 分支的风阻，$N\cdot s^2/m^8$；

p_i——i 回路的自然风压的代数和，Pa：

$$p_i=\sum_{j=1}^{n}b_{ij}p_j$$

p_j——j 分支的自然风压，Pa；

$F_i(Q_i)$——第 i 个通风机的风压，Pa：

$$F_i(Q_i)=0, i=N_F+1, N_F+2, \cdots, M$$

N_F——装有通风机的分支数或通风机台数；

b_{ij}——分支风流方向的符号函数：

$$b_{ij}=\begin{cases}1 & j\text{ 分支包括在 } i\text{ 回路中并与回路同向；}\\ -1 & j\text{ 分支包括在 } i\text{ 回路中并与回路反向；}\\ 0 & j\text{ 分支不包括在 } i\text{ 回路中。}\end{cases}$$

式(6-21)中将 $R_jQ_j^2$ 写成 $R_jQ_j|Q_j|$ 主要是考虑风流的方向。

由于一个通风网络有 M 个独立回路，故可建立 M 个回路方程，与节点方程一起共有大于或等于 N 个独立方程，即可解出 N 个分支的风量且有定解。

由图 6-14 可得回路方程为：

$$f_1=R_1Q_1^2+R_4(Q_1-Q_2)^2+R_6(Q_1-Q_3)^2-p_1-F_1(Q_1)=0$$

$$f_2=R_2Q_2^2+R_5(Q_2-Q_3)^2-R_4(Q_1-Q_2)^2=0$$

$$f_3=R_3Q_3^2-R_6(Q_1-Q_3)^2-R_1(Q_2-Q_3)^2=0$$

上述方程以 Q_1，Q_2，Q_3 为变元，可简写成：

$$f_i=f_i(Q_1,Q_2,Q_3)-p_i-F_i(Q_i)=0, i=1,2,3 \tag{6-22}$$

对于复杂通风网络，上述方程将是一个大型非线性方程组，一般用线性化的方法按泰勒公式展开略去高阶项，则其第 K 次线性近似计算式为：

$$f_i^{(K+1)}=f_i^{(K)}+\frac{\partial f_i}{\partial Q_1}\Delta Q_1^{(K)}+\frac{\partial f_i}{\partial Q_2}\Delta Q_2^{(K)}+\frac{\partial f_i}{\partial Q_3}\Delta Q_3^{(K)}-\frac{dF_1(Q_1)}{dQ_1}\Delta Q_1^{(K)}=0,$$

$$i=1,2,3,\cdots,M \tag{6-23}$$

上述式(6-23)因自然风压为常量，求导为 0，则对通风机风压用二次多项式表示：

$$F_1(Q_1)=C_1+C_2Q_1+C_3Q_1^2 \tag{6-24}$$

式中　C_1，C_2，C_3——常数。

故求导后 $F_1(Q_1)'=C_2+2C_3Q_1$。

上述式(6-23)如果写成一般式，即有 M 个回路的通风网络时为：

$$f_i^{(K+1)} = f_i^{(K)} + \frac{\partial f_i}{\partial Q_1}\Delta Q_1^{(K)} + \frac{\partial f_i}{\partial Q_2}\Delta Q_2^{(K)} + \cdots + \frac{\partial f_i}{\partial Q_M}\Delta Q_M^{(K)} - F_i(Q_i)'\Delta Q_i^{(K)} = 0,$$

$$i = 1,2,\cdots,M \tag{6-25}$$

上式如写成矩阵形式，则：

$$\begin{pmatrix} \frac{\partial f_1}{\partial Q_1} & \frac{\partial f_1}{\partial Q_2} & \cdots & \frac{\partial f_1}{\partial Q_M} \\ \frac{\partial f_2}{\partial Q_1} & \frac{\partial f_2}{\partial Q_2} & \cdots & \frac{\partial f_2}{\partial Q_M} \\ \vdots & \vdots & & \vdots \\ \frac{\partial f_M}{\partial Q_1} & \frac{\partial f_M}{\partial Q_2} & \cdots & \frac{\partial f_M}{\partial Q_M} \end{pmatrix}_{Q=Q^{(K)}} \begin{pmatrix} \Delta Q_1^{(K)} \\ \Delta Q_2^{(K)} \\ \vdots \\ \Delta Q_M^{(K)} \end{pmatrix} = \begin{pmatrix} f_1 \\ f_2 \\ \vdots \\ f_M \end{pmatrix} \tag{6-26}$$

如果直接求解上述矩阵，则称为牛顿-拉夫逊法。其中的系数矩阵即为雅可比矩阵，该矩阵元素均在 $Q=Q^{(K)}$ 处取值。显然，用牛顿-拉夫逊法求解比较烦琐。为简化计算，采用 Scott-Hinsley 法对式(6-25)给定如下限制：

当
$$\frac{\partial f_i}{\partial Q_i}\Delta Q_i > \sum_{\substack{i=1 \\ j\neq 1}}^{M} \frac{\partial f_i}{\partial f_j}\Delta Q_j$$

将式(6-25)简化成如下一般式：

$$f_i^{(K+1)} = f_i^{(K)} + \left(\frac{\partial f_i}{\partial Q_i} - F'_i\right)\Delta Q_i^{(K)} = 0$$

或

$$\left(\frac{\partial f_i}{\partial Q_i} - F'_i\right)\Delta Q_i = - f_i \tag{6-27}$$

这种简化相当于式(6-26)中的系数矩阵在其主元素大于同行副元素之和的情况下删去所有副元素，而变为：

$$\begin{pmatrix} \frac{\partial f_1}{\partial Q_1} & 0 & \cdots & 0 \\ 0 & \frac{\partial f_2}{\partial Q_2} & \cdots & 0 \\ \vdots & \vdots & & \vdots \\ 0 & 0 & \cdots & \frac{\partial f_M}{\partial Q_M} \end{pmatrix} \begin{pmatrix} \Delta Q_1 \\ \Delta Q_2 \\ \vdots \\ \Delta Q_M \end{pmatrix} = - \begin{pmatrix} f_1 \\ f_2 \\ \vdots \\ f_M \end{pmatrix} \tag{6-28}$$

这使计算大为简化，故：

$$\Delta Q_i = - \frac{f_i}{\frac{\partial f_i}{\partial Q_i} - F'_i}, i = 1,2,\cdots,M \tag{6-29}$$

如考虑到式(6-21)，则：

$$\Delta Q_i = - \frac{\sum_{j=1}^{N} b_{ij}R_j\,|Q_j|\,Q_j - p_i - F_i}{2\sum_{j=1}^{N} b_{ij}^2 R_j\,|Q_j| - F'_i} \tag{6-30}$$

式中　F_i, F'_i——通风机特性曲线表示的风压及通风机特性曲线的斜率。

式(6-30)中 $2\sum_{j=1}^{N} b_{ij}^2 R_j |Q_j|$ 表示回路中 j 分支风量与风阻乘积的累加值，这项累加均为正数相加，也可写成 $2\sum_{j=1}^{N} b_{ij}^2 |R_j Q_j|$。因为对任一回路求偏导数时总是正数相加。如对图 6-14 中的第 3 回路：

$$\begin{aligned}\frac{\partial f_3}{\partial Q_3} &= 2R_3Q_3 - 2R_6(Q_1 - Q_3)\times(-1) - 2R_5(Q_2 - Q_3)\times(-1)\\ &= 2R_3Q_3 + 2R_6(Q_1 - Q_3) + 2R_5(Q_2 - Q_3)\\ &= 2R_3Q_3 + 2R_6Q_6 + 2R_5Q_5\end{aligned}$$

如果回路中没有自然风压和通风机时式(6-30)可写成：

$$\Delta Q_i = -\frac{\sum_{j=1}^{N} b_{ij} R_j |Q_j| Q_j}{2\sum_{j=1}^{N} b_{ij}^2 |R_j Q_j|}, i = 1,2,\cdots,M \tag{6-31}$$

假如给通风网络一部分分支赋风量初值，可满足式(6-20)，并使所有分支得到风量初值，但这组风量值一般不能满足式(6-21)，故需 $b_{ij}\Delta Q_i$ 对 Q_j 进行修正，使回路风压平衡方程逐渐接近满足。但修正 Q_j 时又使回路之间的公共分支的风量(树枝的风量)发生变化，进而影响其他回路的收敛。因此，需要对各回路的风量进行反复迭代计算和修正。其步骤为：

① 给余树赋风量 $Q_i, i=1,2,\cdots,M$；

② 根据余树风量求各树枝的风量 $Q_j, j=M+1, M+2,\cdots,N$；

③ 按式(6-30)或式(6-31)计算 $\Delta Q_i, i=1,2,\cdots,M$；

④ 检验：如果 $\max\limits_{1\leqslant i\leqslant M}|f_i^{(K)}|\leqslant E$ 或 $\max\limits_{1\leqslant i\leqslant M}|\Delta Q_i^{(K)}|\leqslant E$，$E$ 为迭代精度指标，为预先给定的小正数，则迭代完成，否则转⑤；

⑤ $Q_j^{(K+1)} = Q_j^{(K)} + Q_{ij}\Delta Q^{(K)}$，然后返回③。

应该指出，Scott-Hinsley 法对线性方程组的处理是在满足给定的限制条件下，舍去系数矩阵中除主元素以外的所有副元素。系数矩阵中的各元素是对回路风压求偏导数，其值为 $2R_iQ_i$ 的代数和，如以式(6-22)为例列出其系数矩阵：

$$\begin{pmatrix} \frac{\partial f_1}{\partial Q_1} & \frac{\partial f_1}{\partial Q_2} & \frac{\partial f_1}{\partial Q_3} \\ \frac{\partial f_2}{\partial Q_1} & \frac{\partial f_2}{\partial Q_2} & \frac{\partial f_2}{\partial Q_3} \\ \frac{\partial f_3}{\partial Q_1} & \frac{\partial f_3}{\partial Q_2} & \frac{\partial f_3}{\partial Q_3} \end{pmatrix}$$

$$= \begin{pmatrix} 2(R_1Q_1 + R_4Q_4 + R_6Q_6) - F'_i & -2R_4Q_4 & -2R_6Q_6 \\ -2R_4Q_4 & 2(R_2Q_2 + R_5Q_5 + R_4Q_4) & -2R_5Q_5 \\ -2R_6Q_6 & -2R_5Q_5 & 2(R_3Q_3 + R_6Q_6 + R_5Q_5) \end{pmatrix}$$

显然，在一般条件下由于风量 Q_j 未知，难以确定矩阵中各元素的值。为简化算法并尽量满足给定的限制条件，Scott-Hinsley 法以风阻 R 值为依据，通过最小树构造回路，并使余树的风阻为最大来达到增大主元素的数值；在通常情况下上述做法基本满足要求。但是，正因为对系数矩阵做了上述处理，所以该算法的收敛性不但与风量初值有关，而且也与回路的选择有关。在个别情况下可能出现迭代计算已达最大迭代次数而未收敛，即没有达到精度指标的要求，特别是当精度取值很高时可能遇到这种情况，但这并不一定是真正的发散。

为解决可能出现的这类问题，在程序中将风阻和迭代若干次（一般为 5～8 次）所得风量的乘积赋给风阻，再返回重选回路 i（图 6-15），这样可大大加快收敛速度。

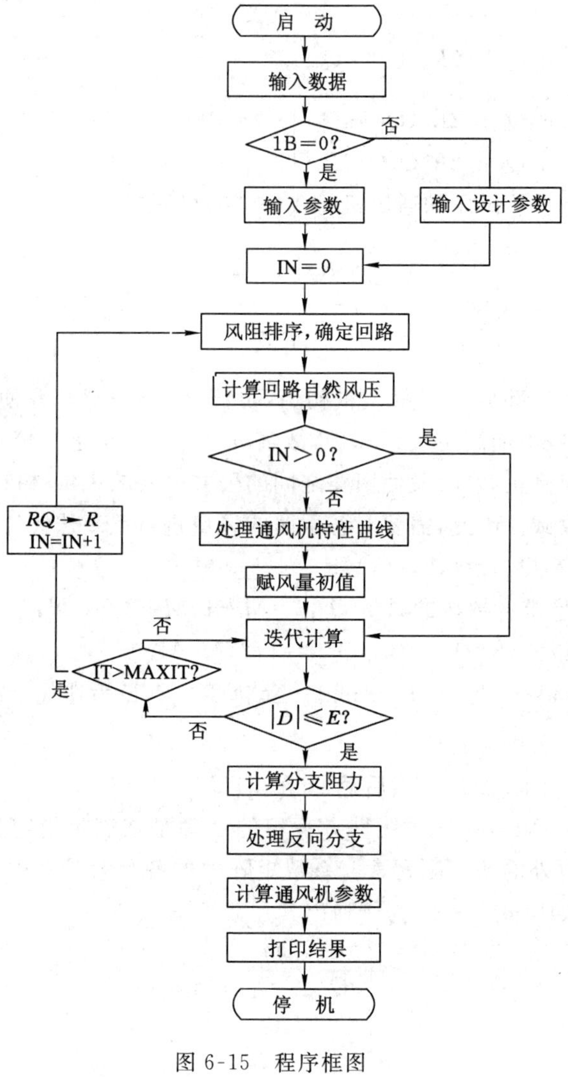

图 6-15　程序框图

二、确定余树

利用通风网络树图的余树作为选择回路的基础分支。一般采用构造最小树的“破圈”方法选择余树。其做法是：

(1) 把所有分支按一定次序排列。

排列的次序为先固定风量分支（通常是按需供风的分支），接着为安装有通风机的分支，最后是一般分支，固定风量分支和通风机分支内部的次序可任意。而一般分支则是按其风阻降序排列。

(2) 将固定风量分支和通风机分支指定为余树。

(3) 从一般分支中选择一些风阻较大者作为余树，使余树的总数为 $M(M=N-J+1)$ 个，所谓风阻较大者是指一个回路中风阻较大的分支，以这些分支的风阻为矩阵的主元素，构成回路的非公用分支。

程序的操作过程相当于将通风网络图中的分支去掉，仅保留全部节点，然后从风阻较小的分支开始，逐一向通风网络图中原来该分支的位置添图以形成最小树。在建立最小树的过程中一旦出现回路，则最后形成回路的分支就是余树。显然余树是该回路的高阻分支，去掉余树形成最小树的过程称为“破圈”，具体做法为：

(1) 从风阻最小的分支开始，在原通风网络图上用蓝色画出相应分支的位置；

(2) 开始画的蓝色分支本身构成一子图，该子图的节点标志号为 1；

(3) 如所画的蓝色分支与已有的蓝色分支相连，使已有子图增加一个分支，则该分支的节点标志号取已有子图节点的标志号；

(4) 如所画的蓝色分支形成一新的子图，其节点标志号取图中最大标志号加 1；

(5) 如所画的蓝色分支使已有的两个子图连为一体，则该新子图的节点标志号统一为同一值；

(6) 如所画蓝色分支使子图中出现回路，则该分支就是余树并涂以红色。

对任一通风网络按上述步骤操作完后，则相连通的蓝色分支组成最小树，红色分支为余树。

三、选回路

选回路是以余树为基础，从风阻较大的分支开始逐一查找可与余树出风节点相连的分支，反复操作直到构成回路为止。程序中规定余树的方向为回路的方向，回路中与余树方向一致的分支为正向分支，否则为反向分支，并逐一记录。要求余树连接的必须是一般分支，因为一个回路只能含有一个余树。具体操作如下：

(1) 从一般分支中风阻较大的分支开始逐一检查；

(2) 如所取分支的始节点等于余树的末节点，则余树连接一正向分支，形成一个链，链的末节点就是所接分支的末节点；

(3) 如所取分支的末节点等于余树的末节点，则余树连接一反向分支，形成一个链，链的末节点就是所接分支的始节点；

(4) 如所取分支的始/末节点等于链的末节点，则该链又增加一正/反向分支；

(5) 如所接分支的另一节点等于余树的始节点，则形成回路。

应说明，在选回路的过程中有时可能误入“歧途”，出现只有余树与链的末节点连接的状况。在这种情况下需逐次后退，即从链中去掉一个分支再按上述步骤继续选回路，一直到正确选出回路为止。

四、处理通风机特性曲线

考虑到通风机联合工作的相互影响以及通风机工作的不稳定问题，对通风机特性曲线采用二段曲线拟合法，其中对正常工作段用拉格朗日插值法拟合，如图 6-16 所示，其方程为：

$$H_{fi}=\begin{cases}C_1+C_2Q_{fi}+C_3Q_{fi}^2 & Q_{fi}\geqslant Q_1\\ H_1 & Q_{fi}<Q_1\end{cases},\quad i=1,2,3,\cdots,N_F \tag{6-32}$$

式中 N_F——通风机台数；

Q_{fi}——第 i 台通风机的风量，m^3/s；

H_{fi}——第 i 台通风机产生的风压，Pa；

C_1, C_2, C_3——拟合系数；

Q_1——通风机特性曲线上第 1 点的风量，m^3/s；

H_1——通风机特性曲线上第 1 点的风压，Pa。

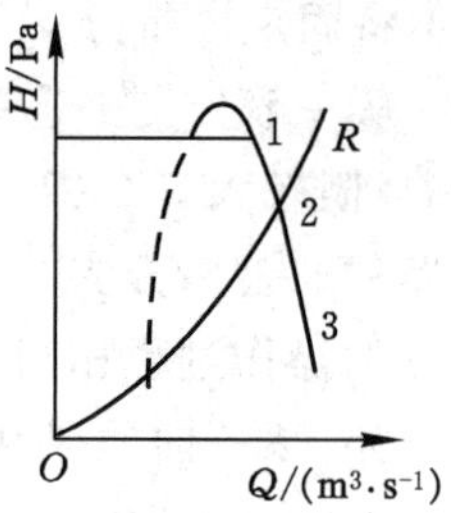

图 6-16 通风机特性曲线工作段

为了拟合通风机特性曲线的工作段，应在通风机特性曲线图上选 3 点，其中第 1 点成为上限点，第 2 点接近高效点，第 3 点为下限点。一般，对于新型通风机 3 个点的效率均应高于 70%。根据 3 个点的风量、风压(Q_i，H_i)可写出曲线拟合系数的求解公式：

$$C_3 = -\frac{H_3(Q_1-Q_2)+H_1(Q_2-Q_3)+H_2(Q_3-Q_1)}{(Q_1-Q_2)(Q_2-Q_3)(Q_3-Q_1)} \tag{6-33a}$$

$$C_2 = \frac{H_1-H_2}{Q_1-Q_2} - C_3(Q_1+Q_2) \tag{6-33b}$$

$$C_1 = H_1 - C_3 Q_1^2 - C_2 Q_1 \tag{6-33c}$$

因此，只要输入通风机特性曲线上 3 个点的参数即可求出拟合系数。因而只要知道通风机的风量就可用式(6-32)求出通风机产生的风压，其精度完全能满足需求。

对通风机特性曲线的不稳定工作段，采用直线拟合，由于这段曲线处于非工作区，而且实际上不稳定工作段的曲线形状很不相同(主要指轴流式通风机)，对实际运用没有意义。采用直线代替不稳定工作段曲线主要是计算过程中不使数据偏离太远，另外也为防止二次曲线出现 2 个交点的问题，如图 6-16 中的虚线所示，有利于计算过程的收敛。

五、赋风量初值

在迭代计算之前应对通风网络的余树给定风量初值，然后根据风量平衡方程对每一回路中的各分支赋风量初值，作为迭代计算的基础。程序规定：固定风量分支以固定风量为初值，通风机分支以通风机特性曲线第 2 点的风量为初值，而其他余树均以 10 m^3/s 为初值。然后按余树风量计算其余分支风量。

六、迭代计算

迭代计算是已知通风网络各分支的风阻、自然风压和通风机特性曲线，求解通风网络的风量分配。为保证按需配风的固定风量值不变，程序规定含有固定风量的回路不参与迭代计算。由于这类回路中除固定风量分支外，其余分支都是与其他回路共用的分支，因而实际上都参与了迭代计算。迭代计算以回路为单位，直到所有回路的修正风量都达到预定精度为止。

七、计算固定风量分支的阻力和风阻

由于固定风量分支不参与迭代计算，固定风量分支的阻力是按回路的风压平衡关系计算：

$$h_{fix} + \sum_{\substack{i=1 \\ j \neq fix}}^{N} h_f = 0$$

故

$$h_{fix} = -\sum_{\substack{i=1 \\ j\neq fix}}^{n} h_f \tag{6-34}$$

式中　h_{fix}——固定风量分支的阻力，Pa。

固定风量分支的风阻 R_{fix} 为：

$$R_{fix} = h_{fix}/Q_{fix}^2 \tag{6-35}$$

式中　Q_{fix}——固定风量分支的风量，m^3/s。

上述风阻值是保证固定风量值不变，固定风量分支必须具有的风阻值，有时该值小于固定风量分支实际的风阻值，供阻力调节时参考。

第五节　矿井风量调节

在矿井通风网络中，风流按照巷道风阻的匹配关系，分配到各作业地点的风量，往往不能满足要求，需要采取控制与调节风量的措施。另外，矿井通风网络是一个动态网络，它随生产的推进而不断变化，从通风网络分支数据到通风网络拓扑结构都在发生变化，而通风网络中的各个用风地点的风量需求基本不变，所以经常需要根据通风网络的变化，对通风网络进行调节，以调配各通风网络分支的风量。风量调节按照其范围的大小，可分为局部风量调节和矿井总风量调节。

一、局部风量调节

局部风量调节是指在采区内部各个工作面之间、采区之间或生产水平之间的风量调节。调节的方法有增阻调节法、降阻调节法和增压调节法。

（一）增阻调节法

增阻调节法是以并联通风网络中阻力大的风路的阻力值为基础，在各阻力较小的巷道中安设调节风门（窗）等设施，增大巷道的局部阻力，从而降低与该巷道处于同一通路中的风量，增大并联通路上的风量。这是目前使用最普遍的局部调节风量方法。

增阻调节是一种耗能调节，具体措施主要有：① 安设调节风门（窗）；② 安设临时风帘；③ 安设空气幕调节装置等。其中使用最多的是调节风门（窗），其制造和安装都较简单。

1. 增阻调节的计算

有一并联通风网络（图 6-17），其中 $R_1=0.8\ N\cdot s^2/m^8$，$R_2=1.2\ N\cdot s^2/m^8$。若总风量 $Q=30\ m^3/s$，则该并联通风网络中自然分配的风量分别为：

$$Q_1 = \frac{Q}{1+\sqrt{\dfrac{R_1}{R_2}}} = \frac{30}{1+\sqrt{\dfrac{0.8}{1.2}}} = 16.5(m^3/s)$$

则
$$Q_2 = Q - Q_1 = 30 - 16.5 = 13.5(m^3/s)$$

如按生产要求，1 分支的风量应为 $Q'_1=5\ m^3/s$，2 分支的风量应为 $Q'_2=25\ m^3/s$，显然自然分配的风量不符合要求，按上述风量要求，两分支的阻力分别为：

$$h_1 = R_1 Q'^2_1 = 0.8\times 5^2 = 20(Pa)$$

$$h_2 = R_2 Q'^2_2 = 1.2\times 25^2 = 750(Pa)$$

为保证按需供风，必须使两分支的风压平衡。为此，需要在 1 分支的回风段设置一调节风门，使它产生一局部阻力 $h_{er}=h_2-h_1=750-20=730(Pa)$。调节风门的形式如图 6-18

所示，在风门或风墙的上部开一个面积可调的矩形窗口，通过改变调节风门的开口面积来改变调节风门对风流所产生的阻力 h_w，使 $h_w = h_{er} = 730$ Pa。

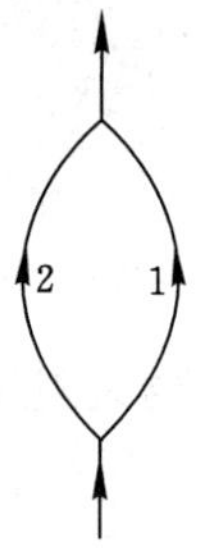

图 6-17

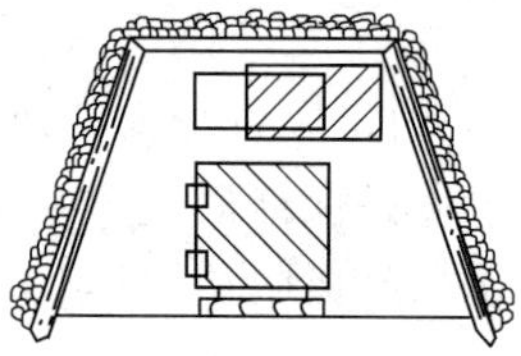

图 6-18　调节风门

用下式计算调节风门的面积 S_w：

$$S_w = \frac{QS}{Q + 0.759S\sqrt{h_w}}$$

或

$$S_w = \frac{S}{1 + 0.759S\sqrt{R_w}}$$

式中　Q——设置调节风门处的巷道风量，m^3/s；

S——设置调节风门处的巷道断面面积，m^2；

R_w——调节风门的风阻，$R_w = h_w/Q^2$，$N \cdot s^2/m^8$。

在上例中，若 1 分支设置调节风门处的巷道断面面积 $S_1 = 4\ m^2$，则算出调节风门的面积为：

$$S_w = \frac{5 \times 4}{5 + 0.759 \times 4\sqrt{730}} = 0.23(m^2)$$

即在 1 分支设置一个面积为 0.23 m^2 的调节风门就能保证 1 和 2 分支都得到所需要的风量 5 m^3/s 和 25 m^3/s。

2. 增阻调节的分析

增阻调节会使通风网络总风阻增加，如果主要通风机特性曲线不变，总风量会减少。因此，在一定条件下可能达不到风量调节的预期效果。

如图 6-19 所示，已知主要通风机风压曲线Ⅰ和两分支的风阻曲线 R_1、R_2，并联通风网络的总风阻曲线 R(按风压相等、风量相加的原则绘制)。R 与Ⅰ交点 a 即为主要通风机的工况点，自 a 作垂线和横坐标相交，得出矿井总风量 Q。从 a 作水平线和 R_1、R_2 交于 b、c 两点，由这两点作垂线分别得两风路的风量 Q_1 和 Q_2。

如在 1 风路中安设一风阻为 R_w 的调节风门，则该风路的总风阻为 $R'_1 = R_1 + R_w$。在图上绘出 R'_1 曲线，并绘出 R'_1 和 R_2 并联的风阻曲线 R'。由 R' 与Ⅰ的交点 a' 得出调节后的矿井总风量 Q'。由 a' 作水平线交 R'_1 和 R_2 于 b' 和 c'，自这两点得出风量分别为 Q'_1 和 Q'_2。当通风机性能不变时，由于矿井总风阻增加，使总风量减少，其减少值为 $\Delta Q = Q - Q'$，安装调节风门的分支中风量也减少，其减少值为 $\Delta Q_1 = Q_1 - Q'_1$，而另一分支风量增加，其增加值为 $\Delta Q_2 = Q_2 - Q'_2$。显然减少的多，增加的少，其差值就等于总风量的减少值，即 $\Delta Q =$

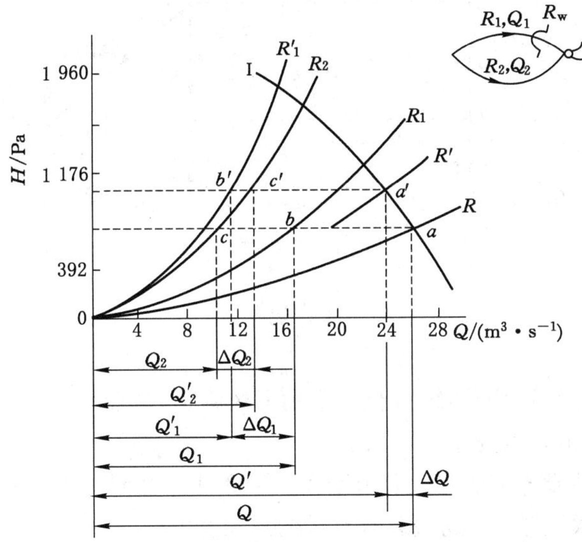

图 6-19 增阻调节对通风机工况点的影响

$\Delta Q_1-\Delta Q_2$。因此,在主干风路中增阻调节时,必须考虑主要通风机风量的变化,否则可能出现风量不能满足需要的情况。

3. 使用增阻调节法的注意事项

(1) 调节风门应尽量避免妨碍运输。当调节风门必须安设在运输巷道时,可采取多段调节,即用若干个开口面积较大的调节风门来代替一个开口面积较小的调节风门(这些大面积调节风门的阻力之和,应等于小面积调节风门的阻力),此时大面积的调节风门可使运输设备通过。

(2) 在复杂的通风网络中,要注意调节风门位置的选择,防止重复设置,避免增大风压和电耗。如图 6-20 所示的复杂风网,若每条风路所需风压值(Pa)是括号内的数值(根据各风路的风阻和所需要的风量算得),网孔 B 和 C 的风压不平衡,可在 3—6 风路上设置一个调节风门,使它消耗 100 Pa 的风压,安设这个调节风门后,每个网孔的风压都平衡,从 1 到 8 并联回路的总风压为 380 Pa。如果不加分析,把调节风门设在 6—7 风路中,便会破坏网孔 C、D 和并联回路的风压平衡,因而使 1 到 8 并联回路的总风压增加 100 Pa,而且调节风门的数目增加 3 个。若把调节风门设在 2—3 风路中,也会造成同样的浪费。

4. 增阻调节法的优缺点与适用条件

增阻调节法具有简便、易行的优点,它是采区内巷道间的主要调节措施。但这种调节法会使矿井的总风阻增加(特别是在矿井主要风流中安设调节风门时,矿井总风阻增加较大,如在采区以内的次要风流中安设调节风门时,则对矿井总风阻影响较小),如果主要通风机风压曲线不变,势必造成矿井总风量下降,要想保持总风量不减少,就得改变通风机风压曲线,提高风压,增加通风电力费用。因此,在安排产量和布置巷道时,尽量使网孔中各风路的阻力不要相差太悬殊,以避免必须在通过风量较大的主要风路中安设调节风门。

(二) 降阻调节法

降阻调节法与增阻调节法相反,它是以并联通风网络中阻力较小风路的阻力值为基础,

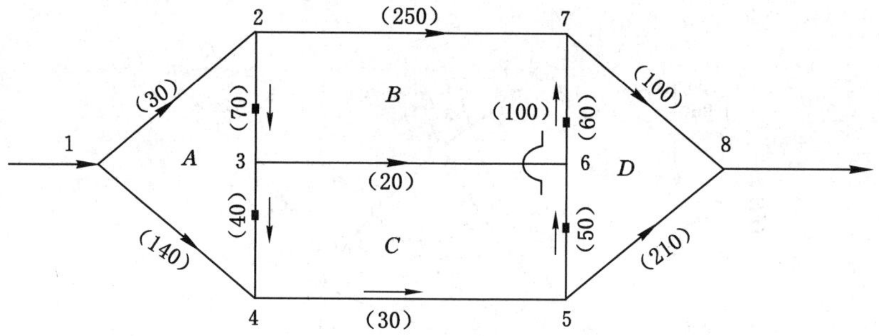

图 6-20

在阻力较大的风路中采取降阻措施，降低巷道的通风阻力，从而增大与该巷道处于同一通路中的风量，或减小与其并联通路上的风量。

降阻调节的措施主要有：① 扩大巷道断面；② 降低摩擦阻力系数；③ 清除巷道中的局部阻力物；④ 采用并联风路；⑤ 缩短风流路线的总长度等。

降阻调节法与增阻调节法相反，可以降低矿井总风阻，并增加矿井总风量，但降阻措施的工程量和投资一般都较大，施工工期较长，所以一般在对矿井通风系统进行较大的改造时采用。

在生产实际中，对于通过风量大，风阻也大的风硐、回风石门、总回风巷等地段，采取扩大断面、改变支护形式等降阻措施，往往效果明显。

1. 降阻调节的计算

如图 6-21 的并联通风网络，两巷道的风阻分别为 R_1 和 R_2，所需风量为 Q_1 和 Q_2，则两巷道的阻力分别为：

$$h_1 = R_1 Q_1^2$$
$$h_2 = R_2 Q_2^2$$

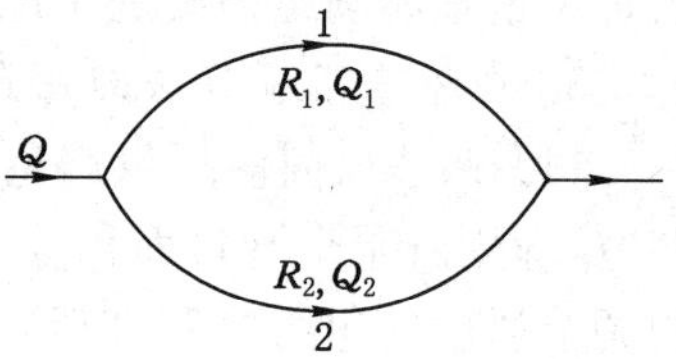

图 6-21

如果 $h_1 > h_2$，则以 h_2 为依据，把 h_1 减到 h'_1，为此，须把 R_1 降到 R'_1，即：

$$h'_1 = R'_1 Q_1^2 = h_2, R'_1 = \frac{h_2}{Q_1^2}$$

上式表明：降阻调节与增阻调节相反。为保证风量按需分配，当两并联巷道的阻力不等时，以小阻力为依据，设法降低大阻力巷道的风阻，使网孔达到阻力平衡。由 $R=\alpha LU/S^3$（R 为巷道风阻，$N \cdot s^2/m^8$；α 为巷道摩擦阻力系数，$N \cdot s^2/m^4$；L 为巷道全长，m；U 为巷道周界，m；S 为巷道断面面积，m^2）可知，降阻的主要办法是扩大巷道的断面。如把巷道的断面面积扩大到 S'_1，则：

$$R'_1 = \frac{\alpha'_1 L_1 U'_1}{S'^3_1}$$

式中 α'_1——巷道 1 扩大后的摩擦阻力系数，$N \cdot s^2/m^4$；

L_1——巷道 1 的全长，m；

U'_1——巷道 1 扩大后的周界，随断面大小和形状而变化，m，$U'_1 = C\sqrt{S'_1}$；

C——取决于巷道断面形状的系数，对梯形巷道 C=4.03～4.28，对三心拱巷道 C=3.8～4.06，对半圆拱巷道 C=3.78～4.11。

由上式得到巷道 1 扩大后的断面面积为：

$$S'_1 = (\frac{\alpha'_1 L_1 C}{R'_1})^{0.4}$$

如果所需降阻的数值不大，而且客观上又无法采用扩大巷道断面的措施时，可改变巷道壁面的平滑程度或支架型式，以减少摩擦阻力系数来调节风量。改变后的摩擦阻力系数可用下式计算：

$$\alpha'_1 = \frac{R'_1 S'^{2.5}_1}{L_1 C}$$

2. 降阻调节的分析

降阻调节的优点是使矿井总风阻减少。若通风机风压曲线不变，采用降阻调节后，矿井总风量增加。因而，在增加风量的风路中风量的增加值将大于另一风路的风量减少值，其差值就是矿井总风量的增加值。但这种调节法工程量最大，投资较多，施工时间也较长。所以降阻调节多在矿井产量增大或原设计不合理，或者某些主要巷道年久失修的情况下，用来降低主要风流中某一段巷道的阻力。

一般，当所需降低的阻力值不大时，应首先考虑减少局部阻力。另外，也可在阻力大的巷道旁侧开掘并联巷道。在一些老矿中，应注意利用废旧巷道供通风用。

(三) 增压调节法

1. 增压调节的计算

如图 6-22 所示，一采区和二采区所需要的风量分别为 27.07 m^3/s 和 34.7 m^3/s，风阻分别为 0.69 $N \cdot s^2/m^8$ 和 1.27 $N \cdot s^2/m^8$。要使一、二采区得到所需的风量，一采区将产生 505.6 Pa 的阻力，二采区将产生 1 529.2 Pa 的阻力。总进风段 1—2 的风阻为 0.23 $N \cdot s^2/m^8$，通过 61.77 m^3/s 的总风量时，将产生 877.6 Pa 的阻力，总回风段 3—4 的

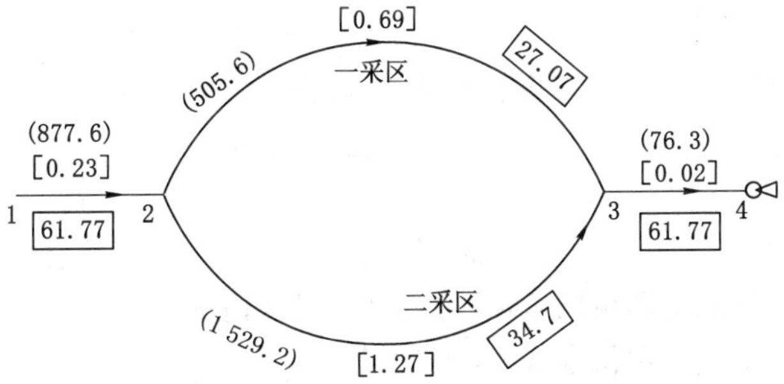

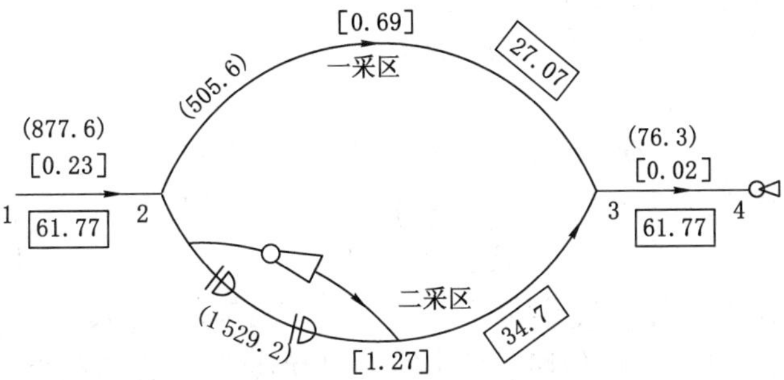

图 6-22

风阻为 $0.02\ N \cdot s^2/m^8$，则产生 76.3 Pa 的阻力。主要通风机附近的漏风量为 $6.83\ m^3/s$，通过主要通风机的风量为 $68.6\ m^3/s$。

如果采用增加风压的调节方法，就必须以阻力小的一采区的阻力值为依据，在阻力较大的二采区内安设 1 台辅助通风机，让辅助通风机产生的风压和主要通风机能够供给这两个并联采区的风压共同来克服二采区的阻力。布置方法有以下两种。

(1) 选择合适的辅助通风机，但不调整主要通风机的风压曲线。如图 6-23，若现用主要通风机是 $70B_2$-21 型、24 号、600 r/min 的轴流式通风机，其工作轮叶片安装角是 27.5°，它的静风压特性曲线是Ⅰ曲线。可以看出，当这台主要通风机需通过 $68.6\ m^3/s$ 的风量时，能够产生的静风压 $H_{fs}=1\ 519$ Pa，即此时通风机的工况点是 a 点。

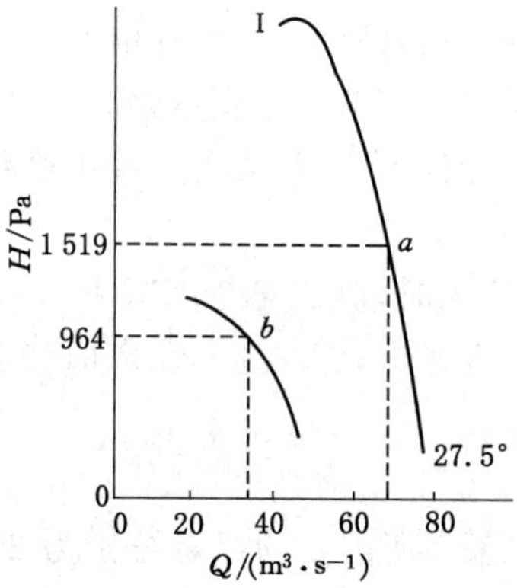

图 6-23

在 2 个并联采区以外，总进风段和总回风段的总阻力为：

$$h_{1-2}+h_{3-4}=877.6+76.3=953.9(\mathrm{Pa})$$

当矿井的自然风压很小或可忽略不计时，主要通风机能够供给 2 个并联采区使用的剩余风压为：

$$H_{fs}-(h_{1-2}+h_{3-4})=1\ 519-953.9=565.1(\mathrm{Pa})$$

二采区按需通过 $34.7\ m^3/s$ 的风量时，其阻力是 1 529.2 Pa。这个数值超出主要通风机能够供给这个采区使用的剩余风压，故需在这个采区内安置 1 台合适的辅助通风机。这台辅助通风机要按以下 2 个数值来选择：

通过辅助通风机的风量为二采区的风量：

$$Q_{af}=34.7\ \mathrm{m^3/s}$$

辅助通风机的全风压：

$$H_{aft}=1\ 529.2-565.1\approx 964(\mathrm{Pa})$$

它的全风压特性曲线应通过或大于这两个数值所构成的工况点 b。

一采区按需通过 $27.07\ m^3/s$ 的风量时，其阻力是 505.6 Pa，这个数值小于主要通风机能够供给这个采区使用的剩余风压，即 565.1－505.6＝59.5(Pa)。

在此情况下，还要在一采区的回风流中安设调节风门，使它能够产生 59.5 Pa 的阻力。

(2) 选择合适的辅助通风机，同时调整主要通风机的风压曲线。在二采区安设 1 台辅助通风机，这台辅助通风机需用以下 2 个数值来选择：

通过辅助通风机的风量：

$$Q_{af} = 34.7\ \mathrm{m^3/s}$$

辅助通风机的全风压：

$$H_{aft} = 1\ 529.2 - 505.6 = 1\ 023.6(\mathrm{Pa})$$

同时要调整主要通风机的静风压特性曲线，使它通过以下 2 个数值所构成的工况点：

主要通风机的风量：$Q_f = 68.6\ \mathrm{m^3/s}$

主要通风机的静风压：$H_{fs} = 953.9 + 505.6 = 1\ 459.5\ (\mathrm{Pa})$

以上讨论的 2 种选择辅助通风机的方法中，后一方法虽然辅助通风机所需功率较大，但主要通风机所需功率较小，比前种方法要经济。需要注意的是，辅助通风机和主要通风机有着串联运转的关系，因此选择辅助通风机不能孤立进行，必须和主要通风机紧密配合。

2. 选择、安装和使用辅助通风机的注意事项

在选择辅助通风机时，必须根据辅助通风机服务期限以内通风最困难时的风量、风阻和风压等数值进行计算。在通风不困难时，如果辅助通风机性能不能调整，可在辅助通风机出风的风路上安设调节风门，以控制辅助通风机的风压和风量，如果辅助通风机性能可以调整，则应予以调整。

为了保证新鲜风流通过辅助通风机而又不致妨碍运输，一般把辅助通风机安设在进风风流的绕道中，但在巷道中至少安设两道自动风门，其风门的间距必须大于一列车的长度，风门须向压力大的方向开启。如果安设在回风风流中，安设方法基本相同，但要设法（如利用大钻孔）引入一股新鲜风流供给辅助通风机的电动机使用，使电动机在新鲜风流中运转，为此，安设电动机的房间必须和回风风流严密隔开。

如辅助通风机停止运转时，必须立即打开巷道中的自动风门，以便利用主要通风机单独通风。当主要通风机停止运转时，辅助通风机也应立即停止运转，同时打开自动风门，以免发生相邻采区风流逆转、循环风再流入辅助通风机；此时还需根据具体情况，采取相应的安全措施。重新开动辅助通风机以前，应检查附近 20 m 以内的瓦斯浓度，只有在不超过规定时，才允许开动辅助通风机。

在采空区附近的巷道中安置辅助通风机时，要选择合适的位置，否则，有可能产生通过采空区的循环风或漏风，加速采空区的煤炭自燃。

随着生产的发展，通风状况不断发展变化。因此，每隔一定时间，必须及时调节主要通风机和辅助通风机的工况点，使之相互配合。因为辅助通风机运转时，能够使它的进风路上的风流能量降低，使它的出风路上的风流能量提高。如果辅助通风机的能力过大，如图 6-22，就有可能使 3 点空气的能量同 2 点空气的能量接近、相等，甚至超过。此时一采区将出现风量不足，没有风流，甚至发生逆转。以上情况都是安全生产所不允许的，若出现上述情况时，其应急措施就是迅速增加二采区的风阻。

3. 增压调节法的优缺点及适用条件

增压调节法和降阻调节法比较，由于前者在阻力较大的风路中安装辅助通风机，故可不必提高主要通风机用于这条风路上的风压，而相当于主要通风机对这条风路的工作风阻下降，这点和降阻调节法很类似。一般来说，它比降阻调节法施工快，施工也较方便，但管理工作较复杂，安全性比较差。

和增阻调节法比较，虽然增压调节法要增加辅助通风机的购置费、安装费、电力费和绕

道的开掘费等，但它若能使主要通风机的电力费降低很多，服务时间又较长时，还是比较经济的。缺点是管理工作比较复杂，安全性比较差，施工比较困难。

并联通风网络中各条风路的阻力相差比较悬殊，主要通风机风压满足不了阻力较大的风路，不能采用增阻调节法，而采用降阻调节法又来不及时，可采用安装辅助通风机的增压调节法。

二、矿井总风量调节

在矿井开采过程中，由于矿井产量和开采条件不断变化，常常要求调节矿井总风量。矿井总风量调节的主要措施是改变主要通风机的工况点，其方法有：改变主要通风机的特性曲线，改变主要通风机的工作风阻曲线。

（一）改变主要通风机的特性曲线

1. 改变轴流式通风机工作轮叶片的安装角

轴流式通风机的特性曲线随着工作轮叶片安装角的变化而变化。某抽出式通风的矿井，现用的主要通风机是轴流式通风机，当其工作轮叶片安装角为27.5°时，静风压特性曲线是Ⅰ′曲线，如图6-24所示。为了满足前期生产需要，该主要通风机的风量 Q_f 为 68 m^3/s，静风压 H_{fs} 为 1 519 Pa，即该主要通风机的工况点为 a 点。现因生产情况的变化，井巷通风的总阻力 h_{fr} 变为 1 862 Pa，反对机械风压的自然风压 H_N 为 96 Pa，通过主要通风机的风量 Q_f 仍需 68 m^3/s。

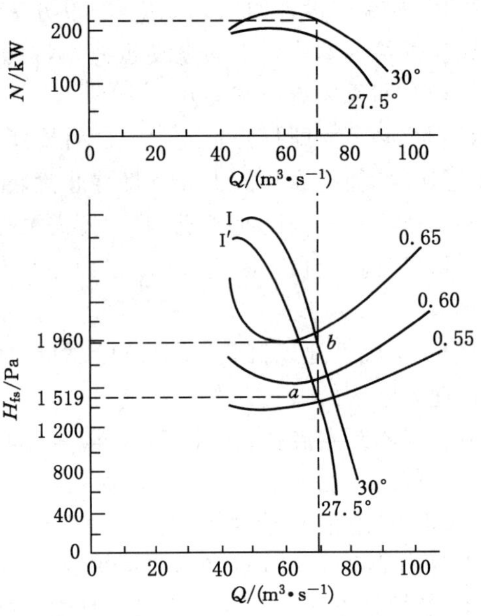

图 6-24　改变轴流式通风机工作轮叶片的安装角度调节风量

为了满足现阶段生产要求，该通风机应根据以下2个数值进行调节：

通风机的风量：

$$Q_f = 68\ \text{m}^3/\text{s}$$

考虑到自然风压的反作用，主要通风机的静风压：

$$H_{fs} = h_{fr} + H_N = 1\ 862 + 96 = 1\ 958(\text{Pa})$$

根据上述 Q_f 和 H_{fs} 两个数值，找出通风机的新工况点 b，根据 b 点的位置，需把通风机的工作轮叶片安装角调整到 30°，其静压特性曲线由Ⅰ′调到Ⅰ，自 b 点得到这台通风机的输入功率约 220 kW，用此数值来衡量现用电动机的能力是否够用，再由 b 点得出通风机的静压效率是 0.64，b 点落在这台通风机特性曲线的合理工作范围内。

2. 改变通风机的转数

改变通风机的转数能改变其特性曲线，即转数愈大，通风机的风量和风压愈大。某压入式通风的矿井，其离心式通风机的全风压特性曲线为Ⅰ，转数为 n'(r/min)。它和工作风阻曲线 1 相交于 M' 点，产生 Q'_f(m^3/s)的风量和 H'_{ft}(Pa)的全风压，如图 6-25 所示。如果生产要求通风机应产生的通风压为 H_{ft}(Pa)，通过的风量为 Q_f(m^3/s)。用比例定律可以求出新转数 n，即 $n=\dfrac{n'Q_f}{Q'_f}$，再画出新转数 n 的全风压特性曲线Ⅱ，它和风阻曲线 1 的交点 M 即为新工况点。同时根据新转数的效率曲线和功率曲线(图中未画)，看新工况点是否落在合理工作范围内，并验算电动机的能力。

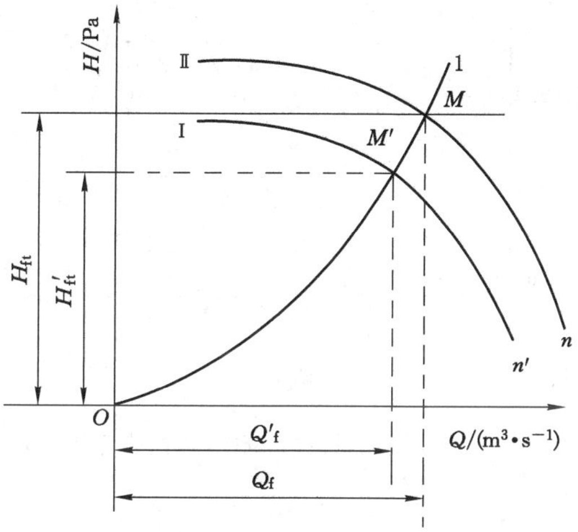

图 6-25　改变通风机转数调节风量

改变通风机转数的方法，主要用于离心式通风机(因为轴流式通风机可以改变工作轮叶片安装角)。具体做法是，如果通风机和电动机之间是间接传动的，可改变胶带轮直径的大小来增加转数，如果通风机和电动机之间是直接传动的，则改变电动机的转数或更换电动机。

(二) 改变主要通风机的工作风阻曲线

某抽出式通风的矿井，其轴流式通风机工作轮叶片安装角为 37.5°，静风压特性曲线为Ⅰ曲线，工况点是 a 点，工作风阻 $R_f=1\ 107.4/(44.5)^2=0.56\ N\cdot s^2/m^8$，工作风阻曲线为 1 曲线，如图 6-26 所示。该通风机工作轮叶片最大安装角为 40°，其静风压特性曲线为Ⅱ曲线。

如果生产要求主要通风机通过 50 m^3/s 的风量，则由静风压特性曲线Ⅱ可知只能产生 1 048.6 Pa 的静风压，不能满足原有静风压 1 107.4 Pa 的需要。如果用降低主要通风机工作风阻的调节方法，就必须设法将其工作风阻降低到 $R'_f=1\ 048.6/(50)^2=0.42\ N\cdot s^2/m^8$。用这个数值画出风阻曲线 2，使它通过工况点 b，这时主要通风机的静压效率接近 0.6，输入功

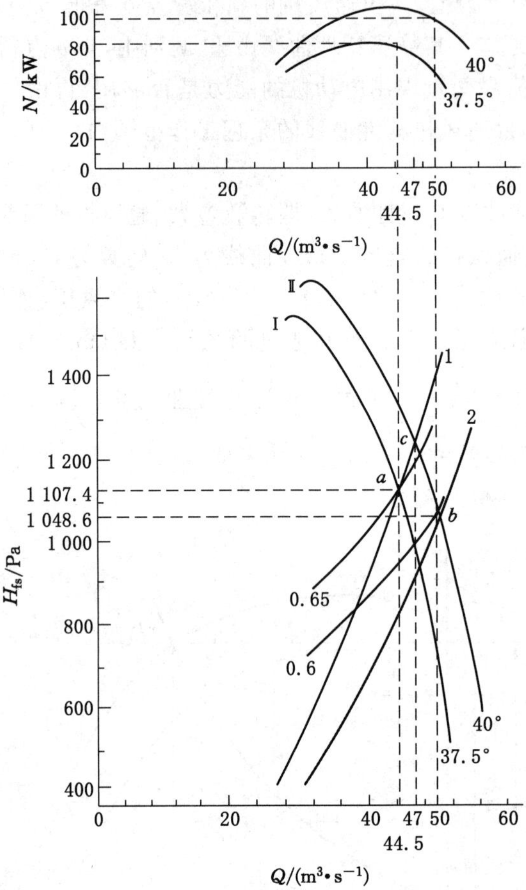

图 6-26　改变主要通风机的工作风阻曲线调节风量

率约 96 kW。

如果不降低主要通风机的工作风阻，则工况点是 c 点，此时主要通风机只能通过 47 m^3/s 的风量，不能满足要求。所以，当该矿所要求的通风能力超过主要通风机最大潜力又无法采用其他调节法时，就得根据 R_f 的数值用扩大井巷的断面，或开凿并联双巷，或增加进风井口等方法把主要通风机的工作风阻降低。

如果主要通风机的风量大于实际所需要的风量时，可以增加主要通风机的工作风阻，使总风量下降。如图 6-27 所示，由于离心式通风机的功率是随着风量的减少而减少，主要通风机的工作风阻由 R 增到 R' 时，其风量由 Q 降到 Q'，主要通风机的输入功率则由 N 降到 N'。所以，对于离心式通风机可以利用设在风硐中的闸门进行调节。当所需风量变小时，可以放下闸门以增加风阻来减少风量。对于轴流式通风机，当

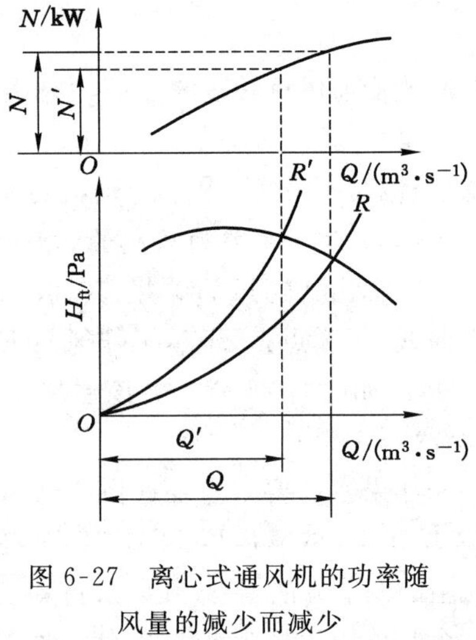

图 6-27　离心式通风机的功率随风量的减少而减少

所需风量变小时，可以把工作轮叶片安装角调小，它比增加工作风阻的方法，在电力消耗上要经济得多。

第六节　多台通风机联合运转的相互调节

采用多台通风机联合运转的矿井，各台通风机之间彼此联系，相互影响。若不注意在必要时进行各台通风机相互调节，就有可能破坏矿井通风的正常状况，甚至严重影响安全生产。

一、多台通风机联合运转的相互影响

图 6-28 是某矿简化后的通风系统，各项实测的通风数据是：两翼通风机的公共风路 1—2 的风阻 $R_{1-2}=0.05\ \text{N}\cdot\text{s}^2/\text{m}^8$。

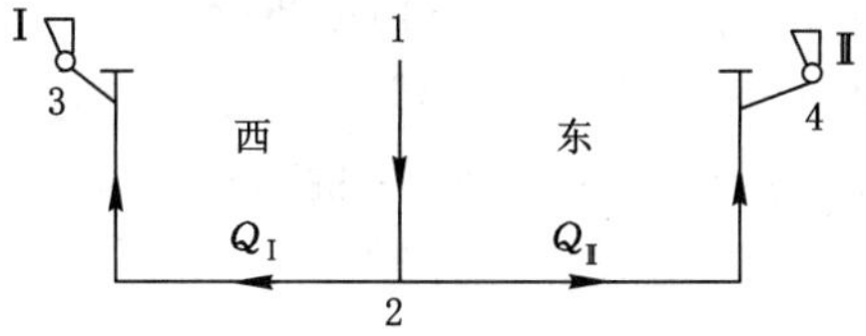

图 6-28　某矿简化后的通风系统图

西翼主要通风机的专用风路 2—3 的风阻 $R_{2-3}=0.36\ \text{N}\cdot\text{s}^2/\text{m}^8$；西翼通风机叶片安装角为 35°，其静风压特性曲线是图 6-29 中的Ⅰ曲线，这台通风机的风量 $Q_{\text{I}}=40\ \text{m}^3/\text{s}$，静风压 $H_{\text{I}}=1\ 058\ \text{Pa}$，工作风阻 $R_{\text{I}}=1\ 058/(40)^2=0.66\ \text{N}\cdot\text{s}^2/\text{m}^8$，工作风阻曲线为 R_{I} 曲线，工况点为 a 点。

东翼主要通风机的专用风路 2—4 的风阻 $R_{2-4}=0.33\ \text{N}\cdot\text{s}^2/\text{m}^8$；东翼通风机的叶片安装角为 25°，其静风压特性曲线是图 6-30 中的Ⅱ曲线，这台通风机的风量 $Q_{\text{II}}=60\ \text{m}^3/\text{s}$，静风压

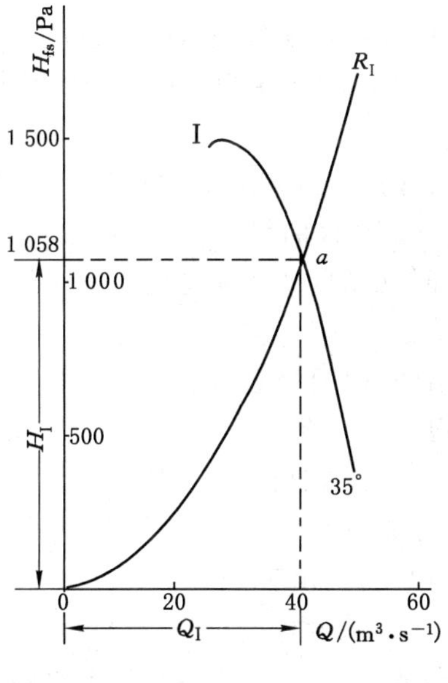

图 6-29　西翼主要通风机特性曲线

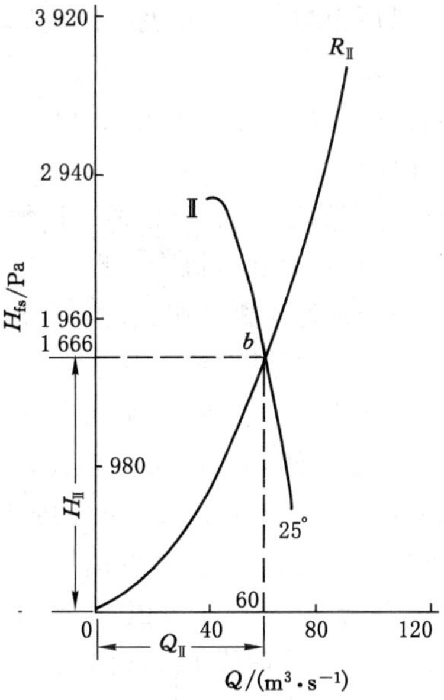

图 6-30　东翼主要通风机特性曲线

$H_{\mathrm{II}}=1\ 666$ Pa，工作风阻 $R_{\mathrm{II}}=1\ 666/(60)^2=0.46\ \mathrm{N\cdot s^2/m^8}$，工作风阻曲线为 R_{II} 曲线，工况点为 b 点。

在上述已知条件下，按新的生产计划要求，东翼的生产任务加大以后，由于瓦斯涌出量增加，东翼主要通风机的风量需增加到 $Q_{\mathrm{II}'}=90\ \mathrm{m^3/s}$。这时，为了保证东翼的风量增加到 90 $\mathrm{m^3/s}$(为了简便，不计漏风)，矿井的总进风量也要增加，公共风路 1—2 的阻力和东翼主要通风机专用风路 2—4 的阻力都要变大，即风路 1—2 的阻力变为：

$$h'_{1-2}=R_{1-2}(Q_{\mathrm{I}}+Q_{\mathrm{II}'})^2=0.05\times(40+90)^2=845(\mathrm{Pa})$$

风路 2—4 的阻力变为：

$$h'_{2-4}=R_{2-4}(Q_{\mathrm{II}'})^2=0.33\times(90)^2=2\ 673(\mathrm{Pa})$$

因而东翼主要通风机的静风压(为了简便，不计自然风压)变为：

$$H_{\mathrm{II}'}=h'_{1-2}+h'_{2-4}=845+2\ 673=3\ 518(\mathrm{Pa})$$

为此需要对东翼通风机进行调整。当东翼主要通风机的叶片安装角调整到 45°时，静风压特性曲线为Ⅱ′，当主要通风机通过 90 $\mathrm{m^3/s}$ 的风量时，产生 3 518 Pa 的静风压，能够满足需要。这时东翼主要通风机的工作风阻则变为：

$$R_{\mathrm{II}'}=3\ 518/(90)^2=0.43(\mathrm{N\cdot s^2/m^8})$$

它的工作风阻曲线是 $R_{\mathrm{II}'}$ 曲线，新工况点是 c 点。

在上述东翼主要通风机特性曲线因加大风量而调整的情况下，西翼主要通风机特性曲线是否可以因风量不改变而不需要调整。如果西翼主要通风机特性曲线不调整，就成为东翼主要通风机(特性曲线Ⅱ′)和西翼主要通风机(特性曲线Ⅰ)联合运转对该矿进行通风，下面我们将讨论这种联合运转产生的影响。

先在图 6-31 上画出两台主要通风机的特性曲线Ⅰ和Ⅱ′，并根据各风路的风阻画出 R_{1-2}、R_{2-3} 和 R_{2-4} 三条风阻曲线。

专用风路 2—3 的风量，就是西翼主要通风机的风量，而这条风路的阻力要由西翼主要通风机总风压中的一部分来克服，这就是说，风路 2—3 的风阻曲线 R_{2-3} 和西翼主要通风机特性曲线Ⅰ之间是串联关系。因此，可用Ⅰ和 R_{2-3} 两曲线按照“在相同的风量下，风压相减”的转化原则，绘出西翼主要通风机特性曲线Ⅰ为风路 2—3 服务以后的剩余特性曲线Ⅰ′(又称转化曲线)。

同理，用东翼通风机特性曲线Ⅱ′和专用风路 2—4 的风阻曲线 R_{2-4}，按照上述串联转化原则，画出东翼主要通风机为风路 2—4 服务以后的剩余特性曲线Ⅱ″，经过以上转化，在概念上好比把两翼通风机都搬到两翼分风点上，Ⅰ′和Ⅱ″两条曲线就是这两台通风机为公共风路 1—2 服务的特性曲线。

因为风路 1—2 上的风量是两台通风机共同供给的，即两台通风机风量之和就是风路 1—2 上的风量。而风路 1—2 的阻力，两台通风机都要承担，即在每台通风机的总风压中都要拿出相等的一部分风压来克服公共风路 1—2 的阻力。这在概念上好比将两台通风机搬到分风点后，用它们的剩余特性曲线Ⅰ′和Ⅱ″并联特性曲线为风路 1—2 服务。因此，用曲线Ⅰ′和Ⅱ″按照“在相同的风压下，风量相加”的并联原则，画出它们的并联特性曲线Ⅲ，它和风路 1—2 的风阻曲线 R_{1-2} 相交于 d 点，自 d 点画垂直线和横坐标相交得出矿井总风量 $Q_{\mathrm{III}}=127\ \mathrm{m^3/s}$，自 d 点画水平线分别交Ⅱ″和Ⅰ′两曲线于 e 和 f 两点，自这两点画垂直线和横坐标相交得出东翼的风量 $Q_{\mathrm{II}''}=90.7\ \mathrm{m^3/s}$，西翼的风量 $Q_{\mathrm{I}'}=36.3\ \mathrm{m^3/s}$。

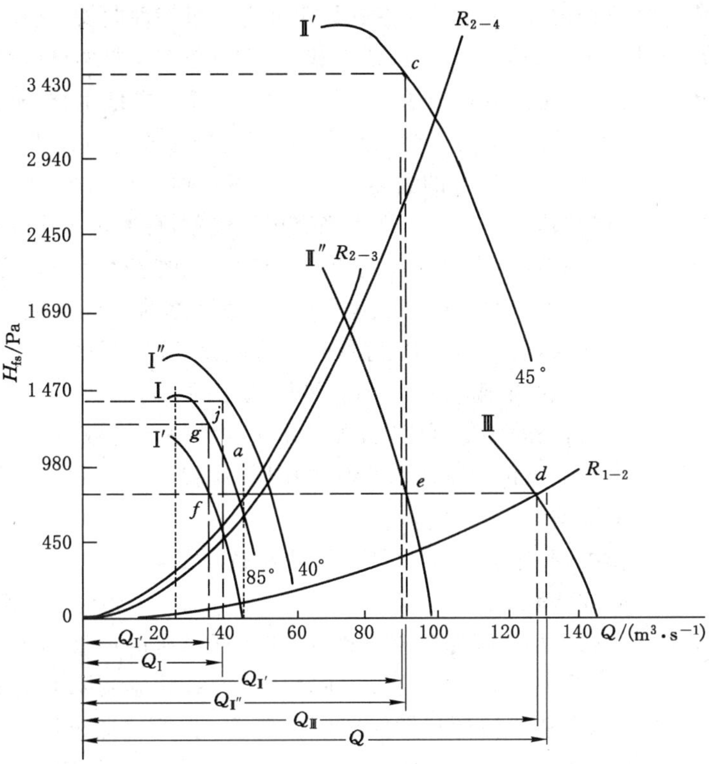

图 6-31　两台通风机联合运转的特性曲线

以上说明，在上述图例的具体条件下，当东翼通风机特性曲线调整到Ⅱ′而西翼通风机特性曲线不做相应调整时，则矿井的总风量下降（$Q_{Ⅲ}$ 比 Q 小 3 m^3/s），通过西翼的风量供不应求（$Q_{Ⅰ'}$ 比 $Q_Ⅰ$ 小 3.7 m^3/s），而通过东翼的风量却供大于求（$Q_{Ⅱ''}$ 比 $Q_{Ⅱ'}$ 大 0.7 m^3/s）。

此外，从图中可以看出，公共风路 1—2 的风阻曲线 R_{1-2} 越陡，调整后的矿井总风量 $Q_{Ⅲ}$ 越小。这时，不仅西翼所需风量不能保证，而且东翼所需风量也不能满足。为安全运转起见，在每条通风机特性曲线上，实际使用的风压不得大于这条特性曲线上最大风压的 90%。从图中还可以看出，只要风阻曲线 R_{1-2} 再陡一些，西翼通风机的工况点就会进入这台通风机特性曲线的不安全工作区段，使运转不稳定。

此外，两台通风机特性曲线相差越大或者西翼通风机的能力越小，矿井所需要的风量就越难保证，西翼通风机也有可能出现不稳定运转的情况。甚至在两台通风机的特性曲线相差较大且公共风路的风阻较大的情况下，有可能造成公共风路的阻力达到西翼通风机零风量下的风压（即风量等于零时的风压）。这时，整个西翼将没有风流。如果公共风路的阻力继续增大，甚至大于西翼通风机零风量下的风压，这时西翼的风流就会反向或逆转，整个西翼变为东翼进风路线之一。

因此，对于两台或两台以上通风机进行分区并联运转的矿井，如果公共风路的风阻越大，各通风机的特性曲线相差越大，就越有可能出现上述通风恶化的现象，必须注意预防。

二、多台通风机不稳定运转的预防措施

在通风系统中，公共风路的风阻变化会对两台通风机的工况点产生影响，影响程度的大小取决于风阻的变化程度、两个系统原有的风阻和通风机特性曲线。公共风路的风阻增大，会使两台通风机的工况点都沿其特性曲线上移，发生不稳定运行的可能性增大；某一系统单独工作段的风阻增大时，会使本系统通风机的工况点沿特性曲线上移，发生不稳定运行的可能性增大，而另一个系统通风机的工况点则会下移（因公共段风量减少，使该段阻力变小），该系统的风量会增加，通风机运行的稳定性增大。多台通风机工作的矿井，公共段风阻越小，则通风系统的稳定性越好。如果出现不稳定运行现象，可通过采取降低公共段风阻或调大能力小的通风机叶片安装角或增大转速，使两台通风机的能力相近的方法予以解决。

通过以上分析可知，多台通风机并联运转时，公共风路的风阻越小，各台通风机的能力越接近，则安全稳定运转越有保证。因此在进行通风设计时，要尽可能降低公共风路的风阻，一般来说，要求公共风路的阻力约为小通风机风压的 30%。所以，在可能条件下，公共风路的断面要尽可能大，长度要尽可能短，或者使矿井的进风道数量尽可能多。同时，还要尽量做到所选用的各台通风机的特性曲线基本相同，这就要求各采区或各翼所需要的风压和风量尽可能做到搭配均匀。

在生产管理工作中，要尽量使公共风路保持比较小的风阻，不要在公共风路上堆积物品，如出现冒顶、塌陷或断面变形，必须及时整修。在出现小通风机不稳定运转状况时，可采用在大通风机专用风路上加大风阻的临时措施，使大通风机的风量和矿井总风量都适当减少。更主要的是，为了预防大通风机调整后的影响，须对其他通风机做出相应的调整。例如，当生产情况要求东翼通风机的特性曲线调整到Ⅱ′时，西翼通风机的特性曲线也必须及时调整，这是因为东翼通风机风量增加，使通过公共风路的总风量增大，公共风路的阻力也增大。所以西翼通风机的风量虽然不改变，但它的风压却要相应地增加，这样才能承担公共风路上所需要的风压。

根据这个原理，可用下式算出西翼通风机专用风路所需要的风压：

$$h'_{2-3} = R_{2-3}Q_{\text{I}}^2 = 0.36 \times 40^2 = 576(\text{Pa})$$

前面已算出公共风路 1—2 所需要的风压 $h'_{1-2}=845$ Pa，所以西翼通风机的总风压应为：

$$H_{\text{I}'} = h'_{1-2} + h'_{2-3} = 845 + 576 = 1\ 421(\text{Pa})$$

根据 $H_{\text{I}'}$ 和 Q_{I} 两个数据所构成的新工况点 j，把西翼通风机叶片安装角调整到 40°，使它的特性曲线Ⅰ″近 j 点（略有富裕），西翼通风机做了这样相应的调整，就能够保证井下各处所需的风量，以预防不稳定的通风状况。

西翼通风机调整后，它的工作风阻变为：

$$R_{\text{I}'} = H_{\text{I}'}/Q_{\text{I}}^2 = 1\ 421/(40)^2 = 0.89(\text{N}\cdot\text{s}^2/\text{m}^8)$$

用 $R_{\text{I}'}$ 的数据，可在图 6-32 画出这台通风机调整后的工作风阻曲线 $R_{\text{I}'}$，这条曲线必然通过 j 点。同理，前面已算出东翼通风机调整后的工作风阻 $R_{\text{II}'}=0.43\ \text{N}\cdot\text{s}^2/\text{m}^8$，并已在图中画出工作风阻曲线 $R_{\text{II}'}$，这条曲线必然通过新工况点 c。以上计算表明各通风机的工作风阻不一定是常数（$R_{\text{I}}<R_{\text{I}'}$、$R_{\text{II}}>R_{\text{II}'}$），当各通风机的风量和矿井总风量的比值发生变化时，各通风机的工作风阻也就跟着发生变化。

在上例中，调整以后的两台通风机都使用了叶片安装角最大时的特性曲线，但考虑到有

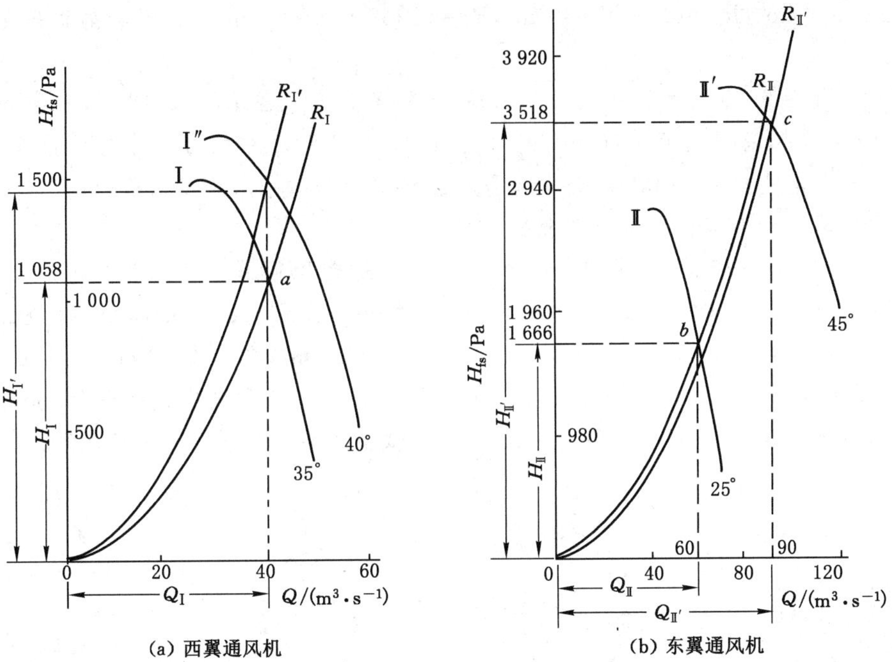

图 6-32　调整后的两台通风机的特性曲线

时会出现反向自然风压或者风路的风阻变大等因素，可能会使两台通风机的工况点都超出合理工作范围，造成运转不安全，而且噪声大，在此情况下，宜适当降低风路上的风阻，尽可能做到既保证矿井所需风量，又少用或不用通风机叶片安装角最大时的特性曲线。

复习思考题

6-1　什么是通风网络？其主要构成元素是什么？

6-2　如何绘制通风网络图？对于给定矿井其形状是否固定不变？

6-3　简述节点、路、回路、网孔、生成树、余树的基本概念。

6-4　矿井通风网络中风流流动的基本规律有哪几个？写出其数学表达式。

6-5　比较串联通风网络与并联通风网络的特点。

6-6　写出角联分支的风向判别式，并分析影响角联分支风向的因素。

6-7　矿井风量调节的措施可分为哪几类？比较它们的优缺点。

6-8　比较各种风量调节方法的优缺点。

6-9　矿井通风网络解算问题的实质是什么？

6-10　简述矿井通风风量的增阻调节法。

6-11　如图 6-33 所示的并联通风网络，已知各分支风阻 $R_1=1.274\ N\cdot s^2/m^8$，$R_2=1.47\ N\cdot s^2/m^8$，$R_3=1.078\ N\cdot s^2/m^8$，$R_4=1.568\ N\cdot s^2/m^8$，总风量 $Q=36\ m^3/s$。求：(1) 并联通风网络的总风阻；(2) 各分支风量。

6-12　如图 6-34 所示的角联通风网络，已知各分支风阻 $R_1=3.92\ N\cdot s^2/m^8$，$R_2=$

0.075 2 N·s^2/m^8，R_3=0.98 N·s^2/m^8，R_4=0.499 8 N·s^2/m^8。试判断角联分支 5 的风流方向。

6-13　如图 6-35 所示的并联通风网络，已知各分支风阻 R_1=1.186 N·s^2/m^8，R_2=0.794 N·s^2/m^8，总风量 Q=40 m^3/s。求：(1) 分支 1 和 2 中的自然分配风量 Q_1 和 Q_2；(2) 若分支 1 需风量为 10 m^3/s，分支 2 需风量为 30 m^3/s，采用风窗调节，风窗应设在哪个分支？风窗风阻和开口面积各为多少？

6-14　如图 6-36 所示的通风网络，已知各分支风阻 R_1=0.14 N·s^2/m^8，R_2=0.11 N·s^2/m^8，R_3=0.21 N·s^2/m^8，R_4=0.32 N·s^2/m^8，R_5=0.15 N·s^2/m^8，R_6=0.19 N·s^2/m^8，R_7=0.23 N·s^2/m^8，R_8=0.44 N·s^2/m^8，各分支风量 q_1=15 m^3/s，q_3=10 m^3/s，q_6=15 m^3/s，q_8=10 m^3/s。(1) 若确定在分支 3、4 和 8 中进行调节，试用回路法寻求增阻调节方案；(2) 若事先不确定调节分支，试用通路法寻求增阻调节方案。

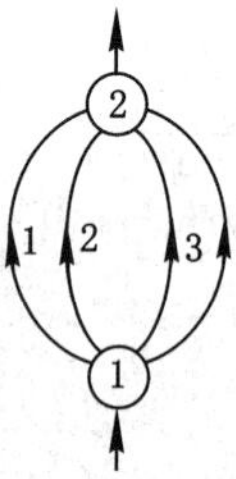

图 6-33(题 6-11)

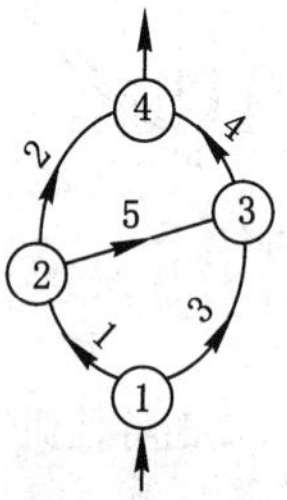

图 6-34(题 6-12)

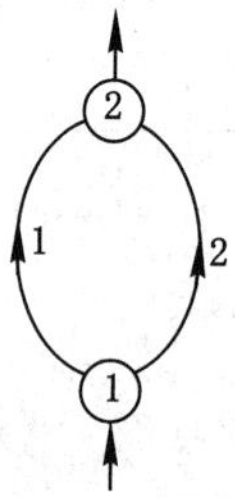

图 6-35(题 6-13)

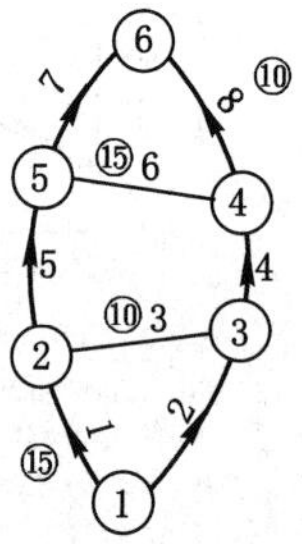

图 6-36(题 6-14)

第七章　采 区 通 风

采区通风系统是指矿井风流经主要进风道进入采区，流经有关巷道、采掘工作面、硐室和其他用风地点后，沿采区回风巷排至矿井主要回风巷的整个网络。它是采区生产系统的重要组成部分，做好采区通风是保证矿井安全生产的基础。本章主要介绍了采区通风的基本要求及方式、采区工作面通风方式和采区通风设施等内容。

第一节　采区通风的基本要求及方式

一、采区通风系统的基本要求

采区通风系统主要取决于采煤系统（采煤方法），但又能在一定程度上影响着采区的巷道布置系统。

完备的采区通风系统应能满足以下要求：有效地控制采区内的风流方向、风量和风质；漏风少；风流的稳定性高，不易遭受破坏；有利于合理排放瓦斯，防止煤炭自燃，形成较好的矿内气候条件；抗灾变能力强，有利于控制、处理事故，并能使通风系统符合安全可靠、经济合理和技术可行的原则。其基本要求如下：

（1）每一生产水平、采区和采掘工作面都必须实行分区通风（独立通风），即井下各个水平、采区和采掘工作面以及其他用风地点，都有自己的进、回风巷，其回风都各自直接排入采区的回风巷或总回风巷而不进入其他用风地点。

（2）准备采区，必须在采区内构成通风系统后，方可开掘其他巷道。采煤工作面必须在采区构成完整的通风、排水系统后，方可开采。采区进、回风巷必须贯穿整个采区，严禁一段为进风巷，一段为回风巷。

（3）高瓦斯、突出矿井的每个采（盘）区和开采容易自燃煤层的采（盘）区，必须设置至少 1 条专用回风巷；低瓦斯矿井开采煤层群和分层开采采用联合布置的采（盘）区，必须设置 1 条专用回风巷。所谓专用回风巷是指在采区巷道中，专门用于回风，不得用于运料、安设电气设备的巷道，在煤（岩）与瓦斯（二氧化碳）突出区，专用回风巷还不得行人。

（4）采掘工作面应当实行独立通风，严禁 2 个采煤工作面之间串联通风。同一采区内 1 个采煤工作面与其相连接的 1 个掘进工作面、相邻的 2 个掘进工作面，布置独立通风有困难时，在制定措施后，可采用串联通风，但串联通风的次数不得超过 1 次。采区内为构成新区段通风系统的掘进巷道或采煤工作面遇地质构造而重新掘进的巷道，布置独立通风确有困难时，其回风可以串入采煤工作面，但必须制定安全措施，且串联通风的次数不得超过 1 次；构成完整通风系统后，必须立即改为独立通风。

同时，串联通风时必须在进入被串联工作面的风流中装设甲烷断电仪，且瓦斯和二氧化碳浓度都不得超过 0.5%，其他有害气体浓度都应符合规定。

（5）采掘工作面的进风和回风，都不得经过采空区或冒顶区。

(6) 井下机电硐室必须设在进风风流中。如果机电硐室深度不超过 6 m,入口宽度不小于1.5 m 时,可以采用扩散通风。个别井下机电硐室,可设在回风风流中,但瓦斯浓度不得超过 0.5%,并应安装瓦斯传感器并实现瓦斯电闭锁。

(7) 采空区必须及时封闭。从巷道通至采空区的联络巷,必须随着采煤工作面的推进逐个封闭。采区开采结束后 45 d 内,必须在所有与已采区相连接的巷道中设置防火墙,全部封闭采区。

二、采区一进一回的通风方式

通常,一个采区布置两条上山,采用一进一回的通风方式。一条是输送机上山,另一条是轨道上山。布置两条上山时,可用输送机上山进风、轨道上山回风,也可用轨道上山进风、输送机上山回风。

采用输送机上山进风、轨道上山回风的采区通风系统(图 7-1),由于风流方向与运煤方向相反,容易引起煤尘飞扬,使进风流的煤尘浓度增大;煤炭在运输过程中所涌出的瓦斯,可使进风风流的瓦斯浓度增高;运输设备所散发的热量,可使进风风流温度升高。此外,需在轨道上山的下部车场内安设风门,此处运输矿车来往频繁,需要加强管理,防止风流短路。

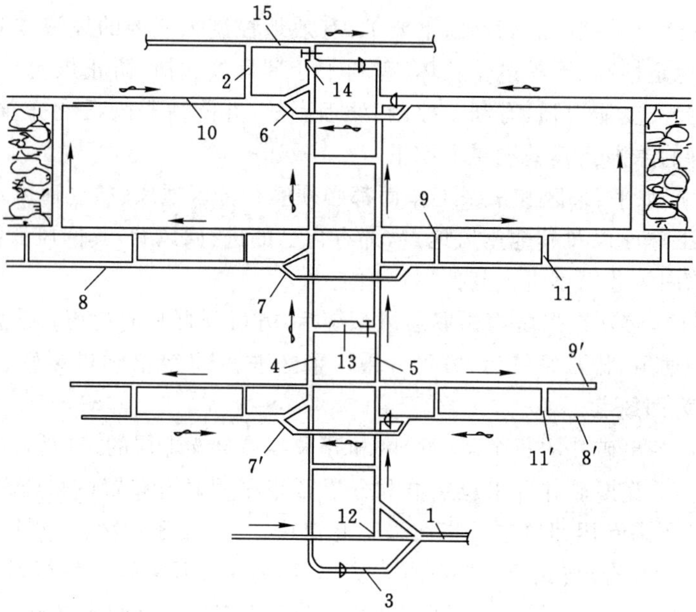

1—阶段运输大巷;2—阶段回风石门;3—采区下部大巷车场;4—采区轨道上山;
5—采区输送机上山;6—采区上部车场;7,7′—采区中部车场;
8,8′,9,9′—区段运输巷;10—区段回风巷;11,11′—联络巷;
12—采区煤仓;13—采区变电所;14—绞车房;15—阶段回风大巷。

图 7-1　采用输送机上山进风、轨道上山回风的采区通风系统及网络图

采用轨道上山进风、输送机上山回风的采区通风系统(图 7-2),虽能避免上述的缺点,但运输设备处于回风风流中,轨道上山的上部和中部甩车场都要安装风门,风门

数目较多。

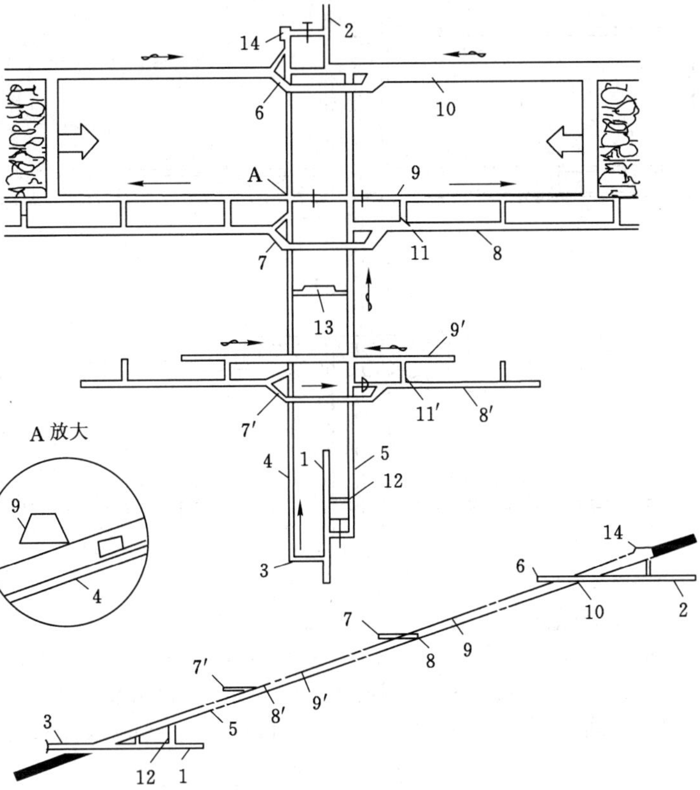

1—采区运输进风石门；2—采区回风石门；3—采区下部石门车场；4—采区轨道上山；5—采区输送机上山；6—采区上部车场；7,7′—采区中部车场；8,8′,9,9′—区段运输巷；10—区段回风巷；11,11′—联络巷；12,12′—采区煤仓；13—采区变电所；14—绞车房。

图 7-2　采用轨道上山进风、输送机上山回风的采区通风系统及网络图

以上选择应根据煤层赋存条件、开采方法以及瓦斯、煤尘、温度等具体条件而定。一般认为，在瓦斯、煤尘严重的采区，采用轨道上山进风、输送机上山回风的采区通风系统较为合理。

三、采区两进一回的通风方式

当采区生产能力大、产量集中、瓦斯涌出量大时，可增设专用的回风巷，采用两进一回的通风方式(图 7-3)。

图 7-3 中巷道 6(回风上山)为采区的专用回风巷，该巷道的设置减小了上山风速，消除了用输送机上山或轨道上山回风的许多困难，从而简化了通风构筑物的设置，提高了采区通风系统的可靠性。虽然专用回风巷开掘费用较高，但在高瓦斯煤层、容易自燃煤层开采时常采用。

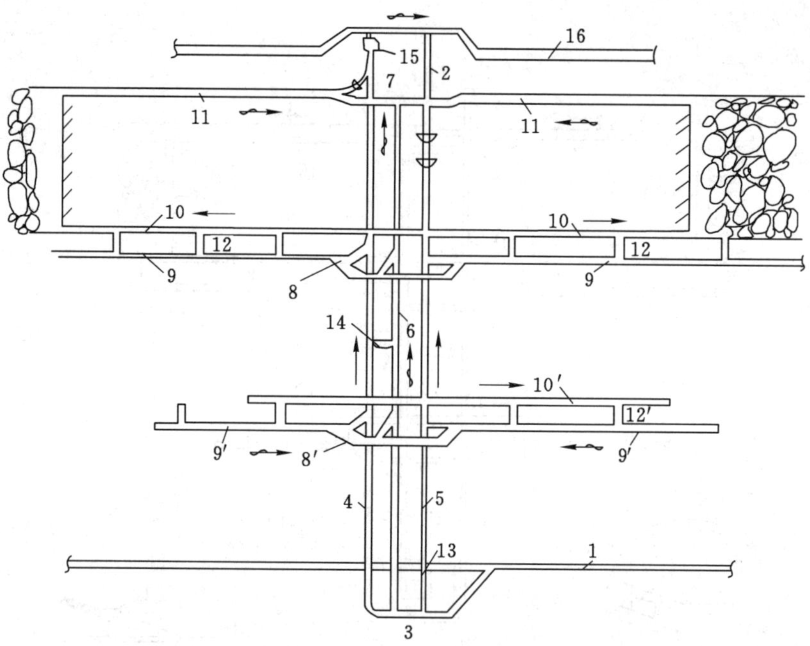

1—阶段运输大巷;2—阶段回风石门;3—采区下部车场;4—采区轨道上山;
5—采区输送机上山;6—采区回风上山;7—采区上部车场;8,8′—采区中部车场;
9,9′—区段轨道巷;10,10′—区段运输巷;11—区段回风巷;
12,12′—联络巷;13—采区煤仓;14—采区变电所;15—绞车房;16—阶段回风大巷。

图 7-3　两进一回通风方式

第二节　采区工作面通风方式

长壁工作面在我国煤矿应用最广泛,长壁工作面通风方式视瓦斯涌出量、开采条件和开采技术而异,按工作面进、回风巷的数量和位置,可分为 U 形、Y 形、U+L 形、E 形、W 形、Z 形等通风方式,其中 U 形、Y 形、U+L 形通风方式应用较为普遍。

一、U 形通风

U 形通风方式指采煤工作面有两条巷道,一条为进风巷,一条为回风巷,上行通风时,其下平巷为进风巷,上平巷为回风巷,下行通风时则相反。图 7-4(a)为后退式 U 形通风方式布置,此种通风方式对了解煤层赋存情况,掌握瓦斯、火灾的发生发展规律较为有利。由于巷道均维护在煤体中,因而巷道的漏风率较少,但存在下列缺点:

(1) 煤炭自燃威胁较大。当厚煤层分层开采时(图 7-5),采煤工作面的风流由区段集中平巷 2,经联络巷 3,煤层分层平巷 4,进入采煤工作面;采空区的漏风风路,则由区段集中平巷 2,经由已封闭的联络巷密闭进入采空区内。当采空区内的联络巷封闭后,AB 段的风量明显下降,B 点的风压接近 A 点的风压,因此,漏风风路与通风风路构成并联网路形式,由并联网路的基本性质可知,位于采空区的联络巷虽已封闭,但其漏风方向是向采空区的,从而出现了漏风源。此时采空区的空气流动状态如图 7-6 所示。由漏风源流入采空区的气体

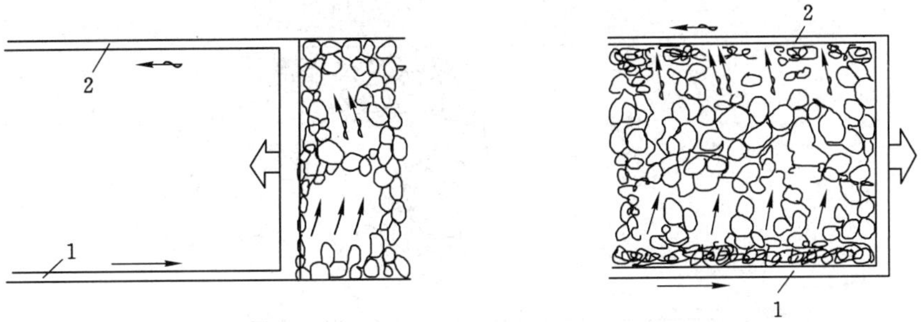

(a) 后退式U形通风　　(b) 前进式U形通风

1—进风巷；2—回风巷。

图 7-4　U 形通风方式

其渗流速度会不断下降，随采煤工作面的推进，采空区面积增大，漏风源的漏风量则会相应下降，而由于联络巷密闭日久失修，漏风也会增加，加之漏风源处在巷道交叉点，又是生产期间的出煤口，浮煤多，因此容易发生自燃。

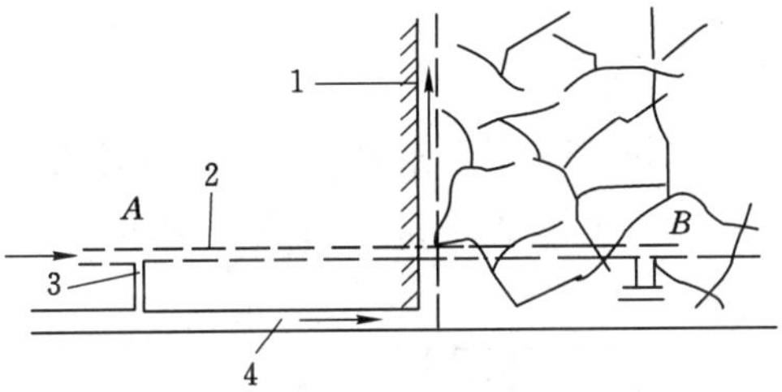

1—采煤工作面；2—区段集中平巷；
3—联络巷；4—煤层分层平巷。

图 7-5　联络巷漏风路线

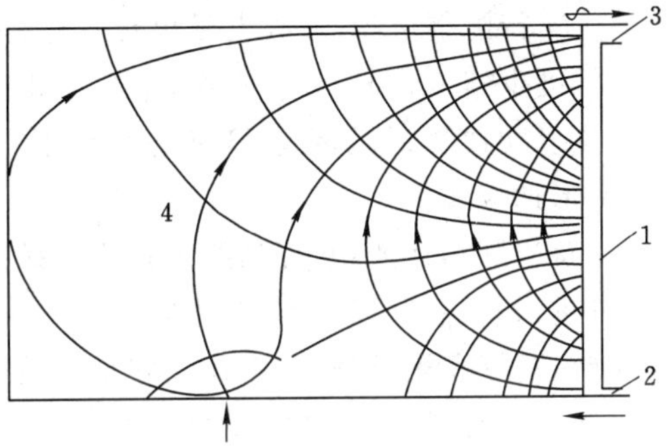

1—采煤工作面；2—进风巷；3—回风巷；4—采空区。

图 7-6　采空区下边界有漏风源时的空气流动状态

(2) 上隅角瓦斯浓度高。由于 U 形通风方式的采场边界通常是封闭的，当采煤区段采用由上向下(沿倾斜)接续时，其上部边界是区段煤柱，下部边界为未采动的煤体，靠开切眼一侧为采区煤柱，这些均属于不漏风边界。当采煤工作面推进到一定距离，出现初次来压之后，采空区瓦斯涌出量会明显增加，当工作面采用上行通风时，大面积采空区释放的瓦斯会混入空气中，并沿流线方向，由下部逐渐向上部积累，使瓦斯浓度相应增高，造成上隅角瓦斯积聚。

综上所述，后退式 U 形通风方式多适用于瓦斯涌出量不大且不易自然发火的煤层开采中，对瓦斯涌出量较大且易自然发火的煤层，必须采用有效的防控措施，才可应用。

二、Y 形通风

Y 形通风方式指在采煤工作面的上、下端各设一条进风道，另在采空区一侧设回风道，如图 7-7 所示。

Y 形通风方式的优点为：

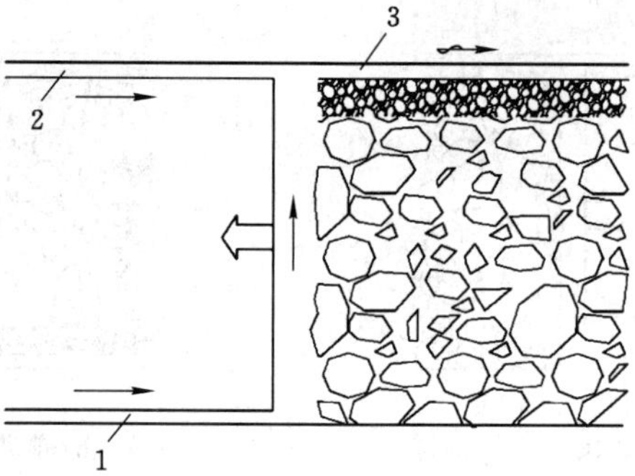

1,2—进风巷;3—回风巷。

图 7-7　Y 形通风方式

① 采空区的瓦斯通过巷旁支护流入回风巷,则较好地解决了采煤工作面上隅角的瓦斯超限之患;

② 工作面上、下端均处于进风风流中,故改善了作业环境;

③ 实行沿空留巷,节约大量煤炭资源,可提高采区采出率;

④ 可少施工巷道,节约成本,所留设巷道可以替代高低抽巷,并对邻近的煤层瓦斯进行抽采,而且可缩短通风路线,降低通风负压。

Y 形通风实例:

为解决隅角瓦斯积聚问题,山东宏阳矿业有限公司将 12102 工作面通风方式设计为“上下平巷进风、留巷回风巷回风”下行式 Y 形通风(图 7-8),采用这种 Y 形通风方式布置后减少了隅角瓦斯积聚,保障了工作面安全高效生产。

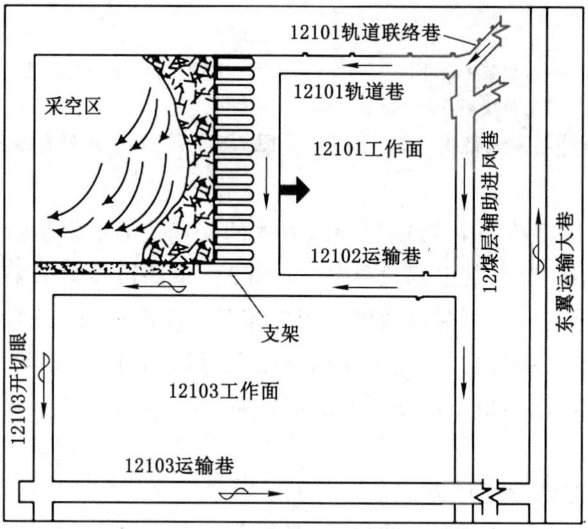

图 7-8　Y 形通风方式实例

三、U+L 形通风

U+L 形通风方式是指采用一进两回的通风系统形成的通风方式(图 7-9),其中靠近工作面的一条回风巷，其瓦斯浓度按《煤矿安全规程》规定(1%)管理，另一条经联络巷与采空区相连的称为尾巷(专用排瓦斯巷)，其瓦斯浓度控制在某一批准限值内，并附加另外一些防爆安全条件方可使用。这种系统不仅增加了工作面的风排瓦斯量，而且由于瓦斯浓度分布的改变，大大改善了U形工作面上隅角瓦斯超限问题，联络巷之间的距离一般为60～100 m。该系统用风量少而排放瓦斯量大，安全可靠性高，在高瓦斯矿井工作面得到了广泛应用。

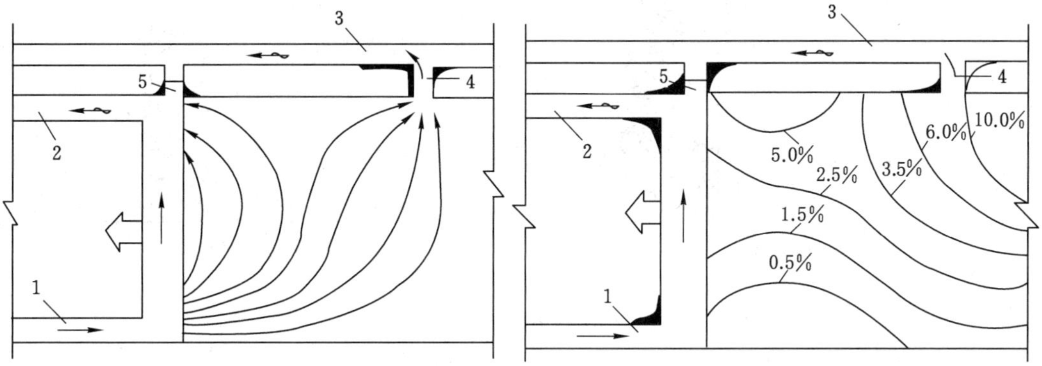

1—进风巷；2—回风巷；3—尾巷；4—第一联络巷；5—第二联络巷。

图 7-9 U+L形通风方式下采空区流场及瓦斯浓度等值线

U+L形通风实例：

阳泉煤业集团各矿的采煤工作面瓦斯涌出量一般在25 m^3/min以上，且大部分煤层要进行上邻近层卸压瓦斯抽采，采用U+L形通风方式取得了瓦斯治理的显著成效。如图7-9所示，U+L形通风系统为一条进风巷、一条回风巷和一条尾巷(专用排瓦斯巷)，尾巷与回风巷之间每隔80 m打一个联络巷，并予以封闭。随着工作面的推进，将滞后工作面的联络巷一一打开，使采空区及邻近层卸压瓦斯通过联络巷排至尾巷，可减少采煤工作面回风风流中的瓦斯排放量和防止上隅角瓦斯超限。采用U+L形通风方式的采煤工作面，配风量一般在1 000 m^3/min以上。回风巷作为排放本煤层瓦斯的主要通道，瓦斯浓度一般不超过1.5%；尾巷作为排放采空区及邻近层瓦斯的主要通道，瓦斯浓度一般不超过3%。

四、其他通风方式

1. E形通风

E形通风系统具有3条通风巷道，其上平巷为回风巷，而下平巷及中间平巷为进风巷，如图7-10所示。下平巷和下部工作面回风速度降低，故可抑制煤尘的产生。与U形通风方式相比，E形通风方式可使上部工作面气温降低。但采空区的空气流动相应发生了变化，迫使采空区的瓦斯较集中地从上部工作面的上隅角涌出，使该处时常处于瓦斯超限状态，故仅适用于低瓦斯矿井。

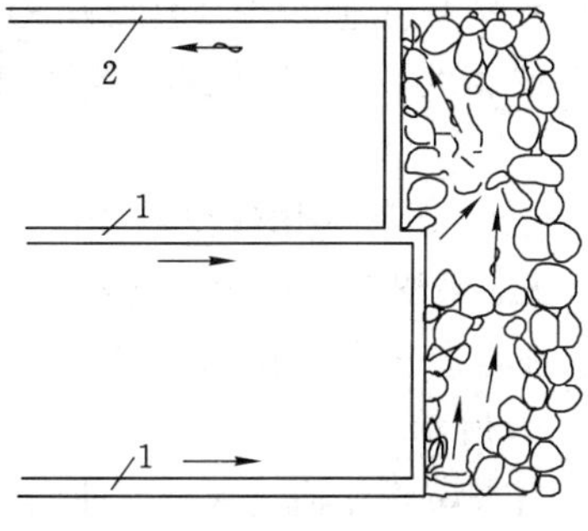

1——进风巷；2——回风巷。

图 7-10 E形通风方式

2. W 形通风

W 形通风系统和 E 形通风系统一样有 3 条平巷，但采取上、下平巷进风或回风，中间平巷回风或进风的布置形式，如图 7-11 所示。

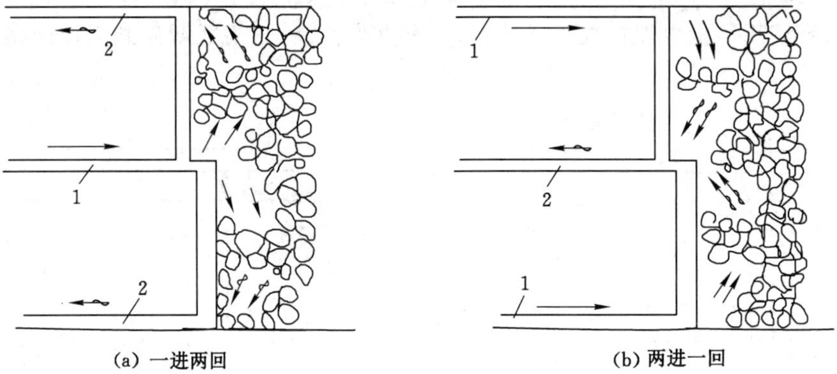

1—进风巷；2—回风巷。

图 7-11　W 形通风方式

W 形通风方式的优点在于：

① 相邻的两个工作面共用一条进风巷或回风巷，从而减少了巷道的开掘和维护费用；

② 通风网络属并联结构，因而风阻小，风量大，漏风量小，利于防火；

③ 当上、下平巷进风，且设输送机时，则在该巷中有安装、维修、回收采煤设备的良好环境；

④ 当中间平巷进风且设输送机时，既保证了运输设备处于新鲜风流中，又保证了进、回风巷的总断面比较接近，故在近水平煤层的综采工作面中应用较广。

3. Z 形通风

Z 形通风方式是 U 形通风方式的改进。图 7-12(a) 为前进式 Z 形通风方式，其进风巷随工作面推进而形成，回风巷则为沿空留下的或预留的巷道，其优点为：

① 与前进式 U 形通风方式相比，巷道的采掘工程量较少；

② 进、回风巷只需在一侧采空的条件下维护；

③ 采区内进、回风巷的总长度近似不变，有利于稳定风阻、改善通风。

为改善前进式 Z 形通风方式下上隅角瓦斯积聚之患，可应用后退式 Z 形通风方式，如图 7-12(b) 所示。但当采空区涌出的瓦斯量及漏风量较大时，其回风巷常易出现瓦斯超限现象。

此外，还有应用较少的 X 形、H 形、双 Z 形、偏 W 形和偏 Y 形等通风方式。

五、采煤工作面风向分析

在走向长壁工作面中，按工作面风流方向与煤层倾向的关系，可分上行风和下行风，如图 7-13 所示。

当采煤工作面进风巷水平低于回风巷水平时，采煤工作面的风流沿工作面的倾斜方向由下向上流动，称上行通风，也叫上行风。

采用上行通风时，设备位于新鲜风流中，安全性好；进风风流方向与瓦斯自然流动方向

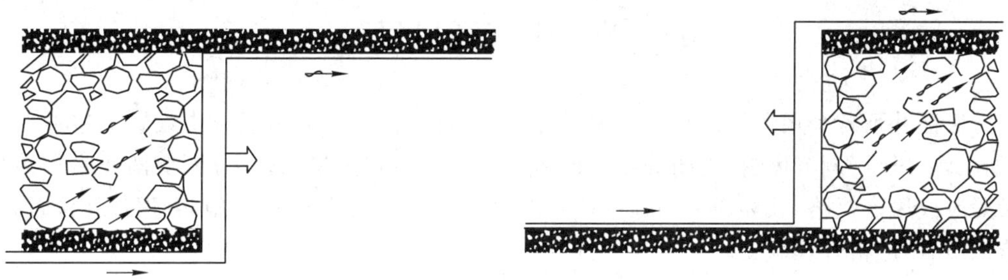

(a) 前进式　　(b) 后退式

图 7-12　Z 形通风方式

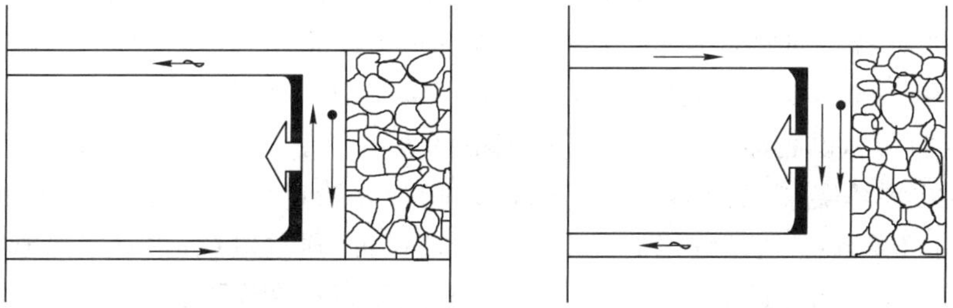

(a) 上行风　　(b) 下行风

图 7-13　采煤工作面上行风和下行风

一致,可较快降低工作面瓦斯浓度,避免瓦斯积聚;除浅矿井夏季外,进、回风风流之间的自然风压和机械风压方向相同,有利于通风;发生火灾时不易发生风流紊乱,灾变的处理及人员逃生都较容易。但上行风流方向与运煤方向相反,易引起煤尘飞扬,进风风流煤尘浓度大;易带入煤炭在运输过程中所释放出的瓦斯,进风风流瓦斯浓度高;流经的路线较长,会因压缩、地温及设备产热对风流的加热作用,使进风风流气温高。

当采煤工作面进风巷水平高于回风巷水平时,采煤工作面的风流沿工作面的倾斜方向由上向下流动,称下行通风,也叫下行风。

采用下行通风时,进风风流中的煤尘、瓦斯浓度相对较小,气温较低;下行风流方向与瓦斯自然流向相反,不易出现瓦斯分层流动和局部积聚。但运输设备在回风巷中运转,安全性较差;起火时在起火地点引起瓦斯爆炸的可能性相对较大,灭火工作困难;除浅矿井夏季外,进、回风风流之间的自然风压和机械风压的方向相反,不利于通风,一旦主要通风机停止运转,工作面的下行风流就有停风或反风(或逆转)的可能。

综上所述,上行通风和下行通风各有利弊,下行通风在降低工作面气温、减少工作面的瓦斯和煤尘浓度方面具有较好的效果,但上行通风较稳定可靠,具有较强的抗灾能力,因此,一般认为上行通风优于下行通风,世界各国主要采用上行通风,对下行通风的使用都采取谨慎态度。《煤矿安全规程》规定:有突出危险的采煤工作面不得采用下行通风。

第三节　采区通风设施

为保证井下各个用风地点得到所需风量，一方面不得不在通风系统中设置一些通风设施（如风门、风桥、调节风窗、密闭等），以控制风流的方向和数量，另一方面要防止它们造成大量漏风或风流短路，破坏通风的稳定性。因此，必须正确设计通风设施，合理选择位置，保证施工质量，严格管理制度。

一、风门

在人员和车辆可以通行、风流不能通过的巷道中，至少要建立 2 道风门，其间距要大于运输工具长度，以便一道风门开启时，另一道风门是关闭的。风门分为普通风门和自动风门。以行人为主、车辆运行不频繁的地点，可用图 7-14 所示的普通木制风门，这种风门的结构特点是：门扇与门框呈斜面接触，接触处有可缩性衬垫，比较严密、结实，一般可使用 1.5～2 a；迎着风流方向用人力开启，靠门内外的压力差把门关紧；门框和门轴都要向关闭的方向倾斜 80°～85°，使风门能靠自重而关闭，门框下设门槛，过车的门槛要留有轨道穿过的槽缝；门墙两帮和顶底都要掏槽，在煤中掏槽深度不小于 0.3 m，在岩石中掏槽深度不小于 0.2 m，槽中要填实；门墙厚度不小于 0.3 m，门板要错口接缝，木板厚度不小于 30 mm，铁板厚度不小于 2 mm，通车巷道的门槛下部设挡风帘，通过电缆、水管或风管的孔口要堵严；风门前后5 m 内的巷道要支护良好，无空帮和空顶；漏风率不大于 2%。

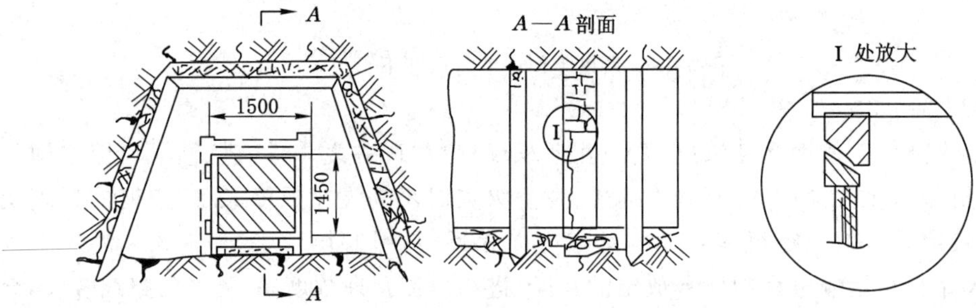

图 7-14　普通木制风门结构

《煤矿安全规程》规定：不应在倾斜运输巷中设置风门；如果必须设置风门，应当安设自动风门或者设专人管理，并有防止矿车或者风门碰撞人员以及矿车碰坏风门的安全措施。

均压风门是一种借助风压平衡降低风门开关力度的一种风门。均压风门的门体一般由门框、门扇、平衡机构及其配重等部分构成。门框、门扇均采用钢制焊接结构。门扇为双扇结构，风门开启形式为异向同步开闭，它改变了长期以来老式传统风门的结构形式，巧妙地把作用在风门上的风压通过平衡机构转化为一种内力，平衡掉。均压风门工作原理如图 7-15 所示。

均压风门的主要特点为：开启力小，开启力与巷道内风压的大小和方向无关，手动开启力仅需 150 N 左右；双向隔风，无须再设反向风门；通过调节配重，人车过后，风门能自动关闭；双向密闭，漏风量小；关闭平稳，安全可靠，不会发生挤伤过往人员的事故；风门防腐、防潮、阻燃、强度大、不变形；两道风门之间可实现闭锁；系统简单，易维护等。

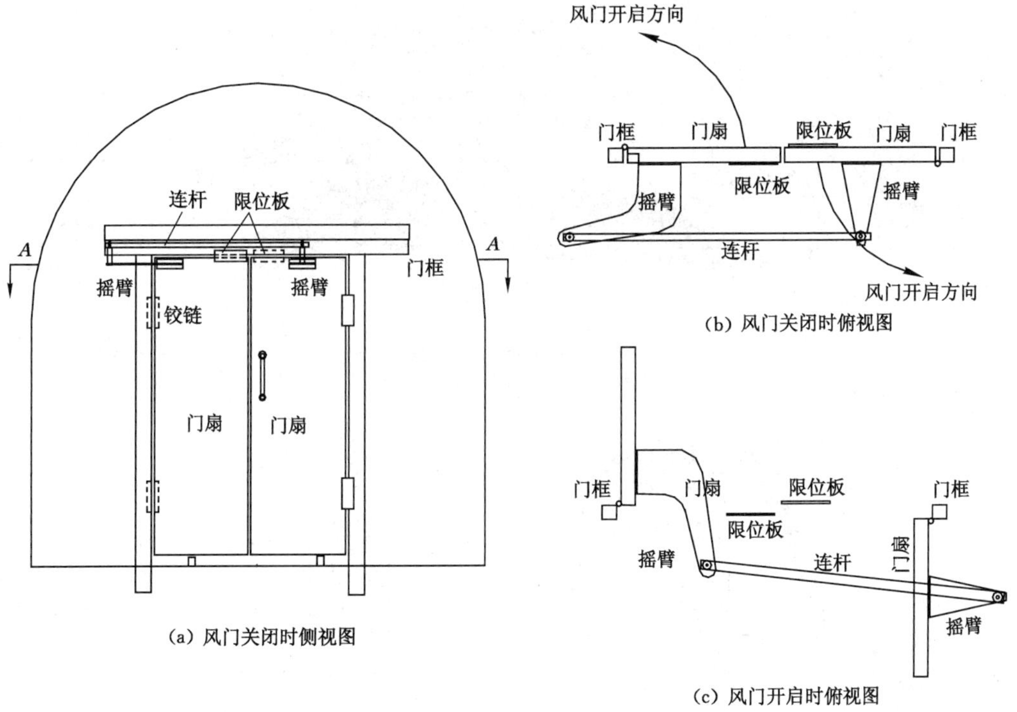

图 7-15　均压风门工作原理

自动风门是借助各种机械动力实现开启与关闭的一种风门。目前国内的自动风门常采用的动力驱动系统有 3 种方式，即压气驱动、液压驱动和电力驱动，通过外力的辅助减少人工开启风门的力度。在自动风门的基础上，通过增加各种传感器、控制器、摄像头，开发控制算法而制作的智能风门近年来发展迅速，在煤矿井下也得到了很好的推广应用。智能风门系统不仅实现了远程控制，还具备远程通信、视频监控、超时报警、防夹碰、救灾时期自主调控功能。

二、风桥

在进风与回风平面相遇的地点设置风桥，可以构成立体交叉风路，使进风与回风分开，互不相混，一般污浊风流从桥上通过，新鲜风流从桥下通过。

一般服务年限很长、通过风量大于 20 m^3/s 的风桥，可用图 7-16 所示的绕道式风桥，绕道须做在岩石中；服务年限较长、通过风量为 10～20 m^3/s 的风桥，可用混凝土或料石风桥。以上两类风桥均属永久性风桥。服务年限短、通过风量小于 10 m^3/s 的临时风桥，可用铁筒式风桥，其铁筒直径不小于 750 mm，厚度不小于 5 mm。各类风桥都用不燃性材料建筑，漏风率不大于 2%，通风阻力不大于 150 Pa，风速不大于 10 m/s。

三、调节风窗

调节风窗是在风门或密闭上方，开设的一个开口面积可调节的矩形小窗口(图 7-17)。目前，调节风窗主要有百叶式和插板式两种。通过调整百叶的角度、窗板的位置都可实现调节窗口面积大小，从而改变巷道通过的风量，达到调节风量的目的。两种类型的风窗都可以通过增加 PLC 控制器、步进电机以及机械传动部分来实现风窗开度的自动调节，从而实现井巷中风量、风流的远程调控。

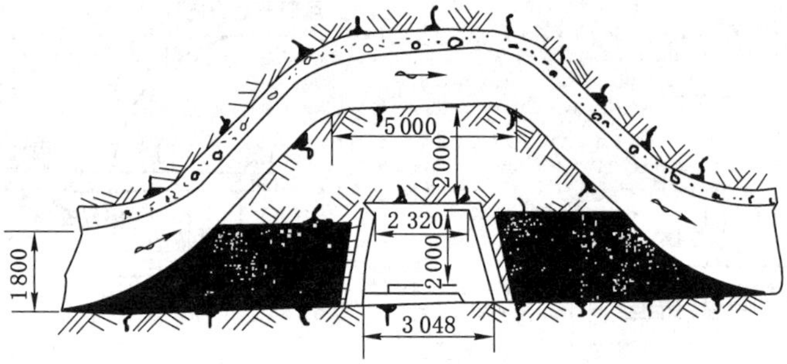

图 7-16 绕道式风桥

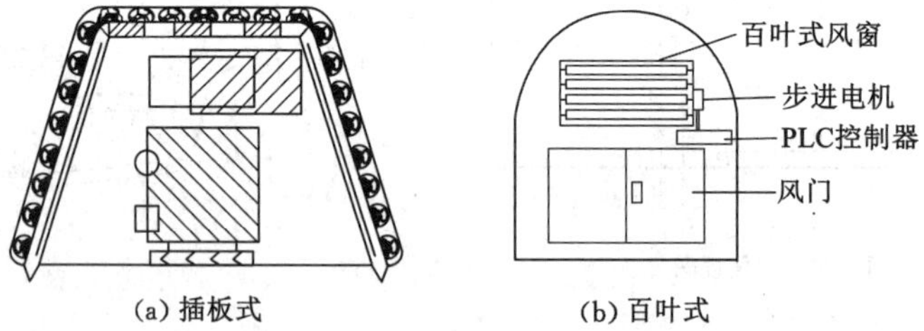

图 7-17 调节风窗

调节风窗的调节会引起矿井风量及风压的变化，直接影响通风系统的风量调节效果。若调节不当，会造成通风困难、通风电耗增加或风流紊乱，降低矿井通风系统可靠性。因此必须要合理设计和运用调节风窗进行风量调节，达到有效调节风量的目的。

《煤矿安全规程》规定：开采突出煤层时，工作面回风侧不得设置调节风量的设施。

四、密闭

密闭是指在既不允许风流通过，也不准许行人和通车的巷道中所设置的一种控制风流的设施。密闭可将毒害气体、矿井水等隔离于生产井巷系统之外，做好密闭长期可靠使用的有效管控对于保障煤矿安全生产意义重大，按服务年限长短，密闭分为永久性密闭和临时性密闭两种。

对于永久性密闭(图 7-18)，必须用不燃性材料(如砖、料石、水泥等)建筑，墙上部厚度不小于 0.45 m，下部厚度不小于 1 m；密闭前后 5 m 以内的巷道支护要完好，用防腐支架；无积煤，无片帮、冒顶；四周掏槽，在煤中槽深不小于 1 m，在岩石中不小于 0.5 m；墙面要严、抹平、刷白、不漏风；密闭内有涌水时，应在墙上装设放水管以排出积水，放水管应制成 U 形，利用水封防止放水管漏风。

对于临时性密闭，由于其服务期限短，可用木柱、木板、可塑性材料、气囊等建造，木板要用鱼鳞式搭接，并用黄泥、石灰抹面，无裂缝；要基本不漏风；要设在帮顶良好处，四周要掏槽，在煤中槽深不小于 0.5 m，在岩石中槽深不小于 0.3 m，墙内外 5 m 巷道内支护良好，用防腐支架，无积煤。

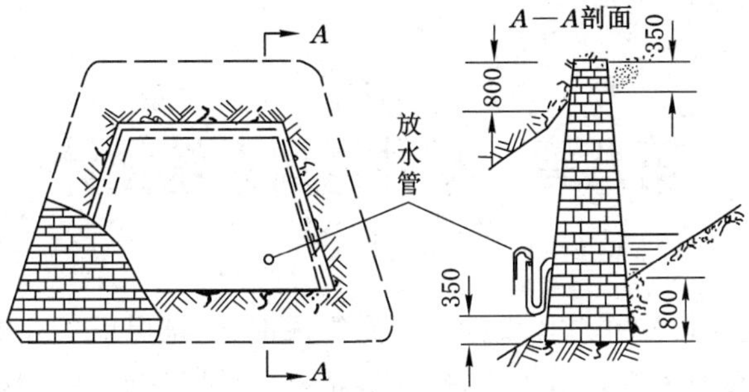

图 7-18　永久性密闭

复习思考题

7-1　采区通风系统包括哪些部分？

7-2　试比较输送机上山和轨道上山进风的优缺点和适用条件。

7-3　试从通风安全可靠性角度分析上行通风与下行通风的优缺点。

7-4　试述长壁工作面通风系统有哪些类型，并阐述其各自的特点和适用性。

7-5　采区通风设施有哪些主要类型？其设置条件分别是什么？

第八章　矿井通风系统设计

矿井通风系统设计是矿井总体设计的重要组成部分，是保证矿井安全生产的重要环节。因此，必须密切配合其他生产环节来周密考虑、精心设计以达到最佳效果。

矿井通风设计的基本任务是结合矿井开拓与开采设计，建立一个安全可靠、技术先进、经济合理和管理方便的通风系统，并在此基础上计算矿井各用风地点所需风量、总风量与总风压，选择矿井通风设备。对于新建矿井的通风系统设计，既要考虑当前的需要，又要考虑长远发展的要求；而对于改建或扩建矿井的通风系统设计，必须对矿井原有的生产与通风情况做出详细的调查，分析通风系统存在的问题，考虑矿井生产的特点和发展规划，充分利用原有的井巷与通风设备，在原有的基础上提出更完善合理、更切合实际的通风系统设计。

本章主要介绍矿井通风系统设计的内容及步骤，包括矿井通风系统的拟定、矿井风量的计算和分配、矿井通风系统阻力计算、矿井通风设备选择以及矿井通风系统安全性评价。

第一节　矿井通风系统的拟定

风流由进风井口进入矿井后，经过井下各用风场所，然后进入回风井，由回风井排出矿井，风流所经过的整个路线称为矿井通风系统，主要由通风机和通风网络两部分组成。矿井通风系统的拟定是矿井通风设计的基础部分，主要是拟定矿井通风系统的类型（矿井进风井与回风井的布置方式）、通风方法（矿井主要通风机的工作方法）和通风网络（矿井风流路线）。

一、矿井通风系统类型

按进、回风井（平硐）的相互位置关系可将矿井通风系统分为中央式、对角式、区域式和混合式 4 种类型。

1. 中央式通风系统

中央式通风系统按进、回风井沿井田倾向位置的不同分为中央并列式和中央边界式两种类型。

（1）中央并列式通风系统：进风井与回风井沿井田走向及倾向均大致并列于井田的中央，两井底可以开掘到第一水平［图 8-1(a)］，也可将回风井只掘至回风水平［图 8-1(b)］。后者一般适用于较小型矿井。

这种通风系统建井期限较短，初期投资少，出煤快，护井煤柱较小，但井下风流路线长，阻力大，井底车场附近漏风大，一般适用于煤层瓦斯和自然发火问题都不严重，埋藏深、倾角大，但走向长度不大（一般不大于 4 km）的矿井。

（2）中央边界式通风系统：进风井大致位于井田走向中央，回风井大致位于井田浅部边界沿走向的中央，向上两井相隔一段距离，回风井的井底高于进风井的井底，如图 8-2 所示。

这种通风系统内部漏风较小，工业广场不受主要通风机噪声的影响，但井下风流路线

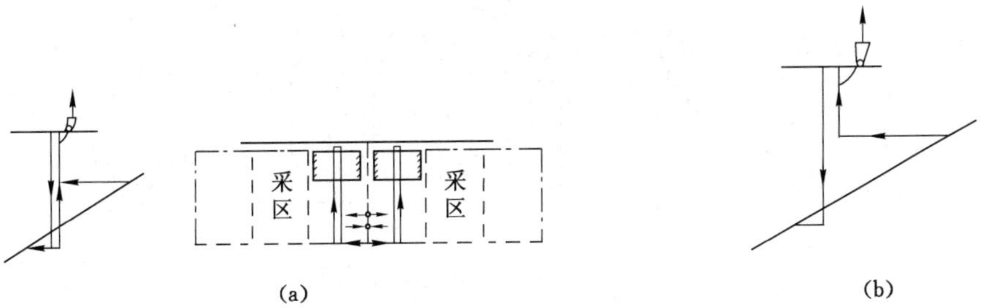

图 8-1　中央并列式通风系统

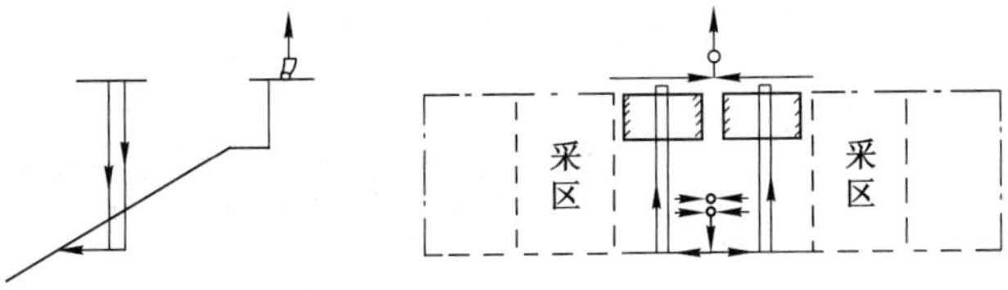

图 8-2　中央边界式通风系统

长,阻力大,一般适用于瓦斯和自然发火比较严重,煤层倾角较小,埋藏较浅,走向长度不大(一般不大于 4 km)的矿井。

2. 对角式通风系统

对角式通风系统按进、回风井沿井田走向位置的不同分为两翼对角式和分区对角式两种类型。

(1) 两翼对角式通风系统:进风井大致位于井田走向的中央,回风井位于井田浅部边界沿走向的两翼附近,如图 8-3 所示。

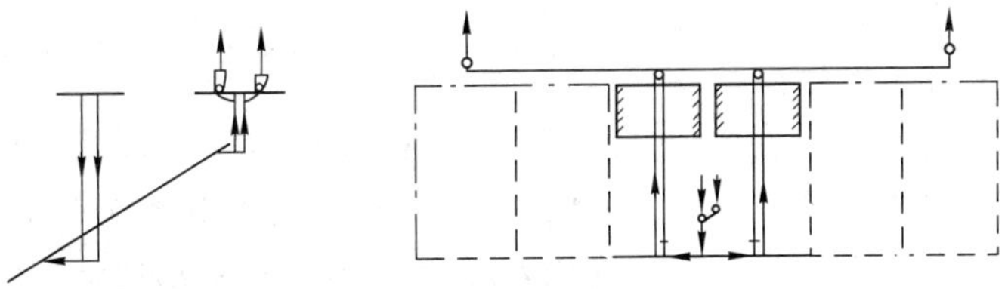

图 8-3　两翼对角式通风系统

这种通风系统井下风流路线短,阻力小,内部漏风少,安全出口多,抗灾能力强,便于风量调节,但井筒安全煤柱较多,初期投资大,投产较晚,一般适用于走向长度较大(一般超过 4 km),井型较大,煤层距地表较浅,瓦斯和自然发火较严重的矿井。

(2) 分区对角式通风系统:进风井大致位于井田走向的中央,每个采区各有一个回风井,无总回风巷,如图 8-4 所示。

这种通风系统在每个采区都有独立的通风系统,互不影响,便于风量调节,安全出口多,抗灾能力强,但占用设备较多,管理分散,整个矿井反风困难,一般适用于煤层距地表浅,地表起伏(高低)较大,无法开掘浅部总回风巷的矿井。

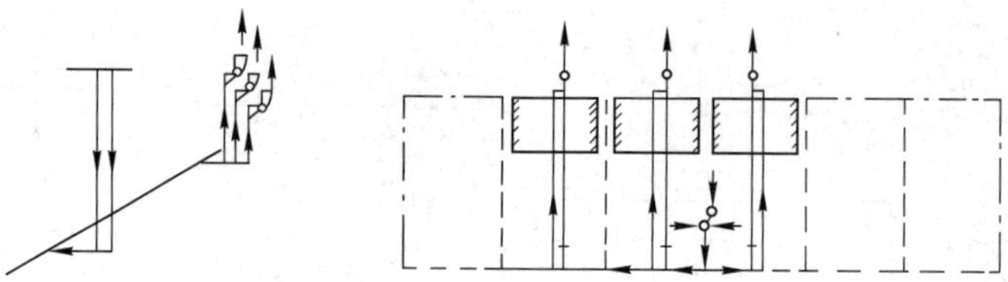

图 8-4　分区对角式通风系统

3. 区域式通风系统

在井田的每一个生产区域开凿进、回风井，分别构成独立的通风系统，即区域式通风系统，如图 8-5 所示。

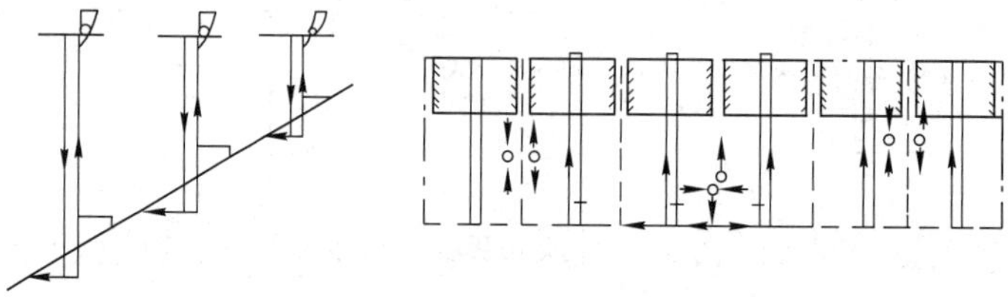

图 8-5　区域式通风系统

这种通风系统井下风流路线短，阻力小，漏风少，网络简单，风流容易控制，但设备多，管理分散，一般适用于井田面积大、瓦斯含量大的大型矿井。

4. 混合式通风系统

混合式通风系统的进风井与回风井有 3 个以上，有中央式和对角式混合、中央式和区域式混合等。这种通风系统主要适用于井田范围较大，地质地形复杂，多煤层、多水平开采的矿井，大多用于老矿井的改造和扩建。

5. 矿井通风系统类型的拟定

根据矿井实际情况，结合上述中央式、对角式、区域式和混合式通风系统的特点及适用条件，选择适当的矿井通风系统类型。一般来说，中央式通风系统具有井巷工程量少、初期投资少的突出优点，在矿井建设初期宜优先采用；有煤与瓦斯突出危险的矿井、高瓦斯矿井、煤层易自燃的矿井及有热害的矿井，宜采用对角式或区域式通风系统；当井田面积较大时，初期可采用中央式通风系统，逐步过渡为对角式或区域式通风系统。

二、矿井通风方法

矿井通风方法是指产生通风动力的方法，有自然通风和机械通风。《煤矿安全规程》规定：矿井必须采用机械通风。因此，矿井通风方法主要是指矿井主要通风机的工作方法，分为抽出式和压入式两种，其中抽出式通风方法最为常用。

(1) 抽出式通风——主要通风机安装在回风井口，做抽出式工作，使整个矿井通风系统处在低于当地大气压力的负压状态。

抽出式通风的优点是：外部漏风量少，通风管理比较简单；当主要通风机因故停止运转时，会因井下风流的压力提高，使采空区瓦斯涌出量减少，有利于瓦斯管理，比较安全。其缺点是：当地面存在小窑塌陷区并与开采裂隙沟通时，抽出式通风会把小窑中积存的有害气体抽到井下，并使工作面的有效风量减少。

（2）压入式通风——主要通风机安设在进风井口，做压入式工作，使整个矿井通风系统处在高于当地大气压力的正压状态。

压入式通风的优点是：节省风井场地，施工方便，主要通风机台数少，管理方便；开采浅部煤层时采区准备较容易，工程量少，工期短，出煤快；能用一部分回风把小窑塌陷区的有害气体压到地面。其缺点是：井口房、井底煤仓及装载硐室漏风大，管理困难；风阻大，风量调节困难；由第一水平的压入式过渡到第二水平的抽出式，改造工程量大，过渡期长，通风管理困难；当主要通风机因故停止运转时，井下风流压力降低，可能在短时间内引起采空区或封闭区的瓦斯大量涌出。

一般来说，矿井主要通风机工作方法多采用抽出式。当矿井地面地形复杂、高低起伏，无法在高山上安装主要通风机，或与小窑塌陷区连通较多时，可考虑采用压入式通风。

三、矿井通风网络

矿井通风网络是指井下各风路按各种形式连接而成的网络。由于矿井开拓方式和采区巷道布置不同，通风网络连接方式也就不一致，大体可分为串联、并联、角联和复杂联结 4 种类型。其基本形式及通风参数的计算详见第六章。

第二节　矿井风量的计算和分配

矿井总风量指井下各个工作地点的有效风量与各条风路上的漏风量之和。

一、矿井需风量计算方法

矿井需风量按下列要求分别计算，并取其中最大值。

1. 按井下同时工作的最多人数计算

$$Q = 4NK_m \tag{8-1}$$

式中　4——每人每分钟应供给的最小风量，$m^3/(min \cdot 人)$；

N——井下同时工作的最多人数，人；

K_m——矿井通风系数，包括矿井内部漏风和配风不均匀等因素，一般可取1.2～1.25。

2. 按采掘工作面、硐室及其他地点实际需风量的总和计算

$$Q = (\sum Q_{pi} + \sum Q_{ei} + \sum Q_{Bi} + \sum Q_{Oi})K_m \tag{8-2}$$

式中　$\sum Q_{pi}$——各采煤工作面和备用工作面需风量之和，m^3/min；

$\sum Q_{ei}$——各掘进工作面需风量之和，m^3/min；

$\sum Q_{Bi}$——各硐室需风量之和，m^3/min；

$\sum Q_{Oi}$——除上述各用风点外，其他巷道需风量之和，m^3/min。

（1）采煤工作面的需风量

采煤工作面需风量应按照稀释和排放瓦斯、二氧化碳、炮烟及其他有害气体、粉尘，并使工作面有适宜的气温和风速，分别进行计算，然后取其中的最大值。采煤工作面有串联通风时，

应使每一个串联工作面空气中的有害气体、粉尘、气温和风速均符合《煤矿安全规程》的要求。

高瓦斯工作面通常以瓦斯算得的风量为最大；低瓦斯工作面供风主要考虑气候条件；高温工作面如果用通风方法不能使气温符合《煤矿安全规程》规定，则需要采用制冷和空调设施。

① 按瓦斯涌出量计算

$$Q_{pi} = 100 q_{gpi} k_{gpi} \tag{8-3}$$

式中 Q_{pi}——第 i 个采煤工作面的需风量，m^3/min；

100——采煤工作面回风风流中瓦斯的浓度不应超过 1% 的换算系数；

k_{gpi}——第 i 个采煤工作面瓦斯涌出不均匀系数（最大涌出量与平均涌出量之比，由实测统计得到），对于机采工作面，k_{gpi} 取 1.30～1.45，对于炮采工作面，k_{gpi} 取 1.35～1.50；

q_{gpi}——第 i 个采煤工作面回风风流中的绝对瓦斯涌出量，根据实测统计的平均值或经验数据取值，m^3/min。

对于涌出其他气体（二氧化碳及其他有害气体）的采煤工作面，可参照上式计算，只需将式中关于瓦斯的参数换成各气体的参数即可。

对于高瓦斯矿井，如采煤工作面风量过大，使采煤工作面风速超限，导致煤尘飞扬，或由于供风不足而导致瓦斯超限，应酌情采用瓦斯抽采、尾巷排放，选用适宜的采煤工作面通风系统（例如以 Y 形、W 形、Z 形等通风系统取代 U 形通风系统），以及喷雾洒水等措施。

在采用抽排措施时，式(8-3)中的 q_{gpi} 应为风流排出的采煤工作面瓦斯量，不包含抽排的瓦斯量。

在用尾巷排放时，尾巷瓦斯浓度 C_t 可高于采煤工作面回风巷中的瓦斯浓度，但应小于 3%。设以 Q_i 及 Q_{rei} 分别表示尾巷及采煤工作面回风巷的风量，则采煤工作面需风量 Q_{pi} 可按下式计算：

$$Q_{pi} \geqslant \frac{k_{gpi} q_{gpi}}{0.01 + (1 - A)\left(C_t - \frac{1}{100}\right)} \tag{8-4}$$

式中 A——采煤工作面回风巷与采煤工作面的需风量之比，即 $A = Q_{rei}/Q_{pi}$。

② 按炸药量计算

$$Q_{pi} = \frac{500 A_{pi}}{t} \tag{8-5}$$

式中 500——每千克炸药爆破后稀释炮烟所需的新鲜风量，m^3/kg；

A_{pi}——第 i 个采煤工作面一次爆炸所用的最大炸药量，kg；

t——爆破后稀释炮烟的通风时间，min，一般取 20～30 min。

③ 按人数计算

$$Q_{pi} = 4 N_{pi} \tag{8-6}$$

式中 4——每人每分钟应供给的最小风量，$m^3/(min \cdot 人)$；

N_{pi}——第 i 个采煤工作面同时工作的最多人数，人。

④ 按采煤工作面气温计算

采煤工作面需风量为：

$$Q_{pi} = 60 v_{pi} S_{pi} k_{pli} \tag{8-7}$$

式中 v_{pi}——第 i 个采煤工作面的风速,按采煤工作面进风风流温度从表 8-1 中选取,m/s;

S_{pi}——第 i 个采煤工作面的平均有效断面面积,按最大和最小控顶有效断面面积的平均值计算,m^2;

k_{pli}——第 i 个采煤工作面的长度风量系数,按表 8-2 选取。

表 8-1 采煤工作面气温与风速对照表

工作面气温/℃	<15	15~20	20~22	22~24	24~26
工作面风速 $v/(m\cdot s^{-1})$	0.3~0.5	0.5~1.0	1.0~1.2	1.2~1.5	1.5~2.0

表 8-2 采煤工作面长度风量系数表

工作面长度/m	<15	50~80	80~120	120~150	150~180	>180
工作面长度风量系数 k_{pli}	0.8	0.9	1.0	1.1	1.2	1.3~1.4

对于普采工作面,S_{pi} 值可按最大和最小控顶有效断面面积平均值计算;对于综采工作面,可用下述近似式计算:

(a) 使用支撑式支护时,$S_{pi}=3.75(M-0.3)$(M 为煤层开采厚度,m);

(b) 使用掩护式支护时,$S_{pi}=3(M-0.3)$。

⑤ 按低瓦斯矿井综采工作面需风量计算

$$Q_{pi}=200K_1K_2K_3K_4 \tag{8-8}$$

式中 K_1——采高系数,当采高 $h<2$ m 时,$K_1=\sqrt{2h-1}$,当 $h\geqslant 2$ m 时,$K_1=\sqrt{h}+0.3$;

K_2——采长系数,$K_2=\sqrt{L}/10$(L 为工作面长度);

K_3——温度系数,按表 8-3 取值;

K_4——支架后方控顶系数,顶板易于冒落时,$K_4=1$,需要强制放顶时,$K_4=1.1$;

200——综采工作面基本风量(相当于采高为 1 m,工作面风速为 1.5 m/s,控顶距为 4 m,有效通风断面系数为 0.55 时的风量),m^3/min。

表 8-3 采煤工作面温度系数 K_3

工作面温度/℃	≤15	16~17	18~22	23~24	25~26
温度系数 K_3	0.7	0.8	1.0	1.2	1.4

⑥ 按采煤工作面风速验算

按最低风速 0.25 m/s 计算,采煤工作面最小需风量为:

$$Q_{pi\min}\geqslant 15S_{pi} \tag{8-9}$$

按最高风速 4 m/s 计算,采煤工作面最大需风量为:

$$Q_{pi\max}\leqslant 240S_{pi} \tag{8-10}$$

⑦ 按备用采煤工作面需风量计算

备用采煤工作面的需风量通常取为产量相同的生产采煤工作面的需风量的一半。当采区风量不富裕时,也可以按采煤工作面不积聚瓦斯为原则配风,但采煤工作面风速不应小于 15 m/min。

(2) 掘进工作面需风量

掘进工作面需风量和采煤工作面需风量的计算方法基本相同。

① 按瓦斯涌出量计算

$$Q_{ei} = 100q_{pei}k_{ei} \tag{8-11}$$

式中 Q_{ei}——第 i 个掘进工作面的需风量，m^3/min；

100——掘进工作面回风风流中瓦斯的浓度不应超过 1%的换算系数；

q_{pei}——第 i 个掘进工作面回风风流中的绝对瓦斯涌出量，m^3/min；

k_{ei}——第 i 个掘进工作面瓦斯涌出不均匀系数，由实测统计得出，一般可取 1.5～2.0。

对于涌出其他气体(二氧化碳及其他有害气体)的掘进工作面，同样可参照上式计算，只需将式中关于瓦斯的参数换成各气体的参数即可。

② 按炸药量计算

$$Q_{ei} = \frac{500A_{ei}}{t} \tag{8-12}$$

式中 500——每千克炸药爆破后稀释炮烟所需的新鲜风量，m^3/kg；

A_{ei}——第 i 个掘进工作面一次爆破所用的最大炸药量，kg；

t——爆破后稀释炮烟的通风时间，一般取 20～30 min。

③ 按局部通风机的吸风量计算

$$Q_{ei} = Q_{fi}I_i \tag{8-13}$$

式中 Q_{fi}——第 i 个掘进工作面局部通风机的吸风量，常用的 4 kW、11 kW 和 28 kW JBT 系列局部通风机每台的吸风量分别为 100 m^3/min、200 m^3/min 和 350 m^3/min，安设局部通风机的巷道中的风量，除了满足局部通风机的吸风量外，还应保证局部通风机至掘进工作面的风速不小于 0.15 m/s，以防止局部吸入循环风以及这段距离内风流停滞、瓦斯积聚；

I_i——第 i 个掘进工作面同时运转的局部通风机台数，台。

④ 按人数计算

$$Q_{ei} = 4N_{ei} \tag{8-14}$$

式中 4——每人每分钟应供给的最小风量，$m^3/(min \cdot 人)$；

N_{ei}——第 i 个掘进工作面同时工作的最多人数，人。

⑤ 按风速进行验算

每个岩巷掘进工作面的风量：

$$Q_{ei} \geqslant 60 \times 0.15S_{ei} \tag{8-15}$$

式中 S_{ei}——第 i 个掘进工作面的断面面积，m^2。

每个煤巷或半煤岩巷掘进工作面的风量：

$$Q_{ei} \geqslant 60 \times 0.25S_{ei} \tag{8-16}$$

每个岩巷、煤巷或半煤岩巷掘进工作面的风量：

$$Q_{ei} \leqslant 60 \times 4S_{ei} \tag{8-17}$$

用以上各种方法对采区内每个独立迎风的掘进工作面进行计算，选择最大值作为每个掘进工作面需风量，这些风量累加即为采区内掘进工作面所需的总风量。

(3) 硐室需风量的计算

采区内独立通风的每个硐室的需风量，应根据各类硐室分别计算。

① 发热量大的机电硐室的需风量

供给这类硐室（如水泵房或压气机房）的风量所吸收的热量，应与室内机电设备运转的发热量相等，即：

$$60Q_{ec}\rho c_p \Delta t = AN_s\Theta$$

则这类硐室的需风量 Q_{ec} 为：

$$Q_{ec} = AN_s\Theta/(60\rho c_p \Delta t) \tag{8-18}$$

式中　A——1 kW·h 的电量变为热量的当量，一般可取为 3 600 kJ/(kW·h)；

Θ——硐室中机电设备运转的发热系数，应实测得出，一般可取水泵房的 Θ 为 0.02～0.04，压气机房的 Θ 为 0.20～0.23；

ρ——空气密度，一般可取为 1.2 kg/m^3；

c_p——空气的比定压热容，一般可取为 1.000 6 kJ/(kg·K)；

Δt——硐室中回风与进风的温差，K；

N_s——硐室中机电设备运转的总功率，kW。

② 火药库需风量

按火药库内空气每小时需换 4 次计算，即：

$$Q_{fc} = 4V/60 \tag{8-19}$$

式中　Q_{fc}——火药库需风量，m^3/min；

V——包括联络巷在内的火药库空间总体积，m^3。

③ 其他硐室需风量

采区绞车房的需风量 Q_{wo} 为 60～80 m^3/min，采区变电所的需风量 Q_{vc} 为 60～80 m^3/min，充电硐室的需风量 Q_{cc} 为 100～200 m^3/min。

(4) 其他巷道需风量

如果采区内还有其他需要独立供风的巷道，可根据通风的作用（如为巷道内木支架防腐、冲淡巷道内的瓦斯等），算出各巷道所需风量之和。

二、生产矿井风量的分配

1. 配风的原则和方法

根据实际需要由里向外进行配风，先定井下采掘工作面、火药库、充电硐室等各用风地点所需的有效风量，再加上逆风流方向和各风路上允许的漏风量，得到矿井总风量；若再加上因体积膨胀的风量（总进风量的 5%），得出矿井的总回风量；最后加上抽出式主要通风机井口和附属装置的允许外部漏风量，得出通过主要通风机的总风量。对于压入式通风的矿井，通过压入式主要通风机总风量即矿井总风量与外部漏风量之和。

2. 配风的依据

配风量必须满足《煤矿安全规程》中关于氧气、瓦斯、二氧化碳和其他有毒有害气体安全浓度的规定；关于最高风速和最低风速的规定；关于采掘工作面和机电硐室最高温度的规定；关于冷空气预热的规定；关于空气中粉尘安全浓度的规定等。

沿途漏风，尤其是风流短路，较大地影响了通风的安全性和经济性，因此应尽量减少沿途漏风和风流短路。风路沿途允许漏风率可参考表 8-4。如果实际漏风率超过表 8-4 中的数据时，应该采取有效的防漏措施，并加强管理。

表 8-4　风路沿途允许漏风率

漏风地点	允许的漏风率
无提升设备的抽出风井	5%
有提升设备的抽出风井	10%
无提升设备的压入风井	10%
有提升设备的压入风井	15%
风门	2%
风桥	1%
风墙	基本不漏
采空区	5%～10%

在装有局部通风机的巷道内，巷道的风量应按不小于局部通风机风量的 1.43 倍计算。

在串联掺新的风量中，应使其中的瓦斯、二氧化碳的浓度不超过 0.5%，且使其他有害气体的浓度不超过安全浓度。

总之，生产矿井的配风依据都可以通过实测确定，故只要细致地进行生产矿井的配风工作，就可以比较准确地进行风量的分配。

3. 风量的分配

在各个用风地点，将各用风点计算的风量值乘以备用系数 K_{wz}，就是配给用风地点所在巷道的风量。掘进巷道配风量的确定如图 8-6 所示。但是采煤工作面的风量只配给各自计算的风量，由备用系数确定的风量应考虑从采空区漏走的风量。因此，在 U 形通风方式下的上平巷和下平巷的风量是采煤工作面的计算风量乘以备用系数，如图 8-7 所示。

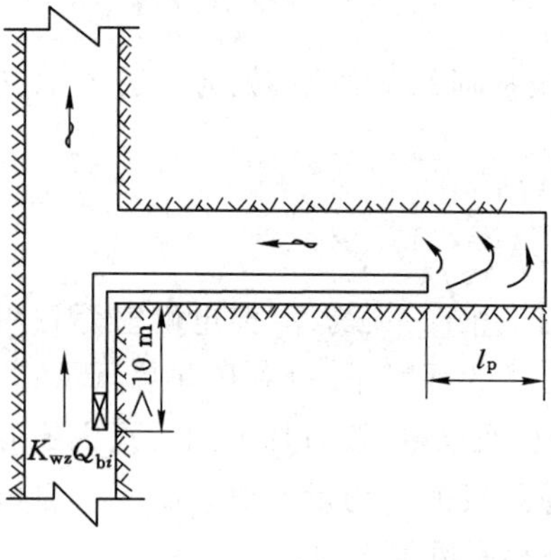

图 8-6　掘进巷道配风量的确定

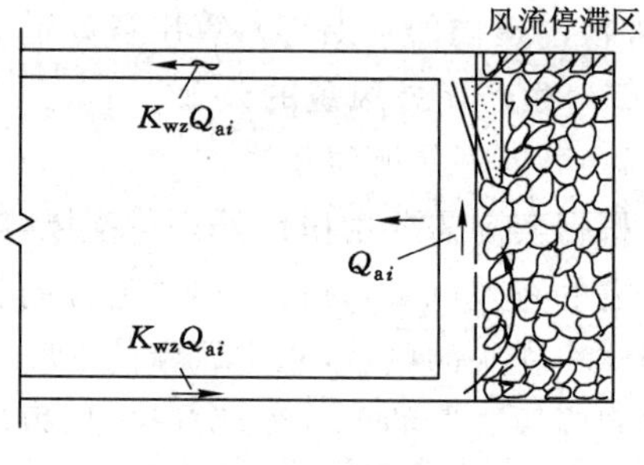

图 8-7　采煤工作面配风量的确定

从各个用风地点开始，逆风流方向而上，遇分风点则加上其他风路的分风量，得到未分风前那一条风路的风量，作为该风路的风量。直至确定进风井筒的总进风量。这一风量应等于上面计算的矿井总风量，如图 8-8 所示。如果是压入式通风，则要加上矿井外部漏风量，才能得出通过压入式主要通风机的总风量。

然后从各个用风地点开始，顺风流方向而上，遇汇合点则加上其他风路的风量一起分配给汇合后那一条风路，作为该风路的风量。直至确定回风井筒的总回风量。这一风量也应等于刚计算的矿井总风量，如图 8-9 所示。如果是抽出式通风，则加上抽出式主要通风机井口和附属装置的允许漏风量(即矿井外部漏风量)，得出通过抽出式主要通风机的总风量。

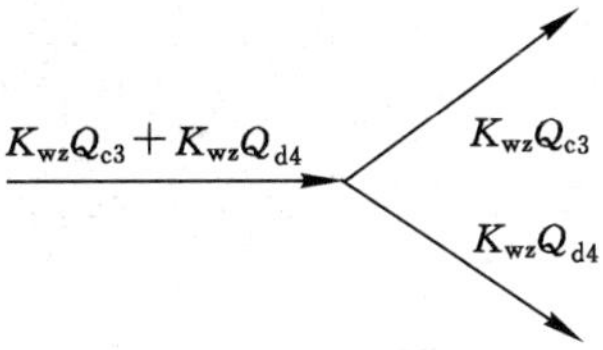

图 8-8　进风路线的配风计算

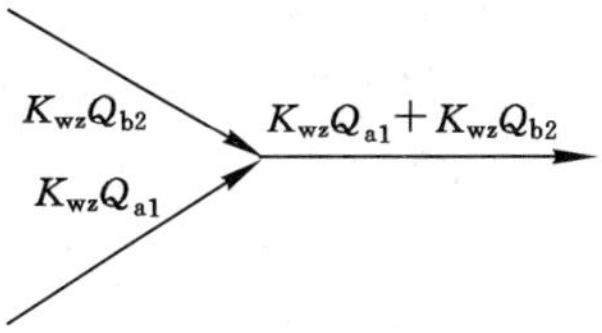

图 8-9　回风路线的配风计算

三、新建矿井和延深矿井所需风量

对于新建矿井和延深矿井所需风量，有条件时可参照邻近生产矿井的通风资料，按生产矿井的风量计算方法细致进行，否则只能采用“由外往里”的计算方法，即先计算矿井的总风量，然后大致分配到各个用风地点。

(1) 对于低瓦斯矿井，以工作面能够有良好的气候条件作为供风的依据，用下式计算矿井总风量 Q：

$$Q = TqK \tag{8-20}$$

式中　T——矿井平均日产量，t/d；

q——从工作面能够有良好的气候条件为出发点，而得出的对于日产量中每 1 吨煤的供风标准，通过实际调查统计得出 $q=1\ m^3/(t \cdot d^{-1})$；

K——风量备用系数，即 $K=K'_1K'_4K'_5K'_6$，这些系数的乘积介于 1.50～1.90 之间，可以根据新建矿井的条件，查表 8-5 得出具体的数值。

表 8-5　风量备用系数

<table>
<tr><th>各系数的名称</th><th>数值</th><th colspan="4">选用条件</th></tr>
<tr><td>产量不均衡系数 K'_1</td><td>1.15</td><td colspan="4">低瓦斯矿井选用</td></tr>
<tr><td>瓦斯涌出不均衡系数 K'_2</td><td>1.20～1.25</td><td colspan="4">高瓦斯矿井选用。单一煤层、本煤层，取大值；煤层群、采区外瓦斯占 50%以上，取小值</td></tr>
<tr><td>瓦斯内部漏风系数 K'_3</td><td>1.15～1.25</td><td colspan="4">大型矿井、对角式通风方式的矿井取小值；小型矿井、中央式通风方式的矿井取大值</td></tr>
<tr><td>备用工作面风量系数 K'_4</td><td>1.10～1.25</td><td colspan="4">一般矿井均取 1.10；备用工作面较多的矿井取大值</td></tr>
<tr><td>采区外用风备用系数 K'_5</td><td>1.00～1.20</td><td colspan="4">包括掘进巷道、大型硐室、多水平的其他独立回风巷的风量系数，一般取 1.10；薄煤层、煤层群并有基建任务时，取 1.15；有大型硐室及多水平同时生产时取大值</td></tr>
<tr><td rowspan="3">工作面温度调整系数 K'_6</td><td rowspan="3">0.95～1.15</td><td colspan="4">低瓦斯矿井选用，按下列工作面平均温度选取</td></tr>
<tr><td><20 ℃</td><td>20～23 ℃</td><td>23～26 ℃</td><td>>26 ℃</td></tr>
<tr><td>0.95</td><td>1.00</td><td>1.10</td><td>1.15</td></tr>
</table>

(2) 对于高瓦斯矿井按总回风风流中的瓦斯浓度不超过0.75%的要求来计算矿井总风量Q：

$$Q = 1/(24 \times 60 \times 0.75\%) q_g TK \tag{8-21}$$

式中 q_g——矿井平均相对瓦斯涌出量，m^3/t；

T——矿井平均日产量，t/d；

K——风量备用系数，即 $K = K'_2 K'_3 K'_4 K'_5$，这些系数的乘积介于1.70～2.10之间，具体数值从表8-5中查得。

无论是高瓦斯矿井还是低瓦斯矿井，都要按井下同时工作的最多人数来验算矿井总风量Q，取大值作为矿井的总风量：

$$Q = 4NK \tag{8-22}$$

式中 N——井下同时工作的最多人数，人；

4——每人每分钟应供给的最小风量，$m^3/(min \cdot 人)$；

K——风量备用系数，它是产量不均衡系数、备用工作面风量系数和矿井内部漏风系数的总概括，采用中央并列式的通风系统时，$K=1.45$，采用中央分列式或对角式通风系统时，$K=1.35$。

新建矿井的风量分配是在算得的矿井总风量Q中，减去独立回风的掘进工作面风量Q_b和硐室风量Q_c，再按以下原则对剩余的风量Q_{re}进行大致的分配；各个采煤工作面的风量，按照与产量成正比的原则进行分配；各个备用工作面的风量，按照在生产时所需风量的一半进行分配。即：

$$Q_{re} = Q - (Q_b + Q_c) \tag{8-23}$$

式中 Q_b——所有独立回风的各个掘进工作面风量之和，m^3/min；

Q_c——所有独立回风的各个硐室风量之和，m^3/min。

剩余风量Q_{re}的分配方法是先用下式计算采煤工作面日产1 t煤所需配给的风量q，即：

$$q = Q_{re}/(T_a + T'_a/2) \tag{8-24}$$

式中 T_a——各个采煤工作面的日产量之和，即 $T_a = \sum t_a$，t/d；

t_a——各个采煤工作面的日产量，t/d；

T'_a——各个备用工作面的计划日产量之和，即：$T'_a = \sum t'_a$，t/d；

t'_a——各个备用工作面的计划日产量，t/d。

然后得出分配给各个采煤工作面的风量为：

$$Q_a = qt_a \tag{8-25}$$

分配给各个备用工作面的风量为：

$$Q'_a = qt'_a/2 \tag{8-26}$$

各条风路上的风量最后确定后，必须进行各条风路的风速校核，使各条风路的风速符合《煤矿安全规程》的规定。

各条风路的风量经过验算后，如能符合风速的要求，则各条风路的风量可以确定；如低于规定的风速，则该条风路的风量要相应增加；如超过规定的风速，则需要扩大该风路的断面或调整该风路的风量，使之风速降到规定值以下。最后，确定矿井总风量。

第三节　矿井通风阻力计算

矿井通风总阻力即风流由进风井口到出风井口，沿一条通路（风流路线）各个分支的摩擦阻力和局部阻力的总和，用 h_m 表示。矿井通风总阻力是选择矿井主要通风机的重要依据之一，为了合理地选用矿井主要通风机，必须正确计算出矿井通风总阻力。

一、矿井通风总阻力计算原则

（1）矿井通风的总阻力，不应超过 2 940 Pa。

（2）矿井井巷的局部阻力，新建矿井（包括扩建矿井独立通风的扩建区）宜按井巷摩擦阻力的 10%计算，扩建矿井则宜按井巷摩擦阻力的 15%计算。

（3）矿井通风网络中有较多的并联系统，计算总阻力时，应以其中阻力最大的路线作为依据。

（4）应计算出困难时期的最大阻力和容易时期的最小阻力，使所选用的主要通风机既能满足困难时期的通风需要，又能在通风容易时工况合理。

二、矿井通风总阻力的计算

在主要通风机的服务年限内，随着采煤工作面及采区接替的变化，通风系统的总阻力也将随之变化。为了使主要通风机在整个服务期限都能满足需要且有较高的运转效率，需要按照开拓开采布局和采掘工作面接替安排，对主要通风机服务期内不同时期的系统总阻力的变化进行分析。当根据风量和巷道参数（断面、长度等）直接判定出最大总阻力路线时，可按该路线的阻力计算矿井通风总阻力；当不能直接判定时，应选几条可能最大的路线进行计算比较，然后确定该时期的矿井通风总阻力。

对于有两台或多台主要通风机工作的矿井，矿井通风总阻力应按每台主要通风机所服务的系统分别计算。

在矿井通风总阻力最小时称通风容易时期，矿井通风总阻力最大时称为通风困难时期。对于通风容易和困难时期，要分别画出通风系统图。按照采掘工作面及硐室的需要分配风量，再由各段风路的阻力计算矿井总阻力。

沿着通风容易和困难时期的风流路线，依次计算各段摩擦阻力 h_{fi}，然后累计得出容易和困难时期的总摩擦阻力 h_{fe} 和 h_{fd}，再加上局部阻力，因局部阻力取总摩擦阻力的 10%或 15%，故将总摩擦阻力乘以 1.10～1.15（扩建矿井乘以 1.15）后，可以得出两个时期的矿井通风总阻力 h_{me} 和 h_{md}。

通风容易时期总阻力：

$$h_{me} = (1.10 \sim 1.15)h_{fe} \tag{8-27}$$

通风困难时期总阻力：

$$h_{md} = (1.10 \sim 1.15)h_{fd} \tag{8-28}$$

式（8-27）中的 h_{fe} 和式（8-28）中的 h_{fd} 按下式计算：

$$h_f = \sum_{i=1}^{n} \left(\frac{\alpha_i l_i U_i}{S_i^3} Q_i^2\right) \tag{8-29}$$

式中　h_f——矿井通风总摩擦阻力，Pa；

α——井巷摩擦阻力系数（可在第三章的摩擦系数表中查得），$N \cdot s^2/m^4$；

l——井巷长度，m；

U——井巷净断面周边长(用第三章有关公式计算)，m；

S——井巷净断面面积(用第三章的有关公式计算)，m^2；

Q——分配给各井巷的风量，m^3/s。

对于小型矿井，一般只计算困难时期的通风总阻力。

第四节　矿井通风设备选型

矿井通风设备包括主要通风机和它的电动机，所以选择矿井通风设备须先选好主要通风机，然后再选择适当的电动机。

一、矿井通风设备的要求

(1) 矿井必须装设两套同等能力的主通风设备，其中一套备用。

(2) 选择的通风设备应满足第一开采水平各个时期工况的变化，并照顾下一水平的通风需要且能使通风设备长期高效率运行。当工况变化较大时，根据矿井分期时间及节能情况，应分期选择电动机，但初装电动机的使用年限不宜少于10 a。

(3) 通风机能力应留有一定的余量，轴流式通风机在最大设计负压和风量时，轮叶运转角度比允许范围小5°，离心式通风机的选型设计转速不宜大于允许最高转速的90%。

(4) 进、出风井口的高差在150 m以上，或进、出风井口标高相同，但井深在400 m以上时，宜计算矿井的自然风压。

(5) 矿井主要通风机机房，应有两回直接由变(配)电所输出的供电线路，线路上不应分接任何负荷。

(6) 所选电动机应满足通风机在整个启动过程及稳定运行中的力矩要求，如用同步电动机拖动轴流式通风机时，还应校验其牵入转矩。

(7) 为简化供电系统，避免中间变压，当电动机功率较大可以选用高压电动机时，应尽量优先选用高压电动机。

(8) 在通风机的服务年限内，其在矿井通风容易和困难时期的工况点，均应在合理的工作范围之内，使通风机稳定、经济地运转。

(9) 一个井筒尽量采用单一通风机的工作制度。

(10) 主要通风机必须装有反风设备，必须能在10 min内改变巷道中的风流方向。

(11) 装有主要通风机的回风井口，应安装保护通风机的防爆门。防爆门应设计成因事故打开后易于复原，并在通风机反风时不被风流顶开。

二、主要通风机的选择

矿井通风机一般是根据矿井通风容易和困难时期通风机的风量、风压，按通风机特性曲线来选择的。

1. 计算通风机风量 Q_f

由于井口防爆门及主要通风机反风门等处的外部漏风，通风机风量 Q_f 应大于矿井需风量 Q_m，并由下式求出：

$$Q_f = kQ_m \tag{8-30}$$

式中　Q_f——主要通风机风量，m^3/s；

Q_m——矿井需风量，m^3/s；

k——漏风损失系数，风井不作提升用时取1.1，箕斗井兼作回风用时取1.15，回风井兼作升降人员时取1.2。

2. 计算通风机风压

通风机全压 H_{td} 和矿井自然风压 H_n 共同作用克服矿井通风系统的总阻力 h_m、通风机附属装置(风硐和扩散器)的阻力 h_d 及扩散器出口动能损失 h_{vd}。当自然风压与通风机风压作用相同时取"－"，自然风压与通风机风压作用反向时取"＋"。

根据提供的通风机性能曲线，由下式求通风机全压：

$$H_{td} = h_m + h_d + h_{vd} \pm H_n \tag{8-31}$$

进一步讲，离心式通风机大多提供全压曲线，而轴流式通风机大多提供静压 H_{sd} 曲线。通风容易时期自然风压与通风机风压作用相同，通风机有较高功率，故从通风系统阻力中减去自然风压 H_n；通风困难时期自然风压与通风机风压作用反向，故通风系统阻力需加上自然风压 H_n。所以，对于抽出式通风矿井：

① 离心式通风机

容易时期：

$$H_{tdmin} = h_m + h_d + h_{vd} - H_n \tag{8-32}$$

困难时期：

$$H_{tdmax} = h_m + h_d + h_{vd} + H_n \tag{8-33}$$

② 轴流式通风机

容易时期：

$$H_{sdmin} = h_m + h_d - H_n \tag{8-34}$$

困难时期：

$$H_{sdmax} = h_m + h_d + H_n \tag{8-35}$$

对于压入式通风系统，式(8-32)、式(8-33)中的 h_{vd} 表示出风井的出口风压，式(8-34)、式(8-35)中的 h_d 表示风硐的阻力。

3. 初选通风机

根据计算的矿井通风容易时期通风机的 Q_f、H_{sdmin}(或 H_{tdmin})和矿井通风困难时期通风机的 Q_f、H_{sdmax}(或 H_{tdmax})，在通风机特性曲线上选出满足矿井通风要求的通风机。

4. 求通风机的实际工况点

要求主要通风机在通风困难和通风容易两个时期的工况点都应在特性曲线的合理工作范围内。因为根据 Q_f、H_{sdmin}(或 H_{tdmin})和 Q_f、H_{sdmax}(或 H_{tdmax})确定的工况点，即设计工况点不一定恰好在所选择通风机的实际工况点。在特性曲线上，必须根据通风机的工作阻力，确定其实际工况点。

(1) 计算通风机的工作风阻

① 用静压特性曲线时：

$$R_{sdmin} = H_{sdmin}/Q_f^2 \tag{8-36}$$

$$R_{sdmax} = H_{sdmax}/Q_f^2 \tag{8-37}$$

② 用全压特性曲线时：

$$R_{tdmin} = H_{tdmin}/Q_f^2 \tag{8-38}$$

$$R_{tdmax} = H_{tdmax}/Q_f^2 \tag{8-39}$$

(2) 确定通风机的实际工况点

在通风机特性曲线图中作通风机工作风阻曲线，该工作风阻曲线与风压曲线的交点即为实际工况点。

5. 确定通风机的型号和转速

根据各台通风机的工况参数（Q_f、H_{sd}、η、N）对初选的通风机进行技术、经济和安全性比较，最后确定满足矿井通风要求，技术先进、效率高和运转费用低的通风机的型号和转速。

三、主要通风机的电动机的选择

1. 电动机功率的计算

按通风容易时期和通风困难时期，分别计算通风机所需输入功率：

$$N_{min} = Q_f H_{sdmin}/(1\,000\eta_s) \tag{8-40}$$

$$N_{max} = Q_f H_{sdmax}/(1\,000\eta_s) \tag{8-41}$$

或

$$N_{min} = Q_f H_{tdmin}/(1\,000\eta_t) \tag{8-42}$$

$$N_{max} = Q_f H_{tdmax}/(1\,000\eta_t) \tag{8-43}$$

式中 η_t，η_s——通风机全压效率和静压效率；

N_{min}，N_{max}——矿井通风容易时期和通风困难时期通风机的输入功率，kW。

2. 电动机台数及种类的确定

当 $N_{min} \geqslant 0.6N_{max}$ 时，可选一台电动机，电动机功率为：

$$N_e = N_{max}k_e/(\eta_e\eta_{tr}) \tag{8-44}$$

当 $N_{min} < 0.6N_{max}$ 时，选两台电动机，电动机功率为：

初期：
$$N_e = \sqrt{N_{min}N_{max}}\,k_e/(\eta_e\eta_{tr}) \tag{8-45}$$

后期：
$$N_e = N_{max}k_e/(\eta_e\eta_{tr}) \tag{8-46}$$

式中 N_e——电动机功率，kW；

k_e——电动机容量备用系数，取 1.1～1.2；

η_e——电动机效率，取 0.9～0.94（大型电机取较高值）；

η_{tr}——传动效率，电动机与通风机直联时取 1，胶带传动时取 0.95。

根据周围的工作环境，通风机一般选用开启式或防护式电动机。选择电动机时还应全面综合考虑通风机调整及矿井功率因数补偿的要求。一般情况下，当电动机功率小于 200 kW 时，宜选用低压鼠笼式电动机；在 250～400 kW 时，宜选用高压鼠笼式电动机；大于 400 kW 时，宜选用同步电动机，其优点是在低负荷运转时可以用来改善电网功率因数，使矿井经济用电，缺点是这种电动机的购置和安装费较高。

当矿井风压变化较大时，可考虑分期选择电动机，但每台电动机的使用年限一般不少于 10 a。选择电动机的转速和主要通风机的转速要相匹配。

3. 电动机的启动方式

电动机的启动方式，可分为直接启动和降压启动。当启动电压降不超过 15%，而又能自动启动时，则采用直接启动，鼠笼式电动机应优先考虑采用直接启动，只有不允许直接启动时才考虑降压启动。降压启动分自耦变压器降压启动、星形-三角形降压启动、延边三角形降压启动、电抗器降压启动及频敏变阻启动等几种方式。

第五节　矿井通风系统安全性评价

煤矿井下煤炭自燃、瓦斯、粉尘以及其他有害气体的中毒和窒息等灾害事故所占比例较高，危害较大，其主要致因是矿井通风系统不完善。所以，应努力提高矿井通风系统的安全性,以便增强对上述事故的防范和抵御能力。

矿井通风系统由通风动力及其装置、通风井巷网络、风流监测与控制设施等组成。其任务是利用通风动力,以最经济的方式,向井下各用风地点提供优质、足量的新鲜空气,以保证井下作业人员的生存、安全和改善劳动环境的需要;在发生灾变时,能有效、及时地控制风向及风量,并配合其他措施,防止灾害的扩大。完成上述任务的可靠程度通常以矿井通风系统的安全可靠性来衡量。评价矿井通风系统安全可靠性的目的在于:及时发现矿井通风系统中存在的问题和安全隐患,调整和改造系统;优化通风设计,准确编制事故预防与处理方案,同时,指导现场通风安全管理。

矿井通风系统是一个复杂、动态的系统,受到众多、复杂的内外因素影响,其安全性评价属于多因素综合评价问题。

一、矿井通风系统安全性定义

矿井通风系统安全性定义应包括两层意思:一是必须保证矿井正常生产;二是能够预防和控制灾害的发生、发展。具体来说,矿井通风系统的安全性应满足下列要求:

① 矿井通风系统的结构合理、完备,整套系统稳定可靠。

② 井下各用风地点的风量满足要求,且其可控性强。

③ 有利于排除瓦斯、粉尘、热源和防止煤炭自燃。

④ 具有控制各种自然灾害的能力,既能抑制事故的发生,又可在由其他原因引起事故时及时地控制和消除事故。

二、矿井通风系统安全性评价指标

指标应能反映矿井通风系统各组成部分的安全质量。从安全角度出发对矿井通风系统进行全面分析,并参考《煤矿安全规程》等规范、标准中的有关规定、指标和现场科技人员的经验,再按照有关原则来确定,可考虑下列 9 个评价指标。

(1) 主要通风机运转稳定性。主要通风机的稳定运转与否决定着矿井通风系统的安全可靠程度。

(2) 各用风地点是否实行分区通风且风量足够。每一生产水平都必须布置回风巷,实行分区通风;采煤和掘进工作面都应采用独立通风;为了防止瓦斯、粉尘和热害事故,要求风量足够。

(3) 矿井通风量供需比。矿井实际风量应大于或等于井下所需风量,它能保证各用风地点风量足够,也可改善井下劳动环境和保障安全生产。

(4) 通风设备的自动监控系统。主要通风机和局部通风机正常运转很重要,风门失控会造成风流短路和通风系统紊乱,危及井下生产的安全。

(5) 调节设施的合理性。井下的风门、风窗等调节设施越多,矿井通风系统的稳定性就越低。因此需要安装时应选择适当位置且尽量少地安装这些设施。

(6) 是否有利于排除瓦斯和粉尘、防止煤炭自燃及降温。瓦斯、粉尘的积聚会引起爆炸事故,煤炭自燃则直接威胁着矿井安全生产,这些和高温矿井降温均与矿井通风系统及其设备密切相关。

(7) 矿井通风压力。其值越高,井下风量越大,漏风率也越大,管理越困难,因而易引起瓦斯积聚和煤炭自燃。

(8) 反风系统的灵活程度。进行反风是井下发生火灾、爆炸事故时防止灾害扩大的重要措施。主要通风机必须安装反风设施，并能在 10 min 内改变巷道中风流方向且风量不小于正常值的 40%。

(9) 隔爆装置完善程度。它是阻止瓦斯、粉尘爆炸传播的有效办法。当矿井开采煤层具有爆炸危险性以及瓦斯含量高时，其两翼及相邻的采区、煤层和工作面，都应设置水棚或岩粉棚实行隔离。

复习思考题

8-1　矿井通风系统包括哪些部分？

8-2　简述拟定矿井通风系统的原则和要求。

8-3　简述矿井通风设计的步骤。

8-4　矿井通风系统主要有哪几种类型？说明其特点及适用条件。

8-5　试述矿井通风系统安全性评价的目的和作用。

第九章　矿井热害

随着采矿工业的发展，矿井开采深度逐渐增加，综合机械化程度不断提高，地热和井下设备向井下空气散发的热量显著增加，而且矿井瓦斯、地压等问题也日趋严重，从而使井下工作环境越来越恶劣，矿井通风工作面临越来越大的困难。此外，一些地处温泉地带的矿井，虽然开采深度不大，但由于从岩石裂隙中涌出的热水或与热水接触的高温围岩放热，也都使矿内气温升高，湿度增大。矿内高温、高湿环境严重影响井下作业人员的身体健康和生产效率，并已形成灾害——热害。热害已逐渐成为与瓦斯、煤尘、顶板、火、水同样严重的煤矿井下自然灾害。

目前我国很多煤矿都受到热害的困扰，并日趋严峻。普遍认为，矿井热害最终将成为制约矿井开采深度的决定性因素。在井下创造一个可承受的工作气候环境，往往需要昂贵的通风系统以及空调系统，为了合理设计与正确运用这两个系统，必须了解矿井热源对井下环境所起的作用，以便采取措施予以控制，以保护矿工的身体健康，提高生产效率。

第一节　矿井热源

能引起矿井气温升高的环境因素统称为矿井热源。

在众多的矿内热源中，有些热源所散发的热量主要取决于流经该热源的风流温度及其水蒸气分压力，例如岩体散热和水与风流间的热湿交换就属于这种类型，一般称它们为相对热源或自然热源，另一类热源所散发的热量并不取决于风流的温、湿度，而仅取决于它们在生产中所起的作用，例如机电设备的放热，所以也称它们为绝对热源或人为热源。

矿井主要热源大致分为以下几类。

一、地表大气

井下的风流是从地表流入的，因而地表大气温度、湿度与气压的日变化和季节性变化势必影响到井下。

地表大气温度在一昼夜内的波动称为气温的日变化，它是由地球每天接受太阳辐射热和散发的热量变化造成的。虽然地表大气温度的日变化幅度很大，但当它流入井下时，井巷围岩将产生吸热或散热作用，使风温和巷壁温度达到平衡，井下空气温度变化的幅度逐渐衰减。因此，在采掘工作面上，基本察觉不到气温的日变化情况。当地表大气温度发生持续数日的变化时，这种变化才能在采掘工作面上被察觉到。

地表大气的温、湿度的季节性变化对井下气候的影响要比日变化深远得多。研究表明，在给定风量的条件下，无论是日变化还是季节性变化，气候参量的变化率均与风流流经的井巷距离成正比，与井巷的截面积成反比。

地面空气温度直接影响矿内空气温度，尤其对浅井，影响就更为显著。地面空气温度发生着年变化、季节变化和昼夜变化。地面空气温度的变化对于每一天都是随机的，但遵循一定的统计规律，这种规律可以近似地以正弦曲线表示，如下式所示：

$$t = t_0 + A_0 \sin(\frac{2\pi\theta}{365} + \varphi_0) \tag{9-1}$$

式中　t——地面气温，℃；

t_0——地面年平均气温，℃；

θ——时间，天，取值 1～365；

φ_0——周期变化函数的初相位，rad；

A_0——地面气温年波动振幅，℃。它可以按照下式计算：

$$A_0 = \frac{t_{\max} - t_{\min}}{2} \tag{9-2}$$

式中　$t_{\max}$，$t_{\min}$——地面最高、最低月平均气温，℃。

地面气温周期性变化，使矿井进风路线上的气温也相应地发生周期性变化，井下气温的变化要稍微滞后于地面气温的变化。

二、流体的自压缩（或膨胀）

严格说来，流体的自压缩（self-compression）并不是一个热源，它是空气在重力作用下其位能经摩擦转换为焓，因而引起温度升高。由于在矿井的通风系统与空调系统中，流体自压缩引起的温升对井下风流的参量具有较大影响，所以一般将它归结为热源予以讨论。

1. 空气自压缩升温的理论分析

矿井深度的变化，使空气受到的压力也随之而改变。当风流沿井巷向下（或向上）流动时，空气的压力值增大（或减小）。空气的压缩（或膨胀）会放热（或吸热），从而使矿井温度升高（或降低）。由矿内空气的压缩或膨胀引起的温度变化值可按下式计算：

$$\Delta t = \frac{(n-1)}{n} \frac{g}{R} (Z_1 - Z_2) \tag{9-3}$$

式中　Δt——温度变化值，℃；

n——多变指数，对于等温过程，$n=1$，对于绝热过程，$n=1.4$；

g——重力加速度，9.81 m/s^2；

R——气体常数，对于干空气，$R=287$ J/(kg·K)；

Z_1，Z_2——地点 1、2 的标高，m。

在绝热情况下，$n=1.4$，则式(9-3)可简化为：

$$\Delta t = \frac{\Delta Z}{102} \tag{9-4}$$

式中　ΔZ——标高差，m。

上式表明，井巷垂深每增加 102 m，空气由于绝热压缩释放的热量使其温度升高 1 ℃；相反，当风流向上流动时，则又因绝热膨胀，使其温度降低。实际上，由于矿内空气是湿空气，空气的含湿量也随着压力的变化而变化，因此热、湿交换的热量有时掩盖了压缩（或膨胀）放出（或吸收）的热量，所以实际的温度变化值与计算值是略有差别的。

2. 自压缩对风流的升温效应

如果没有同周围介质发生热、湿交换，每 1 kg 流体在向下流动的高差为 1 000 m 时，其焓增 Δi 为 9.81 kJ。

对于干空气来说，比热容 $c=1.005$ kJ/(kg·℃)，则风流向下流动高差为 1 000 m 时的干球温升：

$$\Delta t=\frac{\Delta i}{c}=\frac{9.81}{1.005}=9.76\ ℃ \tag{9-5}$$

对于湿空气来说，比热容 $c=1.032$ kJ/(kg·℃)，则风流向下流动高差为 1 000 m 时的干球温升：

$$\Delta t=\frac{\Delta i}{c}=\frac{9.81}{1.032}=9.51\ ℃ \tag{9-6}$$

可见，风流如果没有与其周围介质进行热、湿交换时，千米井筒里流动风流的自压缩温升约 10 ℃。好在煤矿的井巷并不是完全干燥的，存在换湿过程，水分的蒸发是要消耗相当数量的热量，从而抵消部分的风流干球温升，使风流实际的干球温升值没有像上面计算的那么大。但是水分的蒸发会使风流含湿量增大，对井下的气候条件也是不利的。

在进风井筒里，风流的自压缩是最主要的热源，且往往是唯一影响显著的热源，而在其他的倾斜井巷里，特别是在采煤工作面上，风流的自压缩则是次要因素。

风流的自压缩是无法消除的，对于像南非那样的近 4 000 m 的特深金矿来说，其危害更为突出，在无热、湿交换的井筒里，其井底车场里风流的干球温升约 40 ℃，焓增约 40 kJ/kg。如进风量为 200 m^3/s，则意味着其热量可达 10 MW，这是一个相当巨大的热源，而且进风量越大，其热量的总增量也越高。在这种情况下，增大风量已不是降低井下风温的有效措施，反而成为负担。

由于带走井内热量的介质仅有流动于井下的风、水，而到达采掘工作面的风、水温度受限于法定的矿内卫生标准，因而风流自压缩引起的焓增势必缩小了风、水带走井下热量的能力。

风流在沿着倾斜或垂直井巷向上流动时，因膨胀其焓值有所减少，温度也将下降，其数值和向下流动时是相同的，不过符号相反而已。

三、围岩散热

当流经井巷风流的温度不同于原始岩温时，就要产生换热，即使是在不太深的矿井里，原始岩温也要比风温高，因而热流往往是从围岩传给风流，在深矿井里，这种热流是很大的，甚至于超过其他热源的热流量之和。

原始岩温场的分布规律取决于地球的内部热源和太阳对大地的辐射热。内热与外热共同作用的结果，形成了地壳特有的温度场。根据地温随深度变化特点，自地表向下可将地壳浅层的地温场分为变温带、恒温带和增温带 3 个带。

围岩向井巷传热的途径有 2 个：一是通过热传导自岩体深处向井巷传热；二是经裂隙水通过对流将热量传给井巷。井下未被扰动的岩石的温度(原岩温度)随着与地表距离的增加而上升，其温度的变化是由自围岩深处径向向外的热流造成的。原岩温度(virgin rock temperature)的具体数值取决于地温梯度(geothermal gradient)和埋藏深度。在大多数情况下，围岩主要以热传导的方式将热传给巷壁，当岩体裂隙水向外渗流时则存在对流传热。

在井下，井巷围岩的热传导是非稳态过程，即使是在井巷壁面温度保持不变的情况下，由于岩体本身就是热源，所以自围岩深处向外传导的热量值也随时间而变化。随着时间的推移，被冷却的岩体范围逐渐扩大，因而需要从围岩的更深处将热量传递出来。

由于地质和生产上的原因，围岩向风流的传热是一个非常复杂的过程，计算也非常烦琐，不同的学者提出了不同的计算方法，为了使理论计算成为可能，一般要进行下列假设：

(1) 井巷的围岩是均质且各向同性的。

(2) 在分析开始时,岩石温度是均一的,且等于该处岩石的原岩温度。

(3) 巷道的横断面积是圆形的,且热流流向均为径向。

(4) 在巷道走向壁面和横截面上各点处,换热条件保持不变。

(5) 在所分析的巷段里,空气的温度是恒定不变的。

当上述 5 条假设条件均能够满足时,则单位长度巷道的围岩所传递热流量可用下式进行计算:

$$q = 2\pi\lambda T(Fo)(t_{gu} - t_s) \tag{9-7}$$

式中 q——单位长度巷道的围岩所传递的热流量,W/m;

λ——围岩的导热率,W/(m·K);

t_{gu}——围岩的原岩温度,℃;

t_s——巷道壁面的温度,℃;

$T(Fo)$——考虑到巷道通风时间、巷道形状以及围岩特性的时间系数,可用傅立叶数来描述:

$$Fo = \theta a / r^2 \tag{9-8}$$

Fo——傅立叶数;

θ——巷道通风时间,s;

r——巷道的半径,m;

a——围岩的导温系数(热扩散系数),m^2/s:

$$a = \lambda / \rho_r \cdot c_r \tag{9-9}$$

ρ_r——围岩的密度,kg/m^3;

c_r——围岩的比热容,J/(kg·K)。

当风流的干球温度 t_a 等于巷道壁面的温度 t_s 时,则在时间 θ 时,从巷道单位面积上传递的热流量为:

$$q/A = \sqrt{\lambda\rho_r c_r / \pi\theta}\,(t_{gu} - t_a) \tag{9-10}$$

式中 A——巷道表面积,m^2。

则巷道从零时刻开始累计的单位面积上传递的热量为:

$$Q/A = 2\sqrt{\lambda\rho_r c_r \theta / \pi}\,(t_{gu} - t_a) \tag{9-11}$$

此处 Q 为从零时刻开始累计的热量值,J。

当暴露时间不同时,从一个采场的砂岩顶板单位面积上传递的热流量如表 9-1 所列。

表 9-1 从砂岩顶板单位面积上传递的热流量

岩石裸露的时间/h	单位面积上传递的热流量/($W \cdot m^{-2}$)	岩石裸露的时间/h	单位面积上传递的热流量/($W \cdot m^{-2}$)
0.1	714	8	51.5
0.5	206	16	36.4
1	146	32	25.8
2	103	64	18.2
4	73	128	12.9

从表 9-1 中可以看出，随着岩石裸露时间的延长，从岩石单位面积上传递出来的热流量衰减得很快。由式(9-10)可以看出，单位面积围岩传给风流的热流量与温差($t_{gu}-t_a$)成正比，与巷道裸露时间倒数的平方根$\sqrt{1/\theta}$成正比，并与岩石的热物理特性的平方根$\sqrt{\lambda\rho_r c_r}$成正比。经计算得知，如果采掘工作面回采的日进尺为 1 m，则新裸露出来的岩石温度几乎就等于原岩温度，所以这样的劳动环境是非常热的。如果在岩石新裸露出来的短时间里，用冷水冷却岩石表面，则能够得到很好的冷却效果。

由于岩体内的温度梯度很大，热阻主要是岩体本身，因而岩石表面与风流间的热阻相对较小。实测表明，岩石裸露数星期之后，其表面温度几乎和风温相同，温差不超过 1%。

四、机电设备的放热

随着机械化程度的提高，煤矿中采掘工作面机械的装机容量急剧增大。机电设备所消耗的能量除了部分用于做有用功外，其余全部转换为热能并散发到周围的介质中去。由于在煤矿井下，动能的变化量可以忽略不计，所以机电设备做的有用功是将物料提升到较高的水平，即增大物料的势能。而转换为热能的那部分电能，几乎全部散发到流经设备的风流中。回采机械的放热是工作面气候恶化的主要原因之一，能使风流温度上升5～6 ℃。

机电设备散给空气的热量一般可用下式进行计算：

$$Q_e = (1-\eta)NK \tag{9-12}$$

式中 N——机电设备的功率，W；

K——机电设备的时间利用系数；

η——机电设备效率，%。

五、其他热源

1. 运输中的煤炭及矸石的散热

运输中的煤炭以及矸石的散热，实质上是围岩散热的另一种表现形式。

实测表明，在高产工作面的长距离运输巷道里，煤岩散热量可达 230 kW 或更高一些。煤炭及矸石在运输过程中的散热量可用下式进行计算：

$$Q_K = m_K c_K \Delta t_K \tag{9-13}$$

式中 Q_K——运输中的煤炭及矸石的散热量，kW；

m_K——运输中的煤炭及矸石的量，kg/s；

c_K——运输中的煤炭及矸石的平均比热容，在一般情况下，$c_K\approx1.25$ kJ/(kg·℃)；

Δt_K——运输中的煤炭及矸石在所考察的巷段里被冷却的温度值，℃。

2. 热水的散热

对于大量涌水的矿井，涌水可能使井下气候条件变得异常恶劣。我国湖南的 711 铀矿和江苏的韦岗铁矿就曾因井下涌出大量热水，迫使采矿作业无法安全、持续地进行，经采用超前疏干后，生产才得以恢复。因而在有热水涌出的矿井里，应根据具体的情况，采取超前疏干、阻堵、疏导等措施，或者使用加盖板水沟排出，杜绝热水在井巷里漫流。

在一般情况下，涌水的水温是比较稳定的，在岩溶地区，涌水的温度一般同该地原岩温度相差不大，例如在广西合山里兰煤矿，其顶底板均为石灰岩，其煤层顶板的涌水温度较当地原岩温度低 1～2 ℃；底板涌水温度约较当地原岩温度高 1～2 ℃。如果涌水来自或流经地质异常地带，水温可能较高，甚至可高达 80～90 ℃。

3. 煤炭氧化放热

煤炭的氧化放热(oxidizing heat)是一个相当复杂的问题,很难将煤矿井下煤炭氧化放热量同井巷围岩的散热量区分开来。实测表明,在正常情况下,一个采煤工作面的煤炭氧化放热量很少能超过 30 kW,所以不会对采煤工作面的气候条件产生显著影响。但是当煤层或其顶板中含有大量的硫化铁时,其氧化放热量可能较大。

当井下发生火灾时,根据火势的强弱及范围的大小,可能形成大小不等的热源,但它一般只是短期现象,在隐蔽的火区附近,则有可能使局部岩温上升。

4. 人员放热

井下工作人员的放热量主要取决于他们所从事工作的繁重程度以及持续工作的时间,一般煤矿工作人员的能量代谢产生热量为:休息时每人的散热量为 90～115 W;轻度体力劳动时每人的散热量为 250 W;中等体力劳动时每人的散热量为 275 W;繁重体力劳动时(短时间内)每人的散热量为 470 W。

虽然可以根据一个工作地点的工作人员数及其劳动强度、持续时间计算出他们总放热量,但其量很小,一般不会对井下的气候条件产生显著影响,所以可忽略不计。

第二节　矿内热环境

矿内热环境(mine hot environment)是指地下开采矿山井下的热微气候。常习惯把恶劣的热环境称为热害。矿内热环境包括矿内空气温度、空气相对湿度、空气流速、巷道支护结构与岩壁的温度等参数。井下高温高湿的气候环境不仅破坏了人体的热平衡,产生过高的热应力,使人感到不舒适,而且可能导致中暑,使人的心理、生理反应失常,影响作业人员的身体健康,降低生产效率,而且威胁到井下的安全生产。因此,研究生产环境的热应力与人体的热应变,进而控制热环境对人体的危害和对生产的不利影响,是矿井通风安全的主要任务之一。

一、表征矿内热环境的指标

由于影响人体热平衡条件的复杂性和不同矿区矿工耐高温性的差异,世界各国采用的评价矿内热环境的指标和制定矿内劳动条件的标准也不尽相同。在矿井条件下,影响人体热平衡的主要微气候条件是空气的温度、湿度和风速。因此,仅用一个干球温度或湿球温度来制定矿内气候标准是不完善的。但是,要找到一项完全能准确地反映环境因素对人体热平衡的综合影响的指标也是很困难的。

目前采用的表征矿内热环境的指标可以归纳为三类:直接型、经验型和理论型。

(1) 直接型指标

① 干球温度(t)(dry-bulb temperature)

干球温度是人们最熟悉和易于测定的指标,但其不能全面反映出矿内的气候条件及人体的热感觉。

② 湿球温度(t_w)(wet-bulb temperature)

在矿内的热湿环境中,湿球温度能反映环境的热湿情况。在一定的条件下,1 ℃湿球温度的变化同 9.3 ℃干球温度的变化对人体热舒适的影响相同。

③ 风速(air velocity)

在井下高温作业场所，保证足够的风流运动，空气的冷却能力就会得到改善，就能增加人体的散热能力。实际经验表明，适当增加井下风流的风速，能有效地降低空气的干、湿球温度。

（2）经验型指标

① 卡他度（Kata degree）

卡他度就是被加热到 36.5 ℃时的卡他温度计的液球，在单位时间、单位面积的表面上所散发的热量，单位为 mcal/(cm^2 · s)。

卡他度可通过测定卡他温度计的液柱由 38 ℃降到 35 ℃所经过的时间 θ 而求出。

$$H = F/\theta \tag{9-14}$$

式中　H——卡他度；

F——卡他温度计常数；

θ——由 38 ℃降到 35 ℃时所经过的时间，s。

② 等效温度（equivalent temperature）

等效温度以气流静止不动（风速为零）而相对湿度为 100％的条件下使人产生某种热感觉的空气温度，来代表不同风速、不同相对湿度、不同气温条件下使人产生的同一热感觉。

③ 湿黑球温度（wet-black-bulb temperature）

湿黑球温度同时综合了温度、湿度、风速和热辐射 4 项指标，用湿球黑球温度指数 $WBGT$ 表示。

在井下的条件下

$$WBGT = 0.7t_w + 0.3t_{wb} \tag{9-15}$$

式中　t_w——井下空气的湿球温度，℃；

t_{wb}——黑球温度，℃。

（3）理论型指标

比冷却力（SCP）是近年来人们努力推行的一种理论型的评价矿内气候条件的指标。该指标建立在传热学的理论基础之上，它表示周围环境通过热辐射、对流与传导、蒸发等方式对正在劳动的工人皮肤表面（平均按 1.75 m^2 计算）的最大冷却能力。其计算单位是 W/m^2。比冷却力与人体能量代谢率相适应，是人体与周围环境的最大热交换速率。

二、矿内热环境对人体健康的影响

研究矿内热环境对人体健康的影响，首先要研究人体散热，建立人体热平衡的数学模型。人体的散热方式有 3 种：热辐射、对流与传导、汗液蒸发。热辐射即物体由于热而发出辐射能的现象。对流散热即由于流动的空气不断将人体散发的热量带走的散热过程；传导散热即当空气温度低于人体的皮肤温度时，热量自人体传导给空气的流程。汗液蒸发即人体通过汗液的分泌和蒸发的方式向外散发热量的过程，分为看不见的蒸发（非敏感性出汗）和出汗（敏感性出汗）2 种。

当矿内空气温度低于 28 ℃时，人体蒸发散热很少，主要是热辐射、对流与传导散热；当空气温度达到 30 ℃时，蒸发散热量的比例增大；当空气温度超过 34 ℃时，蒸发散热成为人体散热的唯一方式。

人体的散热能力有 3 个特点：① 人体最大的散热能力是出汗；② 人体的散热能力与劳动持续时间有关；③ 人体的散热能力有一定的限度。

人体热平衡的数学模型如下：

$$Q = M \pm R \pm C - E - H \pm G \tag{9-16}$$

式中 Q——热平衡值，W；

M——新陈代谢产热量，W；

R——热辐射散热量，W；

C——对流放热量，W；

E——人体汗液蒸发的散热量，W；

H——人对外界所做的功，W；

G——人体导热的换热量，W。

Q值为负值时表示人体散热量大于能量代谢产热量，Q值为正值时表示人体处于受热状态，即蓄热状态。在高温环境中劳动，人体往往处于蓄热状态。

人体的蓄热热量若不能散发出去，就会积聚在体内，使体温升高，如果升高值不超过正常生理变动范围（正常人体温为36.5～37.5 ℃，最高为38 ℃），尚可不致发生热代谢失调，一旦脱离高温地点，便可迅速恢复；如果体内积热超过一定值，使体温达到38 ℃以上，可能导致体温调节机能失常，甚至出现热病。因此，人体的总产热量与人体的总散热量之间要保持平衡，以保证体温恒定在正常范围之内。工人在从事体力劳动时，能量代谢产热量随劳动强度的加大而增加，必须加强散热，才能维持人体的热平衡。

人体长时间处于高温状态引起的症状有：头晕、头痛、恶心、出虚汗、疲乏、焦虑、易激动、自控能力降低，严重者会出现虚脱、抽搐、热惊厥、中暑直至死亡。

研究资料表明，矿工在矿内进行各种劳动时，产生的热量约为175～380 W。其中，打眼放炮产热量为220～260 W；用铁锹装车时为320～380 W；在平巷中正常行走时为290 W，在20°～30°的斜巷或采煤工作面中行走时产热量为580 W，而在爬行时则高达1 250 W。人体产生的热量除了部分用于维持生命活动所需之外，余下的则作为机械活动对外做功。但由于人体的机械效率较低，多余的热量需散发到周围空气中，否则会危及到人体的健康和生命。

我国医学科研部门曾对高温环境中作业的矿工所患疾病进行过调查：100%的矿工有头晕症状；58%的矿工有眼花症状；45%的矿工有头痛和乏力症状。新汶村孙村煤矿在1984年矿井空调系统运行之前，在井下高温采掘工作面工作的矿工的发病率比在常温下高1.83倍，最高达3.61倍。

在高温、高湿、繁重体力劳动的条件下，能量代谢大大加快，产热量增多，出汗量也加大，相对排汗量下降，体内热量散发不出去，积热增多，导致人体产热与散热的平衡状态遭到破坏，此时极可能发生热病。其中最常见的热病有：中暑（heat stroke）、热衰竭（heat exhaustion）、热虚脱（heat collapse）及热痉挛（heat cpasm）。

三、矿内热环境对井下生产效率的影响

劳动环境对人的精神状态和体力影响很大，它直接关系到每个人在劳动过程中的能量消耗和作业能力。人们在劳动时所消耗的能量是由肌肉细胞中三磷酸腺苷（ATP）的分解提供的。在高温高湿的环境中从事繁重的体力劳动，需要的能量很多，而形成ATP的速度不能满足需要。在高温高湿环境中作业，随着劳动强度的加大，人体的热负荷增多，当热负荷超过一定限度时，首先感到闷热不舒适，这时人体极易产生疲劳感，劳动效率下降。

据研究分析可知,高温对工作效率的影响,大体有几个阶段:温度在 27～31 ℃范围时,主要影响是肌部用力的工作效率下降,并且促使用力工作的疲劳加速;在温度高达 32 ℃以上时,需要较高注意力的工作及精密性工作的效率也将受到影响。

据调查,井下工人在热环境中劳动效率大大下降,即使劳动时间缩短,工人也难以坚持。图 9-1 是对铲土工人所做的实验结果,它表明了温度和空气速度对体力劳动效率的影响,当干球温度为 27.2 ℃时,工作效率为 100%,随着温度的升高和空气速度的降低,工作效率明显下降。

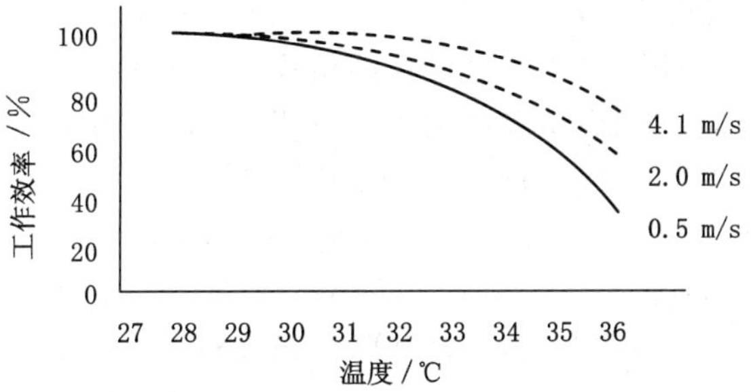

图 9-1 体力劳动工作效率与温度和风速关系

综上所述,高温高湿的生产环境必然使劳动生产效率降低,所以创造一个良好的劳动环境,无疑对矿工劳动能力的发挥是有益的,同时也将大大提高劳动生产效率。

四、矿内热环境对矿井生产安全的影响

随着开采深度的增加,矿内空气温度逐渐升高,工人劳动环境严重恶化。根据《煤矿安全规程》规定:当采掘工作面空气温度超过 26 ℃、机电设备硐室超过 30 ℃时,必须缩短超温地点工作人员的工作时间;当采掘工作面的空气温度超过 30 ℃、机电设备硐室超过 34 ℃时,必须停止作业。

高温高湿环境不仅严重地危害了人体的身体健康,而且时刻威胁着生产的正常进行。因为人体在热环境中,中枢神经系统受到抑制,使注意力分散,降低了动作的准确性和协调性。高温高湿的环境容易使工人处于昏昏欲睡的状态,且工人心理上易烦躁不安,加上繁重的体力劳动,工人的机警能力降低,从而使事故的发生率上升。

五、矿内热环境参数的预测及评估

地面大气进入井下后,因受各种热源的影响,其热力状态参数不断发生变化,其变化随流程和时间而不同。对生产矿井的已有巷道可以实测其空气状态参数,但对于设计矿井、水平、采区或采面则只能进行预测。预测矿井空气状态参数的目的在于:预测井下某工作地点的热害程度;为矿井选择一个正确合理的热害治理方法提供依据;为高温矿井的降温设计提供计算的基础数据。因此,矿井空气状态参数的预测在矿井热害治理工作中有着十分重要的意义。

矿井空气状态参数的预测,具体地讲就是预测井下空气的温度、湿度和压力三个基本参数,其他参数可由这三个参数计算。在这三个参数中通常又以预测温度为主,故又称为矿井空气温度(或风温)预测。

风温预测的基本过程是从入风井口或某一已知巷道断面开始,顺着风流的流动方向,对下一个断面上的风温进行预测，以此断面的参数再预测它的下一个断面，依此类推，预测出任一断面上的风流的状态参数。

(1) 矿井空气压力和湿度的预测

① 矿井空气压力的预测

矿井空气压力预测是指根据地面或矿内某一点的绝对压力预测井下其他各点的绝对压力。

② 矿井空气湿度的预测

基于煤矿井下空气湿度偏大(一般在80%～100%之间)，且常年变化不大的事实，采用根据预测矿井(对新设计矿井可参照条件相似的相邻矿井)的空气湿度实际分布和变化的常年统计的数值作为预测值，统计的数值一般为：(a) 井底车场：80%～95%，当井筒内淋水较大时约为100%；(b) 开拓大巷中无淋水时为80%～90%；(c) 采区巷道和采煤工作面为90%～100%；(d) 风筒内为80%～85%；(e) 采掘工作面采用空气冷却器制冷降温时，流出冷却器的风流相对湿度可达98%～100%；但进入工作面后空气相对湿度有所减小，在回风侧一般为85%～95%；(f) 采区回风侧和矿井回风侧的空气湿度均接近100%。实践证明，采用这种方法具有一定的可靠性，且使空气湿度预测的方法及程序简单化。

(2) 井筒风温预测

井筒风温预测实为预测井底车场的风流温度。井筒穿过地层的岩石种类较多，各种岩石的热物理性质各异；沿井筒围岩的原始温度变化较大；井筒常常穿过含水层，多有不同程度的淋水；井筒内设有压风管、排水管等；井筒深度较大时风流的压缩热较多。这些都是引起井筒和井底车场风流温度变化的因素，因而有很大的计算难度，计算方法主要包括井底风温的理论分析预测法和实测回归法。

(3) 井下巷道风温预测

井下正常通风(相对于独头巷道而言)的巷道的主要热源是围岩散热，有些巷道存在运输矿物的散热和管道的散热及煤炭氧化散热，对于倾斜巷道则有压缩热的存在，个别地点还会有局部热源。井下巷道风温预测主要包括采煤工作面的风温预测和掘进工作面的风温预测。

采煤工作面的热源主要有围岩散热、刮板机上煤炭散热、冷水管道的吸热、机电设备散热和煤炭氧化散热等。其中后两者为绝对热源，其他为相对热源。采煤工作面煤壁暴露时间短、装机容量大，故围岩和机电设备散热所占比重较大。当工作面采空区漏风较多时，采空区热风也是一项不可忽视的热源。对于倾斜或急倾斜走向长壁采煤工作面，始末端的高差较大，还应考虑空气的压缩热。

掘进工作面风温预测的主要任务是预测工作面迎头和掘进巷道(独头巷道)的风温。

第三节　矿井热害防治的一般技术措施

随着开采深度的增加，矿内空气温度逐渐升高，工人劳动环境严重恶化。《煤矿安全规程》规定：当采掘工作面空气温度超过26 ℃、机电设备硐室超过30 ℃时，必须缩短超温地点工作人员的工作时间；当采掘工作面的空气温度超过30 ℃、机电设备硐室超过34 ℃时，必须停止作业。

一、通风降温

井下气温过高对井下作业人员的心理和生理都将造成很大影响，既损害身体健康，又降低劳动效率。我国《煤矿安全规程》规定，空气温度超过规定时，应采取降温措施。矿井降温措施分为有制冷设备系统的特殊措施和无制冷设备系统的一般措施两类。通风降温措施属于无制冷设备系统的一般措施。

通风降温方法包括选择合理的通风系统，采用合适的通风方式，加强通风管理等。

1. 增大风量

增大风量不仅是改善矿内气候条件的一个重要的、起决定性作用的措施，而且是热害不太严重时行之有效的降温措施(表 9-2)。机电散热、围岩与风流间的热交换等热量，在没有其他排热措施的情况下，就必须由风流及时把这些热量排出井外。当井下各类热源的散热量一定时，风量越大，风流在流动过程中的焓增及温升就越小；然而井下热源有相对热源和绝对热源两类，当风量增大时，围岩、热水管道、水沟等与风流的对流换热系数增大，同时风温又有所降低，从而使这些相对热源的散热量也随之增大。所以依靠增大风量降温是有一定限度的，对它应当客观地看待。

表 9-2　增大风量降温效果表

矿井及采煤工作面	矿井进风量/($m^3 \cdot s^{-1}$)			采煤工作面进风量/($m^3 \cdot s^{-1}$)			采煤工作面气温下降值/℃
	前	后	增加	前	后	增加	
云南一平浪煤矿	36.60	50.00	13.30				1～2
广西合山里兰矿	38.33	91.66	53.33	5.0	8.3	3.3	2～3
淮南九龙岗矿 W2S8L4 工作面	61.16			3.33	5.00	1.66	1.3
	61.16			2.50	4.66	2.16	1.8
淮南九龙岗矿 W8S6L4 工作面	61.16			1.66	3.33	1.66	0.5

随着风量的提高，增大一定风量，风温下降的幅度越来越小。当风量增大到一定值时，再增大风量将没有实际意义，应当注意风机的功率是与风量的三次方成正比的，增大风量将增加通风费用，因此从经济角度看，采煤工作面的风量有一个最佳合理值。从这个意义上说，通风降温是有一个可行界限的，不是在任何情况下都能依靠增大风量使气候条件达到《煤矿安全规程》的要求。

当采用通风降温时，要求供风量大，井巷断面也相应增大；而采用人工制冷降温时，为了减少制冷量，应当在满足其他安全因素的条件下力求风量小，井巷断面也要小，以减少风流与围岩的热交换。因此，具体问题要具体分析，不同的降温方法对风量的要求也不同。

2. 选择有利于降温的通风系统

按照矿井地质条件、开拓方式等选择进风风路最短的通风系统，可以减少风流沿途吸热量，降低风流温升。在一般情况下，对角式通风系统的降温效果要比中央式好。

地热型的高温矿井，从降温角度考虑，宜采用能缩短进风路程、分区进风的混合式通风系统，如图 9-2 所示。混合式的进风路程最短，因而它的风温最小，它是专为解决高温矿井的一种多风井进风的开拓方式。

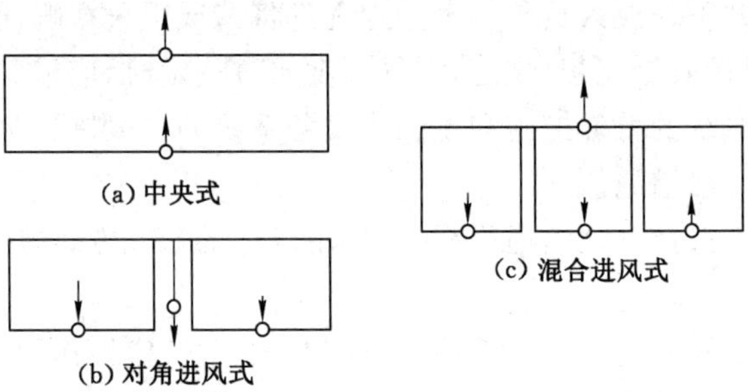

图 9-2　常见通风系统

另外，采用后退式回采，防止采空区漏风，提高工作面的有效风量；把进风巷布置在导热系数较低的岩石中，开掘专用的巷道把热水、热空气单独送入回风巷；尽量采用全负压的掘进通风方式以及改单巷掘进为双巷掘进等，都有利于降温。

3. 选择合理的通风方式

采煤工作面的通风方式也影响气温。在相同的地质条件下，走向长壁采煤工作面的通风方式一般分为 U 形、Y 形和 W 形通风 3 种，U 形通风又分为上行风和下行风 2 种。由于 W 形通风比 U 形通风和 Y 形通风能增加工作面的风量，降温效果较好。

W 形通风是上下平巷进风，腰巷回风，这种通风方式与 U 形通风相比缩短了通风路程，减小了风阻，加大工作面的风量，更有利于降温。

采煤工作面空气温度升高的原因除了各种热源影响外，采空区热风是影响工作面回风侧风流温度的一个重要因素。当没有采空区漏风时，风流沿工作面流动时，由于风流温度的不断升高，风流与壁面温度(或与原岩温度)之差越来越小，单位长度上围岩散热强度逐渐减小，空气温升的趋势越来越小，如图 9-3 所示。U 形通风方式不可避免地造成采空区漏风，致使工作面回风侧风流温度加速上升。为减少采空区漏风对工作面温度的影响，可采用 Y 形通风方式或工作面布置尾巷方式，避免采空区漏风进入工作面，从而使工作面温度大大降低。

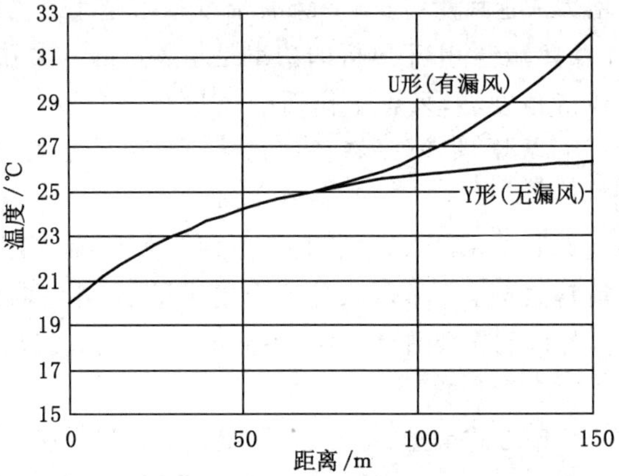

图 9-3　Y 形与 U 形通风方式空气温升比较

在可能的条件下，将 U 形通风的上行风改为下行风，对改善采煤工作面的气候条件是极为有利的。采用下行风，风流流向与运煤方向相同，进风路线上不存在运输中煤炭和机电设备散热的影响，使采煤工作面的气候条件得以改善。一般情况下，下行风可使采煤工作面入口的风温降低 2～3 ℃，使出口温度降低 1 ℃以上。

4. 利用调热巷道通风

利用调热巷道通风一般有两种方式，一种是在冬季将低于 0 ℃的空气由专用进风道通过浅水平巷道调热后再进入正式进风系统。在专用进风道中应尽量使巷道围岩形成强冷却圈，若断面允许还可洒水结冰，储存冷量。当风温向 0 ℃回升时，即关闭调热巷道，待到夏季再启用。淮南九龙岗矿曾利用－240 m 水平的旧巷作为调热巷道，冬季储冷，春季封闭，夏季使用，总进风量的一部分被冷却，使－540 m 水平井底车场降温 2 ℃。

另外一种方式是利用开在恒温带里的浅风巷作调温巷道，如图 9-4 所示。

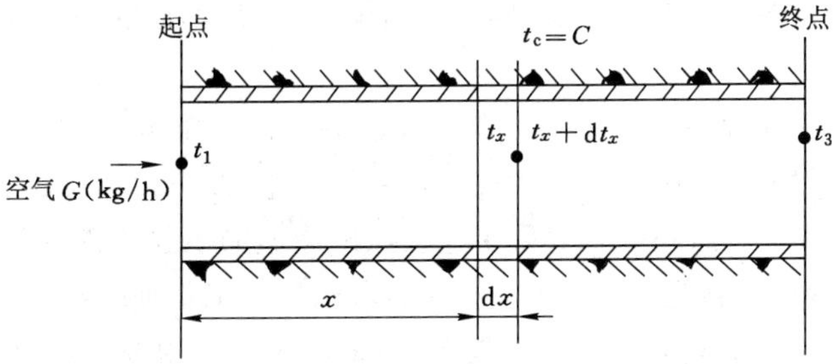

图 9-4 恒温带里的调温巷道

5. 其他通风降温措施

对于发热量较大的机电硐室，应有独立的回风路线，以便把机电设备所发热量直接导入采区的回风流中。

在局部地点使用水力引射器或压缩空气引射器，或使用小型局部通风机，以增加该点风速可起降温的作用。向风流喷洒低于空气湿球温度的冷水也可降低气温，且水温越低效果越好。

二、冰冷降温

矿井冰冷降温系统如图 9-5 所示。

矿井冰冷降温系统包括：制冷压缩机、蒸发系统、冷凝系统、供水系统、氨液输送系统、检

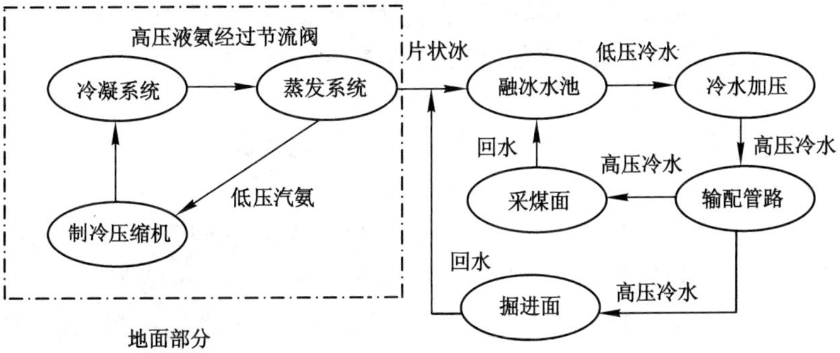

图 9-5 矿井冰冷降温系统

测控制系统和冰输送系统。

矿井降温系统一般分为冰冷降温系统和空调制冷降温系统，其中，空调制冷降温系统为水冷却系统。矿井冰冷降温系统就是利用地面制冰系统制取片状冰，通过风力或水力输送至井下的融冰装置，与井下空调的回水进行直接热交换，使空调回水的温度降低，如图 9-5 所示。冰冷降温系统的特点之一是制冰设备在井上。目前，世界上在深井矿的降温方法中，冷源设置在井上是一个趋势。这是因为，冷源设置在井下需要两个前提条件：一是制冷站内新鲜空气流通，二是有利于排除冷凝热。另外，对于煤矿，人造冷源设置在井上，不需要防爆，能较好地适应矿井的安全要求，制出的冰被送到井下融化，这就免除了井下制冷设备，输冷管道和输送流量减少，管道投资费用和运行能耗降低，由管道温升而产生的冷损降低，所以系统的装机容量和投资费用都将大大降低。它不存在普通矿井空调难以克服的过高静水压力和冷凝热排放困难等问题。与普通矿井空调制冷降温系统相比，冰冷降温系统由于利用冰融化的潜热进行降温，所以在同样冷负荷的条件下，向井下的输冰量仅为输水量的 1/5～1/4。

20 世纪 80 年代中后期，南非的一些金矿开始采用冰冷降温系统进行井下降温。1985 年，南非东兰德矿山控股公司在梅里普鲁特一号井建成了冰冷降温系统，冷却功率为 29 MW。冰冷降温系统对深井降温效果明显。冰冷降温的主要原理是利用冰融化的潜热，通过冰的融化把水冷却到接近 0 ℃，然后把冷却水送到各工作面。冰冷降温系统的应用应主要考虑冰冷降温系统的具体方式、冰的制备、冰的输送和冰的融化等问题。

冰冷降温系统在系统运行管理和控制方面有较高的要求。新汶矿业集团孙村煤矿已于 2004 年 5 月对冰冷却降温系统进行试运行且获得了巨大的成功，并把这项工程的技术和经验成功地推向了市场。

三、其他降温措施

1. 合理的采煤方法与顶板管理方法

在高温矿井中，采煤工作面是主要的升温段，也是人员集中的工作场所。因此，采煤工作面应为矿井降温的重点区域。采取集中生产、后退式采煤法、倾斜长壁采煤法以及充填法管理顶板，对改善采煤工作面的气候条件是有利的。

后退式采煤法与前进式采煤法相比，漏风少，风量大，有利于降温。倾斜长壁采煤法的通风路程短，风阻小，风量大，采煤工作面入口的风流温度相应较低，对改善采煤工作面的气候条件是有利的。采用充填法管理顶板，向采空区充填温度较低的物质，可起到降低采空区温度、减少漏风的作用，从而避免或减少冒落法管理顶板时采空区侧冒落岩体的散热和采空区热风的散热，降低采煤工作面风流的温度，改善气候条件。

2. 减少采空区漏风

采用上、下巷道进入采空区后构建堵风墙，减少采空区漏风。

3. 隔热措施

局部地段或主要进风大巷的壁面涂上一层隔热材料，可起到隔热、防氧化作用。

风筒隔热有硬质隔热风筒和软质隔热风筒两种。前者通常由聚苯乙烯薄膜制成；后者又有三层隔热风筒与双层隔热风筒之分，三层风筒的外层为防水防腐粗帆布、内层为无缝聚苯乙烯薄膜、中间夹层为玻璃纤维隔热层；双层风筒由两层普通软风筒中间以空气作隔热层。

4. 压气降温

在掘进工作面,也可以使用压缩空气引射器加大风速来改善人体的散热条件,增加人体的舒适感。

5. 导排热水降温

矿井热水的治理根据具体情况采取探、放、堵、截和疏导的措施。井下涌出的热水必然要排放到地面上,排放措施得当与否将直接关系到热水向风流尤其是向新鲜风流的散热量。其基本原则是排水路线尽量避开进风路线,热水不要暴露。根据具体情况可采取下列措施。

(1) 地面钻孔把热水直接排到地面

在出水点附近打专门的排水钻孔,把热水就地排到地面。这种方法适合于埋藏浅、出水点较集中、水量较大的情况。

(2) 回风井排水

在回风井底设水仓,凡回风水平涌出的热水都应通过回风井排出地面,避免热水流向进风水平或进风巷道加热风流。

(3) 利用隔热管道或加隔热盖板的水沟导入井底水仓

为有效地排放热水,对井下涌出的热水应进行导流,在热水涌出点打排水钻孔,对单孔涌水量小的钻孔进行封堵,对涌水量大的钻孔由管道或密封水沟导入井底水仓。大巷水沟要加隔热盖板,盖板之间用水泥勾缝,每隔 5～6 块盖板有一块活动盖板,以便进行清理。

对热水涌出量较大的矿井,可开掘专门的热水排水巷。

6. 煤壁注水预冷煤层

在采煤工作面上平巷,平行工作面布置钻孔,将低温水注入煤层中,使煤层和底板岩体冷却,可使工作面风流温度降低 1.0～1.5 ℃。

7. 矿工个体保护

当矿工在高温地点工作时,可穿冷却服,由冷却服吸收人体新陈代谢产生的热量。冷却服有自带能源和冷源的自动系统以及需外接能源和冷源的他动系统。

对冷却服的要求主要是:冷却服的质量轻,穿上后不影响工作;冷却效果能持续 5～6 h;无毒无害,不燃不爆;穿冷却服不会导致皮肤冻伤或感冒等。

第四节　矿井空调系统

如上所述,矿井降温措施分为有制冷设备系统的特殊措施和无制冷设备系统的一般措施两类。通风降温措施属于无制冷设备系统的一般措施,而采用矿井空调系统就是有制冷设备的特殊措施。矿井空调是生产性空调,采用制冷设备为井下作业人员创造一种不危害健康,并能保持一定生产效率的工作环境。

一、矿井空调系统的工作原理

矿井空调系统是由制冷剂(refrigerant)循环系统、载冷剂(secondary refrigerant)(冷水)循环系统和冷却水(cooling water)循环系统 3 个独立的循环系统组成。其循环系统的工作原理如图 9-6 所示。

1. 制冷剂循环系统

制冷机通过制冷剂的循环制取冷量。制冷剂循环系统是由压缩机、冷凝器、蒸发器、节

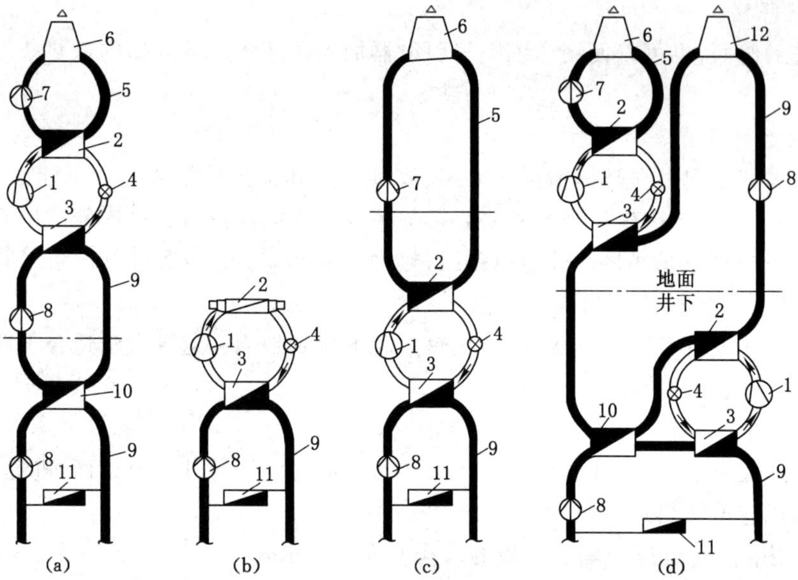

1—压缩机；2—冷凝器；3—蒸发器；4—节流阀；5，9—冷却水管；6—冷却塔；
7—冷却水泵；8—冷水泵；10—高低压换热器；11—空气冷却器；12—蒸发式冷却器。

图 9-6　矿井空调系统工作原理

流阀及连接管道组成。制冷剂的循环是由制冷机不停地工作来完成的。

如图 9-6 所示，制冷剂在蒸发器中吸收载冷剂(冷水)的热量而被汽化为低压低温的蒸气。该蒸气被压缩机吸入，并经压缩升压升温。高压高温蒸气再进入冷凝器，并在其中将热量传递给冷却水而被冷凝成液体。液体制冷剂经节流阀降压降温后又进入蒸发器中，继续吸收载冷剂的热量，由此达到制冷的目的。

2. 载冷剂循环系统

由于制冷站的位置不同，而形成不同的载冷剂循环系统。当制冷站设在井下[图 9-6(b)、(c)]，其循环系统由蒸发器、空气冷却器及冷却水管组成。当制冷站设在地面时[图 9-6(a)]，载冷剂有两个循环系统：由蒸发器、高低压换热器及冷却水管构成一次循环系统；由高低压换热器、空气冷却器和冷却水管构成二次循环系统。当地面和井下同时设制冷站时[图 9-6(d)]，一次循环系统是由蒸发器、高低压换热器、冷凝器(井下)，蒸发式冷却器和连接管道组成；二次系统是由蒸发器(井下)、高低压换热器、空气冷却器和冷却水管(井下)组成。

载冷剂在空气冷却器中吸收风流的热量后，通过冷却水管回流到蒸发器中(当制冷站设在地面时回流到高低压换热器中)。在蒸发器中，载冷剂将热量传递给制冷剂而自身温度降低。低温载冷剂又通过冷却水管供给空气冷却器，继续吸收风流的热量，达到降温目的。

3. 冷却水循环系统

冷却水循环系统由冷凝器、冷却塔(或称水冷却装置)和冷却水管组成。制冷剂在蒸发器中吸收载冷剂的热量和在压缩机中被压缩的热量，在冷凝器中传递给冷却水。冷却水吸收这部分热量后，经管道进入冷却塔。在冷却塔中，冷却水把热量传递给空气而本身温度降低。较低温度的冷却水，经管道再流回冷凝器，继续吸收载冷剂的热量，达到连续排除冷凝热的目的。当地面，井下同时设制冷站时[图 9-6(d)]，井下制冷机的冷凝热是通过一次载冷剂排掉的。

总之,矿井空调系统就是通过上述 3 个循环系统连续、同时工作以达到降低矿内风流温度的目的。

二、矿井空调系统主要组成部分

1. 矿用空气冷却器

矿井空调系统的最终目的是要把冷量传递给工作地点的风流,这是由空调系统的传冷部分来完成的。传冷通常是由空气冷却器来实现的,空气冷却器简称为空冷器。根据冷水与风流的作用特点,把空气冷却器分为两大类:直接接触式和表面式。所谓直接接触式空气冷却器是指在进行热湿交换时,载冷剂与风流直接接触,例如将冷水直接喷淋到被冷却的空气中,这种方式的空气冷却器又称喷雾式空气冷却器;所谓表面式空气冷却器是指在与空气进行热湿交换时,载冷剂不与风流直接接触,而是通过空气冷却器的金属表面来进行交换。

直接式空气冷却器结构简单、制造容易、不受煤尘影响而热效率稳定、可以实现多种空气处理过程,而且还有除尘净化风流的作用;它的阻力很小、可以不需要附加风机就可以工作,所以在矿井空调中,有广泛的应用前途。它的缺点是冷水极易被污染变脏,甚至使管道和喷嘴堵塞和泄漏,影响劳动环境;另外供水系统较复杂,需设回水箱和回水泵等。

表面式空气冷却器具有结构紧凑、使用方便、不妨碍井下作业、不污染井下工作环境和冷量范围广、可适合任何采掘工作面的需要等优点而被广泛采用。它的缺点是热效率不稳定,加工较复杂,金属消耗量大。

此外,可以在工作面直接喷洒冷水。与使用空气冷却器相比,直接喷洒冷水只需在工作面安装喷嘴,占用体积小,使工作面可用空间增大;并且喷嘴随用随开,使用方便,不会给正常工作带来影响。在工作面上部直接喷洒有限量的冷水,控制水量可以被煤体吸收并带走,不致造成工作面环境的恶化,并且煤体吸收的冷水可以降低其自身温度,从而降低回风巷的风流温度。在工作面上部喷洒冷水,直接降低了采空区漏风导致的温升,可达到更好的降温效果。而在工作面下部喷洒冷水,经过降温的风流流经采空区会重新升温,降温效果不明显。

2. 矿用高低压换热装置

在采用人工制冷降温时,为了带走井下工作地点风流的热量,需要各种换热装置,除了上述矿用空气冷却器外,还有一类常见的换热装置——矿用高低压换热装置。当采用地面集中制冷时,要把冷水通过管道输送到井下需冷却地点。

当井深很大时井下冷水将处于高压状态下,出于安全和经济上的原因,不希望在井下布置高压管道和使用高压水。解决这一问题的途径就是在井底布置高压水的减压装置。

(1) 贮水池或减压阀

最简单的减压装置是在井下建造贮水池,将高压水直接排到贮水池中以卸压,然后在井下用泵把贮水池中的冷水输送到用水地点。另一个较简单的减压装置是减压阀,不管进水量与水压如何变化,减压阀可自动、可靠地将高压进水变为所需的低压出水,且可以保持出水压力固定在预定的数值上。这两种方法的共同缺点是回水排到地面的费用太高。水的压力能不仅白白损失掉,而且它将转变为热能使水温上升。温升值由下式计算:

$$\Delta t = \Delta H g / c_w \tag{9-17}$$

式中 c_w——水的比热容,J/(kg·℃),c_w=4 190 J/(kg·℃);

ΔH——回水排到地面的高程差，m；

g——重力加速度，m/s^2；

Δt——水的温升，℃。

当水位下降 1 000 m 时，水温将升高 2.34 ℃。

(2) 高低压换热器

当水流在管道内处于高压状态时，其温升很小，当进水温度为 30 ℃时，水位下降 100 m 温升只有 0.2 ℃，可忽略不计。据此人们设计了高低压换热器，制冷机到高低压换热器之间的管道构成高压水循环，井下管道组成低压水循环，高低压水的热交换由高低压换热器实现。采用高低压换热器的另一优点是高压水的势能没有损失，高压水的回水提升费用最省。常用的高低压换热器为管壳式[图 9-7(a)]，在封闭的圆形外壳内布置许多管束，低压水在管内流动，高压水在管外流动，这样布置的优点是换热管道承受的应力是压力而不是拉力，由于管壁所用金属的抗压强度大于抗拉强度，因而可使管壁较薄，不仅节省管材而且热阻也较小，另外由于低压水易受污染，低压水在管内流动积垢容易清洗。当换热量大时，可将多台换热器串联组成一个换热器组，图 9-7(b)是 5 个高低压换热器组成的换热器组，其换热能力可达 1 000 kW，高、低压水在换热器组中的流动方向为逆向流动，这样可减少高低压换热器造成的温度跃迁。图 9-7(b)中高压进水到低压回水的温度跃迁为 2.8 ℃，低压进水到高压回水的温度跃迁为 3.4 ℃(二者相差 0.6 ℃，是由于高、低压水流量不同所致)。

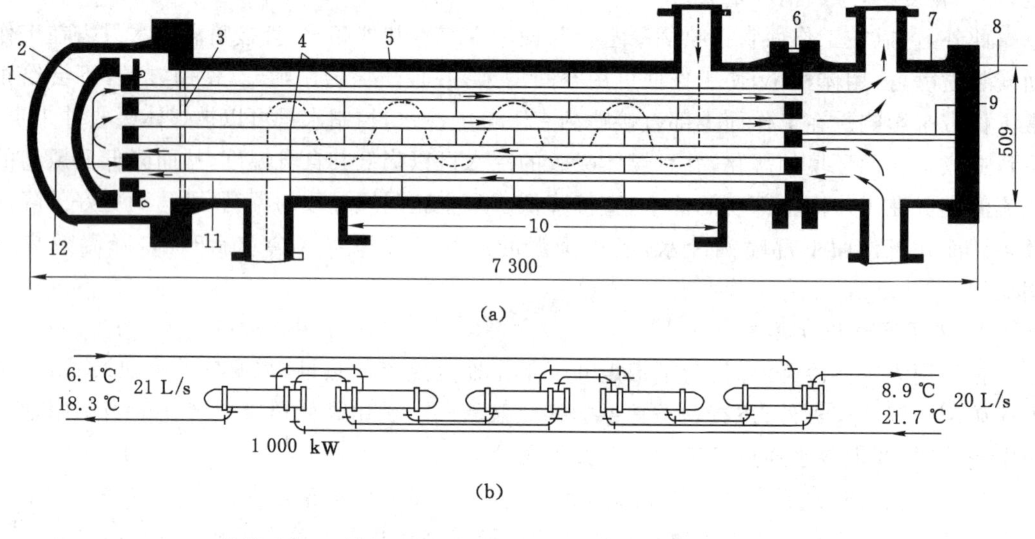

1—筒体顶盖；2—管头板盖；3—支撑板；4—折流板；5—筒体；6—固定管板；
7—集水箱；8—集水箱盖；9—流程隔板；10—支座；11—换热管束；12—浮动管板。

图 9-7 高低压换热器

采用高低压换热器的主要优点：高压水循环时温升小；高压水为闭路循环，回水所需动力小；高压水不受污染，制冷机的蒸发器能保持清洁；低压水的水压完全根据需要由水泵提供。

采用高低压换热器也存在着一些缺点：温度跃迁；成本高，一般比同容量制冷机成本高 60%～70%；需要相当长的硐室；管理维护工作量很大。

三、矿井空调系统的基本类型

目前国内外常见的冷冻水供冷、空冷器冷却风流的矿井集中空调系统的基本结构模式如图 9-8 所示，矿井集中空调系统是由制冷、输冷、传冷和排热四个环节所组成。这四个环节的不同组合，便构成了不同的矿井空调系统。这种矿井空调系统，若按制冷站所处的位置不同来分，可以分为以下四种基本类型。

1. 地面集中式空调系统

地面集中式空调系统将制冷站设置在地面，冷凝热也在地面排放，而在井下设置高低压换热器将一次高压冷冻水转换成二次低压冷冻水，最后在用风地点上用空冷器冷却风流。其结构如图 9-9 所示。

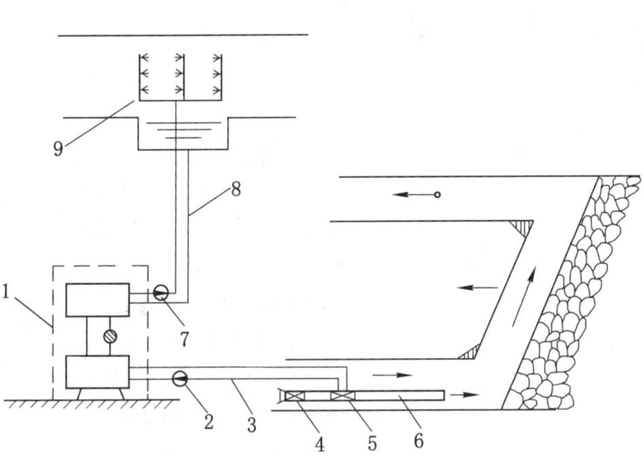

1—制冷站；2—冷水泵；3—冷水管；
4—局部通风机；5—空冷器；
6—风筒；7—冷却水泵；
8—冷却水管；9—冷却塔。

图 9-8 矿井集中空调系统基本结构模式

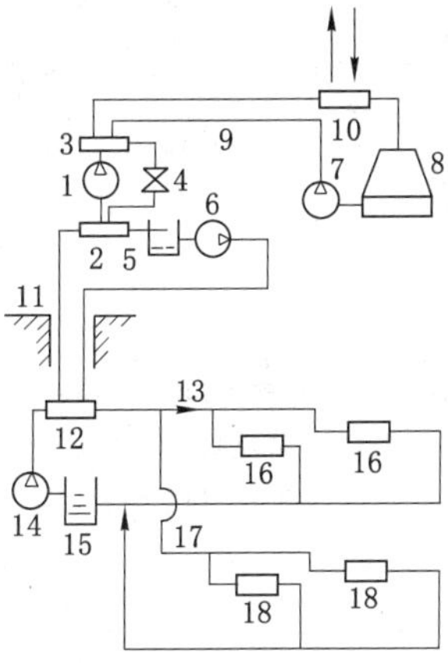

1—压缩机；2—蒸发器；3—冷凝器；
4—节流阀；5，15—水池；
6，7，14—水泵；8—冷却塔；
9—冷却水管；10—热交换器；
11，13，17—冷水管；16，18—空冷器；
12—高低压换热器。

图 9-9 地面集中式空调系统

这种空调系统还可有另外两种形式，一种是集中冷却矿井总进风，在用风地点上空调效果不好，而且经济性较差；另一种是在用风地点上采用高压空冷器，这种形式安全性较差。实际上这两种形式在深井中都不可采用。

地面集中式空调系统优点：厂房施工、设备安装、维护、管理方便；可用一般型制冷设备，安全可靠；冷凝热排放方便；冷量便于调节；无需在井下开凿大断面硐室；冬季可用天然冷源。

地面集中式空调系统缺点：高压载冷剂处理困难；供冷管道长，冷损大；需在井筒中安装大直径管道；空调系统复杂。

2. 井下集中式空调系统

井下集中式空调系统如按冷凝热排放地点又可分为以下两种不同的布置形式：

（1）制冷站设置在井下，并利用井下回风流排热，如图 9-10 所示。这种布置形式优点：系统比较简单，冷量调节方便，供冷管道短，无高压冷水系统；缺点：由于井下回风量有限，当矿井需冷量较大时，井下有限的回风量就无法将制冷机排出的冷凝热全部带走，致使冷凝热排放困难,冷凝温度上升,制冷机效率降低,制约了矿井制冷能力。由上述优缺点可知,这种布置形式只适用于需冷量不太大的矿井。

(2) 制冷站设在井下,冷凝热在地面排放,如图 9-11 所示。这种布置形式虽可提高冷凝热的排放能力,但需在冷却水系统增设一个高低压换热器,系统比较复杂。

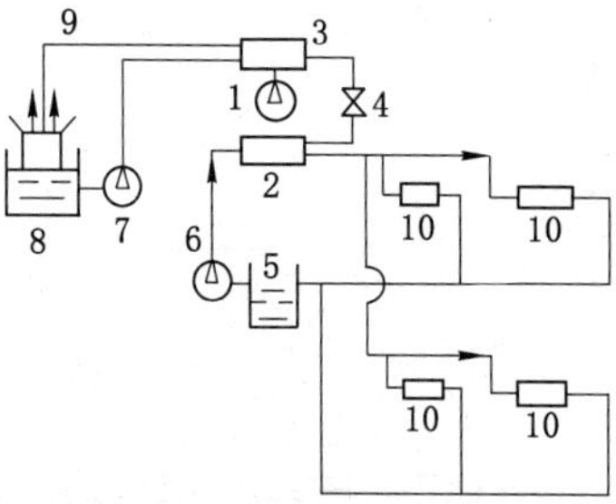

1—压缩机;2—蒸发器;3—冷凝器;
4—节流阀;5—水池;6—冷水泵;
7—冷却水泵;8—冷水池;
9—冷却塔;10—空冷器。

图 9-10 制冷站设在井下,井下排放冷凝热井下集中式空调系统

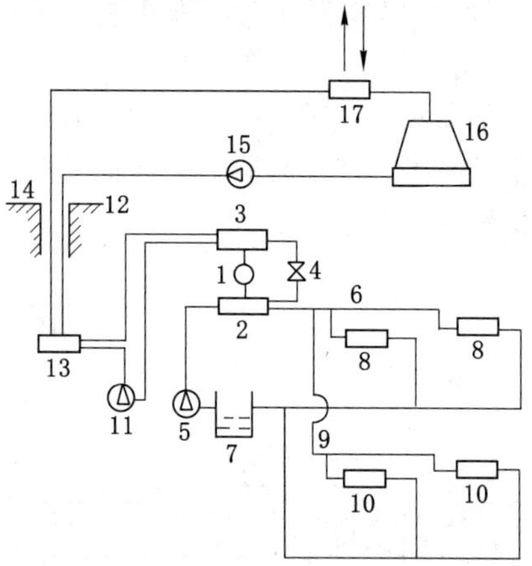

1—压缩机;2—蒸发器;3—冷凝器;
4—节流阀;5,11—冷水泵;
6,9,12—冷水管;7—冷水池;
8,10—空冷器;13—高低压换热器;
14—冷却水管;15—冷却水泵;
16—冷却塔;17—换热器。

图 9-11 制冷站设在井下,冷凝热在地面排放井下集中式空调系统

井下集中式空调系统优点:供冷管道短、冷损少;无高压冷水系统;可利用矿井水或回风流排热;供冷系统简单,冷量调节方便。

井下集中式空调系统缺点:井下要开凿大断面的硐室;对制冷设备要求严格;设备安装、管理和维护不方便。

3. 井上、下联合式空调系统

这种布置形式是在地面和井下同时设置制冷站,冷凝热在地面集中排放,如图 9-12 所示。它实际上相当于两级制冷,井下制冷机的冷凝热借助地面制冷机冷水系统进行冷却。

井上、下联合式空调系统优点:可提高一次载冷剂回水温度,减少冷损;可利用一次载冷剂将井下制冷机的冷凝热带到地面排放。

井上、下联合式联合空调系统缺点:系统复杂;设备分散,不便管理。

对于上述三种集中式矿井空调系统,设计时究竟采用何种形式应根据矿井的具体条件而定。

4. 井下分散局部空调系统

此外,对不具备建立集中式空调系统条件的矿井,可采用井下分散局部空调系统。井下分散局部空调系统在我国应用得比较广泛,在平顶山矿区,五矿已二采煤工作面采用一台制

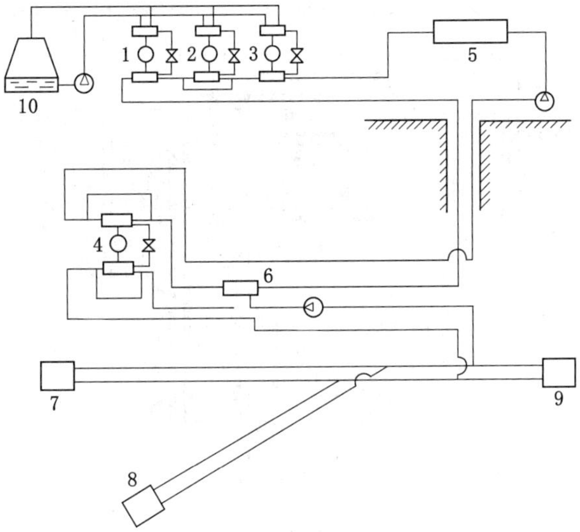

1,2,3,4—制冷机;5—空气预冷器;6—高低压换热器;
7,8,9—空冷器;10—冷却塔。
图 9-12　井上、下联合式空调系统

冷功率为 300 kW 的防爆制冷机组向己$_{15}$—23071 采煤工作面供冷,利用井下回风排放冷凝热,效果明显,平均降温幅度 4 ℃;四矿戊九采煤工作面空调系统,采用一台制冷功率为 500 kW 的制冷机组向戊九采区的戊$_9$—19140 采煤工作面供冷,很好地满足了降温需求。新集一矿 210807 工作面降温,也是采用的此系统形式,并取得良好的效果。

四、其他特殊的矿井空调系统

其他特殊的矿井空调系统主要包括瓦斯燃烧溴化锂空调系统和局部移动式空调机组。

1. 瓦斯燃烧溴化锂空调系统

溴化锂吸收式制冷机是以“溴化锂-水”为二元工质对,利用热能作为驱动能源而制取 0 ℃ 以上空调用冷媒水的设备。溴化锂吸收式制冷机系统主要由发生器、冷凝器、蒸发器、节流装置、泵和溶液热交换器等组成。吸收式制冷机与压缩式制冷机相比用吸收器和发生器取代了压缩机,而其他部件的作用和原理基本相同,所不同的是吸收式制冷机消耗的是热能而压缩式制冷机消耗的是电能。

由图 9-13 可知,瓦斯燃烧溴化锂制冷机的制冷循环回路由热源回路、溶液回路、冷剂回路、冷却水回路和冷水回路构成。热源回路有两个,一个是由高温发生器和瓦斯燃烧器等构成的驱动热源加热回路,另一个由高温发生器和低温发生器等构成的冷剂蒸气加热回路;溶液回路由高温发生器、低温发生器、吸收器、高温溶液热交换器和低温溶液热交换器等构成;冷剂回路由蒸发器和冷凝器等构成;冷却水回路由吸收器、冷凝器、冷剂泵和冷却塔等构成;冷水回路由蒸发器和空调器、冷剂泵、膨胀水箱等构成。燃料主要是瓦斯和天然气。

瓦斯燃烧溴化锂制冷机的工作原理如下:自高温发生器和低温发生器流出的浓溶液,分别进入高温溶液热交换器和低温溶液热交换器,在其中分别加热进入高温发生器和低温发生器的稀溶液,然后两路浓溶液混合,经溶液泵输送,喷淋在吸收器管簇上,吸收来自蒸发器

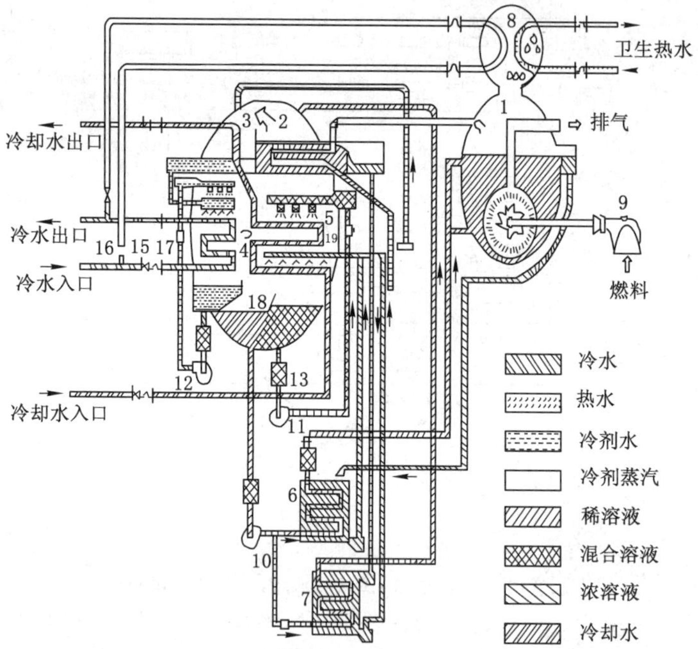

1—高温发生器；2—低温发生器；3—冷凝器；4—蒸发器；5—吸收器；
6—高温溶液热交换器；7—低温溶液热交换器；8—热水器；9—瓦斯燃烧器；10—发生泵；
11—吸收泵；12—冷剂泵；13—过滤器；14—真空角阀(开)；15—冷水阀(开)；
16—温水阀(关)；17—软接头；18—浓度调节器；19—预冷却装置。

图 9-13　瓦斯燃烧溴化锂制冷机的制冷工作流程和原理

的冷剂蒸汽，从而维持蒸发器中较低的蒸发压力，使制冷过程得以连续进行。在管内冷却水的冷却下，浓溶液吸收水蒸气后成为稀溶液。流出吸收器的稀溶液由溶液泵升压，按并联流程分成两路，一路经高温溶液热交换器送至高温发生器，另一路经低温溶液热交换器送往低温发生器。这样，便完成了双效制冷循环的溶液回路。设置溶液热交换器可以提高热效率。其中，高、低温发生器的溶液液位由液位控制器控制在一定的高度。

在高温发生器中，稀溶液被瓦斯燃烧器加热，在较高的发生压力 p_r 下产生冷剂蒸气。因该蒸气具有较高的饱和温度，又被通入低温发生器作为热源，加热低温发生器中的溶液，使之在冷凝压力 p_k 下产生冷剂蒸气。此时，低温发生器则相当于高温发生器在 p_r 压力下的冷凝器。由此可见，瓦斯燃烧器的能量在高温发生器和低温发生器中得到了两次利用，所以称为双效循环。

在制冷剂回路中，高温发生器中产生的冷剂蒸气，在低温发生器中加热溶液后，凝结成冷剂水，经节流减压后进入冷凝器，与低温发生器中产生的冷剂蒸气一起被冷凝管内的冷却水冷却凝结成冷剂水。高温发生器的冷剂水可以采用节流孔、毛细管或蒸气阀进行节流减压后进入冷凝器。冷凝器中的冷剂水节流后进入蒸发器，经冷剂泵输送，喷淋在蒸发器管簇上，吸收管内冷水的热量，在蒸发压力 p_0 下蒸发，使冷水温度降低，达到制冷目的。蒸发器中产生的冷剂蒸气流入吸收器，完成了双效制冷循环的制冷剂回路。

吸收器中，冷剂蒸气被溴化锂-水溶液吸收，由于吸收热(约等于潜热)的关系，溶液温度上升，并且溶液的质量分数也随着吸收过程的进行不断下降。溶液温度越低或浓度越高，吸收能力就越大。因此，在吸收器中要用冷却水对溶液进行冷却，带走吸收过程放出的溶解热，并使稀释了的溶液温度降低，从而使溶液处于过冷状态，维持吸收过程的运行。冷却水一般串联通过吸收器和冷凝器。

瓦斯燃烧溴化锂空调的特点：

(1) 瓦斯燃烧溴化锂空调具备制冷、卫生热水两种功能，可供空调所需冷量和提供生活热水之用，使用方便。

(2) 热交换做功，其维护成本低，寿命长，也可相应降低设备的寿命周期成本。

(3) 冷量调节范围宽。机组可在30%～100%的范围内进行冷量无级调节，并且随着负荷的变化调节溶液的循环量，有着优良的调节特性。

(4) 安装简便，对安装基础的要求低。

(5) 要求燃气空调机组要严格密封。

(6) 由于直接利用热能，机组的排热负荷较大，冷剂蒸气的冷凝和吸收过程均需冷却，因此冷却水系统需带走的热量大。此外，对冷却水的水质要求也比较高，在水质差的地方，使用时应进行专门的水质处理，否则将影响机组性能的正常发挥。

(7) 燃气空调有利于环境保护。

2. 矿井井下移动式空调机组

井下移动式空调机组，由小型制冷机、直接蒸发式空气冷却器、水冷壳管式冷却器等组成。上述设备紧凑地安装在轮架上，可随工作面前进而移动。由风机送入工作面的风流经移动式空调机组的蒸发器冷却后，再经风筒送入工作面。

我国安徽淮南、浙江长广、江苏徐州、山东新汶等矿区都先后在掘进工作面使用过井下移动式空调机组。但若在矿井较大范围内使用，显然在技术和经济上都不合理。

复习思考题

9-1　煤矿井下的主要热源有哪些？

9-2　井下热环境有哪些危害？

9-3　目前矿井主要的降温方法有哪些？请简述他们的优缺点。

9-4　高温矿井选择矿井通风系统时，一般应考虑哪些原则？

9-5　简述通风降温的作用及效果。

9-6　简述矿井集中式空调系统设计的内容和步骤。

9-7　矿井集中式空调系统有哪几种类型？各有什么优缺点？

第十章　矿井瓦斯

矿井瓦斯爆炸、煤与瓦斯突出是煤矿安全生产中最为严重的自然灾害，因此，矿井瓦斯灾害治理是煤矿安全工作中的重中之重。本章首先介绍了煤层中瓦斯赋存、流动及涌出特性，然后较系统地介绍了煤与瓦斯突出、瓦斯爆炸等瓦斯灾害产生的原因及其预防技术，重点对治理瓦斯灾害的瓦斯抽采技术进行了介绍。

第一节　瓦斯的基本性质

瓦斯是井下煤岩涌出的在煤炭发育过程中形成的各种气体的总称，也称煤层气，主要成分是以甲烷为主的烃类气体，有时也专指甲烷。

甲烷是无色、无味、可以燃烧或爆炸的气体。它对人呼吸的影响同氮气相似，可使人窒息。例如，由于甲烷的存在冲淡了空气中的氧，当甲烷浓度为43%时，空气中相应的氧浓度即降到12%，人会感到呼吸非常短促；当空气中甲烷浓度达57%时，相应的氧浓度被冲淡到9%，人即刻处于昏迷状态，有死亡危险。甲烷分子直径0.41 nm，其扩散速度是空气的1.34倍，它在巷道中会快速扩散。甲烷的密度为0.716 kg/m^3(标准状况下)，为空气密度的0.554倍。甲烷在巷道断面内的分布取决于该巷道有无瓦斯涌出源。在自然条件下，由于甲烷在空气中具有强扩散性，所以它一经与空气均匀混合，就不会因其比重较空气轻而上浮、积聚。当无瓦斯涌出时，巷道断面内甲烷的浓度是均匀分布的；当有瓦斯涌出时，甲烷浓度则呈不均匀分布。在有瓦斯涌出的侧壁附近甲烷的浓度高，有时见到在巷道顶板、垮落区顶部积存瓦斯，这并不是由于甲烷的密度比空气小，而是说明这里的顶部有瓦斯涌出。

甲烷的化学性质不活泼。甲烷微溶于水，在101.3 kPa条件下，当温度为20 ℃时，100 L水可溶解3.31 L甲烷，0 ℃时可溶解5.56 L甲烷。甲烷在水中的溶解度与温度、压力的关系如图10-1所示。从图中可以看出，当瓦斯压力为34 atm(1 atm＝101.3 kPa)、温度为30 ℃时，其溶解度不到1%，所以少量地下水的流动对瓦斯的抽采影响不大。

瓦斯与氧气适当混合具有燃烧和爆炸性。当空气中的甲烷浓度为5%～16%时，遇650 ℃以上高温或0.28 mJ电点火能量能发生燃烧或爆炸。瓦斯爆炸事故是矿井中严重的自然灾害，一旦发生，会造成大量人员伤亡，给矿井带来巨大的灾难。自1675年英国茅斯丁矿发生第一次大型瓦斯爆炸事故以来，瓦斯爆炸事故不断发生，是威胁煤矿安全生产的最主要自然灾害。

在煤矿的采掘生产过程中，一定条件下，还会发生瓦斯喷出或煤与瓦斯突出，产生严重的破坏作用，甚至造成巨大的财产损失和人员伤亡。

瓦斯是一种温室气体，同比产生的温室效应是二氧化碳(CO_2)的20倍，在全球气候变暖中的份额为15%，仅次于CO_2，瓦斯对大气的严重污染已引起广泛关注。

同时，瓦斯是一种优质洁净的能源。瓦斯的燃烧热为37 MJ/m^3，1 m^3 瓦斯燃烧所产生

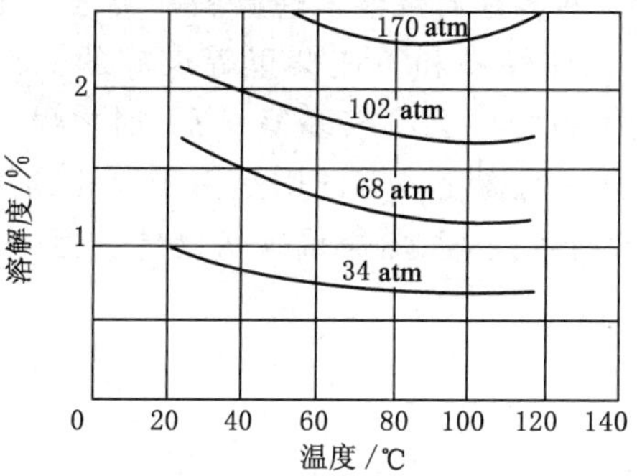

图 10-1 甲烷在水中的溶解度与温度、压力的关系

的热量相当于 1.0～1.5 kg 烟煤燃烧产生的热量。瓦斯燃烧后的气体不含硫化氢，同样情况下所产生的污染仅相当于石油的 1/40，煤炭的 1/800。瓦斯还是重要的化工原料，可以转化为合成原料气，制备出合成氨、合成醇和烃类等重要的化工产品。

我国的瓦斯资源丰富，自然资源部 2022 年统计数据显示，埋深 2 000 m 以浅的煤层气地质资源量约 30.05×10^{12} m^3，其热值相当于 364 亿 t 标准煤。对煤矿瓦斯进行抽采并加以利用，既可大量减少瓦斯事故的发生，减少对环境的污染，同时可为社会提供优质洁净能源和重要化工原料，带来巨大的经济效益和社会效益。

第二节 瓦斯的赋存与含量

一、瓦斯的成因

在我国，矿井瓦斯主要是指甲烷，是腐殖型有机物(植物)在成煤过程中生成的。煤层中甲烷的产生大致可分为两个阶段。

第一阶段为生物化学成气时期，在植物沉积成煤初期的泥炭化过程中，有机物在隔绝外部氧气和温度不超过 65 ℃的条件下，被厌氧微生物分解为 CH_4、CO_2 和 H_2O。由于这一过程发生于地表附近，上覆盖层不厚且透气性较好，因而生成的气体大部分散失于古大气中。随泥炭层的逐渐下沉和地层沉积厚度的增加，压力和温度也随之增加，生物化学作用逐渐减弱并最终停止。

第二阶段为煤化变质作用时期，随着煤系地层的沉陷及所处压力和温度的增加，泥炭转化为褐煤并进入变质作用时期，有机物在高温、高压作用下，挥发分减少，固定碳增加，生成的气体主要为 CH_4 和 CO_2。这个阶段中，瓦斯生成量随着煤的变质程度增高而增多。但在漫长的地质年代中，随着地质构造(地层的隆起、侵蚀和断裂)的形成和变化，瓦斯在其本身压力差和浓度差的驱动下进行运移，一部分或大部分瓦斯扩散到大气中，或转移到围岩内，所以不同煤田，甚至同一煤田不同区域煤层之间的瓦斯含量差别可能很大。

在个别煤层中也有一部分瓦斯是由于油气田的瓦斯侵入造成的，例如四川中梁山 10 号煤层的瓦斯有时与底板石灰岩溶洞中的瓦斯相通，陕西铜川焦坪煤矿井下的瓦斯又与底板砂岩含油层的瓦斯有关。有的煤层中还含有大量的 CO_2、N_2、H_2S、CO 等气体成分。吉林营城、甘肃窑街等煤矿曾发生过 CO_2 突出，国外的下西里西亚矿和顿巴斯矿区的煤层也都大量涌出过 CO_2，这些多是岩浆侵入使碳酸盐类岩石分解生成的大量 CO_2 被煤层吸附的结果。淮北刘桥、徐州垞城和枣庄柴里等煤矿的瓦斯中 N_2 含量高，甚至高达 90%以上，这些多是由于成煤植物中含有较多氮元素，加之煤层上方覆盖有富含氧化铁的岩层（红层），相互作用生成了大量 N_2，有的则是由于风化作用或地下水渗透作用而使 N_2 富集。在某些煤层中还含有乙烷、乙烯等重碳氢气体。但一般来说，煤田中所含瓦斯均以甲烷为主。

二、瓦斯的赋存

1. 煤的孔隙结构

煤不是单一物质，而是复杂的各种高分子物质的混合物。其成分和结构依赖于形成煤层的原始植被的性质，如沉积过程中的水流状况和混浊程度、地应力、温度以及地质年代的构造应力等。由植物变成煤炭的过程中，在褐煤至无烟煤变质阶段，瓦斯产生量的总和达 200～400 m^3/t。其中的 1/10～1/5 将储存在煤体内。煤体内储存瓦斯的数量，与煤的结构有关。作为一种复杂的孔隙性介质，煤具有发达的、各种不同直径的孔隙和裂隙，形成了庞大的孔隙表面与微空间。据测定，1 g 无烟煤的微孔表面积达 200 m^2 以上，为瓦斯赋存提供了条件。

为了研究瓦斯在煤中的赋存与流动，把煤中的孔隙作如下分类：

微孔——直径小于 10^{-5} mm，它构成煤中的吸附容积；

小孔——直径在 10^{-5}～10^{-4} mm（含 10^{-5} mm）之间，它构成毛细管凝结和瓦斯扩散空间；

中孔——直径在 10^{-4}～10^{-3} mm（含 10^{-4} mm）之间，它构成缓慢的层流渗透区间；

大孔——直径在 10^{-3}～10^{-1} mm（含 10^{-3} mm）之间，它构成强烈的层流渗透区间，并决定了具有强烈破坏结构煤的破坏面；

可见孔及裂隙——直径在 10^{-1} mm 及以上，它构成层流及紊流混合渗透的区间，并决定了煤的宏观破坏面。

电子显微镜图像证实了孔隙的存在，其中很多并没有互相连接，几个煤样中的孔隙状况如图 10-2 所示。这些孔隙有的是微小孔，有的是可见孔。

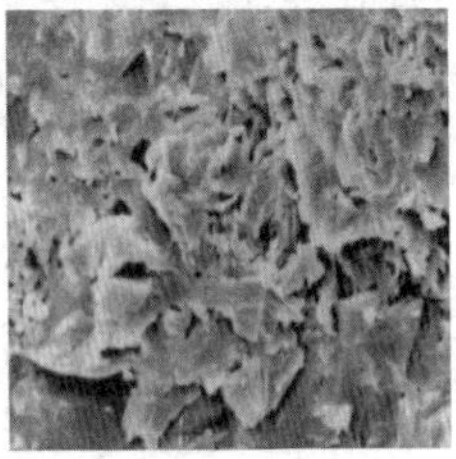
(a) 龙口北皂矿褐煤

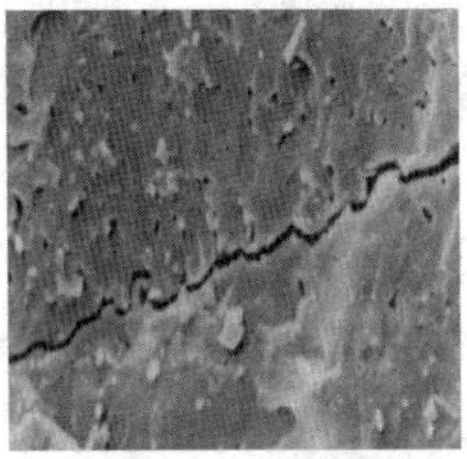
(b) 大屯孔庄矿烟煤(8煤)

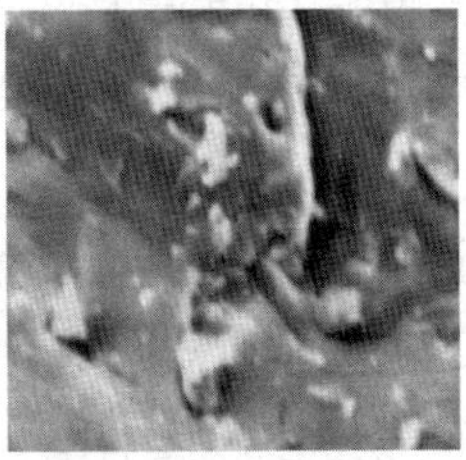
(c) 淮北百善矿无烟煤

图 10-2　电子显微镜下的煤样

一般，小孔至可见孔的孔隙体积之和称为渗透容积，吸附容积与渗透容积之和称为总孔隙体积；煤的总孔隙体积占相应体积的百分比称为煤的孔隙率。一般煤的孔隙率变化范围为 6%～20%，见表 10-1。

表 10-1 我国部分矿井煤的孔隙率

矿井	孔隙率/%	矿井	孔隙率/%
抚顺老虎台	14.05	本溪田师傅(3 煤)	6.70
鹤岗大陆	10.60	阳泉三矿(3 煤)	14.10
开滦马家沟(12 煤)	6.59	焦作王封(大煤)	18.50

通常测量孔隙率的方法依赖于用一些渗透流体浸透内部孔隙。流体分子进入孔隙或裂隙的概率,随着其直径的减少或平均自由程的增加而增大(平均自由程是指一个气体分子在连续两次碰撞之间的统计平均距离)。此外,任意在流体和固体间的吸附可能阻塞狭窄的裂隙。因此,准确测量孔隙率依赖于渗透流体的选择。为了处理煤炭内的微孔,通常使用氦气作为渗透流体来得到有效孔隙率的最大值。这是因为氦气有很小的分子直径(0.27×10^{-9} m)和相对较大的平均自由程(大约 270×10^{-9} m,在 20 ℃的大气压力下),并且它不被煤炭吸附。

根据俄罗斯相关研究,孔隙直径越小,其孔隙表面积的集合对总表面的贡献越大。因此,微孔发育的煤,尽管其孔隙率可能不高,但是却有相当可观的表面积。

2. 瓦斯的赋存状态

成煤过程中生成的瓦斯以游离和吸附这两种不同的状态存在于煤体中,通常称为游离瓦斯和吸附瓦斯。

游离状态也称自由状态,这种状态的瓦斯以自由气体存在,处于有压状态并服从自由气体定律,存在于煤体或围岩的裂隙和较大孔隙内,如图 10-3 所示。游离瓦斯量的大小与贮存空间的容积和瓦斯压力成正比,与瓦斯温度成反比。

吸附状态的瓦斯主要吸附在煤的微孔表面上(吸着瓦斯)和煤的微粒结构内部(吸收瓦斯)。吸着状态是在孔隙表面的固体分子引力作用下,瓦斯分子被紧密地吸附于孔隙表面上,形成很薄的吸附层;而吸收状态是瓦斯分子充填到纳米级的微细孔隙内,占据着煤分子结构的空位和煤分子之间的空间,如同气体溶解于液体中的状态。

吸附瓦斯量的多少,决定于煤对瓦斯的吸附能力和瓦斯压力、温度等条件。吸附瓦斯在煤中是以多分子层吸附的状态附着于煤的表面,因此煤对瓦斯的吸附能力决定于煤质和煤体结构,不同煤质对瓦斯的吸附能力如图 10-4 所示。

1—游离瓦斯;2—吸着瓦斯;3—吸收瓦斯;
4—煤体;5—裂隙。

图 10-3 瓦斯在煤内的存在形态

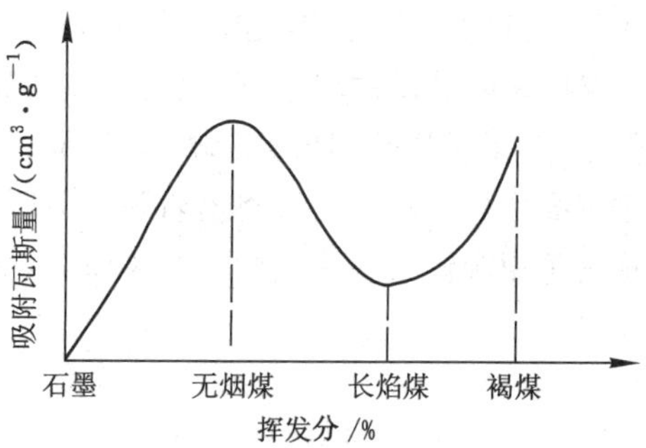

图 10-4 不同煤质对瓦斯的吸附能力

在成煤初期,煤的结构疏松,孔隙率大,瓦斯分子能渗入煤体内部,因此褐煤具有很大的吸附瓦斯能力。但褐煤在自然条件下,本身尚未生成大量瓦斯,所以它虽然具有很大的吸附瓦斯能力,但缺乏瓦斯来源,实际所含瓦斯量是很小的。在煤的变质过程中,在地压的作用下,孔隙率减小,煤质渐趋致密。在长焰煤中,其孔隙和孔隙表面积都减少,吸附瓦斯能力降低,最大的吸附瓦斯量在 20～30 m^3/t 左右。随着煤的进一步变质,在高温高压作用下,煤体内部由于干馏作用而生成许多微孔隙,使表面积到无烟煤时达到最大,因此无烟煤的吸附瓦斯能力最强,可达 50～60 m^3/t。以后微孔又收缩减少,到石墨时变为零,使吸附瓦斯的能力消失。

煤的瓦斯含量与温度、压力的关系,如图 10-5 所示。该图是某一煤样的测定曲线。

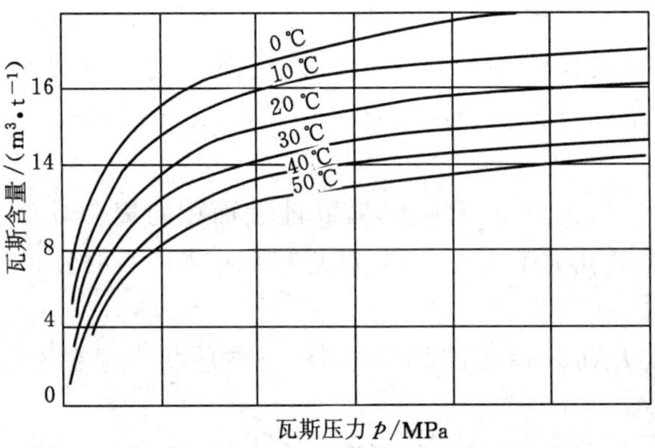

图 10-5　瓦斯含量与温度、压力的关系

煤体中的瓦斯含量是一定的,但以游离状态和吸附状态存在的瓦斯量是可以相互转化的。例如,当温度降低或压力升高时,一部分瓦斯将由游离状态转化为吸附状态,这种现象叫作吸附。反之,温度升高或压力降低时,一部分瓦斯就由吸附状态转化为游离状态,这种现象叫作解吸。

图 10-6 给出了常温下总瓦斯量、吸附瓦斯量和游离瓦斯量随着瓦斯压力的变化曲线,其中,表示吸附瓦斯量的曲线就是人们熟知的等温吸附线。在当前开采深度内,煤层内的瓦斯主要是以吸附状态存在,通常吸附状态的瓦斯占总量的 95%。这说明了为什么许多煤层中蕴含了大量的瓦斯。但是在断层,大的裂隙、孔洞和砂岩内,瓦斯则主要以游离状态赋存。

在煤体未被扰动的状态下,煤的孔隙和裂隙中的游离瓦斯和吸附瓦斯之间存在一个平衡。但是,如果煤层受到采动影响后,形成的压力梯度使瓦斯流动,煤体内瓦斯压力的降低将促进解吸作用。这个过程将沿着等温吸附线从右向左变化。

描述等温吸附线最常用的数学关系式,是朗缪尔(Langmuir)1916 年导出的单分子层吸附方程,即

$$q_x = \frac{abp}{1+bp} \tag{10-1}$$

式中　q_x——在给定温度下,瓦斯压力为 p 时,单位质量煤体的表面吸附的瓦斯体积,m^3/t 或 mL/g;

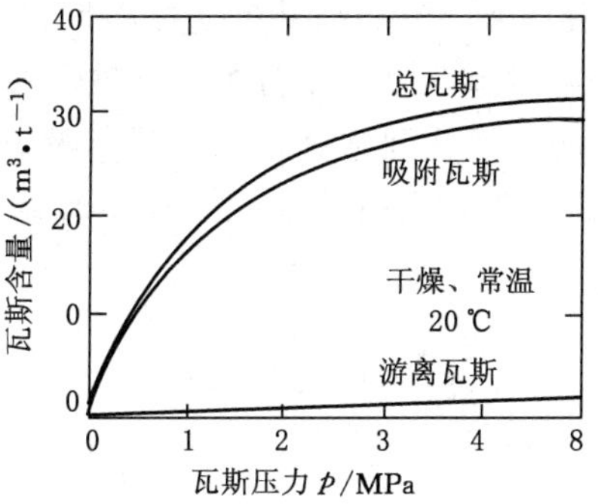

图 10-6　煤中吸附瓦斯、游离瓦斯及总瓦斯量随瓦斯压力变化的关系图

p——吸附平衡时的瓦斯压力，MPa；

a,b——吸附常数。a 为在给定温度下的饱和吸附瓦斯量或最大极限吸附量，即 $a=q_{max}$，m^3/t 或 mL/g，据实际测定，一般为 14～55 m^3/t。b 为朗缪尔常数，MPa^{-1}，一般为 0.5～5.0 MPa^{-1}，$1/b$ 是当 $q_x/q_{max}=1/2$ 时的压力。

吸附常数的值取决于煤体内碳、水分和灰分的含量，以及吸附气体的种类和温度。图 10-7 表明，对于变质程度较高的煤，瓦斯吸附能力有所增强，这种煤拥有更高的碳含量。煤的表面不仅可以吸附瓦斯，还可吸附 CO_2、N_2、水蒸气及其他气体，图 10-8 给出了煤表面对几种不同类型气体的吸附情况。这些分子黏附或被吸附在煤炭表面，当吸附力超过气体分子间的排斥力时，吸附分子将在表面形成一层致密的单分子层。当气体压力很高时，可以形成两层吸附，不过第二层的吸附力较弱。

温度对煤吸附瓦斯量的影响，可用以下经验公式计算：

$$X_t = X_0 e^{-nt} \tag{10-2}$$

式中　X_0, X_t——温度分别等于 0 ℃和 t ℃时，煤的吸附瓦斯量，mL/g；

t——煤的温度，℃；

n——与瓦斯压力有关的常数，$n=\dfrac{0.02}{0.993+0.07p}$；

p——瓦斯压力，MPa。

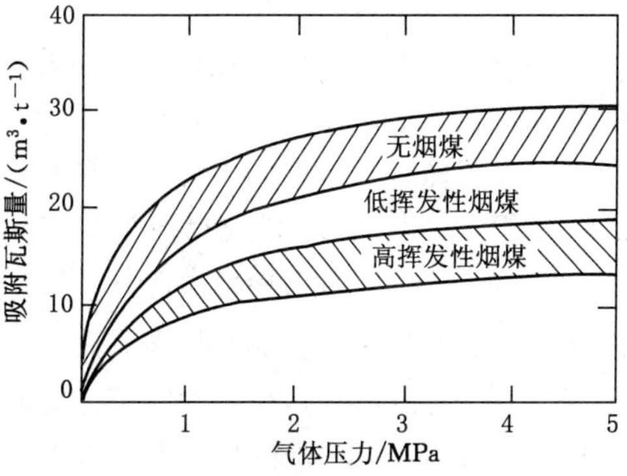

图 10-7　等温吸附线示意图

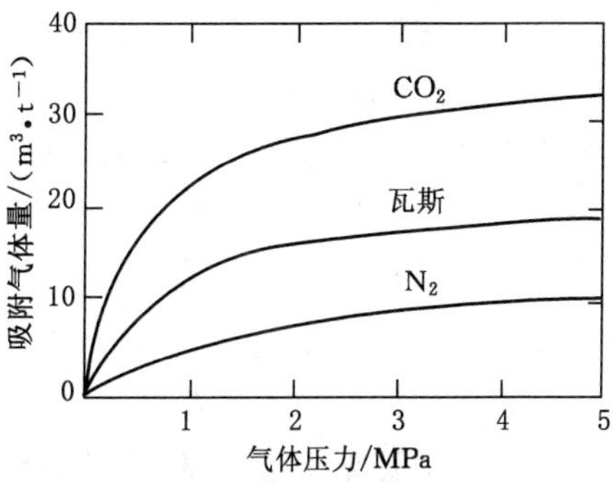

图 10-8　25 ℃下煤炭中 CO_2、瓦斯和 N_2 的吸附量

等温吸附线一般在去除水分和灰分影响的基础上被引用。当煤中含有少量水分时，瓦斯吸附量随着水分的增加而减少，这些天然的水分大部分被吸附在煤炭的表面。但是，当水分达到5%时，水分子在煤表面的浸润达到饱和，这时，瓦斯吸附量将不再随水分的增加而变化。埃廷格(Ettinger)提出了一个较适用的经验公式来确定煤内水分对瓦斯吸附量的影响：

$$\frac{q_w}{q_d}=\frac{1}{1+0.31W} \tag{10-3}$$

式中 q_w——湿煤的瓦斯吸附量，m^3/t；

q_d——干煤的瓦斯吸附量，m^3/t；

W——煤中的水分，%，在0～5%的范围内(当水分含量高于5%时，按5%计)。

煤中的灰分一般不具有吸附性，因此瓦斯吸附量随着灰分的增加而减少。为了在无灰分的基础上表示瓦斯吸附量，需要引入一个修正量：

$$q'_x=q_a(1-0.01A) \tag{10-4}$$

式中 q'_x——实际瓦斯吸附量；

q_a——无灰分瓦斯吸附量；

A——煤中的灰分，%。

三、瓦斯含量及其测定

瓦斯含量是指单位质量的煤岩中所含有的瓦斯体积(换算为标准状态)，通常以m^3/t表示。煤层未受采动影响时的瓦斯含量为原始瓦斯含量；如煤层受采动影响，已排放部分瓦斯，则煤层中剩余的瓦斯量为残存瓦斯含量。若不加说明，瓦斯含量指煤层原始瓦斯含量。瓦斯含量是计算煤层瓦斯储量与瓦斯涌出量的基础，也是预测煤与瓦斯突出危险性的重要参数之一。

常用的瓦斯含量测定方法有两类：一类是直接测定法，多用于地质勘探部门，即在打钻过程中，遇到煤层后用专用的密闭式岩芯取样器或普通取样器，提取煤样，在实验室内抽取其中所含瓦斯，再加上打钻、取样过程中逸散的瓦斯，除以试样的质量，就是该煤层的瓦斯含量。抽出的瓦斯还应进行成分分析，用来确定瓦斯风化带的下部边界深度。另一类是间接测定法，即根据测定得到的煤层的瓦斯压力和温度，结合实验室的试验，计算煤层的游离瓦斯含量和吸附瓦斯含量之和，即为该煤层的瓦斯含量。

1. 直接测定法

国内外广泛采用的直接测定瓦斯含量的方法为解吸法。解吸法是将钻孔预定位置采集的煤样装入一个特制的密封罐中，测定煤样在该密封罐内的解吸量，如图10-9和图10-10所示。该技术的关键是在于精确估计煤样从钻孔采集起到装入密封罐前这段时间内的瓦斯损失量。

解吸法最早在法国井下钻孔中研究并应用。20世纪70年代美国矿业局对该法在地勘钻孔的实用性进行了进一步研究。研究结果表明，瓦斯损失量V_s与煤样暴露时间t的平方根成正比关系，即$V_s \propto \sqrt{t}$。解吸法测定的步骤为：首先准确测定取样时间，即从钻孔穿透煤层开始到将煤样取出到达钻孔口的时间；然后将煤样封装在密封罐内，在实验室按一定时间间隔测定容器中瓦斯的解吸量，开始测试间隔时间定为15 min(如观察到容器压力上升过快，可以缩短)，测量每个间隔时间内释放的瓦斯体积，通过测定瓦斯在滴定管内的排水量来实现；最后逐渐增加测定时间间隔，一直持续到连续一周内每天瓦斯平均释放量不超

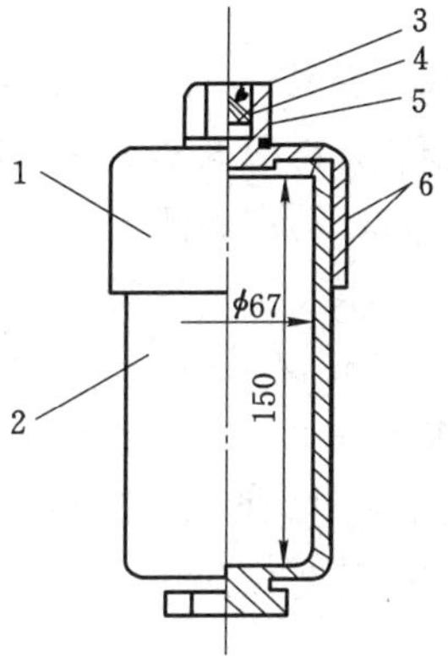

1—罐盖；2—罐体；
3—压紧螺丝；4—垫圈；
5—胶垫；6—O形密封圈。
图 10-9　密封罐

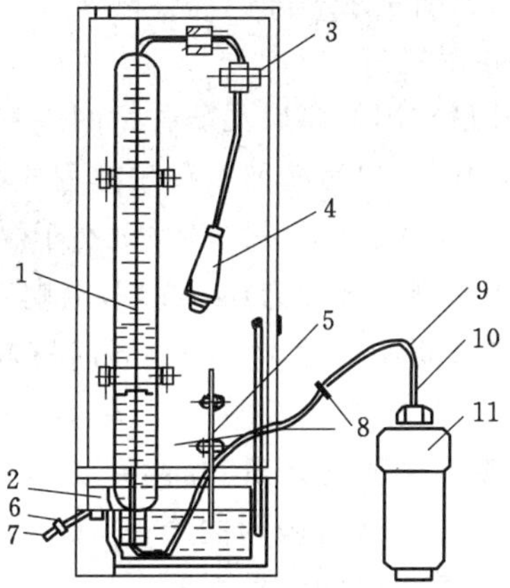

1—量管；2—水槽；3—螺旋夹；4—吸气球；
5—温度计；6，8—弹簧夹；7—放水管；
9—排气管；10—穿刺针头；11—密封罐。
图 10-10　煤芯瓦斯解吸速度测定仪

过 10 cm^3 时为止。

从钻孔中取样和将样品装到容器中的时候，煤样中的瓦斯不可避免有一些损失。损失的瓦斯体积可以通过绘制容器中累积的瓦斯解吸量与 $\sqrt{t}$ 的关系图进行估计。图 10-11 为取样过程中瓦斯损失量的估计图。在该例中，已知煤样暴露时间为 $t=840$ s，即 $\sqrt{t}=29\ s^{1/2}$，根据实测的瓦斯解吸量可绘制出瓦斯的解吸曲线，从该曲线的斜率即可求得损失的瓦斯量约为 285 cm^3。

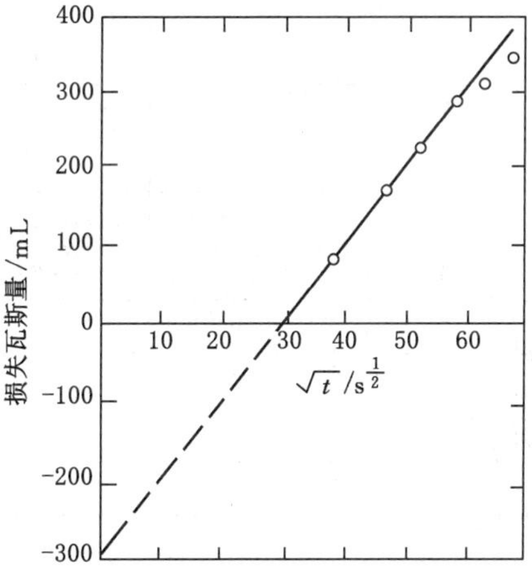

图 10-11　取样过程中瓦斯损失量的估计图

瓦斯解吸后，煤样中仍然残留有瓦斯，可再通过压碎煤样，继续测量释放出来的瓦斯量。压碎过程应在一个独立的充满氮气的密封球磨中进行。如果把钢球放在样品容器中，就不需要把煤样移出容器。另一种方法是在容器中使用电磁驱动的钢锤。测得的瓦斯解吸量和估计的损失瓦斯量之和除以煤样的质量，即可得到瓦斯含量值。

2. 间接测定法

国内外最常用的煤层瓦斯含量间接测定法是等温吸附线计算法，先在实验室测出煤样的瓦斯吸附常数，然后按照朗缪尔方程式绘制出瓦斯等温吸附线，再根据实测的煤层瓦斯压力，最后确定煤的瓦斯含量，其关键在于煤层瓦斯压力和吸附常数的准确测定。

该方法的测定步骤为：① 在现场测定煤层的瓦斯压力和温度，并采集新鲜煤样；② 在实验室对煤样进行工业性分析，同时取粒径为 0.20～0.25 mm 煤样 80 g，装入测定罐；③ 在70 ℃条件下，抽真空脱气 2 天；④ 在 0.1～0.5 MPa 压力与 30 ℃恒温条件下吸附甲烷，测量吸附或解吸瓦斯量，并换算成标准状态下的吸附瓦斯量；⑤ 求出吸附常数 a、b 值，并绘制出 30 ℃的等温吸附曲线；⑥ 依据测定得出的瓦斯压力、温度，煤中的水分、挥发分和吸附常数，计算出煤的游离瓦斯含量和吸附瓦斯含量。

煤的游离瓦斯含量，按气体状态方程求得：

$$q_y = \frac{VpT_0}{Tp_0\xi} \tag{10-5}$$

式中 q_y——煤的游离瓦斯含量，m^3/t（标准状态下）；

V——单位质量煤的孔隙容积，m^3/t；

p——瓦斯压力，MPa；

T_0，p_0——标准状况下的绝对温度（273 K）与压力（0.101 325 MPa）；

T——瓦斯绝对温度，K；

ξ——瓦斯（甲烷）压缩系数，见表 10-2。

表 10-2 甲烷气体压缩系数

甲烷压力/MPa	温度/℃					
	0	10	20	30	40	50
0.1	1.00	1.04	1.08	1.12	1.16	1.20
1.0	0.97	1.02	1.06	1.10	1.14	1.18
2.0	0.95	1.00	1.04	1.08	1.12	1.16
3.0	0.92	0.97	1.02	1.06	1.10	1.14
4.0	0.90	0.95	1.00	1.04	1.08	1.12
5.0	0.87	0.93	0.98	1.02	1.06	1.11
6.0	0.85	0.90	0.95	1.00	1.05	1.10
7.0	0.83	0.88	0.93	0.98	1.04	1.09

煤的吸附瓦斯含量，按朗缪尔方程计算并考虑煤中水分、灰分、温度影响系数，由此，煤的吸附瓦斯量为：

$$q_{x0} = \frac{abp}{(1+bp)} e^{n(t_0-t)} \frac{1}{(1+0.31W)} \cdot \frac{(100-A-W)}{100} \tag{10-6}$$

式中 q_{x0}——煤的吸附瓦斯含量，m^3/t（标准状态下）；

a，b——吸附常数；

p——瓦斯压力，MPa；

t_0——实验室测定煤的吸附常数时的试验温度，℃；

t——煤的温度，℃；

n——与瓦斯压力有关的常数；

A,W——煤中的灰分和水分，%。

煤的瓦斯含量，等于游离瓦斯与吸附瓦斯含量之和：

$$q = q_y + q_{x0} \tag{10-7}$$

我国部分矿井煤层煤样的吸附试验结果见表 10-3。

表 10-3 我国部分矿井煤层煤样的吸附试验结果

矿井	煤层	水分/%	灰分/%	挥发分/%	密度/(t·m^{-3})	吸附试验结果				
						温度/℃	瓦斯压力/MPa	瓦斯含量/(m^3·t^{-1})	a/(m^3·t^{-1})	b/MPa^{-1}
焦作李封天官	二$_1$	1.88	12.16	4.37	1.72	30	1.27	25.33	30.72	4.8
白沙红卫	3	1.72	5.95	6.37	1.49	30	1.49	24.16	53.47	0.5
阳泉矿区	S_8	1.02	9.34	7.64	1.39	30	1.31	23.62	41.32	1.1
白沙红卫	4	2.19	30.18	10.13	1.73	30	1.22	19.27	25.66	2.4
萍乡煤矿		1.10	8.07	10.33	1.45	30	1.10	14.39	21.33	1.7
鹤壁梁塔		1.70	11.53	12.20	1.43	30	1.21	18.97	35.63	1.0
北票台吉一坑	4	0.63	14.90	17.98	1.46	30	1.82	10.86	14.85	1.2
天府磨心坡	K_9	0.99	5.44	18.29	1.36	30	1.76	11.29	17.18	1.1
丰城坪湖	B_4	1.70	9.50	18.77	1.37	30	1.18	12.61	27.30	0.7
南桐煤矿	K_2	0.83	22.87	20.26	1.55	30	1.16	6.60	14.16	1.8
包头河滩沟		1.32	32.49	27.16	1.37	30	1.57	12.27	20.77	1.0
开滦赵各庄		1.66	14.40	29.93	1.46	30	1.01	6.42	10.89	1.3
淮北芦岭	8	1.25	7.54	32.17	1.37	30	1.69	12.75	21.88	0.9
抚顺龙凤	4 分层	1.52	9.11	33.72	1.41	30	1.21	13.57	22.93	1.2
阜新平安二坑		8.53	13.37	38.46	1.21	30	1.34	12.30	21.11	1.1
淮南谢一矿	B_{12b}	1.58	31.8	36.20	1.32	30	1.84	20.10	39.06	0.6
辽源西安	上煤	5.54	6.63	41.66	1.34	30	1.68	17.80	28.97	0.9

例 对某矿的煤样进行吸附试验得到如表 10-4 结果。试计算其 a、b 值并绘出等温吸附曲线。

表 10-4 某矿煤样吸附试验结果

瓦斯压力 p/MPa	0.12	1.21	2.35	3.51	4.70	5.85
吸附量 q_x/(mL·g^{-1})	1.00	6.12	8.78	10.94	12.12	12.90

解:由朗缪尔方程

$$q_x = \frac{abp}{1+bp}$$

得出:

$$\frac{p}{q_x}=\frac{p}{a}+\frac{1}{ab}$$

以 p/q_x 对 p 作图求出直线斜率及截距,即为 $1/a$ 和 $1/(ab)$。拟合结果如图 10-12 所示。

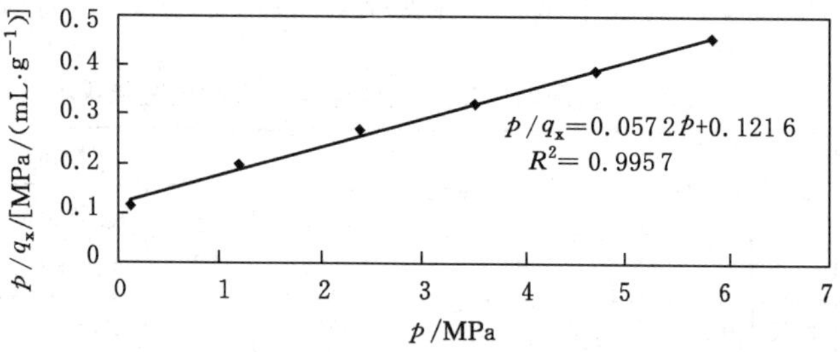

图 10-12 p/q_x 对 p 的关系曲线

图 10-12 中:$1/a=0.057\ 2$,$1/(ab)=0.121\ 6$;可得 $a=17.48$ mL/g,$b=0.47$ MPa^{-1}。

$$q_x = \frac{abp}{1+bp} = \frac{8.215\ 6p}{1+0.47p}$$

据此方程可绘出煤样等温吸附曲线,如图 10-13 所示。

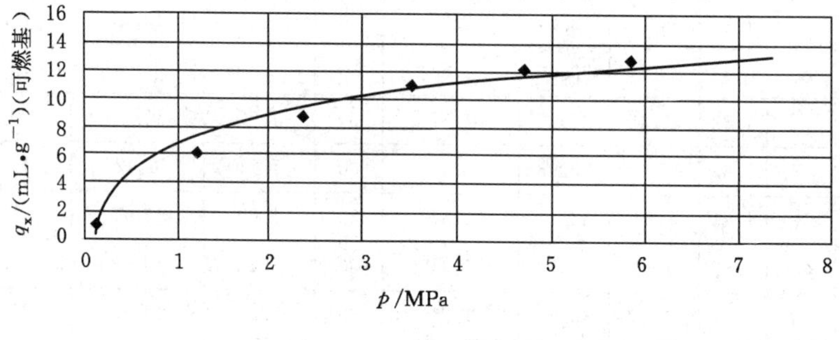

图 10-13 某矿煤样等温吸附曲线

从该例中可看出,采用等温吸附线的间接测定方法,可得出吸附瓦斯量的全过程曲线。根据井下实际测定出的瓦斯压力即可得到该条件下的吸附瓦斯量。

四、煤层瓦斯垂直分带

煤田形成后,煤变质生成的瓦斯经煤层、围岩裂隙和断层向地表运动;地表的空气、生物化学及化学作用生成的气体由地表向深部运动。由此形成了煤层中各种气体成分由浅到深有规律的变化,即煤层内的瓦斯呈现出垂直分带特征。一般将煤层由露头自上向下分为 4 个瓦斯带:CO_2—N_2带、N_2带、N_2—CH_4带、CH_4带。图 10-14 给出了顿巴斯煤田煤层瓦斯组分在各瓦斯带中的变化,各带的煤层瓦斯组分含量见表 10-5。

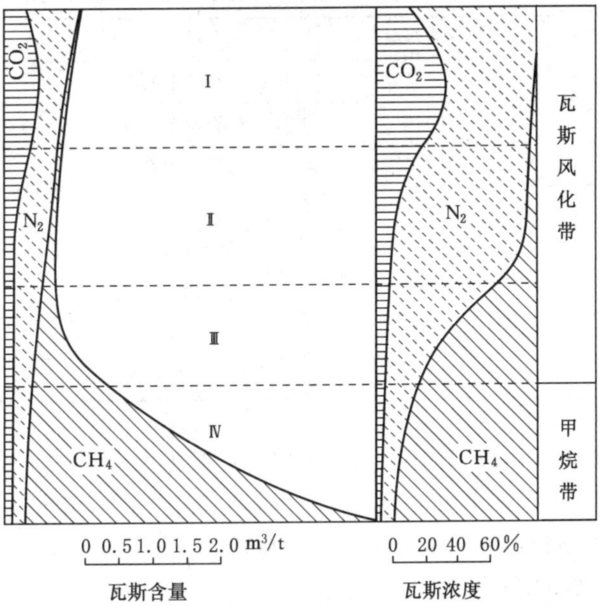

图 10-14 煤层瓦斯垂直分带图

表 10-5 煤层瓦斯垂直分带及各带瓦斯组分含量

瓦斯带名称	CO_2		N_2		CH_4	
	浓度/%	含量/$(m^3 \cdot t^{-1})$	浓度/%	含量/$(m^3 \cdot t^{-1})$	浓度/%	含量/$(m^3 \cdot t^{-1})$
CO_2—N_2带	20～80	0.19～2.28	20～80	0.15～1.42	0～10	0～0.16
N_2带	0～20	0～0.27	80～100	0.22～1.86	0～20	0～0.22
N_2—CH_4带	0～20	0～0.39	20～80	0.25～1.78	20～80	0.06～5.27
CH_4带	0～10	0～0.37	0～20	0～1.93	0～80	0.61～10.50

前 3 个带总称为瓦斯风化带，第 4 个带为甲烷带。瓦斯风化带下部边界煤层中的瓦斯浓度为 80%，煤层瓦斯压力为 0.10～0.15 MPa，煤的瓦斯含量为 2～3 m^3/t(烟煤)和 5～7 m^3/t(无烟煤)。在瓦斯风化带开采煤层时，相对瓦斯涌出量一般不超过 2 m^3/t，瓦斯对生产不构成主要威胁。我国大部分低瓦斯矿井皆是在瓦斯风化带内进行生产的。

瓦斯风化带的深度取决于煤层地质条件和赋存情况，如围岩性质、煤层有无露头、断层发育情况、煤层倾角、地下水活动情况等。围岩透气性越大，煤层倾角越大、开放性断层越发育、地下水活动越剧烈，则瓦斯风化带下部边界就越深。有露头的煤层往往比无露头的隐伏煤层瓦斯风化带深。表 10-6 列出了我国部分高瓦斯矿井煤层瓦斯风化带深度的实测结果。

表 10-6　我国部分高瓦斯矿井煤层瓦斯风化带深度

矿　井	瓦斯风化带深度/m	矿　井	瓦斯风化带深度/m
抚顺龙凤	200	淮北朱仙庄	320
抚顺胜利	260	淮南谢家集	45
开滦赵各庄	467	重庆中梁山	50
开滦唐山	388	北票冠山	120
焦作焦西	180	北票台吉立井	130
涟邵洪山殿	30	南桐直属一井	90
辽源西安	131	南桐鱼田堡	30
淮北芦岭	240	六枝地宗	70

位于瓦斯风化带下边界以下的甲烷带，煤层的瓦斯压力、瓦斯含量随埋藏深度的增加而有规律地增长。因此，掌握开采煤田煤层瓦斯垂直分带的特征，确定瓦斯风化带深度，是做好矿井瓦斯涌出量预测和瓦斯日常管理工作的基础。

五、影响瓦斯含量的因素

根据理论分析，在从植物遗体到无烟煤的变质过程中，每吨煤至少可生成 100 m^3 以上的瓦斯，但是在目前的天然煤层中，最大的瓦斯含量不超过 50 m^3/t。这一方面是由于煤层本身含瓦斯的能力有限，另一方面因为瓦斯是以压力气体存在于煤层中，经过漫长的地质年代，放散了大部分，目前仅是剩余的瓦斯量。所以煤层瓦斯含量的多少主要取决于瓦斯的赋存条件，而不是生成瓦斯量的多少，也就是不仅取决于煤质，而更主要的是取决于地质条件。现将影响煤层瓦斯含量的一些主要因素分析如下：

1. 煤的变质程度

煤的变质程度越高，生成的瓦斯量越大。如其他条件相同，变质程度提高了，煤层的瓦斯含量应比较大，例如阳泉 3 号煤层变质程度高，挥发分为 7%左右，在瓦斯压力 1.6 MPa 下，每立方米煤的瓦斯含量为 34.0 m^3，而抚顺龙凤矿的煤层变质程度低，挥发分为 34%，在同样瓦斯压力下，其含量仅为 14.6 m^3。

2. 煤层的地质历史

瓦斯在生成过程中，不断生成和放散，尤其是在成煤后的漫长地质年代中，煤层的瓦斯放散条件对瓦斯含量具有重要影响。因为地层的上升和下降，海浸海退的变化，地表河流对煤层的侵蚀，地质构造对放散瓦斯的作用，煤层在地表暴露时间的长短，这些对于瓦斯的保存都具有重大影响。例如，开滦的石炭-二叠纪煤层在距地表 700～800 m 处，瓦斯含量不大，一般也没有突出现象，但是湖南白沙矿区二叠纪煤层，有的在距地表 80 m 处即发生突出，瓦斯含量也比较大。又如在华北板块普遍形成的石炭-二叠系煤系，因受到其他板块的俯冲碰撞作用，普遍缺失三叠系盖层沉积，二叠系煤层遭受剥蚀煤层瓦斯大量逸散，埋深600～800 m 仍属瓦斯风化带，山东省内的矿井 90%以上为低瓦斯矿井就是由该因素造成的。

3. 煤层和围岩的透气性

煤系岩性组合和煤层围岩性质对煤层瓦斯含量影响很大。如果围岩为致密完整的低透气性岩层，如泥岩、完整的石灰岩，煤层中的瓦斯就易于保存下来。重庆、六枝、涟邵地区煤系地层岩性主要为泥岩、页岩、粉砂岩和致密石灰岩，围岩的透气性差，所以煤层瓦斯含量高，瓦斯压力大。反之，围岩由厚层中粗砂岩、砾岩或裂隙溶洞发育的石灰岩组成，则煤层瓦斯含量小。大同煤田、北京煤田西部，围岩是透气性大的厚砂岩，煤层瓦斯含量就很低。

4. 地质构造

煤层的断层和地质破坏对瓦斯的放散有显著作用，如果断层的成因是受张力作用产生的，则该断层边界的瓦斯可以通过断层而放散，该区域的瓦斯含量要小。如果断层是受压力作用产生的，属于封闭性的断层，在断层区域内的瓦斯含量要大。例如焦作矿区在距地表188 m垂深处，王封矿和李封矿均为低瓦斯矿井，但邻近的朱村矿，其四周为封闭性断层切割，则为高瓦斯矿井，并发生了煤与瓦斯突出现象。

此外，在断层带中充填物的致密性和断层附近的岩性，与断层附近煤层的瓦斯含量也有重要关系。

5. 煤层露头

煤层在目前或成煤后的地质年代中有无露头长时间与大气相通，这对于瓦斯的保存有很大关系。例如四川中梁山煤田为覆舟状构造，地表无煤层出露，瓦斯为构造封闭，煤层的瓦斯含量大，因而主井井筒进入煤层时，即发生了煤与瓦斯突出。

6. 埋藏的深度和地形

在有露头的煤田中，地表附近的煤层瓦斯得到了放散，而且空气也向煤层渗透，因而在距地表不远的煤层中含有 CO_2、N_2 等气体。随着深度的加深，CH_4 所占的比例越来越大。在煤层瓦斯成分中，CH_4 不足 80%的部分称之为瓦斯风化带。瓦斯风化带的深度可以从几十米到几百米，甚至达千米，这取决于地质条件和围岩性质。在瓦斯风化带中由于瓦斯含量小，不会发生瓦斯突出。一般在瓦斯风化带以下的甲烷带内，瓦斯压力基本上随深度成正比增加。在山区的煤田，由于地形起伏变化大，煤层瓦斯含量则与覆盖层的厚度有关，根据阳泉各矿的资料表明，覆盖层厚度越大，煤层瓦斯含量越大。

7. 地下水的活动

在地下水活跃的区域，瓦斯也得到流动、排放。例如，南桐直属二井的突出煤层在地下水活跃的地区，不但没有发生突出现象，而且瓦斯涌出量也大大减少；湖南煤矿普遍存在着水大的矿井瓦斯含量小，水小的矿井瓦斯含量大的规律。

以上是对这些因素的简要说明，在分析某一煤层的瓦斯含量以及有无突出危险时，需要根据这些因素以及地应力等其他因素做综合的研究。

第三节 瓦斯在煤岩中的流动

煤层中含有大量的瓦斯，游离瓦斯具有一定的压力，同时由于煤层赋存的条件不同或受采动影响，瓦斯压力的分布是不均衡的。有压力差，有裂隙通道，就有瓦斯的流动。瓦斯在煤层中的流动是从高压区流向低压区。一旦矿井开拓开采揭露了煤层，该点的瓦斯压力就大幅下降，周围高压力的瓦斯就会向该点流动。

一、瓦斯流动场

瓦斯流动的范围称为流动场。在实际情况下，流动场的范围是随时间而变化的。

流动在流动场内瓦斯的类型，从空间几何形状来划分，基本上可分为三类：单向流动、径向流动和球向流动。

(1) 单向流场——在 x、y、z 三维空间内，只在一个方向有流速，其他两个方向流速为零。例如薄及中厚煤层中的煤巷与采煤工作面煤壁内的瓦斯流动就属于单向流动，如图 10-15 所示。

(2) 径向流场——在 x、y、z 三维空间内，在两个方向有分速度，第三个方向的分速度为零。例如石门、竖井、钻孔垂直穿透煤层时，在煤壁内的瓦斯流动就属于这一类；其瓦斯压力等值线平行于煤壁呈近似同心圆形，如图 10-16 所示。

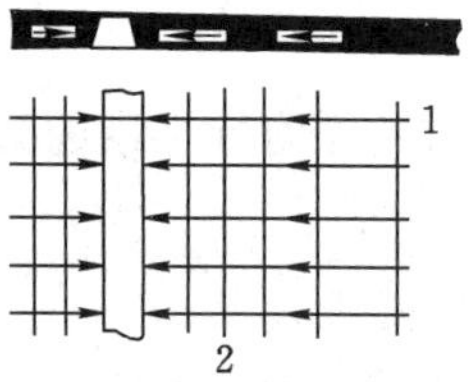

1—瓦斯流向；2—瓦斯压力等值线。

图 10-15　单向流场

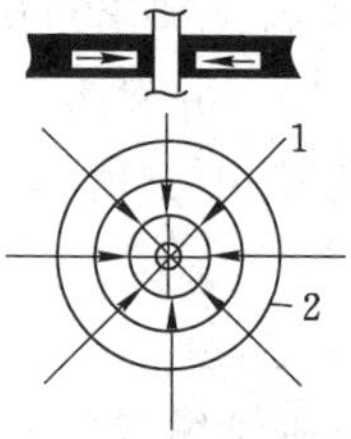

1—瓦斯流向；2—瓦斯压力等值线。

图 10-16　径向流场

(3) 球向流场——在 x、y、z 三维空间内，在三个方向都有分速度。例如在厚煤层中煤巷的掘进工作面煤壁内、钻孔或石门进入煤层时以及采落的煤块从其中涌出瓦斯的流动都属于这一类，如图 10-17 所示。

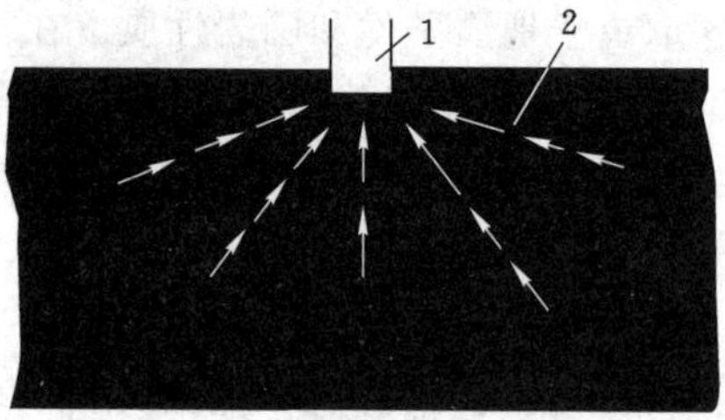

1—揭开煤层巷道的迎头；2—流线。

图 10-17　球向流场

上述三种流场是瓦斯流动的基本形式。实际井巷煤壁内的瓦斯流场是复杂的，是几种流场的综合。例如半煤岩巷道，在掘进工作面的迎头煤壁内近似为径向流场，而后部则为单向流场。

流动场从时间上来说，分为稳定流场和非稳定流场两种。稳定流场就是有固定的瓦斯源，流动场中任何一点的流速和压力不随时间而变。相反地，非稳定流场没有外来的瓦斯源，而是由流动场内本身供给的，因此流动场随着流动时间而变化。严格说来，煤层中的瓦斯流动都是不稳定的，因为瓦斯的来源是流动场本身所含有的瓦斯，所以瓦斯涌出量也是随时间不断变化的，参见图 10-18。

二、瓦斯在煤岩中的流动

瓦斯在煤层中是以具有压力的气体存在着的，在甲烷带内，瓦斯压力一般沿煤层倾向随深度增加而增加，而沿煤层走向变化较小。由于各个地点瓦斯压力不同，在未开采煤层的小

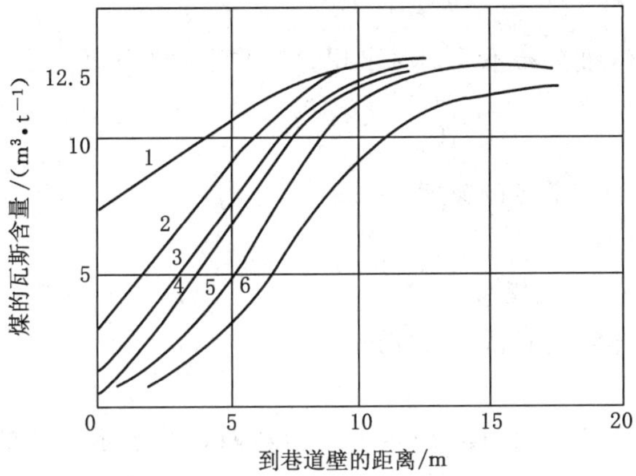

1—迎头掘过后几小时;2—迎头掘过后 4 d;3—迎头掘过后 10 d;
4—迎头掘过后 15 d;5—迎头掘过后 55 d;6—迎头掘过后 150 d(稳定)。

图 10-18　非稳定流场(掘进巷道煤壁内煤体瓦斯含量的变化)

范围内,分布着比较稳定的瓦斯压力等值线,如图 10-19 所示。

当石门揭穿煤层,在煤层中进行的采掘工作破坏了原有的瓦斯压力平衡状态,形成瓦斯流动场,其瓦斯压力等值线和瓦斯流动路线,即流网和流线,如图 10-20 所示。如巷道中的大气压力为 0.1 MPa,煤层瓦斯由高压区流向低压区,从煤层内部向巷道中流动。实际上测定到的等压线不是很规则的,这是由煤层原始瓦斯压力分布不均匀和煤层透气性不同导致的。这种由高压区流向低压区的流动状态,大多表现为涌出,在特殊条件下,也可以形成喷出和突出。

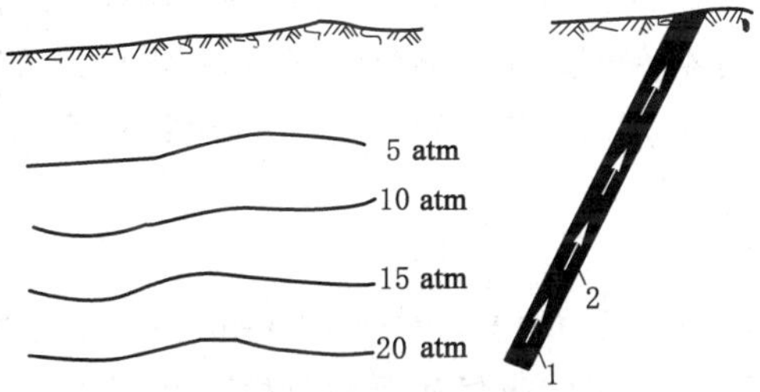

1—煤层;2—瓦斯流向。

图 10-19　煤层中的瓦斯压力等值线

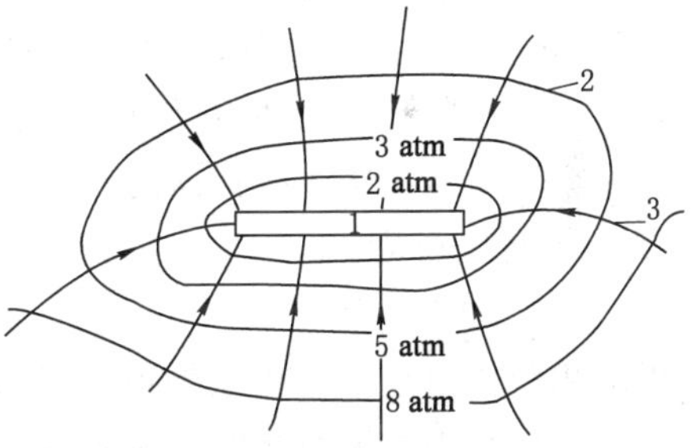

1—巷道;2—瓦斯压力等值线;3—流线。

图 10-20　巷道周围煤体中的瓦斯流动场

在开采多煤层时涌出的瓦斯,来自本煤层的瓦斯仅占一部分,在很多高瓦斯矿井中,矿井的相对瓦斯涌出量远远大于煤层本身瓦斯含量;开采单一煤层时,相对瓦斯涌出量也大于煤层的瓦斯含量。这是因为瓦斯的来源不仅来自采掘下来的煤炭,而且还来自煤壁,因此相对瓦斯涌出量的影响更大。

瓦斯在煤层中流动,目前认为存在两种类型,即扩散流动和层流流动。这两种流动谁起主导作用虽然还存在着争论,但普遍认为,扩散流动在微孔结构中或在低透气性系数煤层中占主导地位,而层流流动在大孔和裂隙中或在高透气性系数煤层中占主导地位。

1. 扩散流动

扩散流动主要在瓦斯浓度分布不均匀时出现。扩散流动服从菲克定律(Fick's Law):

$$u_x = -D\frac{\partial c}{\partial x} \tag{10-8}$$

式中 u_x——在 x 方向上的扩散流的速度,m/s;

D——扩散系数,m^2/s;

c——瓦斯的浓度,m^3/m^3(煤)。

负号表示流动沿着气体浓度降低的方向进行。

2. 层流流动

瓦斯的层流流动遵循达西定律(Darcy's Law),达西定律表示流体的流速与其压力梯度成正比,即

$$u = -\frac{k}{\mu}\frac{dp}{dx} \tag{10-9}$$

式中 u——流速,m/s;

k——煤层的渗透率,m^2;

μ——流体的动力黏度,Pa·s,对于甲烷,$\mu = 1.08\times10^{-5}$ Pa·s;

dp/dx——压力梯度,Pa/m。

三、煤层瓦斯流动的影响因素

影响煤层瓦斯流动的因素很多,如煤层赋存状态、瓦斯地质条件、瓦斯压力、煤层透气性、煤层吸附瓦斯的能力、煤层孔隙率、煤层暴露面的几何形状、放散瓦斯的时间、采掘方法、开采空间的地应力活动规律、煤层和岩层的物理力学性质、支架和顶板管理的方法、矿井通风制度和水文地质条件等。在这些影响因素中,除时间空间条件外,对煤层本身而言,煤层瓦斯压力、煤层透气性、煤层吸附瓦斯的能力和煤层孔隙率是影响瓦斯涌出的基本参数。因为瓦斯压力是瓦斯流动的动力,煤层透气性则是瓦斯在该煤体中的流动能力,而煤层的吸附能力和孔隙率则是煤层含有瓦斯的能力,所以在一定的地质条件和采掘方法条件下,瓦斯涌出主要取决于上述因素。

1. 煤层瓦斯压力

煤层瓦斯压力是指煤孔隙中所含游离瓦斯的气体压力,即气体作用于孔隙壁的压力。煤层瓦斯压力是决定煤层瓦斯含量的一个主要因素,当煤的吸附瓦斯能力相同时,煤层瓦斯压力越高,煤中所含瓦斯量也就越大。瓦斯压力是造成突出的重要动力。如 1 MPa 的压力作用在 1 m^2 的面积上能产生 980 kN 的推力,这样大的力量足以将几十吨的煤炭抛出,所以《煤矿安全规程》规定,开采有煤与瓦斯突出危险煤层时,必须测定煤层的瓦斯压力。

(1) 煤层瓦斯压力测定

测定煤层瓦斯压力时,通常是从围岩巷道(石门或围岩钻场)向煤层打孔径为 50～70 mm 的钻孔,孔中放测压管,将钻孔密封后,用压力表直接进行测定。为了测定煤层的原始瓦斯压力,测压地点的煤层应为未受采动影响的原始煤层。

测压封孔方法分填料法和封孔器法两类。填料法充填材料包括黏土、水泥砂浆、聚氨酯泡沫等固相材料,封孔器分为胶圈、胶圈(胶囊)-压力黏液等封孔方法,有关方法如图 10-21～图 10-24 所示。

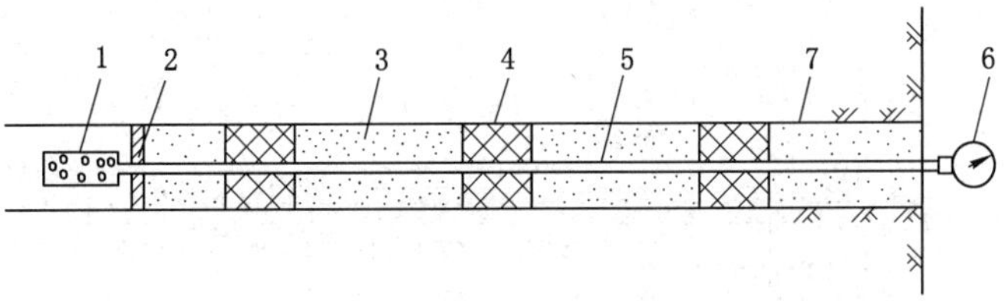

1—测压前端；2—挡料圆盘；3—充填材料；4—木楔；
5—测压管；6—压力表；7—钻孔。

图 10-21　黏土封孔

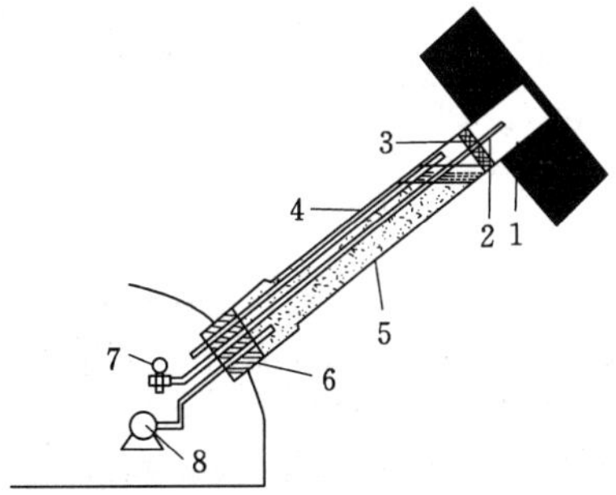

1—测压室；2—测压管；3—挡板；4—检查管；5—水泥砂浆；
6—木楔；7—压力表；8—注浆泵。

图 10-22　水泥注浆封孔

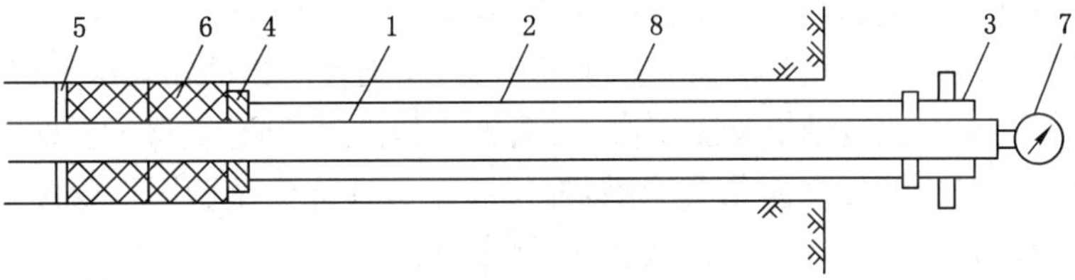

1—测压管；2—外套管；3—压紧螺帽；4—活动挡圈；
5—固定挡圈；6—胶圈；7—压力表；8—钻孔。

图 10-23　胶圈封孔器结构

煤层瓦斯压力的测定都是从岩巷向煤层打钻孔，从钻孔中引出一根细管，并用黏土、水泥砂浆、胶圈等固体物封孔，从钻孔中引出测压管，直接用压力表读出煤层瓦斯压力值。黏土封孔为人工方式，工艺最简单，但黏土送入孔内困难，封孔长度短，易产生裂隙，封孔效果差；水泥砂浆封孔在现场应用最广，近年来在水泥砂浆中加入少量的膨胀剂、速凝剂等外加剂，减少了水泥砂浆的收缩性，提高了凝结速度和致密性，但主要适用于倾斜钻孔，封水平孔时水泥砂浆凝固前固体颗粒会发生一定的沉淀，造成凝固后孔的顶部形成空隙，影响封孔效果；聚氨酯等高分子封孔材料有较好的黏结力和膨胀性，但材料成本及应用工艺要求较高。这些方法在封孔段岩层坚硬致密的条件下可以得到准确的瓦斯压力值，但是当封孔段岩层为松软的砂岩或钻孔周围存在微裂隙时，充填的固体物不能严密封闭钻孔周边的裂隙，因而易于漏气，封孔效果不理想，测出的瓦斯压力值低于煤层真实的瓦斯压力。为了解决这一技

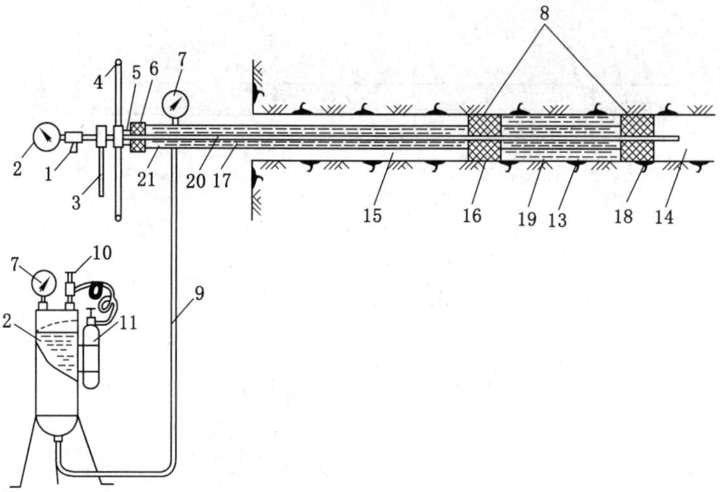

1—向测压室注气入口；2—瓦斯压力表；3—手把；4—对胶圈加压手轮；5—推力轴承；
6—胶圈（防止黏液外漏）；7—黏液压力表；8—胶圈；9—高压黏液软管；10—阀门；
11—高压 CO_2 或 N_2；12—黏液罐；13—黏液封孔段；14—测压室；15—钻孔；16—黏液连通管；
17—高压黏液；18—测压导气管挡盘；19—支撑胶圈筛管；20—测气导管；21—外管。

图 10-24　胶圈-压力黏液封孔器结构

术难题，中国矿业大学周世宁教授提出了"固体封液体，液体封气体"的思路，发明了测定煤层瓦斯压力的胶圈-压力黏液封孔器（图 10-24），该装置在钻孔内利用两个胶圈形成封闭空间，在两个胶圈之间充入具有一定压力的黏液（乳化液），黏液的压力略高于瓦斯压力，黏液在压力作用下渗入钻孔周边裂隙，防止瓦斯的泄漏，从而使测出的瓦斯压力值接近煤层真实的瓦斯压力。后来，在此基础上又做了改进，采用胶囊代替胶圈，取得了更好的封孔效果，因为胶囊的弹性大，与孔壁可全面紧密接触，密闭黏液的性能优于胶圈。胶圈（胶囊）-压力黏液封孔技术在我国高瓦斯突出矿区已获得广泛应用。

(2) 煤层瓦斯压力预测

根据国内外瓦斯煤层的大量测定结果，在甲烷带内，煤层的瓦斯压力随深度的增加而增加，多数煤层呈线性增加，瓦斯压力梯度随地质条件变化而变化，在地质条件相近的块段内相同深度的同一煤层具有大致相同的瓦斯压力，因此，可以按下式预测深部煤层的瓦斯压力：

$$g_p = (p_2 - p_1)/(H_2 - H_1) \tag{10-10}$$

则

$$p = g_p(H - H_1) + p_1 \tag{10-11}$$

或

$$p = g_p(H - H_0) + p_0 \tag{10-12}$$

式中　p——预测的甲烷带内深 H(m)处的瓦斯压力，MPa；

g_p——瓦斯压力梯度，MPa/m；

p_1，p_2——甲烷带内深度为 H_1、H_2(m)处的瓦斯压力，MPa；

p_0——甲烷带上部边界处瓦斯压力，取 0.2 MPa；

H_0——甲烷带上部边界深度，m。

我国部分矿井煤层瓦斯压力的实测值见表 10-7。

表 10-7 我国部分矿井煤层瓦斯压力实测值

矿井	煤层	瓦斯压力 /MPa	垂深 /m	瓦斯压力梯度 /($MPa \cdot m^{-1}$)
南桐一井	4	1.52	218	0.009 5
	4	4.22	503	
天府磨心坡	9	3.50	363	0.015 1
	9	7.85	652	
涟邵蛇形山	4	2.14	214	0.012 1
	4	2.60	252	
北票台吉一井	4	5.12	560	0.011 4
	4	6.86	713	
鸡西滴道	12	3.63	520	0.006 1
	12	4.90	728	
六枝四角田	7	0.25	70	0.0121
	7	1.91	207	
红卫里王庙	6	0.57	40	0.006 9
	6	2.97	388	
淮北芦岭	8	0.20	245	0.011 6
	8	2.96	482	

2. 煤层透气性

煤是一种多孔介质，在一定压力梯度下，气体和液体可以在煤体内流动。煤层透气性反映了煤层中流体的流动能力。透气性越大，瓦斯在煤层中流动越容易。煤层的透气性是很低的，瓦斯在煤层中的流速也很小，每天仅几厘米到几米。

在式(10-9)中，都假定煤层的渗透率 k 是常数。实际上，这个假设不能成立。煤岩的各向异性使得渗透率随着方向变化而变化。此外，渗透率还随地应力、瓦斯压力及水的出现而变化。渗透率是达西定律中的比例系数 k，它是反映多孔介质结构特性的一个参数，可以解释成给定动力黏度为 μ 的流体在给定多孔介质中的传导能力。这种传导能力仅取决于煤岩内部微孔与裂隙的几何结构，与流体性质无关。依据式(10-9)，渗透率可表示为：

$$k = -u\mu \frac{\partial x}{\partial p} \tag{10-13}$$

通过量纲分析，渗透率的单位为：

$$\frac{m}{s} \times \frac{Ns}{m^2} \times m \times \frac{m^2}{N} = m^2$$

因此在国际单位制中渗透率的单位是 m^2。但是旧的达西(D)或毫达西(mD)单位仍然在使用。达西定义为：动力黏度为 10^{-3} Pa · s 的均质流体，在长为 1 cm、两端压力差为 1 atm(0.101 MPa)的介质中呈层流流动时、以 1 cm^3/s 的流量通过 1 cm^2 的截面积的渗透能力。这两个单位之间的转换关系为：

$$1\ \text{mD} = 0.986\ 93 \times 10^{-15}\ \text{m}^2 \tag{10-14}$$

煤层透气性系数在我国普遍采用的单位是 $m^2/(MPa^2 \cdot d)$，其物理意义是在 1 m 长煤体上，当压力平方差为 1 MPa^2 时，通过 1 m^2 煤层断面，每天流过的瓦斯体积。1 $m^2/(MPa^2 \cdot d)$ 相当于 0.025 mD(2.467×10^{-17} m^2)。

在式(10-9)中，如果把流速 u 变成在压力为 0.101 3 MPa(1 个标准大气压)、温度相当于煤体温度条件下的流速 u_n，则

$$u_n = -\frac{k}{\mu}\frac{p}{p_n}\frac{dp}{dx} = -\frac{k}{2\mu p_n}\frac{dP}{dx} = -\lambda\frac{dP}{dx} \tag{10-15}$$

式中 u_n——标准条件下的流速，也可视为比流量，即在 1 m^2 煤面上 1 d 通过的瓦斯量，$m^3/(m^2 \cdot d)$；

$P=p^2$；

p_n——标准大气压力值；

λ——透气性系数，$\lambda=-\frac{k}{2\mu p_n}$，$m^2/(MPa^2 \cdot d)$。

表 10-8 列出了我国部分矿井煤层实测的透气性系及渗透率数值。由表中数据可以看出，煤层透气性系数的变化范围很大，最大可达数个毫达西，最小的在千分毫达西之下。

表 10-8　部分矿井煤层实测透气性系数

矿井	煤层	λ/ [$m^2 \cdot (MPa^2 \cdot d)^{-1}$]	k/mD	矿井	煤层	λ/ [$m^2 \cdot (MPa^2 \cdot d)^{-1}$]	k/mD
抚顺龙凤煤矿	本层	140～150	3.50～3.75	红卫矿里王庙井	6	0.12～0.32	$(0.3\sim0.8)\times10^{-2}$
抚顺胜利煤矿	本层	29.6～36.8	0.74～0.92	红卫矿坦家冲井	6	0.24～0.47	$(0.60\sim1.18)\times10^{-2}$
北票三宝煤矿	9B	0.039	0.975×10^{-3}	天府磨心坡煤矿	9	0.042～0.140	$(1.06\sim3.50)\times10^{-3}$
北票台吉煤矿	10	0.002 8～0.004 0	$(0.07\sim0.10)\times10^{-3}$	中梁山北井	K_1	0.64～0.68	$(1.61\sim1.70)\times10^{-2}$
北票台吉煤矿	4	0.006	0.16×10^{-3}	六枝化处煤矿	7	0.017 8	0.445×10^{-3}
淮南潘一矿	13－1	0.039 2	0.98×10^{-3}	六枝大用煤矿	7	0.086 2	2.15×10^{-3}
包头河滩沟煤矿	G	11.3～17.4	0.28～0.44	涟邵洪山殿立新井	4	1.10	0.027 5
鹤壁六矿	大煤	1.2～1.8	0.03～0.045	焦作朱村煤矿	大煤	0.55～3.60	0.013～0.090
阳泉一矿北头嘴	3	0.019	0.475×10^{-3}	鹤岗南山煤矿	15	30.8～62.4	0.77～1.56

(1) 地压对渗透率的影响

图 10-25 给出了在实验室对某烟煤进行流体静压加载试验时渗透率的变化情况(轴向和径向应力保持相等)。把煤做成直径为 30～50 mm、高度与直径比约为 2 的圆柱体样品，然后把样品放进压力机，当样品受到轴向和径向压力时，发现渗透率在加载过程中减小而在卸载过程中恢复。在持续应力作用下样品产生蠕变效应，渗透率随着时间而减小直到某个下限值。在加载试验后，样品可能恢复不到其最初的渗透率。此外，重复进行加载试验将进一步减小渗透率。这些现象表明煤炭同时产生弹性和塑性应变，后者被认为是由于孔隙之间的较弱连接部分遭到永久破坏引起的。

图中展示了两个加载、卸载的循环。在第一次试验完成后，将样品在保持略大于 2 MPa 压力的环境中放置 18 h。从图中可以明显看出，在第二次试验开始前渗透率有减小趋势。

从试验结果可知，在实验室试验中煤样渗透率的测量，依赖于煤样的受压历史，这包括由采矿造成的加载和卸载的循环，煤样的初始位置和取样方法等。对于给定的实验室试验，煤层渗透率关于流体静压呈对数规律下降，两者的关系可表示成下面的形式：

$$k = k_0 \exp(-b\sigma) \tag{10-16}$$

式中 k——承压煤样的渗透率，m^2；

σ——煤样承受的机械应力，MPa；

k_0——煤样不承压时的渗透率，m^2；

b——经验常数，MPa^{-1}。

k_0 值是零压力下的理论渗透率，它不仅取决于煤炭的结构，而且取决于样品所受的应力过程。烟煤的 b 值范围为 1.5～2.5 MPa^{-1}。

作为比较，图 10-25 包含了对页岩的类似试验结果，它在加载压力下渗透率的减少量明显要比煤炭的小。

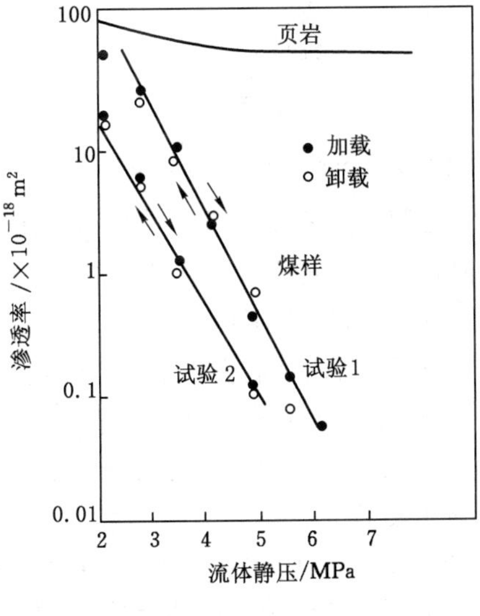

图 10-25 煤样在流体静压下的两个加载/卸载曲线

(2) 瓦斯压力对渗透率的影响

对于大多数岩层,渗透率随着孔隙内瓦斯压力的减小而增大。关于渗透率随着瓦斯压力的变化,图 10-26 给出了一个典型的实验室试验结果。如图 10-26 所示,在低瓦斯压力情况下,随着瓦斯压力上升,表面扩散减少,而且吸附的分子开始阻塞通道,因此渗透率下降。但是,随着瓦斯压力进一步升高,将使渗透率上升,这可能是因为足够高的孔隙压力造成煤层压紧,并且使孔隙间失去连接,因此通道拓宽导致渗透率上升。

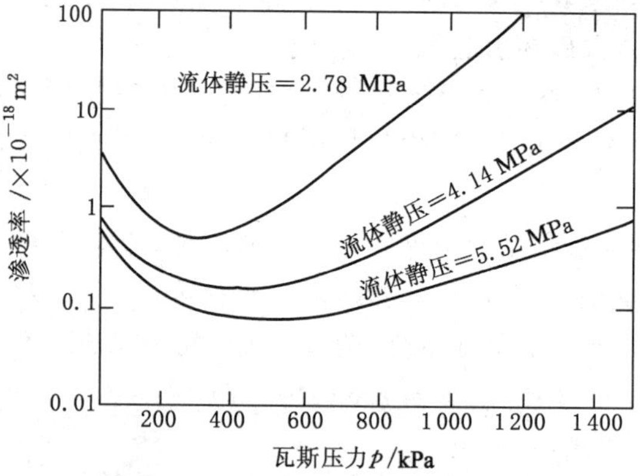

图 10-26 瓦斯压力对渗透率的影响

(3) 煤层中的水对渗透率的影响

地层中的孔隙和裂缝经常被一些混合流体占据,在煤层内,普遍存在水、气两相流。水的存在极大地抑制了气体的流动,反之亦然,因此两相流的存在降低了岩层的渗透率。这种效应可以用气和水各自的相对渗透率 $k_{r,g}$ 和 $k_{r,w}$ 来描述:

$$k_{r,g} = \frac{k_g}{k_{sg}} \tag{10-17}$$

$$k_{r,w} = \frac{k_w}{k_{sw}} \tag{10-18}$$

式中 k_g,k_w——气和水各自相对岩石的有效渗透率,m^2(取决于饱和度);

k_{sg}——岩层中气体达到饱和时的渗透率,m^2(没有水分存在);

k_{sw}——岩层中水达到饱和时的渗透率,m^2(没有气体存在)。

在石油工业中,对于砂岩和石灰岩通常假设 $k_{sg}=k_{sw}$,这两种岩石是典型的石油储藏岩。然而,由于吸附和瓦斯压力的影响,这个假设不适用于煤炭。

图 10-27 说明了水或瓦斯的饱和程度对各自相对渗透率的影响。实际的相对渗透率曲线取决于煤炭能否被水和瓦斯浸润。这随着煤炭组成的比例而变化,镜煤和亮煤较易被瓦斯浸润,而暗煤和丝煤则较易被水浸润。

图 10-27 中的曲线给出了亲水性煤层的相对渗透率,亲水性指它易被水浸润。水分将聚集在母体的较大孔穴处,因此抑制小孔隙中瓦斯的运移。从该图中可以看出,只有当水的饱和度低于 80% 时,瓦斯才可以流动。这也解释了为什么在瓦斯流动之前会有水流先出现。

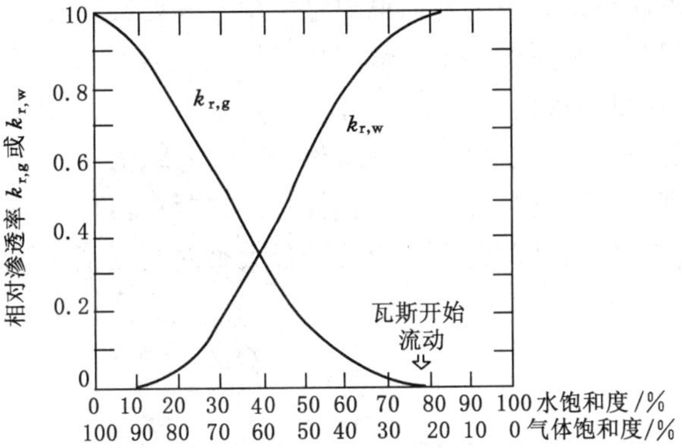

图 10-27　两相流中水或瓦斯饱和程度对各自相对渗透率的影响

第四节　矿井瓦斯涌出

在煤层或其附近进行采掘工作时，煤岩的原始状态由于采动影响受到破坏，发生破裂、卸压膨胀变形、地应力重新分布等变化，部分煤岩的透气性增加。游离瓦斯在其压力作用下，经由煤层的裂隙通道或暴露面渗透流出并涌向采掘空间。随着游离瓦斯的流出，煤体内的瓦斯压力下降，从而破坏了原有的平衡，一部分吸附瓦斯将解吸转化为游离瓦斯并涌出。随着采掘工作的不断扩展，煤体和围岩受采动影响的范围不断扩大，瓦斯平衡被破坏的范围也不断扩展。所以瓦斯能够长时间地、持续地从煤体中释放出来，这是瓦斯涌出的基本形式，又叫瓦斯的普通涌出。与其对应的瓦斯特殊涌出则指在时间上突然、在空间上集中的大量的瓦斯涌出，主要有瓦斯喷出和煤与瓦斯突出两种方式。

一、瓦斯涌出量

瓦斯涌出量是指在矿井建设和生产过程中从煤与岩石内涌出的瓦斯量，对应于整个矿井的叫矿井瓦斯涌出量，对应于翼、采区或工作面的，叫翼、采区或工作面的瓦斯涌出量。

瓦斯涌出量大小的表示方法有两种：绝对瓦斯涌出量和相对瓦斯涌出量。

绝对瓦斯涌出量是指单位时间内涌出的瓦斯体积量，单位为 m^3/d 或 m^3/min。用下式进行计算：

$$Q_g = Q \times C \tag{10-19}$$

式中　Q_g——绝对瓦斯涌出量，m^3/min；

Q——风量，m^3/min；

C——风流中的平均瓦斯浓度，%。

相对瓦斯涌出量是指平均产一吨煤所涌出的瓦斯量，单位为 m^3/t。用下式进行计算：

$$q_g = Q_g / A_d \tag{10-20}$$

式中　q_g——相对瓦斯涌出量，m^3/t；

Q_g——绝对瓦斯涌出量，m^3/d；

A_d——日产煤量，t/d。

相对瓦斯涌出量单位的表达式虽然与煤层瓦斯含量的相同，但两者的物理含义是不同的，其数值也是不相等的。因为瓦斯涌出量中除开采煤层涌出的瓦斯外，还有来自临近层和围岩的瓦斯，所以相对瓦斯涌出量一般要比煤层瓦斯含量大。矿井瓦斯涌出量是决定矿井瓦斯等级和计算风量的依据。

在煤矿开采过程中，由于煤层赋存条件、地质构造、大气压力及生产工艺等各种因素的差异，每时每刻涌出的瓦斯量都不一样，有时大，有时小，并不均匀。为了反映这一特点而引入瓦斯涌出不均衡系数，其值的大小取决于最大绝对瓦斯涌出量与平均绝对瓦斯涌出量的比值，即

$$k' = \frac{Q_{max}}{\overline{Q}} \tag{10-21}$$

式中 k'——瓦斯涌出不均衡系数；

Q_{max}——最大绝对瓦斯涌出量，m^3/min；

$\overline{Q}$——平均绝对瓦斯涌出量，m^3/min。

显然，瓦斯涌出不均衡系数是一个总大于 1 的数值。对于一个采区或工作面，在正常生产情况下，至少要进行连续 5 昼夜的测定，选其最大值进行计算。在进行风量计算而需要计算瓦斯涌出量时，要乘以瓦斯涌出不均衡系数，这样计算出的风量才能满足安全生产的要求。

二、瓦斯涌出地点及影响因素

1. 矿井瓦斯涌出地点

为了有效地治理瓦斯，每一个矿井都要掌握影响瓦斯涌出的主要因素和各涌出地点在总量中所占的比例，这是矿井风量分配和日常瓦斯治理工作的基础。

按划分目的的不同，对矿井瓦斯来源有三种划分方式：

(1) 按水平、翼、采区进行划分，作为风量分配的依据之一；

(2) 按掘进区、回采区和已采区来划分，它是日常治理瓦斯工作的基础；

(3) 按开采区、邻近区划分，它是采煤工作面治理瓦斯工作的基础。

一般是将全矿的(或翼的、水平的)瓦斯来源分为回采区(包括采煤工作面的采空区)、掘进区和已采区三部分。其测定方法是同时测定全矿井、各回采区和各掘进区的绝对瓦斯涌出量。然后分别计算出各回采区、掘进区和已采区三者各占的比例。测定回采区或掘进区的瓦斯涌出量时，要分别在各区进、回风流中测瓦斯浓度和通过的风量，回风和进风绝对瓦斯涌出量的差值，即为该区的绝对瓦斯涌出量，表 10-9 为鹤壁等矿的瓦斯来源情况。

表 10-9 鹤壁等矿的瓦斯来源

矿井	回采区/%	掘进区/%	已采区/%	备　注
鹤壁梁峪矿	30.0	40.0	30.0	1961 年至 1964 年
阳泉二矿四尺井	58.15	18.15	23.70	1971 年至 1972 年

2. 瓦斯涌出量影响因素

矿井瓦斯涌出量的大小，取决于自然因素和开采技术因素的综合影响。

(1) 煤层和围岩的瓦斯含量

它是决定瓦斯涌出量多少最重要的因素。开采单一的薄煤层和中厚煤层时，瓦斯主要来

自煤层暴露面和采落的煤炭，因此煤层的瓦斯含量越高，开采时的瓦斯涌出量也越大。在开采煤层附近赋存有瓦斯含量大的煤层或岩层时，由于煤层回采的影响，在采空区形成大量的裂隙，这些煤层或岩层中的瓦斯，就能不断地流向开采煤层的采空区，再进入生产空间，从而增加矿井的瓦斯涌出量。在此情况下，开采煤层的瓦斯涌出量有可能大大超过它本身的瓦斯含量。例如焦作中马村矿开采大煤的工作面，相对瓦斯涌出量为其含量的1.22～1.76倍。

（2）地面大气压变化

地面大气压在一年内夏冬两季的差值可达5.3～8.0 kPa，一天内，个别情况下可达2.0～2.7 kPa。地面大气压变化引起井下大气压的相应变化，这对采空区（包括采煤工作面后部采空区和封闭不严的采空区）或坍冒处瓦斯涌出的影响比较显著。当地面大气压突然下降时，瓦斯积存区的气体压力将高于风流的压力，瓦斯就会更多地涌入风流中，使矿井的瓦斯涌出量增大。反之，矿井的瓦斯涌出量将减少。美国在1910—1960年间，有一半的瓦斯爆炸事故发生在大气压急剧下降时。所以在生产规模较大的老矿内，应掌握本矿区大气压变化与井下气压变化的关系和瓦斯涌出量变化规律，如井下大气压变化的滞后时间、变化的幅度、瓦斯涌出量变化较大的地点等，以便有针对性地调整风量、加强瓦斯检查和机电设备的管理，从而预防事故的发生。

（3）开采规模

开采规模指开采深度、开拓与开采范围和矿井产量。在甲烷带内，随着开采深度的增加，煤层和围岩的瓦斯含量增加，相对瓦斯涌出量增大。同时，开拓与开采的范围越广，煤岩的暴露面就越大，矿井瓦斯涌出量也就越大。

矿井产量与矿井瓦斯涌出量间的关系比较复杂，见表10-10，一般情况如下。

表10-10　1959—1970开滦林西矿产量与瓦斯涌出量

时间	月平均日产量/$(t \cdot d^{-1})$	绝对瓦斯涌出量/$(m^3 \cdot d^{-1})$	相对瓦斯涌出量/$(m^3 \cdot t^{-1})$
1959年7月	540	619	1.15
1960年7月	632	972	1.54
1963年7月	2 352	3 644	1.55
1965年7月	3 494	3 982	1.14
1968年7月	4 354	4 263	0.98
1970年7月	5 189	5 860	1.13

① 矿井达产之前，绝对瓦斯涌出量随着开拓范围的扩大而增加并正比于产量，相对瓦斯涌出量数值偏大但没有意义。

② 矿井达产之后，绝对瓦斯涌出量基本随产量变化而变化并在一个稳定数值上下波动。如果矿井涌出的瓦斯主要来自采落的煤炭，产量变化时，对绝对瓦斯涌出量的影响虽然比较明显，但对相对瓦斯涌出量影响却不大；如果瓦斯主要来自采空区和围岩，产量变化时，绝对瓦斯涌出量变化较小，相对瓦斯涌出量却有明显变化。

③ 开采工作逐渐收缩时，绝对瓦斯涌出量又随产量的减少而减少，并最终稳定在某一数值，这是由于巷道和采空区瓦斯涌出量不受产量减少的影响，这时相对瓦斯涌出量数值又会因产量低而偏大，再次失去意义。

(4) 开采顺序与回采方法

首先开采的煤层(或分层)瓦斯涌出量大。除其本煤层(或本分层)的瓦斯涌出外,邻近煤层(或未采的其他分层)的瓦斯也要通过回采产生的裂隙与孔洞渗透出来,使瓦斯涌出量增大。表10-11为某矿+390 m水平开采顺序对瓦斯涌出量的影响情况。又如阳泉四矿全冒落法的长壁工作面,回采推进30～40 m后,大量瓦斯来自顶板的邻近层,采区瓦斯涌出量可增大到老顶冒落前的5～10倍。因此,瓦斯涌出量大的煤层群同时回采时,如有可能应首先回采瓦斯含量较小的煤层,同时采取抽采邻近层瓦斯的措施。

表10-11　某矿+390 m水平开采顺序对瓦斯涌出量的影响

采区	煤层编号	开采顺序	平均日产量/($t\cdot d^{-1}$)	绝对瓦斯涌出量/($m^3\cdot min^{-1}$)	相对瓦斯涌出量/($m^3\cdot t^{-1}$)	开采方法
北采区	1	1	242	10.5	62.5	爆破煤倒台阶
	2	2	163	1.9	16.8	
南采区	2	1	196	8.5	62.4	倒台阶小阶段炮采
	1	2	160	1.4	12.6	

采空区丢失煤炭多,采煤率低的采煤方法,使得采区瓦斯涌出量大。顶板管理采用陷落法比充填法能造成顶板更大范围的破坏和卸压,邻近层瓦斯涌出量就比较大。采煤工作面周期来压时,瓦斯涌出量也会大大增加。据焦作焦西矿资料,周期性顶板来压时比正常生产时的瓦斯涌出量增加50%～80%。

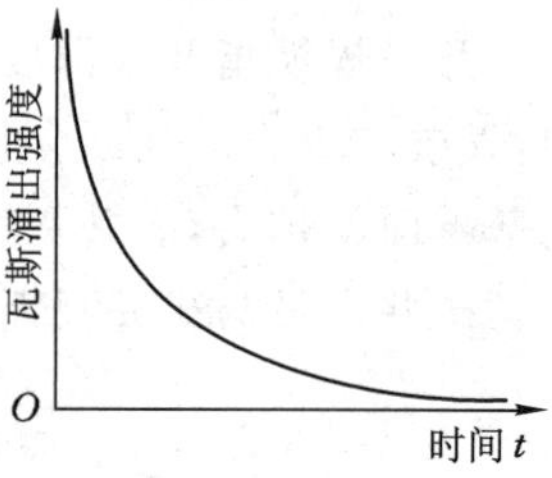

图10-28　瓦斯从暴露面涌出的变化规律

(5) 采煤工艺

瓦斯从煤层暴露面(煤壁和钻孔)和采落的煤炭内涌出的特点是,初期瓦斯涌出的强度大,然后大致成指数函数的关系衰减,如图10-28所示。所以落煤时的瓦斯涌出量总是大于其他工序。表10-12为焦作焦西矿采煤工作面不同生产工序时的瓦斯涌出量。

表10-12　焦作焦西矿采煤工作面不同生产工序时的瓦斯涌出量

生产工序	正常生产时	爆破	放顶	移动刮板输送机清底
瓦斯涌出量(倍数)	1.0	1.5	1.0～1.2	0.8

落煤时瓦斯涌出量增大,增大值与落煤量、新暴露煤面大小和煤块的破碎程度有关。如较正常生产时的瓦斯涌出量,风镐落煤时的可增至1.1～1.3倍;爆破时的可增至1.4～2.0倍;采煤机工作时的可增至1.4～1.6倍;水采工作面水枪开动时的可增至2.0～4.0倍。

综合机械化工作面推进速度快,产量高,在瓦斯含量大的煤层内工作时,瓦斯涌出量很大。如阳泉煤矿机组工作面瓦斯涌出量可达40 m^3/min。

(6) 风量变化

矿井风量变化时,瓦斯涌出量和风流中的瓦斯浓度会发生扰动,但很快就会转变为另一稳定状态。无邻近层的单一煤层回采时,由于瓦斯主要来自煤壁和采落的煤炭,采空区积存的瓦斯量不大。回风流中的瓦斯浓度整体上随风量减少而增加或随风量增加而减少，如图10-29所示。煤层群开采和综采放顶煤工作面的采空区内、煤巷的冒顶孔洞内，往往积存大量高浓度的瓦斯。一般情况下，风量增加时，初期由于负压和采空区漏风的加大，一部分高浓度瓦斯被漏风从采空区带出，绝对瓦斯涌出量迅速增加，回风流中的瓦斯浓度可能急剧上升。然后，浓度开始下降，经过一段时间，绝对瓦斯涌出量恢复到或接近原始值，回风流中的瓦斯浓度才能降低到原始值以下[图10-30(a)]。风量减少时，情况相反[图10-30(b)]。这类瓦斯浓度变化的时间，由几分钟到几天，峰值浓度和瓦斯涌出量变化取决于采空区的范围、采空区内的瓦斯浓度、漏风情况和风量调节的快慢与幅度。所以采区风量调节时、反风时、综放工作面放顶煤时，必须密切注意风流中瓦斯的浓度。为了降低风量调节时回风流中瓦斯浓度的峰值，可以采取分次增加风量的方法。每次增加的风量和间隔的时间，应使回风流中的瓦斯浓度不超过《煤矿安全规程》的规定。

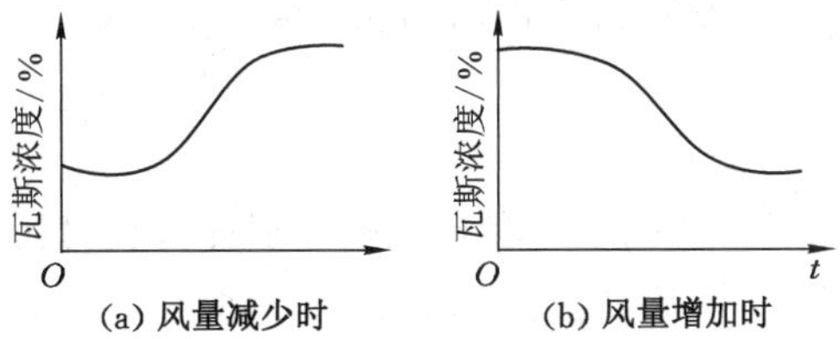

图10-29　单一煤层风量变化时回风流中瓦斯浓度变化情况

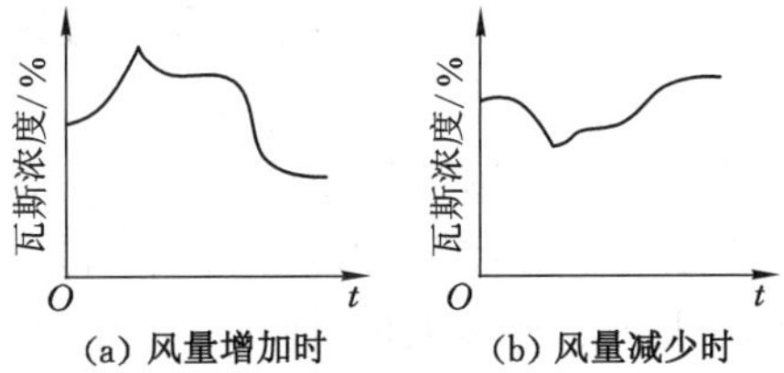

图10-30　风量变化时回风流中瓦斯浓度变化情况

(7) 采空区的密闭质量

采空区内往往积存着大量高浓度的瓦斯(可达60%～70%)，如果封闭的密闭墙质量不好，或进、回风侧的通风压差较大，就会造成采空区大量漏风，使矿井的瓦斯涌出量增大。

总而言之，影响矿井瓦斯涌出量的因素是多方面的，应当通过经常和专门的观测，找出其主要因素和规律，才能采取有针对性的措施控制瓦斯的涌出。

三、矿井瓦斯等级与鉴定

为了便于对瓦斯矿井进行分级管理，按照瓦斯涌出的形式和涌出量的大小，将矿井分成不同的瓦斯等级。

1. 矿井瓦斯等级划分

矿井瓦斯等级鉴定应当根据实际测定的瓦斯涌出量、瓦斯涌出形式和实际发生的瓦斯动力现象、实测的突出危险性参数等进行，并将矿井瓦斯等级划分为：低瓦斯矿井、高瓦斯矿井和突出矿井。

(1) 在矿井的开拓、生产范围内有突出煤(岩)层的矿井为突出矿井。

有下列情形之一的煤(岩)层为突出煤(岩)层：

① 发生过煤(岩)与瓦斯(二氧化碳)突出的；

② 经鉴定或者认定具有煤(岩)与瓦斯(二氧化碳)突出危险的。

(2) 非突出矿井具备下列情形之一的为高瓦斯矿井，否则为低瓦斯矿井：

① 矿井相对瓦斯涌出量大于10 m^3/t；

② 矿井绝对瓦斯涌出量大于40 m^3/min；

③ 矿井任一掘进工作面绝对瓦斯涌出量大于 3 m^3/min;

④ 矿井任一采煤工作面绝对瓦斯涌出量大于 5 m^3/min。

2. 矿井瓦斯等级鉴定

新矿井设计前,地质勘探部门根据各煤层的瓦斯含量资料,预测矿井瓦斯等级,作为计算风量的依据。生产矿井每年必须进行矿井瓦斯等级的鉴定工作,同时还应进行矿井二氧化碳涌出量的测定,作为核定和调整风量的依据。

(1) 鉴定时间和基本条件

《煤矿安全规程》规定,每 2 年必须对低瓦斯矿井进行瓦斯等级鉴定工作,高瓦斯、突出矿井应当每年测定和计算矿井、采区、工作面瓦斯涌出量。矿井瓦斯等级的鉴定工作应在正常生产的条件下进行。根据当地气候条件,选择矿井绝对瓦斯涌出量较大的月份进行。在鉴定月的上、中、下旬中各取一天(间隔不少于 7 天),每天分 3 个班(或 4 个班)每班分 3 次进行测定工作。所谓正常生产,即被鉴定的矿井、采(盘)区、工作面的实际煤炭产量应达到设计产量(或正常产量)的 60%。

(2) 测点选择和测定内容及要求

确定矿井瓦斯等级时,是按每一自然矿井、煤层、一翼、水平和各采区分别计算相对瓦斯涌出量,并取其中最大值(而不是全矿井的平均值)。所以测点应布置在每一通风系统的主要通风机的风硐、各水平、各煤层和各采区的回风道测风站内。如无测风站,可选取断面规整并无杂物堆积的一段平直巷道做测点。

测定内容为风量和风流中瓦斯浓度。如果进风流中含有瓦斯时,还应在进风流中测风量和瓦斯浓度。进、回风流的瓦斯涌出量之差,就是鉴定地区的瓦斯涌出量。抽采瓦斯的矿井,在鉴定月内应在相应的地区测定抽出的瓦斯,矿井瓦斯等级划分时,必须包括抽采的瓦斯量。

每一测定班的测定时间应选在正常生产时刻,并尽可能在同一时刻进行测定工作。

(3) 矿井瓦斯等级的确定

矿井瓦斯等级以最大的相对瓦斯涌出量和有无煤与瓦斯突出,按分级标准确定。并附以必要的文字说明,如产量、采掘比例、地质构造等因素和瓦斯喷出、煤与瓦斯突出等情况,报省(自治区、直辖市)煤炭行业管理部门审批,并报省级煤矿安全监察机构备案。

正在建设中的矿井,也应进行瓦斯等级的鉴定,如果鉴定结果,特别是在煤层揭开后,实际的瓦斯涌出量超过原设计确定的等级时,应提出修改矿井瓦斯等级的专门报告,报原设计审批单位批准。

四、矿井瓦斯涌出量预测

瓦斯涌出量的预测是指根据某些已知相关数据,按照一定的方法和规律,预先估算出矿井或局部区域瓦斯涌出量的工作。新建矿井、生产矿井的新水平或新采区,需要预测瓦斯涌出量,并将其作为设计的依据。

决定煤矿风量的主要因素往往是瓦斯涌出量,所以预测结果的正确与否能够影响矿井开采的经济技术指标,甚至决定能否正常进行生产。大型高瓦斯矿井,如果预测的涌出量偏低,投产不久就需要进行通风改造,或者被迫降低产量;预测偏高,势必增大前期投资和通风设备的运行费用,造成浪费。

预测瓦斯涌出量的方法,可以分为统计法和计算法两类。计算法主要用于新矿区的新井建设,限于篇幅不做介绍。

统计法是根据生产矿井或生产水平，在以往生产过程中积累的大量不同深度相对瓦斯涌出量与深度的数据，通过整理分析找出相互之间变化关系的统计规律，推算出相邻的新矿井或延深水平瓦斯涌出量的方法。如果预测地区的地质、采矿因素没有明显的变化，那么预测结果可以满足工程的需要。

现结合实例介绍统计法预测瓦斯涌出量的具体内容和步骤，表 10-13 为抚顺龙凤矿不同加权平均开采深度时的相对瓦斯涌出量，根据这些资料，以矿井加权平均开采深度为横坐标，相对瓦斯涌出量为纵坐标，做出涌出量随深度变化曲线，如图 10-31 所示，将此曲线外延，即可预测出深部的瓦斯涌出量。

表 10-13　抚顺龙凤矿不同加权平均开采深度时的相对瓦斯涌出量

加权平均开采深度/m	200	320	370	410	500
相对瓦斯涌出量/($m^3 \cdot t^{-1}$)	12.6	25.7	28.8	33.0	41.5

加权平均开采深度可按下式计算：

$$H_W = \sum H_i A_i / \sum A_i \qquad (10\text{-}22)$$

式中　H_W——加权平均开采深度，m；

H_i——统计期内，第 i 采煤区段的开采深度，m；

A_i——统计期内，第 i 采煤区段的产煤量，t。

在现代开采深度范围的瓦斯带内，如果地质、采矿条件变化不大，相对瓦斯涌出量与深度的关系大多近似为线性（在瓦斯风化带内，变化缓慢且无规律）。因此，这一方法的两个重要参数是瓦斯风化带下界深度和相对瓦斯涌出量与深度的比值（预测直线的斜率）。

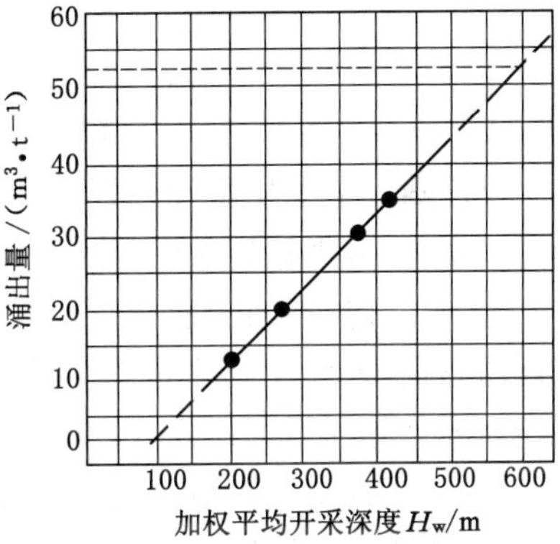

图 10-31　矿井相对瓦斯涌出量随加权平均开采深度变化的关系

深度与相对瓦斯涌出量的比值，称瓦斯涌出量梯度，也即预测直线斜率的倒数。它的物理含义为相对瓦斯涌出量每增加 1 m^3/t 时，开采深度增加的米数，其单位为 m/($m^3 \cdot t^{-1}$)。瓦斯涌出量梯度愈小，矿井瓦斯涌出量随深度增加的速度愈快。

瓦斯涌出量梯度为：

$$g_m = [(H_2 - H_1)/(q_2 - q_1)]^n \qquad (10\text{-}23)$$

式中　g_m——瓦斯涌出量梯度，m/($m^3 \cdot t^{-1}$)或 t/m^2；

H_1，H_2——甲烷带内的两个已采深度，m；

q_1，q_2——对应于 H_1、H_2 深度的相对瓦斯涌出量，m^3/t；

n——指数系数，大多数煤田在垂深 1 000 m 内时 $n=1$。

以抚顺龙凤矿为例（表 10-13），$H_1=320$ m，$q_1=25.7$ m^3/t，$H_2=410$ m，$q_2=33.0$ m^3/t 代入上式，求得 $g_m=12.3$ t/m^2。即该矿开采深度每增加 12.3 m，相对瓦斯涌出量增加 1 m^3/t。

已知瓦斯涌出量梯度和瓦斯风化带下界深度时，就可用下式预测相对瓦斯涌出量：

$$q_m = q_0 + (H - H_0)/g_m \qquad (10\text{-}24)$$

或

$$q_m = q_1 + (H - H_1)/g_m \tag{10-25}$$

式中 q_m——预测深 H(m)处的相对瓦斯涌出量,m^3/t;

H_0——瓦斯风化带下界深度,m;

g_m——瓦斯涌出量梯度,t/m^2;

q_0,q_1——瓦斯风化带下界或 H_1 处的相对瓦斯涌出量,$q_0=2\ m^3/t$。

例如,利用公式(10-25)来预测抚顺龙凤矿深 500 m 处的瓦斯涌出量:

$$\begin{aligned} q_m &= q_1 + (H - H_1)/g_m \\ &= 33.0 + (500 - 410)/12.3 \\ &= 40.3\ (m^3/t) \end{aligned}$$

由表 10-13 知采深 500 m 处的实测值为 41.5 m^3/t,预测误差为 2.9%。

统计法预测瓦斯涌出量时,必须注意以下两点:

(1) 此法只适用于瓦斯带以下已回采 1～2 个水平的矿井,而且外推深度不得超过 100～200 m,煤层倾角和瓦斯涌出量梯度值越小,外推深度也应越小,否则误差可能很大。

(2) 积累的瓦斯涌出量资料,至少要有一年,而且积累的资料越多、精度越高,已采水平(或区域)的瓦斯地质情况和开采技术条件与新设计水平(或区域)越相似,预测的可靠性也越高。否则,应根据有关资料进行相应的修正,或按相似程度进行分区预测。

为了把井田空间上的相对瓦斯涌出量变化规律直观地表达出来,以便比较可靠地预测瓦斯涌出量,最好在矿井开采层面图上,及时标出各个已采区的平均相对瓦斯涌出量,并把瓦斯涌出量相同的点连成曲线(如同底板等高线一样),作为外推预测的依据,如图 10-32 所示,这种相对瓦斯涌出量等值线图能够清晰地反映煤层走向和倾向的相对瓦斯涌出量变化情况,也便于预测不同地区的相对瓦斯涌出量。

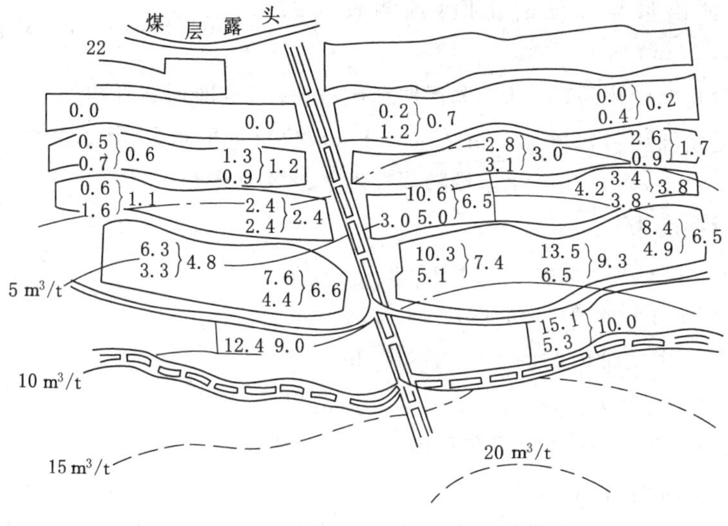

图 10-32 煤层相对瓦斯涌出量等值线图

第五节 瓦斯喷出与突出及其防治

瓦斯喷出和煤与瓦斯突出都是矿井瓦斯的特殊涌出现象。瓦斯喷出和煤与瓦斯突出能使工作面或井巷充满瓦斯，造成窒息与爆炸条件；能破坏通风系统，造成风流紊乱或短时逆转；突出的煤流能堵塞巷道，破坏支架，破坏设备与设施。因此这类瓦斯的突然涌出对煤矿安全生产危害很大，必须认真防治。

一、瓦斯喷出及其防治

1. 瓦斯喷出的特点及原因

瓦斯喷出是指大量承压状态的瓦斯从煤、岩裂缝中快速喷出的现象。它是瓦斯特殊涌出中的一种形式。其特点是瓦斯在短时间内从煤、岩层的某一特定地点突然涌向采矿空间，而且涌出量可能很大，从而造成风流中的瓦斯突然增加。由于喷出瓦斯在时间上的突然性和空间上的集中性，工作面或井巷充满瓦斯，可能导致喷出地点人员的窒息，高浓度瓦斯在流动过程中遇高温热源有可能发生爆炸，有时强大的喷出还可以产生动力效应并导致破坏作用。瓦斯喷出和煤与瓦斯突出的区别在于喷出的物质只有气相，而突出的物质同时包括气相（瓦斯）和固相（煤岩）。

产生瓦斯喷出的原因是，天然的或因采掘工作形成的孔洞、裂隙内，积存着大量高压游离瓦斯，当采掘工作接近或连通这样的地区时，高压瓦斯就能沿裂隙突然喷出，如同喷泉一样。因此，根据喷瓦斯裂缝呈现原因的不同，可把瓦斯喷出分成地质来源的和采掘卸压形成的两大类。

（1）瓦斯沿原地质构造洞缝喷出

此类喷出大多数发生在地质破坏带、石灰岩溶洞裂缝区、背斜或向斜轴部储瓦斯区以及其他储瓦斯构造与原始洞缝相通的区域。此类喷出的特点是：一般情况下喷出的瓦斯流量较大，持续时间较长，无明显的地压显现预兆，掘进巷道的瓦斯喷出一般位于工作面迎头周围。喷瓦斯裂缝多属于开放性裂缝。它们与储气层（溶洞、砂岩、煤层等）或断层破坏带相通。例如中梁山煤矿南矿，+390 m 水平北茅口灰岩大巷掘进爆破时与石灰岩溶洞裂缝（两条各宽 10～100 mm）相遇，随炮响起一轰鸣声，像压气管路破裂似的大量喷出瓦斯，“雾”气弥漫、充满整个回风巷，2 h 后测得流量 486 m^3/min，瓦斯喷出持续 2 周，共喷出 36 万 m^3 瓦斯。此处正位于背斜构造轴部、距断层破坏带约 40 m，茅口灰岩位于煤层群的底板。顿巴斯煤田广泛存在从煤层、岩层裂隙和空洞喷出瓦斯的现象，据记载仅 1959—1969 年就发生 800 次，大多数喷出流量 3 000～7 000 m^3/d，持续时间 15～20 d，持续时间最短的一次共喷出 4.5 万 m^3，最长的一次共喷出 36.0 万 m^3。当深度小于 700 m 时，瓦斯喷出的频率（每 1 000 m 发生的次数）、喷出瓦斯量与持续时间随深度增加而增加；到 700～800 m 深度，它们基本趋于稳定，喷出瓦斯主要来源于围岩。

（2）瓦斯沿采掘地压生成的裂缝喷出

此类喷出也往往与地质构造有关，因为在各种地质构造破坏区内，原来处于封闭状态的构造裂隙容易被利用，即在采掘地压和瓦斯压力联合作用下会突然张开，成为瓦斯喷出的通道。此类喷出的特点是，喷出濒临发生时，伴随有地压显现效应，出现多种显著预兆。例如，巷道与工作面的压力增大（来压）、支架发出响声、掉渣、煤岩开裂、支架折断等；喷出瓦斯持续的时间较短，喷出瓦斯量与卸压区面积及其瓦斯含量有关。掘进巷道发生的这类喷出，一般都在距掘进工作面迎头一定距离（如 20～40 m）的已掘巷道处；采煤工作面发生的这类喷出，一般都在工作面推进距开切眼 1～3 倍层间距（卸压瓦斯源所在邻近层与开采层的层间距）处，因为这类喷出要具有一定的采掘面积时才显现卸压。层间距、喷出源的瓦斯压力、层间岩石力学性质、采掘地压以及地质构造破坏程度等都影响这个面积的大小。卸压产生的裂隙及构造裂隙的张开，形成卸压瓦斯喷出的通道。

2. 瓦斯喷出的防治

预防瓦斯喷出，首先要加强地质勘察工作，查清施工地区的地质构造、断层、溶洞的位置、裂隙的位置和走向，以及瓦斯储量和压力等情况，采取封堵、引排、抽采等综合方法治理瓦斯喷出。在可能的喷出地点附近打前探钻孔，查明瓦斯的积存范围和瓦斯压力；当喷出量小，裂缝不大时，可用罩子或其他设施（铁风筒、金属溜槽或 2～3 mm 厚的铁板等）将喷出裂隙封盖好，并利用管路把瓦斯引排到回风巷或地面；如果面积大，可以安设数个引排罩；当不能使用引排罩时，可以打钻孔抽采，也可以先砌筑混凝土井壁或巷道碹体，然后在碹壁外注水泥浆进行封固，同时壁后插管可将瓦斯引排到回风流或地面。当瓦斯喷出十分强烈不能采用上述方法时，必须把喷出瓦斯巷道密闭，通过密闭墙把瓦斯抽出或引入回风巷，具体技术参数可参考相关文献。其次，加强管理工作，对职工开展安全教育，使人人掌握瓦斯喷出预兆，配备隔绝式自救器，熟悉避灾路线。

二、煤（岩）与瓦斯突出概述

煤矿地下采掘过程中，在很短时间（数分钟）内，从煤（岩）体内部向采掘工作空间突然喷出煤（岩）和瓦斯的动力现象，人们称为煤（岩）与瓦斯突出，简称瓦斯突出或突出。突出能摧毁井巷设施、破坏矿井通风系统，使井巷充满瓦斯和煤（岩）抛出物，能造成人员窒息、煤流埋人，甚至可能引起瓦斯爆炸与火灾事故，导致生产中断等，因此它是煤矿最严重的灾害之一。

1834 年 3 月 22 日，法国伊萨克矿井发生了世界上第一次有记载的突出。支架工架棚子时，发现煤壁外移，3 个工人立即撤离，但煤炭冲入巷道 13 m，巷道煤尘弥漫，1 人被煤流埋没，1 人窒息死亡，1 人幸免于难。

迄今为止，世界各主要产煤国家都发生过煤与瓦斯突出现象。世界上最大的一次煤与瓦斯突出发生在 1969 年 7 月 13 日苏联加加林矿，在 710 m 水平主石门揭穿厚仅 1.03 m 煤层时，发生了突出，共突出煤 14 000 余吨，瓦斯约 25 万 m^3。

我国是世界上煤与瓦斯突出较严重的国家之一。我国发生的第一次有记载的突出是 1950 年吉林省辽源富国西二矿在垂深 280 m 煤巷掘进时发生的；最大的一次突出是 1975 年 8 月 8 日天府三汇坝一井＋280 m 主平硐震动性爆破揭穿煤层时发生的，共突出煤岩 12 780 t（煤占 60%，岩石占 40%），瓦斯 140 万 m^3；第一次砂岩与 CO_2 突出是 1975 年 6 月 13 日吉林营城五井在垂深 439 m 处全岩掘进巷道爆破时发生的，共突出砂岩 1 005 t，CO_2 1.1 万 m^3。

据统计资料，在我国 724 处国有重点煤矿中，有突出矿井 154 处，占 21.3%，发生突出的次数超过万次，仅 2001—2020 年间发生煤与瓦斯突出事故 484 起，死亡 3 195 人，见图 10-33。

2014—2023 年间，我国部分煤与瓦斯突出发生的地点统计数据如表 10-14 所列。事故

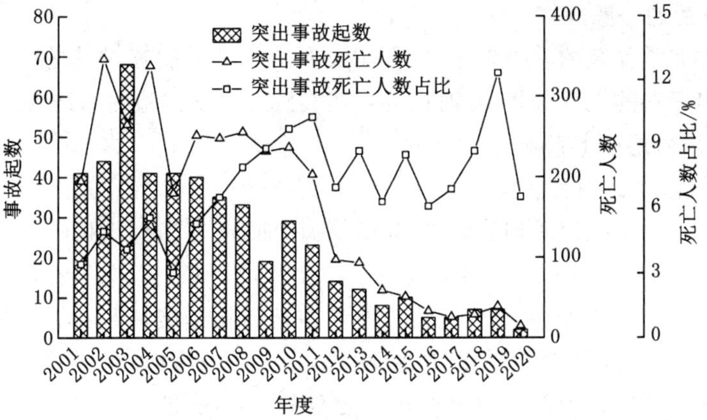

图 10-33 2001—2020 年突出事故起数、死亡人数及其占煤矿事故总死亡人数比例

发生地点主要在煤层平巷，共 19 起(其中重大事故 5 起)，占 43.2%，平均每起事故死亡约 7 人；其次在石门与开切眼、采煤工作面。然而，平均每起事故死亡人数较多的地点为上下山、开切眼及其他工作面(泵房管子道、水仓等)，主要是由于越界、违规开采，未进行瓦斯抽采作业等违规作业行为，以及遇断层等复杂地质条件导致。

表 10-14 我国部分煤与瓦斯突出发生地点统计

事故地点	事故起数	死亡人数	平均每起死亡人数
煤层平巷	19	128	6.7
石 门	5	21	4.2
开切眼	4	30	7.5
采煤工作面	4	27	6.8
上下山	3	24	8.0
主斜井	3	15	5.0
底板瓦斯抽采巷	2	13	6.5
其他地点	3	22	7.3
不明确	1	8	8.0
小计	44	288	6.5

煤与瓦斯突出的基本特征如下：

(1) 突出的煤向外抛出距离较远，具有明显的分选现象。

(2) 抛出的煤堆积角小于煤的自然安息角。

(3) 抛出的煤破碎程度高，含有大量的块煤和手捻无粒感的煤粉。

(4) 有明显的动力效应，破坏支架，推倒矿车，破坏和抛出安装在巷道内的设施。

(5) 有大量的瓦斯涌出。瓦斯涌出量远远超过突出煤的瓦斯含量，有时会使风流逆转。

(6) 突出孔洞呈口小腔大的梨形、舌形、倒瓶形以及其他分叉形等。

三、突出发生的一般规律

突出是一种非常复杂的动力现象，迄今还没有一个学说能够对其进行完整的阐明。但是通过大量突出资料的统计分析、长时期的生产实践和科学试验的总结，已获得了一些突出的规律性认识，现简述如下：

1. 突出与地质构造的关系

绝大多数突出发生在地质构造带内，如断层、褶曲、向斜、背斜、扭转和火成岩侵入区等附近。据南桐矿区统计，95%以上的突出(石门突出除外)发生在向斜轴部、扭转地带、断层和褶曲附近。北票矿区统计，90%以上突出发生在地质构造破坏区和火成岩侵入区。这种情况可能是由于煤系地层具有较大的弹性，随着地壳的不断运动，地应力在煤系地层中逐渐积聚。在同一应力场中各个部位的应力分布是不平衡的，有的部位，如地质构造附近，应力分布比较集中，积蓄着大量的能量。同时，在这种应力的作用下，煤体受到破坏，形成裂隙，促使瓦斯积聚，给突出创造了条件。当采煤工作接近这些区域时，在地压的激发下，煤岩中所积蓄的潜能有可能突然释放，引起煤与瓦斯的突然喷出。因此，在同一地区或同一矿井的同一煤层，有的区域突出严重，有的区域突出不严重或者不突出。

2. 突出与瓦斯的关系

煤层中的瓦斯压力和瓦斯含量大小是能否实现突出的重要因素。一般情况下，瓦斯压力和瓦斯含量越大，突出危险性越大。大多数煤与瓦斯突出发生在瓦斯压力大于1 MPa的情况下。但瓦斯压力不是绝对和唯一的指标，还需要有其他因素的综合作用。例如，北票矿无突出危险煤层的瓦斯压力可达 3.4 MPa，反之，在瓦斯压力小于 1 MPa 的情况下也发生过突出。

煤层中的气体为二氧化碳时，突出危险性比瓦斯大。因为在相同条件下，煤对二氧化碳的吸附能力比瓦斯大 8 倍左右，所以吸附的二氧化碳解吸时，也就能释放出更大的能量，造成煤和二氧化碳的突出强度很大。我国只有吉林营城煤矿和甘肃窑街煤矿等极少数矿井发生过岩石和二氧化碳的突出。

3. 突出与地压的关系

地压愈大，突出的危险性愈大。实践表明，煤层露头附近和浅部没有突出发生，一般在垂深 100～200 m 时才开始发生突出。深度增加，突出的次数和强度都可能增加。其次，在压力集中区内突出的危险性增大。如巷道的上隅角，巷道和回采的相向推进以及煤柱区内的采掘工作面，都是应力集中或应力叠加区，往往具有突出的危险性。北票三宝一井相向掘进造成应力叠加时，发生过一次大突出。

4. 突出与煤层构造的关系

煤层构造主要是指煤的破坏类型和煤的强度。一般说，煤的破坏类型级别愈高，强度愈小，突出危险性愈大。故突出多发生在软煤层或软分层中。煤层结构的破坏类型是突出的重要标志之一，因此常把它作为预报突出的一项指标。

5. 突出与围岩性质的关系

在煤层顶、底板为坚硬而致密的岩层、厚度又较大时，弹性能与集中应力都比较大，如果煤层瓦斯含量又比较大，突出的危险性也就比较大，反之，则比较小。我国有些大型突出是在煤层顶板为坚硬致密的砂岩，石门揭煤时发生的。

6. 突出与水文地质的关系

煤层比较湿润，矿井涌水量比较大，则突出的危险性比较小，反之较大。如湖南斗笠山煤矿涌水量较大，瓦斯量较小，没有突出危险，而立新矿则相反，涌水量小，瓦斯量大，突出危险性就较大。这是由于地下水流动，带走瓦斯，溶解某些矿物，给瓦斯流动创造了条件。

7. 突出预兆

突出统计资料表明，绝大多数突出，在突出前都有预兆，突出预兆主要有三个方面：

(1) 煤层结构、构造方面的预兆，如层理紊乱，煤软硬不均或变软，煤暗淡无光，煤层受挤压，厚度变大，倾角变陡，煤层干燥等。

(2) 地压增大的预兆，如来压声响，支架断折，煤炮声，煤岩开裂，煤壁外鼓，片帮，掉渣，底鼓，打钻时顶钻、夹钻等。

(3) 瓦斯及其他方面的预兆，如瓦斯涌出异常，忽大忽小，闷人，煤尘增大，煤或气温变冷，打钻喷瓦斯、喷煤等。

上述许多预兆只有比较明显地显现时，才能被人们所察觉，而且往往难以判断是否将要发生突出。为了更准确掌握预兆的发生规律，国内外都在研究比较可靠的探测突出预兆的方法，如探测煤、岩在受力破坏过程中发生破裂与震动时产生的各种物理信号，如震波、声波、电磁波等，以期作为预测煤与瓦斯突出新的技术手段。

8. 突出具有延期性

突出的延期性是指震动爆破后没有立刻发生突出，而是延缓了一段时间，这一现象又叫延期突出。其延迟时间从几分钟到几小时，它对人员安全威胁很大，应特别予以注意。

四、突出发生的过程及机理

1. 突出发生的过程

根据当前的突出理论和现场及实验室对突出过程的观测，可将典型突出过程归结为准备、激发、发展和终止 4 个阶段。

(1) 准备阶段

准备阶段指突出前工作面前方煤体及围岩中能量的局部积聚过程，其结果使工作面处于突出危险状态。

(2) 激发阶段

突出的激发阶段即发动阶段，该阶段的特征是工作面附近煤岩体应力状态的突然变化，使煤体突然破坏、发生位移、形成贯通裂隙，发出巨响和冲击。

(3) 发展阶段

该阶段的特征是煤体发生自发性的连续破坏，形成破碎波，已破碎的煤在高速瓦斯流的携带下向巷道抛出。突出发展阶段的持续时间一般为数十秒。我国中梁山煤矿实测整个突出时间为 39 s，苏联实测突出时间为 3～96 s。

(4) 停止阶段

通常认为突出的停止有以下两个原因：一是破碎发展遇到硬煤段，地应力和瓦斯压力不足以继续破坏煤体；二是突出的煤将孔洞堵塞，在充满碎煤的孔洞中形成了较高的瓦斯压力，降低了煤体破碎前沿的瓦斯压力梯度，使煤不能继续破碎和抛出。突出停止后，从抛出煤、孔洞残留煤和孔洞周围已松动煤体中，还会不断涌出大量瓦斯，这种突出后的瓦斯涌出可持续几个小时至几昼夜。

2. 突出的机理

煤与瓦斯突出是一种复杂的动力现象，影响因素很多，彼此相互联系但又各有特点，因此，不能只从某一个方面去分析研究，应全面地从现象到本质，找出其主要因素，从而拟定预测、预防措施。

对于突出的机理，初期的假说从突出的少数事例，得出孤立、片面的结论。如“瓦斯作用”假说，强调瓦斯压力和瓦斯瞬时解吸等因素的作用，忽视或低估其他因素的影响。“地压作用”假说，则强调地压和弹性潜能突然释放的作用，同样忽视其他因素的作用。20 世纪 50 年代以后，多数人认为突出是地压（包括岩层静压力、地质构造力和集中压力等）、瓦斯（包括瓦斯压力、含量和吸附瓦斯瞬时解吸速度等）、重力（主要在急倾斜煤层）和煤的物理性质（包括煤的强度和破坏类型）等“综合作用”的结果。但是，对于这些因素在突出过程中的作用，仍然有着不同的看法。通过大量突出的事例可以看出，在不同的条件下，必有一种起着主导作用的因素。有一些突出可能是地压起主导作用，瓦斯则是参与突出的次要因素，在另一些突出中，则可能是瓦斯起主导作用，在急倾斜煤层中，有时重力也可能起主导作用。

根据现有资料的分析，各类巷道突出的主导因素可以大致归纳为：

——钻孔突出大多数为瓦斯起主导作用；

——石门揭煤、煤层平巷、上山和下山的突出，地压和瓦斯都可能起主导作用，需要根据具体情况进行具体分析；

——采煤工作面和邻近层煤柱区的突出，大多数表现为地压起主导作用。

根据瓦斯动力在空间位置的来源，有时将煤与瓦斯突出分为层内突出和顶底板突出两种类型。这两种突出的机理不同，故在性质上存在很大的差异。

（1）层内突出

层内突出是指从当前开采煤层中气体和固体一起喷发出来的现象。导致层内突出的地质条件多种多样，其中一个普遍特征是，煤（岩）层内包含多孔性矿物和高压气体。煤矿的层内突出气体主要是瓦斯、二氧化碳或这两种物质的混合物，突出的固体主要是煤或煤和岩石。

人们对层内瓦斯突出的机理存在争议，当前的假说认为，突出洞穴中物质的结构已经被地质时期的构造应力所破坏。煤矿层内突出时，突出的煤量高达 5 000 t 以上，而且其中大部分煤的直径小于 10 μm，并且伴随有几十万立方米的瓦斯突出。有人认为煤的粉碎是受到巨大的切应力形成的，实验室研究表明，对于普通的无烟煤试样，可以通过这种施加切应力的方式变成易碎的突出性无烟煤。如果煤层处在易受构造运动冲击的断层地区，则较容易发生层内突出。突出性煤样的典型特征是光滑易碎，以至于可以用手捏成粉状。在突出口附近，煤层由于受到额外构造应力的作用，通常产生严重的扭曲变形。

在煤炭被粉碎以后，如果顶板岩层维持较低的透气性系数，则产生的瓦斯仍将停留在原处。由于煤颗粒很细，煤层一旦卸压，瓦斯将很快地解吸出来。

当平巷和采掘工作面接近包含高压煤粉和瓦斯的突出危险区域时，作用在自由采掘工作面和隐含突出洞穴之间狭窄煤层上的应力将增加。当到达某个临界状态，煤层开始出现裂缝，这时煤层中将发出轰鸣或者类似于发动机的声音。当瓦斯施加在喷发口的压力超过煤层的屈服应力时，迎面的煤层将向外突出。瓦斯的膨胀波可能冲击整个煤矿通风系统，压力降低的膨胀波还能返回到粉碎的煤层。大量瓦斯的快速解吸加强了瓦斯的膨胀作用，把大量的煤尘推到巷道中。尽管突出可能只持续几秒钟，但是解吸的瓦斯促使煤尘充满巷道并向前冲击，将设备和人员抛出一段距离，有时甚至抛出一百多米。研究发现，发生突出后煤层中的孔腔是光滑的岩层；几个相互连通的孔腔可以在某一次突出中共同发生作用；突出发生之后，在巷道和采掘工作面清除的煤尘体积，要远远超过突出孔腔的体积。

(2) 顶底板突出

顶底板突出是指突出的动力源来自开采煤层的顶板或底板内积聚的瓦斯压力，主要发生在长壁开采的采煤工作面中。开采煤层邻近的上部或下部的瓦斯将从源头向开采工作面运移。由于采动的裂隙可以作为瓦斯流动的通道，卸压煤层的透气性系数通常大幅度增加，当上、下邻近层和开采煤层之间存在高强度、低透气性系数的岩层(顶、底板)时，将导致顶、底板的一侧出现高压瓦斯积聚。一旦这个压力带突然破坏，大量瓦斯就会快速地进入工作面区域。

图 10-34 反映了底板瓦斯突出的发展过程。图 10-34(a)中，下邻近层卸压使底板的瓦斯向上运移，位于开采层与底板之间的低渗透率岩层受采动压力的影响出现裂隙，并存在一定的瓦斯流动。而图 10-34(b)则表示了低渗透率岩层没有破裂的情况。对于后者，这个区域积聚的瓦斯产生更高的压力梯度，成为潜在的突出地点。瓦斯在底板岩层积聚的速率，取决于下邻近层瓦斯的产生率和通过底板岩层的渗透率之比，这个比值越大，瓦斯突出的危险性就越高。

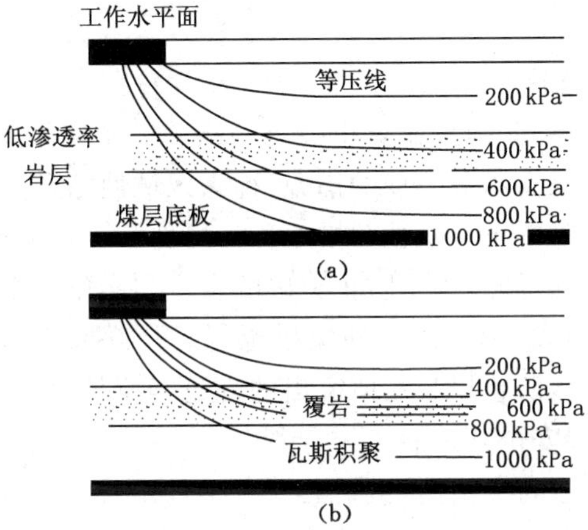

图 10-34　底板潜在突出的发展过程图

底板岩层裂隙中瓦斯的流动阻力随其强度和厚度的增大而增大。此外，即使像细砂岩这样的多孔岩层，如果被水浸润后，其相对透气性系数也可能锐减。

顶板突出则有很大不同。采煤工作面上部的煤层，顶板发生垮落和下沉，产生较大的垂直位移，这为瓦斯积聚提供了更大的空间。岩层的分离也促进了平行于岩层的流动。因此，上覆岩层附近可以储存大量的瓦斯。不过，低透气性系数岩层容易产生裂缝，同时，高压瓦斯在煤层积聚的可能性也比较小。由于这些原因，顶板瓦斯突出通常表现为持续几个小时到几个月的巨大瓦斯流，不过这时一般不会产生直接顶岩层的剧烈扰动。

相比之下，底板瓦斯突出通常持续时间很短，但更加猛烈，甚至使底板层破裂并向上喷射出大量固体物质。底板如果含有较少的构造带，则底板岩层能够抑制由外部力量引起的裂隙的扩大，这将导致高压瓦斯的聚集。但是，一般情况下，底板岩层比顶板岩层储存的瓦斯量要少许多。例如，根据美国学者莫里斯(Morris)1974 年的调查结果，底板突出时，瓦斯

量最多达到 $1.4\times10^{4}\ m^{3}$，但是顶板突出时瓦斯量可以超过 $8\times10^{6}\ m^{3}$。

在顶底板瓦斯突出发生几小时之前，瓦斯浓度通常会间歇地少量增加。这可能是由于在整体破裂之前，顶板岩层和层间孔隙带内渐增的应力而造成的，连续瓦斯监测器可以探测到这样的警报信号。在突出发生前的瞬间，顶板支柱上可能出现特别大的载荷和采空区的塌陷。顶底板突出更可能发生在沿着层内最大切应力的平面，例如瓦斯排放口，与采空区相邻的巷道，或者长壁工作面自身。顶板突出可能是由长壁工作面上覆岩层的初次断裂诱发的。同样，有时煤柱边缘的垮塌，也可能促使顶板岩层突然断裂。

防止顶板突出最有效的方法是，定期在任何可能发生突出的地方打钻抽采瓦斯。钻孔应当与冒顶区域成一定角度，同时应穿透顶板岩层到达瓦斯源。钻孔的间距应由现场情况决定，但不应小于 10 m。另外，钻孔应保持包围整个采掘工作面。所有的钻孔都应当与瓦斯抽采系统连接。

正常情况下，底板钻孔瓦斯抽出量较小。但是在容易发生底板突出的地区，作为预防措施，这些钻孔应当持续地进行抽采工作。

另外，应该对钻孔流速和钻孔压力进行测试，当它们比正常值高时，则很可能正处于突出发展过程中。如果在顶底板层中有瓦斯储存的任何迹象发生，则应增加瓦斯抽采钻孔，以排放瓦斯和降低压力。

五、区域性综合防突措施

开采有突出危险的矿井，必须采取防止突出的措施。防突措施可以分为两大类。实施以后可使较大范围煤层消除突出危险性的措施，称为区域性综合防突措施；实施以后可使局部区域（如掘进工作面）消除突出危险性的措施称为局部综合防突措施。

在开采煤与瓦斯突出煤层时，为了防止突出的发生和避免突出发生后造成人身伤亡，必须采取区域和局部两个“四位一体”综合防突措施，如图 10-35 所示。两个“四位一体”综合防突措施是根据我国几十年防止煤与瓦斯突出的理论与实践而研究总结提出的，只要认真落实，是可以实现突出煤层安全开采的。

区域“四位一体”的综合防突措施，包括区域突出危险性预测、区域防突措施、区域措施效果检验和区域验证。

1. 区域突出危险性预测

区域突出危险性预测是在煤田勘探、新井建设、新水平和新采区开拓前进行，通过参数指标测定及统计分析，预测煤层和煤层区域的突出危险性，也称早期预测或突出潜在危险性预测。其目的是正确划分出突出危险煤层和非突出煤层，对于预定为突出的煤层，尚需划分出突出危险区域和突出威胁区域。当新井、新水平或新采区进入突出威胁区域时，采掘每推进 50～100 m，要对工作面连续进行不少于两次的检验性预测，其中任何一次预测为有突出危险时，该区域改为突出危险区域。煤层瓦斯风化带为无突出危险区域，未进行区域预测的区域应视为突出危险区域。

区域突出危险性预测主要采用以下两种方法。

(1) 单项指标法

采用煤的破坏类型（表 10-15）、煤的瓦斯放散初速度（Δp）、煤的坚固性系数（f）和原始煤层瓦斯压力（p）作为预测指标，各种指标的突出危险临界值应根据实测资料确定，无实测资料可参考表 10-16 所列数据。当全部指标达到或超过其临界值时即划为突出煤层。

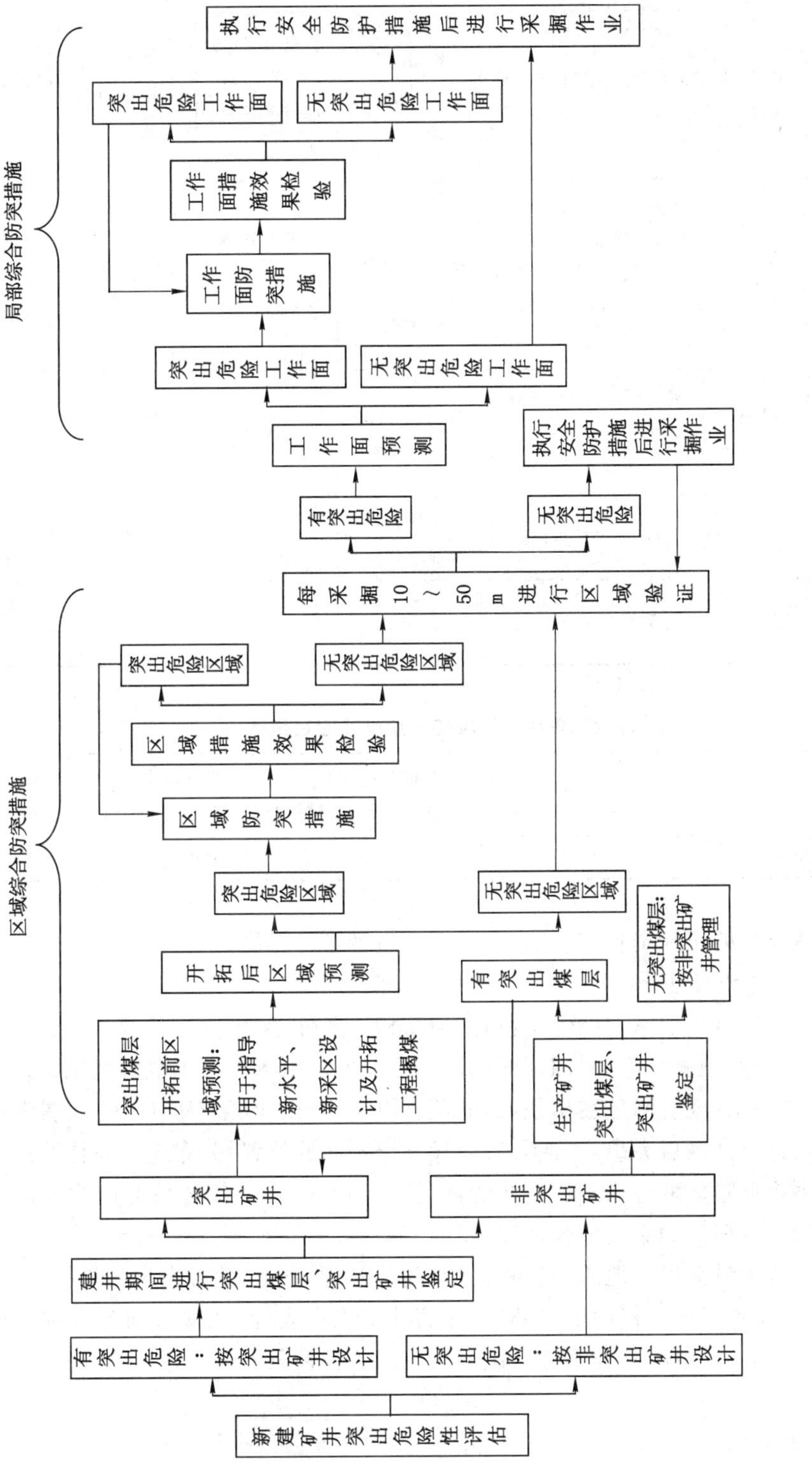

图 10-35 区域与局部两个“四位一体”综合防突措施基本流程

表 10-15　煤的破坏类型及其特征

破坏类型	光泽	构造与结构特征	节理性质	节理面性质	断口性质	手试强度
Ⅰ类（非破坏煤）	亮与半亮	层状构造、块状构造、条带清晰明显	一组或二、三组节理，有次序	有充填物（方解石等），节理、劈理面平整，次生面很少	参差阶状，贝状，波浪状	坚硬，用手难掰开
Ⅱ类（破坏煤）	亮与半亮	① 尚未失去层状，较有次序；② 条带明显，有时扭曲，有错动；③ 不规则块状，多棱角；④ 有挤压特征	次生节理面多且不规则，与原生节理呈网状节理	节理面有擦纹、划痕，节理平整、易掰开	参差多角	用手极易剥成小块，中等硬度
Ⅲ类（强烈破坏煤）	半亮与半暗	① 弯曲呈透镜构造；② 小片状构造；③ 细小碎块，层理紊乱无次序	节理不清，次生节理密度大	有大量擦痕	参差及粒状	用手捻之可成粉末、碎粒
Ⅳ类（粉碎煤）	暗淡	粒状或由小颗粒组成	成黏块状，天节理	—	粒状	用手捻之可成粉末
Ⅴ类（全粉煤）	暗淡	土状、断层泥状	—	—	土状	易捻成粉末，疏松

表 10-16　煤层突出危险性鉴定指标

判定指标	煤的破坏类型	煤的瓦斯放散初速度 Δp/mmHg	煤的坚固性系数 f	原始煤层瓦斯压力（相对）/MPa
有突出危险的临界值及范围	Ⅲ、Ⅳ、Ⅴ	≥10	≤0.5	≥0.74

该方法各指标的实际资料容易确定，适用于各种条件煤层。

(2) 瓦斯地质统计法

根据已开采区域确切掌握的煤层赋存、地质构造条件、突出分布的规律和对预测区域煤层地质构造的探测、预测结果，采用瓦斯地质分析的方法推测出突出危险区域。在同一地质单元内，发生了突出（或有明显突出预兆）的位置以上 20 m（埋深）及以下的范围为突出危险区域；此外，根据上部区域突出点（或具有明显突出预兆的位置）分布与地质构造的关系确定构造线两侧突出危险区域边缘到构造线的最远距离，并结合下部区域的地质构造分布划分出下部区域构造线两侧的突出危险区域（图 10-36）。

该方法结合大量突出和地质构造相关的资料，分析、寻求、掌握突出的规律，真正体现了预测的区域性，避免了以点代面的局部性、片面性和无代表性，从多方面综合判断煤层突出危险性，提高预测突出危险的准确性。该方法适用于各种条件煤层，要求查明未开采区域的地质构造。

2. 区域防突措施

区域防突措施主要有开采保护层和预抽煤层瓦斯两类。开采保护层是预防突出最有效、最经济的措施。

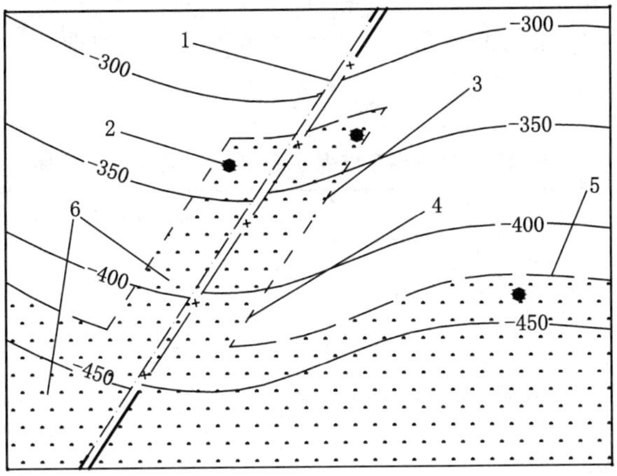

1—断层;2—突出点;3—上部区域突出点在断层两侧的最远距离线;
4—推测下部区域断层两侧的突出危险区域边界线;5—推测的下部区域突出危险区域上边界线;
6—突出危险区域(阴影部分)。

图 10-36　用瓦斯地质统计法推测同一地质单元内下部区域的突出危险区域示意图

(1) 开采保护层

在突出矿井中,预先开采的、并能使其他相邻的有突出危险的煤层受到采动影响而减少或失去突出危险的煤层或矿层称为保护层,后开采的煤层称为被保护层。保护层位于被保护层上方的叫上保护层,位于下方的叫下保护层。

① 开采保护层的作用

保护层开采后,由于采空区的顶底板岩石冒落、移动,引起开采煤层周围应力的重新分布,采空区上、下形成应力降低(卸压)区,在这个区域内的未开采煤层将发生下述变化:

a. 地压减少,弹性潜能得以缓慢释放。

b. 煤层膨胀变形,形成裂隙与孔道,透气性系数增加,所以被保护层内的瓦斯能大量排放到保护层的采空区内,瓦斯含量和瓦斯压力都将明显下降。

c. 煤层瓦斯涌出后,煤的强度增加。

所以保护层开采后,不但消除或减少了引起突出的两个重要因素——地压和瓦斯,而且增加了抵御突出能力的因素——煤的机械强度。这就使得在卸压区范围内开采被保护层时,不再会发生煤与瓦斯突出。

② 保护范围

保护范围是指保护层开采后,在空间上使危险层失去突出危险的有效范围。在这个范围内进行采掘工作,按无突出危险对待,不需要再采取其他防突措施;在未受到保护的区域,必须采取防治突出的措施。但是厚度小于或等于 1.5 m 的保护层开采时,它的效果必须进行实际考察,如果效果不好,被保护层开采后,还必须采取其他的防治措施。

划定保护范围,也就是在空间和时间上确定卸压区的有效范围。突出危险矿井应根据实测资料,确定合适的保护范围,标明在矿井开采平面图上,如无实测资料,可参考下列数据:

a. 最大保护垂距

保护层与被保护层之间的最大保护垂距可参照表 10-17 选取或用式(10-26)、式(10-27)计算确定：

表 10-17　保护层与被保护层之间的最大保护垂距

煤层类别	最大保护垂距/m	
	上保护层	下保护层
急倾斜煤层	<60	<80
缓倾斜和倾斜煤层	<50	<100

下保护层的最大保护垂距：

$$S_{下} = S'_{下}\beta_1\beta_2 \tag{10-26}$$

上保护层的最大保护垂距：

$$S_{上} = S'_{上}\beta_1\beta_2 \tag{10-27}$$

式中　$S'_{下}$，$S'_{上}$——下保护层和上保护层的理论最大保护垂距，m，它与工作面长度 L 和开采深度 H 有关，可参照表 10-18 取值，当 $L>0.3H$ 时，取 $L=0.3H$，但 L 不得大于 250 m；

β_1——保护层开采的影响系数，当 $M\leqslant M_0$ 时，$\beta_1=M/M_0$，当 $M>M_0$ 时，$\beta_1=1$（M 为保护层的开采厚度，m，M_0 为保护层的最小有效厚度，m，M_0 可参照图 10-37 确定）；

β_2——层间硬岩（砂岩、石灰岩）含量系数，以 η 表示在层间岩石中所占的百分比，当 $\eta\geqslant 50\%$ 时，$\beta_2=1-0.4\eta/100$，当 $\eta<50\%$ 时，$\beta_2=1$。

表 10-18　$S'_{下}$ 和 $S'_{上}$ 与开采深度 H 和工作面长度 L 之间的关系

开采深度 H/m	$S'_{下}$/m								$S'_{上}$/m						
	工作面长度 L/m								工作面长度 L/m						
	50	75	100	125	150	175	200	250	50	75	100	125	150	200	250
300	70	100							56	67					
400	58	85	112						40	50	58				
500	50	75	100	120	142				29	39	49	56	62		
600	45	67	90	109	126	138			24	34	43	50	55		
800	33	54	73	90	103	117	127		21	29	36	41	45	49	
1 000	27	41	57	71	88	100	114	122	18	25	32	36	41	44	45
1 200	24	37	50	63	80	92	104	113	16	23	30	32	37	40	41

b. 沿倾向的保护范围

沿倾向的保护范围按卸压角 δ 划定，如图 10-38 所示。卸压角的大小应采用矿井的实测数据。如无实测数据时，参照表 10-19 中的数据确定。

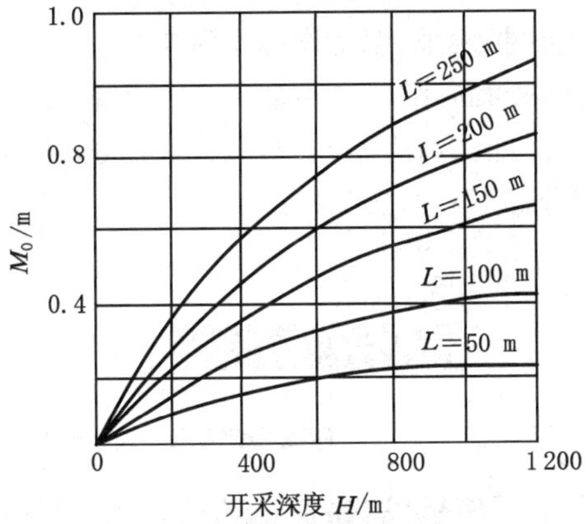

图 10-37 保护层的最小有效厚度与开采深度的关系

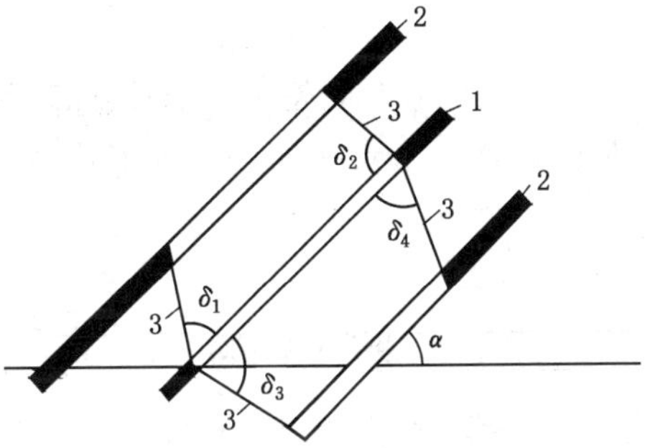

1—保护层;2—被保护层;3—保护范围边界线。

图 10-38 保护层工作面沿倾向方向的保护范围

表 10-19 保护层沿倾向的卸压角

煤层倾角 α/(°)	卸压角/(°)			
	δ_1	δ_2	δ_3	δ_4
0	80	80	75	75
10	77	83	75	75
20	73	87	75	75
30	69	90	77	70
40	65	90	80	70
50	70	90	80	70
60	72	90	80	70
70	72	90	80	72
80	73	90	78	75
90	75	80	75	80

c. 沿走向的保护范围

保护层采煤工作面与被保护层采、掘工作面之间应该有一定的超前距。《防治煤与瓦斯突出规定》中规定，保护层的采煤工作面必须超前于被保护层的掘进工作面，其超前距离(L')一般不得小于两个煤层之间法向距离(h_1 或 h_2)的 3 倍，并不得小于 100 m，如图 10-39 所示，这有利于被保护层充分卸压和排出瓦斯。

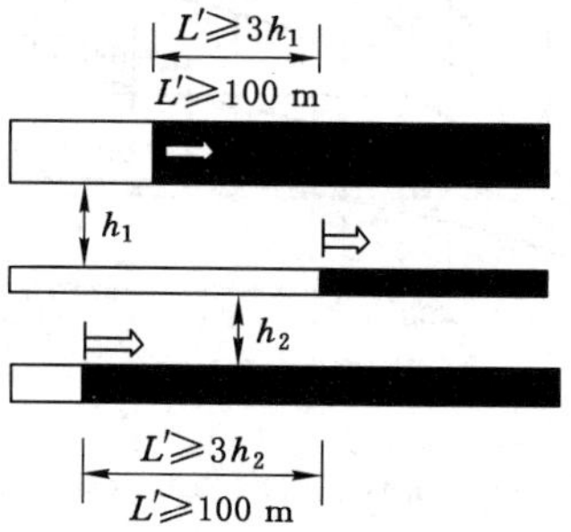

图 10-39　保护层沿走向的保护距离

对停采的保护层采煤工作面，如停采时间超过 3 个月且卸压比较充分，该采煤工作面的始采线、终采线及所留煤柱对被保护层沿走向的保护范围可暂按卸压角 56°～60°划定，如图 10-40 所示。

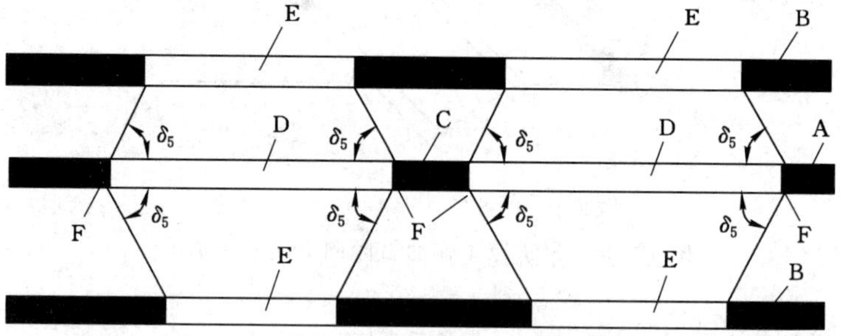

A—保护层；B—被保护层；C—煤柱；D—采空区；E—保护范围；F—始采线、终采线。

图 10-40　保护层工作面始采线、终采线和煤柱的影响范围

保护层开采后，在采空区上、下形成了卸压区，在其附近的煤柱(未采区)则产生了应力集中区。在应力集中区内，增加了突出危险性，统计资料表明，开采保护层后，被保护层内的突出，大多数发生于保护层煤柱的应力集中区影响范围内。对此要有充分的认识。煤柱附近应力集中区的宽度，随层间距的增加而加大，应力集中系数则随之减小。在这个范围内进行采掘工作时，必须采取预防突出的措施。

③ 开采保护层的注意要点

a. 如煤层群中有几个保护层，应首先考虑上保护层。这不仅符合由上而下的开采顺序，而且突出危险层同水平的巷道能处于保护范围内。如果不得不开采下保护层时，要防止采动影响破坏未采煤层结构。

b. 矿井中所有煤层都有突出危险时，可选择突出危险程度较小的煤层作为保护层，但

在此保护层的采掘过程中，必须采取预防突出的措施。

c. 矿井中所有可采煤层都具有严重突出危险时，也可以选择不可采的煤层作为保护层。

d. 开采保护层时，应同时抽采被保护层的瓦斯。

(2) 预抽煤层瓦斯

对于无保护层或单一突出危险煤层的矿井，可以采用大面积预抽煤层瓦斯作为区域性防突措施。这种措施的实质是，通过一定时间的预先抽采瓦斯，降低突出危险煤层的瓦斯压力和瓦斯含量。并由此引起煤层收缩变形、地应力下降、煤层透气性系数增加和煤的强度提高等效应，使被抽采瓦斯的煤体减少或失去突出危险性。由于突出煤层绝大多数属于低透气性难抽煤层，因此要求加大预抽瓦斯钻孔的密度，延长抽采时间，这样才能达到预期的防突效果。

突出煤层预抽瓦斯措施在我国中梁山、北票、六枝、焦作等矿区采用穿层钻孔和顺层钻孔方法，抽采时间大都在 1 年以上，钻孔间距基本上不超过 10 m，瓦斯预抽率在 25%以上，均达到了消除突出危险的目的。1980 年以来我国试验成功的大面积网格式穿层钻孔预抽突出危险煤层瓦斯的方法，使得区域防突效果更为理想。

3. 区域措施效果检验

国内外大量生产实践表明，尽管各种防突措施经过科学实验验证是有效的，但由于煤层条件、地质条件等自然因素的变化和采掘工艺等人为因素的改变，相同的防突措施在不同的矿区，甚至同一突出煤层的不同区域，防突效果也会不同甚至会出现失效的情况。因此，对突出煤层进行区域防突措施后，一定要进行区域防突措施效果检验，主要采用残余瓦斯压力、残余瓦斯含量、顶底板位移量和钻屑瓦斯解吸指标法(见局部综合防突措施)等有效的指标和方法进行检验，当检验结果为突出危险区域时，说明区域防突措施无效，需要重新进行区域防突措施；当检验结果为无突出危险区域时，说明区域防突措施有效，然后开展区域验证，进行开采。

4. 区域验证

区域验证可由局部预测来验证。当区域验证为无突出危险时，应当采取安全防护措施后进行采掘作业。当为采掘工作面在该区域进行的首次区域验证时，采掘前还应保留足够的突出预测超前距。只要有一次区域验证为有突出危险或超前钻孔等发现了突出预兆，则该区域以后的采掘作业均应当执行局部综合防突措施。

六、局部综合防突措施

局部“四位一体”的综合防突措施(又称工作面综合防突措施)包括工作面突出危险性预测、工作面防突措施、工作面措施效果检验和安全防护措施。

1. 工作面突出危险性预测

工作面突出危险性预测的任务是确定石门揭煤工作面、煤巷掘进工作面、采煤工作面等采掘工作面附近煤体的煤与瓦斯突出危险性。

(1) 石门揭煤工作面的突出危险性预测

① 综合指标(D_0、K_0)法

采用综合指标(D_0、K_0)法预测石门揭煤工作面突出危险性时，应由工作面向煤层的适当位置至少打 3 个钻孔测定煤层瓦斯压力 p。近距离煤层群的层间距小于 5 m 或层间岩石

破碎时，应测定各煤层的综合瓦斯压力。

测压钻孔在每米煤孔采一个煤样测定煤的坚固性系数 f，把每个钻孔中坚固性系数最小的煤样混合后测定煤的瓦斯放散初速度 Δp，则此值及所有钻孔中测定的最小坚固性系数 f 值作为软分层煤的瓦斯放散初速度和坚固性系数参数值。综合指标 D_0、K_0 的计算公式为：

$$D_0 = (\frac{0.0075H}{f} - 3) \times (p - 0.74) \tag{10-28}$$

$$K_0 = \frac{\Delta p}{f} \tag{10-29}$$

式中　D_0，K_0——工作面突出危险性预测的综合指标；

H——煤层埋藏深度，m；

p——煤层瓦斯压力，取各个测压钻孔实测瓦斯压力的最大值，MPa；

Δp——软分层煤的瓦斯放散初速度，mmHg；

f——软分层煤的坚固性系数。

各煤层石门揭煤工作面突出危险性预测综合指标 D_0、K_0 的临界值应根据试验确定，在确定前可暂按表 10-20 所列的临界值进行预测。

表 10-20　石门揭煤工作面突出危险性预测综合指标 D_0、K_0 参考临界值

综合指标 D_0 临界值	综合指标 K_0 临界值	
	无烟煤	其他煤种
0.25	20	15

当测定的综合指标 D_0、K_0 都小于临界值，或者指标 K_0 小于临界值且式(10-28)中两个括号内的计算值都为负值时，若未发现其他异常情况，该工作面即为无突出危险工作面；否则，判定为突出危险工作面。

② 钻屑瓦斯解吸指标法

采用钻屑瓦斯解吸指标法预测石门揭煤工作面突出危险性时，由工作面向煤层的适当位置至少打 3 个钻孔，在钻孔钻到煤层时每钻进 1 m 采集一次孔口排出的粒径 1～3 mm 的煤钻屑，测定其瓦斯解吸指标 K_1 或 Δh_2 值。测定时，应考虑不同钻进工艺条件下的排渣速度。

各煤层石门揭煤工作面钻屑瓦斯解吸指标的临界值应根据试验确定，在确定前可暂按表 10-21 中所列的指标临界值预测突出危险性。

表 10-21　钻屑瓦斯解吸指标法预测石门揭煤工作面突出危险性的指标参考临界值

煤样	钻屑瓦斯解吸指标 Δh_2 临界值/Pa	钻屑瓦斯解吸 K_1 指标临界值/[$mL \cdot (g \cdot min^{\frac{1}{2}})^{-1}$]
干煤样	200	0.5
湿煤样	160	0.4

（2）煤巷掘进工作面的突出危险性预测

① 钻屑指标法

采用钻屑指标法预测煤巷掘进工作面突出危险性时，在近水平、缓倾斜煤层工作面应向前方煤体至少施工 3 个钻孔，在倾斜或急倾斜煤层至少施工 2 个直径 42 mm、孔深 8～10 m 的钻孔，测定钻屑瓦斯解吸指标和钻屑量。

钻孔应尽可能布置在软分层中，一个钻孔位于巷道工作面中部，并平行于掘进方向，其他钻孔的终孔点应位于巷道两侧轮廓线外 2～4 m 处。

钻孔每钻进 1 m 测定该段的全部钻屑量 S，每钻进 2 m 至少测定一次钻屑瓦斯解吸指标 K_1 或 Δh_2 值。

钻屑指标法预测煤巷掘进工作面突出危险性的指标临界值应根据试验确定，在确定前可暂按表 10-22 的临界值确定工作面的突出危险性。

表 10-22　钻屑指标法预测煤巷掘进工作面突出危险性的指标参考临界值

钻屑瓦斯解吸指标 Δh_2 /Pa	钻屑瓦斯解吸指标 K_1 临界值 /[mL·(g·min$^{\frac{1}{2}}$)$^{-1}$]	钻屑量 S 临界值	
		/(kg·m^{-1})	/(L·m^{-1})
200	0.5	6	5.4

如果 S、K_1、Δh_2 的所有实测值均小于临界值，并且未发现其他异常情况，则该工作面预测为无突出危险工作面；否则，为突出危险工作面。

② 复合指标法

采用复合指标法预测煤巷掘进工作面突出危险性时，在近水平、缓倾斜煤层工作面应向前方煤体至少施工 3 个钻孔，在倾斜或急倾斜煤层至少施工 2 个直径 42 mm、孔深 8～10 m 的钻孔，测定钻孔瓦斯涌出初速度和钻屑量。

钻孔应尽量布置在软分层中，一个钻孔位于巷道工作面中部，并平行于掘进方向，其他钻孔开孔口靠近巷道两帮 0.5 m 处，终孔点应位于巷道两侧轮廓线外 2～4 m 处。

钻孔每钻进 1 m 测定该段的全部钻屑量 S，并在暂停钻进后 2 min 内测定钻孔瓦斯涌出初速度 q。测定钻孔瓦斯涌出初速度时，测量室的长度不小于 0.5 m。

复合指标法预测煤巷掘进工作面突出危险性的指标临界值应根据试验确定，在确定前可暂按表 10-23 的临界值进行预测。

表 10-23　复合指标法预测煤巷掘进工作面突出危险性的指标参考临界值

煤的挥发分 V_{daf}/%		5～15	15～20	20～30	>30
钻孔瓦斯涌出初速度 q 临界值/(L·min^{-1})		5.0	4.5	4.0	4.5
钻屑量 S 临界值	/(kg·m^{-1})	6	6	6	6
	/(L·m^{-1})	5.4	5.4	5.4	5.4

如果 q、S 的所有实测值均小于临界值，并且未发现其他异常情况，则该工作面预测为无突出危险工作面；否则，为突出危险工作面。

③ R 值指标法

采用 R 值指标法预测煤巷掘进工作面突出危险性时，在近水平、缓倾斜煤层工作面应向前方煤体至少施工 3 个钻孔，在倾斜或急倾斜煤层至少施工 2 个直径 42 mm、孔深 8～

10 m 的钻孔，测定钻孔瓦斯涌出初速度和钻屑量。

钻孔应尽可能布置在软分层中，一个钻孔位于巷道工作面中部，并平行于掘进方向，其他钻孔的终孔点应位于巷道两侧轮廓线外 2～4 m 处。

钻孔每钻进 1 m 收集并测定该段的全部钻屑量 S，并在暂停钻进后 2 min 内测定钻孔瓦斯涌出初速度 q。测定钻孔瓦斯涌出初速度时，测量室的长度为 1.0 m。

根据每个钻孔的最大钻屑量 S_{max} 和最大钻孔瓦斯涌出初速度 q_{max}，按式(10-30)计算各孔的 R 值：

$$R = (S_{max} - 1.8)(q_{max} - 4) \tag{10-30}$$

式中 S_{max}——每个钻孔沿孔长的最大钻屑量，L/m；

q_{max}——每个钻孔的最大钻孔瓦斯涌出初速度，L/min。

判定各煤层煤巷掘进工作面突出危险性的指标临界值应根据试验确定，在确定前可暂按以下指标进行预测：

当至少有一个钻孔 R 值有 $R \geqslant 6$，或者至少有一个钻孔有 $R \leqslant 0$ 且 $S_{max} \geqslant 5.4$ L/m(或 6 kg/m)，或者至少有一个钻孔有 $R \leqslant 0$ 且 $q_{max} \geqslant 6$ L/min，或者发现有异常情况时，该工作面预测为突出危险工作面；否则，可判定为无突出危险工作面。

(3) 采煤工作面的突出危险性预测

对采煤工作面的突出危险性预测，可参照煤巷掘进工作面预测方法进行。但应沿采煤工作面每隔 10～15 m 布置一个预测钻孔，深度 5～10 m，除此之外的各项操作等均与煤巷掘进工作面突出危险性预测相同。

判定采煤工作面突出危险性的各指标临界值应根据试验确定，在确定前可参照煤巷掘进工作面突出危险性预测的各指标临界值。

2. 工作面防突措施

工作面防突措施的主要作用是卸出或降低采掘工作面中的煤体应力和排放瓦斯。主要措施有预抽瓦斯、钻孔排放、水力冲孔、架设金属骨架、煤体固化、超前钻孔、松动爆破、水力疏松、煤体注水等。

(1) 石门揭开突出危险煤层时的预防措施

大型突出往往发生于石门揭开突出危险煤层时，所以石门揭开突出危险煤层时，以及有突出倾向的建设矿井或突出矿井开拓新水平，井巷揭开煤层时都必须采取防治突出的措施，并编制专门设计方案。要求做到：

a. 石门应避免布置在地质构造复杂和破坏地带。

b. 掘进工作面距突出危险煤层 10 m 以外时，至少要打 2 个穿透煤层全厚的钻孔，以便确切掌握煤层赋存条件和瓦斯情况。

c. 掘进工作面距煤层 5 m 以外时，应测定煤层的瓦斯压力。

d. 掘进工作面和煤层之间，必须保持一定厚度的岩柱，以便实施预防突出的措施揭开煤层。岩柱厚度根据煤层倾角和预防方法确定。

e. 掘进工作面必须有独立的通风系统，在其进风侧的巷道中，至少设置两道坚固的反向风门，在其回风系统中，必须保持风流畅通无阻。

f. 只能从煤层的顶板或底板一侧揭穿，而且要尽可能一次揭开煤层全厚。如果煤层倾角太小或厚度太大，不能一次揭开时，在掘进剩余部分时，也必须采取预防突出的措施。

常用的石门揭开突出危险煤层时的预防措施有：

① 预抽瓦斯

预抽瓦斯是在石门轮廓线外一定范围内的煤层中，打若干排(或圈)抽采瓦斯钻孔，然后对抽采瓦斯钻孔进行封孔，并使钻孔与瓦斯抽采管道系统相连接，借助机械真空泵(或矿井的抽采系统)所造成的负压抽采煤层中的瓦斯。

② 钻孔排放

石门揭煤前，由岩巷或煤巷向突出危险煤层打钻孔，将煤层中的瓦斯经过钻孔自然排放出来，待瓦斯压力降到安全压力以下时，再进行采掘工作。钻孔数和钻孔布置应根据断面和钻孔排放半径的大小来确定，每平方米断面不得少于 3.5～4.5 孔。

钻孔排放半径是指经过规定的排瓦斯时间后，在排放半径内的瓦斯压力都降到安全值，其值应现场实测。测定时由石门工作面向煤层打 2～3 个钻孔，测瓦斯压力。待瓦斯压力稳定后，打一个排瓦斯钻孔(图 10-41)，观察测压孔的瓦斯压力变化，确定排放半径。

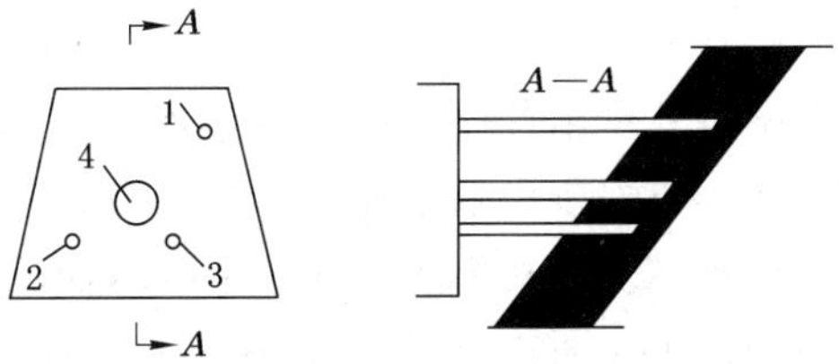

1,2,3—测压孔；4—排瓦斯钻孔。

图 10-41　测定排放半径的钻孔布置

排放瓦斯后，采取震动爆破揭开煤层时，瓦斯压力的安全值可取 1.0 MPa，不采取其他预防措施时，应低于 0.2～0.3 MPa。

排放瓦斯的范围，应向巷道周边扩大若干米。天府煤矿南井石门揭煤时，确定的钻孔排放瓦斯范围为：石门断面上部为 8 m，两帮为 6 m；南桐一井均为 5 m。排放瓦斯时间一般为 3 个月左右，煤层瓦斯压力降到 1.0 MPa 后，用震动爆破揭开煤层，效果很好。

此法适用于煤层厚、倾角大、透气性系数大和瓦斯压力高等条件下的石门揭煤时，也大量应用于突出危险煤层的煤巷掘进。缺点是打钻工程量大，瓦斯压力下降慢，等待时间长。

③ 水力冲孔

水力冲孔是在安全岩(煤)柱的防护下，向煤层打钻后，用高压水射流在工作面前方煤体内冲出一定的孔道，加速瓦斯排放。同时，由于孔道周围煤体的移动变形，应力重新分布，扩大卸压范围。此外，在高压水射流的冲击作用下，冲孔过程中能诱发小型突出，使煤岩中蕴藏的潜在能量逐渐释放，避免大型突出的发生。

水力冲孔措施一般适用于打钻时具有自喷(喷煤、喷瓦斯)现象的煤层。石门揭煤时，当掘进工作面接近突出危险煤层 3～5 m 时，停止掘进，安装钻孔向煤层打钻，孔径 90～110 mm。在孔口安装套管与三通管，将钻杆通过三通管直达煤层，钻杆末端与高压水管连接，如图 10-42 所示。冲出的煤、水和瓦斯则由三通管经射流泵加压后，送入采区沉淀池。

冲孔水压一般为 3.0～4.0 MPa，水量为 15～20 m^3/h，射流泵水量为 25 m^3/h。孔数一般为 1.0～1.3 孔/m^3，每米煤层厚度冲出的煤量大于或等于 20 t。冲孔的喷煤量越大，

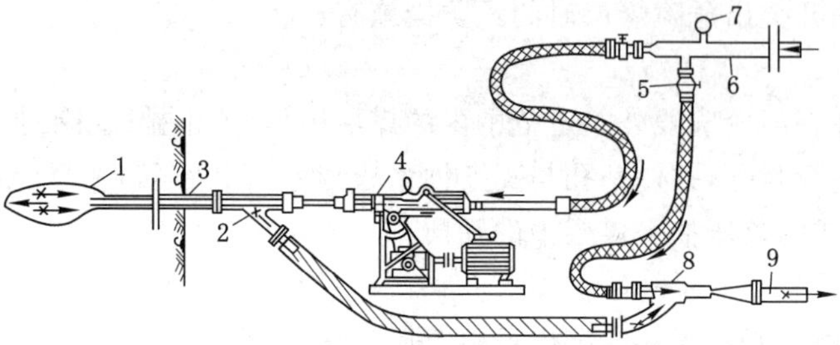

1—套管；2—三通管；3—钻杆；4—钻机；5—阀门；6—高压水管
7—压力表；8—射流泵；9—接煤水管。
图 10-42 水力冲孔工艺流程图

效果就越好。

水力冲孔适用于地压大、瓦斯压力大、煤质松软的突出危险煤层。

④ 架设金属骨架

金属骨架是一种超前支架。其作用首先是依靠骨架加强工作面前方煤体的稳定性，其次是通过安装金属骨架的钻孔，排放钻孔附近煤体中的部分瓦斯，缓和煤体的应力紧张状态。但由于这种方法本身并未根本改变瓦斯应力和瓦斯状态，所以必须与水力冲孔、钻孔排放等措施配合使用。当石门掘进工作面接近煤层时，通过岩柱在巷道顶部和两帮上侧打钻，钻孔应穿过煤层并进入煤层顶(底)板至少 0.5 m，当钻孔不能一次施工至煤层顶板时，则进入煤层的深度不应小于 15 m。钻孔间距一般不大于 0.3 m，对于松软煤层要架两排金属骨架，钻孔间距应小于 0.2 m，孔径 75～100 mm。然后将长度大于孔深 0.4～0.5 m 的钢管或钢轨，作为骨架插入孔内，再将骨架尾部固定，最后用震动爆破揭开煤层(图 10-43)。

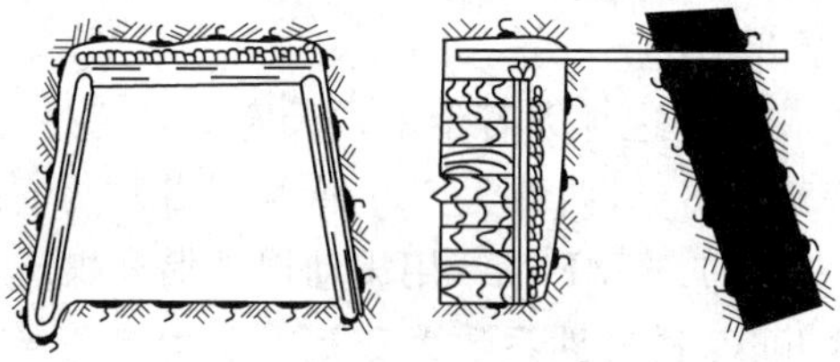

图 10-43 金属骨架

(2) 煤巷掘进时预防突出的措施

我国大多数突出发生在煤巷掘进时，如南桐煤巷突出约占突出总数的 74%。湖南立新煤矿蛇形山井的一条机巷掘进时，平均每掘进 8.9 m 突出一次。所以在突出危险煤层内掘进时，必须采取有效的预防突出措施，不能因其费工费时而松懈。

煤巷掘进时预防突出的措施与石门揭煤时类似，但是工艺参数有所不同。

① 超前钻孔排放

为了排放瓦斯，在煤巷掘进工作面前方始终保持一定数量的排放瓦斯钻孔，同时可以增加煤的强度，在钻孔周围形成卸压区，使应力集中区移向煤体深部。这种方法称为超前钻孔。

超前钻孔孔数取决于巷道断面面积和钻孔排放半径。钻孔在软煤中的排放半径为

1.0～1.5 m，在硬煤中的可能只有几十厘米。平巷掘进工作面一般布置3～5个钻孔，孔径75～120 mm。孔深应超前工作面前方的集中应力区，一般情况下它的数值为3～7 m，所以孔深应不小于10～15 m。掘进时钻孔至少保持5 m的超前距离。

急倾斜中厚或厚煤层上山掘进时，可用穿透式钻机，贯穿全长后，再由上而下扩大断面，然后用人工修整到所需断面。

超前钻孔排放适用于煤层赋存稳定、透气性系数较大的情况。如果煤质松软、瓦斯压力较大，则打钻时容易发生夹钻、垮孔、顶钻，甚至孔内突出现象。

② 松动爆破

松动爆破是向掘进工作面前方应力集中区，打几个钻孔装药爆破，使煤体松动，集中应力区向煤体深部移动，同时加快瓦斯的排出，从而在工作面前方造成较长的卸压带，以预防突出的发生。松动爆破分为深孔和浅孔两种。深孔松动爆破一般用于煤巷或半煤岩巷掘进工作面，钻孔直径一般为42 mm，深度不得小于8 m。浅孔松动爆破主要用于采煤工作面，孔间距根据实际情况确定，一般2～3 m，孔深不小于5 m，炮泥封孔长度不得小于1 m。例如，在阳泉一矿3号煤层的试验工作面，采用长钻孔控制松动爆破，即在采煤工作面平巷打平行于工作面的爆破孔，取得了较好效果。其参数为：爆破孔长度30 m、直径73 mm、钻孔倾角1°～3°、封孔长度7～10 m、爆破孔距工作面距离13～15 m。工作面瓦斯涌出量由采取措施前的10 m^3/min下降到7.5 m^3/min。

(3) 采煤工作面的防突措施

采煤工作面可采用的工作面防突措施有超前钻孔排放、预抽瓦斯、松动爆破、注水湿润煤体等。

采煤工作面采用超前钻孔排放和预抽瓦斯作为工作面防突措施时，钻孔直径一般为75～120 mm，钻孔在控制范围内应当均匀布置，在煤层的软分层中可适当增加钻孔数。超前钻孔和预抽钻孔的孔数、孔底间距等应当根据钻孔的有效排放或抽采半径确定。采煤工作面的松动爆破防突措施适用于煤质较硬、围岩稳定性较好的煤层。松动爆破孔间距根据实际情况确定，一般2～3 m，孔深不小于5 m，炮泥封孔长度不得小于1 m。应当适当控制装药量，以免孔口煤壁垮塌；松动爆破时，应当按远距离爆破的要求执行。采煤工作面浅孔注水湿润煤体措施可用于煤质较硬的突出煤层。注水孔间距根据实际情况确定，孔深不小于4 m，向煤体注水压力不得低于8 MPa。当发现水由煤壁或相邻注水钻孔中流出时，即可停止注水。

为了减少突出发生后的危害，还应当采取一系列的技术组织措施，如独立通风，加大风量，严格通风和瓦斯管理制度，掌握突出预兆，及时撤退人员，做好地质测量等。

3. 工作面措施效果检验

按照有关规定，应对采取局部措施后的煤层再进行一次突出危险性指标的测定，根据实测的指标值判断是否降到临界值以下、有无突出危险。如果检验结果表明防突措施有效，就可以在采取安全防护措施后继续进行采掘作业；如果该防突措施无效或效果不好，就必须采取附加措施。

(1) 对石门揭煤工作面进行防突措施效果检验时，应选择钻屑瓦斯解吸指标法或其他经试验证实有效的方法，但所有用钻孔方式检验的方法中检验孔数均不得少于5个，分别位于石门的上部、中部、下部和两侧。

(2) 煤巷掘进工作面执行防突措施后,应选择钻屑指标法、复合指标法和 R 值指标法等方法进行措施效果检验。检验孔深度应小于或等于防突措施钻孔深度。如果煤巷掘进工作面措施效果检验指标均小于指标临界值,且未发现其他异常情况,则措施有效;否则,判定为措施无效。

(3) 对采煤工作面防突措施效果的检验应参照采煤工作面突出危险性预测的方法和指标实施。但应沿采煤工作面每隔 10～15 m 布置一个检验钻孔,深度应小于或等于防突措施钻孔的深度。如果采煤工作面检验指标均小于指标临界值,且未发现其他异常情况,则措施有效;否则,判定为措施无效。

4. 安全防护措施

安全防护措施是避免突出造成人身伤亡的重要环节,因此,在岩石井巷揭穿突出煤层和在突出煤层中进行采掘作业时,都必须采取安全防护措施。安全防护措施主要有远距离爆破、构筑反向风门、布置挡栏以及设置自救装置等。

(1) 远距离爆破

井巷揭穿突出煤层时以及突出煤层的炮掘、炮采工作面必须采取远距离爆破安全防护措施。在实施揭穿突出煤层的远距离爆破时,井下全部人员必须撤至地面,井下必须全部断电,立井井口附近地面 20 m 范围内或斜井口前方 50 m、两侧 20 m 范围内严禁有任何火源。煤巷掘进工作面采用远距离爆破时,爆破地点必须设在进风侧反向风门之外的全风压通风的新鲜风流中或避难所内,爆破地点距工作面的距离由矿技术负责人根据曾经发生的最大突出强度等具体情况确定,但不得小于 300 m;采煤工作面爆破地点到工作面的距离由矿技术负责人根据具体情况确定,但不得小于 100 m。远距离爆破时,回风系统必须停电、撤人。爆破后进入工作面检查的时间由矿技术负责人根据情况确定,但不得少于 30 min。

(2) 构筑反向风门

反向风门是防止突出后瓦斯逆流蔓至进风系统、阻止灾害范围扩大的一种防突安全措施。其墙垛可用砖、料石或混凝土砌筑,嵌入巷道周边岩石的深度可根据岩石的性质确定,但不得小于 0.2 m;墙垛厚度不得小于 0.8 m。在煤巷构筑反向风门时,风门墙体四周必须掏槽,掏槽深度见硬帮硬底后再进入实体煤不小于 0.5 m。通过反向风门墙垛的风筒、水沟、刮板输送机道等,必须设有逆向隔断装置。

(3) 布置挡栏

挡栏是限制突出煤抛出范围的一种构筑物,可以用金属、矸石或木垛等构成,主要用于发生大型和特大型突出的地点。一组挡栏通常由两架组成,间距为 6～8 m。可根据预计的突出强度在设计中确定挡栏距工作面的距离。

(4) 设置自救装置

在突出煤层采掘工作面附近设置避难硐室和压风自救装置。避难硐室内设置直通调度室的电话和压气供风管,每人供风量不少于 0.3 m^3/min。压风自救装置由多组呼吸口具和薄膜面罩以及压风供给管线组成,每组有 5～8 个口具和面罩,每人供风量不少于 0.1 m^3/min。在以下每个地点都应至少设置一组压风自救装置:距采掘工作面 25～40 m 的巷道内、爆破地点、撤离人员与警戒人员所在的位置以及回风道有人作业处等。在长距离的掘进巷道中,应根据实际情况增加装置。

第六节 矿井瓦斯爆炸及其预防

瓦斯爆炸是煤矿生产中最严重的灾害之一，爆炸事故产生的高温高压气体使爆炸源附近的气体以极高的速度向外冲击，同时产生大量有害气体，降低空气中氧气含量。其后果不仅严重摧毁井下设施，而且造成大量人员伤亡；有时还会引起瓦斯连续多次爆炸、煤尘爆炸和井下火灾，使灾害扩大。瓦斯爆炸事故给人民生命财产带来极大损失、产生社会负效应。因此，我们必须很好地掌握瓦斯爆炸的发生、发展规律及其预防技术，杜绝此类事故的发生，确保安全生产。

一、矿井瓦斯爆炸机理及危害

1. 瓦斯爆炸的机理

瓦斯爆炸是以甲烷为主的可燃性气体和空气组成的爆炸性混合气体在火源引发下发生的一种剧烈而迅速的链式反应过程。反应物分子不是直接进行化学反应，而是首先分离成一系列自由基或基团。这类自由基具有很大的化学活性，成为反应连续进行的活化中心。在适合的条件下，每一个自由基又可以进一步分解，再产生两个或两个以上的自由基。这使得自由基越来越多，化学反应速度也越来越快，如此连锁反应即形成爆炸。对于甲烷爆炸的中间反应过程，不同学者提出了多种不同的反应方式。其中一种认为，CH_4吸收能量后分解成[CH_3]和[H]两个自由基。[CH_3]和[H]又分别与O_2反应，各自生成两个自由基[CH_3O]、[OH]和[OH]、[O]。这些自由基又能进一步反应，其最终产物则是CO_2和H_2O。其最终化学反应式方程为：

$$CH_4+2O_2=CO_2+2H_2O+882.6\ \text{kJ/mol}$$

或 $$CH_4+2(O_2+\frac{79}{21}N_2)=CO_2+2H_2O+7.52N_2+882.6\ \text{kJ/mol}$$

从上式可知，混合气体中的氧与甲烷都全部燃尽时，一体积的甲烷要同两体积的氧气反应，即一体积甲烷要同(2+7.52)体积的空气(当氮气在空气中的浓度为79%，氧气为21%时)反应。这时甲烷在混合气体中的浓度为$\frac{1}{1+9.52}\times 100\%=9.5\%$。这一浓度是理论上爆炸最猛烈的浓度。但是，根据试验，瓦斯最易引火的浓度为7%～8%。

如果煤矿井下氧气不足，反应不完全，也能产生CO，其反应的总包化学反应方程式为：

$$CH_4+O_2=CO+H_2+H_2O$$

2. 瓦斯爆炸的危害

矿内瓦斯爆炸时会产生三个致命的危害因素：高温、冲击波和有害气体。

(1) 高温

某些研究人员在瓦斯浓度为9.5%条件下测定过爆炸时的瞬时温度，在自由空间内可达1 850 ℃，在封闭空间内最高可达2 650 ℃。井下巷道呈半封闭状态，其爆炸温度将在1 850～2 650 ℃之间。爆炸产生的高温危害主要指爆炸冲击波的火焰锋面所造成的危害。火焰锋面是瓦斯爆炸时沿巷道运动的化学反应带和高温气体的总称。其速度大、温度高。正常的燃烧速度1.0～2.5 m/s，爆轰式传播速度可达2 500 m/s。火焰锋面温度为2 150～2 650 ℃。火焰峰面经过之处，人会被烧死或大面积烧伤，可燃物会被点燃而发生火灾。

（2）冲击波

由于爆炸时气体温度骤然升高，必然引起气体压力的突然增大。冲击波锋面压力可达到 2 MPa（约 20 atm）。前向冲击波叠加和反射时可达 10 MPa（约 100 atm）。其传播速度总是大于声速，所到之处造成人员伤亡、设备和通风设施损坏、巷道垮塌。如果巷道顶板附近或冒落孔内积存着瓦斯，或者巷道中有沉积的煤尘，在冲击波的作用下，它们就能够均匀分散开来，形成新的爆炸混合物，产生再次爆炸。爆炸时由于爆源附近气体高速向外冲击，在爆源附近形成气体稀薄的低压区，于是产生反向冲击波，使已遭破坏的区域再一次受到破坏。如果反向冲击波的空气中含有足够的 CH_4 和 O_2，而火源又未消失，就会发生第二次爆炸。此外，对于瓦斯涌出量较大的矿井，如果在火源熄灭前，瓦斯又达到爆炸浓度，也能发生再次爆炸。如辽源太信一井 1751 准备区掘进巷道复工排放瓦斯时，因明火引燃瓦斯，导致大巷内瓦斯爆炸，在救护队处理事故过程中和采区封闭后，6 天内连续发生爆炸 32 次。

（3）有害气体

瓦斯爆炸后生成大量有害气体，某些煤矿分析爆炸后的气体成分为 O_2 6%～10%，N_2 82%～88%，CO_2 4%～8%，CO 2%～4%。如果有煤尘参与爆炸，CO 的生成量更大，往往成为人员大量伤亡的主要原因。

上述三个有害因素的危害程度首先与它们的波及范围大小有关：火焰锋面（爆燃与爆炸）的传播范围较小，一般为数十米到数百米，只在极少的情况下达到几千米；冲击波（爆轰）的传播范围就大得多，一般为几千米，有时甚至波及地面；爆炸气体波及的范围与通风系统、通风风量以及爆炸对通风系统的破坏情况等有关，爆炸产物在冲击波消失和火焰锋面停止后继续随风流进行，因此瓦斯爆炸的最大危险性在于爆炸产生的有害气体对人的伤害。

二、瓦斯爆炸的条件

瓦斯爆炸必须具备三个条件：一定浓度的甲烷、一定温度的引火源和足够的氧气。

1. 瓦斯浓度

理论分析和试验研究表明：在正常的大气环境中，瓦斯只在一定的浓度范围内爆炸，这个浓度范围称瓦斯的爆炸界限，其最低浓度界限叫爆炸下限，其最高浓度界限叫爆炸上限，在新鲜空气中瓦斯爆炸界限一般为 5%～16%，5%为下限，16%为上限。

瓦斯浓度低于爆炸下限时，遇高温火源并不爆炸，只能在火焰外围形成稳定的燃烧层。瓦斯浓度高于爆炸上限时，不会爆炸，也不燃烧，如有新鲜空气供给时，可以在与新鲜空气的接触面上进行燃烧。

在正常空气中瓦斯浓度为 9.5%时，化学反应最完全，产生的温度与压力也最大。瓦斯浓度为 7%～8%时最容易爆炸。

必须强调指出，瓦斯爆炸界限不是固定不变的，它受到许多因素的影响，其中重要的影响因素如下。

（1）其他可燃气体

混合气体中有两种以上可燃气体同时存在时，其爆炸界限决定于各可燃气体的爆炸界限和它们的浓度。多种可燃气体同时存在的混合气体的爆炸界限，可由下式求出：

$$N = 100/(C_1/N_1 + C_2/N_2 + \cdots + C_n/N_n) \tag{10-31}$$

式中　N——多种可燃气体同时存在时的混合气体爆炸上限或下限，%；

$C_1, C_2, C_3 \cdots C_n$——分别为各可燃气体占可燃气体总的体积百分比，%；

$N_1, N_2, N_3, \cdots, N_n$——分别为混合气体各可燃气体的爆炸极限。

如果多种可燃气体浓度之和处于式(10-31)计算的爆炸上、下限之间，那么这一混合的可燃气体就具有爆炸性。表 10-24 为煤矿内常见可燃气体的爆炸上限和下限。

表 10-24　煤矿内常见可燃气体的爆炸上限和下限

气体名称	化学符号	爆炸下限/%	爆炸上限/%
甲烷	CH_4	5.00	16.00
乙烷	C_2H_6	3.22	12.45
丙烷	C_3H_8	2.40	9.50
氢气	H_2	4.00	74.20
一氧化碳	CO	12.50	75.00
硫化氢	H_2S	4.32	45.00
乙烯	C_2H_4	2.75	28.60
戊烷	C_5H_{12}	1.40	7.80

式(10-31)适用于烃类与 CO 等混合气体。该式应用的条件是预先知道混合气体中可燃组分及其浓度，因此，只有具备连续取样，并用计算机处理数据时，才具有实际意义。

(2) 煤尘

煤尘具有爆炸危险，300～400 ℃时就能从煤尘内挥发出多种可燃气体，形成混合的爆炸气体，使瓦斯的爆炸危险性增加。

(3) 空气压力

爆炸前的初始压力对瓦斯爆炸上限有很大影响。可爆性气体压力增高，使其分子间距更为接近，碰撞几率增高，因此使燃烧反应易进行，爆炸极限范围扩大。甲烷-空气混合气体的爆炸界限与压力的环境关系如表 10-25 所列。

表 10-25　甲烷-空气混合气体的爆炸界限与环境压力的关系

环境压力/MPa	甲烷-空气混合气体的爆炸界限/%	
	下限	上限
0.1	5.6	14.3
1.0	5.9	17.2
5.1	5.4	29.4
12.7	5.7	45.7

(4) 惰性气体

惰性气体的混入，使氧气浓度降低，并阻碍活化中心的形成，可以降低瓦斯爆炸的危险性。例如，加入 N_2 或 CO_2 可使瓦斯的爆炸下限提高，上限降低。加入 23%的 CO_2 或 36%的 N_2，可以使任何浓度的瓦斯失去爆炸性。

2. 引火温度

瓦斯的最低点燃温度和最小点燃能量取决于空气中的瓦斯浓度、初始压力和火源的能量及火源的放出强度和作用时间。瓦斯-空气混合气体的最低点燃温度，绝热压缩时为565 ℃，其他情况下为650 ℃；最低点燃能量为0.28 mJ。

煤矿井下的明火、煤炭自燃、电弧(平均4 000 ℃)、电火花、赤热的金属表面以及撞击和摩擦火花，都能点燃瓦斯。此外，采空区内砂岩悬顶冒落时产生的碰撞火花，也能引起瓦斯的燃烧或爆炸。苏联的研究认为，岩石脆性破裂时，它的裂隙内可以产生高压电场(达108 V/cm)，电场内电荷流动，也能导致瓦斯燃烧。甲烷-空气混合气体的爆炸界限与环境温度的关系如表10-26所列。

表10-26　甲烷-空气混合气体的爆炸界限与环境温度的关系

环境温度/℃	甲烷-空气混合气体的爆炸界限/%	
	下限	上限
20	6.00	13.40
100	5.45	13.50
200	5.05	13.80
300	4.40	14.25
400	4.00	14.70
500	3.65	15.35
600	3.35	16.40
700	3.25	18.75

瓦斯与高温热源接触后，不是立即燃烧或爆炸，而是要经过一个很短的间隔时间，这种现象叫引火延迟性，间隔的这段时间称感应期。感应期的长短与瓦斯的浓度、火源温度和火源性质有关，而且瓦斯燃烧的感应期总是小于爆炸的感应期，表10-27为瓦斯爆炸的感应期。由此可见，火源温度升高，感应期迅速下降，瓦斯浓度增加，感应期略有增加。

表10-27　瓦斯爆炸的感应期　　单位：s

瓦斯浓度/%	火源温度/℃						
	775	825	875	925	975	1 075	1 175
6	1.08	0.58	0.35	0.20	0.12	0.039	
7	1.15	0.60	0.36	0.21	0.13	0.041	0.010
8	1.25	0.62	0.37	0.22	0.14	0.042	0.012
9	1.30	0.65	0.39	0.23	0.14	0.044	0.015
10	1.40	0.68	0.41	0.24	0.15	0.049	0.018
12	1.64	0.74	0.44	0.25	0.16	0.055	0.020

瓦斯爆炸的感应期，对煤矿安全生产意义很大。在井下高温热源是不可避免的，但关键

是控制其持续时间在感应期内。例如，使用安全炸药爆破时，其初温能达到 2 000 ℃左右，但高温持续时间只有 10^{-6}～10^{-7} s，小于瓦斯的爆炸感应期，所以不会引起瓦斯爆炸。如果炸药质量不合格，炮泥充填不紧或爆破操作不当，就会延长高温持续时间，一旦时间超过感应期，就能发生瓦斯燃烧或爆炸事故。为了安全，井下电气设备必须采用安全火花型或隔爆型，将电火花存在的时间控制在 10^{-2}～10^{-6} s 内，电弧存在的时间控制在 10^{-4}～1 s 内。

3. 氧气浓度

正常大气压和常温时，瓦斯爆炸浓度与氧气浓度的关系，如爆炸三角形所示(图 10-44)。氧气浓度降低时，爆炸下限变化不大(*BE* 线)，爆炸上限则明显降低(*CE* 线)。氧气浓度低于 12%时，混合气体就失去爆炸性。

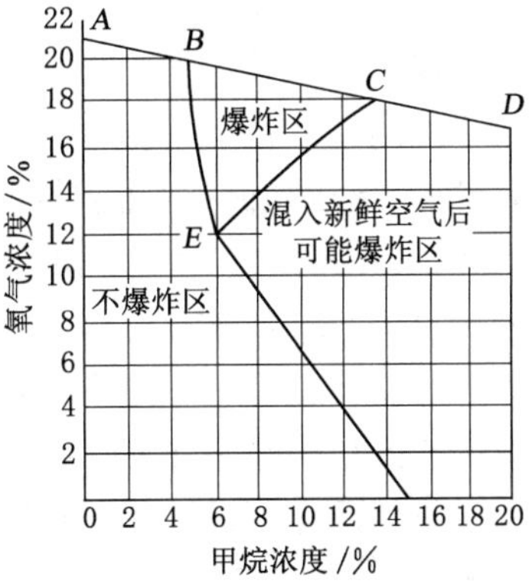

图 10-44　爆炸三角形

爆炸三角形对火区封闭或启封时，以及惰性气体灭火时判断有无瓦斯爆炸危险有重要的参考意义，国内外已利用其原理研制出煤矿气体可爆性测定仪。

三、煤矿瓦斯爆炸原因分析

对煤矿发生的瓦斯事故进行统计分析，找出其发生的一般规律，以便有针对性地采取预防措施，杜绝事故发生。根据国内外煤矿的瓦斯爆炸统计资料，在引爆瓦斯的火源和爆炸发生的地点方面可以得出下列结论。

1. 火源

井下的一切高温热源都可能引起瓦斯燃烧或爆炸，但主要火源是爆破和机电火花。随着煤矿机械化程度的提高，摩擦火花引燃瓦斯的事故逐渐增多。表 10-28 为 2015—2021 年我国瓦斯煤尘爆炸事故的火源分类。

表 10-28　2015—2021 年我国瓦斯煤尘爆炸事故火源分类

火源类别	次数	百分比/%
放炮火花	23	36.5
电火花	17	27.0
明火	5	7.9
摩擦及撞击火花	8	12.7
其他	10	15.9
总计	63	100

2. 发生地点

煤矿任何地点都有发生爆炸的可能性，但大部分爆炸事故发生在采掘工作面。表10-29 为 2005—2012 年我国瓦斯煤尘爆炸事故发生地点的分类。

表 10-29　2005—2012 年我国瓦斯煤尘爆炸事故地点分类

地点	次数	百分比/%
采煤工作面	4	23
掘进工作面	10	59
采空区	3	18
总计	17	100

采煤工作面容易发生瓦斯爆炸的地点为工作面的上隅角。因为采空区内积存高浓度瓦斯。上隅角又往往是采空区漏风的出口，漏风将高浓度瓦斯带出；工作面出口风流直角转弯，上隅角形成涡流后，瓦斯不容易被风流带走，所以容易积聚瓦斯，而达到爆炸浓度。上隅角附近常设置回柱绞车等机电设备；工作面上出口附近的煤帮在集中应力作用下，变得比较疏松，自由面增多，爆破时容易发生虚炮，产生火源的概率大。

采煤工作面另一容易发生爆炸事故的地点是工作时的采煤机切割机构附近。截槽内、截盘附近和机壳与工作面煤壁之间，瓦斯涌出量大，通风不好，容易积聚瓦斯。据英国一个综采工作面测定，截槽内瓦斯浓度有时高达 75%，采煤机机械电气设备防爆性能不好，截齿与坚硬夹石（如黄铁矿）摩擦产生的火花，是点燃瓦斯的火源。

掘进工作面较易发生瓦斯爆炸的原因：一方面是这些地点采用局部通风机通风，如果局部通风机停止运转、风筒末端距工作面较远、风筒漏风太大或局部通风机供风能力不够，以致风量不足或风速过低，瓦斯容易积聚；另一方面，爆破、掘进机械、局部通风机、电钻等的操作管理如不符合规定，则容易产生高温火源。

国内外的统计资料表明，低瓦斯矿井由于通风、爆破和机电设备管理不严格，爆炸事故有可能比高瓦斯矿井严重。

分析爆炸事故的原因还表明，绝大多数爆炸事故是人为因素导致的，比如矿工违反安全规程，缺少应有的纪律和责任等管理上的疏忽。

四、预防瓦斯爆炸的技术措施

瓦斯爆炸必须同时具备三个条件：① 瓦斯浓度在爆炸范围内；② 高于最低点燃能量的热源存在的时间大于瓦斯爆炸的感应期；③ 瓦斯-空气混合气体中的氧气浓度大于 12%。后一条件在生产井巷中是始终具备的，所以预防瓦斯爆炸的措施，就是防止瓦斯的积聚和杜绝或限制高温热源的出现。

1. 防止瓦斯积聚

所谓瓦斯积聚，是指采掘工作面及其主巷道内，体积大于 0.5 m^3 的空间内积聚的瓦斯浓度达到 2%的现象。

（1）保持良好通风

矿井必须采用机械通风，风流要连续稳定，分区通风，通风系统力求简单，便于调节风量，还要有足够的风量和风速，避免循环风，减少漏风，局部通风风筒末端要靠近工作面，爆破时间内也不能中断通风，等等。

（2）及时处理局部积聚的瓦斯

生产中容易积聚瓦斯的地点有：采煤工作面上隅角，独头掘进工作面的巷道隅角，顶板冒落的孔洞内，低风速巷道的顶板附近，停风的盲巷中，采煤工作面采空区边界处，以及采掘机械切割部分周围，等等。及时处理生产井巷中局部积聚的瓦斯，是矿井日常瓦斯管理的重要内容，也是预防瓦斯爆炸事故，保证安全生产的关键工作。通常采用的主要方法有：向瓦斯积聚地点加大风量和提高风速，将瓦斯冲淡排出；将盲巷和顶板空洞内积存的瓦斯封闭隔绝；必要时应采取抽采瓦斯的措施。

① 采煤工作面上隅角瓦斯积聚的处理。

我国煤矿处理采煤工作面上隅角瓦斯积聚的方法很多，大致可以分为以下几种：

a. 风障引导风流法。在工作面上隅角附近设置风障(图 10-45)，用风障引入的风流对上隅角积聚的瓦斯进行稀释并带走。该方法的优点是安设简单、经济；缺点是引入的风量较少，需随工作推进而前移，会使作业环境变窄。该方法适用于采煤工作面上隅角积聚瓦斯速度不大(2～3 m^3/min)和瓦斯浓度不太高(3%左右)的情况。

b. 尾巷排瓦斯法。尾巷(也称回风副巷)是与工作面的回风巷平行的一条巷道，如图 10-46 所示，该方法是将工作面后方(采空区)回风巷与尾巷间联络巷中的密闭墙打开一个窗口，工作面的风流一部分进入回风巷，另一部分风流则经工作面上隅角进入尾巷，不仅排除了上隅角瓦斯，同时也降低了回风巷的瓦斯浓度。该法的优点是排瓦斯效果好，也易于实施；但需严格管理，尾巷的瓦斯浓度应控制在 2%以下。该方法用于瓦斯涌出量较大、超限较严重的情况。

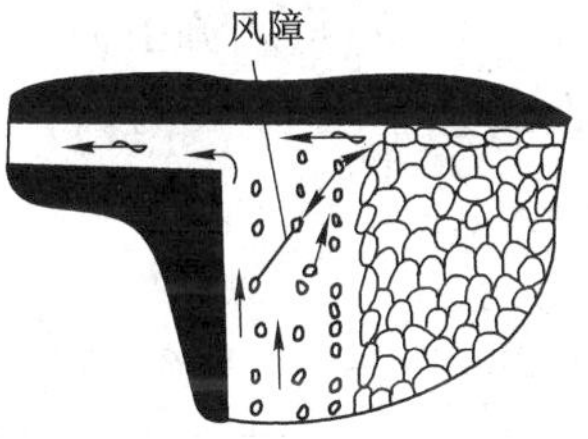

图 10-45　风障引导风流法排除上隅角瓦斯

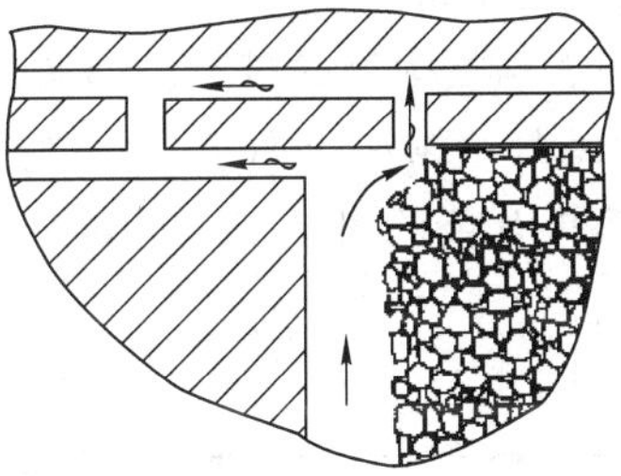

图 10-46　利用尾巷排除上隅角瓦斯

c. 采用 Y 形工作面通风系统。如图 10-47 所示，采用“两进一回”的 Y 形通风系统，采空区的瓦斯受通风负压的作用向采空区后方的回风巷方向涌出，因此不会在工作面上隅角聚集，改变传统的 U 形通风方式，是预防采煤工作面上隅角积聚瓦斯最根本的措施。近年来，Y 形通风系统的成功应用，不仅解决了上隅角瓦斯积聚的问题，也为采空区及邻近被保护煤层中瓦斯的高效抽采提供了关键条件。

d. 风筒或引射器排放法。在上隅角设置风障敷设风筒，利用风压差将上隅角积聚的瓦斯排放到回风口一定距离处。如风筒两端压差太小，排放瓦斯不多时，可在风筒内设置高压水的或压气的引射器(图 10-48)，提高排放效果。

e. 瓦斯抽采。在工作面绝对瓦斯涌出量超过 5～6 m^3/min 的情况下，单独采用上述方法，可能难以达到预期效果，必须对邻近层或开采煤层进行瓦斯抽采，以降低整个工作面的瓦斯涌出量。

② 顶板附近瓦斯层状积聚的处理。

在巷道壁不断涌出瓦斯且巷道风速较低的情况下，瓦斯易积聚于巷道顶板附近，形成稳

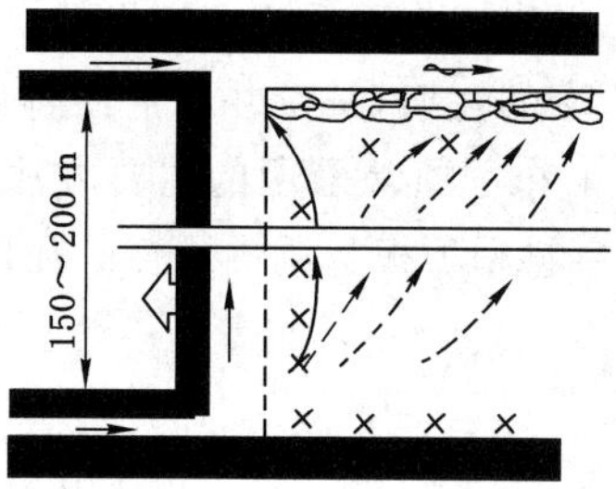

图 10-47 采煤工作面的 Y 形通风系统

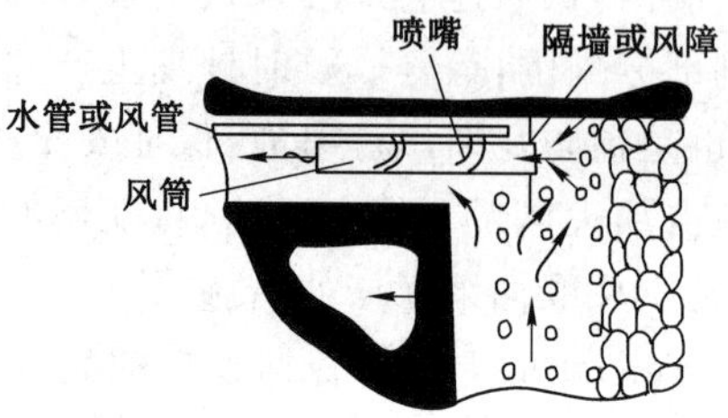

图 10-48 风筒或引射器排放上隅角瓦斯

定的瓦斯层，层厚由几厘米到几十厘米，层长由几米到几十米。据统计，英国和德国瓦斯燃烧和爆炸事故的三分之二发生在顶板瓦斯层状积聚的地点。

各类巷道(包括采煤工作面)都可能出现瓦斯层状积聚。厚煤层倾斜巷道和大断面顶板光滑的巷道内，如果瓦斯涌出量较大，风速较低(小于 0.5 m/s)，就更容易形成层状积聚。

预防和处理瓦斯层状积聚的方法有：

a. 加大巷道的平均风速，使瓦斯与空气充分地紊流混合。一般认为，防止瓦斯层状积聚的平均风速不得低于 0.5～1.0 m/s。

b. 加大顶板附近的风速。如在顶梁下面加导风板(图 10-49)将风流引向顶板附近；沿顶板铺设风筒，每隔一段距离接一短管；铺设接有短管的压气管(图 10-50)，将积聚的瓦斯吹散；在集中瓦斯源附近装设引射器(图 10-51)。

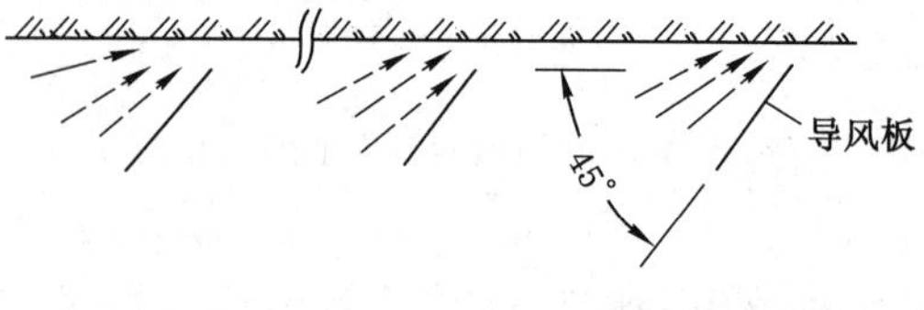

图 10-49 导风板

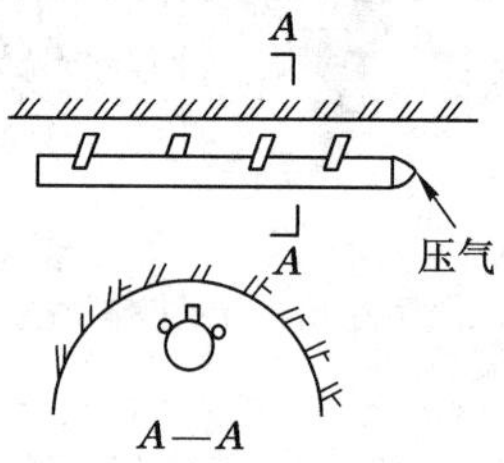

图 10-50 接有短管的压气管

c. 将瓦斯源封闭隔绝。如果集中瓦斯源的涌出量不大时可用木板和黏土将其填实隔绝，或注入砂浆等凝固材料，堵塞较大的裂隙。

d. 抽采瓦斯。

e. 加强顶板附近瓦斯浓度的检查。检查时仪器进气口橡皮管必须送到顶板附近，挤压橡皮球后要慢慢松开，以免吸气过快，无法测得真实的瓦斯浓度。

③ 顶板冒落孔洞内积聚瓦斯常用的处理方法有：用砂土将冒落空间填实；用导风板或风筒接岔(俗称风袖)引入风流吹散瓦斯。

④ 恢复有大量瓦斯积聚的盲巷或打开密闭墙时的处理措施。

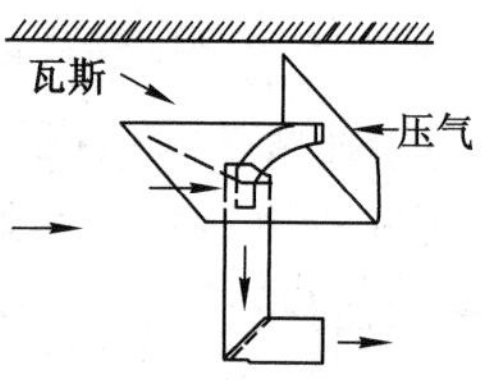

图 10-51 引射器

恢复有大量瓦斯积聚的盲巷或打开密闭墙时要特别慎重，必须制定专门的安全措施。首先应由救护队佩戴氧气呼吸器进入，测量瓦斯浓度，估算瓦斯积聚量。再根据该区域的通风能力，确定排放速度，一定要确保正常通风风流中的瓦斯浓度不超限。如果瓦斯积聚量较大，应逐渐恢复通风，以免大量瓦斯突然排出造成事故。排放瓦斯的工作最好在非生产班进行。在回风涉及的地区内，机电设备应停止运转或切断电流。开动局部通风机前要检查风扇和开关附近风流中的瓦斯浓度，局部通风机开动后要检查有无循环风和回风中的瓦斯浓度。

⑤ 独头巷道内发生瓦斯燃烧事故时，一般情况下，不应停止通风，以免瓦斯浓度增加，导致瓦斯爆炸。

(3) 抽采瓦斯

这是瓦斯涌出量大的矿井或采区防止瓦斯积聚的有效措施。

(4) 经常检查瓦斯浓度和通风状况

这是及时发现和处理瓦斯积聚的前提，瓦斯燃烧和爆炸事故统计资料表明，大多数这类事故都是由于瓦斯检查员不负责任，玩忽职守，没有认真执行有关瓦斯检查制度造成的。

2. 防止瓦斯引燃

防止瓦斯引燃的原则，是对一切非生产必需的热源，要坚决杜绝。生产中可能发生的热源，必须严加管理和控制，防止它的发生或限定其引燃瓦斯的能力。

《煤矿安全规程》规定：入井人员严禁携带烟草和点火物品；井下严禁使用灯泡取暖和使用电炉；抽采瓦斯设施地面泵房和泵房周围 20 m 范围内，禁止堆积易燃物和有明火；井下需要进行电焊、气焊和喷灯焊接时，应严格遵守有关规定；对井下火区必须加强管理；等等。

采用防爆的电气设备。目前广泛采用的是隔爆外壳。即将电机、变压器等能发生火花、电弧或赤热表面的部件或整体装在隔爆和耐爆的外壳里，即使壳内发生瓦斯的燃烧或爆炸，不致引起壳外瓦斯事故。对煤矿的弱电设施，根据安全火花的原理，采用低电流、低电压，限制火花的能量，使之不能点燃瓦斯。

供电闭锁装置和超前切断电源的控制设施，对于防止瓦斯爆炸有重要的作用。因此，局部通风机和掘进工作面内的电气设备，必须有延时的风电闭锁装置。高瓦斯矿井和煤(岩)与瓦斯突出矿井的煤层掘进工作面，串联通风进入串联工作面的风流中，综采工作面的回风道内，倾角大于 12°并装有机电设备的采煤工作面下行风流的回风流中，以及回风流中的机电硐室内，都必须安装瓦斯自动检测报警断电装置。

在有瓦斯或煤尘爆炸危险的煤层中，采掘工作面只准使用煤矿安全炸药和瞬发雷管。如使用毫秒延期电雷管，最后一段的延期时间不得超过 130 ms。在岩层中开凿井巷时，如果工作面中发现瓦斯，应停止使用非安全炸药和延期电雷管。打眼、爆破和封泥都必须符合有关规程的规定。禁止放糊炮、明火爆破和一次装药分次爆破。

防止机械产生摩擦火花，如截齿与坚硬夹石(如黄铁矿)摩擦，金属支架与顶板岩石(如砂岩)摩擦，金属部件本身的摩擦或冲击等。国内外学者都在对这类问题进行了广泛的研究，公认的措施有：禁止使用磨钝的截齿；截槽内采用喷雾洒水；禁止使用铝或铝合金制作的部件和仪器设备；在金属表面涂以各种涂料，如苯乙烯的醇酸或丙烯酸甲醛脂等，以防止摩擦火花的产生。

高分子聚合材料制品，如风筒、运输机胶带和抽采瓦斯管道等，由于其导电性能差，容易因摩擦而积聚静电，当其静电放电时就有可能引燃瓦斯、煤尘或发生火灾。因此，煤矿井下应该采用抗静电难燃的聚合材料制品，其内外两层的表面电阻都必须不大于 $3\times10^8\ \Omega$，并应在使用中能保持此值。

激光在矿山测量中的使用，带来了一种新的点燃瓦斯的热源，如何防止这类高温热源，是煤矿生产中的新课题。

3. 防止瓦斯爆炸灾害事故扩大的措施

一旦发生爆炸，应将灾害波及范围限制在尽可能小的区域内，以减少损失，为此应采取以下措施：

(1) 编制周密的预防和处理瓦斯爆炸事故计划，并对有关人员贯彻这个计划。

(2) 实行分区通风。各水平、各采区都必须布置单独的回风道，采掘工作面都应采用独立通风。这样一个区域通风系统的破坏将不致影响其他区域。

(3) 通风系统力求简单。应保证当发生瓦斯爆炸时入风流与回风流不会发生短路。

(4) 装有主要通风机的出风井口，应安装防爆门或防爆井盖，防止爆炸波冲毁通风机，影响救灾与恢复通风。

(5) 防止煤尘事故扩大的隔爆措施同样也适用于防止瓦斯爆炸。

第七节　矿井瓦斯抽采

煤层瓦斯抽采一般是指利用瓦斯泵或其他抽采设备抽取煤层中高浓度的瓦斯，并通过与巷道隔离的管网，把抽出的高浓度瓦斯进行合理利用或排放至地面或矿井总回风巷中。煤矿瓦斯抽采不仅是降低矿井瓦斯涌出量，防止瓦斯爆炸和煤与瓦斯突出灾害的重要措施，而且抽出的瓦斯还可变害为利，作为优质洁净能源加以开发利用。

早在 1637 年，我国明朝宋应星所著《天工开物》一书中，记载有利用竹管引排煤中瓦斯的方法，这是煤矿抽采瓦斯最早的文献记载。1730 年英国维特黑温矿在世界上首次将喷出瓦斯引排至地面，用作实验室燃料。工业规模用机械抽采瓦斯始于 1934 年日本北海道新幌内矿抽采密闭区瓦斯供瓦斯发电锅炉。1938 年我国抚顺龙凤矿开始抽采瓦斯。随着我国瓦斯抽采技术的迅速发展，抽采方法与工艺不断改进和完善，瓦斯抽采量也逐年增加，见表 10-30。

表 10-30　2004—2009 年我国瓦斯抽采情况

年份	瓦斯抽采量/亿 m^3	瓦斯利用量/亿 m^3	瓦斯利用率/%
2004	18	6	33.3
2005	23.5	7.5	32
2006	32	10	31.2
2007	44	14.5	33
2008	58	19	32.7
2009	72	23	32

一、瓦斯抽采的条件

1. 瓦斯抽采的必要性标志

衡量一个矿井是否有必要抽采，应从矿井瓦斯含量、通风状况、矿井瓦斯等级等多方面进行考虑。瓦斯抽采的必要条件是煤层瓦斯含量较高或者开采时的瓦斯涌出量较大。由于煤层瓦斯含量的测定和计算比较复杂，因此，在生产现场更多的是应用瓦斯涌出量的标志，作为瓦斯抽采的必要条件。其总的原则是：如果用通风方法不能够将涌出的瓦斯稀释到规定的安全浓度以下，就必须考虑采取瓦斯抽采措施；反之，可以不进行瓦斯抽采。

例如，某一生产矿井是否需要抽采瓦斯，要根据该矿井开采强度、通风能力和瓦斯涌出量的大小来决定。一般可用下式来判断：

$$C = \frac{q_g AK}{Q \times 1\ 440} \tag{10-32}$$

式中 C——矿井总回风流中的瓦斯浓度，%；

q_g——矿井平均相对瓦斯涌出量，m^3/t；

A——矿井平均日产煤量，t；

Q——矿井最大供风量，m^3/min；

K——矿井通风备用系数，一般取 1.7～2.1。

通过上式计算，如果风流瓦斯浓度 C 超过《煤矿安全规程》规定瓦斯浓度，说明用通风方法不能将涌出的瓦斯稀释到规定瓦斯浓度以下，因此就应采取瓦斯抽采措施。

根据我国瓦斯矿井的实际情况，考虑通风和抽采的技术经济条件与效果，《煤矿安全规程》规定，有下列情况之一的矿井，必须建立地面永久抽采瓦斯系统或井下临时抽采瓦斯系统：

(1) 任一采煤工作面的瓦斯涌出量大于 5 m^3/min 或任一掘进工作面瓦斯涌出量大于 3 m^3/min，用通风方法解决瓦斯问题不合理的。

(2) 矿井绝对瓦斯涌出量达到以下条件的：

① 大于或等于 40 m^3/min；

② 年产量 1.0～1.5 Mt 的矿井，大于 30 m^3/min；

③ 年产量 0.6～1.0 Mt 的矿井，大于 25 m^3/min；

④ 年产量 0.4～0.6 Mt 的矿井，大于 20 m^3/min；

⑤ 年产量小于或等于 0.4 Mt 的矿井，大于 15 m^3/min。

《煤矿安全规程》另规定，开采保护层时，应同时抽采被保护层和邻近层的瓦斯。

2. 瓦斯抽采的可行性标志

一个矿井或工作面应该抽采瓦斯，但不一定能够抽出瓦斯。能否抽出瓦斯还要看煤层瓦斯抽采的难易程度，即瓦斯抽采的可行性如何。

煤层瓦斯抽采的可行性主要取决于两个因素：一是煤层瓦斯压力，也就是瓦斯从煤层向外释放的能力。瓦斯压力越大，瓦斯抽采越容易。二是煤层的透气性能，也就是瓦斯通过煤层时的阻力大小。透气性越低，阻力就越大，瓦斯抽采就越困难。在这两个因素中，虽然瓦斯压力起主导作用，但是煤层的透气性能也不可忽视，它能直接影响抽采效果。例如，北票冠山和天府南井的煤层瓦斯压力虽然较大(分别为 490 kPa 和 450 kPa)，但由于透气性能不好，只能勉强抽采甚至难以抽采；而抚顺各矿的煤层瓦斯压力并不大，但煤层透气性能好，因而获得很好的抽采效果。所以，判断煤层瓦斯抽采的难易程度时，要全面分析各个因素的作用及相互间的影响。

常用的衡量煤层瓦斯抽采难易程度的指标，有钻孔瓦斯流量衰减系数 α 和煤层透气性系数 λ。由于井下测定煤层透气性较为复杂，因而不如钻孔瓦斯流量衰减系数容易掌握。

《煤矿瓦斯抽放规范》(AQ 1027—2006)将未卸压煤层的瓦斯抽采难易程度分为容易抽采、可以抽采和难以抽采三类，见表 10-31。

表 10-31 原始煤层瓦斯抽采难易程度分类指标

类别	钻孔瓦斯流量衰减系数 α/d^{-1}	煤层透气性系数 $\lambda/[m^2 \cdot (MPa^2 \cdot d)^{-1}]$
容易抽采	<0.003	>10
可以抽采	0.003～0.05	10～0.1
难以抽采	>0.05	<0.1

二、瓦斯抽采的分类

根据不同地点、原理及巷道布置等方式，人们提出了各种各样的瓦斯抽采方法。但是到目前为止，还没有统一的分类方法。尽管如此，为了便于瓦斯抽采技术的发展和加强管理，各国均相应提出了各种各样的瓦斯抽采方法，其名称大体相似，一般按不同的条件进行不同的分类，其主要有：

(1) 按抽采瓦斯来源分类

按抽采瓦斯来源分为：开采层瓦斯抽采、邻近层瓦斯抽采、采空区瓦斯抽采和围岩瓦斯抽采。

(2) 按瓦斯抽采原理分类

按瓦斯抽采原理分为：未卸压煤层瓦斯抽采、采动卸压煤层瓦斯抽采和强化(或人工卸压)瓦斯抽采。

(3) 按瓦斯抽采与采掘时间关系分类

按瓦斯抽采与采掘时间关系分为：煤层预抽瓦斯、边采(掘)边抽和采后抽采瓦斯。

(4) 按抽采工艺分类

按抽采工艺分为：钻孔抽采、巷道抽采和钻孔巷道混合抽采。

(5) 按抽采施工位置分类

按抽采施工位置主要分为：地面钻孔抽采瓦斯和井下抽采瓦斯。

三、开采层的瓦斯抽采

开采层的瓦斯抽采，是在煤层开采之前或采掘的同时，用钻孔或巷道进行该煤层的瓦斯抽采工作，可分为开采层未卸压抽采、采动卸压抽采和强化(或人工卸压)抽采。决定未卸压煤层瓦斯抽采的关键性因素，是煤层的透气性系数。对于透气性系数大的煤层，如抚顺煤田龙凤矿的透气性系数为 136～146 $m^2/(MPa^2 \cdot d)$能抽出大量高浓度的瓦斯。对于透气性系数小的煤层，未卸压抽采，效果很差，实际意义不大。在这类煤层内打钻抽采瓦斯时，即使抽采之初的抽出量较大(每孔 0.1～0.3 m^3/min)，但是衰减很快，几天或几小时后就能减少到失去抽采意义。这类煤层必须在受到采动影响或人工卸压的情况下，才能进行瓦斯抽采。

1. 开采层未卸压抽采

未卸压煤层瓦斯抽采，是指通过巷道或打钻孔抽采未受采动影响和未经人为松动卸压的煤(岩)层中瓦斯的方法,也称为预抽瓦斯。预抽瓦斯过程中的煤层瓦斯流动是一个较为复杂的问题。虽然巷道掘进或钻孔都会造成周围煤体的局部卸压,但范围很有限,特别是钻孔所引起的松动和卸压范围,只是数倍钻孔直径的距离。煤是一种多孔介质,在一定的瓦斯压力下,仅游离瓦斯可以流动,吸附瓦斯只是在瓦斯压力降低时解吸转为游离瓦斯后才参与流动。因此,在预抽瓦斯时,基本上仍按原始条件下的瓦斯流动状态考虑。

理论分析认为,大孔和裂隙中的瓦斯以层流形式运动,服从达西定律;过渡孔和微孔中的瓦斯则是扩散运动,服从菲克定律。由于扩散速度要比渗流速度小得多,因此预抽煤层瓦斯时,只有经历较长时间才能达到预期目的。

(1) 巷道预抽

巷道预抽是在采区回采之前,先把巷道掘出构成系统,然后将进、回风口都进行封闭,并在密闭处插管和敷设抽采瓦斯管路,将煤层内的瓦斯提前抽采出来。待预抽率达到规定的安全范围后,即可回采。

巷道预抽法适用于顶底板条件好,煤层透气性好的厚及中厚煤层,或需要临时解决瓦斯问题的工作面。抽采时间不应少于 6 个月。其预抽瓦斯的效果主要与煤巷暴露面积的大小有关,同时也与煤层的厚度、透气性能以及抽采时间的长短等有关。因此,一些透气性能较好的厚及中厚煤层的矿井,如淮南谢二矿、淮北芦岭矿和焦作李封矿等也都进行过巷道预抽开采层瓦斯,取得了不错的效果。

巷道预抽瓦斯方法的优点是煤体卸压范围大,煤壁暴露面积大,有利于瓦斯的涌出,能取得较好的抽采效果。其缺点是需要预先掘出巷道,前期投资和工程量大;巷道施工过程中瓦斯涌出量大,增加通风负担,施工困难;巷道中的密闭墙受矿压作用很难保持其气密性,容易漏风而降低抽采瓦斯的浓度,还可能导致巷道内煤炭自然发火;巷道一般封闭 2～3 年时间,年久失修,给后期开采时的巷道维护和顶板管理增加难度。

综合以上原因,巷道预抽瓦斯虽然已经不再被用作主要的瓦斯抽采方法,但仍有一些矿井将其作为辅助方法应用。

(2) 钻孔预抽

本法适用于透气性系数较大的任何地质条件下预抽开采煤层的瓦斯,有地面钻孔抽采和井下钻孔抽采两种。地面钻孔抽采方式即由地面向开采煤层打钻抽采瓦斯,目前国内应用较少。井下钻孔预抽按钻孔与煤层的关系分为穿层钻孔和顺层钻孔;按钻孔角度分为上向孔、下向孔和水平孔。我国多采用穿层上向钻孔。

① 穿层钻孔抽采法

穿层钻孔是在岩石巷道或煤层巷道内向相邻煤层施工的钻孔,如图 10-52 所示。

此法的优点是施工方便,可以预抽的时间较长,并且由于大多数情况下都是在岩巷中施工钻孔,钻孔的封孔质量高,可保证瓦斯抽采效果。如果是厚煤层下行分层回采,第一分层回采后,还可在卸压的条件下抽采未采分层的瓦斯。

② 顺层钻孔抽采法

顺层钻孔是在煤层巷道内,沿煤层布置的钻孔,如图 10-53 所示,适用于赋存稳定的中厚或厚煤层。由运输平巷沿煤层倾斜打钻,或由上、下山沿煤层走向打水平孔(仰角 1°～2°)。这类抽采方法常受采掘接替的限制,抽采时间不长,影响抽采效果。

③ 钻孔预抽参数确定

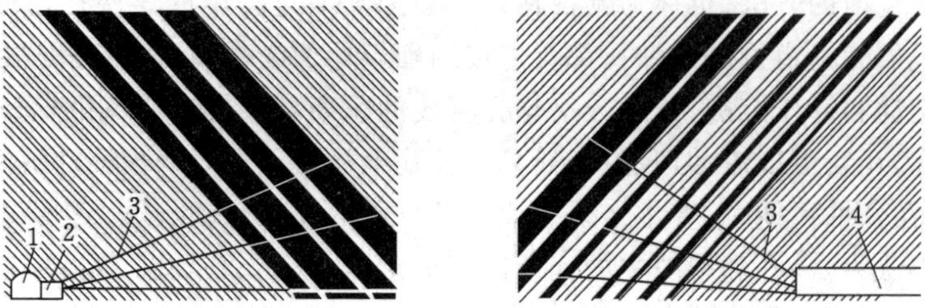

(a)　　　　(b)

1—运输大巷；2—钻场；3—抽采钻孔；4—石门。

图 10-52　穿层钻孔抽采法

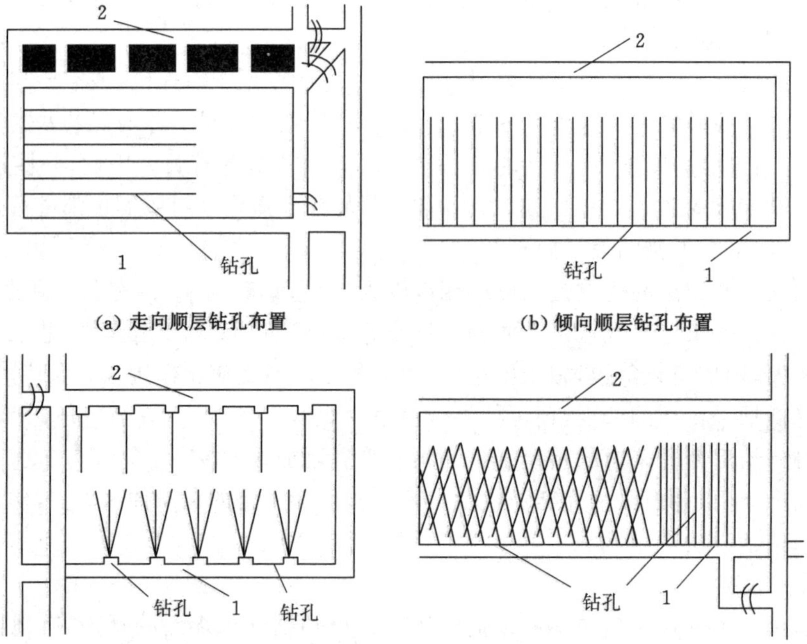

(a) 走向顺层钻孔布置　　(b) 倾向顺层钻孔布置

(c) 扇形顺层钻孔布置　　(d) 交叉顺层钻孔布置

1—运输巷道；2—回风巷道。

图 10-53　顺层钻孔抽采法

a. 钻孔方向

我国多为上向孔。在含水较大的煤层内打下向孔时必须及时排除孔内的积水。静压大于煤层的瓦斯压力时，就难以抽出瓦斯。

b. 孔间距

它是决定抽采效果的重要参数。抽采瓦斯开始后，钻孔周围的瓦斯含量和瓦斯压力逐渐降低，随着时间的推移影响范围逐渐达极限值，其影响半径称为极限抽采半径。钻孔的间距应小于极限抽采半径。由此可见，在极限抽采半径范围内，抽采的时间长，钻孔的间距就可以大些；抽采的时间短，钻孔的间距就应该小些。预抽前应根据可能抽采的时间，通过试抽确定合理的孔间距，一般为 30～50 m。穿层钻孔见煤点的间距可参照下列数据：容易抽采煤层为 15～20 m；可以抽采煤层为 10～15 m；较难抽采煤层为 8～10 m。

c. 抽采负压

抽采负压与抽出量的关系，国内外都有不同的看法。瓦斯在煤层内流动得快慢，虽然取决于压差和透气性系数，但是煤层内的瓦斯压力为几个到几十个大气压，而钻孔内的瓦斯压力变化不可能超过 1 个大气压。所以提高抽采负压对瓦斯的抽出量影响不大，反而增加了孔口和管道系统的漏气，管内放水也更困难。一般情况下，钻孔口负压不宜超过 14 kPa。

d. 钻孔直径

抽采瓦斯的钻孔直径一般为 70～100 mm。对于不同煤层，钻孔直径对瓦斯的抽出量影响也不同。阳泉矿区的试验表明，预抽瓦斯钻孔直径由 73 mm 增大至 300 mm，抽出瓦斯量约增大3 倍；开滦矿区历时 3 年的试验研究结果表明，大直径钻孔（180 mm）是普通钻孔（89～108 mm）抽采瓦斯量的 2.3 倍（在 1 年时间内）。

2. 开采层采动卸压抽采

在受回采或掘进的采动影响下，煤层和围岩的应力重新分布，形成卸压区和应力集中区。在卸压区内煤层膨胀变形，透气性系数大大增加。如果在这个区域内打钻抽采瓦斯，可以提高抽出量，并阻截瓦斯流向工作空间。这类抽采受采动影响和经人为松动卸压煤（岩）层瓦斯的方法叫卸压抽采。

（1）边掘边抽

边掘边抽是指在掘进巷道的同时抽采巷道周围卸压煤体内瓦斯，如图 10-54 所示。在掘进巷道的两帮，随掘进巷道的推进，每隔 10～15 m 布置一个钻场，在巷道周围卸压区内打钻孔 1～2 个，孔径 45～60 mm，封孔深 1.5～2.0 m，封孔后连通抽采系统进行抽采。孔口负压不宜过高，一般为 5.3～6.7 kPa。巷道周围的卸压区一般为 5～15 m，个别煤层可达 15～30 m。开滦赵各庄矿在掘进工作面后部 15～20 m 处，用煤电钻打孔，孔深 4～9 m，孔距 4～6 m，封孔后抽采，降低了煤帮的瓦斯涌出量，保证了煤巷的安全掘进。

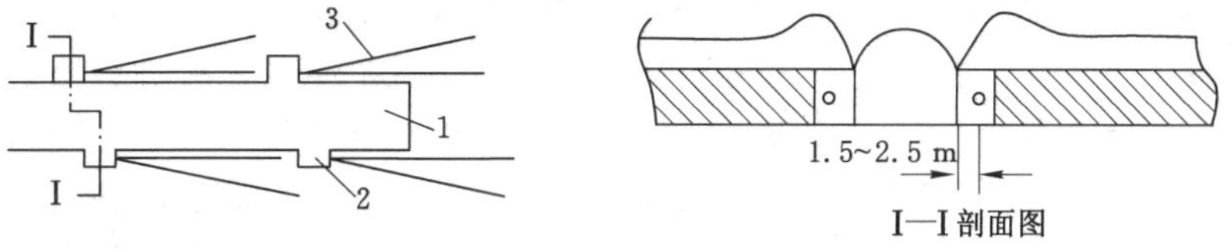

1—掘进巷道；2—钻场；3—钻孔。

图 10-54 边掘边抽

（2）边采边抽

边采边抽是在采煤工作面前方由机巷或风巷每隔一段距离（20～60 m），沿煤层倾斜方向、平行于工作面打钻、封孔、抽采瓦斯，如图 10-55 所示。孔深应比工作面斜长小 20～40 m。工作面推进到钻孔附近，当最大集中应力超过钻孔后，钻孔附近煤体就开始膨胀变形，瓦斯的抽出量也因而增加，工作面推进到距钻孔 1～3 m 时，钻孔处于煤面的挤出带内，大量空气进入钻孔，瓦斯浓度降低到 30%以下时，应停止抽采。在下行分层工作面，钻孔应靠近底板，上行分层工作面靠近顶板。如果煤层厚超过 6～8 m，在未采分层内打的钻孔，当第一分层回采后，仍可继续抽采。

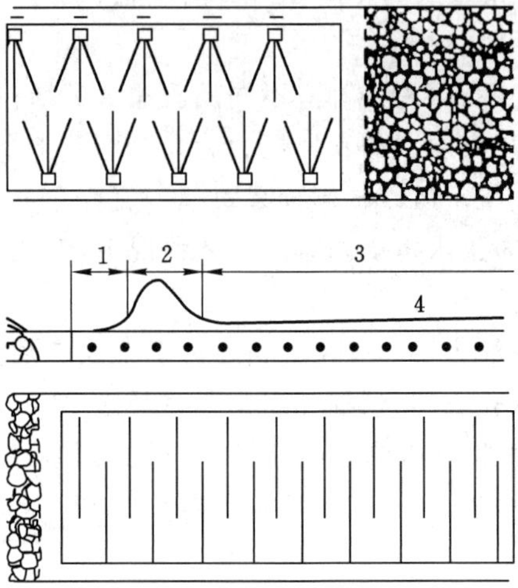

1—卸压带;2—应力集中带;3—常压带;4—应力分带线。

图 10-55　边采边抽

这类抽采方法只适用于赋存平稳的煤层,有效抽采时间不长,每孔的抽出量不大。

3. 开采层人工卸压抽采

透气性系数低的单一煤层,或者虽为煤层群,但是开采顺序上必须先采瓦斯含量大的煤层,那么上述抽采瓦斯的方法,就很难达到预期的目的。必须采用专门措施人工卸压,增加煤层的透气性系数后,才可抽出瓦斯。针对一些透气性系数低、采用常规的预抽方式难以奏效的煤层而采取的特殊抽采方式称为人工卸压抽采,也称强化抽采。国内外应用的主要方法有:水力压裂、水力割缝、深孔预裂爆破、交叉钻孔等方法,另外还有煤层注水、水力冲孔和物理化学法等强化瓦斯抽采方法,但现场应用较少,在此不详细介绍。

(1) 水力压裂

水力压裂是将大量含砂的高压液体(水或其他溶液)注入煤层,迫使煤层破裂,产生裂隙后砂子作为支撑剂停留在缝隙内,阻止它们的重新闭合,从而提高煤层的透气性系数。注入的液体排出后,就可进行瓦斯的抽采工作。龙凤矿北井、阳泉、红卫等矿都曾做过这种方法的工业试验。例如红卫里王庙矿四层煤,一般钻孔的涌出量最大为 0.3 m^3/min,压裂后增至 0.44～4.80 m^3/min。

(2) 水力割缝

水力割缝是用高压水射流切割孔两侧煤体(即割缝),形成大致沿煤层扩张的空洞与裂缝,增加煤体的暴露面,使得割缝上、下煤体卸压,提高它们的透气性系数。鹤壁四矿在硬度为 0.67 的煤层内,用 8 MPa 的水压进行割缝时,在钻孔两侧形成深 0.8 m、高 0.2 m 的缝槽,钻孔百米瓦斯涌出量由 0.010～0.079 m^3/min,增加到 0.047～0.169 m^3/min。

(3) 深孔预裂爆破

深孔预裂爆破是在钻孔内利用炸药爆破作为动力,使煤体裂隙增大,提高煤层透气性的一种措施。焦作矿务局焦西矿通过 6 个月抽采瓦斯的对比测试,预裂爆破区比非预裂爆破区的透气性系数平均提高 3.45 倍,煤层瓦斯抽采率由 21.6%提高到 30.7%,瓦斯抽采总量提高 1.5 倍。

(4) 交叉钻孔

交叉钻孔是除沿煤层打垂直于走向的平行钻孔外，还打与平行钻孔呈 15°～20°夹角的斜向钻孔，形成互相连通的钻孔网。其实质相当于扩大了钻孔直径，同时斜向钻孔延长了钻孔在卸压带的抽采时间，也避免了因钻孔坍塌而影响抽采效果。在焦作九里山煤矿的试验结果表明，这种布孔方式较常规的布孔方式相比，相同条件下抽采量提高了0.46～1.02 倍。

(5) 煤层注水

煤层注水是指通过钻孔，将压力水或水溶液注入煤层，用以改变煤体的物理力学性质，减少粉尘产生，防止冲击地压、突出及煤炭自燃的技术。

(6) 水力冲孔

水力冲孔是为释放突出潜能，减小或消除突出危险，利用带高压水钻头向煤层钻凿的钻孔。

四、邻近层的瓦斯抽采

煤层群开采时，开采层的顶、底板围岩将发生冒落、移动、龟裂和卸压，透气性系数增加。开采层附近的煤层或夹层中的瓦斯，就能向回采煤层的采空区转移。这类能向开采层采空区涌出瓦斯的煤层或夹层，就叫作邻近层。位于开采层顶板内的邻近层叫上邻近层，底板内的叫下邻近层。

邻近层的瓦斯抽采是指在有瓦斯赋存的邻近层内利用巷道或钻孔，将邻近层内涌出的瓦斯汇集抽出。

一般认为，煤层开采后，在其顶板形成三个受采动影响的地带：垮落带、裂隙带和弯曲下沉带，在其底板则形成卸压带，如图 10-56 所示。在距开采层很近、垮落带内的煤层，将随顶板的冒落而垮落，瓦斯完全释放到采空区内，这类煤层很难进行邻近层抽采。裂隙带内的煤层发生弯曲、变形，形成采动裂隙，并由于卸压，煤层透气性系数显著增加。瓦斯在压差作用下，大量流向开采层的采空区。如果在这些煤层内布置抽瓦斯的巷道，或者打抽瓦斯的钻孔，瓦斯就向两个方向流动：一是沿煤层流向钻孔或巷道，二是沿层间裂隙流向开采层的采空区。因为抽采系统的压差总是大于邻近层与采空区的压差，所以瓦斯将主要沿邻近层流向抽采钻孔或巷道。

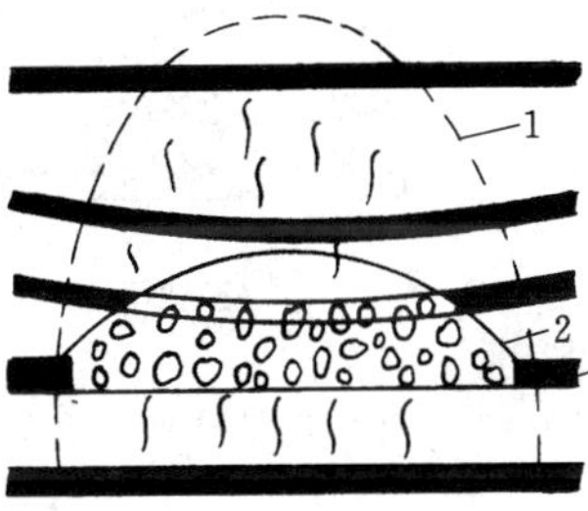

1—卸压层；2—垮落层；
3—开采层。

图 10-56　煤层回采顶、底板围岩的变化

邻近层抽采瓦斯的上限与下限距离，应通过实际观测及上述三带的高度来确定。上邻近层取垮落带高度为下限距离，裂隙带的高度为上限距离。下邻近层不存在垮落带，所以不考虑上部边界；至于下部边界，一般不超过 60～80 m。

1. 巷道法瓦斯抽采

巷道法瓦斯抽采主要是指在开采层的顶部受采动影响形成的裂隙带内，掘进出专门用于抽采瓦斯的巷道(也叫集瓦斯巷或高抽巷)，用以抽采上邻近层的卸压瓦斯和开采层采空区的瓦斯。

这种抽采方式可实现卸压抽采上邻近层瓦斯及抽采上、下各煤层的采空区瓦斯的目的，抽采时间较长，抽采影响半径较大，效果显著，并可免去打钻工程及相应的部分管路设施，抽采系统较简单、可靠。但是，如果该瓦斯巷布置在开采层上部的岩层中，则岩巷的工程量较大，且长距离独头掘进，施工困难；若布置在邻近层的煤巷内，则对于巷道防火（指煤炭有自然发火倾向）不利。

巷道法瓦斯抽采适用于有下保护层开采，煤层突出较为严重的缓倾斜中等距离煤层群。

巷道法抽采时，也可以采用倾向高抽巷（图 10-57）、走向高抽巷（图 10-58）和走向高、中、低位抽采巷相结合的方法（图 10-59）抽采上邻近层中的瓦斯。倾向高抽巷之间的距离 150～200 m。这种抽采方式在阳泉一矿、五矿和盘江山脚树煤矿的实际应用中都取得了很好的效果，邻近层抽采率最高可达到 85%。

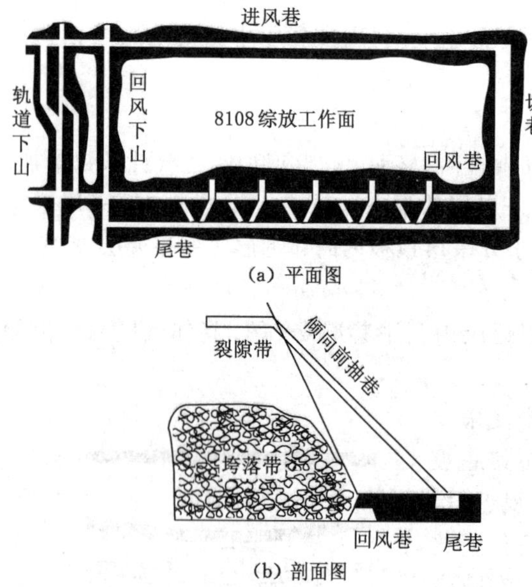

图 10-57 倾向高抽巷抽采上邻近层瓦斯

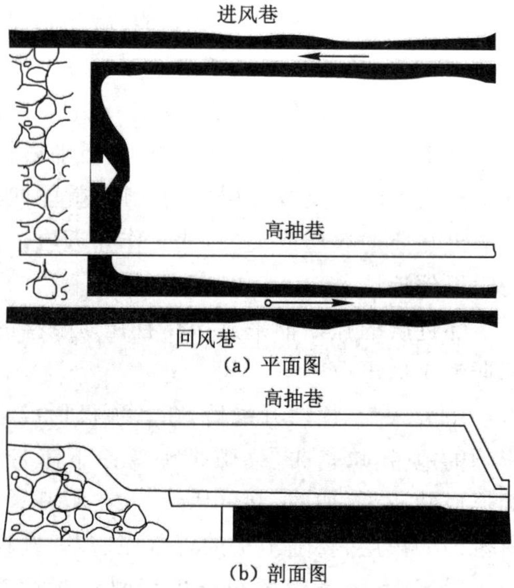

图 10-58 走向高抽巷抽采上邻近层瓦斯

走向高抽巷是 1992 年在阳泉 15 号煤层首次使用的，其施工地点在采区回风巷，沿采区大巷间煤柱先打一段平巷，然后起坡至上邻近层，顺采区走向全长开巷施工完毕后，在其坡底打密闭墙穿管抽采，抽采率高达 95%。

走向高、中、低位抽采巷相结合的方法是指当开采层有多个上邻近层时，在本煤层开采初期顶板冒落后，上邻近层先卸压涌出大量瓦斯，但高抽巷所在位置的岩层还没松动形成裂隙离层，无法起到抽采瓦斯的作用。为保证采煤工作面开采初期低位上邻近层的卸压瓦斯不向工作面大量涌出，在开切眼附近补充了低位及中位抽采瓦斯巷道。

2. 井下钻孔法瓦斯抽采

井下钻孔法是指由开采煤层进、回风巷道或围岩大巷内，向邻近层打穿层钻孔抽瓦斯。当采煤工作面接近或超过钻孔时，岩体卸压膨胀变形，透气性系数增大，钻孔瓦斯的流量增加，即可开始抽采。

(1) 钻场布置

钻场布置应根据邻近层的层位、倾角、开拓方式以及施工便利性等因素确定，要求能用

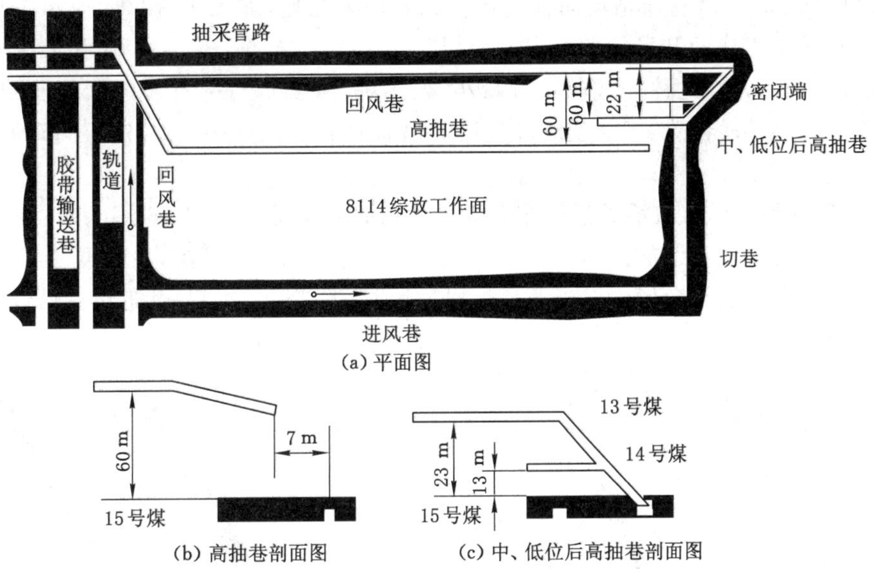

图 10-59　走向高、中、低位抽采巷相结合抽采上邻近层瓦斯

最短的钻孔，抽出最多的瓦斯，一般可分为开采层外巷道打钻和开采层内巷道打钻两种方式。

① 开采层外巷道打钻孔

a. 钻场设在开采层的底板岩巷内，由钻场打钻抽采下邻近层瓦斯，如图 10-60(a)所示。天府磨心坡矿、淮北芦岭矿、淮南谢二矿和松藻打通一矿等矿区均有应用。

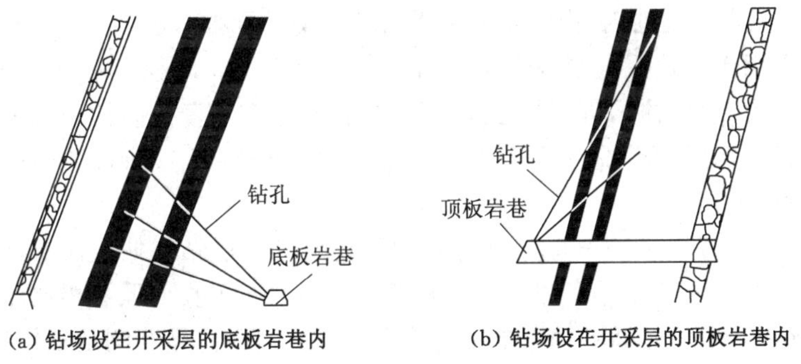

图 10-60　开采层外巷道打钻孔抽采瓦斯 1

b. 钻场设在开采层的顶板岩巷内，由钻场打钻抽采上邻近层瓦斯，如图 10-60(b)所示。重庆中梁山等煤矿曾采用此种方式。

上述两种布孔方式的优点在于：钻孔服务时间较长，除抽采卸压瓦斯外，还可用作预抽和采空区瓦斯抽采，不受采煤工作面开采的时间限制；钻场一般处于主要岩石巷道中，抽采设施的施工与维护较为方便，工程量相对较少；打钻及封孔等施工简便，抽采系统安全、高效、可靠，抽出的瓦斯浓度高。

c. 利用石门、联络巷作钻场向邻近层打钻孔抽采瓦斯，如图 10-61(a)所示。其抽采时间可贯穿保护层工作面开采的始终，抽采负压 13 300～20 000 Pa，采用膨胀水泥或聚氨酯封孔(封深 3～8 m)。此种方式的工程量小、效果好，可实现对邻近层的预抽及卸压抽采。但钻孔施工与维护较困难，不能实现邻近层的大面积抽采，适用于有一定层间距的倾斜、急倾斜煤层。

d. 利用联络巷(煤门)沿邻近层布置顺层钻孔抽采瓦斯，如图 10-61(b)所示。此种方式沿煤层布孔，暴露面积大，卸压后抽采效果较好。但打钻和施工较难，钻场难以维护，系统可靠性较差，适用于倾斜、急倾斜及近距离煤层群的上、下邻近层抽采(邻近层突出危险不严重的情况下)。

(a) 利用石门、联络巷作钻场向上、下邻近层打钻孔

(b) 利用联络巷(煤门)沿邻近煤层布置顺层钻孔

1—抽采钻孔；2—运输巷道；3—石门或联络巷。

图 10-61　开采层外巷道打钻孔抽采瓦斯 2

② 开采层内巷道打钻孔

a. 钻场设在工作面副巷内，由钻场向邻近层打穿层钻孔抽采瓦斯，如图 10-62(a)所示。阳泉四矿、六枝大用矿和包头五当沟煤矿等均采用这种方式。此种布孔方式多用于抽采上邻近层的瓦斯，其优点是：抽采负压与通风负压方向一致，有利于提高抽采效果，尤其是低层位的钻孔更为明显；瓦斯管道设在回风巷，容易管理，安全性高。其缺点是增加了抽采专用巷道的维护时间和工程量。

b. 钻场设在工作面的进风正巷内，由钻场向邻近层打穿层钻孔抽采瓦斯，如图 10-62(b)所示。此种布孔方式多用于抽采下邻近层的瓦斯。与钻孔布置在回风巷相比，这种布孔方式具有巷道和钻场容易维护；运输巷内有电源和水源，打钻方便；打钻和测定工作均在新鲜风流内操作等优点。

(2) 钻场或钻孔的间距

确定钻场或钻孔间距的原则是，工程量少、抽出瓦斯多，且不干扰生产。阳泉一矿以采煤工作面的瓦斯不超限、钻孔瓦斯流量在 0.005 m^3/min 左右、抽出瓦斯中甲烷浓度为 35% 以上作为确定钻孔距离的原则。煤层的具体条件不同，钻孔的距离也不同，有的 30～40 m，有的可达 100 m 以上。应该通过试抽，然后确定合理的钻孔距离。一般来说，上邻近层抽采的钻孔距离大些，下邻近层抽采的钻孔距离应小些，近距离邻近层的钻孔距离小些，远距离邻近层的钻孔距离大些。通常采用钻孔距离为 1～2 倍层间距。根据国内外抽采情况，钻场间距多为 30～60 m。一个钻场可布置一个或多个钻孔。

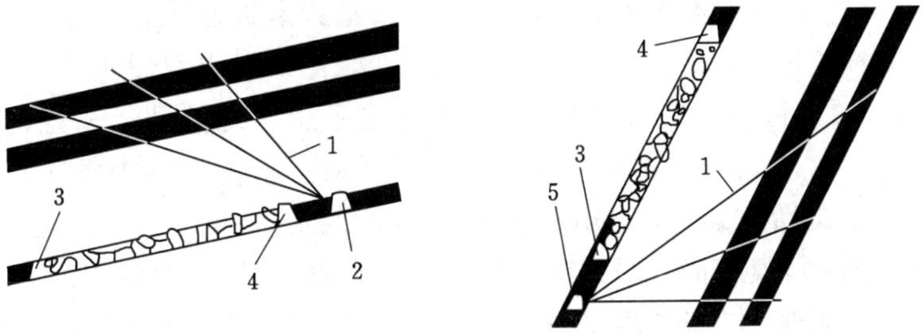

(a) 钻场设在工作面副巷　　(b) 钻场设在工作面进风正巷

1—抽采钻孔；2—工作面副巷（尾巷）；3—运输巷道；4—回风巷道；5—进风巷（正巷）。

图 10-62　开采层内巷道打钻孔抽采瓦斯

此外，如果一排钻孔不能达到抽采要求，应在运输水平和回风水平同时打钻抽采。在长的工作面内，还可由中间平巷打钻。

(3) 钻孔角度

钻孔角度指它的倾角（钻孔与水平线的夹角）和偏角（钻孔水平投影线和煤层走向或倾向的夹角）。钻孔角度对抽采效果影响很大。抽采上邻近层时的仰角，应使钻孔通过顶板岩层的裂隙带进入邻近层充分卸压区，仰角太大，进不到充分卸压区，抽出的瓦斯浓度虽然高，但流量小；仰角太小，钻孔中段将通过垮落带，钻孔与采空区连通，必将抽进大量空气，也大大降低抽采效果。下邻近层抽采时的钻孔角度没有严格要求，因为钻孔中段受开采影响而破坏的可能性较小。

(4) 钻孔进入的层位

对于单一的邻近层，钻孔穿透该邻近层即可。对于多邻近层，如果符合下列条件时，也可只用一个钻孔穿透所有邻近层：① 30 倍采高以内的邻近层，且各邻近层间的间距小于 10 m；② 30 倍采高以外的邻近层，且各邻近层间的距离小于 15～20 m。否则应向瓦斯涌出量大的各层分别打钻。对于距离很近的上邻近层，一般应单独打钻，因为这类邻近层抽采要求孔距小，抽采时间也短，而且容易与采空区相通。对于下邻近层，应该尽可能用一个钻孔多穿过一些煤层。

(5) 孔径和抽采负压

与开采煤层抽采不同，孔径对瓦斯抽出量影响不大，多数矿井采用 57～75 mm 孔径。同样抽采负压增加到一定数值后，也不可能再提高抽采效果，我国一般为几千帕，国外多为 13.3～26.6 kPa。

3. 地面钻孔法瓦斯抽采

地面钻孔主要是抽采裂隙带内的卸压瓦斯和开采层涌出的瓦斯，截阻其向工作面的涌入。随着工作面的推进，邻近层卸压程度和采空区冒落高度及范围逐渐加大，当地面钻孔抽放负压大于通风负压时，地面钻孔将连续抽出积聚在采空区内的瓦斯。当工作面回采结束后，邻近层的瓦斯继续涌入采空区，封闭采面后，地面钻孔可以长期抽采采空区瓦斯。因此，无论是在开采期间还是在开采结束后，地面钻孔都可以较长时间地抽采邻近层和采空区的瓦斯。

五、采空区瓦斯抽采

在开采高瓦斯煤层，特别是开采厚煤层和煤层群时，从邻近层（包括围岩和煤线）、煤柱及采掘空间丢失的煤中向采空区大量涌出瓦斯。尤其是近年来，随着工作面的不断推进，采空区面积的日益增大，采空区瓦斯涌出量占矿井瓦斯涌出总量的比例日益增大，一些矿井达到40%～60%。这对矿井的安全生产造成了很大的威胁。采空区瓦斯抽采技术和装备迅速的发展，使得一些矿井采空区瓦斯抽采量占矿井总瓦斯抽采量的比例达到了60%～70%，如抚顺龙凤矿、平顶山十矿等，采空区瓦斯抽采占有日益重要的地位。

煤层在开采过程中，顶底板岩层冒落、移动，产生裂隙，卸压区内煤层膨胀变形，透气性系数大大增加，开采煤层和卸压煤层内的瓦斯卸压、解吸。由于瓦斯具有升浮移动和渗流特性，卸压瓦斯沿裂隙通道汇集到裂隙充分发育区，即汇集到环形裂隙圈内，在环形裂隙圈内形成瓦斯积聚库。把抽采钻孔布置在环形裂隙圈内，能够获得理想的抽采效果，即只要将卸压瓦斯抽采钻孔打到采场的采动裂隙O形圈内，就可以保证钻孔有较长的抽采时间、较大的抽采范围和较高的瓦斯抽采率，如图10-63所示。

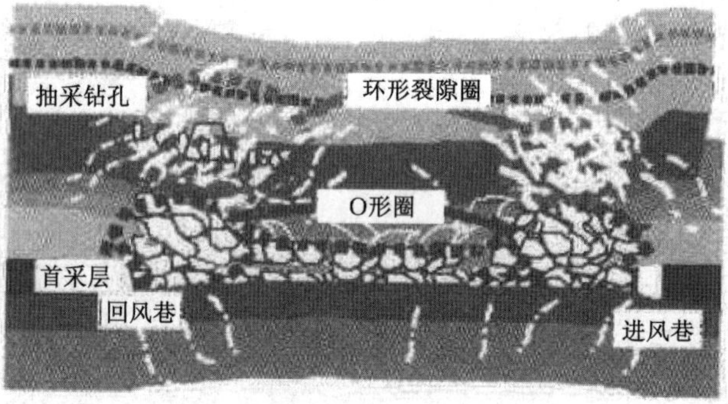

图10-63　采空区裂隙圈示意图

采空区可分为现采面的采空区和采面结束封闭后的采空区。因此，采空区瓦斯抽采也可分为半封闭采空区（现采面的采空区）瓦斯抽采和全封闭采空区（采面结束封闭后的采空区）瓦斯抽采两大类。

1. 半封闭采空区瓦斯抽采

（1）采空区卸压带、垮落带卸压瓦斯抽采

采空区卸压带、垮落带卸压瓦斯抽采主要形式有：回风巷布孔抽采垮落拱瓦斯（图10-64），高位钻场抽采垮落拱瓦斯（图10-65）和低位抽采瓦斯布置（图10-59）。

当开采煤层顶板含有近距离上邻近层或煤层分层开采，存在近距离下邻近层卸压瓦斯大量涌出采煤工作面采空区时，均可采用打钻孔到垮落拱上方抽采采空区卸压瓦斯的方法。

（2）采煤工作面采空区积聚瓦斯抽采

由于丢煤残余瓦斯和邻近层瓦斯经抽采后的剩余瓦斯大量涌出积聚在采煤工作面采空区，并不断涌向工作面。当采空区积聚的瓦斯涌出量较大时，必须对该部分瓦斯进行抽采。

① 插（埋）管抽采采空区积聚瓦斯。

插（埋）管抽采采空区积聚瓦斯形式包括密闭墙横贯抽采采空区瓦斯（图10-66）、密闭墙尾巷抽采采空区瓦斯（图10-67）和埋管抽采采空区瓦斯（图10-68），作为一种简单易行的辅助抽采瓦斯措施，可以解决工作面部分瓦斯问题，对防治上隅角瓦斯超限有较大的作用。

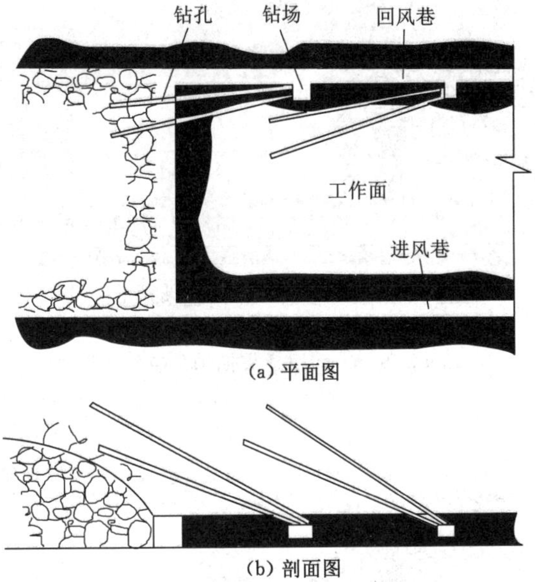

图 10-64 回风巷布孔抽采垮落拱瓦斯

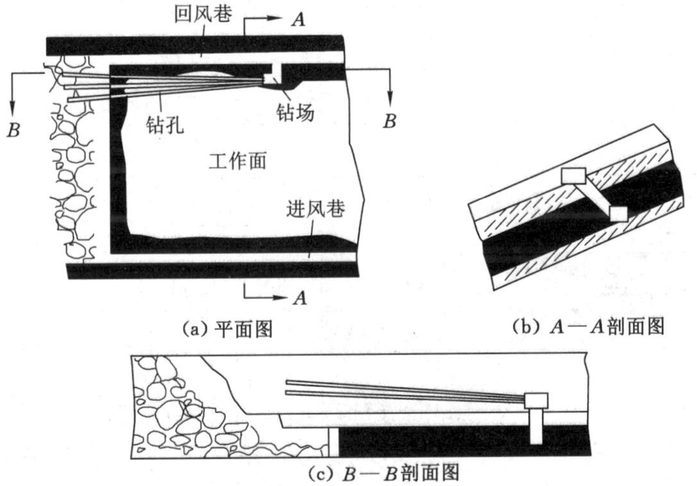

图 10-65 高位钻场抽采垮落拱瓦斯

② 顶煤专用巷道抽采采空区积聚瓦斯(图 10-69)。

③ 专用巷与埋(插)管相结合抽采采空区积聚瓦斯(图 10-70)。

上面两种方法适用于采空区积聚瓦斯涌出量很大的特厚煤层综放工作面抽采瓦斯。这种方法在抚顺老虎台矿使用收到了比较好的效果。

(3) 采煤工作面上隅角瓦斯抽采

采煤工作面上隅角通常为采空区的漏风汇合点,极易形成局部瓦斯积聚。上隅角局部积聚瓦斯的处理方法有:改变采煤工作面通风方式,如采用 U+L 形、Y 形通风方式等;

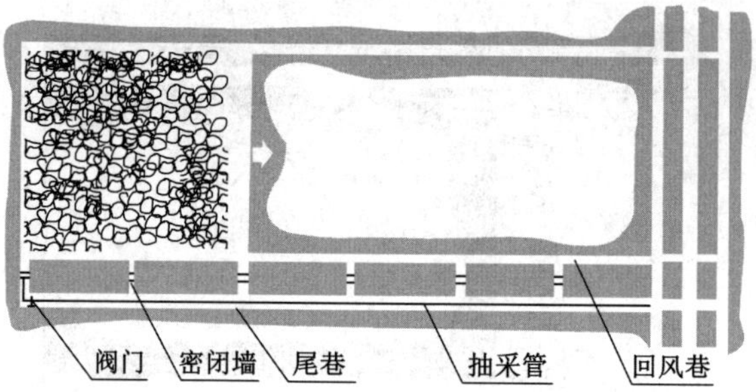

图 10-66 密闭墙横贯抽采采空区瓦斯

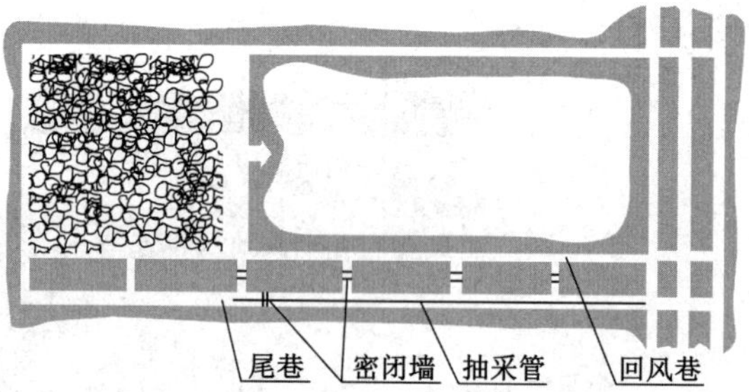

图 10-67 密闭墙尾巷抽采采空区瓦斯

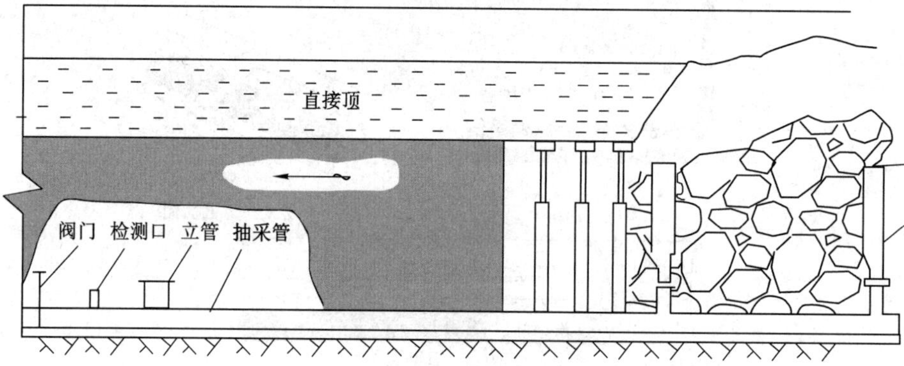

图 10-68 埋管抽采采空区瓦斯

采用风流引排法,如设置风障等;应用专用装备抽采上隅角瓦斯,如引射器、移动抽采泵站等。目前较常用的是井下移动泵站插管抽采(排)上隅角瓦斯方法,如图 10-71 所示。

2. 全封闭采空区瓦斯抽采

全封闭采空区瓦斯抽采方法主要有:

(1) 密闭墙插管大面积全封闭采空区瓦斯抽采方法。

(2) 井下钻孔抽采全封闭采空区瓦斯方法。

以两种方法在前面均有介绍,不再重复。

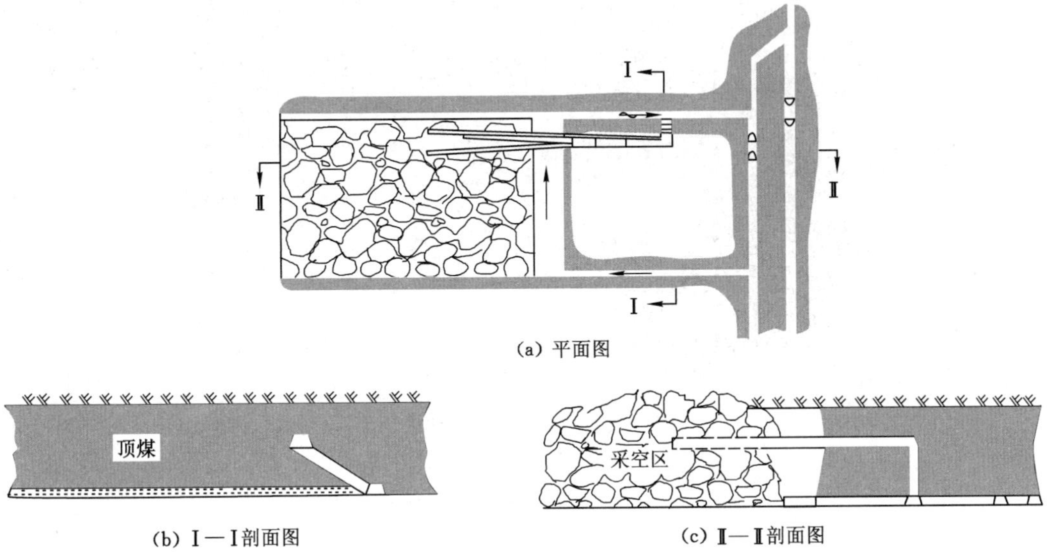

(a) 平面图

(b) I—I剖面图　　(c) II—II剖面图

图 10-69　顶煤专用巷道抽采采空区积聚瓦斯

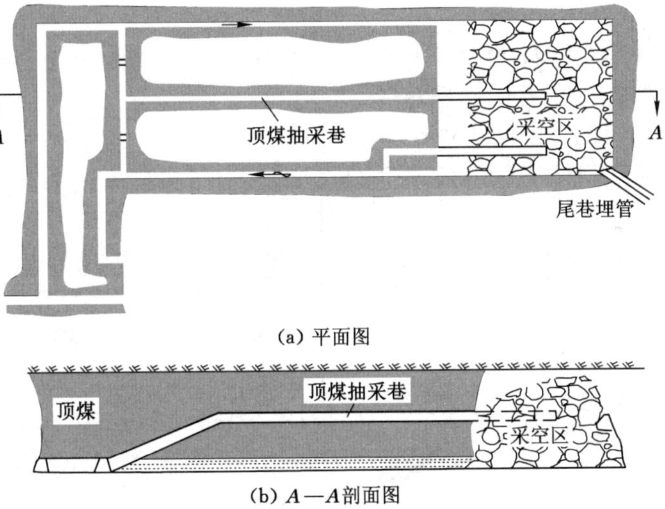

(a) 平面图

(b) A—A剖面图

图 10-70　专用巷与埋(插)管相结合抽采采空区积聚瓦斯

(3) 地面钻孔抽采全封闭采空区瓦斯方法。

该方法适用于开采深度浅的高瓦斯煤层，一般要求开采深度小于 400 m，条件适宜时可从地面打垂直钻孔抽上邻近层和采空区的瓦斯，如图 10-72 所示。一般要求在打钻结束后，孔底在采煤工作面前方的距离不小于 5～10 m，孔底离回风巷的距离由上邻近层距开采层的厚度确定。当上邻近层距开采层距离为 20 倍层厚时，取10～15 m；20～40 倍层厚时，取 15～40 m；大于 40 倍层厚时，则取 30～70 m。

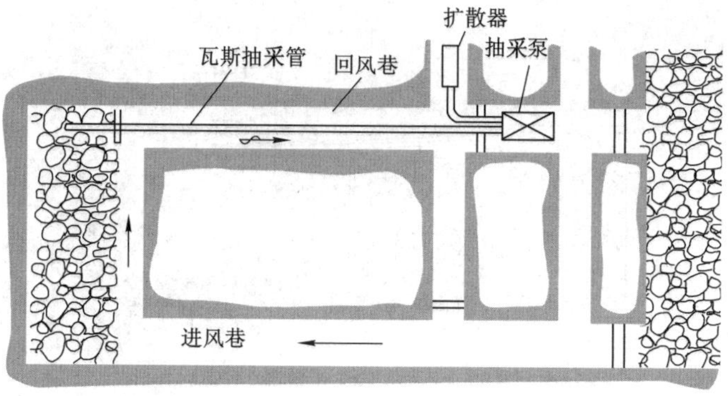

图 10-71　井下移动泵站插管抽采(排)上隅角瓦斯

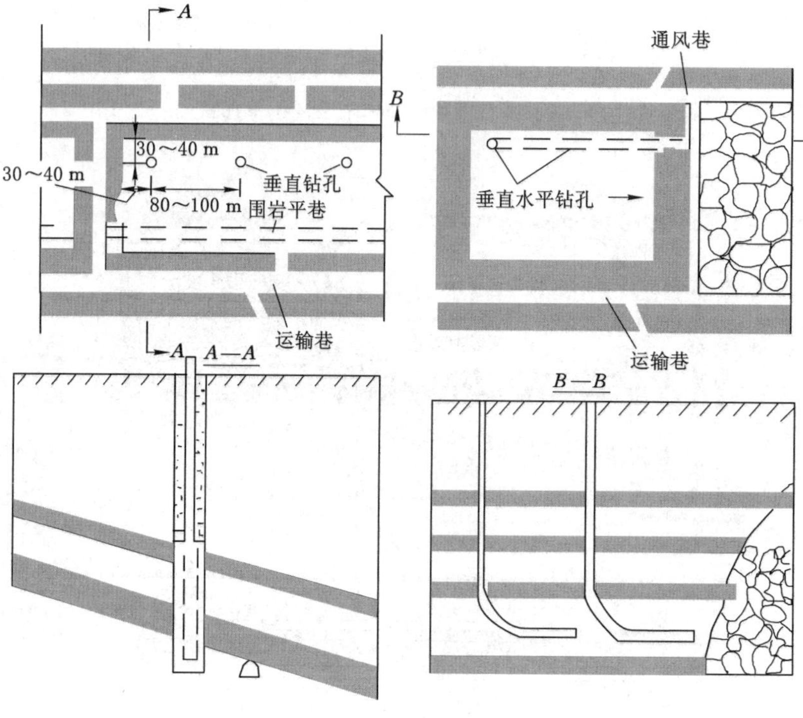

(a) 垂直钻孔　　(b) 垂直水平钻孔

图 10-72　地面垂直钻孔抽采法

综上所述,矿井抽采瓦斯的方法虽然有多种分类方法和种类,但在现场实际应用时,往往是互相结合、综合使用,无法截然分开的。如表 10-32 所列,开采层抽采中包括巷道预抽法、钻孔预抽法及边采(掘)边抽法等。同时,钻孔抽采法又应用于开采层抽采、邻近层抽采及预抽瓦斯、边采(掘)边抽等。具体抽采方法应考虑现场实际条件并优先选用多种抽采方法相结合的综合抽采方法,以提高抽采效果。

表 10-32 各类瓦斯抽采方法的适用条件及抽采率

抽采分类			抽采方法	适用条件	工作面抽采率/%
开采层瓦斯抽采	未卸压抽采	岩巷揭煤 煤巷掘进预抽	由岩巷向煤巷打穿层钻孔，煤巷工作面打超前钻孔	突出危险煤层、高瓦斯煤层	30～60 20～60
		采空区大面积预抽	由开采层机巷、风巷或煤门打上向、下向顺层钻孔	有预抽时间的高瓦斯煤层、突出危险煤层	20～60
			由石门、岩巷或邻近层煤巷向开采层打穿层钻孔	属“难以抽采”煤层	20，个别超过50
			地面钻孔	高瓦斯“容易抽采”煤层，埋深较浅	20～30
			密封开采巷道	高瓦斯“容易抽采”煤层	20～30
	卸压抽采	边掘边抽	由煤巷两侧或岩巷向煤层周围打防护钻孔	高瓦斯煤层	20～30
		边采边抽	由开采层机巷、风巷等向工作面前方卸压区打钻	高瓦斯煤层	20～30
			由岩巷、煤门等向开采分层的上部或下部未采分层打穿层或顺层钻孔	高瓦斯煤层	20～30
		水力割缝、松动爆破、水力压裂等（预抽）	由开采层机巷、风巷等打顺层钻孔，由岩巷或地面打钻孔	高瓦斯“难以抽采”煤层	20～30
邻近层瓦斯抽采	卸压抽采	开采工作面推过后抽采上、下邻近煤层	由开采层机巷、风巷、中巷或岩巷向邻近层打钻	邻近层瓦斯涌出量大，影响开采层安全时	<30
			由开采层机巷、风巷、中巷等向邻近层采空区方向打斜交钻孔		40～80
			由煤门打沿邻近层钻孔		40～80
			在邻近层掘汇集瓦斯巷道	邻近层瓦斯涌出量大，钻孔的通过能力不能满足抽采要求时	40～80
			地面打钻	地面打钻优于井下打钻时	40～80
采空区瓦斯抽采			全封闭采空区插管抽采	无自燃危险或采取防火措施时	30～70
			半封闭采空区设密闭墙插管或向采空区打钻抽采、预埋管抽采		50～60
围岩瓦斯抽采			由岩巷两侧或正前向溶洞或裂隙带打钻、密闭岩巷进行抽采、封堵岩巷喷瓦斯区并插管抽采	围岩有喷出危险，瓦斯涌出量大或有溶洞、裂隙带储存高压瓦斯时	20～60

六、矿井瓦斯抽采系统及其设计

1. 瓦斯抽采系统

抽采瓦斯的系统主要有钻机、封孔装置、抽采管路、瓦斯泵、安全装置和检测仪表。钻机依据钻孔深度选择，可用专用于打抽采钻孔的钻机(装有排放瓦斯装置)，也可以用一般钻机。钻孔打好后，将孔口段直径扩大到 100～120 mm，插入直径 70～80 mm 的钢管，用水泥砂浆封孔，也可以用胶团封孔器或聚氨酯封孔。封孔深度视孔口附近围岩性质而定，围岩坚固时 2～3 m，围岩松软时 6～7 m，甚至 10 m 左右。封孔后，必须在抽采前用弯管、自动放水器、流量计、铠装软管(或抗静电塑料软管)、闸门等将钻孔与抽采管路连接起来，如图 10-73 所示。

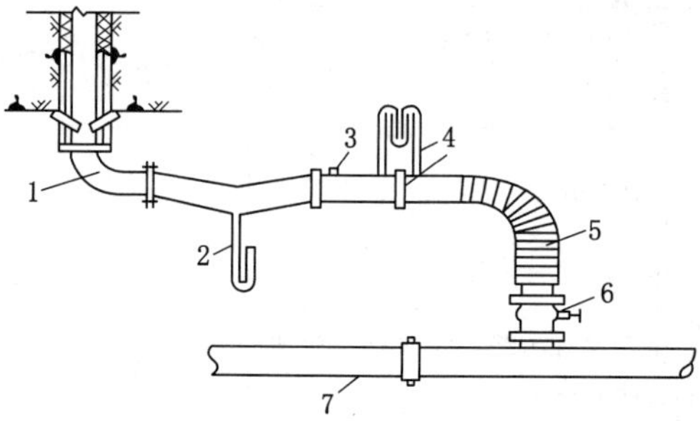

1—弯管；2—自动放水器；3—取样孔；4—流量计；5—铠装软管；6—闸门；7—抽采管路。

图 10-73 抽采钻孔与抽采管路的连接

(1) 抽采管路

管道一般用钢管或铸铁管。管道直径是决定抽采投资和抽采效果的重要因素之一。管道内径 D(m)应根据预计的抽出量，用下式计算：

$$D = [(4Q_c)/(60\pi v)]^{1/2} \tag{10-33}$$

式中 Q_c——管内气体流量，m^3/min；

v——管内气体流速，m/s。

管内瓦斯流速应大于 5 m/s，小于 20 m/s，一般取 10～15 m/s。这样才能使选择的管径有足够的通过能力和较低的阻力。大多数矿井抽采瓦斯的管道内径为：采区的为 100～150 mm，大巷的为 150～300 mm，井筒和地面的为 200～400 mm。

管道铺设路线选定后，进行管道总阻力的计算，用以选择瓦斯泵。管道阻力计算方法和通风设计时计算矿井总阻力一样，即选择阻力最大的一路管道，分别计算各段的摩擦阻力和局部阻力，累加起来即为整个系统的总阻力。

管路摩擦阻力应根据管路管径、流量分段计算，各段管路摩擦阻力可按下列公式计算：

$$h_f = 69 \times 10^5 \times \left(\frac{\delta}{D} + \frac{199.2\nu_0 D}{Q_c}\right)^{0.25} \times \frac{L\rho Q_c^2}{D^5} \times \frac{p_n T}{p T_0} \tag{10-34}$$

式中 h_f——摩擦阻力，Pa；

L——管路长度，m；

Q_c——标准状态下的混合气体(瓦斯与空气)的流量，m^3/h；

ν_0——标准状态下的混合气体运动黏度，m^2/s，可依据管路中瓦斯浓度采用加权平均法计算；

ρ——管道内混合气体密度，kg/m^3，可依据管路中瓦斯浓度采用加权平均法计算；

δ——管路内壁的当量绝对粗糙度，mm，钢管可取 0.10～0.15 mm，聚乙烯管材可取 0.17～0.20 mm，铸铁管可取 0.36～0.45 mm；

p_n——标准大气压力值，取 101.325 kPa；

p——管道内混合气体绝对压力，Pa；

T——管路内混合气体绝对温度，K；

T_0——标准状态下绝对温度，K。

局部阻力一般不进行个别计算，而是以管道总摩擦阻力的 10%～20% 作为局部阻力。管道的总阻力 h_R 为；

$$h_R = (1.1 \sim 1.2)\sum h_{fi} \tag{10-35}$$

式中　h_{fi}——第 i 段管道的摩擦阻力，Pa。

(2) 瓦斯泵

常用的瓦斯泵有水环式真空泵、离心式鼓风机和回转式鼓风机。

水环式真空泵的特点是真空度高、负压大、流量小、安全性好(工作室内充满介质，不会发生瓦斯爆炸)。适用于抽出量不大，要求抽采负压高的矿井。

离心式鼓风机适用于瓦斯抽出量大(20～1 200 m^3/min)，管道阻力不高(4～5 kPa)的抽采情况。

回转式鼓风机的特点是，管道阻力变化时，风机的流量几乎不变，所以供气均匀，效率高。缺点是噪声大，检修复杂。

(3) 流量计

为全面掌握与管理井下瓦斯抽采情况，需要在总管、支管和各个钻场内安设测定瓦斯流量的流量计，目前井下一般采用孔板流量计，如图 10-74 所示。孔板两端静压差 Δh(可用水柱计测出)与流过孔板的气体流量有如下关系式：

$$Q = 9.7 \times 10^{-4} K'\{\Delta h p/[0.716C + 1.293(1-C)]\}^{1/2} \tag{10-36}$$

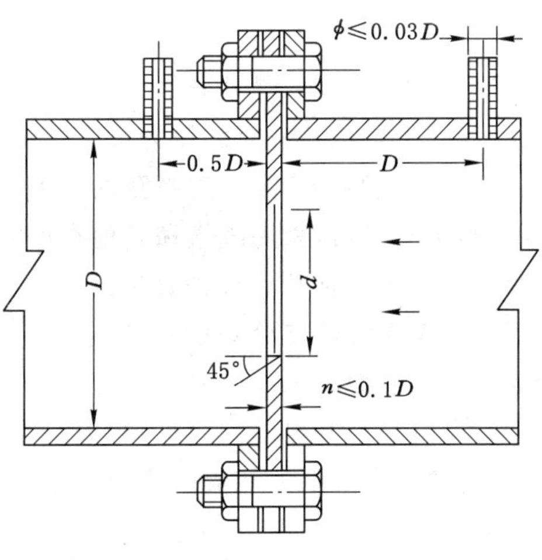

图 10-74　孔板流量计

式中　Q——温度为 20 ℃，压力为 101.3 kPa 时的混合气体流量，m^3/min；

Δh——孔板两端静压差，Pa；

p——孔板出口端绝对静压，Pa；

C——瓦斯浓度，%；

K'——孔板流量系数，$K'=K'_1\times C_1\times S_k\sqrt{2g}\times 60$，$m^{2.5}/min$（$C_1$为流速收缩系数，取0.65；$K'_1$为孔板系数，加工精度好时取1；$S_k$为孔板孔口面积，$m^2$）。

加工孔板流量计，孔口面积的大小应由流量大小而定，若孔口大，流量小，则 Δh 值很小，难以量出；若流量大，孔口阻力损失太大。孔板流量计可参照表10-33选择。

表10-33　孔板流量计孔板流量系数

孔板孔径/mm	流量/($m^3\cdot min^{-1}$)		孔板流量系数/($m^{2.5}\cdot min^{-1}$)
	Δh=98 Pa	Δh=980 Pa	
2	0.0016	0.005	0.052×10^{-2}
4	0.006	0.02	0.208×10^{-2}
6	0.015	0.046	0.473×10^{-2}
8	0.025	0.080	0.83×10^{-2}
10	0.040	0.127	1.32×10^{-2}
12.7	0.064	0.203	2.10×10^{-2}
25.4	0.256	0.812	8.4×10^{-2}
50.8	1.024	3.248	3.36×10^{-2}
76.2	2.304	7.308	7.58×10^{-2}
101.6	4.096	12.992	1.345×10^{-2}

孔板的安装应保证孔板中心与管道中心相重合，方向要正确（图10-74），法兰盘的垫片不能缩入管内，孔口上沉积的污物应及时清理。

(4) 安全和控制装置

为了对安装好的瓦斯抽采系统进行控制，最基本的方法是，在所有主干和分支管路以及每个钻孔口处都安装上阀门。为减少全部打开时的压力损失，手动隔离阀采用闸阀的形式。这样做可以扩大系统的影响范围，并且便于特定长度管路的压力测试。

为了对控制和报警信号做出响应，通常采用隔板和其他类型的活动阀门。这样，当管道内瓦斯浓度变化时，就可以相应调节每个钻孔口处的瓦斯压力。如果瓦斯输送管路中监测仪器传出的信号异常，就可以切断流入该分支管路的瓦斯流。在美国广泛使用的一种简单有效技术是，沿着每条瓦斯管路的上表面附加一个机械强度低的塑料管，管内充满压缩空气或氮气以保持压力，并且装有一个或多个开启的阀门，一旦顶板垮落或其他事故导致监测管破裂，则空气或氮气泄漏出来，管内压力降低使相应的阀门关闭。

在瓦斯抽采管道中流动的瓦斯容易被水蒸气润湿，从煤层进入系统的液态水与水力冲孔有关系。为了不妨碍瓦斯的流动，有必要在每个钻孔和分支管路的连接点，以及整个网络系统中的较低点设置放水器。放水器可以选用简单的U形管，也可以使用复杂的自动化设备。后者主要由压缩空气或电泵组成，受水箱中的浮球阀控制。水箱的尺寸和水位设置，需要根据预计的放水量来选择。

地表管道中应设置消焰器，以防止发生燃烧时火焰向地下系统蔓延。在压差不大的情况下，消焰器可以使热量被快速吸收或散发。消焰器可以选用排列致密的平行金属板，蜷缩的金属片或者一系列盘状金属网。在德国使用较多的是一种包含玻璃球的容器。消焰器易受沉积的灰尘影响，所以设计应便于检查和维修。需要在消焰器上设置压差计，以对消焰器上的阻力进行监测。只要燃烧在消焰器任何一端维持一段时间，这个装置就将失去作用。另外，消焰器可以与灭火器结合使用。当灭火器被温度传感器激活时，压力容器可以把灭火粉末喷射到管路中。

矿井瓦斯抽采网络可以集成为一个电子监控系统，这样做有很多优点。为了考察系统的运行特性，可以通过改变钻孔处各阀门的开启状态，同时从控制中心观察瓦斯流量和浓度的变化。在电脑管理下，就可以确定最佳设置方式和特定地点的控制策略。完整的监测系统可以快速地对发生的问题进行探测和定位，例如管道堵塞、异常流动、管道破裂及其他问题。

2. 瓦斯抽采系统设计

瓦斯抽采系统的规划和详细设计主要包括两个阶段。首先，为了估算流过管网的瓦斯流量，必须收集和分析大量数据。这些为第二阶段进行实际的管网设计，包括管道尺寸和所有其他辅助设备的功率和位置，提供必要的输入。

进行瓦斯抽采系统的规划设计时，首要的任务是画出系统流程图，网络应最大限度地实现它的功能。应给出管网每条分支上的钻孔位置和相应流量的预算值。

这时可以对管道直径做首次估计。瓦斯流速建议在 8～12 m/s，最好不超过 15 m/s。如果管道尺寸比将来系统中的小，则抽采的瓦斯量将会减少，或者需要提高瓦斯泵的功率。有很多方法可用来估计整个管网的压力分布，统一的计算方法对于管网设计很有帮助。为此可以开发不同的计算软件，解决从单分支估计到适用于可压缩流的整个网络分析等各种问题。这些程序应当也适用于压缩空气网络，可以迅速得到管道尺寸、管网布局或其他设计参数发生变化后的结果。

当瓦斯通过瓦斯抽采系统的管道时，压力和密度都发生显著的变化。实际上，为了确定摩擦阻力损失，有必要对所有系统应用可压缩流的流动关系式。计算方法可从式(10-37)和式(10-38)得到。

$$P = r_t \rho Q^2 \tag{10-37}$$

式中　P——摩擦阻力损失，Pa；

　　ρ——瓦斯密度，kg/m^3；

　　Q——流量，m^3/s；

　　r_t——管道的理论紊流阻力，m^{-4}。

$$r_t = \frac{fL\pi d}{2\,(\pi d^2/4)^3} = \frac{64 fL}{2\pi^2 d^5} \tag{10-38}$$

式中　f——摩擦系数(无因次)；

　　L——长度，m；

　　d——管道直径，m。

考虑到压缩性，通常用质量流量 $M = Q\rho$(kg/s)来代替体积流量 Q(m^3/s)，式(10-37)化为：

$$P = r_t \frac{M^2}{\rho} \tag{10-39}$$

因为：

$$\rho = \frac{p}{RT} \tag{10-40}$$

式中 p——绝对压力，Pa；

R——气体常数，J/(kg·K)；

T——瓦斯的热力学温度，K。

得出：

$$Pp = r_t M^2 RT \tag{10-41}$$

如果考虑到水平管道上很短的距离（dL），流动阻力（dr_t）和压力降（dp），则公式(10-41)变为：

$$P dp = M^2 RT dr_t \tag{10-42}$$

但是，对于水平管道，$dp=-dP$，可以将公式(10-42)写成：

$$-P dP = M^2 RT dr_t \tag{10-43}$$

假定温度恒定（T=常数），对上式在管道的整个长度（点1和点2）上积分，得出：

$$\frac{P_1^2 - P_2^2}{2} = M^2 RT r_t \tag{10-44}$$

将公式(10-38)代入式(10-44)，得：

$$P_1^2 - P_2^2 = \frac{64 fL}{\pi^2 d^5} M^2 RT$$

或

$$P_1^2 - P_2^2 = 6.485 \frac{f}{d^5} L M^2 RT \tag{10-45}$$

因此，如果已知管道一端的压力，就可以确定另一端的压力。

例 瓦斯浓度为45%的瓦斯-空气混合气体进入瓦斯泵，压力 P_2=50 kPa。连接的管道长为1 000 m，直径是300 mm，摩擦系数 f=0.004。假定在标准大气压下和瓦斯平均温度为25 ℃时，体积流量为1 m^3/s，确定进入管道的瓦斯压力 P_1。

解：首先，确定公式(10-45)所需的参数值

$$P_2 = 50\ 000\ \text{Pa}, f = 0.004, d = 0.3\ \text{m}, L = 1\ 000\ \text{m}, T = 273 + 25 = 298\ \text{K}$$

为表示混合物中的气体常数和质量流量，取混合气体组分瓦斯占0.45，空气占0.55。已知甲烷和空气的气体常数分别为：

$$R_m = 518.35\ \text{J/(kg·K)}$$

$$R_a = 287.04\ \text{J/(kg·K)}$$

则混合气体的气体常数为：

$$R = (0.45 \times 518.35) + (0.55 \times 287.04) = 391.13\ \text{J/(kg·K)}$$

已知在标准状况下体积流量 Q=1 m^3/s，空气的密度为1.2 kg/m^3，瓦斯的相对密度为0.554，则相应的混合物的密度是：

$$\rho = (0.45 \times 0.554 + 0.55 \times 1) \times 1.2 = 0.959\ \text{kg/m}^3$$

得出质量流量

$$M = Q\rho = 1 \times 0.959 = 0.959\ \text{kg/s}$$

将各参数代入公式(10-45),得：

$$P_1^2 - (50\ 000)^2 = 6.485 \times \frac{0.004}{0.3^5} \times 1\ 000 \times (0.959)^2 \times 391.13 \times 298$$

解得：

$$P_1 = 60\ 368\ \text{Pa} = 60.37\ \text{kPa}$$

这个方法可以逐个分支应用,从而确定整个网络的有效压力。如果使用了瓦斯泵,则选用泵进口处的绝对压力作为初始值。另外,也可以从已知钻孔压力的地方开始,沿着与管网中流动相同的方向进行计算。这样可以得到为了达到期望流量所需的抽采负压。还可以进行反复运算,以确定最佳的管道尺寸。在所有的弯头、阀门、监视器和其他零件处,都应当留出压力降的余量。

在垂直管道内促进瓦斯流动的浮力 P_{buoy}(单位 N),可以简单估计为：

$$P_{\text{buoy}} = (\rho_a - \rho_g) g \Delta Z \tag{10-46}$$

式中　ρ_a——井筒内空气的平均密度,kg/m^3；

ρ_g——垂直管道内瓦斯混合物的平均密度,kg/m^3；

g——重力加速度,m/s^2；

ΔZ——垂直管道的长度,m。

在使用了瓦斯泵的地方,出于设计目的浮力项经常被忽略。然而,如果没有使用瓦斯泵,这将成为影响瓦斯流量的重要因素。

最后,应制作出用颜色编码的矿井规划图,在上面标明所有管段、控制点、安全装置和瓦斯泵的位置、尺寸以及其他详细说明。此外,矿井规划图应随着系统的延伸而及时更新。

七、抽采瓦斯的利用

煤矿中产生的大部分瓦斯,如果通过通风系统或瓦斯抽采系统直接排放到地面大气中,将不仅浪费宝贵的燃料资源,而且还会对环境造成不良影响。

在煤矿进行的瓦斯抽采,如果瓦斯的数量和质量比较稳定,无疑可以为工业和民用提供便利的燃料资源。其他方式的瓦斯抽采,由于纯度的变化可能限制瓦斯在当地的使用。抽采瓦斯最简单的应用是作燃料。燃烧瓦斯的锅炉或火炉可以为投资较低的分区供暖系统提供热水、蒸汽或热空气等热质。煤矿的地面建筑和当地居民区可从这样的系统中获益。矿物加工厂可利用这些热量来干燥或促进化学反应。为了维持稳定的热量输出,需要对燃烧器内瓦斯的纯度变化进行连续监测,并自动调整空气与燃料的比值。

另外,还可以使用抽采瓦斯通过燃气轮机发电,以发展煤矿的电力设施。采用燃气轮机联合发电,不仅能够生产几兆瓦的电能,还能够从尾气中回收大量的热量。一般情况下,瓦斯以相当低的压力进入发电机,经 1 000～1 400 kPa 的压力压缩后,再进入燃烧室。瓦斯、空气各占 50%的混合物以 0.7 m^3/s(标准状况下)左右的流量供应,能够从一个煤矿燃气轮机生产出高达 4 MW 的电能和 9 MW 的可用热量。燃气轮机应配备双重装置,以分别接受瓦斯或燃油。

抽采瓦斯还有另外一些用途,包括为当地冶金车间中的熔炉、化学合成工业中的烘干炉和炼焦炉等提供燃料。瓦斯还是宝贵的工业原料,如用来制造炭黑、甲醛等。

第八节　瓦斯浓度检测

《煤矿安全规程》规定，矿井必须建立甲烷检查制度，并根据矿井瓦斯等级确定检查次数。这就需要研究瓦斯（甲烷）浓度检测的问题，并经常准确地测定瓦斯浓度，以便有效预防瓦斯事故的发生。

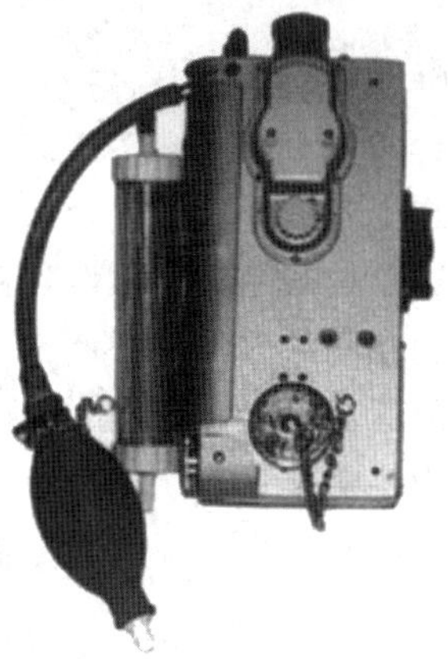

图 10-75　瓦斯检定器

一、光学瓦斯检定器

光学瓦斯检定器根据光干涉原理制成，是煤矿使用最早的定量检测矿井瓦斯浓度的仪器。常用的有量程 0～10%CH_4（精度 0.01%）和0～100%CH_4（精度 0.1%）两种。图 10-75 为一种瓦斯检定器。

瓦斯检定器的光学系统如图 10-76 所示，光源发出的一束白光，经光栅和聚光透镜射到平行平面镜，平行平面镜使光束分成两部分：一部分自平行平面镜的 a 点反射，经右空气室、大三棱镜和左空气室回到平行平面镜，再经镜底反射到镜面的 b 点；另一部分在 a 点折射进入平行平面镜镜底，经镜底反射，镜面折射，往返通过瓦斯室也到达平行平面镜，于 b 点反射后与前一光束一同进入三棱镜，经 90°反射进入望远镜。这两束光由于光程（光程是光线通过的路线和所通过介质的折射率的乘积）不同，在望远镜的焦平面处（图中虚线处）就产生了白色光特有的干涉条纹（通常称光谱），条纹中有两条黑纹和若干条彩纹。条纹通过测微玻璃、刻有瓦斯浓度标记的分划板、物镜到达目镜。光通过气体介质的折射率与气体的密度有关。如果以空气室和瓦斯室都充入同样密度的新鲜空气时产生的干涉条纹位置为基准，那么当瓦斯室充入含有瓦斯的空气时，由于气体密度不同，引起折射率的变化，光程也就随之发生变化，于是干涉条纹产生位移，位移量的大小与瓦斯浓度的高低呈线性关系。根据干涉条纹的移动距离，由分划板就可读出瓦斯的浓度。

光学瓦斯检定器的主要优点有：① 寿命长。除去电池和灯泡外没有损耗部件。② 可以根据干涉条纹的间距大小，粗略地判断仪器测量精度的可靠性。③ 可以用水柱压力法代替标准精度的校正气样来校正仪器。④ 仪器不存在所谓的“中毒”、失效或因高浓度激活而导致寿命降低的问题。这些优点使得光学瓦斯检定器被广泛应用。

但是它也有一些缺点：① 检测选择性差。这是由于各种气体都有自己的折射率，只要它们与被测气体同时存在，就会对测量结果产生干扰。② 受温度、气压的影响较大。③ 要获得干涉条纹的高清晰度时，对光学玻璃加工的精度要求较高。

二、热导式瓦斯检定器

热导式瓦斯检定器属于电测式检定器，它是最早使用的电测式气体检定器之一。电测式检定器的特点是灵敏度高、体积较小，便于自动报警和断电控制；其工作原理是利用瓦斯与空气导热系数不同而测定瓦斯浓度的。表 10-34 为煤矿常见气体的导热系数（λ_0）。

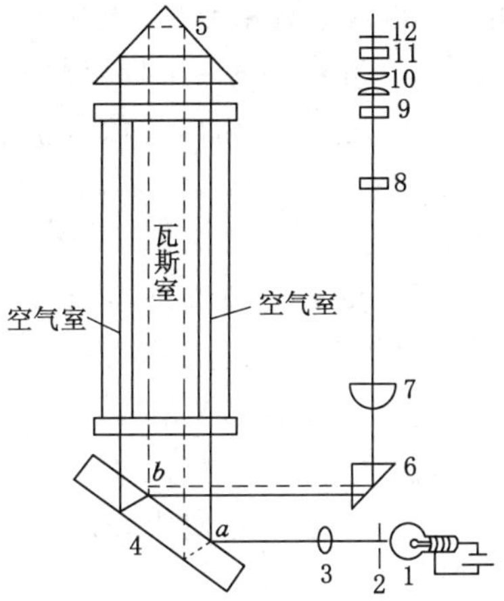

1—光源；2—光栅；3—聚光透镜；4—平行平面镜；5—大三棱镜；6—三棱镜；
7—物镜；8—测微玻璃；9—分划板；10—物镜；11—目镜；12—目镜保护玻璃。

图 10-76　AQG-1 型瓦斯检定器的光学系统

表 10-34　煤矿常见气体的导热系数

气体名称	空气	CH_4	H_2	CO	CO_2
$\lambda_0 \times 4.18 \times 10^{-7}/[J \cdot (cm \cdot s)^{-1}]$	58	721	4 160	563	350

这类仪器的电桥电路和气路原理如图 10-77 所示。热导式工作元件 R_1 与 R_3 置于瓦斯室内，而比较元件 R_2 与 R_4 则置于空气室内，构成一电桥电路。接通恒定的电流将工作元件加热到某一温度(大大低于瓦斯的燃点)后，如果瓦斯室和空气室内都是新鲜空气，则它们的散热条件相同，因而电阻的变化也就相同，电桥处于平衡状态($R_1/R_2=R_3/R_4$)，对角电路中没有电流通过，电表的指针位于零位。当瓦斯室内吸入含有瓦斯的空气时，由于它的导热系数比空气大，元件电阻将因热交换情况不同而发生变化，使电桥平衡遭到破坏而输出信号，并由电表显示出来。这个信号的大小正比于瓦斯室内的瓦斯浓度。

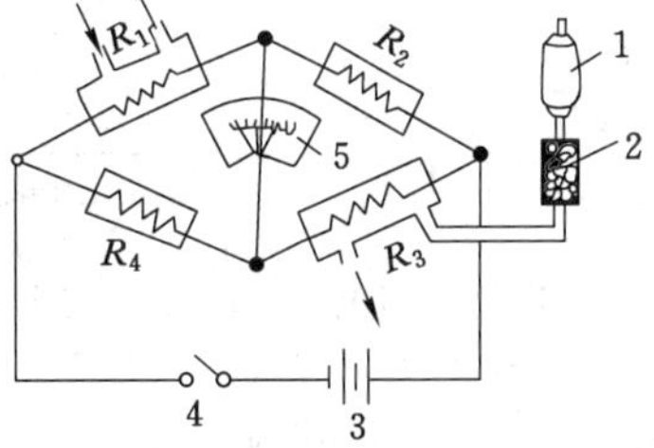

1—吸气球；2—吸收管(吸收 CO_2、H_2O)；3—电源；
4—开关；5—毫伏表；R_1，R_3—工作元件；R_2，R_4—比较元件。

图 10-77　热导式瓦斯检定器电桥电路和气路原理图

常用的热导元件是螺旋形金属(铂、钨、铼钨合金)丝和半导体热敏电阻，金属丝的优点是稳定性和重复性等方面都较好，寿命也长，但是电阻温度系数比热敏电阻小得多。例如工作温度 180 ℃时，半导体热敏电阻的温度系数相当于铂丝的 5 倍，所以前者的灵敏度比后者高 5～10 倍。但是半导体热敏电阻受 CO_2 和水蒸气的影响较大，元件的一致性和互换性也较差。

热导式瓦斯检定器在测定低浓度瓦斯时，输出的信号很小，误差较大，所以这类仪器适用于高浓度瓦斯（5%～100%）的测定。

三、热效式瓦斯传感与便携仪

热效式（也称催化燃烧型）瓦斯传感与便携仪是当前煤矿中使用最广泛、最普遍的瓦斯检测仪器，是煤矿用来监视矿井瓦斯动态的有效工具。它的工作原理是利用可燃气体在催化剂的作用下无焰燃烧，产生热量，使元件电阻因温度升高而发生变化以测定瓦斯浓度。它使用如图 10-78 所示的惠特斯通电桥测量电路。其中，R_1 是工作元件，R_2 是补偿元件，R_3、R_4 是电阻相同的普通元件。当电桥供电后，无瓦斯时，电桥静态平衡，即 $R_1/R_2=R_3/R_4$，对角电路中无电压输出，电压 $V_S=0$；当有瓦斯时，电阻 R_1 增大，电桥平衡破坏，$R_1/R_2>R_3/R_4$，对角电路中有电压输出，$V_S>0$。从图 10-79 中可知，只有在瓦斯浓度≤4%时，电桥输出电压 V_S 与瓦斯浓度成正比增大。因此可以测定 0～4%范围内的瓦斯浓度。

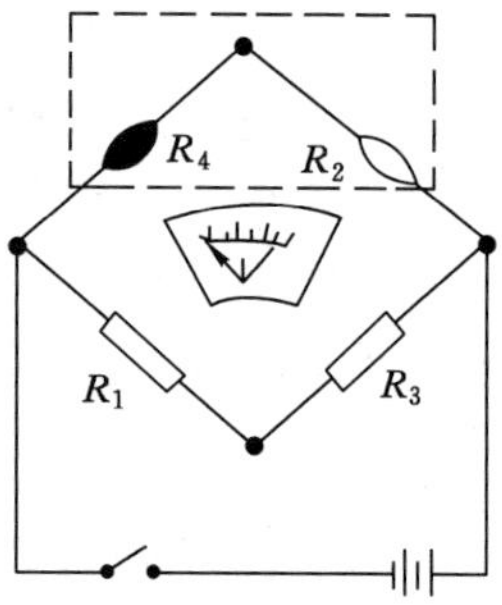

图 10-78　惠特斯通电桥测量电路

R_1 与 R_2 都是由特性相同的铂丝绕成螺卷形，外表都涂上一层白色的 Al_2O_3 多孔体粉末，称为载体。但是在工作元件 R_1 上再涂上一层催化剂（钯）使其变成黑色，R_1 称为黑元件，而 R_2 称为白元件。装在检测气室中的黑元件，在通电遇有低浓度瓦斯时，在其表面的瓦斯呈无焰燃烧，产生的燃烧热使黑元件温度升高，其电阻增大。当电桥电流为 350 mA 时，瓦斯浓度为 4%时，电桥输出电压约 120 mV。由于黑元件上钯的催化剂作用，瓦斯起燃温度仅为 420 ℃左右。白元件因无催化剂，所以瓦斯不能在其表面燃烧，它仅起补偿平衡作用。

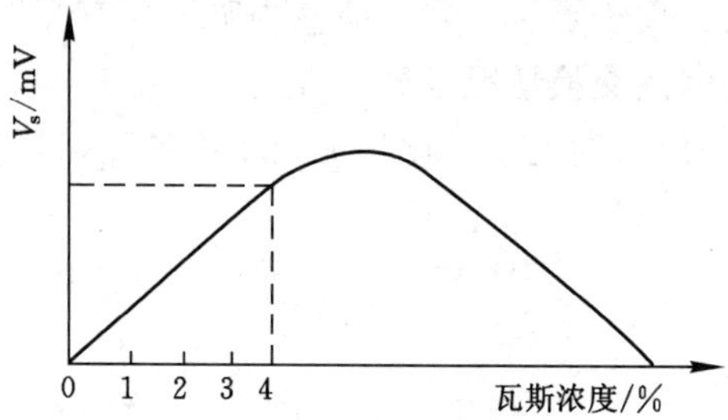

图 10-79　电桥输出电压 V_S 与瓦斯浓度的关系

热效式瓦斯传感与便携仪的优点：① 可以测量 0～4%范围内的瓦斯浓度，它是当前煤矿中使用最广泛、最普遍的瓦斯检测仪器。② 输出电压与瓦斯浓度的线性关系好，准确性比较高。③ 可燃气体的选择性好，抗环境干扰的能力强，装置简单，使用方便。④ 采用惠特斯通电桥法，该方法灵敏度高。

缺点主要有：① 测值稳定性差，传感元件的温升越高，活性衰减的速度越快，测值稳定性越差。② 测量方式精度较低，检测范围仅为 0～4%，对于高浓度瓦斯会出现致命的错误。③ 传感器输出的微弱信号容易受到干扰，有时存在零点漂移和灵敏度的变化。

四、红外甲烷传感器

每种气体在近红外光区都有不同的吸收谱线，若光源光谱覆盖一个或多个气体的吸收线，则光通过待测气体时就会发生衰减，其强度变化遵循比尔-兰伯特定律：输出光强 I，输入光强 I_0 和气体浓度之间的关系式为

$$I = I_0 \exp(\alpha' CL) \tag{10-47}$$

式中　α'——吸收系数；

C——气体浓度；

L——光通过气体的长度。

红外甲烷传感器是利用甲烷对 3.33 μm 波长的红外光有一极强的吸收峰，而杂质气体中影响较大的水蒸气和二氧化碳则并无明显吸收这个光谱特性，来实现甲烷气体检测。

图 10-80 为国内常用的红外甲烷传感器，通常有两种类型，测量甲烷的浓度范围分别为 0～10%和 4%～100%。红外甲烷传感器测量准确、偏移小、无需调校、选择性好，可避免零点漂移和“中毒”现象的发生。

图 10-80　红外甲烷传感器

五、瓦斯遥测报警断电仪

当瓦斯浓度超限时，瓦斯遥测报警断电仪在发出声、光警报的同时，能以切断受控电气设备的供电电源，并接通仪器本身的内附电源，保证仪器照常工作，从而起到安全保护作用。当瓦斯浓度降低到规定浓度时，仪器能自动恢复供电。根据其使用地点，仪器分为三类：① 固定型，用于控制固定型机电设备；② 车载型，主要用于电机车上；③ 机载型，主要用于采掘机械切割、装载时的瓦斯超限报警断电。

这类装置主要由探头(变送器)和断电仪两部分组成。探头的工作原理和瓦斯遥测仪一样，不同之处是除了能显示瓦斯浓度和报警以外，还可向断电仪输出信号。当瓦斯浓度达到给定值时，断电仪的断电继电器吸合，使被控电器断电。国产瓦斯遥测报警断电仪的主要技术特性一般为：测量范围(CH_4 浓度)，0～4%；报警范围，0.5%～2.0%；断电范围，0.5%～2.5%；监测距离，1 000～2 000 m。

六、矿井安全监控系统

矿井安全监控系统用于监测采掘工作面、采区主要进回风道、机电硐室和风硐等主要工作场所的一氧化碳、二氧化碳、氧气、温度、风速、负压、通风设施、粉尘、烟雾等环境参数，以及局部通风机的开关、风机开关、风门开关、风筒开启、生产设备等运行状态监测和监控。

矿井安全监控系统的结构如图 10-81 所示，由地面中心站、井下分站、传感器和传输系统组成。地面中心站有传输接口装置(调制解调器)、若干台计算机，电源，数据处理与系统运行软件，信息的存储、打印、显示等装置组成。

井下分站和传感器构成井下工作站。井下分站的作用是：一方面对传感器传来的信号进行处理，使其转换成便于传输的信号送到地面中心站；另一方面，将地面中心站发来的指令或从传感器传来应由分站处理的有关信号经处理后送至指定执行部件，以完成预定的处理任务，如报警、断电、控制局部通风机开启等，并向传感器提供电源。

传输系统是由信道将井下信息传输至地面或将地面中心站监控指令经信道传输至井下

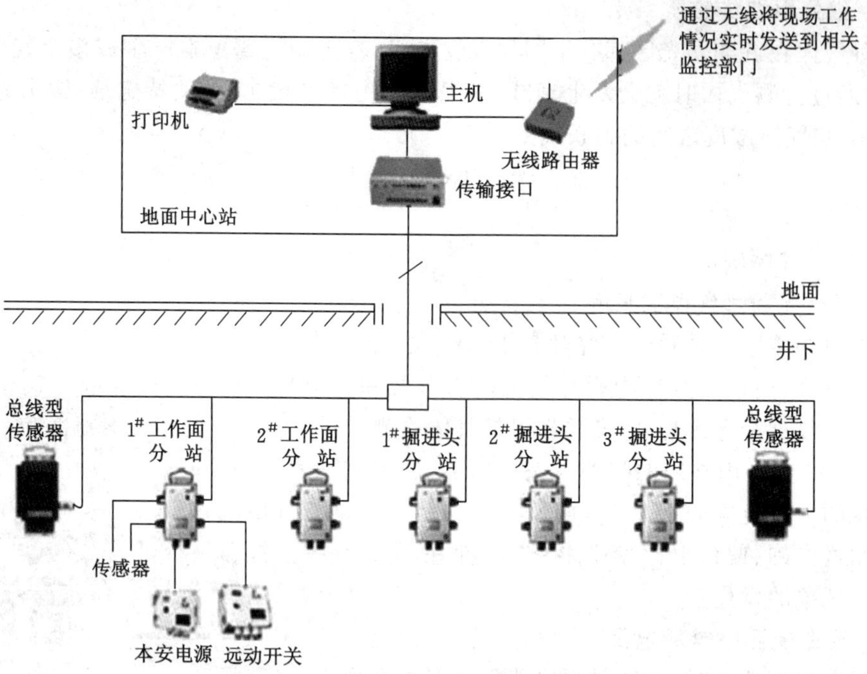

图 10-81　矿井安全监控系统

分站的信息媒介。信道即信息传输的通道。监测系统大多采用专用通信电缆作为信道。

传感器与分站之间一般采用直接传输方式。我国国家标准规定传感器的输出信号应满足以下几种信号：模拟量信号有三种，频率输出为 5～15 Hz，电流输出为 0～5 mA，电压输出为 0～100 mV；开关量信号输出一般有±0.1 mA、±5 mA 和 200～1 000 Hz 等。

井下分站与地面中心站之间的传输方式较多，主要有空分制信息传输、频分制信息传输、时分制信息传输以及频分与时分结合传输方式。

但是，从目前使用情况看，矿井安全监控系统的可靠性主要取决于传感器和井下分站。大多数矿山的系统运行费用主要花在传感器的维护、校正和管理上。另一方面，根据操作环境、人机对话适应性的要求，使用单位在系统选用、人员培训以及人才和知识储备方面都不足，造成系统管理运行难度较大。因此，为了发挥系统的更大作用，当前应主要解决以下几个方面问题：一是延长传感器的寿命；二是改进计算机操作环境，使系统更为开放，操作运行更为简化，开发支持多任务软件系统和强化系统自诊断功能，尽可能增加计算机的信息存储容量，提高运行速度，配备安全专家系统，增加安全事故预测预报功能等；三是增强系统的抗干扰能力，保障系统安全稳定运行。

复习思考题

10-1　什么是矿井瓦斯？

10-2　试述瓦斯的主要物理及化学性质。

10-3　瓦斯是如何生成的？煤体内实际含有的瓦斯量是否等于生成量？

10-4 瓦斯在煤内存在的形态有哪些？相互之间有何关系？主要存在形态是什么？

10-5 怎样确定瓦斯风化带的深度？确定瓦斯风化带深度有何实际意义？

10-6 影响煤层瓦斯含量的因素有哪些？

10-7 如何测定煤层瓦斯压力？有何意义？

10-8 为什么瓦斯能连续、持久地从煤内涌出？

10-9 某采区的月产煤量为 9 000 t，月工作日为 30 天，测得该采区的回风量为 480 m^3/min，瓦斯浓度为 16%。求该采区的绝对瓦斯涌出量和相对瓦斯涌出量。

10-10 影响瓦斯涌出量的因素有哪些？

10-11 地面大气压和风量变化对瓦斯涌出有何影响？

10-12 矿井瓦斯等级分几级？如何鉴定矿井瓦斯等级？

10-13 预防和治理瓦斯喷出的主要技术措施有哪些？

10-14 煤与瓦斯突出有何特点和危害？

10-15 煤与瓦斯突出的机理是什么？

10-16 突出的一般规律有哪些？如何确定矿井和煤层是否有突出危险？

10-17 为什么开采保护层是最有效的预防突出的措施？怎样划定保护范围？

10-18 煤与瓦斯突出防治措施有哪些？

10-19 瓦斯爆炸的危害及影响瓦斯爆炸范围的因素有哪些？

10-20 某火区内可燃气体的成分为 3.5% CH_4，0.02% C_3H_8，0.04% C_2H_4，0.06% H_2，另外，O_2 为 18%，这个火区内有无爆炸危险？

10-21 何谓瓦斯的引火延迟性？煤矿生产中如何利用这一特性？

10-22 煤矿井下哪些地点以及什么条件下最容易发生瓦斯燃烧、爆炸事故？

10-23 什么是瓦斯抽采？瓦斯抽采的意义是什么？

10-24 人工卸压方法有哪些？原理是什么？影响瓦斯抽采的重要参数有哪些？

第十一章　矿井火灾

矿井火灾是指发生在矿井井下或地面井口附近、威胁矿井安全生产、形成灾害的一切非控制燃烧，是煤矿生产中的主要自然灾害之一。它的发生和发展不仅会烧毁大量的煤炭资源和设备，而且还会产生大量的高温烟流和有害气体，危及井下工作人员的生命安全，在一些特殊条件下还会诱发瓦斯、煤尘爆炸，进一步扩大其危害性。我国每年都有多起矿井火灾事故发生，给矿井带来巨大的灾难。

矿井火灾按引火热源的不同，可分为外因火灾和内因火灾两类，本章主要阐述两类矿井火灾的发生发展特性及其防治措施。

第一节　外因火灾

外因火灾是由于外部热源，如明火、瓦斯煤尘爆炸、爆破、机械冲击与摩擦、电流短路、静电、电焊、吸烟等引燃可燃物造成的火灾，又称外源火灾。在矿井火灾的总数中，外因火灾所占比例一般为10%左右，近年来，随着大量机电设备和新材料在井下的广泛使用，矿井外因火灾也呈增长趋势。外因火灾的特点是发生突然，来势迅猛，如果不能被及时发现和控制，往往会酿成重特大事故。据统计，国内外有记载的重大恶性矿井火灾事故，90%以上属于外因火灾。

一切能够产生高温、明火、火花以及由可燃材料制成的器材和设备，如使用不当都可能引起外因火灾。随着科技的发展，矿井开采技术不断进步，开采环境不断改善，但矿井火灾与爆炸灾害并没有杜绝。究其原因：一是更多的新材料，包括各种树脂、塑料、液体燃料和液压机液等应用到矿井中；二就是机械化程度不断提高，机电设备增多，这些都增加了火灾的发生概率。矿井灾害事故中牺牲的人员绝大多数是在矿井火灾和爆炸事故中丧生的。因此，矿井火灾的防治一直是煤矿安全生产工作的重点之一。

矿井火灾和爆炸中90%以上的伤亡人员不是因为被灼烧或爆炸冲击波直接作用造成的，而是吸入了高温有毒烟气所导致的。与发生在地面的火灾相比，井下火灾有两个明显不同的特征：第一，井下空间与地面连通的出入口少，火灾产生的烟气和热量难以排出；第二，井下火灾发生在受限空间内，一旦发生火灾，灾变影响范围更大，人员逃生更困难；第三，井下火灾时期的通风直接受灾变影响，风流路线和方向更难以控制，救援人员面临危险更大。从单起事故平均伤亡人数来看，矿井外因火灾往往具有更严重的灾难性，例如，国家矿山安全监察局对2023年全国国有煤矿事故的分析报告显示，矿井外因火灾平均每起事故死亡11人，而同期瓦斯事故为3人，水灾事故为3人，其中，2023年9月24日，贵州省盘州市山脚树煤矿发生一起运输胶带火灾，造成16人死亡。

矿井外因火灾是在井下网络状的受限空间内发生的，火灾的发生、发展过程与通风系统的特性紧密相关。本节将讨论矿井外因火灾的一些基本概念及其与通风系统的关系。

一、外因火灾的特性

1. 火灾的产生条件

产生外因火灾的三个必要条件是：有可燃物存在、有足够的氧气和足以引起火灾的热源，这也称为火灾三要素，如图 11-1 所示。缺少上述三要素中任何一个要素，火灾都不能发生，或者正在发生的火灾也会熄灭。

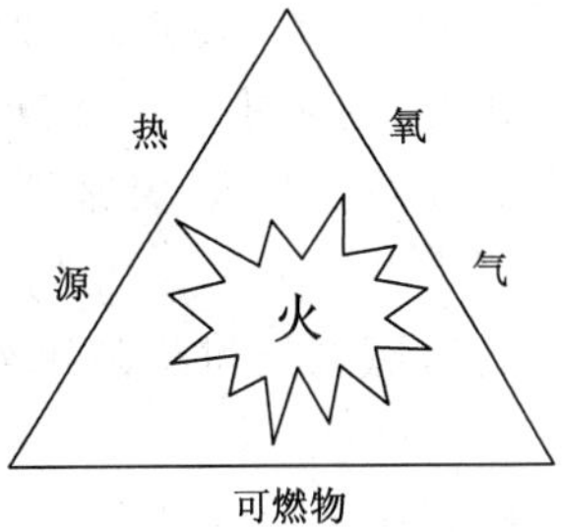

图 11-1　火灾三要素

在煤矿中，煤炭本身就是一个大量而且普遍存在的可燃物。另外，在生产过程中产生的煤尘，涌出的瓦斯以及所用的坑木、输送机胶带、电缆、机电设备、油料、炸药等都具有可燃性，它们的存在是发生火灾的前提条件。

在一般矿井通风的巷道中，空气中的氧气含量基本与地面空气中的氧气含量相同，因此，井下为燃烧提供了充足的氧气。但在通风不良的巷道中，为燃烧提供的氧气量可能不足，就不会产生明火燃烧。有火焰的燃烧都会在氧气浓度低于 10%～12%时熄灭，但是低温干馏性的阴燃却要在氧气浓度低于 2%时才会熄灭。瓦斯在氧气浓度低于 12%的空气中会失去爆炸性。

热源是触发火灾的必要因素，只有具备足够热量和温度的热源才能引燃可燃物，如低于 595 ℃的热源不能使瓦斯与空气的混合气体燃烧。在煤矿井下，煤的自燃，瓦斯、煤尘燃烧与爆炸，爆破作业，机械摩擦生热，电流短路火花，电气设备运转不良产生的过热，吸烟，电焊以及其他明火都可能是引火的热源。

可燃物、氧气与热源必须同时具备才能形成一场火灾。火灾三要素是矿井防灭火理论与防治技术措施的基础，矿井火灾防治要从这三个方面着手，消除火灾三要素中的任何一个或一个以上的要素。

2. 火灾的燃烧类型

矿井中的可燃物一般为固态（如煤、木材、胶带、风筒布等）和气态（如瓦斯、热解产生的各种挥发性气体、一氧化碳等），也有液态可燃物（如燃油、润滑油等）。可燃物的种类不同，其燃烧形式也不同。

固体和液体可燃物的燃烧一般以分解燃烧为主，即在火源的高温作用下，可燃材料首先发生热分解，释放出可燃挥发性气体，这些气体遇火燃烧，产生火焰并释放出热量，释放的热量又继续加热可燃材料，使可燃物不断分解，从而使燃烧延续。煤炭、坑木、输送机胶带、油料等在井下的燃烧属于分解燃烧。

气体的燃烧则分为扩散燃烧和预混燃烧两种类型。

扩散燃烧（diffusion combustion）是高浓度的可燃气体与空气边混合边燃烧的燃烧现象。当高浓度的可燃气体从管道孔口或巷道局部空间流出，在其出口处与空气汇合时，可燃气体与空气靠分子间扩散而混合，遇火源则在扩散混合区内发生燃烧。由于可燃气体和空气的不断补给、混合，使燃烧继续，如图 11-2 所示。扩散燃烧只在有限的区域内发生，属于可控燃烧，不会产生爆炸。

预混燃烧（premixed combustion）是可燃气体与空气预先混合好后的燃烧。矿井经常发生的瓦斯爆炸事故就是预混燃烧引起的。例如，在一定通风条件下，从采空区或煤层中涌出的瓦斯与井下的空气充分混合，在较大范围内充满了可燃气体，当其浓度处于燃烧（爆炸）

极限之内时，一旦遇火源就会出现预混燃烧，这种燃烧在受限空间内传递，一定条件下转变为爆燃或爆炸。因此，为防止矿井瓦斯爆炸，既要严禁井下空气中的瓦斯浓度超限，又必须杜绝火源。

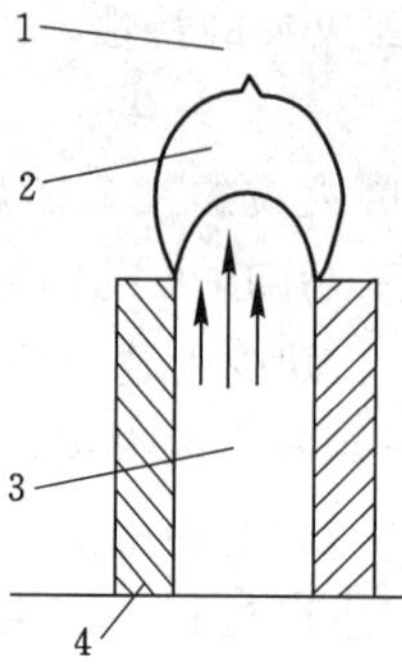

1—空气；2—扩散混合区；
3—气态燃料；4—管口。

图 11-2　扩散火焰结构图

根据井下火灾燃烧地点的供氧情况，火灾燃烧又可分为富氧燃烧和富燃料燃烧两种状态。

富氧燃烧（oxygen-rich fire）是氧气的供给量大于或接近于燃烧所需要的氧气量的燃烧。由于供氧充足，富氧燃烧的下风侧中氧气的浓度一般大于15%。假定火灾没被及时扑灭而继续扩散、蔓延，那么就要消耗更多的氧气并伴随产生更多的火灾气体。在燃烧产生的高温下，煤、木材和其他可燃材料中的瓦斯等可燃气体和水蒸气就会大量分解出来，当没有足够的氧气来支持这些可燃气体燃烧时，即氧气的供给量低于燃烧所需要的氧气量的燃烧称为富燃料燃烧（fuel-rich fire）。

燃烧从富氧燃烧发展到富燃料燃烧是一个很重要的过程，在这一过程中，救护队员面临的灭火危险性增加。当易燃气体遇到新鲜的空气并达到燃点时就会在易燃气体与空气的接触面发生燃烧。燃烧作用还会使气流发生紊乱，当空气和没有燃烧的可燃气体相互混合还会导致爆炸的发生。

受限空间内发生火灾时，当空气供应不足时，由可燃物分解的可燃组分进入烟流中因缺氧而不能燃烧，此时即为富燃料燃烧状态。当富燃料燃烧产生的高温可燃烟气遇新鲜空气时发生的突然燃烧，称作回燃。在井下巷道里，发生回燃的地点一般与原火源地点有一定的距离，因此有的学者称这种火灾现象为“跳蛙”，即一些地点的明火是以跳跃的方式向前发展的。这种现象容易发生在矿井井下一些拥有大量可燃物而供风量又较小的巷道中。

3. 火风压

矿井发生火灾时，火灾的热力作用会使空气的温度增高而发生膨胀，密度小的热空气在有高差的巷道中就会产生一种浮升力，这种浮升力的大小与巷道的高差及火灾前后的空气密度差有关。在地面建筑中这种现象也很普遍，被称为烟囱效应，即通常室内空气的密度比外界小，这便产生了使气体向上运动的浮力，尤其是高层建筑中的许多竖井，如楼梯井、电梯井等，气体的上升运动十分显著，这种现象有时也叫热风压。在矿井中，火灾产生的热动力是一种浮升力，这种浮力效应（the buoyancy effect）就被称为火风压（fire pressure）。火风压与矿井自然风压的产生机制是一致的，都是在倾斜或垂直的巷道上出现空气的密度差，只是使空气密度发生变化的热源不同，故这二者可称为热风压。火风压就是高温烟流经倾斜或垂直的井巷时产生的自然风压的增量。矿井发生火灾后，火风压的作用会改变原通风系统中压力的分布和风量的分配，即可能使矿井通风系统中的风流发生紊乱，扩大事故范围，造成更为严重的损失。

根据火风压的定义，火风压的值等于发火后矿井的自然风压值与发火前矿井的自然风压之差。图 11-3 为一矿井通风系统示意图，在出风井井底车场发生火灾后，局部火风压（h_f）为：

$$h_f = Z[(\rho - \rho_f) - (\rho - \rho_0)]g = Z(\rho_0 - \rho_f)g \tag{11-1}$$

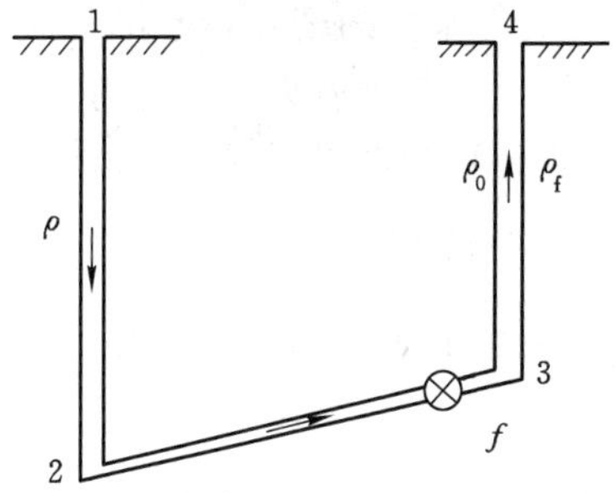

图 11-3　矿井通风系统示意图

式中　h_f——火风压，Pa；

Z——高温烟流流经回风井筒的垂直高度，m；

ρ——矿井进风井筒内风流的平均密度，kg/m^3；

ρ_0——发火前回风井筒内风流的平均密度，kg/m^3；

ρ_f——发火后回风井筒内烟流的平均密度，kg/m^3；

g——重力加速度，m/s^2。

设发火前后火灾附近的压力近似不变，即p=const。根据理想气体状态方程有：

$$\rho_0 = \frac{T_f}{T}\rho_f \tag{11-2}$$

式中　T——发火前回风井筒内风流的平均绝对温度，K；

T_f——发火后回风井筒内风流的平均绝对温度，K。

将式(11-2)代入式(11-1)，并记 $T_f - T = \Delta t$，$Z_1 - Z_2 = \Delta Z$，整理得：

$$h_f = \rho_f g \Delta Z \frac{\Delta t}{T} \tag{11-3}$$

式中　Δt——发火前后烟流温度的增量，K；

ΔZ——巷道高程差，m。

由式(11-3)可以看出，巷道高程差愈大，即高温烟流流经井巷始末两端的标高差愈大，火风压愈大；火源燃烧愈炽烈，烟量大而温度高，火风压也大。在平巷内，ΔZ 近似为零，h_f 值甚小，无火风压。

根据上述分析，可得如下结论：在风路中发生火灾时，火风压的作用只有在高温烟流流经的上行或下行巷道时才能表现出来。高温火烟对矿井通风的影响就好像在其流过的上行或下行巷道里安设了局部通风机一样，它的作用方向在上行风路中与风流方向相同，下行风路中则相反，其风压值是该巷道发火前后的自然风压增量。只有当烟流冷却到常温时，即远离火源点之后，火风压的影响才会消失。

4. 节流效应

节流效应是矿井火灾过程中的一种典型现象。矿井火灾时期，受火烟的热力作用的影响，主干风路以及旁侧支路中的风量往往会随着火势的发展而发生变化。由于火灾的发生，巷道内的气体受热膨胀，流动阻力增大而造成空气质量流量减少的现象称为节流效应(the choke effect)。

假设通风巷道的前端受到火灾的影响，气流流经该巷道后克服摩擦做功，记为 P(单位为 W)。

$$P = HQ = RQ^3 = R\left(\frac{M}{\rho}\right)^3 = \frac{R}{\rho}\frac{M^3}{\rho^2} = R_t\frac{M^3}{\rho^2} \tag{11-4}$$

式中　H——巷道通风阻力，Pa；

Q——风流的体积流量，m^3/s；

M——风流的质量流量，kg/s；

ρ——空气的密度，kg/m^3；

R_t——与密度无关的巷道通风阻力系数。

方程(11-4)可以写成：

$$M = \left\{\frac{P}{R_t}\right\}^{1/3} \rho^{2/3} \tag{11-5}$$

由于 P 和 R_t 都为常数，所以

$$M \propto \rho^{2/3} \tag{11-6}$$

因此，当火灾发生时，空气的密度减小，空气的质量流量也会下降，这就是节流效应。但是，应注意到体积流量却会增加。

由于 $M=\rho Q$，式(11-6)可以写成：

$$Q \propto \frac{1}{\rho^{1/3}} \tag{11-7}$$

如果设定 $P=\text{const}$，则据式(11-4)，如果质量流量 M 减小，那么阻力 H 就会增大，因热膨胀增加的阻力即为热阻力。

二、火灾对通风系统的影响

外因火灾导致附近空气的温度迅速上升，使空气产生热膨胀。这种热效应将对矿井通风系统产生两个方面的影响：一方面，由于对空气的加热使其密度下降，非水平的巷道分支将产生火风压；另一方面，通风巷道中产生的热膨胀会减少主干通风巷道内空气的质量流量，即造成节流效应。以上两方面影响将改变矿井通风系统的压力分布，从而可能改变原有的矿井风量分配，造成风流紊乱，扩大事故范围，带来更严重的后果。

矿井火灾造成的风流紊乱主要有烟流逆退和风流逆转两种形式。

1. 烟流逆退

火灾燃烧中的火焰与生成的烟气在浮升力的作用下一般向上流动。如图 11-4 所示，在矿井巷道中，如果火源处向上流动的烟流受到顶板的阻挡，热烟气将在巷道的顶部沿巷道进、回两个方向流动，因此在巷道顶部烟气逆着巷道进风方向流动的被称为烟流逆退，在地面建筑火灾学中这种现象被称为顶棚射流[1]。由于顶板对流动的黏性影响，在十分贴近顶板的薄层内烟气的流速较低；随着垂直向下离开顶板距离的增加，其速度先增加然后减小；而超过一定距离后，速度便逐渐降低为零。这种速度分布使得烟流前锋的烟气转向下流，然而热烟气仍具有一定的浮力，还会很快上浮。于是顶板上部的烟流会形成一连串的旋涡，它们可将烟气层下方的空气卷吸进来，因此烟流的厚度逐渐增加，而速度逐渐降低。逆退的烟流由于受到通风系统压力的影响，流动速度逐渐减小，最后又顺风流流动，这种逆退烟流的回流现象也被称为烟流逆退。逆流的距离与厚度取决于巷道的高度以及巷道中风流的速度

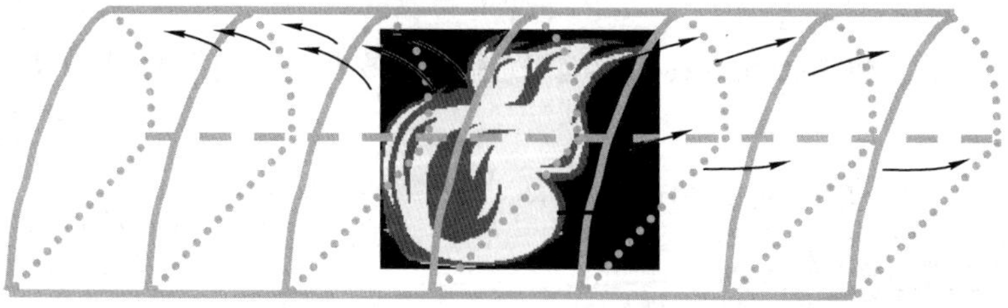

图 11-4　矿井火灾烟流逆退示意图

和烟流量。从烟流逆退的产生机制中可看出，烟流的滚退在水平、下行和上行巷道中都会产生。显然，在下行巷道中逆退的烟流量最大，因为火灾烟流的浮力是逆巷道风流方向的；在上行巷道中逆退的烟流量最小，因为烟流的浮力与风流流动方向一致；水平巷道介于这二者之间。

烟流逆退会对在风流上侧灭火的救护队员造成威胁，逆退回来的烟气中往往包含了大量的高温一氧化碳，毒性较大，而且有可能使灭火队员头顶上方的可燃物燃烧起来，甚至可能进入进风系统中，特别是当富燃料燃烧时还可能产生回燃和爆炸，这都将产生极大的危害。

2. 风流逆转

矿井火灾时期，火灾产生的火风压可能会造成某些支路压力的变化，从而会改变风流的流动方向，通风网络中某分支风流方向发生改变的现象称为风流逆转，即该分支的风流方向与未起火前的方向相反。一般风流的逆转会使火灾区域扩大，为救灾和人员逃生带来更大的威胁。火灾时期救灾工作最重要的一个原则就是要稳定通风系统，防止风流逆转。

为了分析不同通风的影响，先对通风方向与通风线路作如下定义：

上行通风——在倾斜或垂直的巷道中，风流从标高低端向高端的流动。

下行通风——在倾斜或垂直的巷道中，风流从标高高端向低端的流动。

主干风路——发生火灾后，从入风井口经火源点到回风井的通路。

旁侧支路——主干路以外的其余支路均称旁侧支路。

矿井火灾时期常见的风流逆转风路有：上行通风旁侧支路、下行通风主干风路。

(1) 上行通风旁侧支路的风流逆转

在上行通风主干风路发生火灾时，火风压的作用方向与通风机风压的作用方向一致，因此上行通风主干风路不会发生风流逆转，在火风压作用下，其风量还会增加。但上行通风旁侧支路在火风压的作用下，却会受到相反的影响，一般都会使旁侧支路的风量减小，甚至发生旁侧支路的风流逆转，上行通风旁侧支路风流逆转是火灾时期发生风流紊乱的常见形式之一。

如图 11-5 所示的简单风网，Ⅰ、Ⅱ、Ⅲ采区分别布置在风网的 2—4、3—4、3—5 三条支路中，若Ⅰ号采区的进风巷道内发生火灾，正常情况下火烟将随风流侵袭到Ⅰ号采区，并通过 4—5、5—6 回风支路排出地面[图 11-5(a)]。显然火源所在的风路 1—2—F—4—5—6 为主干风路，而其余的支路如 2—3、3—4、3—5 均称为旁侧支路。在火灾时期旁侧支路保持原有风向不变，就不会受到火烟的侵袭，Ⅱ、Ⅲ号采区也将处于安全之中。但实际并非如此，当火势发展迅猛时，往往会从主干风路的排烟段分出一股烟流，沿着旁侧支路，逆着原有的风向全断面地朝最近的节点流去，这就是旁侧支路的风流逆转，如图 11-5(b)所示。火烟侵入了Ⅱ、Ⅲ号采区(尽管Ⅲ号采区的风向保持正常不变)，从而扩大了事故的范围及其危害性。旁侧支路 3—5 发生风流逆转，烟气将波及全矿[图 11-5(c)]，危害更为严重，这种形式的风流紊乱在上行通风发生火灾时最易发生。

又如图 11-6 所示的简化通风网络，设火灾发生在采区上山内即上行风路 a_1 中，由于高温烟流流经上行风路，所以局部火风压的作用方向与系统的主要通风机风压(h_f)作用方向一致。在这种情况下，主干风路 1—2—A—3—F—4—B—5—6 的风向一般是保持原来的方向不变。而可能发生风流逆转的是旁侧支路(a_2、b、c_2)。

旁侧支路风流逆转原因在于，由于火风压的作用，使得主干风路的压力提高即增高了旁

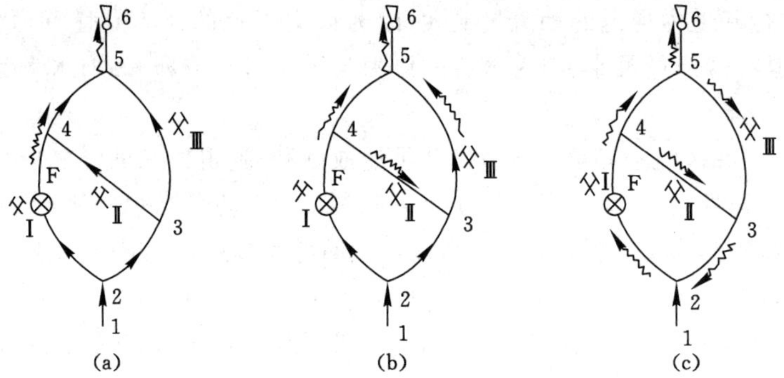

图 11-5　旁侧支路风流逆转

侧支路回风侧的压力，随着火势的发展，火风压值的增大，旁侧支路的压差(如图 11-6 中的 h_{3-4}、h_{2-5}就会减小，可能变为零或负值，旁侧支路的风量就开始减小，趋近为零，最后风流逆转。

(2) 下行通风主干风路的风流逆转

下行通风发生火灾或有高温烟流流过时，由于火风压的作用与通风机提供的风压相反，根据这二者的相互作用关系，主干风路的风流在火灾的初期，风量会减小；随着火势的发展，火风压增大，当火风压与风机提供的风压平衡时，风量为零，此时发生的燃烧为富燃料燃烧；当火风压继续增大时，就会发生烟流的逆转，逆转时，可能有新鲜风流掺入，就可能发生回燃并可能引起爆炸。图 11-7 表示下行通风主干风路 3—5 发生风流逆转。逆转时可能会出现回燃或爆炸，是下行主干风流逆转过程中最危险的时期。认识火灾时期下行通风风流的变化规律，对防止风流逆转，最大限度地减少事故损失具有重要的意义。

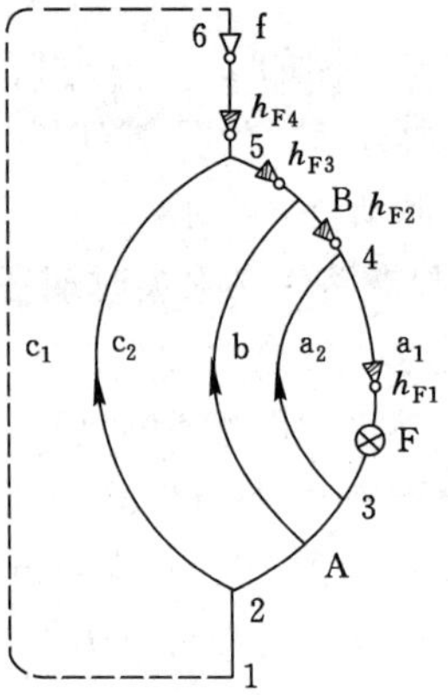

图 11-6　上行通风中发生
火灾的风网示意图

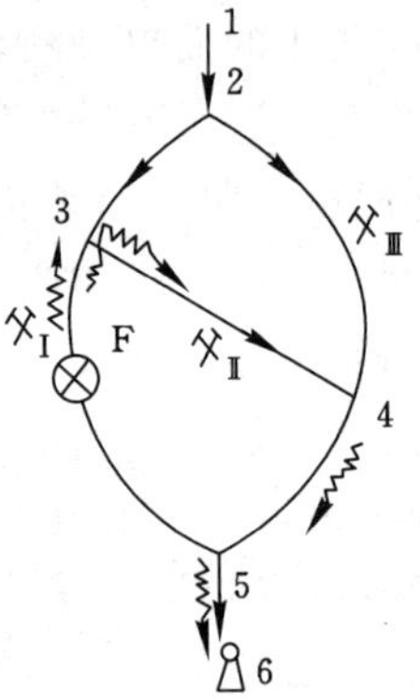

图 11-7　下行通风主干
风路风流逆转

我国许多造成人员重大伤亡的矿井火灾事故都是下行通风主干风路烟流发生逆转，致使灾情扩大，造成巨大的损失。

［案例］

2023年5月9日，河南省三门峡市河南大有能源股份有限公司耿村煤矿发生较大火灾事故，造成5人遇难，直接经济损失1 483.26万元。该矿核定生产能力360万t/a，主采2-3煤层，煤层自燃倾向性等级为Ⅱ类自燃。矿井设有12采区和13采区，事故发生在13采区中部车场水仓泵房回风联络巷。13采区中部水仓泵房回风联络巷调节风窗周边破碎煤体自燃，火势发展至13采区回风下山，引燃巷道内的木背板和破碎煤体，并沿回风侧迅速蔓延，形成较大火风压，导致风流逆转和紊乱，高温烟气和高浓度CO阻断了逃生通道，造成5名矿工遇难。

三、防治外因火灾的措施

防治外因火灾必须贯彻“预防为主、综合治理”的方针。要杜绝外因火灾，根据火灾三要素，首先是在井下尽量不使用易燃材料，同时杜绝高温热源，以消除火灾发生的条件，这是防治外因火灾的第一道防线；其次，加强对火灾的监测监控，及时发现火灾隐患并及时处理，将火灾扑灭于初期，这是防治外因火灾的第二道防线；最后，健全消防系统，一旦发生火情，有消防措施和手段能及时处理，尽量减少灾变带来的损失，这是防治外因火灾的第三道防线。为了预防外因火灾，生产和在建矿井必须制定井上、下防火措施，严格遵守《煤矿安全规程》的有关规定，不能有任何麻痹侥幸的心理。

1. 使用不燃或耐燃材料

井下尽量使用不燃或耐燃的材料与制品，特别是输送机胶带、机电设备用油、巷道支护材料等采用耐燃或不燃材料。井下使用的汽油、煤油和变压器油必须装入盖严的铁桶内，由专人押运送至使用地点，剩余的汽油、煤油和变压器油必须运回地面，严禁在井下存放。

井筒、平硐与各水平的连接处及井底车场，主要绞车道与主要运输巷、回风巷的连接处，井下机电设备硐室，主要巷道内带式输送机机头前后两端各20 m范围内，都必须用不燃性材料支护。这些地点采用不燃性材料支护，除了本身阻燃外，还可以起到“隔离带”的作用。如2001年2月3日，抚顺老虎台矿－680 m水平高压变电室油浸变压器着火并很快烧出硐室，但大火在向前燃烧30 m时遇到料石砌碹的支护，火即被截住再没有向前传播。最后救灾人员抓住这一良机及时撤走井下人员并顺利扑灭了大火，没有造成人员伤亡。

2. 杜绝高温热源

井口房和通风机房附近20 m内禁止烟火，也不准用火炉取暖；严禁携带烟草、引火物下井；井下和井口房内不得从事电焊、气焊或喷灯焊接等工作，因为施焊过程中飞溅出的火花和焊渣容易引燃一些易燃物品，如不能有效控制和及时处理这一情况就很容易酿成重大火灾。如果一定要在井下焊接时，必须制定安全措施，经批准并有专人在现场检查和监督，而且要求事先清除附近的易燃物品，备足消防用水、砂子、灭火器等，并随时检查瓦斯和煤尘浓度。

防止失控的高温热源。失控的高温热源包括：电气过负荷运行、短路产生的电弧电火花，不正确的爆破作业形成的爆炸火焰，机械设备运转不良造成的过热或摩擦火花，违章吸烟、使用电炉、灯泡取暖、电焊、气焊以及瓦斯煤尘爆炸等而出现的明火。为预防电器火灾，要正确选用易熔断丝片和漏电继电器，以便电流短路、过负荷或接地时能及时切断电流；不准带电检修、搬迁电气设备。

3. 加强火灾的监测监控

火灾发生初期是火灾扑灭的最佳时期，有效的监测监控能够及早识别初期火灾，并发出报警，使火灾被扑灭于萌芽时期，从而最大限度地减少损失，不至酿成大的灾难。监测系统配合自动灭火系统使用，更能有效达到该目的。

加强对井下易产生高温电气设备的重点监控。如采用温升变色涂料涂敷在电机的外壳或机械设备的易发热部位，这些涂料一旦温升超出额定值即会变色，给人以预警，可以作为早期发现电气设备发热的指示标志。其他预警电气机械设备温升的还有以易熔合金、热敏电阻等制成的感温元件，而且将这些元件与灭火装置联动，可以在发生火灾时自动启动灭火。

4. 建立健全消防系统

(1) 设地面消防水池和井下消防管路系统。井下消防管路系统应每隔 100 m 设置支管和阀门，但在胶带运输巷中应每隔 50 m 设置支管和阀门。地面的消防水池必须经常保持不少于 200 m^3 的水量。如果消防用水同生产、生活用水共用同一水池，应有确保消防用水的措施。开采下部水平的矿井，除地面消防水池外，可利用上部水平或生产水平的水仓作为消防水池。

(2) 进风井口应装设防火铁门。防火铁门必须严密并易于关闭，打开时不妨碍提升、运输和人员通行，并应定期维修；如果不设防火铁门，须有防止烟火进入矿井的安全措施。

(3) 井上、下设置消防材料库。井上消防材料库应设在井口附近，并有轨道直达井口，但不得设在井口房内。井下消防材料库应设在每一个生产水平的井底车场或主要运输大巷中，并应装备消防列车。

(4) 井下可能发生火灾的地点备有灭火器材。井下爆炸材料库、机电设备硐室、检修硐室、材料库、井底车场、使用带式输送机或液力偶合器的巷道以及采掘工作面附近的巷道中，应备有灭火器材，其数量、规格和存放地点，应在灾害预防和处理计划中确定。

(5) 建立胶带运输巷独立通风系统。随着矿井机械化水平的不断提高，防止井下胶带输送机火灾事故已是矿井外因火灾防治的重点。为了限制灾害范围，防止有害气体蔓延，建立胶带运输巷独立通风系统，胶带运输巷一旦发生火灾，火灾灾变烟流能及时流向回风系统，避免对工作区域的人员造成威胁。

(6) 加强消防系统的管理与人员培训工作。每季度应对井上、下消防管路系统，防火门，消防材料库和消防器材的设置情况进行一次检查，发现问题，及时解决；做好相应的人员安全培训工作，井下工作人员必须熟悉灭火器材的存放地点和使用方法。

第二节 内因火灾

内因火灾是指煤炭接触空气后，因煤自身氧化产生热量，热量积聚使煤炭自燃而产生的火灾。内因火灾是矿井火灾的主要形式，它占矿井火灾总数的 90%左右。内因火灾有一个孕育的过程，火势发展缓慢，多发生在有较多浮煤且存在一定漏风的采空区、巷道高冒区、破裂的煤柱或煤壁内等地点。内因火灾的火源一般较隐蔽，通常难以发现且治理困难，有的自燃火灾可以持续数月、数年，甚至数十年之久，使火灾范围扩大，烧毁大量煤炭，冻结大量资源。

我国存在有煤炭自燃的矿井约占矿井总数的56%，煤炭自燃而引起的火灾占矿井火灾总数的85%～90%。近年来我国广泛采用综采放顶煤开采技术，使生产效率大幅提高。但采用这种采煤方法开采后的采空区，遗留残煤多、垮落高度大、漏风严重，使得自燃火灾发生频繁，常常使价值不菲的开采装备被封闭在火区中，此外还使大量的煤炭被火区冻结，造成巨大的经济损失。煤炭自燃已成为制约高产高效矿井安全生产与发展的主要因素之一。

矿井火灾的发生又是矿井瓦斯与煤尘爆炸的火源之一，历史上发生的多起瓦斯爆炸的诱发原因之一就是煤炭自燃火灾。

除了井下的煤炭自燃火灾外，还有地表煤层自燃火灾，在我国新疆、宁夏、内蒙古都存在大面积的煤田火灾，每年烧损的煤量达1 000万t。

煤炭自燃不仅烧毁大量资源和设备，导致巨大的财产损失，而且产生大量的有毒有害气体和高温烟流，严重威胁着井下工作人员的生命安全；同时煤炭自燃产生大量的H_2S、CO和CO_2气体，严重污染环境，煤田火灾还造成大面积的植被破坏，使土壤沙漠化。煤炭自燃火灾的危害越来越受到人们的关注。

一、煤炭自然发火过程

早在1862年，德国人戈朗布曼(Grumbman)发表了第一篇关于煤炭自燃起因的文章。100多年来，为了解答煤为什么能够自燃，人们进行了不懈的努力与探索，提出了若干假说来解释煤的自燃，如黄铁矿作用、细菌作用、酚基作用、煤氧复合作用等假说。黄铁矿作用假说认为煤的自燃是由于煤层中的黄铁矿(FeS_2)与空气中的水分和氧相互作用、发生热反应而引起的。细菌作用假说认为，在细菌作用下，煤在发酵过程中放出一定热量对煤自热起了决定性作用。酚基作用假说认为，煤的自热是煤体内不饱和的酚基化合物强烈地吸附空气中的氧，同时放出一定量的热量而造成的。煤氧复合作用假说认为，原始煤体自暴露于空气中后，与氧气结合，发生氧化并产生热量，当具备适宜的储热条件时，就开始升温，最终导致煤的自燃。

由于煤是一个非均质体，其品种多样，化学结构、物理性质、煤岩成分、赋存状态、地质条件均有很大差别，所以其自燃过程也是相当复杂的，至今现有的煤炭自燃假说都还不能完全揭示煤炭自燃的机理，如不能回答煤炭自燃过程中产生的CO、CO_2、烷烃、烯烃、低级醇、醛等气体成分是如何生成的等一系列问题。造成这种问题的主要原因是煤炭是一种混合物，人们难以用确定的分子结构对煤的化学特性进行描述，因此就不能准确揭示煤氧反应的化学机理。尽管如此，煤氧复合作用假说还是揭示了煤炭氧化生热的本质，并得到了实践的验证，所以该假说已被人们广泛认同，成为指导人们防治煤炭自燃工作的重要理论。

根据现有的研究成果，人们认为煤炭的氧化和自燃是基-链反应。煤炭自燃过程大体分为三个阶段：① 准备期；② 自热期；③ 燃烧期。如图11-9所示。

煤炭在其生成过程中，形成许多含氧游离基，如羟基(—OH)、羧基(—COOH)和碳基(>C=O)，等等。当破碎的煤与空气接触时，煤从空气中吸附的O_2只能与这些游离基反应，并且生成更多的、稳定性不同的游离基。此阶段煤体温度的变化不明显，煤的氧化进程十分平稳缓慢，然而它确实在发生变化，不仅煤的重量略有增加，着火点温度降低，而且氧化性被活化。由于煤的自燃需要热量的聚积，在该阶段因环境起始温度低，煤的氧化速度慢，产生的热量较小，因此需要一个较长的蓄热过程，故这个阶段通常称为煤的自燃准备期，它的长短取决于煤的自燃倾向性的强弱和外部条件。

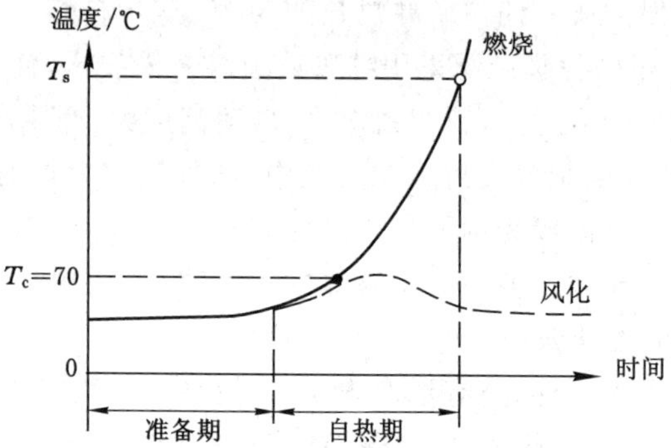

图 11-9　煤炭自燃过程

经过这个准备期之后，煤的氧化速度增加，不稳定的氧化物分解成水(H_2O)、二氧化碳(CO_2)、一氧化碳(CO)。氧化产生的热量使煤温继续升高，超过自热的临界温度(60～80 ℃)，煤温上升急剧加速，氧化进程加快，开始出现煤的干馏，产生芳香族的碳氢化合物(C_xH_y)、氢(H_2)、更多的一氧化碳(CO)等可燃气体，这个阶段为自热期。

临界温度也称自热温度(self-heating temperature，SHT)，是能使煤自发燃烧的最低温度。一旦达到了该温度点，煤氧化的产热与煤所在环境的散热就失去了平衡，即产热量将高于散热量，就会导致煤与环境温度的上升，从而又加速了煤的氧化速度并产生更多的热量，直至煤自燃起来。煤的自热温度与煤的产热能力和蓄热环境有关，对于具有相同产热能力的煤，煤的自热温度并不一定相同，主要取决于煤所在的散热环境。如浮煤堆积量越大，散热环境越差，煤的最低自热温度就越低。因此应注意即使是同一种煤，其自热温度也不是一个常量，受散热(蓄热)环境影响很大。

自热期的发展有可能使煤温上升到着火点温度(T_s)而导致自燃。煤的着火点温度因煤种不同而变化，无烟煤一般为 400 ℃，烟煤为 320～380 ℃，褐煤为 270～350 ℃。如果煤温根本不能上升到临界温度(60～80 ℃)，或上升到这一温度但由于外界条件的变化更适于热量散发而不是聚积，煤炭自燃过程即行放慢而进入冷却阶段，继续发展，便进入风化状态，使煤自燃倾向性能力降低而不易再次发生自燃，如图 11-9 中虚线所示。

从煤的自燃过程可见，煤的自燃过程就是煤氧化产生的热量大于向环境散失的热量导致煤体热量聚积，使煤的温度升到着火点温度的过程。

由此可见，煤炭自燃必须具备 4 个条件：① 煤具有自燃倾向性且呈破碎状态堆积；② 有连续的通风供氧条件；③ 热量易于积聚；④ 持续足够长的时间。第一个条件，煤的自燃倾向性取决于成煤物质和成煤条件，由煤的物理化学性质所决定，自燃倾向性强的煤更容易氧化，在一定时间放出的热量更多，从而更容易自燃。只有当具有自燃倾向性的煤受压破碎且堆积至一定厚度时，煤才可能自然发火，堆积较薄的浮煤因产热少、蓄热条件差而难以发生自燃。第二个和第三个条件为外因，取决于煤层的地质赋存条件、开拓开采技术因素和通风因素。最后一个条件是持续足够长的时间，煤自燃是当经过一定时间热量的积累使煤体的温度达到一定温度后才可能发生的结果。只有上述四个条件同时具备，煤炭才能自燃。

完整的煤体只能在其表面发生氧化反应，氧化生成的热量少且不易积聚，所以不会自燃。相反，煤受压时引起煤分子结构的变化，含游离基增加；另外，煤炭破碎程度越大，其氧化表面积就越大，也就越容易自燃。因此，煤炭自燃经常发生的地点有：

(1) 有大量遗煤而未及时封闭或封闭不严的采空区(特别是采空区内的联络巷附近及采空区处)；

(2) 巷道两侧和遗留在采空区内受压破坏的煤柱；

(3) 巷道内堆积的浮煤或煤巷的冒顶垮帮处；

(4) 与地面老窑通联处。

二、影响煤炭自然发火的因素

煤炭自燃是煤氧化产热与向环境散热矛盾发展的结果。因此，只要与煤炭自燃过程产热和向环境散热相关的因素都能影响煤的自然发火过程。煤自燃的影响因素分为两个方面，即影响煤炭自燃的内在因素和外在因素。

1. 煤炭自燃的内在因素

自燃是煤的一种自然属性，但不同煤的自燃倾向性却不相同。这是因为不同的煤其氧化能力不一样，而影响其自身氧化能力的内在因素主要有煤的变质程度、煤岩成分、煤的含硫量、煤的粒度和孔隙结构、煤的瓦斯含量及煤的水分等，这些影响因素使得不同煤的自燃倾向性不同。

(1) 煤的变质程度

随着煤化程度的增加，结构单元中芳香环数增加，对气态氧较活泼的侧链和含氧官能团减少甚至消失，煤的抗氧化作用的能力增加。低煤化程度的褐煤及烟煤，其分子结构中性质活泼的侧链及含氧官能团较高，芳香环数少，芳香化程度低，因而其抗氧化作用能力较弱，易于氧化自燃；而高煤化程度的无烟煤，因其分子结构中性质活泼的侧链及含氧官能团减少甚至消失，芳香化程度高，因而抗氧化作用能力强，难以自燃。一般说来，煤的煤化程度愈低，挥发分就愈高，氢氧含量就愈大，其自燃危险性就愈大。例如，褐煤的自燃危险性比烟煤的大，烟煤的自燃危险性比无烟煤的大。在烟煤中，开采煤化程度较低的长焰煤和气煤的自燃危险性大，煤化程度高的瘦煤和贫煤的自燃危险性小。尽管煤的自燃性是随着煤的变质程度增高而降低，但不能以煤化程度作为判断煤的自燃危险性的唯一标志。因为在生产实践中人们发现，煤化程度相同的煤，有的具有自燃特性，有的就不自燃，自燃的难易程度也不同。例如，同一牌号的煤若含硫量较高，则吸氧能力强，因此易于自燃。

现场统计表明，褐煤最易自燃，无烟煤最不易自燃，烟煤的煤化度和自燃倾向性低于无烟煤而高于褐煤。烟煤是自然界最重要、分布最广、储量最大、品种最多的煤种。根据煤化度的不同，我国将其划分为褐煤、长焰煤、不黏煤、弱黏煤、气煤、肥煤、焦煤、瘦煤、贫煤、无烟煤等，这些煤种的自燃倾向性逐渐降低。

(2) 煤岩成分

煤岩成分一般分为丝煤、暗煤、亮煤和镜煤四种。在不同的煤炭中，这四种成分的数量变化很大，通常煤体中大多数是暗煤和亮煤，除极少数的情况外，丝煤和镜煤仅仅是煤中的少量混杂物质。

不同的煤岩成分有着不同的氧化性。在低温下，丝煤吸氧量最多，但是，随着温度的升高，镜煤吸附氧能力最强，其次是亮煤，暗煤最难自燃。丝煤结构松散，吸氧量强，在常温条件下，丝煤吸附氧的数量较其他煤种要多 1.5～2.0 倍，50 ℃时为 5 倍。丝煤的着火点温度低，仅为 190～270 ℃。所以人们认为，在常温条件下，丝煤是自燃的导因，起着引火物的作用。

镜煤与亮煤脆性大，易破碎，而且灰分少，在其次生的裂隙中常常充填有黄铁矿，开采中易碎裂为微细的颗粒，细微状的煤粒黄铁矿都有较高的自燃氧化特性，因此它的氧化接触面积大，着火温度低。故镜煤与亮煤在丝煤吸附氧化升温的诱导下很容易自燃。

(3) 煤的含硫量

硫在煤中有三种存在形式：二硫化亚铁即黄铁矿(FeS_2)、有机硫以及硫酸盐。对煤自燃起主导作用的是黄铁矿。黄铁矿的比热小，它与煤吸附相同的氧量而温度的增值比煤大3倍。黄铁矿在低温氧化时产生硫酸铁和硫酸亚铁，体积增大，使煤体膨胀而变得松散，增大了氧化表面积，而且其分解产物比煤的吸氧性更强，能将吸附的氧转让给煤粒使之发生氧化。煤中含黄铁矿越多，就越易自燃。根据《煤自燃倾向性色谱吸氧鉴定法》(GB/T 20104—2006)，对于干燥无灰基挥发分不大于18%的煤样，其含硫量不小于2%时，属于容易自燃或自燃煤层。现场统计资料也表明，高硫矿区往往属于自燃比较严重的矿区。

(4) 煤的粒度和孔隙结构

完整的煤层和大块堆积的煤一般不会发生自燃，一旦受压破裂，呈破碎状态存在，煤才可能自然发火。这是因为氧气不能够进入完整的煤层或煤体，大块的煤能够充分与氧接触的表面积有限，氧化产生的热量相对较小，不足以使煤块升温，并且由于大块煤堆积的大缝隙导致对流传热明显，热量不易于积聚。一些学者认为，当煤的粒度过小时，氧气难以进入堆积的煤体内部，影响了煤的充分氧化。因此，推测煤自燃有一个最优粒度，该粒度也就是在煤氧化产热和热散失相对最大时的粒度，并且该粒度随其他影响因素的变化而变化，一般认为粒度在1 mm左右时煤的氧化性较强。同时，较为破碎的煤的自燃点(着火点)也会显著降低，比如当烟煤的粒度为1.5～2 mm时，其着火点温度大多在330～360 ℃，粒度小于1 mm以下时，着火点温度可能降低到190～220 ℃。但是也有一些学者认为，当煤的粒度下降到一定数值以下(比如1 mm)时，煤的氧化能力就与粒度无关了。另外，如果将不同粒度的煤混合，其氧化性会显著增加，出现这一现象的原因是不同粒度的组合不但使氧易于进入煤体内部，而且不易形成对流传热，结果充分发挥了小粒度煤易于氧化产热、大粒度煤粒易于使氧达到煤体内部的优点，该现象在现场已经得到了充分证实。

孔隙越发育的煤，其内表面积越大，单位质量吸附氧气的能力越大，利于反应的进行，而且孔隙发育的煤的导热性也相对较差(孔隙中充满气体，气体导热性比无孔隙的实体煤差)，因此，孔隙越发育的煤，往往越易于自燃，如褐煤等。

(5) 煤的瓦斯含量

瓦斯是煤在形成过程中保存下来的伴生物。煤与瓦斯在一般温度条件下不发生反应，否则煤就不可能与瓦斯共存于煤层之中。从煤氧化角度来说，瓦斯相当于惰性气体。因此，瓦斯或者其他气体含量较高的煤，由于其内表面受到隔离(煤层中的瓦斯压力一般比大气压力高)，氧气不易与煤表面发生接触，也就不易同煤进行复合。即使氧气能够达到煤体，瓦斯的稀释作用使氧气浓度降低，使煤氧发生反应的强度降低，产生热量的强度降低，煤发生自燃的危险性也相应减小。我国许多高瓦斯矿井自然发火程度都比较低。一般认为，当煤中残余瓦斯量大于5 m^3/t时，煤往往难以自燃。但是随着瓦斯的放散，煤自燃性将会提高，自然发火的危险性同一般的煤也就没有区别了。因此，瓦斯含量也不应作为煤层自燃危险性的判断标准。

（6）煤的水分

水分对煤炭自燃过程的影响有两个相互对立的过程。首先，煤炭中的水分在初期阶段会因为蒸发作用而散失，因此，一部分热量就会以水分潜热的形式被水蒸气带走，这就有阻止了煤体温度升高的趋势。其次，煤体也会从空气中吸收水分，这就是所谓的吸收热（有时也叫湿润热），会促使煤的温度升高。那么水分对煤的总的作用就取决于这两种过程谁占主导地位。

根据煤中水分赋存的特点，煤的水分分为内在水分和外在水分，煤的内在水分是吸附或凝聚在煤颗粒内部的毛细孔中的水分，煤的外在水分是附着在煤的裂隙和煤体表面上。一般来说，煤的内在水分在 100 ℃以上的温度才能完全蒸发于周围的空气中，煤的外在水分在常温状态下即能不断蒸发于周围空气中，在 40～50 ℃下，经过一定时间，煤的外在水分即可完全蒸发。在煤的外在水分还没有全部蒸发之前，温度很难上升到 100 ℃，因此，从这种情况看，煤的含水量对煤的氧化进程有影响，主要还是煤的外在水分。

如果煤的外在水分含量较大，就会增加蓄热时间，延长煤炭自燃的准备期。由于煤的外在水分赋存于煤炭表面、裂隙中，因此在煤的表面及裂隙中形成了一层煤水结合层，在煤开始接触空气且吸附其中的氧进行氧化反应时，这个结合层就阻止煤和氧接触氧化，减少了煤的吸氧量和氧化机会，限制了煤体升温及升温时间，使蓄热时间增长，延长了煤的自燃准备期。另外，煤的外在水分蒸发需要大量热量，一般是 1 kg 的水蒸发所吸收的热量为 2 591.63 kJ，因此，煤吸氧发生的氧化反应所放出的热量大部分将被煤体的外在水分所吸收，使煤体周围的热量不易积聚，所以煤体的温度难以上升，使煤的自燃准备期延长。

煤吸收水分为煤炭自燃的初期阶段提供了热量。在矿井开采过程中，如果气候干燥，煤炭自燃的发生就相对较少。如果矿井使用过用水淹的方法灭过火，当重新开启淹没过的火区，这个区域的煤炭就易发生自燃。主要原因有两个：一是水淹过程和排干水的过程会使煤炭进一步破碎，并生成更多的新的表面；二是在某些位置较高而没有被水完全淹没到的区域还存在高温点，水分逐渐被蒸发，使煤体变干，一旦有湿空气进入，煤吸水并产生热量，从而加速了煤的氧化和自燃。

2. 煤炭自燃的外在因素

煤炭自燃倾向性取决于煤在常温下的氧化能力，是煤的一种自然属性，也是煤层发生自燃的基本条件。然而在生产中，一个煤层或矿井的自然发火危险程度并不完全取决于煤的自燃倾向性，还受外界条件的影响，如煤层地质赋存条件、开拓开采方法、通风管理水平等。这些外界条件决定着煤炭接触到的空气量和与外界的热交换。因此，必须掌握它们的基本规律，以便来指导现场的生产实践，保证安全生产。

（1）煤层地质赋存条件

煤层地质赋存条件主要是指煤层厚度、倾角、埋藏深度、煤层的地质构造及围岩性质等。

总的来说，较厚的煤层是一个增大火灾危险性的因素。开采厚煤层的矿井，内因火灾发生次数比开采中厚和薄煤层的矿井多。究其原因：一是因为厚煤层难以全部采出，遗留大量浮煤与残柱，而遗留在采空区的煤，尤其是碎煤，由于导热能力弱，常常会造成局部储热条件；二是采区回采时间长，大大超过了煤层的自然发火期；三是煤层容易受压破裂而发生自燃。据统计，煤矿井下 80％的自燃火灾是发生在厚煤层开采中。

煤层倾角对煤炭自燃也有重要影响，开采急斜煤层比开采缓斜煤层易自燃。因为倾角大的煤层受到地质作用影响比较大，使得煤层在开采过程中比较容易破碎，形成的煤粒度比较小。同时，倾角大的煤层频繁发生自燃还因为急倾斜煤层顶板管理困难，采空区不易充严，煤柱也不易保留，漏风大，上部已经过一定时期的自燃准备的煤下滑。例如，开滦赵各庄煤矿东西两翼煤层倾角东缓西陡，火区大都发生在西翼；苏联库兹涅茨矿区75%的自燃火灾发生在45°～90°倾角的煤层中。

地质构造复杂的地区，包括断层、褶曲发育地带、岩浆入侵地带，自然发火次数要多于煤层层位规则之地。这是由于煤层受张力、挤压，裂隙多，煤体破碎，吸氧条件好所造成的。

煤层顶板的性质也影响煤炭发生自燃。煤层顶板坚硬，煤柱最易受压碎裂。坚硬顶板的采空区难以垮落充填密实，垮落后还会形成与相邻近的采区，甚至与地面连通的裂隙，漏风难以杜绝，为煤自燃提供了条件，大同矿区的自燃灾害就具有这方面的特点。若顶板易于垮落，垮落后能够严密地充填采空区并很快被压实，火灾就不易形成，即使发生，规模也不会很大。

(2) 开拓开采方法

采掘技术因素对煤炭自燃危险性的影响主要表现在采区回采速度、回采期、采空区丢煤量及其集中程度、顶板管理方法、煤柱及其破坏程度、采空区封闭难易等方面。良好的开拓方式应是少切割煤层，少留煤柱，矿压的作用小，煤层的破坏程度低，所以像集中平硐、岩石大巷、石门分采区开拓布置就能减少煤炭自燃危险性。

采煤方法影响煤炭自燃主要表现在煤炭采出率的高低和回采时间的长短等，所以，丢煤愈多、浮煤越集中的采煤方法越易引起自燃。落垛式的采煤方法自不待言，采用垮落法管理顶板的开采方法在采空区中遗留的碎煤一般都比其他方法多。由于顶板岩层的破坏，隔离采空区的工作比较困难，易于发生煤炭自燃。采区开采时采用前进式开采比采用后退式开采的漏风大，而且也使采空区内的遗煤受氧作用时间长，这些都为煤炭自燃创造了条件。因此，开采有自燃倾向性煤层的采区，一般都采用后退式开采方法。另外，后退式开采方法对煤柱的压力较小，遗留在采空区的碎煤也少，而且也易于隔离采空区，防止其漏风。

长壁式采煤法中留煤皮假顶，留刀柱支持顶板，以及采出率较低的水力采煤，也均不利于防止煤炭自燃。

一个采区或工作面回采速度慢，拖的时间长，使采空区遗煤经受氧的作用时间大大超过煤层的自然发火期，就难于控制煤炭自燃的发生。因此，应力求采用进度快的生产工艺。神东矿区采用先进可靠的大功率重型综采设备，实现了矿井的快速开采，从而使得该矿区采空区自燃"三带"中的"自燃带"存在时间短暂，大大降低了采空区煤炭自燃的可能性；在工作面回撤过程中，采用"辅巷多通道"的搬家技术，实现了工作面的快速搬家，很大程度上降低了停采线附近发生自燃灾害的概率；同时，该矿区还综合采用快速封闭技术并结合无轨胶轮车快速运输手段，实现了巷道的快速封闭，减少了煤与氧的接触时间，使煤体无法积聚发生自燃所必需的热量。通过"快采"、"快撤"和"快闭"技术的实施，有效控制了煤的氧化蓄热，大大减小了"两道"和"两线"处自燃灾害发生的危险性，成功地实现了"以快防火"。

甘肃省窑街矿区开采特厚、易燃煤层，主采层22 m、最厚达98 m，自然发火期3～6个月。矿区井田范围内自明朝就有古窑开采，小窑星罗棋布，老空区纵横重叠，自燃火灾频频发生。为扭转严重的发火局面，将集中运输巷由煤层改到底板岩层；改革了采煤法，以倾斜分层、金属网假顶采煤法代替了高落式和煤皮假顶倾斜分层采煤法，并且采取了黄泥注浆、不留煤柱、老空复采的综合措施，发火率由原来的1.65次/万吨降到了0.052次/万吨。

(3) 通风管理水平

通风因素的影响主要表现在采空区、煤柱和煤壁裂隙漏风。如果漏风量很小，供氧不足，则抑制煤炭自燃。如果漏风量大，大量的风流带走了煤氧化后产生的热量，则也很难产生自燃。决定漏风大小的因素有矿井、采区的通风系统，采区和工作面的推进方向，开采与控顶方法等。

根据漏风规律可知，决定其主要漏风的是漏风通道风阻及其两端压差。如果工作面上下口之间压差小于一定值，则后方采空区就不会自燃。因此，只要能严密堵塞漏风通道，降低压差，即可大大减少矿井的煤炭自燃发生。由采区通风方式可以看出，后退式"U"型、"W"型通风方式有利于防治煤炭自燃，"Y"型和"Z"型通风方式易促进采空区煤炭自燃。

不同煤层的赋存条件，其影响煤炭自燃的主要因素也不相同。就一般情况而言，煤炭自燃主要决定于内在因素，即自燃倾向性，而煤层自然发火的危险性和发火期又受外因条件的严重影响。煤的自燃倾向性是客观存在、不易改变的，但采矿技术、通风管理则完全取决于人的主观能动性。只要从实际出发，采取正确合理的开拓方式、开采方法、通风方式，并加强对采空区、煤柱和通风的管理等，就会防止或大大减少煤炭自燃。

三、煤炭的自燃倾向性与自然发火期

1. 煤炭自燃倾向性

煤的自燃倾向性，即煤自燃难易程度，是煤低温氧化性的体现，是煤的内在属性之一。煤的自燃倾向性与煤的氧化能力和氧化过程释热强度有关。易于氧化且在氧化过程释放热量多的煤，其自燃倾向性就强，也就易于自燃。煤自燃倾向性仅仅是煤的氧化性和热释放强度的问题，与影响煤自燃的条件如聚热环境、风速、空气湿度和空气中的氧气浓度等都没有关系。外因(环境)不影响煤的自燃倾向性，但是不同煤的物理化学特性(内因)对煤的自燃倾向性却有影响，这些影响因素主要有煤化(变质)程度、煤中的水分、煤岩成分、含硫量和煤的孔隙特性等，这些影响因素与影响煤自燃的内在因素完全一样。

不同煤层、不同矿井的煤具有不同的煤自燃倾向性，所有防灭火技术措施都是建立在煤自燃倾向性鉴定基础之上的，科学地鉴定煤自燃倾向性对于矿井防灭火和煤炭储运是非常重要的。

世界上主要产煤国家对煤自燃倾向性的鉴定工作均十分重视，并已开展了较深入的研究。澳大利亚、新西兰和英国等国家的学者采用绝热温升速率、交叉点温度法研究了煤的自燃倾向性和自燃机理，建立了煤炭自燃的测定装置并取得了一系列的研究成果；美国原矿山局建立了煤炭自然发火实验台，利用绝热炉测试煤炭自燃倾向性和研究煤的自燃过程；印度通过研究煤的含氧基团与自燃氧化性的关系，采用交叉点温度法确定煤的自燃倾向性；波兰建立了以测定煤的活化能和升温速率的法定的煤炭自燃测定方法和评价指标。世界主要采煤国家采用的煤炭自燃倾向性测试方法都是在模拟煤炭自然发火的基础上，测试煤氧化升温过程的特征参数，如最低自热温度(SHT)、释热速率(HR)、煤自热升温速率(R_{70})、交叉点温度(CPT)和活化能(E)等。

国际上现在还没有鉴定煤自燃倾向性的统一标准，不同地区和国家在不同时期采用不同的测试方法和指标。我国目前将煤的自燃倾向性分为容易自燃、自燃、不易自燃三类。煤矿必须根据煤自燃倾向性的分类等级采取相应的防灭火措施。《煤矿安全规程》和《煤矿防灭火细则》要求必须对新建矿井、改扩建矿井和生产矿井延深新水平的平均厚度 0.3 m 以上煤层的自燃倾向性进行鉴定。

我国从 20 世纪 50 年代初期即开展对煤炭自燃倾向性的研究，先后采用了着火点温度降低值法、双氧水法及静态容量吸氧法进行鉴定；在 20 世纪 90 年代初，开始采用吸氧量法，即用双气路气相色谱仪动态吸氧的方法，以 1 g 干煤在常温(30 ℃)、常压($1.013\ 3\times10^5$ Pa)下的物理吸附氧量作为分类的主要指标，并综合考虑干燥无灰基挥发分及含硫量来对煤的自燃倾向性进行分类，该方法于 2006 年被批准为评价煤炭自燃倾向性的国家标准[《煤自燃倾向性色谱吸氧鉴定法》(GB/T 20104—2006)]。其划分标准如表 11-1 和表 11-2 所列。

表 11-1　煤样干燥无灰基挥发分 $V_{daf}>18\%$ 时的自燃倾向性分类

自燃倾向性等级	自燃倾向性	煤的吸氧量 $V_d/(cm^3\cdot g^{-1})$
Ⅰ	容易自燃	$V_d>0.70$
Ⅱ	自燃	$0.40<V_d\leqslant0.70$
Ⅲ	不易自燃	$V_d\leqslant0.40$

表 11-2　煤样干燥无灰基挥发分 $V_{daf}\leqslant18\%$ 时的自燃倾向性分类

<table>
<tr><th>自燃倾向性等级</th><th>自燃倾向性</th><th>煤的吸氧量 $V_d/(cm^3\cdot g^{-1})$</th><th>全硫 $S_{t,ad}/\%$</th></tr>
<tr><td>Ⅰ</td><td>容易自燃</td><td>$V_d\geqslant1.00$</td><td rowspan="2">$\geqslant2.00$</td></tr>
<tr><td>Ⅱ</td><td>自燃</td><td rowspan="2">$V_d<1.00$</td></tr>
<tr><td>Ⅲ</td><td>不易自燃</td><td><2.00</td></tr>
</table>

但是，由于煤的物理吸氧量仅与煤的表面性质和物理孔隙结构有关，该方法反映不出煤的内在自燃特性和煤氧化学反应的实质；低温下煤的物理吸氧量不代表参加氧化反应的氧气量，特别是不包括对煤自燃起决定作用的化学吸附和化学反应的耗氧量，而煤在化学吸附和化学反应阶段的产热量是导致煤自燃的根本原因。同时，该方法采用多重指标，缺少科学性和系统性。因此，煤自燃倾向性鉴定的色谱吸氧鉴定法一直受到广泛的质疑。

针对煤自燃倾向性鉴定的色谱吸氧鉴定法存在的不足，中国矿业大学提出了煤自燃倾向性的氧化动力学测试方法。该方法依据煤低温氧化复合反应和自由基链式反应的基本原理，通过测试在程序升温条件下煤样温度达 70 ℃时煤样罐出气口氧气浓度和之后的交叉点温度，得出煤自燃倾向性的判定指数，进而根据该指数对煤自燃倾向性的分类作出鉴定。该方法已被原国家安全生产监督管理总局确立为安全生产行业标准(AQ/T 1068—2008)。

该方法依据煤低温氧化复合反应和自由基链式反应的基本原理，通过测试煤在氧化加热阶段的耗氧量和交叉点温度这两个氧化动力学指标，对煤自燃倾向性进行了科学的分类。测试结果能科学地反映煤氧化自热特性和自热氧化历程，且实验操作简单、耗时短、可重复性好，对指导我国各类具有自然发火倾向性的煤层在开采及储运过程中有效防火，减少自燃火灾的发生率具有重要的理论与现实意义。

2. 煤的自然发火危险程度与自然发火期

煤的自然发火期是煤炭自然发火危险性的时间量度，即煤体从暴露在空气环境之时起到自燃(温度达到该煤的着火点温度)所需的时间。煤的最短自然发火期是指矿井某一煤层自然发火观察和记录的数据中最短的一个时间值。通常所说的煤的自然发火期指的就是最短自然发火期。

尽管自燃倾向性高的煤，自然发火期往往就短，但二者有着明显的不同。煤的自燃倾向性只反映煤自燃的内因条件，而煤的自然发火期，不仅受内因条件的影响，还受煤炭的开采方法、通风等外因条件的影响，因此煤的自然发火期更能表征一个矿井或煤层的自然发火特性。事实上，煤自燃倾向性的高低不能完全决定自然发火期长短，二者间没有必然的对应关系。一个弱自燃倾向性的煤层，对形成自然发火的内部条件并不充裕，但遇上许多不利的地质赋存条件、不合理的通风和采矿方法等因素，可能经较短的时间就能发火，造成相当严重的自然发火局面。如果煤虽然有较高的自然发火倾向性，但缺少供氧和蓄热环境，那么煤也不会自燃，或者说，自然发火期很长。例如：回采推进速度快，采空区的煤很快进入窒息区，不会着火；采空区或其他区域丢的浮煤少，浮煤氧化产生的热量少，煤炭的蓄热就需较长时间，因此这些区域也不容易自燃。合理的开拓开采方法、良好的通风等外因条件可以在很大程度上控制煤炭自燃火灾的发生，或者说，可以延长煤的自然发火期。

目前，自然发火期的确定方法有统计比较法、类比法、实验室测定法和综合法等。统计比较法适用于生产矿井，矿井生产建设期间，通过对煤层的自燃情况做认真的统计和记录，将同一煤层发生的各个自燃火灾逐一比较，以其发火时间最短者作为该煤层的自然发火期，一般以月为单位。类比法适用于新建矿井，对于新建的、开采有自燃倾向性的煤层的矿井，由于矿井尚未生产，当然不会有自然发火，因此采用统计的方法无法确定自然发火期，可根据地质勘探时采集的煤样所做的自燃倾向性鉴定资料，并参考煤层、地质条件、赋存条件和开采方法与之相似的采区或矿井，进行类比而估算其自然发火期。实验室测定法通过直接测定煤自然发火时间来确定煤的自然发火期，一般可以精确到以“天”或“小时”为单位。综合法认为，煤的自然发火期是煤内、外因条件共同作用的结果，要获得它，既要考虑煤的内因影响也要考虑煤的外因条件，在此基础上综合评判后确定。

四、煤炭自燃的预测预报

煤炭自燃的发展有一个过程，如果能在自燃发展的初期发现它，对于阻止其发展，避免酿成火灾，十分重要。前述的煤炭自燃发展过程中各种物理与化学变化，是早期识别和预报的根据。识别的方法可归为：① 人的直接感觉；② 测温预报法；③ 气体分析法；④ 物探测定方法。

1. 人的直接感觉

利用人的感觉对煤自燃进行预测是最简便的方法，虽然常带有一定的主观性，但是这种方法仍然是比较可靠的，在煤自燃预测中发挥了积极的作用。依据人体生理感觉预报矿井火灾的主要方法有：

(1) 嗅觉。气味是人们能够最先感受得到的煤炭自热特征。可燃物受高温作用，会分解生成一些正常时大气中所没有的、异常气味的火灾气体，例如煤炭自热到一定温度后出现煤油味、汽油味和轻微芳香气味的非饱和碳氢化合物。人们利用嗅觉嗅到这些火灾气味，则可以判断附近某个区域的煤炭可能已经发生自燃。在煤炭自燃的不同阶段，火灾的标志性气体量和产生的气味强弱与煤温的关系如图 11-10 所示。

(2) 视觉。由于煤炭自热产生的水蒸气会在空气中形成气雾或者在煤壁和其他不经常有水滴的物体表面上形成细小的水滴，通常表现为煤壁“出汗”、支架上出现水珠等，这些都

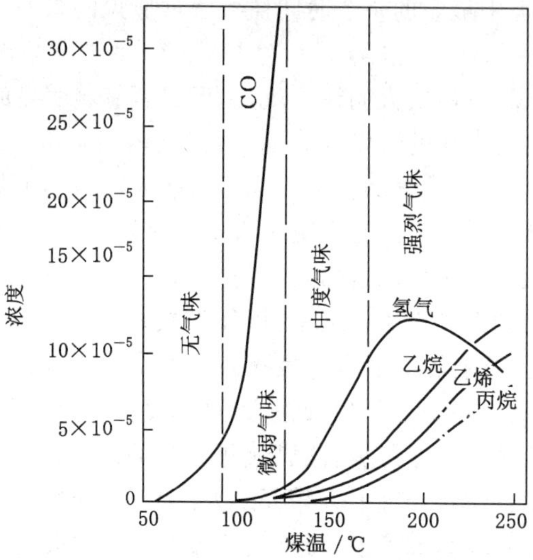

图 11-10　煤炭自燃指标气体和煤温的关系

可以作为煤炭发生自热的危险特征而被观察到。但是，当冷热两股风流交汇时，也能出现雾气或水珠，对这种情况应加以区别。浅部开采时，冬季在钻孔口或塌陷区有时发现冒出水蒸气或冰雪融化现象，这表征对应区域可能发生了煤自燃现象。另外，煤炭氧化自燃过程的最后阶段将出现烟雾，人们可根据这些现象对煤自燃现象做出判断和处理。

(3) 感(触)觉。煤炭自燃或自热、可燃物燃烧会使环境温度升高，并可能使附近空气中的氧浓度降低，CO、CO_2、SO_2、H_2S 等有毒有害气体增加，所以当人们接近火源时，会有头痛、闷热、精神疲乏、四肢无力等不适之感。根据这些反应，同样能够对煤自燃做出一定的判断。

2. 测温预报法

温度是确定煤炭自燃发展阶段的最可靠、最直观的重要参数，测定矿内空气和围岩的温度是煤炭自燃早期识别与预报的一个基本方法。该方法通过在钻孔内安设测温仪或温度传感器，或在某些区域布置温度传感器及其无线电发射装置，根据测定的温度或接收到的信号变化来判断是否发生煤炭自燃。目前，煤矿现场使用的测温方法主要有传感器测温法、红外测温法和热敏电缆法等。

传感器测温法是将温度传感器布置在采空区、停采线等易自然发火区域，观测并分析这些区域温度的变化趋势，进而对煤炭自燃的发展阶段和发展趋势做出判断。传感器测温法的主要设备为温度传感器和温度测量仪。传感器测温法能够直接测取浮煤或煤岩的温度，但受测温传感器的布置位置、范围、数量、精度和使用寿命等因素的影响较大。

任何物体只要温度高于绝对零度，就会不断产生红外辐射。物体温度越高，辐射能量就越大。红外测温法即是利用这一原理对煤体温度进行测定的，当煤矿井下存在自燃隐患点时，往往会在附近形成红外辐射能量场，煤体温度越高，红外测温仪器接受辐射能量而转换的辐射温度就越高，据此可对煤自燃的发展程度做出判断。

热敏电缆由双股外表涂有热敏材料的导线绞结而成。通常温度下，热敏材料处于绝缘状态，当温度超过某一预先设定值时，两根导线间的绝缘状态受到破坏，从而对煤自然发火做出预报或报警。

除了以上介绍的几种测温方法外，无线电测温法、气味剂测温法等在煤体温度的测量中也有应用。无线电测温法是将含有热记录装置的无线电传感器预先埋入采空区，根据测得的热量而发射出无线电信号，但由于无线电传感器处于采空区高湿恶劣的环境中，影响了该方法的成功应用。气味剂测温法是将含有低沸点、高蒸气压并具有浓烈气味的液态物质(如硫醇和紫罗兰酮等)封装在胶囊中，在设定的温度下，胶囊破裂释放出气体，通过检测其发出的气体，实现对煤体温度的定温测量。气味剂测温法主要靠漏风传播气味，气体扩散传播速度慢，分布区域小，相关数据的测取较为困难。

测定温度方法操作简便，结果直观、可靠，故得到较为广泛的采用，但也存在较大的局限性。直接测温由于采空区顶板的垮落或底板裂变易引起测温仪表和导线的破坏或折断，即使在用钢套管保护的情况下也易被损坏；无线电传感器处于采空区高湿恶劣的环境中，影响了其成功的应用；气味剂测温法因靠漏风传播气味，移动速度慢、分布区域小，较难测取；当火源离巷道表面较远时，红外辐射测温仪因接触不到热表面却无能为力。热测定面临的最大问题还在于：由于煤体的热传导能力非常弱，热量影响的范围很小，有时钻孔即使已打到了火源边缘附近，也觉察不到火源的存在。

3. 气体分析法

煤的自然发火过程可分为缓慢氧化阶段、加速氧化阶段和剧烈氧化阶段三个不同的发展阶段，不同阶段对应着不同的气体产物种类和浓度。气体分析法就是根据煤矿井下某些气体成分的存在及其浓度变化特征来识别煤炭自燃的发生及其发展程度的，是目前煤自燃预测预报应用最广泛的方法。中国、美国、英国、波兰、印度、俄罗斯等主要产煤国家均对煤氧化自燃过程中的气体产物变化规律进行了系统的研究，并提出了各自的气体分析指标体系。

(1) 气体分析成分与指标

煤炭自热过程中会产生 CO、CO_2、CH_4、C_2H_4、C_2H_6、C_3H_8、C_2H_2 等气体，且这些气体的生成浓度与煤体温度之间存在明显的对应关系，因此可作为判断煤自燃发展程度的指标。总体来看，气体分析法的指标可分为两类：① 煤氧化所产生的气体成分；② 煤氧化产生气体的浓度变化或气体之间的比值关系。目前常用的指标有 CO、格雷哈姆系数、Δ_{O_2}、链烷比、C_2H_4、C_2H_2、C/H、烃指数等。

① 一氧化碳(CO)

一氧化碳在煤氧化自燃过程中出现较早、生成量较大、浓度增长速度也较快，其浓度与煤体温度之间存在明显的对应关系，是煤炭自然发火早期预测预报非常灵敏的指标气体。由于 CO 的初始产生温度比较低，持续温度范围宽，绝对生成量大，只要煤矿井下检测出 CO 气体持续存在，且浓度不断稳定增加，就可判断此测点风流的上风侧存在高温隐患点或存在自燃火源。CO 指标在煤自燃预测预报方面起到了积极的作用，但是 CO 的检测温度范围较宽，从常温一直到进入剧烈氧化阶段都能够检测到 CO，对煤自然发火发展到的阶段较难给出准确的判断。

② 格雷哈姆系数(Graham's Ratio)

单一气体(如 CO)作为煤自燃预测预报的指标，容易受到新鲜风流的影响。1914 年，英国学者格雷哈姆(Graham)引入耗氧量(Δ_{O_2})参数并提出了相应的复合指标，即格雷哈姆系数(Graham's Ratio)。

格雷哈姆系数由煤氧化过程中 CO、CO_2 浓度的增加量和 O_2 浓度的减少量计算得到，其三种不同的组合方式如下：

$$R_1=\frac{+\Delta_{CO_2}}{-\Delta_{O_2}}\times 100\%$$

$$R_2=\frac{+\Delta_{CO}}{-\Delta_{O_2}}\times 100\%$$

$$R_3=\frac{+\Delta_{CO}}{+\Delta_{CO_2}}\times 100\%$$

R_1 又称二氧化碳指数和 Yaung 比值，煤自燃过程中往往会产生大量的 CO_2，相应的 R_1 值也较大。由于煤矿井下 CO_2 来源较多，以及 CO_2 本身具有的易溶于水、易被固体吸附的特性，常对 CO_2 测定结果的准确度造成影响。当火灾由阴燃转为明火燃烧时，原来产生的 CO 将燃烧成为 CO_2，因此，如果同时出现 R_1 升高和 R_2 降低的现象时，就表明火灾还在进一步地发展。

③ 链烷比

煤在氧化升温过程中会释放出 CH_4、C_2H_6、C_3H_8 等烷烃气体，它们的主要来源分为吸附烷烃气体的释放、氧化产生和裂解产生几个方面。在煤氧化升温的不同阶段，各种烷烃气体的产生及其浓度之间有一定的联系，可以通过它们之间的浓度比值对煤自燃的发展阶段进行判断，通常称这些比值为链烷比。

链烷比主要包括两类：一类是长链的烷烃气体与甲烷的浓度比值(C_2H_6/CH_4、C_3H_8/CH_4、C_4H_{10}/CH_4)；另一类是长链的烷烃气体与乙烷的浓度比值(C_3H_8/C_2H_6、C_4H_{10}/C_2H_6)，但一般情况下，C_3H_8 和 C_4H_{10} 需要煤达到较高温度之后才能够测得。不同矿区可根据实际情况选用不同的链烷比指标。

④ 乙烯(C_2H_4)

乙烯(C_2H_4)是煤氧化自燃发展到一定程度之后的产物，不同煤岩成分产生 C_2H_4 的初始温度存在差别，如丝煤在升温至 90 ℃左右即会产生 C_2H_4，而暗煤、亮煤、镜煤则需升温至 110 ℃以后才会产生 C_2H_4，这也说明不论煤岩成分结构如何，C_2H_4 都能够反映煤的氧化升温特性。

⑤ 乙炔(C_2H_2)

乙炔(C_2H_2)是煤进入剧烈氧化阶段的产物。C_2H_2 出现较晚，产生的初始温度值也较高，研究表明煤样温度在达到 180 ℃之前往往不会产生 C_2H_2 气体。在煤自燃预测预报工作中，若监测到 C_2H_2 气体，则表明井下煤自燃已经发展到比较严重的程度，此时在采取防灭火措施时一定要谨慎，防止引发爆炸事故而导致更大的灾难。

(2) 指标的选用

如上节所述，煤自燃早期预测预报的指标种类较多。而煤由于自身的物理化学性质、地质条件、通风供氧条件等内外因素的差别，所表现出的氧化升温特性也差别很大。那么，如何选用适宜的预测指标成为气体分析法能否发挥有效作用的关键。对于指标的选用，一般按以下原则进行：

① 灵敏性。煤矿井下一旦有发生煤炭自燃的趋势，或煤温超过一定值该指标就会发生

明显变化，且随煤温的升高变化趋势稳定。

② 规律性。同一煤层或采区的煤在热解时产生指标所涉及气体的初始温度基本相同或差别不大，生成量与煤温有较好的对应关系，且重复性较好。

③ 可测性。现有的仪器设备能够及时检测到指标气体的产生和变化，且方便准确。

过去相当长的时间内，煤自燃的预测预报采用的是单一 CO 指标，但现场应用实践表明，单一的 CO 指标还不能完全满足煤自燃预测预报的需要。目前，世界主要产煤国家采用的预报指标体系如表 11-3 所列，国内采用的是以 CO、C_2H_4、C_2H_2 等为主的综合预测预报指标体系。不同矿区应在大量和长期观测统计的基础上，选用适于自身情况的煤自燃预测预报指标。

表 11-3 各国煤自然发火预测预报的指标体系

国家	预测预报指标	
	主要指标	辅助指标
中国	CO、C_2H_4、C_2H_2	Δ_{CO}/Δ_{O_2}、C_2H_6/CH_4
波兰	CO	Δ_{CO}/Δ_{O_2}
俄罗斯	CO	C_2H_6/CH_4
美国	CO	Δ_{CO}/Δ_{O_2}
英国	CO、C_2H_4	Δ_{CO}/Δ_{O_2}
印度	CO、Δ_{CO}/Δ_{O_2}	$\Delta_{CO_2}/\Delta_{O_2}$、C/H
日本	CO、C_2H_4	Δ_{CO}/Δ_{O_2}、C_2H_6/CH_4
德国	CO	Δ_{CO}/Δ_{O_2}
法国	CO	Δ_{CO}/Δ_{O_2}

(2) 连续监测系统

煤炭自燃指标气体的采样分析方式有两种：① 人工取样分析；② 通过自动化采样装置取样分析。人工取样分析是在自燃危险区域人工采取气样至地面进行分析，并根据结果对煤自燃的发展态势做出判断的分析方式。20 世纪 70 年代以前，煤矿现场大多采用人工取样方式进行分析。作为传统的取样方式，人工取样方式目前应用依然十分广泛。人工取样分析方法投资少、简单易行、适用性强，但存在工作量大、间隔时间长、无法实时连续监测等不足。20 世纪 80 年代，煤矿开始普及气相色谱分析法，并研制成功了束管监测系统，同时煤矿安全监测系统在同期也得到了较快发展，实现了取样分析工作的自动化。

① 束管监测系统

束管监测系统是用抽气泵通过束管(多孔塑料管)抽取各取样点的气样，用色谱分析仪器进行气体成分分析，通过对分析数据的综合处理做出自燃火灾预测预报的监测系统。英国于 20 世纪 70 年代开始在煤矿应用这种系统进行火灾早期预报，收到了较好的效果。平庄古山矿于 1981 年建成了我国第一个束管检测系统，以后逐渐在国内各大矿区推广应用。

束管监测系统主要由采样、分析、控制和数据存储显示等部分组成，如图 11-11 所示。

采样系统由抽气泵和管路组成。管路一般采用管径为 6～87 mm 聚乙烯塑料管，在采样管的入口装有粉尘和水分捕集器等净化和保护单元。在管路的适当位置装有贮放水器，

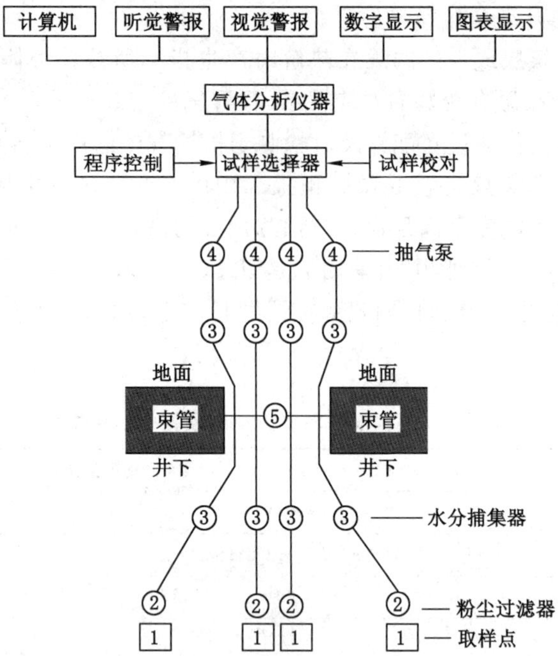

图 11-11 束管监测系统示意图

以排除管中的冷凝水。整个管路要绝对严密，管路上装有真空计指示管路的工作状态。在仪器入口装有分子筛或硅胶，以进一步净化气样。

气样分析使用气相色谱仪、红外气体分析仪等仪器。控制装置主要由三通实现井下多取样点进行巡回取样。该系统具有数据存储、显示和报警功能。

监测点布置在总回风道和集中回风道、采掘工作面有明显升温征兆的区域、火区密闭内等地点。

束管敷设巷道内的高度一般不低于 1.8 m，集束管用吊台钩吊挂，束管用夹板吊挂，束管入口处的敷设要平、直、稳，并且与动力电缆之间的距离一般不应小于 0.5 m，并要避免同其他管线交叉。束管入口处必须安设滤尘器，整条束管一般至少要安设 3 个吸湿器。

束管监测系统的缺点是管路长，维护工作量大。

② 矿井火灾监测与监控

用来表明火灾威胁性和火灾状况的各种指标气体及其相互比值都各有优、缺点。在任何一次火灾中，最好能够将监视设备获取的数据和气样分析数据，利用电子表格或者图形处理软件处理后，存储在计算机中。该计算机应该置于矿井调度控制中心，或者其相邻房间。所有的气体浓度和常用的气体浓度比值都应该在屏幕上显示出来，并将这些数据每隔一定时间打印出来。当有新的数据出来的时候，应该与以前的数据进行对比分析。这些数据的变化趋势从某种意义上说比数据本身还有用。因此，不仅要在同一采样地点重复采样，也要在不同的地点进行采样。在这里，CO 含量与 CO_2 含量的比值不会受到注氮的影响。

气体各成分浓度和各种指标气体指示出整个火灾的一般情况，而不是整个火区范围内各处的情况。在某些情况下，可能在火区和采样点之间存在一定的漏风，这就可以从各漏风处气流流量来估计火区的范围。这就是所谓的气流流量和相对空气浓度法。

用电化学的原理来探测 CO 的方法已成为矿井环境监测系统中较普通的一种方法。利用计算机分析，可过滤掉由于柴油机和爆破等因素引起的误报，而这些误报通常会造成对探测系统可靠性的质疑。过滤这些假情报的计算机程序通常是比较简单的，例如，忽略短时间内测定值的升高，仅在测定值有持续上升趋势的情况下才发出声音和视觉警报。在通风巷道中连续布置的传感器还可以用来计算随着时间的变化传感器附近 CO 产生情况。

与计算机技术相结合的监测控制系统和通风网络分析程序，不但可以探测到初期火灾，而且还可以确定火灾的位置，这主要是由位置固定的传感器来实现的。利用束管监测系统来探测煤炭自燃初期极其缓慢自热是特别有用的。温度传感器可以安装在固定设备附近，特别是用于喷淋或者喷水灭火装置处。不过，温度传感器一般不用在风路中，因为在风路中即使发生火灾也会因为风流流动的原因而使火灾下风侧中的温度快速下降。即使在矿井大气环境正常运行情况下，这些传感器所测温度的变化也可能比火灾初期时温度变化大(例如有燃油运输设备通过时)。如果传感器的精度太高的话，就会因不断发生误报而使其丧失可信度。

当监测系统显示矿井中某处有自热现象正在不断发展时，必须有一套处理程序。首先，应该在受影响区域的回风侧安设一个气体监测站，并每隔小于 30 min 的时间取一次气样进行分析。如果矿井原来就有气体监测系统，则应该更加仔细地观察气体的变化趋势。另外，还应该撤出所有受到火灾气体影响区域内的工作人员。如果煤炭自燃发展很快的话，那么除了参加防灭火的工作人员外都应该及时撤出。

与此同时，应该采取措施来寻找发火的地点。如果有烟气从密闭处的漏风通道或者是被压垮的煤柱等相邻且不连续的区域里流出来的话，那么发火的位置就很明显。如果煤炭自燃发生在采空区和不能接近的老塘，那么就很难确定发火位置。煤自然发火初期，高温火源点往往范围较小，一般不到几平方米。由于井下地质条件及采空区等地点复杂环境的限制，迄今，各种原理的探测仪器均难以准确、快速地确定煤自燃隐蔽火源的位置和范围，也就难以采取有针对性的灭火措施，使灭火工作陷于十分被动的局面，即使消耗了大量人力、物力，灭火工作也难以奏效。所以，煤矿井下煤自燃隐蔽火源位置的探测技术，成为防灭火工作者一直努力探索的重要课题之一。根据检测原理，目前煤自燃隐蔽火源位置的探测技术主要有气体分析法、温度探测法、火灾诊断法、同位素测氡法、测电阻率法、地质雷达法、磁探测法、无线电波法、遥感法以及计算机数值模拟法等，这些方法都还处于探索阶段，还未取得根本性的突破。

如果确定了煤炭自燃点的位置，接下来就应该决定采取措施来控制或扑灭该处的自燃火灾，相关技术措施将在本章第四节进行详述。

4. 物探测定方法

近年来，物探技术在寻找隐蔽火源中获得了应用，如核物探技术和地质雷达探测技术。核物探技术是采用测定氡气的方法来判定火源位置。其原理：氡气总是由地下向上垂直迁移，当氡气上升过程中在井下火源区域由于高温和压力的变化会使氡气向上运移的速率发生变化，通过在地面测定出氡气的异常情况就可判别出火源的位置。但在实际测定中受多种因素影响难以奏效，此外，目前对氡气在岩体中的传播规律尚不清楚。因此，该方法还不成熟。地质雷达探测技术则通过测定煤岩特性对电磁波的影响程度而判定煤岩的温度情况，因为火源点的高温会改变煤岩的物理特性。由于煤岩性质差异较大，测量资料的解释与处理相当困难，目前对隐蔽火源探测问题仍未找到有效的技术手段。

第三节 内因火灾的预防

一、开拓开采技术措施

矿井开拓系统和采煤方法是影响煤炭自燃的重要因素。因此，在矿井设计建设初期就应注意选择合理的开拓系统和采煤方法。在矿井生产过程中更应采取有效的开采技术措施，防止发生煤炭自燃灾害，以保证矿井生产安全。

从预防煤炭自燃的角度出发，对易自燃煤层开拓开采方法的总的要求是煤炭采出率高，工作面推进速度快，尽量减少丢煤等。

1. 合理地进行巷道布置

(1) 对一些服务时间较长的巷道应尽量采用岩石巷道。开采有自燃倾向性的煤层，特别是自然发火严重的厚煤层，运输大巷、回风大巷、采区上下山等服务年限长的巷道一般应设在稳定的岩层中，对于厚煤层分层开采，通常在煤层底板岩石中开掘区段运输集中平巷和区段回风集中平巷或采用多组上山布置方式。布置在煤层中时采用宽煤柱护巷。

(2) 区段煤巷采用垂直重叠布置。厚煤层分层开采时，分层区段平巷的布置过去有内错和外错两种形式，这两种布置方式都容易造成煤自燃。内错式布置如图 11-12(a)所示，在采空区上下分层巷道内的台阶煤柱内侧易形成煤氧化自燃带。外错式布置如图 11-12(b)所示，在下分层回采时煤柱顶煤垮落堆积也易于形成易燃带。如果各分层巷道垂直布置，可以减小煤柱，甚至不留煤柱，从而消除了采空区浮煤自燃的基本条件，如图 11-12(c)所示。

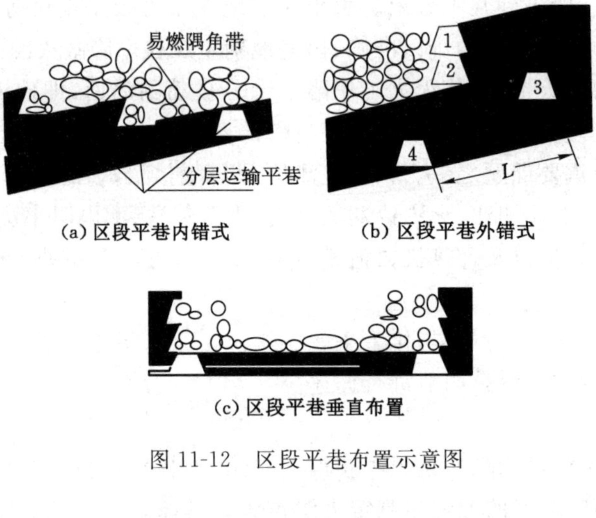

图 11-12 区段平巷布置示意图

(3) 采用无煤柱护巷方式。采用留煤柱护巷时，不但浪费煤炭资源，而且遗留在采空区中的煤柱也给煤炭自然发火创造了条件。采用无煤柱护巷时，取消了煤柱，也就消除了由此带来的煤炭自燃隐患。近年来，无煤柱护巷方式已获得广泛应用，将阶段大巷和采区上(下)山设在煤层底板岩层中，采用跨越式开采，不留大巷煤柱和上(下)山煤柱，已成为常规的做法，区段巷道的无煤柱护巷方式也已推广应用，不少矿区采用沿空掘巷（或沿空留巷）方法安全地采出自燃倾向性高的煤炭，并使煤炭自然发火率明显降低。因此，区段巷道的无煤柱护巷方式应予大力推广。但是，沿空侧的巷道容易向相邻采空区（特别是其停采线）漏风，所以应采用有效措施封堵漏风通道，以防引起相邻采空区煤炭自燃。

2. 坚持合理的开采方法和开采顺序

开采工作要设法加快工作面推进速度，提高采煤机械化程度，采用一切可能的措施提高采出率，避免在采空区中留下任何不必要的煤柱。特别是要避免将一个走向长壁工作面沿走向在其中部另开切眼，形成两个工作面同时回采的不规范做法。否则，在开采过程中会向前部工作面采空区大量漏风，开采结束后会在采空区中留下孤岛煤柱。同时，要按照合理的回采顺序进行开采，煤层间、区段间一般采用下行式，下山采区则采用上行式；区段内采用后退式，尽量避免形成孤岛工作面。

3. 减少煤体破碎

采掘工作要破坏岩层的原始应力状态，产生应力集中，即矿山压力。矿山压力作用于煤层上，会使煤体破碎，使风流能够深入煤壁，从而增加煤体与氧气的接触面积，增加煤炭自燃的危险性。所以，在巷道布置中，应设法避开矿山压力峰值，避免煤壁受压破碎。在采用留煤柱护巷的区段巷道布置时，这一问题尤为重要，要切实搞清矿山压力规律，选择合适的区段煤柱尺寸。采区上（下）山如果设在煤层中，也要合理地选择上（下）煤柱尺寸。

二、防止漏风

根据煤炭自燃必须满足的 4 个条件知道，如果能够杜绝或者减少向易自燃区域的漏风，使煤低温氧化过程得不到足够的氧量，那么在一定程度上就能够延长煤的自然发火期和防止煤自燃的发生。因此，防止漏风是防治煤炭自燃的重要措施之一。同时，在发火后对火区进行封闭，也必须尽量减少向火区漏风，使火区惰化，尽快使火区的火窒息。

1. 漏风与自燃火灾的关系

矿井自燃火灾中，没有漏风也就没有煤的自燃。煤自燃都是发生在人员难以进入和观察到的隐蔽区域，例如采空区、开切眼、停采线、被矿山压力压裂的煤壁等处，而这些地方之所以发生自燃，就是因为有或多或少的风流进入这些区域，使这些区域里的较为破碎的煤氧化产生热量，也正是这些较为隐蔽的区域风量较小而且风速慢，同外部环境相比具有一定的蓄热能力，因此较易发生自然发火。

矿井漏风方式可以分为外部（地面）漏风和内部漏风。

外部漏风相对比较简单，主要指矿井通风系统通过地面裂隙与地面大气相通而形成漏风。根据矿井采用的通风方式不同，风流方向不同，在抽出式（绝大多数矿井采用这种通风方式）矿井中，由于矿井内通风系统的风流绝对风压小于大气压，因此漏风风流由地面通过裂隙流向矿井通风系统；压入式通风则相反，该种通风方式矿井通风系统内的压力大于大气压，因此风流由矿井内部流向矿井外部。在外部漏风过程中，漏风通道一般都会经过煤体，这是因为煤相对于岩石来说更容易形成裂隙，并且形成一定的破碎状堆积。在漏风过程中，氧气沿着漏风通道持续不断地输送到破碎煤体中，从而易于引起煤自燃的发生。

内部漏风主要表现为对非需风地点的供风。矿井中的供风主要是为了满足工作面和掘进及其他硐室的需要，但是在风流流经矿井巷道时，如果巷道有裂隙，那么风流就会从裂隙处向煤体或者岩体内部扩散。如果这些裂隙发育同其他通风巷道相连通的话，并且这些裂隙两端存在压差，那么就会形成一个相对稳定的漏风风流，风流流经煤体就会持续为煤的氧化供给氧气。工作面处的漏风是内部漏风的主要表现形式。在单一煤层开采中，工作面向采空区漏风最为简单，如图 11-13 所示。

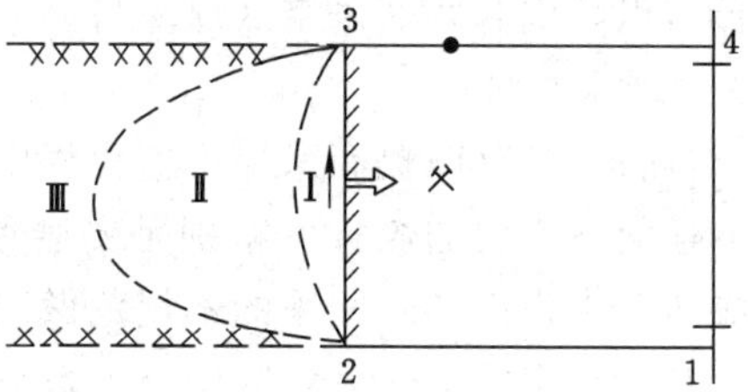

图 11-13　采空区漏风带示意图

采空区由于矿山压力大小不同和受压时间的长短不一样，而呈现出不同程度的压实带。这些不同程度的压实带对煤自燃具有重要影响。采空区内遗留有大量的浮煤，存在煤自燃的先决条件。图 11-13 中在离工作面较近的区域Ⅰ，其宽度为 5～20 m，由于漏风量较大，将煤氧化产生的大部分或者全部热量带出煤体，因而该区域的煤不大可能发生自燃火灾；在区域Ⅲ，由于矿山压力大，受压时间长，因此该区域被压实程度高，风流漏入该区域较难，煤氧化所需的氧量不能够充分满足，该区域自燃的可能性也不大；在区域Ⅱ，由于压实程度适中，漏风风量既满足煤低温氧化需要，也不会带走大量煤氧化热量，因此该区域的浮煤容易发生自燃，该区域的宽度为 20～70 m。这种将采空区按照煤自燃难易程度分为三个区域，一般称之为采空区“三带”，分别为“散热带”、“氧化带”和“窒息带”。随着工作面的推进，采空区“三带”也在动态变化，当工作面的推进度较快，“氧化带”存在的时间就短，发火的危险性就小。

2. 漏风阻力定律

防火对通风的要求是：风流稳定、漏风量少和通风网路中有关区段易于隔绝。完全杜绝漏风固然可以消除自燃，但实际上很难做到，通常只能根据矿井的实际情况，尽量减少漏风。通风网路中产生漏风的条件是，有漏风通道存在，且在此通道的两端存在风压差。风压差可由相邻巷道的通风阻力求出。漏风量也遵循阻力定律，即

$$\Delta H = R_L Q_L{}^n \tag{11-9}$$

$$Q_L = \sqrt[n]{\Delta H / R_L} \tag{11-10}$$

式中　Q_L——漏风量，m^3/s；

ΔH——漏风风路两端的风压差，Pa；

R_L——漏风风路的风阻，kg/m^7；

n——漏风风流的流态指数。

漏风的流态为层流时，$n=1$；紊流时，$n=2$；过渡流时，$1<n<2$。单一煤层全垮落长壁工作面回采时，离工作面 25～35 m 范围内，$n=2$；离工作面 30～60 m 内，$1<n<2$；离工作面 50～70 m 范围内，$n=1$。被压碎的煤堆内的漏风，大多为层流。

3. 漏风测定方法

漏风测定，在于找出漏风通道和漏风规律，这对煤层自燃的防治有着重要的意义。

对漏风通道和漏风量的探测，一般采用示踪技术。所谓示踪技术，就是选择具有一定特性的气体做标志气体。利用风流或漏风作载气，在能位较高的漏风源释放，在其可能出现的漏风处采集气样，分析气体，确定标志气体的流动轨迹，判断漏风通道，根据标志气体浓度变化计算风量或漏风量。

检测漏风的常用方法是采用示踪气体法，即用六氟化硫（SF_6）作为示踪气体检测井下漏风通道和漏风量。1974 年，美国首次采用这一技术检测井下漏风，目前我国也应用这一技术来检测工作面漏风和矿井外部漏风，证明它是一种灵敏度较高的方法。

SF_6具有无色、无臭、无毒，是不燃惰性气体。它的物理活性大，在扰动的空气中可以迅速混合而均匀地分布在检测空间内。SF_6的检出灵敏度高，使用带电子捕获器的气相色谱仪或 SF_6检漏仪均可有效地检测出（检测精度可达 8×10^{-12}）。另外，SF_6在大气中的原本含量极低，为 $10^{-15}\sim10^{-14}$ g/mL。SF_6的这些性质，使得人们可以方便、准确地应用它进行矿井漏风检测。因此，SF_6是一种理想的示踪气体。

（1）SF_6 瞬时释放法

瞬时释放法，即在漏风通路的主要进风口瞬时释放一定数量的 SF_6气体，然后在几个预先估计的漏风通路出口采取气样，通过分析气样中是否含有 SF_6以及 SF_6的浓度大小来具体确定漏风通道和漏风量。

实际应用这一方法时，在地面将 SF_6气体装入球胆，带往井下选定的释放点释放。使用小号球胆或 15 mL 的医用针管采取气样。对于采取的气样，要严密封闭，注明采样的时间和地点。然后带到井上实验室进行分析。

第一次采样时间的确定十分重要，要在综合考虑 SF_6的释放地点与采样地点的距离、通风风流的速度和 SF_6的扩散速度等诸因素的基础上进行。漏风的距离愈长、漏风范围愈大、漏风风速愈小，则放样与第一次采样的时间间隔愈长。一般来讲，小范围的漏风区域可在放样 10 min 以后开始采样，大范围的漏风区域也不应超过 30 min。

同一采样地点需多次采取气样，两次采样的时间间隔初期可取 5～10 min，后期可以长一些，取 30～60 min。一般来讲，同一采样点采样 10 次左右就足以检测出 SF_6的最高浓度点。

通过上面介绍可以看出，瞬时释放法操作简单，易于实施，但取样时间较难掌握，如果掌握不好可能会错过 SF_6的最高浓度点，使分析结果产生误差。连续释放法可以避免这一缺点。

（2）SF_6 连续释放探测技术

连续释放法即在需要检测的井巷风流中连续、定量、稳定地释放 SF_6示踪气体，然后顺着风流方向，沿途布点采取气样分析 SF_6气体的浓度变化。如果沿途不漏风或者向外漏风，则沿途各点风流中的 SF_6浓度保持不变；如果沿途向内漏风，则沿途各点风流中的 SF_6浓度变化呈下降趋势。通过分析 SF_6的浓度变化情况，即可分析出漏风规律。

如图 11-14 所示，为了测定上分层采空区的漏风，设在 R 处释放 SF_6气体，在 1，2，…，n 各点采取气样。若 R 处的 SF_6释放流量为 q(mL/min)，通过释放点的风量为 Q(m³/min)，则示踪气体的浓度 C 为：

$$C=\frac{q}{Q}\times10^{-6} \tag{11-11}$$

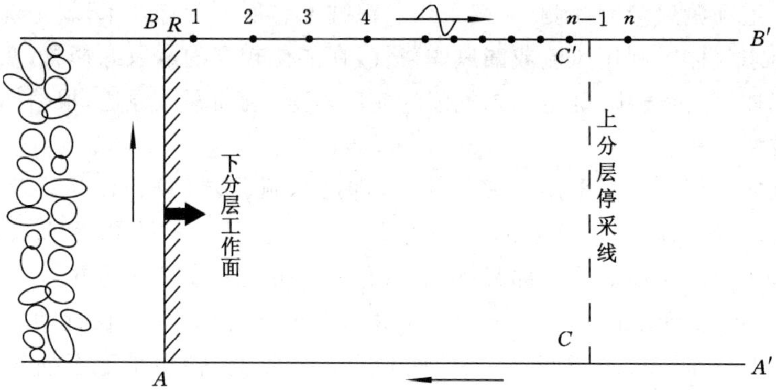

图 11-14　SF_6连续释放漏风探测释放点及采样点示意图

若回风平巷 BB'中不向外漏风，只有进风平巷 AA'中的风流通过上分层采空区和停采线向 BB'中漏风，且漏风风流中不含 SF_6，则各取样点的 SF_6含量不变，都为 q。这样，通过分析各点气样得出 SF_6浓度 C_i 后，即可按下式计算出该点的风量 Q_i：

$$Q_i = \frac{q}{C_i} \times 10^{-6} \tag{11-12}$$

式中　Q_i——取样点 i 的风量，m^3/min；

C_i——i 点的 SF_6浓度，mL/m^3；

q——SF_6释放流量，mL/min。

各点的风量算出后，即可方便地得出每两点间漏入的风量。实际工作中，可采用更方便的方法计算漏风量。设取样点 i 的风量为 Q_i，SF_6浓度为 C_i，与此相邻的下一取样点 $i+1$ 点的 SF_6浓度为 C_{i+1}，两点间漏入的风量为 $\Delta Q_{i,i+1}$，漏入的风量中亦含有一定数量的 SF_6，其浓度为 $\Delta C_{i,i+1}$，则 $i+1$ 点的风量为 $Q_{i+1}=Q_i+\Delta Q_{i,i+1}$。由物质守恒原理，有：

$$\begin{aligned} Q_iC_i &= (Q_i + \Delta Q_{i,i+1})C_{i+1} - \Delta Q_{i,i+1}\Delta C_{i,i+1} \\ &= Q_iC_{i+1} + \Delta Q_{i,i+1}(C_{i+1} - \Delta C_{i,i+1}) \end{aligned}$$

所以

$$\Delta Q_{i,i+1} = \frac{C_i - C_{i+1}}{C_{i+1} - \Delta C_{i,i+1}} \cdot Q_i \tag{11-13}$$

若漏入的风量中不含 SF_6，则上式中的 $\Delta C_{i,i+1}=0$。

这样，可根据式(11-12)计算出 1 号取样点的风量，然后根据式(11-13)计算出 1、2 号两取样点间的漏风量，进而求出 2 号取样点的风量，然后再求出 2、3 号取样点间的漏风量……逐点向下，求出各取样点间的漏风量，找出漏风规律，以便有的放矢地安排防、堵漏风的措施。

连续释放法的关键是要有一套能连续、稳定、定量地释放示踪气体的装置。该装置必须有很高的可靠性，保证释放流量稳定在某一设定值，且能灵活地调节释放量。

示踪气体的定量释放装置一般由贮气钢瓶、减压阀、稳压阀、稳流阀和流量计等组成，如图 11-15 所示。为提高释放的稳定性，也可在此基础上再增加二级稳流装置和压差监测器。一般要求释放装置的稳定释放量可在 10～100 mL/min 间按需调节，以使其适用于测定100～10 000 m^3/min 的风量。

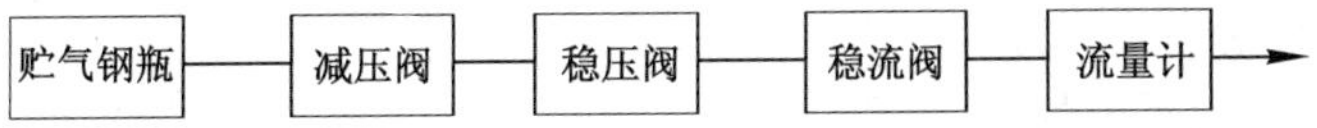

图 11-15　示踪气体定量释放装置

用连续释放法检测漏风时，将取样点选择在有风流漏入的巷道，而将释放点选在该巷道的进风口或其主要进风风流中。如图 11-14 所示，为了检测通过上分层采空区和停采线漏入下分层工作面回风平巷中的漏风，在回风平巷中，沿风流方向，选取 1，2，…，n 个取样点，而将释放点选在该巷道的入风口 R 处。为了避免示踪气体的释放与采煤工作面相互影响，释放点 R 与工作面出口 B 的距离应大于 15 m。为了保证 SF_6 示踪气体在巷道内的空气中充分扩散，第一个点与释放点 R 的距离一般应大于 40 m，其具体位置取决于 SF_6 在巷道断面中释放的具体位置和巷道中的风速。当工作面 AB 与上分层停采线 CC' 间的距离较近时，可将释放点 R 选在工作面入口附近。为检测其他情况下的漏风状况，合理地确定采样点和释放点，需要事先进行压能测定，并作出压能图，以判定漏风方向，确定释放方案。

4. 防止漏风的主要技术措施

根据漏风定律，漏风量随漏风风路两端风压差的增大而增大，随漏风风阻的增大而减小。因此，为了减少漏风，应该从降低风压差和增大风阻两方面着手采取措施。

在风门、通风巷道表面、巷道壁和煤柱等地方，为了增加风阻，减小漏风量，需要修建很多各种各样的密封设施。这些密封设施可能是建在煤壁等的外表面，也可能是喷注浆液材料到压实区或者充填区。所谓密封材料，一般采用树脂和凝胶，具有低渗透性和一定的塑性，选择的密封材料一定要能够快速密封并且易于在本地获取。

混凝土灰浆和石膏灰浆能较容易喷洒在通风巷道表面并且密封效果较好，常用来填实两密闭墙之间的区域。用尾矿或者其他材料制成的水泥浆同样可以用来填充或者注入火区。这些材料可以通过在矿井井下打孔注入，也可以在矿井地面上打钻孔进行灌注。另外，在煤柱中注入凝胶也已经证明对防灭火是有效果的。

将通往火区的漏风通道进行密封，特别对那些进风侧或者高风压的漏风通道进行封闭将非常有利于灭火。同时积极采用通风管理技术对火区进行均压，尽量使漏风量接近为零。

无煤柱开采时防止漏风的主要技术措施有：

(1) 沿空巷道挂帘布

在沿空巷道中挂帘布是一种简单易行的防止漏风技术，国外的一些煤矿已经应用，我国在井下进行的试验已取得了良好效果。帘布采用耐热、抗静电和不透气的废胶质(塑料)风筒布。其铺设方法有两种：一是在使用木垛维护巷道时，在木垛壁面与巷道支架的背面之间铺设风筒布(图 11-16)；二是使用密集支柱维护巷道时，将风筒布铺设在密集支柱上(图 11-17)。

(2) 利用粉煤灰充填带隔绝采空区

粉煤灰是火力发电厂在烟道中排出的尘埃。日本、波兰、美国除将粉煤灰广泛用作防止防火墙漏风的充填材料外，还将它作为防止采空区周壁漏风的充填隔离带材料。波兰把粉煤灰充入木垛内形成隔墙，或者先在沿空巷道的支架表面喷涂一层水泥白灰浆，待其固化后，打眼插上注灰管压注粉煤灰，最后在巷道表面喷涂含灰砂浆。

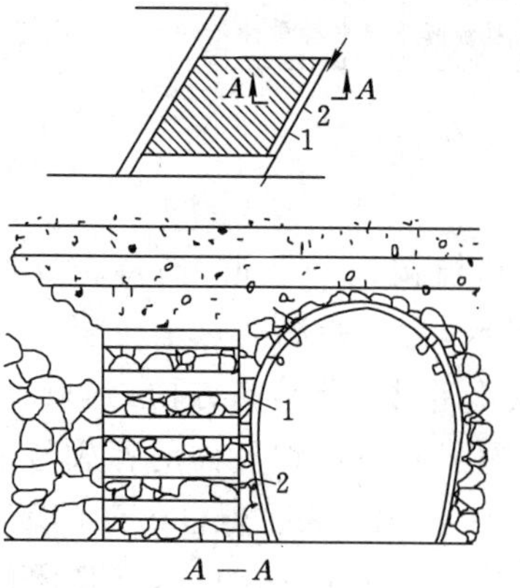

1—胶质风筒布；2—背板。

图 11-16　沿空巷道挂帘布堵漏风图

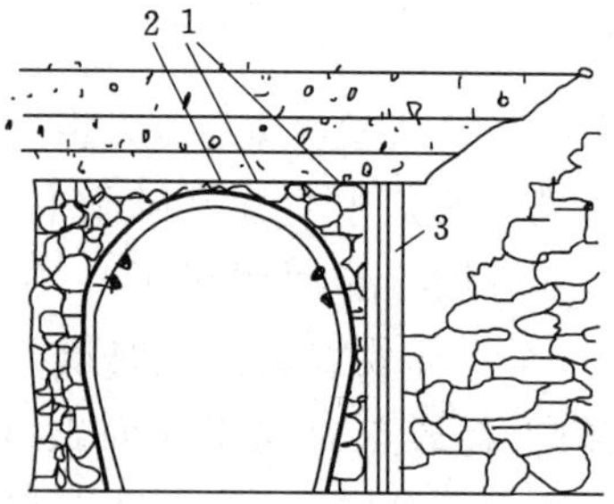

1—风筒布；2—背板；3—密集支柱。

图 11-17　密集支柱胶质风筒布的铺设

(3) 利用水砂充填带隔离采空区

在采煤过程中，随采随即对开切眼附近、采面后部的上下平巷等处依次利用水砂进行充填。待工作面推进到终采线后，在终采线处予以充填，利用水砂充填带将整个采空区隔绝。

(4) 喷涂塑料泡沫防止漏风

有些国家将在常温下能凝固的塑料泡沫喷涂到防火墙和巷道上，形成厚度为 20～30 mm 的泡沫塑料层。这种塑料泡沫一般都具备难燃、抗静电、耐压、不透气的特性。俄罗斯研制的尿醛塑料泡沫对煤、岩石、木材、金属和其他材料都能很好胶结，在地压发生变动时仍能保持隔绝性能。

我国研制的矿用聚氨酯泡沫，也可在极短时间(3～5 s)内喷射发泡而凝固。它对木材、金属、织物、煤、岩石等物具有良好的黏结性，并具有耐热、阻燃、隔热、隔音、防震、抗腐蚀、绝缘性能好等特点。

(5) 利用可塑性胶泥堵塞漏风

英国利用螺杆式泵将一种半塑性不凝固的胶泥压入采空区矸石堆的缝隙中，形成 4 m 宽的隔绝矸石墙。这种隔离带在巷道来压时，随着巷道的变形而变形，会形成新的裂隙。

(6) 采取“均压”措施，减少漏风

国内外普遍采用调节风压法(“均压”措施)防止采空区的漏风，方法简单，效果显著，其原理与具体做法详见后述。

三、均压防灭火

均压防灭火就是采用风窗、风机、连通管、调压气室等调压手段，改变通风系统内的压力分布，降低漏风通道两端的压差，减少漏风，从而达到抑制和熄灭火区的目的。均压技术是在 20 世纪 50 年代由波兰 H. Bystron 教授首先提出的。开始主要用于加速封闭火区的熄灭，在熄灭了几个长久不灭的大火区之后，该技术受到重视。20 世纪 60 年代一些采煤技术发达的国家竞相采用，并多次获得成功。同期，我国也在淮南、辽源、开滦等矿区试用这一防灭火新技术。后来，在徐州、阜新、抚顺、平庄、六枝、芙蓉、大同、鹤岗等矿区逐渐推广。在推广中都有所创新，用于封闭区的均压可防止遗煤自然发火和加速火灾熄灭,用于开区的均压可以抑制工作面后部采空区遗煤自燃的发展,并可消除火灾气体的威胁。均压作为一种“以风治火”的技术,方法简单,成本最低,控制火势的发展常常立竿见影,深受现场欢迎。

根据煤矿井下发火区域是否封闭,均压技术可分为开区均压和闭区均压两种类型。

1. 开区均压

开区均压通常是指在生产工作面建立的均压系统,其特点是在保证工作面所需通风风量的条件下,通过通风调节设施,尽量减少向采空区漏风,抑制煤的自燃,防止一氧化碳等有毒有害气体涌入工作面,从而保证正常生产的进行。漏风通道和工作面周围的通道可以形成多种风流流动方式(如并联、角联和复杂联等)。开区均压也有几种不同类型。

(1) 调节风窗均压

适用于工作面采空区内形成的并联漏风方式。通常在工作面的回风巷内安设调节风窗,使工作面内的风流压力提高,以降低工作面与采空区的压差,从而减少采空区中气体涌出。适用于采空区内已有自燃迹象,抑制采空区中的火灾气体(一氧化碳等)涌到工作面,以保证工作面的安全生产。安设调节风窗后,通风巷道的压力如图 11-18 所示。

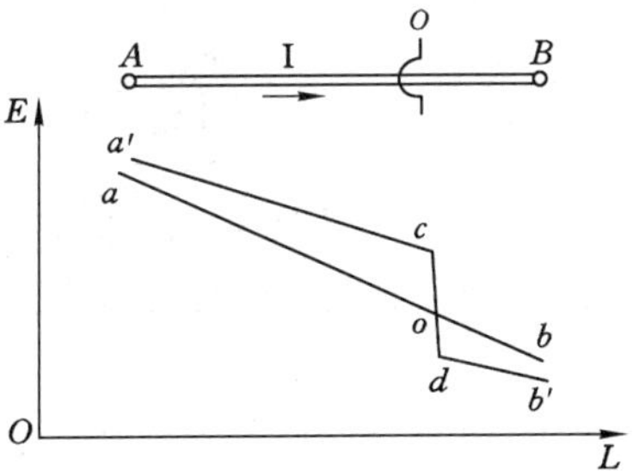

图 11-18　安设调节风窗的巷道中的压力分布

如图 11-19 所示,当在回风巷内 3—4 间安设调节风窗 A 以后,风窗前的压力升高,采空区与工作面的压差就降低,采空区内的气体就不易涌出。其降低值取决于可调节风窗的风阻大小。使用此种方式进行均压时,应注意工作面风量满足《煤矿安全规程》的要求。

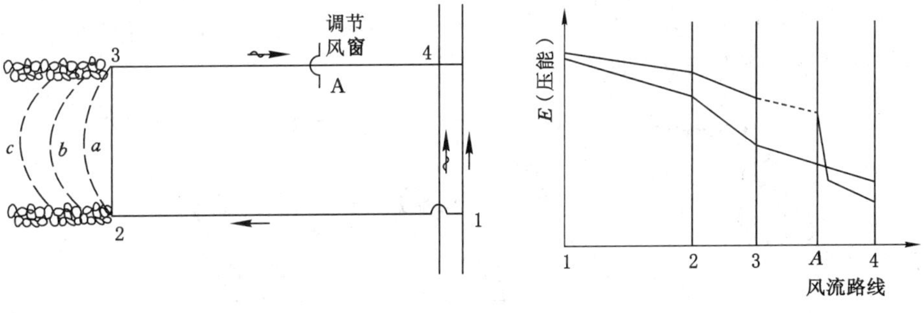

图 11-19　调节风窗均压

(2) 局部通风机均压

有时为提高风路的压力,需在风路上安设带风门的风机,利用风机的增压作用,改变风路上的压力分布,达到均压的目的。如图 11-20 所示。

(3) 调节风窗与局部通风机联合均压

工作面采空区内部的漏风通道有时是比较复杂的,当相邻为采空区,还有外部漏风,这些最后都要经采煤工作面上隅角排出。因此采空区的自燃征兆往往是从上隅角表现出来的。

调节风窗与通风机联合均压常常采用工作面进风巷安设辅助通风机而回风巷安设调节

风窗的联合均压措施，如图 11-21 所示。其中，C 处安设了局部通风机，能够有效增加该点与 D 点之间的风压；而 D 处安设了调节风窗，使通风阻力增大，该点之后风压明显减小。这样能够提高 C、D 两点之间的风压，同时又能降低二者之间的压差，可有效避免漏风进入工作面，为回采提供了安全保障。

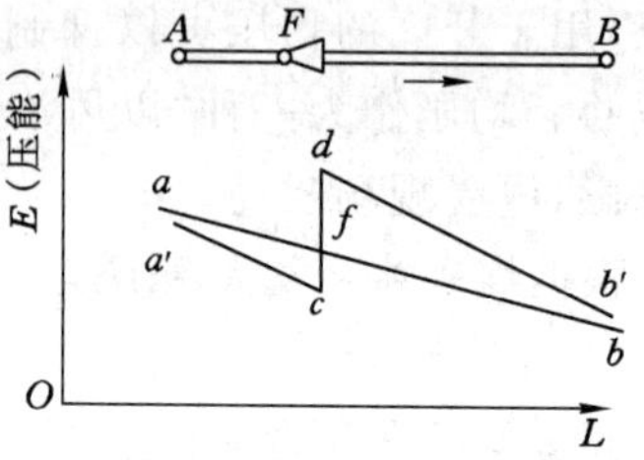

图 11-20　局部通风机调压原理

枣庄柴里矿 2342 综放工作面采空区与 2343 采空区连为一体，采空区漏风压差较高，漏风通道较畅通。

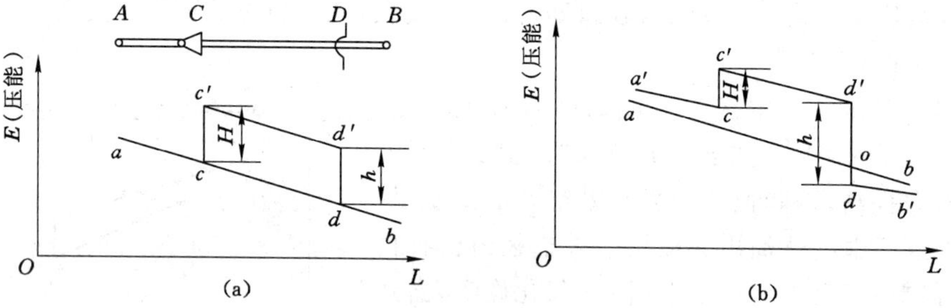

图 11-21　风窗-风机联合增压调节

为使整个采空区处于均压状态，抑制火灾气体涌入 2342 综放工作面，阻断向采空区的漏风供氧，该矿决定采取综放工作面升压措施，均衡采空区主要漏风通道两端的压差。即在 2342 综放工作面采用调节风门与局部通风机联合的均压方法。在回风带式输送机道建两道调节风门，在进风材料道建两道风门并安装了局部通风机向综放工作面压风。此时综放工作面进风量为 568 m^3/min，空气压力提高了 200 Pa，具体布置如图 11-22 所示。采用了该方法后保证了该工作面的安全回采。

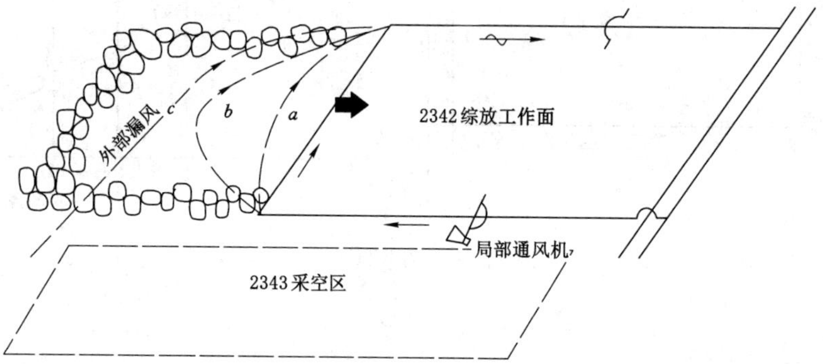

图 11-22　调节风门与通风机联合均压

2. 闭区均压

所谓闭区均压，就是对已经封闭的区域进行均压，它一方面可以防止封闭区中的煤炭自燃，又可加速封闭火区的熄灭速度。常用的闭区均压技术措施有：并联风路与调节风门联合均压，调压风机与调节风门联合均压，连通管均压等方法。

(1) 并联风路与调节风门联合均压

如图 11-23(a)所示,封闭区(F)进回风口 5、8 两点的压差过大,如压能图 11-23(b)所示,漏风严重,以致有自然发火的危险。为了控制漏风采取了两项措施,如图 11-24(a)所示,取消了 5—8 上山内的两道密闭,使之成为与封闭区漏风并联的通道,同时在 8—9 区段内构筑调节风门 A,将通过 3—4 上山的风量限制在最小的范围之内。如压能图 11-24(b)所示,闭区进回风口 5、8 两点压差显著减小,漏风量降低,这样就消除了封闭区自然发火的危险。如果封闭的是个火区,当然也会加速火的熄灭。

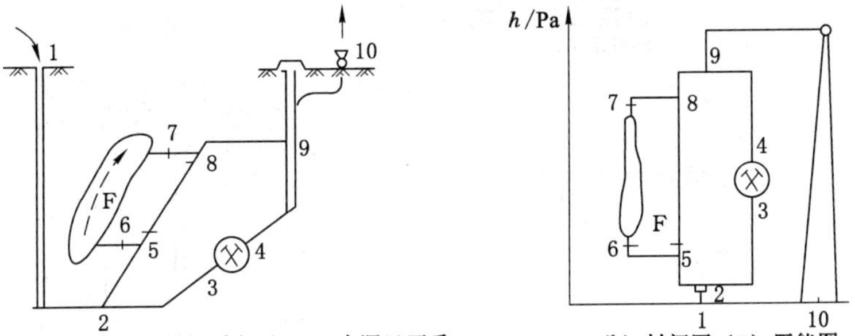

(a) 5、8两点压差大造成封闭采空区(F)内漏风严重　(b) 封闭区(F)压能图

图 11-23　封闭区漏风及其压能示意图

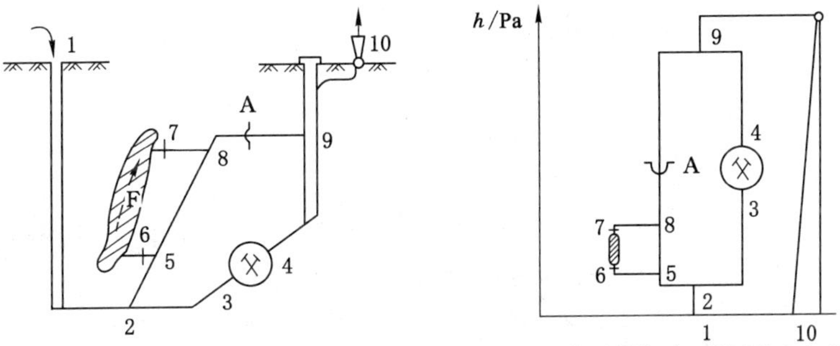

(a) 采取均压措施后6、7两点压差减小,封闭的采空区(F)漏风减少　(b) 采取均压措施后,封闭区(F)的压能图

图 11-24　并联风路与调节风门联合均压图

(2) 调压风机与调节风门联合均压

如图 11-25 所示,当上山 5—8 区段的风量不允许控制时,为实现对封闭的采空区(F)进行均压,可在封闭区的两端进回风口调压风机与调节风门联合组成均压硐室[图 11-25(a)]的方法。启动风机后,调节风门窗口的大小以消除原有密闭墙内外的压差,从而阻止通过密闭墙的漏风。密闭内外压力的均衡,可由安设于调节风门之外的“U”形水柱计显示。这里应当注意,封闭区两侧的均压硐室是有区别的:进风侧是负压硐室,调压通风机按抽出式工作[图 11-25(b)];回风侧是正压硐室,调压通风机按压入式工作[图 11-25(c)]。图 11-25 是双侧均压,其实也可以构筑单侧均压硐室。这种均压方式用于已经封闭的火区,限于条件,无其他适当的均压方法时才考虑使用,因为风机运行消耗电能,经济上很不划算。另外,一旦发生故障,风机停止运行,均压作用消失,措施的可靠性较差。封闭区(F)的压能图与

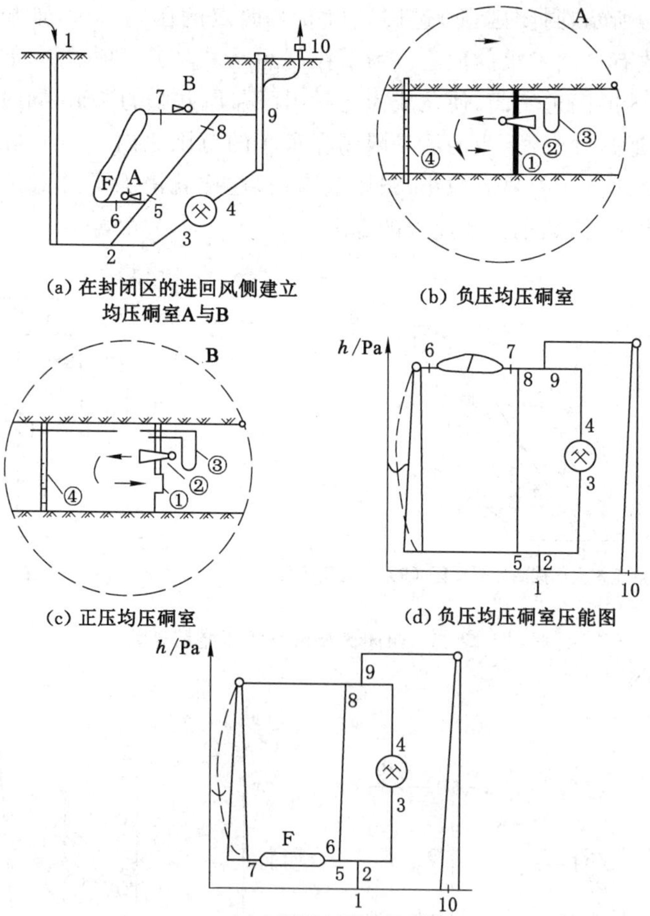

(a) 在封闭区的进回风侧建立均压硐室A与B　(b) 负压均压硐室

(c) 正压均压硐室　(d) 负压均压硐室压能图

(e) 正压均压硐室压能图

①—调节风窗；②—均压风机；③—水柱计；④—密闭。

图 11-25　调压风机与调节风门联合均压图

图 11-24(b)完全相同。如果单独采用负压均压硐室，其压能图如图 11-25(d)所示。单独采用正压均压硐室，其压能图如图 11-25(e)所示。

(3) 连通管均压

如图 11-26(a)所示，在可能发生煤炭自燃的封闭区(F)的回风侧密闭外面，再加筑一道密闭墙。然后，穿过外部密闭墙安设直径为 300～500 mm 的金属管路(1′、2′)直通地面。在管路上安设调节阀门，或者在外部密闭墙上构筑风窗调节孔，以控制通过连接管的风量。使其阻力 h_{1-2} 与进风 1—2—5 区段的阻力(h_{1-5})相等，则封闭区进回风两端(5、2′)的压能相同而漏风消失。如果将连通管各作一条风流支路，按网路图展开如图 11-26(b)所示，从此图上可见封闭区处于角联支路上，通过相邻支路风阻的调节不仅可以使其漏风风流停止流动，而且可以根据需要调节其风流方向。所以，连通管均压措施实质上也是改变通风系统均压的一种方法。连通管均压的压能图如图 11-26(c)所示。

四、预防性灌浆

预防性灌浆就是将水和不燃性固体材料(黄土、粉煤灰等)按一定比例制成泥浆，利用矿

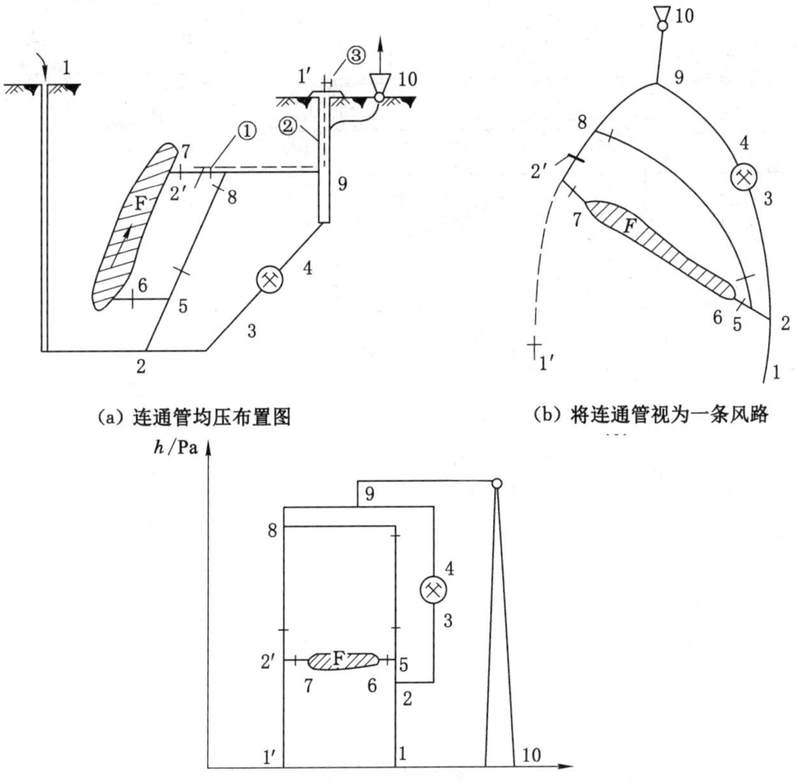

(a) 连通管均压布置图

(b) 将连通管视为一条风路

(c) 连通管均压压能图

①—加筑的密闭墙；②—连通管；③—调节阀门。

图 11-26 连通管均压图

井的高度差(静压)或者泥浆泵(动压)通过钻孔或管路送至可能发生自燃的地点，泥浆中的固体物沉淀下来，部分水则流到巷道中排出。泥浆的作用是：① 将碎煤包裹起来，隔绝它与空气的接触；② 固体物充填于浮煤和垮落的岩石缝隙之间形成再生顶板，从而增加严密性，减少漏风，对于厚煤层开采，有利于下分层的开采；③ 对于已经自热的煤炭有冷却散热作用。

灌浆的效果及其经济性，在很大程度上取决于泥浆材料的选择、制备、输送和灌浆方法。

1. 泥浆固体材料的选择

用于制备泥浆的固体材料应满足下列要求：① 不含可燃物或助燃物；② 颗粒直径小于 2 mm，细小粒子(颗粒直径小于 1 mm)占 75%；③ 主要物理性能指标：相对密度 2.4～2.8，塑性指数 9～14，胶体混合物含量 25%～30%，含砂量 25%～30%；④ 易脱水，又具有一定的稳定性；⑤ 具有能与较少的水混合成浆液的能力，运输时不堵塞管路或泥浆池；⑥ 便于开采、运输和制备，来源广，成本低。制备泥浆的固体材料主要包括黄土、页岩、矸石、粉煤灰、尾矿、沙子、水泥、胶体材料等。

2. 泥浆的制备与运送

泥浆的制备一般在地面进行，可以在地面灌浆站利用机械设备制作(图 11-27)，也可以利用高压水枪在地面直接冲刷表土制成泥浆(图 11-28)。前者，制浆效率高，产量大，泥浆浓度易控制；后者，设备简单，成本低，但泥浆浓度不易控制，影响防火效果。

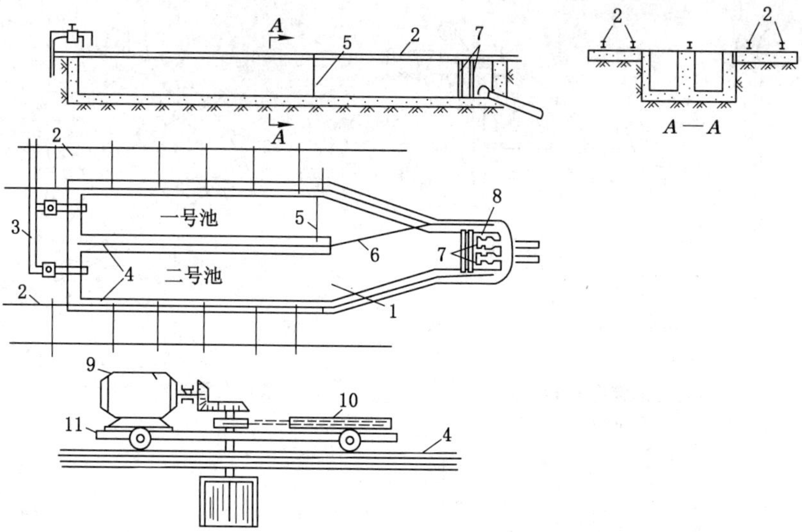

1—泥浆池；2—运土轨道；3—供水管；4—搅拌机轨道；5—闸板；6—道岔；7—筛子；8—管头筛子；9—电动机；10—胶带轮；11—矿车。

图 11-27　地面灌浆站

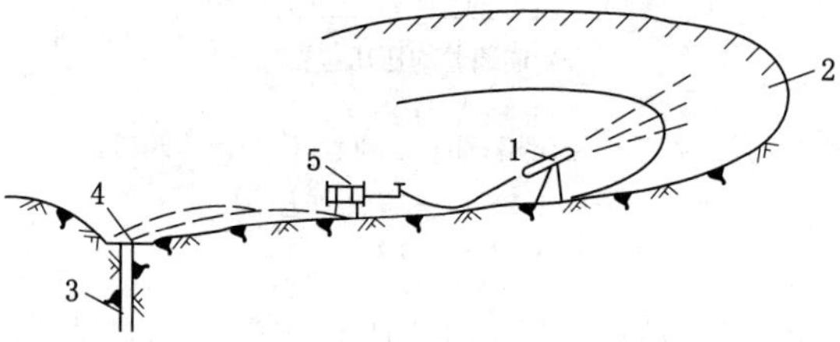

1—高压水枪；2—采土工作面；3—钻孔；4—孔口铁筛；5—高压水泵。

图 11-28　水枪冲刷表土成浆

制作泥浆时，土水比（泥浆中固体材料的体积与水的体积之比）的确定相当重要。泥浆浓度愈大，泥浆的黏度、稳定性与致密性也愈大，包围隔绝的效果愈好。但浓度过高，输送困难，容易堵管；浓度过低，则防火效果不好。通常根据泥浆的运送距离、煤层倾角、灌浆方法与季节确定土水比。在实际使用中，通常采用的水土比为（3～6）∶1。

输送浆液的压力有两种。一种是利用静压输送，另一种是当静压不能满足要求时采用加压输送。输浆倍线表示输浆管路阻力与压力之间关系，用 N 表示。

静压输送时：$N=L/H$

加压输送时：$N=L/(H+h)$

式中　L——浆液自地面管路的入口至灌浆区管路的出口管线总长度，m；

H——浆液入出口之间的高差，m；

h——泥浆泵的压力高程，m。

倍线一般控制在 3～8 之间。过大时，应加压；过小时，容易发生裂管跑浆事故，可在适当的位置安装闸阀进行增阻。

地面灌浆管道一般选用钢管或铸铁管。井下灌浆管道应根据灌浆压力大小选取。灌浆压力小于 1.6 MPa 时，可选用水、煤气输送管；压力大于 1.6 MPa 时，应选用无缝钢管。在现场的实际使用中，灌浆干管直径一般为 100～150 mm，支管直径为 75～100 mm，工作面胶管直径为 40～50 mm。

3. 预防性灌浆方法

预防性灌浆按与回采的关系可分为采前预灌、随采随灌和采后封闭灌浆三种。采前预灌是在工作面尚未回采前对其上部的采空区进行灌浆。这种灌浆方法适用于开采老窑多的易自燃、特厚煤层。采后封闭灌浆是采空区封闭后，利用钻孔向工作面后部采空区内注浆。随采随灌则是随着采煤工作面推进的同时向有发火危险的采空区灌浆，这是预防性灌浆采用的主要方法。随采随灌分为钻孔灌浆、埋管灌浆和洒浆三种方式。

(1) 钻孔灌浆

钻孔灌浆是在煤层底板运输巷或回风巷以及专门开凿的灌浆巷道内，也可在邻近煤层的巷道内，向采空区打钻灌浆，钻孔直径一般为 75 mm，如图 11-29 所示。为减少孔深和便于安装钻机，而又不影响巷道内的运输，在巷道内一般每隔 20～30 m 距离开一小巷（称钻窝或钻场），在钻场内向采空区打扇形钻孔灌浆（图 11-30）。

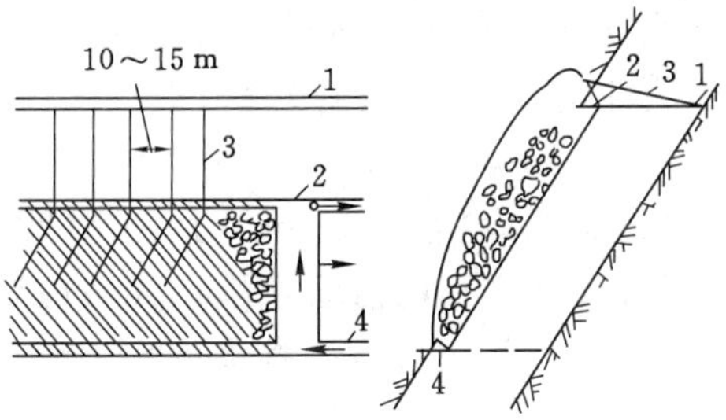

1—底板巷道；2—回风道；
3—钻孔；4—进风道。
图 11-29　由底板巷道打钻灌浆

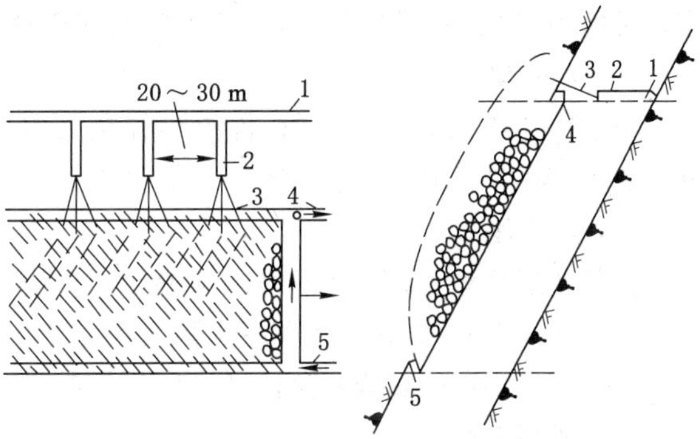

1—底板巷道；2—钻窝；3—钻孔；
4—回风道；5—进风道。
图 11-30　由钻窝打钻灌浆

(2) 埋管灌浆

埋管灌浆是在放顶前沿回风道在采空区预先铺好灌浆管，一般预埋 10～15 m，预埋管一端通往采空区，一端接胶管，胶管长一般为 20～30 m，放顶后立即开始灌浆。为防止垮落岩石砸坏灌浆管，埋管时应采取防护措施（如架设临时木垛）。随工作面的推进，按放顶步距用回柱绞车逐渐牵引灌浆管，如图 11-31 所示，牵引一定距离灌一次浆。

(3) 工作面洒浆或插管灌浆

从回风巷灌浆管上接出一段浆管，沿倾斜方向向采空区均匀地洒一层泥浆，如图 11-32 所示。洒浆量要充分，使采空区新垮落的矸石能均匀地被泥浆包围。洒浆通常作为埋管灌浆的一种补充措施，使整个采空区特别是下半段也能灌到足够的泥浆。对综采工作面常采用插管灌浆的方式，即注浆主管路沿工作面倾斜铺设在支架的前连杆上，每隔 20 m 左右预留一个三通接头，并分装分支软管和插管。将插管插入支架掩护梁后面的垮落岩石内灌浆，插入深度应不小于 0.5 m。工作面每推进两个循环，注浆一次。

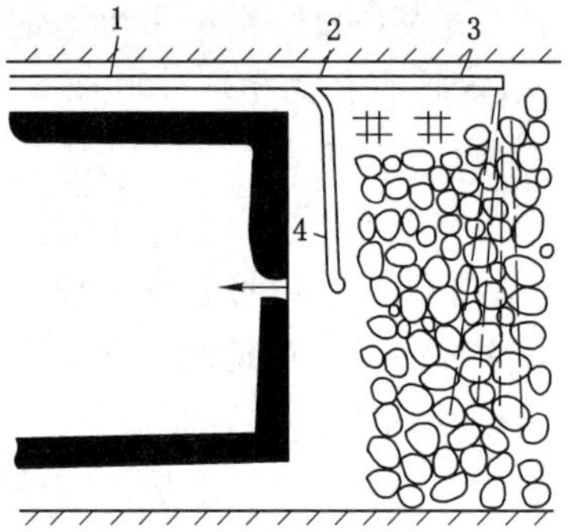

1—注浆管；2—三通；
3—预埋注浆管；4—洒浆胶管。

图 11-31　埋管灌浆

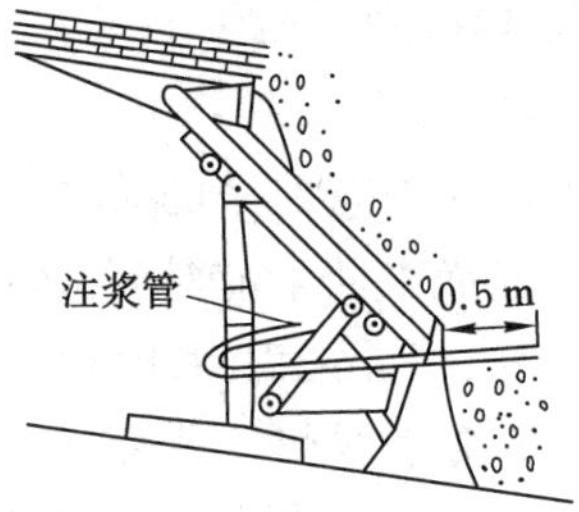

图 11-32　工作面插管灌浆

4. 灌浆时的安全措施

灌浆虽是当前最成熟和最经济的防灭火技术措施，但也存在容易堵管、跑浆、溃浆等问题。因此，必须加强灌浆管理，提高灌浆的安全性和可靠性。

(1) 预防堵管

为了防止灌浆时泥浆堵管，除严格控制大颗粒(直径大于 2 mm)进入输浆管路外，灌浆前应先用清水冲洗输浆管路，然后下浆。灌浆结束后，再用清水清洗，以免泥浆在管内沉淀。

(2) 防止跑浆

灌浆期间要对管路接头及密闭附近的煤岩进行细致的检查，避免跑浆。当采用随采随灌的预防性灌浆方法时，如果管理不当则常常会出现泥浆漫溢到工作面的情况。为此，灌浆地点应距工作面有一定的安全距离，一般为 15～20 m。也可将工作面用木板做成挡浆隔板。

(3) 观测水情

灌入采空区的水量和排出的水量均应详细记录和计算。如排出的水量很少，则说明灌浆区内有泥浆水积聚，这对于开采下分层或下部煤层具有一定的危险性。只有灌浆区内积水全部排出才不会引起泥浆的溃决事故。此外，应注意从灌浆区中排出水的含泥量。如果水中含泥量增多，说明在采空区内形成了浆沟，泥浆未均匀分布于采空区，而是直接从采空区流出，这势必要降低灌浆效果。因此，要在泥浆中适当增加砂子量，用砂子填平水路，以便使泥浆分布范围增大。

(4) 设置滤浆密闭和排水道

在灌浆工作面的运输巷内应用滤水密闭将滤浆区与工作区分开。泥浆水通过滤浆密闭流出且把泥砂留在灌浆区内。这样既能保证水从水沟中顺利排出，也不致发生泥浆在运输道内积聚而妨碍运输和恶化劳动条件。

五、阻化剂

阻化剂包括如氯化钙($CaCl_2$)、氯化钠(NaCl)、氯化镁($MgCl_2$)、水玻璃(Na_2SiO_3)等无机盐类化合物，将其溶液喷洒在采空区的煤壁或者煤块上，具有阻止煤氧化和防止煤自燃的作用，因此称为阻化剂。该项防灭火技术是在 20 世纪 60 年代初发展起来的，在国外和国内的一些矿井都进行了应用，取得了较好的效果。它是进行煤矿防灭火的一个重要手段之一。阻化剂防火由于技术工艺系统简单、设备少、成本低、防火效果好等优点，在一些矿区得到了广泛应用。

1. 阻化剂的作用机理

阻化剂为什么能防止煤炭自燃，目前提出的有“吸水盐类液膜隔氧降温”学说。该学说认为阻化剂都是一些吸水性很强的无机盐类。当它们附着在煤块表面时，由于吸收空气中的水分，在煤的表面形成含水的水液膜，从而阻止了煤-氧的结合，起到了隔氧阻化的作用。同时，这些吸水性能很强的盐类能使煤体长期处于含水潮湿状态。水在蒸发时的吸热降温作用使煤体在低温氧化过程中温度不能升高，也抑制了煤炭自燃的发展。该学说反映出阻化剂主要起到了以水防火的作用。如果阻化剂离开了水的作用，阻化效果也就会随之消失。

2. 阻化剂性能的指标

阻化效果是评价阻化剂性能优劣的指标。目前采用阻化率和阻化寿命作为衡量阻化剂性能的两个指标。

(1) 阻化率

阻化剂的阻化率是指阻止煤氧化的能力，可用煤样在阻化处理前后放出的 CO 量的差值与未经阻化处理时放出的 CO 量之百分比来表示：

$$E=(A-B)/A\times 100\% \tag{11-14}$$

式中 E——阻化率，%；

A，B——原煤样和阻化煤样在温度为 100 ℃时释放出的一氧化碳(CO)的量。

(2) 阻化寿命

煤炭经阻化处理后，阻止氧化的有效日期为阻化剂的阻化寿命，又称为阻化衰退期，单位为月。综上所述，阻化率高、阻化寿命长的阻化剂才是理想的阻化剂。阻化剂对煤的自燃只能起抑制、延长发火期的作用，而且有一定的时间界限，故阻化剂防火不是一劳永逸的措施。

3. 阻化剂防火工艺

阻化剂防火工艺分三类：一是在采煤工作面向采空区遗煤喷洒阻化剂液防止煤的自燃；二是向可能或已经开始氧化发热的煤壁打钻孔压注阻化液，以抑制煤的自燃；三是气雾阻化剂，借助漏风方向向采空区送入雾化阻化剂。试验研究表明，20%浓度的氯化钙($CaCl_2$)、氯化镁($MgCl_2$)溶液的阻化率较高，防火效果好。因此，阻化液浓度在 15%～25%浓度范围内，其防火效果好，低于 10%或者高于 30%，其防火效果大大降低。因此在使用阻化剂防火时，应该注意其使用浓度。

六、惰性气体

惰性气体简称惰气。矿井防灭火所用的惰气与化学上的惰气在概念上有所区别，这里是指不能助燃的气体。可被用作矿井防灭火的惰性气体主要有三种：氮气(N_2)、二氧化碳(CO_2)和燃烧产生的惰性气体。

1. 氮气

氮气防灭火技术是一项防治矿井自燃火灾行之有效的技术措施。自从 20 世纪 50 年代以来，惰性气体防灭火的方法开始得到使用。从 1974 年起，德国的注氮气防灭火技术发展显著。我国也从 20 世纪 70 年代开始应用氮气防灭火技术。

在常温常压下，氮分子结构与化学性质非常稳定，很难与其他物质发生化学反应，它是一种良好的灭火用惰性气体。理论与实践表明,当氧含量降低到5%～10%时,可抑制煤的氧化自燃,而氧含量降低到2%以下时,则可以使煤炭燃烧熄灭并阻止其复燃。氮气防灭火技术以氮气特有的物理性质,丰富的氮气资源,简单的注氮工艺,使其成为矿井防灭火的一项重要技术。

(1) 氮气防灭火的优缺点

氮气防灭火有以下优点:

① 注入氮气可使防治区域缺氧惰化,迅速灭火,并能为抢险救灾工作提供较安全可靠的环境。

② 可造成防治区域正压,能防止或杜绝新鲜空气流入,以保持防治区域的氮气惰化度。

③ 具有降温作用。氮气在管路中带压输送,在注氮口氮气膨胀吸热,可部分吸收煤炭氧化生成的热量。

④ 氮气密度和空气相近,易于和空气混合,氮分子能渗入采空区的所有地点,扩散半径大,惰化覆盖面广。

⑤ 注氮不污染防治区,无腐蚀并不损坏综采设备。

氮气防灭火有以下缺点:

① 在存在漏风通道的情况下,氮气易遗失,不能像泥浆那样长期起到防灭火作用。

② 注氮能迅速遏制火灾,但灭火降温困难,使火区完全熄灭时间相当长。因此,注氮灭火的同时,要辅助其他灭火措施,处理残火,以防复燃。

③ 氮气本身虽无毒,但具有窒息性,对人体有害。井下作业场所所需氧含量下限值为19%,所以有氮气泄漏的工作地点的氧含量不得低于19%。

(2) 氮气的制取

氮气是空气的主要成分,因此空气为氮气的制取提供了取之不尽、用之不竭的来源。矿井防灭火工作中所用的氮气,都是通过对空气中的气体成分进行分离而制取的。以往,它是制氧过程中的一种副产品,现在成为了主要生产目标。对空气进行分离而制取氮、氧的基本方法有深冷空分、变压吸附和膜分离方法三种工艺技术,这三种制氮技术的特点如表11-4所列。

表11-4 各种制氮技术的特点比较

制氮原理	深冷空分	变压吸附	膜分离
工作原理	通过压缩、膨胀循环,将大气温度降低并使之成为液态,然后根据大气组分沸点不同而将氮、氧分离出来	通过分子筛对氧气加压吸附排氮,减压脱附排氧,从而将氮、氧分离	利用天然或人工合成的高分子薄膜,以外界能量或化学位能差为推动力,对双组分或多组分的气体、溶质、溶剂进行分离、分级、提纯和富集的过程
主要设施	1. 空气净化装置 2. 换热装置 3. 精馏塔 4. 压缩机 5. 透平膨胀机 6. 输液泵	1. 吸附器(内有碳分子筛) 2. 压缩机 3. 真空泵 4. 干燥器	1. 压缩机 2. 除油净化及后冷 3. 膜组件

表 11-4(续)

制氮原理	深冷空分	变压吸附	膜分离
机动性	地面固定式	可组装成地面移动式	可组装成地面移动式、井下半移动式
预制时间/h	2	<1	不需预制
氮气纯度/%	99.9	98～99	97

(3) 注氮工艺

氮气防灭火技术的实质是向工作面采空区注入氮气，使采空区氧化带惰化，使空气中氧气的体积浓度降至 7%以下；要将阴燃完全熄灭时，氧气浓度应该低于 2%。

一般采取沿平巷埋管方式进行注氮防火。可在工作面进风平巷外侧巷帮敷设无缝钢管，并埋入采空区内，管路采用法兰盘连接。如采空区埋管兼作灌浆管时，则该埋管分别通过三通与注氮、灌浆管相连，根据需要，通过埋管注氮或灌浆。

采空区埋管管路每隔一定距离预设氮气释放口，其位置应高于煤层底板 20～30 cm，并采用石块或木垛加以妥善保护，以免孔口堵塞。

为控制注氮地点，提高注氮效果，可采用拉管移动式注氮方式，即采用回柱绞车将埋管向外牵引，埋管移动周期与工作面推进速度保持同步，使注氮孔始终在采空区氧化带内注入氮气。据经验，埋管距工作面 15～20 m 之内，采用回柱绞车能够牵引移动埋管。

影响注氮防灭火效果的关键因素是氮气浓度与注入区域是否存在漏风。当注入的氮气浓度低于 97%或在注入氮气区域存在漏风，防火区域中就会存在较多的氧气，氮气的窒息防灭火作用就难以有效发挥。因此，实施注氮防灭火工艺时，应先对注氮区域内的漏风通道进行分析，同时在注氮气过程中加强对氮气浓度的检测。

需要指出的是，由于氮气的降温灭火能力较弱，对于煤自然发火程度较严重的火区，采用注氮气灭火的方法一般难以奏效，但采用注液氮的方法会取得较好的效果。液氮的浓度为 99.999%，其温度为－196 ℃，1 m^3 的液氮可汽化为 648 m^3 的氮气，因此瞬间可将液氮汽化达到几千立方米，因此液氮具有很强的降温灭火功能。

2. 二氧化碳

二氧化碳的密度相对于空气是 1.52，利用其密度大的特点就可用来熄灭矿井中发生在位置较低处的火灾，例如仰斜开采工作面的采空区和倾斜巷道的下部；同理，二氧化碳对控制水平和上行巷道或工作面的火灾效果就较差。二氧化碳的抑爆性能优于氮气，但二氧化碳易溶于水和比较容易吸附在煤体上，因此会损失一些气态的二氧化碳。

3. 燃烧产生的惰性气体

将火区封闭后，火区内的氧气将被消耗而成为烟气。烟气的主要成分是二氧化碳、氮气和水蒸气，这样的混合气体可看作是窒息火区的惰性气体，会使火区惰化，使火焰熄灭。但是，这样的混合气体可能含有大量的可燃性气体，如果有新鲜空气进入的话，就可能发生爆炸。

直接利用火灾气体灭火，因实际使用困难，很少采用，但可采用燃油燃烧的惰气灭火。目前，国内外矿山救护队一般装备有用燃油燃烧的惰气发生装置，该装置已成为扑灭受限空间火灾的重要技术装备之一。惰气发生装置的特点是产生的惰气量大，如燃烧煤油的喷气式发动机，当燃烧速率为 0.7 kg/s 时，会产生 30 m^3/s 的惰性烟气，发动机在产生大量烟气的同时，还会产生大约 30 MW 的电力，可以作其他用途。为使惰气装置灭火性能更优，需用水对烟气进行冷却处理，经冷却的湿式惰气注入火区，可快速控制火势、窒息火区。

七、凝胶

胶体是指含分散颗粒的尺寸在 1～100 nm（1 nm＝10^{-9} m）的水溶液。在适当的条件下，溶胶或高分子溶液中的分散颗粒相互联结成为网络结构，水介质充满网络之中，体系成为失去流动性的半固体状态的胶冻，处于这种状态的物质称为凝胶。

凝胶是胶体的一种特殊存在形式，是介于固体与液体之间的一种特殊状态，它既显示出某些固体的特征，如无流动性，有一定的几何外形，有弹性、强度和屈服值等。但另一方面它又保留某些液体的特点，例如离子的扩散速率在以水为介质的凝胶中与水溶液中相差不多。

为了封阻煤体中的裂隙和扑灭高处的火灾，凝胶较其他防灭火介质具有优越性，近年来，凝胶作为一种新型的防灭火材料，在煤矿自燃火灾的防治中获得了较广泛的应用。

1. 凝胶种类

凝胶材料主要有无机凝胶和有机凝胶两大类。

（1）无机凝胶

无机凝胶主要由基料、促凝剂和水按照一定比例配制成水溶液，发生凝胶作用而形成，胶体内充满着水分子和一部分其他物质，硅凝胶起框架作用，把易流动的水分子固定在硅凝胶内部。成胶的过程是一个吸热过程。对于由两种原料在水中经过物理或化学作用形成的胶体，通常把主要成胶原料称为基料，把促成基料成胶的材料称为促凝剂或胶凝剂。基料和促凝剂按照一定的比例配制成水溶液。在矿井防灭火中常用的硅凝胶，水玻璃是基料，碳酸氢铵或硫酸铵或铝酸钠为促凝剂。无机凝胶存在失水后会干裂、粉化和灭火后的火区易复燃的不足。防火时，基料 8%～10%，促凝剂 3%～5%；灭火时，基料 6%～8%，促凝剂 2%～4%。成胶时间由基料和促凝剂的比例而确定，一般基料与促凝剂在水溶液中的比例越大，成胶时间越短。当基料为 90～100 kg/m^3 时：成胶时间为 7～8 min 时，促凝剂为 20 kg/m^3；成胶时间为 3～4 min 时，促凝剂比例为 30 kg/m^3；成胶时间为 25 s 时，促凝剂为 50 kg/m^3。

促凝剂为碳酸氢铵的凝胶，防灭火性能好，成本低，但碳酸氢铵在低温下容易分解，具有很大的刺激性气味——氨味，对井下工人的健康有危害，因此目前很多矿井已不再使用。采用偏铝酸钠等其他促凝剂，可以避免产生有害刺激性气体，但是形成的凝胶的防灭火性能和稳定性稍差，成本也高一些。

（2）有机凝胶（高分子凝胶）

有机凝胶也称高分子凝胶。高分子凝胶是指分子量很高（通常为 10^4～10^6）一类的高分子化合物的溶液。这种高分子化合物吸水能力很强，与水接触后，短时间内溶胀且凝胶化，最高吸水能力可达自身重量的千倍以上。目前用于矿井的高分子防灭火材料以聚丙烯酰胺、聚丙烯酸钠为主要成分。这种胶体材料与水玻璃凝胶相比，使用时仅采用单种材料，使用量小，通常为 0.3%～0.8%，在井下使用方便，且对井下环境无污染。这种胶体附着力强，可充分包裹煤炭颗粒，隔绝与氧气的接触。

高分子凝胶材料的不足在于其成本较高，且吸热与成胶能力均不如由水玻璃与碳酸氢铵构成的铵盐凝胶。

（3）复合胶体

在黄土、粉煤灰或其他原料的泥浆中，将成胶材料按一定比例添加到泥浆中，使泥浆稠化，形成浆体凝胶，也称复合胶体。因复合胶体含有固体介质，即使胶体脱水后仍可较好地包裹煤体，可克服一般水凝胶的特点，因而具有更好的防灭火性能。

2. 凝胶防灭火的特点

凝胶易于将流动的水分子固定起来，胶体中90%左右是水，从而充分发挥了水的防灭火作用。成胶前液态的溶液能渗入煤体的裂隙和微小孔隙中，成胶后就堵塞了这些空隙和裂隙，与煤体一起形成一个凝胶整体，封堵煤的裂隙及采空区的漏风通道，使氧分子无法进入煤体的内部；同时胶体能在煤的表面形成一层保护凝胶层，隔绝煤氧结合；其水蒸发形成的水蒸气，也会使其采空区氧气浓度降低，减少了煤与氧分子的接触机会。凝胶具有很高的热稳定性，在高温下胶体仍有很好的完整性而不破裂，仅仅会因为随着时间的延长里面的水慢慢蒸发而变干。此外，凝胶具有很好的阻化性能，促凝剂和基料本身就是一种很好的阻化剂，能够阻止煤的自燃，所以起到了一般阻化剂的阻化效果。成胶时间可以控制，可以根据不同的发火情况和现场使用的工艺设备，调节其促凝剂和基料的比例从而控制凝胶的成胶时间。

凝胶通过钻孔或煤体裂隙进入高温区，部分水分迅速汽化，快速降低煤表面温度，残余固体形成隔离，阻碍煤氧接触而进一步氧化自燃。另一部分随着煤体的温度升高，在不远处及煤体孔隙里形成胶体，包裹煤体，隔绝氧气，使煤氧化、放热反应终止。随着注胶过程的不断进行，成胶范围不断扩大，火势熄灭圈增大，直至整个火源熄灭。完全干涸的胶体还可以降低原煤体的孔隙率，使得通过的空气量大大减少，从而抑制煤层的复燃。

用于防治矿井火灾的凝胶目前较多，但是不同的矿井对材料又有不同的要求。根据煤矿火灾的特点，矿井防灭火凝胶材料的选择应遵循以下的原则：

(1) 无毒无害，对井下工作人员的身体健康没有危害，对设备无腐蚀，对井下环境无污染。

(2) 价格低廉，工艺设备简单。防灭火材料要有经济实用性，同时由于受到井下特定工作环境的限制，因此要求工艺设备简单，便于在煤矿井下现场应用。

(3) 要有良好的堵漏性。将氧气进入煤层的通道堵塞后，就会大大地降低其空间氧气的浓度，同时，外界的氧气很难进入采空区。

(4) 要有良好的渗透性。要能够很容易地进入松散煤体的内部，从而与煤体形成一个有机的整体，使氧分子很难进入煤体内部。

(5) 要有良好的耐高温性能。在煤炭自燃的区域，往往有很高的温度，因此材料在高温下不分解，保持原有的特性，才能充分发挥其防灭火效果。

(6) 吸热性能好。材料应具有高的比热容，这样能加速高温煤层温度的降低。

3. 注凝胶工艺

注凝胶的工艺有多种，这里介绍最常用的双箱双泵工艺系统，如图11-33所示。

把基料A和促凝剂B按一定比例与水在矿车(或水箱)内搅均匀，然后同时启动两台污水泵。A液体和B液体在混合器内混合后，由胶管输送到注胶钻孔，待两种溶液输送完后，用清水稍冲洗泵和管路，重新配制。通过实践证明，此种注胶工艺简单易行，胶体质量稳定。但配料要求掌握严格，而且两台污水泵压力和流量要相同，保证注胶配比均匀，否则将发生胶体凝结堵泵堵管现象(停泵前一定要用少量清水冲洗泵和管路)。

当井下出现局部高温区或火点时，需要轻便灵活的注胶设备及工艺。井下轻便移动式注胶工艺主要是通过多功能胶体压注机把各种胶体材料按比例混合、搅拌，输送到火源点。

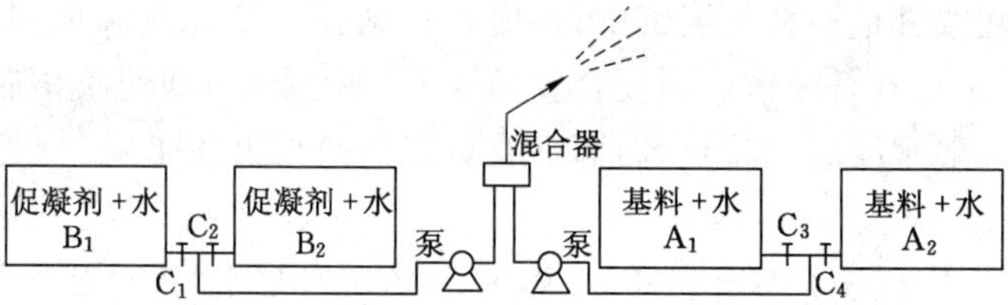

图 11-33　双箱双泵凝胶压注系统

该工艺使用方便灵活，对于局部火区、高温区可进行快速有效的处理。

如果井下煤层着火面积很大、火势迅猛或综采支架后部大范围着火，则需要大流量的注胶灭火工艺。该工艺主要利用煤矿现有的地面灌浆防灭火系统、注砂防灭火系统及防尘水管路系统，从地面浆池中配好基料，在井下着火点附近用注胶设备把促凝剂按比例添加到管路中，再压注到火源区域。该系统井下材料运输量少（只需要运送促凝剂），注胶流量大（可达 30～100 m^3/h），且对固体颗粒要求不严。

八、三相泡沫

防治煤炭自燃的三相泡沫由固态不燃物（粉煤灰、黄泥等）、惰性气体（N_2）和水三相防灭火介质组成。三相泡沫集固、液、气三相材料的防灭火性能于一体，利用粉煤灰或黄泥的覆盖性、氮气的窒息性和水的吸热降温性进行防灭火，大大提高了防灭火效率。三相泡沫发泡体积量大，单位体积的浆体材料成本低，具有较高的经济效益。

三相泡沫在采空区中可向高处堆积，对低、高处的浮煤都能覆盖，能够避免注入的浆体从底部流失；注入的氮气被封装在泡沫之中，能较长时间滞留在采空区中，充分发挥氮气的窒息防灭火功能。三相泡沫中含有粉煤灰或黄泥等固态物质，这些固态物质是三相泡沫面膜的一部分，可较长时间保持泡沫的稳定性，即使泡沫破碎了，具有一定黏度的粉煤灰或黄泥仍然可较均匀地覆盖在浮煤上，可持久有效地阻碍煤对氧的吸附，防止煤的氧化，从而有效地防治煤炭自然发火，这是三相泡沫防灭火性能的优越性。

1. 三相泡沫的发泡方式

在粉煤灰或黄泥浆液中加入发泡剂后，通过发泡器发泡，形成防灭火用三相泡沫。发泡剂的作用是降低浆液的表面张力，同时使固体颗粒具有疏水性，使之黏附在气泡壁上。三相泡沫所采用的发泡方式是物理机械发泡。两相泡沫发生器采用网式发泡器，但网式发泡器不适用于产生三相泡沫，因为固体颗粒易造成对发泡网的堵塞。

根据三相泡沫的特点，中国矿业大学通风防灭火课题组研制了一种适用于形成三相泡沫的发泡器，如图 11-34 所示。该发泡器结构简单，利用浆体本身的能量在发泡器内使气-液-固三相物质充分混合，同时由于发泡剂的存在，从而形成均匀致密细腻的三相泡沫，如图11-35 所示。

2. 三相泡沫工艺流程

三相泡沫产生流程如图 11-36 所示。

首先在制浆站中，将一定比例的水与粉煤灰或黄泥搅拌混合形成粉煤灰或黄泥浆体，通过自然压力或泵输送到注浆管路中，再通过定量螺杆泵将发泡剂注入注浆管路中，浆液与发泡剂在流动的混合器中混合后进入发泡器，在发泡器中接入氮气管路，氮气与含有发泡剂的粉煤灰或黄泥浆体相互作用产出三相泡沫。

图 11-34　三相泡沫发泡器实物图

图 11-35　制备的均匀稳定的三相泡沫

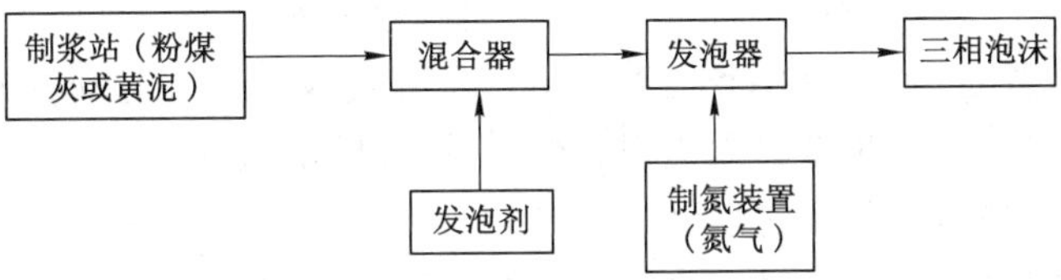

图 11-36　三相泡沫产生流程图

三相泡沫注入防灭火区域后，大面积地将浮煤覆盖，使有自然发火倾向的煤层迅速与空气中的氧气隔绝并冷却降温，见图 11-37。采空区内的一氧化碳浓度明显降低，防灭火效果非常显著。

图 11-37　现场使用的三相泡沫

第四节　矿内灭火

一、发生火灾时的行动原则

在矿井巷道中发生的火灾通常是从某一点开始的。火灾在初始阶段的强度都相当小，这时绝大多数火灾都可以被迅速扑灭。因此，火灾初期的积极灭火是极其重要的。否则，对发现或扑救不及时的火灾有时仅仅数分钟就会发展成为一个很难扑灭的大火，最后只能封闭该着火区域。最先发现火灾的人员，一定要根据火灾性质采用一切可能的方法，力争在火灾初起之时就把它扑灭，同时迅速向矿调度室报告火情。

矿调度室接到报告后，应立即采取下述措施：

（1）通知救护队；

（2）组织临时救灾指挥部；

(3) 通知所有井下受火灾威胁的人员撤离危险区。

现场指挥人员要参照矿井灾害预防和处理计划规定，侦察火区，确定火源和火灾的性质与规模，组织力量积极救人灭火。即使是一次微小的火灾也不能麻痹大意。只有确信火已经完全扑灭，才能解除警报。任何犹豫与拖延都会给灭火带来困难并造成严重后果。

大多数外因火灾，只要能够及时采取有效措施，一般能够很快将火扑灭。这就需要强调火灾探测在防灭火中的重要性，对工作人员进行良好的防灭火技术培训，有按高标准设计的防灭火系统和随时可使用的防灭火器材和设备。所有灭火器材应该放置在运输设备上，并置于所有可能发生火灾的危险性区域上侧。这些危险区域包括仓储区和安装有固定设备的地方(如机电设备、空气压缩机站和输送机的传动机箱等处)。

喷淋系统对于固定设备、仓库和运输设施发生火灾时的灭火是非常有效的。为了保证喷淋系统动作时，燃烧是发生在其周边很近的区域，故喷淋系统是由热传感器来控制其动作的，而不是采用烟粒或者气体传感器。

在火灾中有电源、电线和各种用电设备的情况下，灭火时就既不能使用水，也不能使用泡沫灭火剂，直到电源被完全切断后方可使用。二氧化碳灭火器和干粉灭火器可以用来灭电器类火灾和易燃油品火灾。

井下遇险人员应迎着新鲜风流选择安全避灾路线，有秩序地撤离危险区，同时注意风流方向的变化。如遇到烟雾有中毒危险时，应立即戴上自救器，尽快通过附近风门进入新鲜风流中。如确实无法撤退时，应进入避难硐室或构筑临时避难硐室等待救援。如该处有压气管路，应打开阀门或切断管路，放出压气维持呼吸。

二、直接灭火

1. 水灭火

利用井下水源，安装水泵、铺设水龙带，或将水龙带接在井下消防水管、防尘水管上，用水枪对准火源点喷射灭火。这种方法具有操作方便、灭火迅速、消火彻底、所需费用少等优点。用水灭火，简单易行、经济、有效。水的主要作用是：① 水有很大的吸热能力(1 kg 水汽化成蒸汽时能吸收 2 256.7 J 的热量)，能很快使物体冷却而停止燃烧；② 水遇火(高温)能蒸发成大量水蒸气(1 m^3 水能生成 1 700 m^3 水蒸气)，使燃烧物表面与空气隔绝，并能稀释空气中的氧浓度；③ 以强力水流喷射火源能压灭燃烧物的火焰。

除了电器类火灾和易燃油类火灾外，水可用于绝大多数一般性火灾的灭火。当用水浇灭表面性火灾时，就相当于去掉了火灾三角形的两边：水的蒸发潜热和水的热容能够带走燃烧产生的热量；另外，水受热产生的大量水蒸气可以起到隔绝空气的作用，水还能覆盖在温度较低的可燃物表面而隔绝氧气，使燃烧熄灭。

在矿井中用水灭火，要求灭火水压达到足够的压力，并且有充足的水量。水压应该达到 800～1 400 kPa，可使水流能够喷射 30 m。在主管路的消防栓上能够接多根软管。实际上，水流在矿井通风巷道中能够喷射到的范围通常不到 10 m。喷嘴应该首选喷射水流呈喷洒状或者雾状的喷嘴类型。

许多经验教训一再表明，必须对矿井的水灭火系统精心设计。输送水流的流动方向应该和风流流动的方向保持一致，这样灭火人员有时就不会为了水源需冒险穿过火源。消防栓必须设置在灭火战略要点上，使其能够对火灾危险地带发挥作用，例如在接近风门和巷道交叉点处等位置。所有矿井消防设备、水管及其配件都必须是符合标准的。消防水龙头应该用非金属包裹物进行保护以防损坏和锈蚀。消防器材供应站应该定期检查确保各种设备在任何时候都有效。特别重要的是消防软管,应按照制订的计划定期检查,其存放方式也应符合有关要求。

如果有巷道与发生火灾的巷道连通并能接近火源的话,可以从没有发生火灾的巷道的联络巷或有孔洞的地方向发生火灾的巷道喷洒水雾以切断火灾的传播途径。在火灾初期,如果能够直接将水雾喷射到紧靠火源后方的部位,灭火效果会非常好。但是对于已经充分发展的火灾或者已经形成富燃料燃烧火灾的情况下,这种办法的作用有可能不太明显。

水泵的安设、电源的供应及供电网络应该结合矿井具体实际仔细考虑。水泵及其输电线路应该选择尽可能不受火灾威胁的位置安放。有时甚至需要考虑双线路供电的方案。另外,即使在矿井电源必须被切断的情况下,也必须能够保证正常地为泵提供电源。井下的水泵必须能够提供足够的水量。当然,地面的消防系统首先必须能够满足地下消防系统的用水要求。

2. 泡沫灭火

矿内火灾发生在受限空间,而基于水性的高倍泡沫为受限空间灭火提供了一种有力工具。在 1956 年,泡沫灭火就应用到了矿井火灾的灭火工作。虽然泡沫灭火存在不能完全将火灾扑灭的不足之处,但是泡沫的隔离火区和降温作用,使消防队员能够靠近火源前方区域,因而泡沫灭火能发挥出相当的优越性,因此,这种方法也可以用于大型矿井火灾的灭火工作。甚至在必须封闭火区,来不及将设备搬运出来的情况下,可以使用高倍泡沫来有效控制火势。

高倍空气机械灭火机,在井下巷道中使用情况如图 11-38 所示,目前我国消防与救护队基本上都配备了这种装备。起泡剂溶液 3 通过喷射泵 2 被喷射在发泡网上,通风机 7 将空气吹在发泡网上,发泡剂溶液就变成大量的泡沫。泡沫的产生速度可达到数立方米每秒。将铵、醇和硫酸盐等进行混合都可以形成起泡剂,加入碳纤维化合物可以提高泡沫的稳定性。

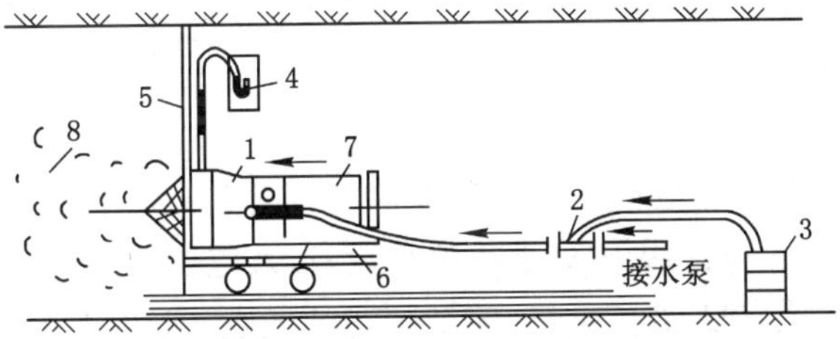

1—泡沫喷射器;2—喷射泵;3—起泡剂溶液;4—水柱计;
5—密闭墙;6—平板车;7—通风机;8—泡沫。

图 11-38 高倍空气泡沫灭火机在井下应用

使用高倍泡沫灭火,其目的在于使形成大量体积的泡沫充填巷道并且在通风风流压力作用下向着火区移动。泡沫中空气与水的含量一般在 100∶1 到 1 000∶1 之间。但泡沫堆被推动前移时,部分泡沫会因为与干燥的巷道表面接触而破灭。然而,破灭泡沫中的液体成分会释放出来润湿原来比较干燥的巷道表面,那么后面的泡沫就可以继续向前推移。泡沫还会在流动边缘带不断收缩,当接近燃烧物质时由于热辐射的作用,泡沫消失会加快。

泡沫灭火主要基于两个原理：一是水的汽化会从热源中带走大量的热；二是汽化的水蒸气不断积聚会形成具有隔离空气作用的屏障。当泡沫被加热到 100 ℃时，泡沫会膨胀 30%。但是液态水蒸发变成水蒸气时体积膨胀比是 1 700 ∶ 1。假设泡沫中的空气与水的比为 1 000 ∶ 1，那么当 1 000 L 这样的泡沫蒸发后，就会变成 1 300 L 的空气(膨胀率 30%)加上 1 700 L 的水蒸气，也就是 3 000 L 的混合气体。空气原来还有体积比为 21%的氧气量，那么随着与产生的水蒸气的混合，氧气浓度下降为：

$$21\% \times \frac{1\ 300}{3\ 000} = 9.1\%$$

这种浓度的氧气，可以使明火熄灭。

虽然高倍泡沫有上述这些优点，但是也有不足之处。首先是泡沫很难将通风巷道完全封堵，当泡沫在巷道堆积时，因巷道截面的减小会导致风速增加，较高风速的风流就会迫使形成能通过风流的小通道，这也就使得泡沫不能完全将火区覆盖。一种很有效的做法就是合理利用风障布来帮助泡沫更好地堆积。与此同时，控制泡沫的流动方向也很重要，特别是在有多个巷道口的情况下，这时，也可以使用风障布来封闭交叉巷道以控制泡沫的流动方向。另外，在矿井发生火灾时容易发生顶板垮落，在正常的通风压力下有时泡沫很难通过这些障碍。

在泡沫灭火过程中可能因风量的减少，火区会变成富燃料燃烧。一旦形成富燃料燃烧，就有可能发生爆炸，对此需要特别警惕。因此，在灭火过程中，必须密切监视火区回风侧的气体成分变化情况，以了解火区内火灾的燃烧状态。

泡沫灭火中还有一条经验与教训，就是不能断断续续地产生泡沫来灭火，这样易形成可爆性混合气体，因此使用泡沫灭火前一定要确保能够产生足够的泡沫量，灭火人员对装备的使用必须熟练。

3. 水淹灭火

在两种情况下可以采用水淹的方法来灭火：第一，如果火源及其影响区域位于目前工作区域的标高位置以下。第二，某些通往火区的巷道处于较低的水平，水淹这些巷道是为了防止这些巷道为火区供风。

4. 挖除火源

将火源及附近已发热或正燃烧的可燃物挖除冷却并运出井外，这是最直接有效的灭火方法。采用这种方法的条件是：火灾处于初期阶段，涉及范围不大；火区无瓦斯、煤尘爆炸危险；火源位置容易接近，位于人员可直接、安全到达的地点。这种措施可以用于在煤柱处发生的自燃火灾，在密闭区内部或者风桥附近发生自燃，甚至是在某些采空区等处的火灾也可以采用这种办法来处理。在某些时候，有必要开掘一条探巷来更精确地定位火源点位置和自燃范围。挖掘火源时应该让工作人员位于风流的上侧，以使工作人员尽可能地不受烟气和 CO 的毒害。同时，还应该在挖掘火源的巷道两侧 10 m 左右的范围内对通风巷道喷水淋湿，或者抛洒岩粉覆盖巷道表面。在挖除火源的过程中，还应该注意控制好顶板，因为顶板在受热过程中会变得比较脆弱。还要经常读取挖掘点下风侧的瓦斯浓度和 CO 浓度值。当挖掘的工作人员接近火源点时，要向他们身上喷水来降温。当火源暴露出来时，要先用水枪向火源的外围喷水。如果直接向火源中心燃烧着的炽热煤炭上喷水的话，将会产生大量的水蒸气。炽热的煤炭应该装载在金属运输工具内，在运出矿井前将其用水完全浇透。当所有燃烧过的物质都被移走后，挖除留下的孔洞让其冷却，并且至少要等 24 h 后确认不会发生复燃，才能用惰性物质，例如石灰石粉、生石膏浆等进行填充。

如果采用挖除火源的方法不可行，那么就必须设法使风流不能进入发火区域并采用其他防治煤炭自燃的措施。

在某些情况下，可以采用让顶板垮落而将火源覆盖的方法。如煤炭自燃发生在走向长壁工作面采空区的易自燃区域内，并在自热初期就探测到有自燃威胁的存在，就可采用提高工作面推进度的方法，使采空区的矸石垮落下来将火源点覆盖灭火。

5. 注浆灭火

在矿井井下的采空区或巷道煤壁内发现煤炭自然发火，采用打钻注浆灭火是最常用的技术之一。井下打钻注浆具有施工方便、灵活、速度快，与工作面其他工序干扰小，容易准确地向火源打钻注浆，适应性强，注浆注水量大等优点。一旦准确发现火源，该项技术就非常有效。一般钻孔打到了火源位置，注浆后流出的水温都较高，表明浆水起到了降温的作用，火势就能够得到有效控制。

当有的矿井煤层埋藏深度较浅，井下打钻又缺少条件时，可考虑从地面向火源点打钻。只要地面施工现场有条件安放钻机，就可以向井下着火点打钻注浆。如果钻孔位置准确，一般都能取得预期效果。地面一个注浆钻孔的影响半径为 20～30 m，如果高温点或火区范围较大，则必须布置很多钻孔。地面打钻注浆需注意的问题是：当钻孔深度较大时，其钻孔的垂直度较难掌握，造成命中率低，以及注浆灭火效果不好；当地表存在较厚的冲击层时，需对冲击层下护壁套管。此外，打一个钻孔工程量较大，费用较高。

三、风流控制与隔绝灭火

1. 风流控制

由于矿井火灾发生在受限空间内，因此风流控制对控制火势及解救火区中人员起到重要的作用。在火灾中试图改变风流方向和应用风压来控制火灾时，必须充分考虑到以下 4 个方面的影响：

(1) 对火灾状态的影响。即要避免火灾燃烧的类型从富氧燃烧转化为富燃料燃烧。

(2) 对火灾的传播方向和传播速度的影响。应该采取一切措施避免火灾烟流向具有人员工作的巷道或区域发展。为了实现这一目的，有时就需要使火灾烟流短路改变方向，使其从进风巷道引向相邻的回风巷道。另外，对火区的进风流进行控制时，必须要在控制火势和控制富燃料燃烧两者之间找到一个平衡点。

(3) 火灾烟气成分及分布的影响。当人员还陷入火区内时，这个问题就非常关键。

(4) 火灾对通风系统的影响。由于火风压和节流作用的影响，火区中的通风状况就会受到比较明显的改变。在瓦斯矿井或者有人员停留的区域要特别注意风流的变化。

采用现代化的矿井火灾时期的通风模拟计算机软件可以数秒内得到预测结果。然而，火灾中存在许多不确定因素，这就要求在实际的风流控制过程中注意观察火灾的变化情况。在有瓦斯积聚时，要立即调整风流。下面讨论火灾控制中风流的实际调节方法。

在已知火源位置的情况下，通常采取的控风方法有以下几种：

(1) 短路法

当火源发生在进风侧时，在烟流流经巷道的前方寻找与矿井总回风道、采区回风巷或工作面回风巷相连接的联络巷，将其风门打开，使风流短路，将烟流直接引入回风流中。

优点:控风方法简单,而且可以迅速排除烟流,使工作场所免受火灾烟流的威胁。

缺点:由于风流短路,对于具有较大瓦斯涌出量的矿井,在无风区域易造成瓦斯积聚。

适用条件:此方法适用于进风侧巷道发生火灾的条件,而且不管该巷道是平巷还是上向倾斜或下向倾斜巷道,都必须存在有可以将烟流直接导入回风流的联络巷。

(2) 调压法

采用增加或降低发火巷道或者有高温烟流流经的巷道及与之相关巷道的阻力,以阻止发火巷道的风流逆转以及防止其下风侧与进风巷道相连接的联络巷道风流逆转而造成烟流侵袭大面积区域,同时也可控制火势的发展。

优点:可以控制火势,防止风流逆转和减小灾变影响的范围。

缺点:难以掌握调压的大小。

适用条件:必须与短路法配合使用,而且需要进行一定的计算。

与着火巷道平行或者相邻的通风巷道如果没有受到污染,这就表明这些巷道的风压大于着火巷道风压。那么就可以通过这些巷道避灾,也可以在这些巷道交叉点修建或者加固防火墙,或者用水喷向着火巷道。在有多个岔口的空间,要控制这些不同入口处的压力差,可以采取在相应通风巷道设风障布的方法,如图 11-39 所示。即使这种通过控制压力差达到控制烟流的作用不能完全实现,但是有毒气体泄漏速率的减小也为人员逃生提供了必要的时间。如果有可能的话,可以将风障布一站一站地前移,将烟流从相邻巷道排挤出去。其他的设施,如降落伞式防火墙、膨胀密闭墙等,都可用来在这种特殊环境下代替风障布。这些设施可以很快地建立起来,并使通风巷道的边界也能得到很好的密封。

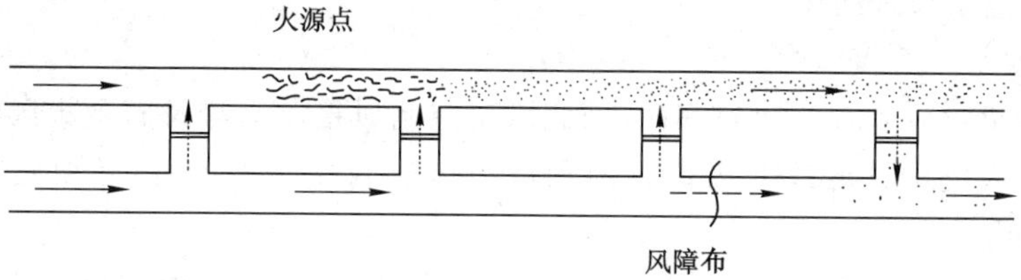

图 11-39　相邻巷道设置风障布

(3) 全矿反风

主要针对入风井口、井筒、井底车场范围的火灾而言,将出风井变为入风井,而入风井变为出风井,使风流反向,尽快将烟流排出矿井,避免烟流侵袭至井下工作区域。

优点:可以防止造成烟流侵袭矿井大部分区域,减小灾变影响程度和范围。

缺点:可能造成井底车场及附近区域人员的伤亡及有关设备的损失。

根据《煤矿安全规程》要求,矿井的主要通风机能够在特殊情况下实现反风。当火灾发生在主进风井时,有害气体、燃烧产生的烟气在这种情况下可能污染整个或者大部分矿井,包括工作面和逃生路线。如果火灾发生初期阶段就被探测到,就可以通过正确的反风措施来避免烟气对全矿井的污染,有时甚至可以在工作面受到污染的情况下,通过反风来清洗工作面的污染和排出在避灾处的有毒有害气体,使这些地方充满新鲜空气,救出在这个区域的工作人员。是否对全矿井反风是一个很难做出的决定,在实际的救灾过程中也很少采用全矿井反风这一措施。

主通风为轴流式通风机时，改变通风机的旋转方向就能使风流方向改变。这只需调整驱动通风机的电机就能够实现。但是，轴流式通风机只对一个旋转方向有效。通风机叶片的形状是按照空气动力学要求设计的，使其在运作过程中达到最佳状态。当反方向旋转时，将会破坏叶片的边界层，结果会使通风机发生剧烈的震颤，并消耗大量能量。这种叶片震颤的情况发生时，通风机的风量就会大大减小。与此类似，固定通风机叶片方向、风机罩和风机口，所有这些设计都是按照向一个通风方向要求设计的，进行反向通风时同样会引起通风机的剧烈震颤。反风时反风风量一般会降低到正常通风状态下的50%左右。

当采用离心式通风机时，风流流过通风机的方向不改变，而风流的反风需要反风风门来实现。对于通风机设置在地面的抽出式通风方式，要反风时将反风风门打开，使通风机进风口直接与环境大气相通，同时将通风机出口风流引向竖井或者斜井。这样对于离心式通风来说就实现了相反方向的通风。反风风门作为风机系统的一部分，在平时就应该经常进行检查和保养。虽然通过反风系统离心式通风机的风流方向没有发生改变，但是当反风风门动作后，反风风流量仍然会减小。整个风量减少量与反风系统，特别是风门的设计有很大的联系，也与通风机状况和风道管理及风道状况相关。

在设计矿井主要通风机系统时，包括出风风道和通风风门，都应该考虑到将来有可能反风的情况。在反风时，需要能够很快地关闭或者开启这些反风风门。

正确实施矿井反风对于保障矿井的安全是非常重要的。当非常明确地知道火灾发生的位置靠近进风井时，可以进行反风；但在许多情况下，做出反风的决定较为困难，因为有时进行反风救灾可能会造成比保持正常通风时更大的灾害。

为什么在发生紧急情况下很少决定进行矿井反风呢？主要原因是实践上很少采用反风，而且也怕因为反风而造成人员伤亡。火灾造成的影响主要是空气质量的改变、通风设施的破坏和通信的中断等，但是矿井中某些区域工作人员可能并不知道发生的火灾情况。如果反风，那么有毒有害气体就可能进入有人员的区域，而这些地方原本是完全不受火灾烟气污染的地带。本来在某一区域工作的人员对该区域的通风设施非常熟悉，并且懂得怎么应对紧急情况。如果改变风流方向，就增加了许多未知因素，从而导致这些人员不知道该怎么应对，造成混乱。

如果主要通风机一旦停止运行，通风系统中的风流流动就将急速变慢甚至静止不动。在大多数情况下，自然通风作用将保持风流向正常方向缓慢流动。

在强制性反风的情况下，风流暂时紊乱的时间比简单地停止主要通风机的时间要长。这是因为自然风压在发生变化，要等到风流与围岩的热传递达到平衡为止。这个过程可能需要数小时，甚至是数天时间。

(4) 局部反风

在采区、工作面或矿井的一翼设置一定数量的控风通道及风门，正常时期能够保证矿井的正常通风；一旦这些区域内的入风系统发生火灾，则启用这些预置的控风设施，使风流在此局部区域内沿着正常时期相反的方向流动，而且可以直接使烟流流入矿井或采区的回风巷，使火灾烟流不至侵袭工作场所。

上述这些控风措施要根据火灾发生的不同巷道条件进行选用。按火灾发生的地点，可将发火巷道分为全矿井总进风巷、采区进风巷、工作面进风巷、联络巷、全矿井总回风巷、采区回风巷和工作面回风巷等类型。

通过总结救灾专家的经验，得出的风流控制的基本规则有以下几个方面：

(1) 若火灾发生在主入风井口、井筒或井底车场附近，则可以优先考虑采取全矿井反风的方法，其次才考虑短路法。

(2) 若火灾发生在进风侧巷道，则可以考虑采取短路法和调压法控风。

(3) 若火灾发生在进风侧且为下行风流巷道，若是在发火巷道的前方巷道中(但不能是工作场所)有能通往回风道的联络巷，则可以采取进风侧短路法；否则应采取控制火风压，同时采取下风侧短路法。

(4) 若火灾发生在进风侧且为上行风流巷道，则可以采取在下风侧短路法与控制火势相结合的方法控制风流。

(5) 若火灾发生在回风且为平巷或上行风流巷道，则一方面防止其下风侧与入风相连的旁侧支路(特别是联络巷道)风流逆转而使烟气流入进风流中，另一方面采取措施控制火势。

(6) 若火灾发生在回风且为下行风流巷道，则一定要控制火风压，以保证风流的正常流动。

(7) 若火灾发生在回风道，应尽可能将其回风流中的所有障碍物都清除，以保证畅通的排烟路线。

(8) 控制火势可以通过增加发火巷道的前方巷道的风阻来实现。

2. 隔绝灭火

隔绝灭火是灭火措施的最后手段，指采取对与火区连通的巷道进行封闭，通过对火区进行隔离而实现隔绝灭火。

(1) 密闭的类型

封闭的主要措施是构筑密闭。根据密闭墙的功能和作用时间，可分为临时密闭墙、永久密闭墙和防爆密闭墙三种类型。

临时密闭墙：快速构建的切断风流和控制火势的密闭墙。一般临时密闭墙的构筑是先在巷道中打上支柱，然后在支柱上钉上木板，最后再钉上不燃的风筒布或涂黄泥(图 11-40)。随着科学技术的发展，目前已研制出多种轻质结构材料、能快速建造的密闭墙。

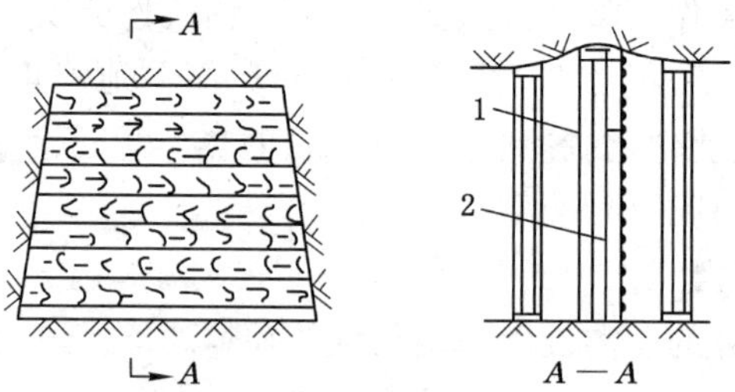

1—立柱；2—木板。

图 11-40　木板密闭墙

永久密闭墙：利用砖、石块、沙袋，或者坚实的木料做成直达巷道顶部的不透风单墙或者双墙，但是不能够抵抗住爆炸冲击波的破坏。如图 11-41 所示。

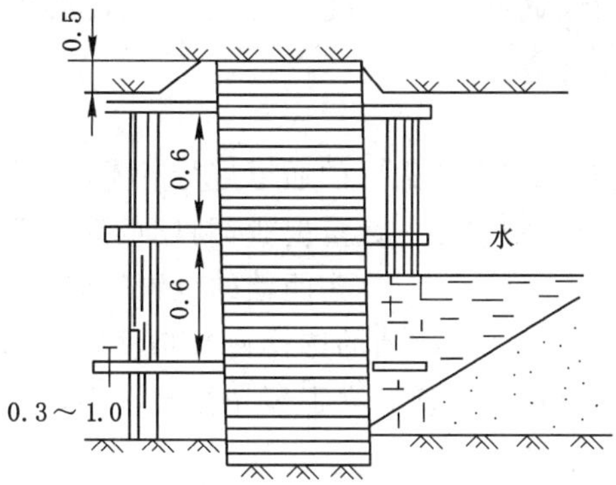

图 11-41　砖石密闭墙(单位:m)

防爆密闭墙(或密封):在主要通风巷道中相距 5～10 m 的距离上构筑两道或者多道坚固墙体,在这些墙体的中间用惰性材料完全填实,可以在构筑物里加一些钢梁以增加其坚固性,这种构筑物能够抵抗住爆炸冲击波。如图 11-42 所示。

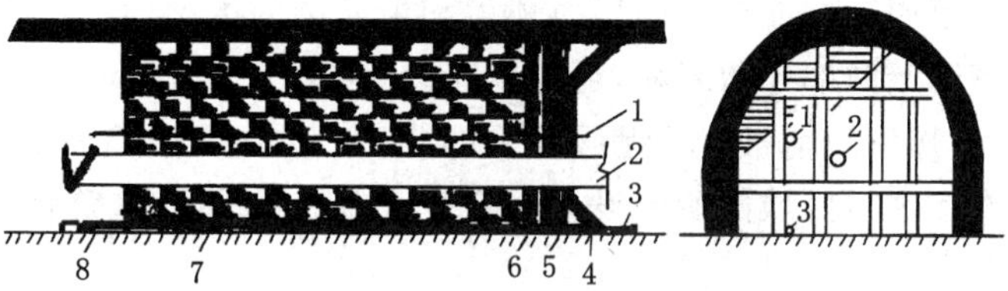

1—采样管;2—通过筒;3—放水管;4—加强柱;
5—木板;6—立柱;7—砂袋;8—过滤头。
图 11-42　砂袋防爆密闭墙

临时密闭墙一般用来处理外因火灾,通过改变和调节相邻通风巷道的压力或者改变风流线路来辅助救灾。

永久密闭墙和防爆密闭墙既用于控制外因火灾的发展,也用于窒息和熄灭内因火灾,并且是在其他一切救援工作完成后实施的。其目的是切断风流而使火区内形成惰性气体环境。选择建立密闭墙和密封的时机要视具体情况而定。如果是隐藏较深的内因火灾,并且不具有明显的爆炸威胁时,可以在较早阶段,也就是在自热产生的热量还没有到达通风巷道以前,就可以在该区域的所有进风侧巷道建立起密闭墙。该区域可能会在随后不久就被开启,并经过一段时间冷却和采取其他措施控制自热后,就可进入火区将设备抢救出来,甚至是恢复开采。在通风巷道中发生火灾时,应该在不能够控制火势或者所有其他防灭火手段都使用而不见成效时,以尽可能快地建立密闭墙。

(2) 火区封闭的顺序

进行火区封闭时,应根据火区范围、火势大小、瓦斯涌出量等情况来决定火区封闭的顺序。一般是将对火区影响不大的次要巷道首先封闭起来,然后再封闭火区的主要进、回风巷。对于内因火灾,并且在没有爆炸威胁的情况下,可先构筑进风侧的密闭墙,以切断进入火区的空气,然后再快速封闭回风巷道。对于外因火灾,或者火区气体分析显示有爆炸威胁时，则应对进、回风侧的密闭墙同时封闭，并且所有工作人员必须在 24 h 内从矿井中完全撤出。

(3) 密闭墙位置的选择

对火区进行封闭时，应对所有通往火区的通道进行封闭，包括一些漏风通道。密闭墙的位置应根据封闭火区范围要小、密闭墙的数量要少、封闭的时间要快、封闭的密封性要严的原则进行确定。要实现封闭火区的范围小，密闭墙的位置就应尽可能地靠近火区，但靠火区太近，又易受到火区的威胁。因此，密闭墙的选择通常是件困难的事情，为此，应在制订“矿井灾害预防与处理计划”时，对可能出现的灾害事先做出预案，包括对构筑密闭墙的位置及相关建筑材料的预先设计和准备。

(4) 密闭墙的构筑

煤尘爆炸时将产生较高的压力，但是一般其压力最高峰值不大可能超过 350 kPa，虽然在试验条件下有时能够超出这个压力值。因此，防爆密封墙就应该抵抗得住这些冲击波的冲击。图 11-43 为一典型的防爆密闭墙。后面的墙体可以用沙袋、木料或者石料等堆砌而成。并且，填充在两密封墙体之间的物质应该是不燃性的。密封的坚固程度应该由那些填充物和里面的梁结构或者其他支撑物来衡量。密封的长度一般为 5～10 m，具体情况应该依据巷道的尺寸、巷道周围可能产生的压力环境和填充物的类型而定。在矿井中构筑防爆密闭墙时，应该在密闭墙内部先撒岩粉，还可以安设一些岩粉棚，以防万一发生爆炸时，可以在爆炸能量未到达防爆密闭前被岩粉棚吸收一部分，并且在实践中证明安设岩粉棚是很有效的。另外，要将在该密封区域的所有设备拆除并清理干净。同样，管路和电缆也应该拆卸移送出该区域。

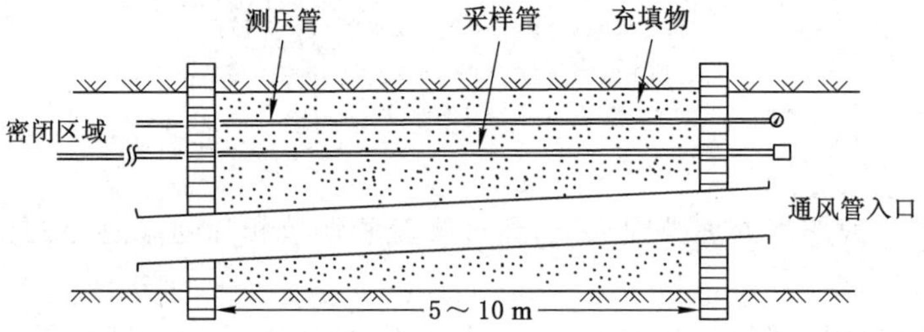

图 11-43　防爆密闭墙内的采样管和通气导管

当采用泥沙、岩粉或者粉煤灰充填于密闭墙体之间时，最好能够将这些材料制成浆体状进行充填。将这些材料用泵像注液体一样注入密封区域时，浆体将会渗入巷道周围的裂隙中去，并将形成紧密的固态整体。

为防止大气波动对采样的影响，气体采样管应该深入密闭墙内至少 30 m。在金属保护管内至少要有 3 条软性采样管，分别采取密封巷道内顶板处、中间和底板处的气样。

图 11-43 中的通风管有多种功能：首先，用于在构筑密闭墙过程中向火区通风，这将有助于延迟富燃料燃烧情形的发生，减少施工过程中发生爆炸的危险性；其次，为以后的启封和救护队检查火区之用。因此，通风管安设的高度应该满足这些要求。如果有必要的话，通风管内还可以填充惰性物质，这就是为什么通风管稍稍向密封区倾斜的原因。当所有的密

闭墙都建好之后，将所有的通风管的两端同时用坚固的金属封堵好。

（5）密闭墙的开启

当密闭墙内的气样检测显示火区已经没有威胁时，不能直接将密闭墙打开而恢复密闭区域的通风，这是因为火区内可能还存在高温点，如果重新提供氧气就有可能发生复燃。比较稳妥的措施是先派救护队戴着呼吸装备对火区进行彻底的检查，并采集气样。如果密闭区域范围较大，可以采取逐步恢复通风的方法，或者在距离火区中心更近的地方修筑新的密闭墙。

复习思考题

11-1 什么叫矿井火灾？它分哪几类？各有何特点？

11-2 试述煤炭自燃的充要条件。

11-3 试述煤炭自燃的影响因素。

11-4 煤炭自燃发展过程有哪几个阶段？各阶段有何特征？

11-5 我国煤的自燃倾向性分哪几个等级？它们是如何确定的？

11-6 试述自燃火灾预报的方法、要求及注意事项。

11-7 试述利用风压调节法防火的具体措施。

11-8 试述预防性灌浆时泥浆的作用、制备和灌浆方法。

11-9 直接灭火法有哪些？常用的防灭火材料有哪些？

11-10 试述火风压的概念及特性。如何计算火风压？

第十二章 矿 尘

矿尘是煤矿的主要灾害之一。由矿尘诱发的尘肺病严重危害矿工的身心健康，我国绝大部分矿区的煤尘都具有爆炸性，严重威胁着矿井的安全生产和矿工的生命安全。有效控制粉尘，降低粉尘浓度，改善工作环境，杜绝煤尘事故，是煤矿安全生产的一个重要环节。

本章重点阐述矿尘的产生及危害、矿尘的性质及监测、煤矿尘肺病、煤尘爆炸及其防治和煤矿综合防尘技术。

第一节 矿尘的产生及危害

一、矿尘的基本概念

在矿井建设和生产过程中所产生的各种矿岩微粒统称为矿井粉尘，简称矿尘或粉尘。

矿尘按成分可分为煤尘、岩尘和其他粉尘。其中，煤尘是从爆炸角度定义的，一般指粒径(尘粒的平均横截面直径)在0.75～1 mm以下的煤炭微粒；岩尘则是从工业卫生角度界定的，一般指粒径在10～45 μm以下的岩粉尘粒。此外，井下还有少量金属微粒、爆破时产生的人工有机粉尘(如烟尘)和进行砌碹、锚喷作业时产生的人工无机粉尘(如水泥粉尘)等附加粉尘。

矿尘按其存在状态分为浮尘和积尘。其中，能悬浮在空气中的矿尘称为浮尘，其悬浮时间不仅与尘粒的大小、重量、形状有关，还与空气的湿度、风速有密切关系；浮尘直接威胁矿井的安全生产和井下作业人员的健康，因此是矿井防尘的主要对象。从空气中沉降下来的矿尘称为积尘，积尘是诱发矿井连续爆炸的最大隐患。浮尘和积尘在不同环境下可以相互转化。

矿尘按对人体的危害程度分为呼吸性粉尘和非呼吸性粉尘。呼吸性粉尘是指能被吸入人体肺部并在肺泡内沉积的微细粉尘，主要指粒径在5～7 μm以下的粉尘，特别是2 μm以下的粉尘。呼吸性粉尘和非呼吸性粉尘之和即为全尘(总粉尘)。

单位体积矿井空气中所含浮尘量称为矿尘浓度。其表示方法有两种：

① 质量法：每立方米空气中所含浮尘的毫克数，单位为mg/m^3。

② 计数法：每立方厘米空气中所含浮尘的颗粒数，单位为粒/cm^3。

国内外早期大多使用计数法，后因认识到计数法测定方法复杂且不能很好地反映矿尘的危害性，从20世纪50年代末起，国内外开始广泛采用质量法来计量矿尘浓度。矿尘浓度的大小直接影响着矿尘危害的严重程度，是衡量作业环境的劳动卫生状况和评价防尘技术效果的重要指标。因此，《煤矿安全规程》对井下作业场所空气中粉尘(总粉尘、呼吸性粉尘)浓度的标准做了明确规定，见表12-1。

表 12-1 煤矿井下作业场所空气中粉尘浓度要求

粉尘种类	粉尘中游离 SiO_2 含量/%	时间加权平均容许浓度/($mg \cdot m^{-3}$)	
		总粉尘	呼吸性粉尘
煤尘	<10	4	2.5
矽尘	10～<50	1	0.7
	50～<80	0.7	0.3
	≥80	0.5	0.2
水泥尘	<10	4	1.5

注:时间加权平均容许浓度是以时间加权数规定的 8 h 工作日、40 h 工作周的平均容许接触浓度。

矿尘产生状况的指标除矿尘浓度外,还有产尘强度和相对产尘强度。产尘强度为单位时间内进入矿内空气中的矿尘量(mg/min);相对产尘强度为每采掘 1 t 矿(岩)所产生的矿尘量(mg/t),凿岩或井巷掘进工作面的相对产尘强度可按每钻进 1 m 钻孔或掘进 1 m 巷道计算(mg/m)。

二、矿尘的产生及影响因素

(一) 矿尘的来源

1. 粉碎作业

当岩层受到撞击、磨蚀、碾压、切割、磨损或爆破时,就能够产生矿尘。对任何性质的岩层,破坏它所需要的能量都与其破碎后的表面积成正比。因为当粉尘数量很多时,总表面积很大,所以对于产生大量粉尘的破碎过程,总是伴随着能量利用率的降低。

对物料进行破碎时,将累计质量分数与其粒径的关系绘制在双对数坐标图上(图 12-1),可以看出,当粒径较小时,两者之间的关系呈直线,而当粒径较大时,该直线开始变得弯曲。由图可见,随着粒径的增大,每个粒径范围的粉尘质量也随之增大,这说明只有很小部分破碎的岩石成为粉尘。对 1 t 煤炭进行粉碎,产生的小于 7 μm 的粉尘仅有 5～9 kg(即为总质量的 0.5%～0.9%),这些粉尘中只有很小部分变为呼吸性粉尘。

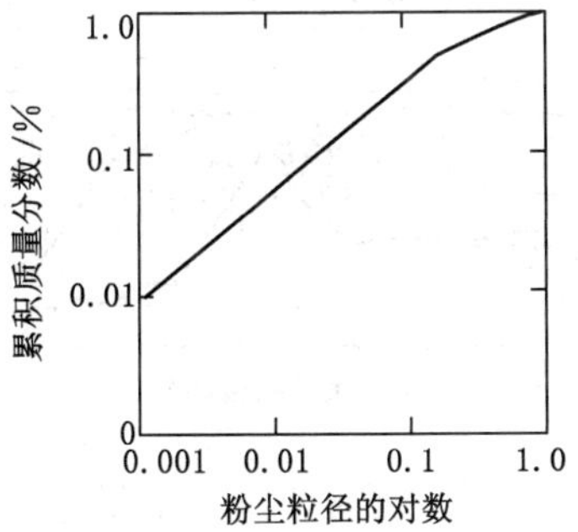

图 12-1 累积质量分数与粉尘粒径的对数分布图

煤岩在粉碎过程中,虽然主体都变成较大的碎片,但是,产生的细小粉尘的数量却很大,其中大部分附着在较大的碎片表面。粉尘随空气扩散的程度取决于岩石的性质,同时也与粉碎过程有关。对于脆性材料,其碎片具有较强的“爆炸性”,由此引起的表面振动促进了粉尘在空气中的扩散。而对于韧性材料,尽管粉碎时可能产生较多的粉尘,但是大部分都会附着在较大碎片的表面，从而不扩散在空气中。一般每吨煤岩产生 0.2～3.0 g 呼吸性粉尘。

2. 机械化采矿

使用机器把岩石从岩层中开采出来，是矿尘的重要来源。如长壁开采中的采煤机、装载机、巷道掘进机和凿岩机等。图 12-2(a)反映截齿对岩石表面的作用情况。巨大的压力迫使截齿前面的岩石粉碎，随着截齿继续深入岩石中，楔入过程沿着弯曲表面发生拉伸断裂——碎块即被切割下来。随着截齿的前进，这一过程不断地反复进行。大部分粉碎的岩石在岩层和碎块的表面进一步研磨。均匀的脆性材料在拉伸断裂时产生的粉尘很少，但拉伸断裂的爆裂产尘量大，才是决定粉尘向空气中散发量的主要因素。

机器切割较深时，要求较高的转矩，机器本身可能受到较大的振动和切割头磨损。但是通过对图 12-2(a)和图 12-2(b)进行比较可知，这时将有更多的破碎物以块状存在，因此，每破碎一吨岩层所产生的粉尘量就会减少。图 12-2(c)表明较钝的截齿将导致其与岩层更大面积的接触，这会在破碎岩块中产生额外的粉尘。如果这种磨损使倾角[图 12-2(a)]减小，那么切割头的背面将与岩层新形成的表面发生摩擦，这就需要额外的能量，并且产生更多的粉尘。进一步讲，由于切割头的清除角减小，切下的碎块不容易被移开，因此会和未破坏的岩层发生相互摩擦。岩层切割头的设计，需要综合考虑切割效率(比能)、磨损性质和产尘量。即使对于给定的机器和岩层类型，人们对切割头的几何形状也存在很大分歧。

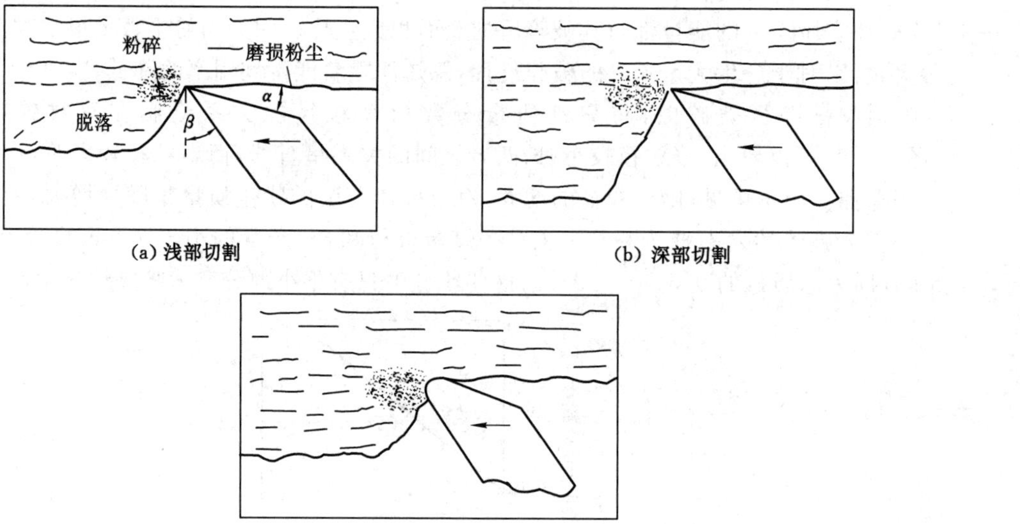

α—倾角；β—清除角。

图 12-2　截齿作用下受破坏岩层中的碎块形成情况

影响粉尘进入空气的另一个因素是截齿的速度。对于固定深度的切割，当速度提高时，能够加快粉碎速度，同时也加快了产生粉尘的速度。另外，切割机的滚筒增加了当地气流与表面材料(或从表面分离的碎片)的相对速度，这就有利于粉尘随着空气扩散。切割速度和深度对产生浮尘的作用如图 12-3 所示。

3. 支护作业

存在顶板支护的巷道，当移动支架时，顶板和底板都发生变形并产生大量粉尘。这种情况在机械化长壁开采面中很突出。安置的支架越多，支架的屈服载荷越大，则产生粉尘的量也就越大。对这些支架的重复升降，会在长壁工作面附近形成连续的尘源。除非留煤柱开采，否则粉尘中石英含量将很高。这个问题可以通过安装宽网格的顶板横梁或减震装置加以改善。用薄片状的柔性材料把邻近的顶棚连接起来，也可以减轻顶板粉尘的产生。

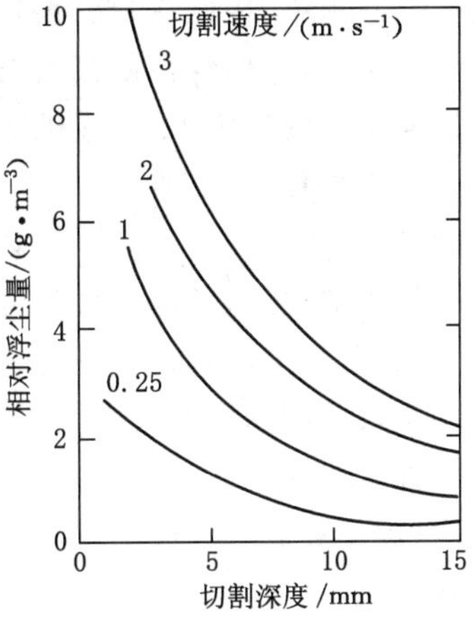

图 12-3　切割速度和深度对产尘的影响

4. 爆破作业

爆破会产生大量的粉尘和瓦斯，其产生的最大浓度往往超出通风的稀释能力。这就要求在爆破以后，进行一段时间排尘通风，工人方能进入工作，其时间根据通风网络的性质和风流的速度来决定。

将原料碎片推向空气的爆炸冲击波，比崩落开采法更容易使粉尘浓度剧增。但是，后者在装载和运输作业中，将有更多的碎片转化为空运粉尘。采用水炮泥就是为减轻爆破作业中粉尘的扩散。爆破后，为加快排尘，另一个方法是向逆着爆破的方向喷洒细小的水雾，有助于粉尘的凝聚和沉降。在装载爆破下的岩堆之前，可以先向其表面喷水雾。

二次爆破会使粉尘浓度剧增，这就要求采用适当的采矿方法，尽量减少二次爆破。

5. 装载作业

这是采矿过程中又一个能够产生大量粉尘的工序，装载作业的粉尘来自采掘过程的岩石堆积物以及装载时粉碎的岩块。

除了适当的风流之外，控制粉尘的主要方法包括，进行水喷雾和确保装载机不受扰动。在装载地点，风速不得低于 0.5 m/s。应尽量减少装载机与底板的摩擦，装载司机的操控技术可以显著地影响粉尘产量。例如选择较好的铲斗插入点，可以减少铲斗与物料之间的碰撞，从而减少对物料的扰动。

6. 运输和碾压

煤岩运输过程的大部分环节都能够产生粉尘，包括传送带、转载点、煤仓、箕斗、密封过渡仓和运输等。当传送带经过滚筒时，传送装置表面的粉尘可能会由于振动而再次进入空气。溢出的煤岩重新落到底部传送带上之后，假如不及时清理，就会受到滚筒的碾压而产生粉尘。类似地，使用大量的水可以把粉尘黏附在传送带表面，当底部传送带返回时，就会有粉尘堆积在传送装置的下面。传动头上的弹性薄片刮刀或毛刷要经常维修，传送装置底部和回程滚筒上堆积的碎片和粉尘，都应该定期清除。要对传送机构进行例行检查，尤其要注意损坏的托辊和复原装置。

轨道运输的制动装置上要安装减速器，以减轻对车辆和物料的撞击载荷。要充分地对轨道进行维修，并且禁止其方向和坡度的急剧变化。

煤、矸石在运出矿井的整个过程中，都应该设法使其保持潮湿。煤仓、所有的转载点和装料传送机，都需要被屏蔽起来，并且在其内部均应设置喷雾装置。把屏蔽区内的空气直接输送到回风巷道中，也能够起到很好的作用。另外，在运输转载点前方 5～10 m 的地方设置喷雾洒水装置，比单纯在衔接点喷雾的效果要好得多。

在任何类型的矿山中，粉碎机都会大量产尘。所以在粉碎过程之前、其中及之后，仍然需要进行喷雾处理。

7. 石英粉尘

由于仪器的改进，可以观察到每个粒径范围内石英粉尘的含量。人们发现，当岩巷掘进时，空气中石英粉尘的含量明显高于对煤层进行开采时的含量。进一步讲，在包括呼吸性粉尘在内的小尺寸的粉尘范围内，石英粉尘所占的比例显著提高。产生石英粉尘的原因主要有以下两种解释。

首先，顶板和底板岩层中比煤层中的石英含量要高，因此任何对这些岩层的破坏，都能够产生石英粉尘。这发生在以下几种情况：岩层开采机械切入顶板或底板时；为顶板固定或其他目的进行钻孔、施工时；煤层的开拓掘进超出煤层高度时；液压顶板支护和顶板及底板发生破裂时。

其次，强度较大且较脆的石英粉碎时，会比煤粉碎时产生更多粉尘，越小的粉尘越容易被气流携带。

在矿井生产过程中，如采掘机作业、钻眼作业、炸药爆破、顶板管理、矿物的装载及运输等各个环节都会不同程度地产生矿尘。而不同矿井由于煤、岩地质条件和物理性质的不同，以及采掘方法、作业方式、通风状况和机械化程度的不同，矿尘的生成量有很大的差异，即使在同一矿井里，产尘的多少也因地因时发生变化。

（二）影响产尘量的主要因素

一般来说，在现有防尘技术措施条件下，各生产环节产生的浮尘比例大致为：采煤工作面产尘量占 45%～75%；掘进工作面产尘量占 20%～38%；锚喷作业点产尘量占 10%～15%；运输通风巷道产尘量占 5%～10%；其他作业点占 2%～5%。统计表明，采掘工作面产生的粉尘约占矿井全部粉尘的 80%以上，也是尘肺病发病率较高和煤尘爆炸事故多发的地点。

一般认为，矿尘产生量的多少主要取决于以下因素：

(1) 地质构造及煤层赋存条件

在地质构造复杂、断层褶曲发育并且受地质构造破坏强烈的地区开采时，产尘量较大、矿尘粒径较小、呼吸性粉尘含量较高。此外，若井田内有火成岩侵入，使煤体变脆变酥，则产尘量也将增加。

煤层的倾角、厚度等赋存条件对产尘量亦有明显影响。一般说来，开采急倾斜煤层比开采缓倾斜煤层的产尘量要大；开采厚煤层比开采薄煤层的产尘量要大。

(2) 煤岩的物理性质

通常情况下，节理发育、脆性大、结构疏松而又干燥坚硬的煤岩在采掘工艺相近的条件下产生的矿尘量大且分散度高。

(3) 采掘机械化程度和开采强度

采掘工作面的产尘量随着采掘机械化程度的提高和开采强度的加大而急剧上升。在地质条件和通风状况基本相同的情况下，炮采工作面干式爆破时产尘浓度一般为 300～500 mg/m^3，机采干式割煤时产尘浓度为 1 000～3 000 mg/m^3，而综采干式割煤时产尘浓度则高达 4 000～8 000 mg/m³，有的甚至达到 20 000 mg/m³以上。在采取煤层注水和喷雾洒水等防尘措施后，炮采的矿尘浓度一般为 40～80 mg/m³，机采的矿尘浓度为 30～100 mg/m³，而综采的矿尘浓度为 20～120 mg/m³。

产尘量除受机械化程度的影响外，还与开采强度（工作面产量）密切相关。一般情况下，无防尘措施时，产生的矿尘量为采煤量的 1%～3%，有的综采工作面甚至达到了 5%以上。

（4）采煤方法与截割参数

不同的采煤方法产尘量差异很大。例如，急倾斜煤层采用倒台阶方法开采比用水平分层开采的产尘量要大；顶板全部垮落采煤法比充填采煤法产尘量大得多。

采掘机械截齿形状及排列、截割速度及深度、牵引速度等结构参数和作业参数都直接影响着矿尘的产生量及其分散度。

（5）环境的温度和湿度

在其他条件相同的情况下，如果作业环境温度越高、湿度越低，产生的浮尘量就越大；反之则越小。

（6）产尘点的通风状况

矿尘浓度的大小和作业地点的通风方式、风速及风量密切相关。当井下实行分区通风、风量充足且风速适宜时，矿尘浓度就会降低；反之，如采用串联通风，含尘污风再次进入下一个作业地点或风量不足、风速偏低，矿尘浓度就会逐渐增高。保持产尘点的良好通风状况，关键在于选择既能使矿尘稀释并排出，又能避免落尘重新飞扬的最佳风速。

近年来，随着矿井开采强度的不断加大，煤矿井下的采掘、运输等各项生产过程中粉尘产生量也急剧增加，特别是呼吸性粉尘浓度呈大幅上升趋势。据调查，在无防尘措施的情况下，厚煤层综采放顶煤的产尘浓度 4 000～8 000 mg/m³，机采 1 000～3 000 mg/m³（个别甚至高达 8 000 mg/m³以上），炮采 300～500 mg/m³，风镐落煤 800 mg/m³左右；机械化掘进煤巷和半煤岩巷时，粉尘浓度达 1 000～3 000 mg/m³，炮掘面 1 300～1 600 mg/m³。因此，最大限度地降低采掘工作面及其他作业场所的粉尘浓度，特别是呼吸性粉尘浓度，是保障井下作业人员身心健康和矿井安全生产的重要保证。

三、矿尘的危害

矿尘的危害主要表现为致使工人患尘肺病和诱发煤尘爆炸事故。

煤矿工人长期吸入矿尘，轻者患呼吸道炎症，重者患尘肺病。尘肺病引起的矿工致残和死亡人数，在国内外都十分惊人。我国煤炭工业的粉尘职业危害十分严重，居各大行业之首。统计显示，我国煤炭行业每年报告新病例超过 20 000 例，占总新增病例数的 80%以上。德国煤矿死于尘肺病的人数曾比工伤事故死亡人数高 10 倍。

煤尘爆炸是煤矿生产中的主要灾害之一，其后果往往极为惨痛，伤亡严重，损失惊人，危害性极大。例如，1906 年 3 月 10 日法国柯利尔煤矿发生的煤尘爆炸事故，死亡 1 099 人。煤尘的存在还会增加瓦斯爆炸的危险性，如我国本溪湖煤矿 1942 年发生了世界采煤史上最大的瓦斯煤尘爆炸事故，死亡 1 549 人，伤残 246 人。

此外，所有的矿尘都会对人的眼睛、鼻腔和喉咙有刺激作用；高浓度矿尘会降低井下作业环境的能见度，在能见度低的情况下，往往导致工人误操作，造成人身伤亡事故；矿尘尤其是高浓度矿尘会加速矿井机械的磨损、缩短精密仪器的使用寿命；煤矿向大气中排放的粉尘对矿区周围的生态环境有很大影响，对生活环境、植物生长环境造成破坏。

第二节　矿尘的性质

了解矿尘的性质是做好防尘工作的基础。矿尘的性质取决于其成分和存在状态，矿尘与形成它的矿物在性质上有很大的差异，这些差异隐藏着巨大的危害，同时也决定着矿井防尘措施的选择，充分利用其有利性质，并采取有效措施改变其不利性质，可以大大提高防尘效果。此外，掌握矿尘的运动特性对科学实施矿井综合防尘(特别是通风除尘)具有积极意义。

一、矿尘的基本性质

1. 矿尘的粒径

矿尘的粒径(也叫粒度)是指矿尘颗粒的平均直径，单位为 μm。按粒径大小，矿尘可分为以下几种：

(1) 粗尘：粒径大于 40 μm，相当于一般筛分的最小颗粒，在空气中极易沉降；

(2) 细尘：粒径为 10～40 μm，肉眼可见，在静止空气中做加速沉降；

(3) 微尘：粒径为 0.25～10 μm，用光学显微镜可以观察到，在静止空气中做等速沉降；

(4) 超微尘：粒径小于 0.25 μm，要用电子显微镜才能观察到，在空气中做扩散运动。

表 12-2 给出了一些常规浮尘的典型粒径范围。通常，在各自粒径范围内的粒子大多呈对数正态曲线分布。粒径小于 10 μm 的粒子，特别粒径小于 7 μm 的呼吸性粉尘，人的肉眼是看不到的。然而，矿井中浓度较高的可见粉尘中肯定伴随着大量的呼吸性粉尘。呼吸性粉尘的沉降速率很小，实际上，它可以随时悬浮于空气中，这对人的健康是极为不利的。

表 12-2　常规浮尘的粒径范围

悬浮颗粒类型	大小范围/μm	
	下限	上限
呼吸性粉尘	—	7
煤尘及其他岩尘	0.1	100
正常空气灰尘	0.001	20
柴油烟气	0.05	1
病毒	0.003	0.05
细菌	0.15	30
烟草烟气	0.01	1
引起过敏的花粉	18	60
尘雾	5	50
薄雾	50	100
细雨	100	400

2. 矿尘的分散度

在全部矿尘中各种粒径范围(区间)内的尘粒所占的百分比叫作矿尘的分散度，也叫粒径(粒度)分布。它表征着煤(岩)被破碎的程度，通常有两种计算方法。

(1) 数量分散度，指各粒径区间尘粒的颗粒数占总颗粒数的百分比，用公式表示为：

$$P_{n_i} = \frac{n_i}{\sum n_i} \times 100\% \tag{12-1}$$

式中　n_i——某粒径区间尘粒的颗粒数。

(2) 质量分散度，指各粒径区间尘粒的质量占总质量的百分比，用公式表示为：

$$P_{m_i} = \frac{m_i}{\sum m_i} \times 100\% \tag{12-2}$$

式中　m_i——某粒径区间尘粒的质量，mg。

矿尘分散度是衡量矿尘颗粒大小构成的一个重要指标，是研究矿尘性质与危害的一个重要参数。矿尘总量中微细颗粒多，所占比例大时，称为高分散度矿尘；反之，如果矿尘中粗大颗粒多，所占比例大，则称为低分散度矿尘。矿尘的分散度越高，危害性越大。

即使是同一矿尘，用不同方法计算的分散度，在数值上也不尽相同，甚至相差很大，故必须说明。煤矿多采用数量分散度，矿尘一般划分为 4 个粒径区间：小于 2 μm、2～5 μm、5～10 μm 和大于 10 μm。据一些实测资料，在实行湿式作业的情况下，矿尘数量分散度大致是：小于 2 μm 占 46.5%～60%；2～5 μm 占 25.5%～35%；5～10 μm 占 4%～11.5%；大于 10 μm 占 2.5%～7%。一般情况下，5 μm 以下尘粒占 90%以上，说明矿尘危害性很大，也难于沉降和捕获。矿尘的分散度通常可用表格、曲线或分布函数等表示。

3. 矿尘的比表面积

单位质量矿尘的总表面积称为矿尘的比表面积，单位为 m^2/kg 或 cm^2/kg。矿尘的比表面积与粒度成反比，粒度越小，比表面积越大，因而这两个指标都可以用来衡量矿尘颗粒的大小。煤岩破碎成微细的尘粒后，首先其比表面积增加，因而化学活性、溶解性和吸附能力明显增加；其次更容易悬浮于空气中，表 12-3 所列为在静止空气中不同粒度的尘粒从1 m 高处降落到底板所需的时间。另外，粒度减小容易使其进入人体呼吸系统，据研究，只有 5 μm 以下粒径的矿尘才能进入人的肺内，是矿井防尘的重点对象。

表 12-3　尘粒沉降时间

粒度/μm	100	10	1	0.5	0.2
沉降时间/min	0.043	4.0	420	1 320	5 520

4. 矿尘的密度

由于粉尘的产生或实验条件不同，其获得的密度值亦不相同。因此，一般将粉尘的密度分为真密度和堆积密度，如表 12-4 所列。

表 12-4　粉尘密度的定义

真密度	不包括粉尘之间的空隙时，单位体积粉尘的质量称为粉尘的真密度，用 ρ_p 表示	$\rho_p = \frac{粉尘的质量}{粉尘的体积}$，$kg/m^3$ 或 g/cm^3
堆积密度	粉尘呈自然扩散状态时，单位容积粉尘的质量称为粉尘的堆积密度，用 ρ_b 表示	$\rho_b = \frac{粉尘的质量}{粉尘占据的容积}$，$kg/m^3$ 或 g/m^3

一般情况下，粉尘的真密度与组成此种粉尘的物质的密度是不同的，通常粉尘的物质密度比其真密度大20%～50%。只有表面光滑而又密实的粉尘的真密度才与其物质密度相同。矿尘的真密度对于拟定含尘风流净化的技术途径(如除尘器选型等)有重要价值。如颗粒粗、真密度大的矿尘宜选用旋风除尘器；而真密度小的矿尘，即使粒径较大也不宜采用旋风除尘器。

5. 矿尘的湿润性

粉尘粒子能否与液体相互附着或附着难易的性质称为粉尘的润湿性或吸湿性、浸润性等。粉尘粒子与液体接触时，如果接触面能扩大而相互附着，就是能被润湿；如果接触面趋于缩小而不能相互附着，则为不能被润湿。湿润性越好，越有利于降尘。

粉尘的润湿性与液体的表面张力、尘粒形状及大小、温度和气候条件、尘粒与水雾粒的相对运动、粉尘成分和荷电状态等因素有关。同类粉尘，球形尘粒比不规则尘粒润湿性差，尘粒越细润湿能力越差。如石英的吸湿能力是较强的，但粉碎成粉末后其吸湿能力就大为降低。液体的表面张力越小，越易被粉尘吸湿，如酒精、煤油等的表面张力小，对粉尘的润湿性比水好。尘粒与水雾粒的相对运动速度较高时易被吸湿。粉尘的吸湿能力还随着环境温度的上升而下降，随气压的增加而增强。

由于不同粉尘对同一液体的亲、憎程度是不同的，一般可用如下两个指标来评定它们的吸湿能力。

(1) 湿润角 θ_s。如图12-4所示，把水滴或溶液滴滴于某种物质的平面上，通过水滴或溶液滴与物体表平面接触的边界点作水滴或溶液滴的切线，该切线与物体表平面之间的夹角 θ_s 称为物质的湿润角。

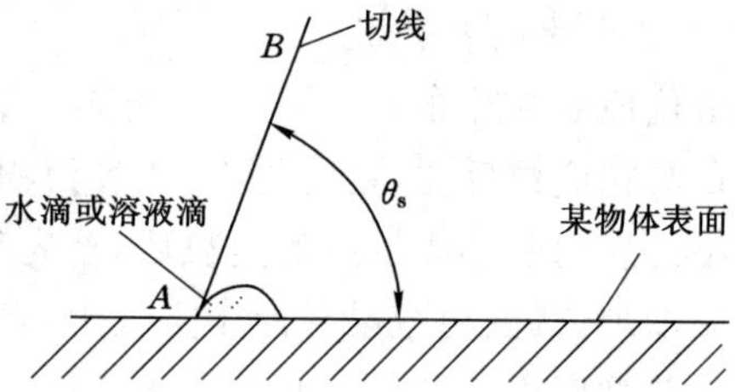

图12-4　粉尘湿润角示意图

根据湿润角可将粉尘对水的亲、疏情况分为两类：当 $\theta_s \leqslant 90°$ 时，为亲水性粉尘；当 $\theta_s > 90°$ 时，即为疏水性粉尘。

(2) 吸湿速度 v_{20}。粉尘的吸湿性除用湿润角来评定外，还可用粉尘的吸湿速度 v_{20} 来评定。通常取粉尘的吸湿时间为20 min，测出此时的吸湿高度 L_{20}(mm)，则吸湿速度为：

$$v_{20} = \frac{L_{20}}{20} \quad (\text{mm/min}) \tag{12-3}$$

根据粉尘的吸湿速度 v_{20} 评定粉尘的吸湿性时，可将粉尘对水的亲、憎情况分为4类，见表12-5。

表12-5　粉尘对水的吸湿性

粉尘类别	Ⅰ	Ⅱ	Ⅲ	Ⅳ
吸湿性	绝对憎水	憎水	中等亲水	强亲水
v_{20}/(mm·min^{-1})	<0.5	0.5～2.5	2.5～8.0	>8.0
粉尘举例	石蜡、聚四氟乙烯、沥青	石墨、煤、硫	玻璃微球、石英	锅炉飞灰、钙

6. 矿尘的电性质

矿尘是一种微小粒子，因空气的电离以及尘粒之间的碰撞、摩擦等作用，使尘粒带有电荷，可能是正电荷，也可能是负电荷，带有相同电荷的尘粒，互相排斥，不易凝聚沉降；带有相异电荷时，则相互吸引，加速沉降，因此有效利用矿尘的这种荷电性，也是降低矿尘浓度，减少矿尘危害的方法之一。

7. 矿尘的光学特性

矿尘的光学特性包括矿尘对光的反射、吸收和透光强度等。

(1) 尘粒对光的反射能力。光通过含尘气流的强弱程度与尘粒的透明度、形状、大小及气流含尘浓度有关，但主要取决于浓度和尘粒大小。当尘粒直径大于 1 μm 时，光线由于被直接反射而损失，即光线损失与反射面面积成正比。当浓度相同时，光的反射值随粒径的减小而增加。

(2) 尘粒的透光程度。含尘气流对光线的透明程度，取决于气流含尘浓度的高低。当浓度为 0.115 g/m^3 时，含尘气流是透明的，可通过 90%的光；随着浓度的增加，其透明度将大为减弱。

(3) 光强衰减程度。当光线通过含尘气流时，由于尘粒对光的吸收和散射等作用，会使光强减弱。

在矿尘的监测中，经常利用其光学特性来测定它的浓度和分散度。

8. 矿尘中游离 SiO_2 含量

SiO_2 是地壳上最常见的氧化物，是许多种矿岩的组成部分，它有两种存在状态：一种是结合状态的二氧化硅，即硅酸盐矿物，如长石($K_2O \cdot Al_2O_3 \cdot 6SiO_2$)，石棉($CaO \cdot 3MgO \cdot 4SiO_2$)，高岭土($Al_2O_3 \cdot 2SiO_2 \cdot 2H_2O$)，滑石($3MgO \cdot 4SiO_2 \cdot H_2O$)，等等。另一种是游离状态的 SiO_2(主要是石英)，在自然界中分布很广，如煤矿上常见的页岩、砂岩、砾岩和石灰岩等中游离 SiO_2 的含量通常多在 20%～50%，煤尘中的含量一般不超过 5%，半煤岩中的含量在 20%左右。矿尘中游离 SiO_2 的含量是引起并促进尘肺病及病程发展的主要因素，含量越高，危害越大。

煤系地层由于沉积环境不同、岩性不同，其游离 SiO_2 含量也不同；煤层中以煤为主，时常伴有夹石等，从煤种来看，无烟煤的 SiO_2 的含量高于烟煤的 SiO_2 的含量。

根据 SiO_2 含量的不同，可将矿尘分为硅尘和非硅尘。硅尘是指含游离 SiO_2 在 10%以上的矿尘，煤矿中的岩尘多为硅尘；非硅尘是指含游离 SiO_2 在 10%以下的矿尘，煤尘绝大部分属非硅尘。

二、矿尘的运动特性

1. 矿尘在空气中的沉降

矿尘飞扬在空气中时，一般受到重力、浮力和阻力 3 种力的作用，如图 12-5 所示。

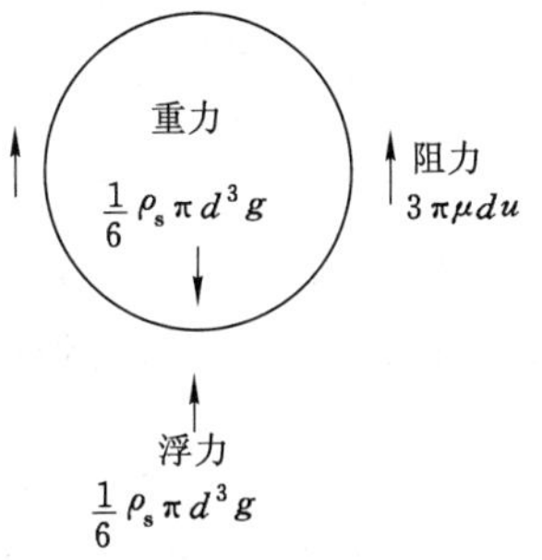

图 12-5　粉尘在空气中的受力分析

设某一矿尘颗粒为球体，直径为 d(m)，密度为 ρ_s(kg/m^3)，则其所受重力为

$$G = \frac{1}{6}\rho_s \pi d^3 g \tag{12-4}$$

式中　g——重力加速度，m/s^2。

同时，矿尘排开与自己体积相同的空气，因此受到与所排开空气的重力相等的浮力，也就是：

$$F = \frac{1}{6}\rho_a \pi d^3 g \tag{12-5}$$

式中　ρ_a——空气的密度，kg/m^3。

引起矿尘下降的净作用力是两者的合力：

$$G - F = \frac{1}{6}\pi d^3 g(\rho_s - \rho_a) \tag{12-6}$$

如果矿尘在空气中做相对运动，那么由于空气黏性剪切作用，它受到的摩擦阻力可用下式计算：

$$D_{rag} = C_D A_b \rho_a \frac{u^2}{2} \tag{12-7}$$

式中　D_{rag}——矿尘沉降运动受到的阻力，N；

C_D——阻力系数(无量纲)；

u——矿尘与空气的相对速度，m/s；

A_b——投影域，$A_b = \left(\frac{\pi d^2}{4}\right)$，$m^2$。

尘粒在空气中运动时，其流动阻力系数 C_D 与雷诺数 Re 有关，在层流条件下，阻力系数可按下式计算：

$$C_D = \frac{24}{Re} \tag{12-8}$$

因为

$$Re = \frac{\rho_a u d}{\mu_a} \tag{12-9}$$

式中　μ_a——空气的动力黏度系数，$N \cdot s/m^2$。

于是有 $C_D = \frac{24\mu_a}{\rho_a u d}$，把 A_b 和 C_D 代入方程(12-7)，得：

$$D_{rag} = \frac{24\mu_a}{\rho_a u d} \frac{\pi d^2}{4} \rho_a \frac{u^2}{2} = 3\pi\mu_a d u \tag{12-10}$$

随着粉尘加速下沉，它的速度一直增加，直到阻力与由方程(12-6)确定的沉降力相等，这时有：

$$\frac{1}{6}\pi d^3 g(\rho_s - \rho_a) = 3\pi\mu_a d u \tag{12-11}$$

粉尘在空气中因重力作用而下落时，它受到的空气阻力与下落速度成正比。因此，下落速度越大，阻力就越大，直至阻力和重力相等。此时，尘粒沉降速度达到最大值，开始做等速沉降运动。此最大沉降速度即为矿尘沉降速度，用 u_t(m/s)表示，则式(12-11)整理成：

$$u_t = \frac{d^2 g(\rho_s - \rho_a)}{18\mu_a} \tag{12-12}$$

式(12-11)和式(12-12)都称为斯托克斯(Stokes)公式。斯托克斯公式可准确适用于粒径大于 1 μm 的粉尘，不适用于更小的粉尘，这是因为更小的粉尘对滑动和分子间作用力敏感。斯托克斯公式是基于层流流动得出的，如果沉降速度充分大，以致形成紊流，那么由粉尘传递到流体的能量就不可以忽略。

依据上式进行理论计算，静止空气中密度为 1.31 t/m³ 左右的球形煤尘和密度为 2.5 t/m³ 的球形硅尘的沉降速度分别如表 12-6 和表 12-7 所列。

表 12-6 煤尘在静止空气中的沉降速度

尘粒直径/μm	100	10	1.0	0.1
沉降速度/(mm·s⁻¹)	398	3.98	0.039 8	0.000 398

表 12-7 硅尘在静止空气中的沉降速度

尘粒直径/μm	沉降速度	
	cm/s	m/h
1 000	78.6	2 829.60
50	19.7	709.20
10	0.786	28.30
5	0.197	7.09
1	0.007 86	0.28

因此，当矿尘的粒径达到超微粒径(小于 0.25 μm)时，因其重力很小，沉降速度也很小，但由于受到空气分子布朗运动的撞击，就会随之产生不规则运动；尘粒越小，运动越激烈，尘粒的这种运动属于扩散运动。对于超微矿尘，其扩散速度将超过沉降速度，故几乎不沉降，这个特点应予以重视。

2. *矿尘在井巷风流中的浮游*

(1) 矿尘在风流中的悬浮

矿尘特别是微细矿尘，在空气中的沉降速度是很小的，比风流速度要小很多，所以，矿尘主要是受风流的控制而运动。

在垂直井巷中，含尘气流上升运动时，只要风速大于矿尘沉降速度，矿尘即随风流运动。在水平巷道中，风流运动方向与矿尘沉降方向相垂直，风速对矿尘的悬浮没有直接作用。但在井巷中，风流一般都是紊流，具有横向脉动速度，可与沉降速度方向相反。所以，只要风流是紊流并且横向脉动速度均方根值等于或大于矿尘沉降速度，则矿尘即能悬浮于风流中并随之运动。矿尘随风流运动，因脉动速度的变化、粒子形状不规则、粒子间的摩擦和碰撞等原因，做不规则的运动。据资料介绍，紊流脉动速度为风流平均速度的 3%～10%。

(2) 最低排尘风速

能使对人体最有危害的矿尘(呼吸性粉尘)保持悬浮状态并随风流运动的最低风速，称为最低排尘风速。许多研究人员对最低排尘风速进行了实验研究，并给出了不同数值。一般认为，最低排尘风速应不小于 0.15 m/s。

当排尘风速增大时，粒径稍大的尘粒也能悬浮并被排走，同时增强了稀释作用，在产尘强度一定的条件下，矿尘浓度将随之降低。当风速达到一定值时，作业场所矿尘浓度可降到最小值，此风速称为最优排尘风速。风速再增高时，矿尘浓度又随之增高，说明吹扬沉积矿尘的作用已超过了稀释矿尘的作用。

（3）扬尘风速

黏附在障碍物上的细微粉尘，当聚积的尘团重量足以克服黏附力时，便会重新悬浮于风流之中，成为“二次性飞扬粉尘”。我们把能将沉积矿尘再次扬起的风流的速度叫作沉积矿尘的吹扬速度，也称扬尘风速，用公式表示为：

$$v = K\sqrt{\rho_p d_p} \tag{12-13}$$

式中 v——扬尘风速，m/s；

ρ_p——矿尘密度，kg/m^3；

d_p——矿尘粒径，m；

K——系数，取 10～16，粒径及巷道尺寸较大时取大值。

扬尘风速除与矿尘粒径、密度有关外，还与矿尘湿润度、巷道潮湿状况及有无扰动等因素有关。根据实验，在干燥巷道中，不受扰动时赤铁矿尘的扬尘风速为 3～4 m/s；煤尘扬尘风速为 1.5～2.0 m/s。在潮湿巷道中，扬尘风速可达 6 m/s 以上。矿尘二次吹扬，成为次生矿尘，能造成严重污染，因此，除控制风速外，及时清除积尘和增加矿尘润湿程度是常用的防尘方法。

第三节　煤矿尘肺病

一、尘肺病及其分类

煤矿尘肺病是矿工在生产中长期吸入大量微细粉尘而引起的以纤维组织增生为主要特征的肺部疾病。它是一种普遍且严重的矿工职业病，一旦患病，在目前的医疗条件下，很难治愈。尘肺病发病缓慢，有一定的潜伏期，不同于瓦斯、煤尘爆炸和冒顶等工伤事故那么触目惊心，因此往往不被人们所重视。而实际上，国内外由尘肺病引发的矿工伤亡人数，远远高于各类工伤事故伤亡人数的总和。

煤矿尘肺病按吸入矿尘的成分不同，可分为三种：

（1）硅肺病（矽肺病）：由于长期吸入含游离 SiO_2 含量较高的岩尘而引起的尘肺病称为硅肺病（患者多为长期从事岩巷掘进工作的矿工）。

（2）煤硅肺病（煤矽肺）：由于同时吸入大量煤尘和含游离 SiO_2 的岩尘所引起的尘肺病称为煤硅肺病（患者多为长期岩巷掘进和采煤工作的混合工种矿工）。

（3）煤肺病：由于长期吸入大量煤尘而引起的尘肺病多属煤肺病（患者多为长期从事单一煤层采掘工作的矿工）。

我国煤矿工人工种变动较大，长期固定从事单一工种的很少，因此煤矿尘肺病中以煤硅肺病比例最大，约占 80%，单纯的硅肺病、煤肺病较少。

作业人员从开始接触矿尘到肺部出现纤维化病变所经历的时间称为发病工龄。上述三种尘肺病中最危险的是硅肺病。其发病工龄最短（一般在 10 a 左右），病情发展快，危害严重。煤肺病的发病工龄一般为 20～30 a，煤硅肺病介于两者之间但接近后者。

国际上最早的关于矿尘的法规是南非在 1912 年制定的，其他国家相继在 20 世纪二三十年代提出了相关的法律法规。但这些法规主要涉及的是矽肺病，这是因为当时人们还没有意识到煤尘的危害。之后，由于被确诊的矿工尘肺病数量急剧上升，英国医学研究会在南威尔士的煤矿工人中做了关于煤尘导致呼吸疾病的调查，各国才逐渐认识到煤尘的危害性。

人们对矿尘导致尘肺病的认识用了很长时间，究其原因，主要有三个方面：第一，患者从意识到呼吸系统受到损害到确诊可能要几年的时间；第二，肺部对粉尘的反应往往类似于某些自然发生的疾病，因此似乎与矿尘没有关系；第三，开始使用的粉尘浓度计量方法是单位体积空气内粉尘颗粒的数量，这种方式难以反映出尘肺病发病与矿尘之间的联系。

这种情况在1959年南非约翰内斯堡举行的国际尘肺病会议上得以改变，为了更好地度量粉尘对健康的潜在危害，会议决定采用质量法取代计数法来计量粉尘浓度，会议还接受了英国医学研究会提出的呼吸性粉尘概念，即能进入肺泡区的粉尘称为呼吸性粉尘。

二、尘肺病的发病机理

尘肺病的发病机理至今尚未完全研究清楚。关于尘肺病成因的观点和学说有多种，一般认为，进入人体呼吸系统的粉尘大体上经历以下四个过程：

① 在上呼吸道的咽喉、气管内，含尘气流由于惯性碰撞作用使大于10 μm的尘粒首先沉降，经过鼻腔和气管黏膜分泌物黏结后形成痰排出体外。

② 在上呼吸道的较大支气管内，通过惯性碰撞及部分重力沉降作用，使5～10 μm的尘粒沉积下来，经气管、支气管上皮的纤毛运动，咳嗽随痰排出体外。因此，真正进入下呼吸道的粉尘，其粒径均小于5 μm，目前普遍认为5 μm以下的矿尘是引起尘肺病的主要原因。

③ 在下呼吸道的细小支气管内，由于支气管分支增多，气流速度减慢，使部分2～5 μm的尘粒依靠重力沉降作用沉积下来，通过纤毛运动逐级排出体外。

④ 粒度为2 μm左右的粉尘进入呼吸性支气管和肺内后，一部分可随呼气排出体外；另一部分沉积在肺泡壁上或进入肺内，残留在肺内的粉尘占总吸入量的1%～2%以下。残留在肺内的尘粒可杀死肺泡，使肺泡组织形成纤维病变出现网眼，逐步失去弹性而硬化，无法担负呼吸作用，使肺功能受到损害，降低了人体抵抗能力，并容易诱发其他疾病，如肺结核、肺气肿等。在发病过程中，由于游离SiO_2的表面活性很强，因而加速了肺泡组织的死亡。

三、尘肺病的发病症状及影响因素

1. 尘肺病的发病症状

尘肺病的发展有一定的过程，轻者影响劳动生产力，严重时丧失劳动能力，甚至死亡。这一发展过程是不可逆转的，因此要及早发现，及时治疗，以防病情加重。从自觉症状上，尘肺病分为三期，如表12-8所列。

表12-8 尘肺病的发病阶段和相应的症状

发病阶段	相应症状
第一期	重体力劳动时，呼吸困难、胸痛、轻度干咳
第二期	中等体力劳动或正常工作时，感觉呼吸困难、胸痛、干咳或带痰咳嗽
第三期	做一般工作甚至休息时，也感到呼吸困难、胸痛、连续带痰咳嗽，甚至咯血和行动困难

2. 影响尘肺病的发病因素

(1) 矿尘的成分

能够引起肺部纤维病变的矿尘，多半含有游离SiO_2，其含量越高，发病工龄越短，病变的发展程度越快。对于煤尘，引起煤肺病的主要是它的有机质(即挥发分)含量。据试验，煤化作用程度越低，危害越大。

(2) 矿尘粒度及分散度

尘肺病主要发生在肺泡内。矿尘粒度不同，对人体的危害性也不同。5 μm 以上的矿尘对尘肺病的发生影响不大；5 μm 以下的矿尘可以进入下呼吸道并沉积在肺泡中，最危险的粒度是 2 μm 左右的矿尘。由此可见，矿尘的粒度越小，分散度越高，对人体的危害就越大。

(3) 矿尘浓度

尘肺病的发生和进入肺部的矿尘量有直接的关系，也就是说，尘肺的发病工龄和作业场所的矿尘浓度成正比。国外的统计资料表明，在高矿尘浓度的场所工作时，平均 5～10 a 就有可能导致硅肺病，如果矿尘中游离 SiO_2 含量达 80%～90%，甚至 1.5～2 a 即可发病。空气中的矿尘浓度降低到《煤矿安全规程》规定的标准以下，工作几十年，肺部吸入的矿尘总量仍不足达到致病的程度。

(4) 触尘时间

人员暴露于游离 SiO_2 粉尘中的时间少于 1 a 而诊断为矽肺病的情况是极为罕见的。井下采、掘工种的工作年限，一般可以间接说明累计接触粉尘量，工作时间越长或平均粉尘浓度越高，尘肺病的发病率越高。

(5) 个体方面的因素

矿尘引起尘肺病是通过人体而进行的，所以人的机体条件，如年龄、营养、健康状况、生活习性、卫生条件等，对尘肺的发生、发展有一定的影响。

尽管尘肺病在目前的技术水平下很难治愈，但它是可以预防的。只要认真贯彻落实国家颁布的关于煤矿防尘的法律法规，高度重视煤矿粉尘防治工作，积极推广综合防尘技术，将粉尘浓度降低并保持在国家卫生标准规定的限值以下，就可以降低尘肺病的发病率及死亡率。

第四节　煤尘爆炸及其防治

一、煤尘爆炸

（一）煤尘爆炸的机理

煤炭属有机生物岩，被破碎成煤尘后，其比表面积显著增大，与氧的接触面积及吸附氧分子的数量亦相应增加。在高温热源作用下，氧分子与碳发生氧化反应而生热，并促进了煤尘粒子在高温下的热分解而产生可燃气体，如挥发分含量为 20%～26%的 1 kg 焦煤，受热后能放出可燃气体 295～350 L，这些可燃气体与空气混合后便着火燃烧。局部燃烧放出的热量以分子热传导、辐射、对流等复合传热方式传给附近悬浮着的煤尘，又使这些煤粒子受热分解，产生可燃气体而着火燃烧，于是燃烧便如此循环地继续下去，随着每个循环的逐次进行，反应速度也逐次加快，定常燃烧非常迅速地转变成剧烈的非定常燃烧，从而在极短的时间内，使空间内气体的温度和压力猛烈增高，活化中心越来越多，达到一定程度时，便演变为煤尘爆炸。

煤尘爆炸是指空气中氧气与煤尘急剧氧化的反应，概括来说，有以下三个阶段：

(1) 悬浮的煤尘在高温热源的作用下被干馏生成可燃性气体；

(2) 可燃性气体与空气混合而燃烧；

(3) 燃烧放出热量，传给附近悬浮着的煤尘，使燃烧循环地进行下去，其反应速度越来越快。通过剧烈的燃烧，最后形成爆炸。

(二) 煤尘爆炸的必要条件

并不是所有矿井煤尘都能发生煤尘爆炸，煤尘爆炸必须同时具备三个条件：煤尘自身具有爆炸性；悬浮在空气中并具有一定的浓度；有引燃煤尘爆炸的热源。

(1) 煤尘的爆炸性

煤尘可分为有爆炸性煤尘和无爆炸性煤尘。它们的归属必须经过煤尘爆炸试验后方可确定，理论和事实都证明，挥发分含量高的煤尘，越易爆炸，而挥发分含量决定于煤的种类，变质程度越低，挥发分含量越高，爆炸的危险性越大；高变质程度的煤如贫煤、无烟煤等挥发分含量很低，其煤尘基本上无爆炸危险。过去，我国煤矿曾规定，以煤的挥发分含量作为确定煤尘爆炸性的一个指标，称为煤尘爆炸指数 V^{Γ}，其值为：

$$V^{\Gamma} = \frac{V^{a}}{100 - A^{a} - W^{a}} \times 100\% \tag{12-14}$$

式中 V^{a}——工业分析的挥发分，%；

A^{a}——工业分析的灰分，%；

W^{a}——工业分析的水分，%。

一般认为：V^{Γ} 小于 10%，基本上属于没有煤尘爆炸危险性煤层；V^{Γ} 为 10%～15%，属于弱爆炸危险性；V^{Γ} 在 15%以上者，属于有爆炸危险性煤层。但必须指出，由于煤的组成成分非常复杂，同类煤的挥发分成分及其含量也不一样，所以挥发分含量只能用来判断煤尘爆炸的强弱，而不能作为判断煤尘有无爆炸危险的唯一依据。例如松藻二井 V^{Γ}=15.92%，但无煤尘爆炸危险；而江西萍乡青山矿 V^{Γ} 小于 10%，煤尘却有爆炸危险。因此《煤矿安全规程》规定，煤尘有无爆炸危险，必须通过煤尘爆炸性试验鉴定。根据煤尘爆炸试验，我国 80%左右的煤矿属于开采有煤尘爆炸危险性煤层的矿井。

(2) 浮尘的浓度

如前所述，煤尘爆炸与传播是细小可燃微粒依次燃烧的结果。如果微粒之间相距比较远，那么燃烧微粒的热量就不足以传到临近它的微粒并使其燃烧，因此爆炸也就不能够扩展开来。当可燃微粒之间的距离刚刚能够使燃烧传递下去时，这就是最小爆炸浓度极限。与此同时还存在另一个极限，那就是可燃微粒之间的距离太近，以至于没有足够的氧气来使燃烧完全进行下去。那么整个燃烧系统就会变成富燃料燃烧，从而产生的热量下降。因此，最高爆炸极限就是可燃微粒在该浓度情况下燃烧温度为该起燃点时的浓度极限。

井下空气中，只有悬浮的煤尘达到一定浓度时，才可能引起爆炸，如果空气中煤尘浓度很低，尘粒之间的距离较大，燃烧生成的热量被周围系统吸收，就不可能爆炸。对于煤尘浓度，为了实际应用的方便，把煤尘浓度分为上限和下限两种浓度，所谓下限浓度，就是单位体积含尘空气中，能够发生爆炸的最低煤尘含量叫作煤尘爆炸下限浓度；能够发生爆炸的最高煤尘含量叫作煤尘爆炸上限浓度。各国对下限浓度研究较多，其目的在于把井下空气中的煤尘浓度控制在下限浓度以下，从而避免发生煤尘爆炸事故，而对上限浓度研究较少，国外试验大致在 1 000～2 000 g/m^3 左右。但在正常的矿井生产环境下，煤尘浓度不太可能出现这种状况，只有在发生爆炸事故，爆炸冲击波将落尘扬起时，才可能达到上限浓度。

由于影响煤尘爆炸下限浓度的因素很多，每个煤层其数值都不同，即使同一煤层，在相同的试验条件,其爆炸的概率也不一样。为了管理上的方便,各国根据开采煤种状况,确定自己的试验方法。选择具有代表性的煤层尘样,测定后作为煤尘爆炸下限值指标,各主要产煤国煤尘爆炸下限浓度规定见表 12-9。

表 12-9　部分国家公布的煤尘爆炸下限值

国别	爆炸下限值/($g \cdot m^{-3}$)	备　注
中国	45	褐煤(实验室测得),挥发分 54.7%
法国	48	挥发分 30%,灰分 6%～12%
德国	70	瓦斯爆炸点火,挥发分 28%,灰分 12%
美国	32	试验巷道中测得,黑火药点火
日本	48	实验室中测得,电火花点火,挥发分 44%
波兰	32	大型试验巷道中测得
澳大利亚	129	挥发分 20%,灰分 13%

由表 12-9 可以看出,我国选择的煤样以可燃挥发分达 54.7%的肥煤作为代表煤样。根据前面所述,挥发分含量越高,爆炸危险性越大,把危险性大的煤尘爆炸下限值作为我国的煤尘爆炸下限浓度,无疑会对预防煤尘爆炸、促进矿井安全生产起到良好的保障作用。

随着科学技术的进步,对煤尘爆炸的试验方法和条件,都在不断地改进和完善,因此,煤尘爆炸下限值相应地会进行修正。

煤尘最低爆炸极限一般为 50 g/m^3,最强爆炸浓度一般为 150～350 g/m^3,这由煤的挥发分含量来确定。实际上,煤尘浓度达到 50 g/m^3 时已是一个使人窒息的环境,这么大的煤尘浓度不太可能在平常的矿井通风条件下存在。但是,在没有防尘措施的情况下,工作面割煤滚筒周围是能够产生这么高的煤尘浓度的。另外,即使通风巷道中积尘不多,但在爆炸冲击波的作用下,在空气中扬起这些煤尘时也能够发生爆炸。

(3) 高温热源

煤尘的引燃温度变化范围较大,它随着煤尘性质、浓度、粒度及粒度分布以及试验条件等不同因素而变化,我国煤尘爆炸的引燃温度在 610～1 050 ℃之间,一般为 700～800 ℃。这个温度条件下,几乎对一切明火均可点燃煤尘,引起爆炸。如电器火花、摩擦火花、爆破火焰、瓦斯燃烧或爆炸、井下火灾等。

煤尘引燃爆炸将释放大量热量,依靠这种反应热量,可使气体产物加热到 2 300～2 500 ℃,这是促使煤尘爆炸得以自发传播的一个主要因素。

(三) 煤尘爆炸的特征

与气体爆炸相比,煤尘爆炸有以下几个特点。

(1) 产生高温高压

煤尘爆炸时释放出的热量,按理论计算,可使爆炸产生的气体产物加热到 2 300～2 500 ℃。日本测得煤尘爆炸时火焰温度是 1 600～1 900 ℃。根据气体状态方程式:

$$\frac{p_0 V_0}{T_0} = \frac{p_1 V_1}{T_1} \tag{12-15}$$

有

$$p_1 = \frac{p_0 V_0 T_1}{T_0 V_1} \tag{12-16}$$

式中　V_0,V_1——爆炸前后气体体积，m^3；

p_0,p_1——爆炸前后气体压力，kPa；

T_0,T_1——爆炸前后气体温度，K。

在巷道容积固定（爆炸反应瞬间 $V_0=V_1$）的条件下，爆炸后的气体压力应为：

$$p_1=\frac{p_0(273+t_1)}{273+t_0} \tag{12-17}$$

若取 $p_0=98.066$ kPa（一个工程大气压），爆炸前气温为 $t_0=15$ ℃，爆炸后的气温为 $t_1=1\ 600\sim1\ 900$ ℃，则据式(12-17)得爆炸后的气体压力为 $p_1=637.80\sim739.92$ kPa。

在积尘较严重的巷道中，爆炸压力将随着距爆炸源的距离的增加而跳跃式增大。据美国井下试验，一般距爆炸源 10～30 m 以内的地点，破坏较轻，而后便越发严重，表现出离爆源越远反而破坏越严重的特征。国外试验中测得的爆炸压力曾达到 1 863.25 kPa，甚至可将抗压强度为 3 922.64 kPa 的钢板巷道炸坏，并将钢板抛出 150 m。美国乔治·拉伊斯在巷道中试验的结果如表 12-10 所列。

表 12-10　距爆源不同距离的气压变化

距爆源距离/m	爆炸压力/kPa	试验条件
106.7	434.43	试验巷道
167.6	503.08	试验巷道
228.6	820.81	试验巷道

此外，有学者通过试验还发现，在煤尘爆炸的传播过程中，如果遇到障碍物、巷道断面突然变化或巷道拐弯时，爆炸压力将增加得更加迅猛。

（2）易产生连续爆炸

煤尘爆炸的氧化反应和瓦斯爆炸一样，主要在气相条件内进行。煤尘的燃烧速度和爆炸压力比气体的要小，但燃烧带的长度较长，产生的能量大，表现出显著的破坏能力。一般来说，爆炸开始于局部，产生的冲击波较小，但却可扰动周围沉降沉积的煤尘并使之飞扬，由于热和光的传递与辐射，进而发生再次爆炸，这就是所谓的二次爆炸。如此循环，还可形成第三次、第四次等数次爆炸。其爆炸的火焰及爆炸波的传播速度都将一次比一次加快。爆炸压力也将一次比一次增高，呈跳跃式发展。煤尘爆炸产生的火焰传播速度可达 1 120 m/s，冲击波的速度可达 2 000 m/s，爆炸的压力可达到 1 700 kPa。在煤矿井下，这种爆炸有时沿巷道传播数千米以外，而且距爆源点越远其破坏性越严重。因此，煤尘爆炸具有易产生连续爆炸、受灾范围广、灾害程度严重的重要特点。

（3）产生黏块与皮渣

煤尘爆炸时，对于结焦性煤尘（气煤、肥煤及焦煤的煤尘）会产生焦炭皮渣与黏块黏附在支架、巷道壁或煤壁等上面。根据这些爆炸产物，可以判断发生的爆炸事故是属于瓦斯爆炸或煤尘爆炸。同时还可以根据煤尘爆炸产生的皮渣与黏块黏附在支柱上的位置直观判断煤尘爆炸的强度，见表 12-11。但是只有气煤、肥煤、焦煤等黏结性煤尘爆炸时，才能产生“黏焦”。

表 12-11 煤尘爆炸强度的直观判断方法

爆炸强度	废渣与黏块黏附在支柱上的位置
弱 爆 炸	废渣与黏块黏附在支柱两侧，迎风侧较密
中等爆炸	废渣与黏块主要黏附在支柱的迎风侧
强 爆 炸	废渣与黏块黏附在支柱的背风侧，迎风侧有火烧痕迹

(4) 产生大量有毒有害气体

煤尘爆炸时，会产生比瓦斯爆炸生成量还要多的有毒有害气体，其生成量与煤质和爆炸的强度等有关。表 12-12 为某次煤尘爆炸后气体的成分，其中 CO 和 CO_2 的浓度较大，O_2 浓度很小，这是煤尘爆炸造成人员伤亡的主要原因。

表 12-12 某次煤尘爆炸后的气体组成

气体名称	浓度/%	气体名称	浓度/%
CO	8.15	N_2	73.75
CO_2	11.25	H_2	2.75
CH_4 等	2.95	O_2	1.15

(5) 挥发分含量减小

煤尘爆炸时，它的挥发分含量将减小，对于不结焦煤尘（即爆炸时不产生焦炭皮渣与黏块的煤尘），可利用这一特点来判断井下的爆炸事故中是否有煤尘参与。

(四) 影响煤尘爆炸的主要因素

(1) 煤尘的挥发分

挥发分含量是影响煤尘有无爆炸性及爆炸性强弱的主要原因。一般情况下，煤尘的挥发分含量越高，其爆炸性越强，挥发分含量越低，其爆炸性越弱，甚至无爆炸性。

我国对全国煤矿的煤尘可燃挥发分含量与其爆炸性进行试验的结果见表 12-13。

表 12-13 我国煤尘可燃挥发分含量与其爆炸性的关系

可燃挥发分含量/%	<10	10～15	15～28	>28
爆炸性	除个别外，基本无爆炸性	爆炸性弱	爆炸性较强	爆炸性很强

无烟煤煤尘中由于可燃挥发分含量低，通常被认为没有爆炸危险性。但是，在有足够大的点火能量时，低挥发分的煤尘也会发生猛烈的爆炸。1942 年，东北本溪湖煤矿发生了一次触目惊心的煤尘爆炸灾难，该矿井煤种的挥发分含量只有 15%～19%。煤尘爆炸危险性会随着灰分和水分含量增加而降低，并且煤尘暴露在空气中的时间越长，其爆炸危险性越小。对于后一种影响因素，一般认为是由于被氧化了的煤尘覆盖在老煤尘上。因此，工作面或者越接近工作面等区域的煤尘就越容易发生爆炸。

(2) 煤尘的粒度

煤尘爆炸是由于煤尘分子与空气中的氧分子，在高温热源（能提供不小于最小点火能的能量）作用下进行剧烈氧化反应造成的。煤尘粒子越小，比表面积越大，与氧的接触面积亦相应增大，氧化反应就越剧烈。同时也增加了受热面积，加速了可燃气体的释放。试验证明，虽然粒径 1 mm 以下的煤尘粒子都可能参与爆炸，但粒径 75 μm 以下的煤尘粒子的爆炸性最强。粒径小于 30 μm 的煤尘，其爆炸性的增强趋势变缓。粒径小于 10 μm 的煤尘，其爆炸性却随粒径减小而降低。

（3）瓦斯的影响

瓦斯的存在会扩大煤尘爆炸浓度的上、下限范围，即下限浓度明显降低，上限浓度增加。其降低和增高的幅度随瓦斯浓度的增高而增大。瓦斯和煤尘共同存在的情况下，由于两者相互补充使得爆炸界限下降。例如瓦斯为 1%，煤尘为 40 g/m^3 以上浓度就进入爆炸区间；若瓦斯浓度为 3%，煤尘浓度为 20 g/m^3 时就进入爆炸区间。

煤尘和瓦斯在爆炸过程中是相互作用的。这两种物质的爆炸极限在互存的情况下都会变宽。这两种物质之间的作用关系也随煤尘中挥发分含量不同而变化。如图 12-6 所示。

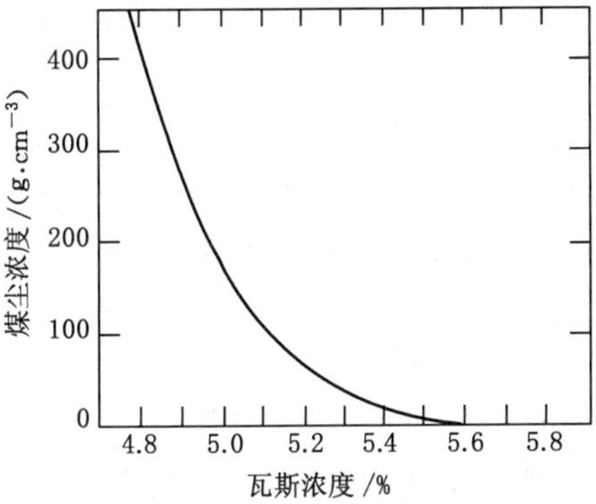

图 12-6　瓦斯浓度与煤尘爆炸极限关系

最初点燃煤尘的能量大小对煤尘爆炸传播和扩散具有很重要的作用。矿井中煤尘爆炸绝大多数是由于瓦斯爆炸引起的，瓦斯爆炸为煤尘爆炸提供了最初的冲击波和最前端的火焰。统计数据也显示，瓦斯与煤尘耦合爆炸事故比纯煤尘爆炸事故更为常见。但是，任何具有足够能量的点火源都能够在没有可燃性气体的情况下使煤尘发生爆炸，如 1906 年发生在法国柯利尔煤矿的煤尘爆炸就被认为是在没有瓦斯情况下发生的。

（4）水分含量

水分蒸发要吸收热量。同时，当煤尘含水量较高时，会促使尘粒结团。小粒子结团成大粒子而加速沉降，从而降低了形成煤尘云的能力。因此，煤尘的水分具有减弱和阻碍其爆炸的性质。但是，如爆炸已经发生，煤尘自身所含水分的阻爆作用就很小了。试验表明，煤尘的水分即使达到了 25%，也仍然会发生强烈爆炸。

（5）灰分含量

煤尘的爆炸性随其灰分含量的增加而降低。这是由于灰分能吸收煤尘在燃烧过程中释放出的热量而起冷却作用。当煤尘的灰分含量小于 20%时，对其爆炸性影响不大；当灰分含量达 30%～40%时，爆炸性会明显下降。瓦斯和煤尘及岩粉混合气体的爆炸下限的关系如图 12-7 所示。

由图 12-7 可以看出，若岩粉的混合百分数增加，瓦斯浓度不增加时，就不会引燃，若不存在瓦斯，从试样曲线中可以看出，岩粉混合率为 50%左右，爆炸界限曲线接近横坐标，也

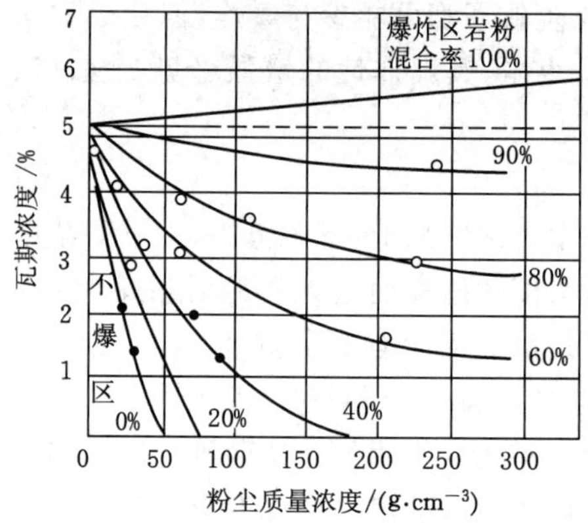

图 12-7　瓦斯和煤尘及岩粉混合气体的爆炸下限的关系

就是说这种混合粉尘已失去爆炸性，在实验室条件下也不能引燃。

根据试验推算，如果瓦斯和空气混合后产生最强爆炸的瓦斯浓度为 9.5％，那么为了阻止爆炸所必要的岩粉浓度应为 1.23 kg/m^3。岩粉用量可按巷道断面积确定，巷道断面积大于 5 m^{2}时，每平方米岩粉用量不得少于 400 kg；巷道断面积小于 5 m^{2}时，每平方米不得少于 200 kg；若按规定岩粉棚长度为 20 m 以上范围计算，如果爆风将岩粉完全扬起飘浮于巷道空间，其浓度可以达到 10 kg/m^{3}左右。试验结果表明，分散系中岩粉量为 1.5～2.0 kg/m^{3}时就能阻止瓦斯爆炸，说明井下现场所设置的岩粉总量是实验室用量的 10 倍左右。这是考虑在实际生产环境中，岩粉不可能全部被吹扬起来，且吹扬起来的岩粉还存在很大的不均匀性，所以，为了确保矿井安全，有一定的富裕是完全必要的。

图 12-8 是根据图 12-7 中瓦斯浓度和岩粉混合率与混合粉尘浓度之间的关系求得的。

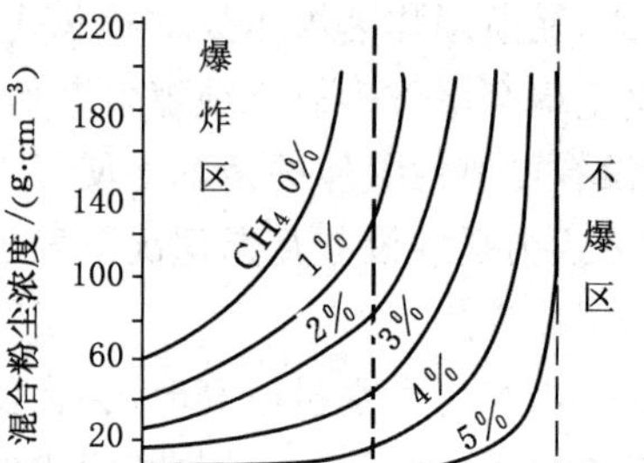

图 12-8　在各种瓦斯浓度情况下粉尘浓度和岩粉混合率之间的关系

由图 12-8 可以看出，当瓦斯混入时，为了阻止初始引燃爆炸，必须考虑更大的岩粉混合率，这是因为混入瓦斯后，分散系内活化程度增加的缘故，并且瓦斯因电火花发生燃烧，增加了点燃热源的缘故。岩粉混合率为 85.7％时，在试验中，无论浮尘浓度或点火热源的大小，已达到阻止初始引燃爆炸的岩粉极限值，但是在矿井实际条件中，存在炸药那样大的引燃源或已经发生爆炸的情况下，岩粉混合率在 86％以上时，尚且还不能够阻止传爆。

从上述可知，影响煤尘爆炸的因素很多，而且十分复杂，许多方面尚待进一步研究。

（五）煤尘爆炸性鉴定

《煤矿安全规程》规定：新建矿井的地质精查报告中，必须有所有煤层的煤尘爆炸性鉴定资料。生产矿井每延深一个新水平，应进行一次煤尘爆炸性试验工作。

煤尘爆炸性的鉴定方法有两种：一种是在大型煤尘爆炸试验巷道中进行，这种方法比较准确可靠，但工作繁重复杂，所以一般作为标准鉴定用；另一种是在实验室内使用大管状煤尘爆炸性鉴定仪进行，方法简便，目前多采用这种方法。

大管状煤尘爆炸性鉴定仪如图 12-9 所示，它的主要部件有：内径为 75～80 mm 的燃烧管 1，长为 1 400 mm 的硬质玻璃管，一端经弯管与排尘箱 8 连接，在另一端距入口 400 mm 处径向对开的两个小孔装入有铂丝加热器 2，加热器是长为 110 mm 的中空细瓷管（内径 1.5 mm，外径 3.6 mm），铂丝 11 缠在直径 0.3 mm 的管外；两端由燃烧管的小孔引出，接在变压器 T 上，铂铑热电偶 10 的两端接上铜导线构成冷接点置于冷瓶 3 中，然后连到高温计 4 以测量火源温度；铜制试料管 5 长 100 mm，内径 9.5 mm，通过导管 6 与电磁气筒 7 连接，排尘管内装有滤尘板，并和小风机 9 连接。试验的程序是：将粉碎后全部通过 75 μm 筛孔的煤样在 105 ℃温度时烘干 2 h，称量 1 g 尘样放在试料管中，接通加热器电源，调节可变电阻 R 将加热器的温度升至（1 100±5）℃，按压电磁气筒开关 K_2，煤尘试样呈雾状喷入燃烧管，同时观察大管内煤尘燃烧状态，最后开动小风机排除烟尘。

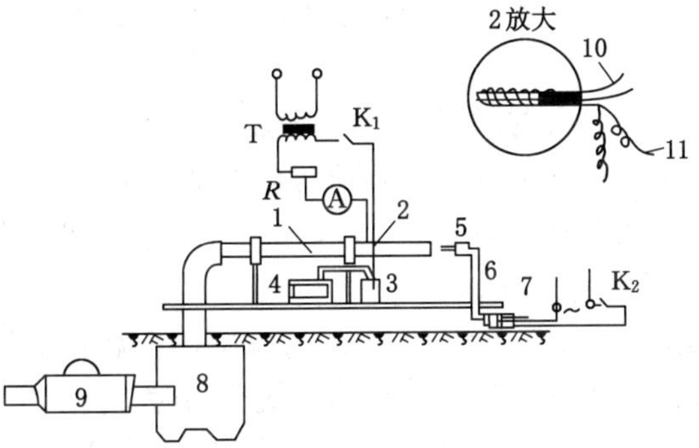

1—燃烧管；2—铂丝加热器；3—冷瓶；4—高温计；5—试料管；6—导管；
7—电磁气筒；8—排尘箱；9—小风机；10—铂铑热电偶；11—铂丝。

图 12-9 大管状煤尘爆炸性鉴定仪示意图

煤尘通过燃烧管内的加热器时，可能出现下列现象：① 只出现稀少的火星或根本没有火星；② 火焰向加热器两侧以连续或不连续的形式在尘雾中缓慢地蔓延；③ 火焰极快地蔓延，甚至冲出燃烧管外，有时还会听到爆炸声。这三种现象分别表明所试验煤尘依次定为无爆炸危险性、有爆炸危险性和有强爆炸危险性。

同一试样应重复进行 5 次试验，其中只要有一次出现燃烧火焰，就定为爆炸危险煤尘。在 5 次试验中都没有出现火焰或只出现稀少火星，必须重做 5 次试验，如果仍然如此，定为无爆炸危险煤尘，在重做的试验中，只要有一次出现燃烧火焰，仍应定为爆炸危险煤尘。

对有爆炸危险的煤尘，还可进行预防煤尘爆炸所需岩粉量的测定。具体做法是将岩粉按比例和煤尘均匀混合，用上述方法测定它的爆炸性，直到混合粉尘由出现火焰刚转入不再出现火焰，此时的岩粉比例，即为最低岩粉用量的百分比。

关于煤尘爆炸的详细鉴定方法与过程可参见《煤尘爆炸性鉴定规范》(AQ 1045—2007)。矿井中只要有一个煤层的煤尘有爆炸危险性，该矿井就应定为有煤尘爆炸危险的矿井。据统计，我国绝大多数煤矿的煤尘具有爆炸危险性。国有重点煤矿中，87.37%的煤矿的煤尘具有爆炸危险性，其中约60%具有强爆炸危险性。45家重点监控企业中，86.05%的煤矿有煤尘爆炸危险。《煤矿安全规程》明确规定，开采有煤尘爆炸危险煤层的矿井，必须有预防和隔绝煤尘爆炸的措施。

二、预防煤尘爆炸的措施

对于开采有煤尘爆炸危险煤层的矿井，防止煤尘爆炸的关键是消灭飞扬状态的高浓度煤尘，使煤尘爆炸的三个必要条件在井下作业场所和行人巷道中不同时存在。防止煤尘爆炸的措施，从防治原理上讲，可归结为防止悬浮煤尘爆炸的措施、防止沉积煤尘重新飞扬参与爆炸的措施和防止产生引爆火源的措施。

(一) 消灭煤尘飞扬

发生煤尘爆炸，必须要存在高浓度煤尘云，消灭了呈飞扬状态的可爆性煤尘云，就消灭了煤尘爆炸的一个重要产生条件。所以说，只要积极实施综合防尘技术措施，将悬浮煤尘的浓度控制在其爆炸下限以下，就完全可以避免煤尘爆炸事故的发生。

(二) 消除积尘隐患

防止井下产尘作业场所和巷道中堆积煤尘参与爆炸主要有以下几种措施。

1. 清扫和冲洗

及时清除巷道中的浮煤，用清扫器具和水枪清除积聚在巷道周边上的沉积煤尘是防止积尘再次飞扬的基本方法。这在地方煤矿和消防尘管网系统不健全的统配煤矿中应用较广泛。清扫车有干式和湿式两种，清扫能力约为50 kg/min。国外多使用压气驱动的清扫车清扫煤尘，我国手工干式清扫积尘居多。

对于积尘严重的巷道，特别是北方煤矿严寒季节，由于无采暖设备或采暖能力不足，使得巷道中的积尘不能采用湿式方法处理而采用干式清扫时，应格外小心。为安全可靠起见，清扫前要对积尘进行采样分析，弄清积尘可爆性指标后，再制定停电停风或操作注意事项等具体的安全措施。一般情况下，正常通风时应从进风侧由外往里清扫；反风时则相反；停风处理瓦斯区域巷道内的积尘时，应尽量采用湿式清扫法。避免清扫器械与金属支护或坚硬岩石发生冲击碰撞而产生火花，造成事故。另外，清扫时尽量勿使飞扬煤尘蔓延，清扫后要及时将煤尘全部运出。

用压力水冲洗积尘是防尘基础好的矿井常用的简单而有效的方法。冲洗积尘可选择软管冲洗和水车冲洗等方法。采用软管冲洗积尘时，应注意巷道顶、帮支护情况，对已损坏支护必须及时处理，伪顶必须剥去。冲洗时应保证每平方米巷道冲洗水量不小于2 L。另外，井下所有管路每百米必须预留连接洒水管的三通，以方便洒水冲洗软管就近连接。

《煤矿井下粉尘综合防治技术规范》(AQ 1020—2006)(以下简称《规范》)规定，距离工作面20 m范围内的巷道，每班必须至少冲洗一次；20 m以外的巷道每旬至少冲洗一次，并及时清除堆积浮煤。

2. 撒布岩粉

撒布岩粉是指定期在井下某些巷道中撒布惰性岩粉，增加沉积煤尘的灰分，既可防止煤尘爆炸，又能抑制煤尘爆炸的传播。在开采有煤尘爆炸危险的矿井中，应该撒布岩粉的地点有：采掘工作面的运输巷和回风巷；煤尘经常积聚的地点；有煤尘爆炸危险煤层和无煤尘爆炸危险煤层同时开采时，连接这两类煤层的巷道。

《规范》规定，即使巷道内设置了隔爆棚，也应该按下列规定撒布岩粉：

(1) 巷道内所有表面，包括顶、帮、底以及背板后暴露处都应用岩粉覆盖。

(2) 巷道内煤尘和岩粉的混合粉尘中不燃物质组分不得低于 60%，如果巷道中含有 0.5%以上的甲烷，则混合粉尘中不燃物质组分不得低于 90%。

(3) 撒布岩粉巷道长度不得小于 300 m，如果巷道长度低于 300 m，全部巷道都应撒布岩粉。

(4) 岩粉撒布周期按下式计算：

$$T = \frac{W}{P} \tag{12-18}$$

式中 T——岩粉撒布周期，d；

W——煤尘爆炸下限浓度，g/m^3；

P——煤尘的沉降速度，$g/(m^3 \cdot d)$。

(5) 岩粉(包括岩粉棚)质量，应符合以下规定：

① 可燃物含量不超过 5%，游离 SiO_2 含量不超过 10%。

② 不含有任何有害或有毒的混合物(如磷、砷等)。

③ 岩粉粒度必须全部通过 50 目筛(小于 0.3 mm)，其中 70%以上通过 200 目筛(小于 0.075 mm)，一般采用石灰石岩粉。

(6) 撒布岩粉的巷道，应遵守下列规定定期进行检查：

① 在距离采、掘工作面 300 m 以内的巷道每月取样一次，300 m 以外的巷道每两个月取样一次。

② 每隔 300 m 为一个采样段，每段内设 5 个采样带，带间约 50 m。每个采样带在巷道两帮顶底板周边采样，取样宽度 0.2 m。

③ 将每个取样带内的全部粉尘分别收集起来，除去大于 1 mm 粒径的粉尘。

④ 如不燃组分低于规定值，则该巷道应重新撒布岩粉。

巷壁刷浆白化有利于巷道附着煤尘的及时发现和及早处理。刷浆所用灰浆为生石灰与水按 1∶15(体积比)配制，或以水泥、石灰和水按体积 1∶2∶10 配制。石灰倒入水中搅拌均匀后应将粒径大于 0.8 mm 的石灰残渣滤除，倒入盛浆密封容器或消尘洒水喷浆车，然后依靠气压或泵压进行喷洒白化。喷浆应保证浆膜均匀，用浆量可按浆厚 0.2 mm 或每平方米 0.8 L 计算。原始的刷浆方法是用灰刷子或扫帚刷浆。目前常用消尘车或喷浆机喷浆。

国外在处理积尘隐患方面广泛采用了黏结液喷洒覆盖法。此法很简单，即把含有表面活性物质的湿润剂和吸水盐的水溶液及废机油等喷洒在巷道的周边上，将已沉积的和后来不断沉积的煤尘黏住。喷洒液还可以再加入一定含量的增稠剂，使黏结液成为半流体，以提高黏结时间和黏尘效果。

但应该注意的是，喷洒黏结液并不是一劳永逸的。随着积尘的不断覆盖加厚，喷洒也需重复进行。当达到一定厚度时，就需要进行清除处理，特别是积尘太厚的巷道，此法防爆并不十分可靠，必须综合治理。

（三）消灭引爆火源

（1）消除井下明火

明火作业是井下安全生产的最大隐患。要消除井下一切引爆火源，首先就要严格执行《煤矿安全规程》关于消除明火的规定。井口要建立入井检查制度，禁止携带烟草及点火工具下井；井口房和通风机房附近 20 m 内禁止烟火和炉火取暖；井下禁止使用电炉和大灯泡取暖，井下和井口房内不准从事电焊、气焊和喷灯焊接等工作；在井下发现煤层自燃时应立即采取一切可能的方法直接扑灭。

（2）防止瓦斯引燃

预防并及时处理瓦斯超限积聚，防止瓦斯燃烧引起煤尘爆炸，也是消除煤尘引爆火源的一个重要方面。防止瓦斯超限和积聚，主要是要保证矿井总入风量充足，实现分区通风、合理配风。禁止采用不合理的串联通风、采空区通风和扩散通风。要加强通风管理，提高通风设施的质量，减少内部和外部漏风，以保证各个作业地点风量适宜。在瓦斯管理上，要完善监测手段。禁止微风或无风作业，巷道中不得有积聚瓦斯的空洞和独头盲巷。贯穿巷道或贯通老窑时都必须严格检查瓦斯，不得有超限积聚现象。

（3）消除爆破火焰

爆破喷出火焰或残燃物飞散，是引起煤尘爆炸的又一个重要原因，因此要加强对火药和爆破的管理。火药要定期试验，失效的必须妥善处理。爆破必须使用煤矿安全炸药和瞬发雷管。装药时必须清除炮眼内的煤粉，装药后炮眼必须充填水炮泥和黄泥。爆破前应检查瓦斯。严禁放明炮、放糊炮和动力线爆破。

（4）消除电气失爆

井下使用的所有电气设备，包括照明设备都必须采用隔爆型设备。一切电气防爆设备、装置中任一零件失爆时，都不能继续使用。井下电气设备不准带电检修或迁移。电缆悬挂应符合防爆规定。井下供电必须严格执行《煤矿安全规程》的有关规定。

（5）消灭其他火源

斜巷运输应有防止跑车的保险装置，以防发生跑车事故时摩擦起火。对高瓦斯区域和高瓦斯工作面还应有防止金属支柱或轨道碰撞产生火花的技术措施。

三、隔绝煤尘爆炸传播的措施

防治煤尘爆炸危害，除采取防爆措施外，还应采取降低爆炸威力、隔绝爆炸传播的措施。

隔绝煤尘爆炸传播，就是把已经发生的爆炸限制在一定的范围内，不让爆炸火焰继续蔓延，避免爆炸范围扩大。根据各国试验巷道模拟试验结果和我国部分矿井的实践证明，比较有效的隔爆措施主要有岩粉棚、水棚、水幕及吊挂水袋等几种，最常用的是岩粉棚和水棚。其作用原理是利用高浓度弥漫飞扬状态的惰性岩粉或密集水雾的吸热、降温和阻燃作用，隔绝爆炸火焰的传播，控制灾变破坏范围，把爆炸区域限制在最小的范围之内。

（一）设置水棚

《煤矿安全规程》明确规定，矿井的两翼、相邻的采区、相邻的煤层、相邻的采煤工作面间，煤层掘进巷道同与其相连的巷道间，煤仓同与其相连通的巷道间，采用独立通风并有煤尘爆炸危险的其他地点同与其相连通的巷道间，必须用水棚或岩粉棚隔开。

1. 水棚的设置

水棚包括水槽棚和水袋棚两种，其设置应符合以下基本要求：

(1) 主要隔爆棚应采用水槽棚，水袋棚宜作为辅助隔爆棚。

(2) 水棚分为主要隔爆棚和辅助隔爆棚，各自的设置地点如前所述，按布置方式又分为集中式和分散式，其中分散式只能作为辅助水棚。

(3) 集中式水棚的用水量按巷道断面积计算，主要水棚不小于 400 L/m^2，辅助水棚不小于 200 L/m^2；分散式水棚的用水量按棚区所占巷道的空间体积计算，不小于 1.2 L/m^3。

(4) 应设置在直线段巷道内，水棚与巷道交叉口、转弯处的距离必须保持 50～70 m，与风门的距离应大于 25 m。

(5) 第一排集中式水棚与工作面的距离必须保持 60～200 m，第一排分散式水棚与工作面的距离必须保持 30～60 m；在应设辅助隔爆棚的巷道应设多组水棚，每组距离不大于 200 m。

2. 水棚的安装

(1) 水槽棚的安装方式：既可采用吊挂式或上托式，也可采用混合式。

(2) 水袋棚的安装原则：当其受爆炸冲击力时，水袋中的水容易泼出。

(3) 水槽(袋)的布置还必须符合下列规定：

① 断面 $S \leqslant 10\ m^2$ 时，

$$nB/L \times 100\% \geqslant 35\% \tag{12-19}$$

② 断面 $10\ m^2 < S < 12\ m^2$ 时，

$$nB/L \times 100\% \geqslant 60\% \tag{12-20}$$

③ 断面 $S \geqslant 12\ m^2$ 时，

$$nB/L \times 100\% \geqslant 65\% \tag{12-21}$$

式中 n——排棚上的水槽(袋)个数；

B——水槽迎风断面宽度，m；

L——水棚所在水平巷道的宽度，m。

(4) 水槽(袋)之间的间隙与水槽(袋)同支架或巷道壁之间的间隙之和不大于 1.5 m，特殊情况下不超过 1.8 m，两个水槽(袋)之间的间隙不得大于 1.2 m。

(5) 槽(袋)边与巷道壁、支架、顶板、构筑物架之间的距离不得小于 0.1 m，水槽(袋)底部至顶梁(顶板)的距离不得大于 1.6 m，如果大于 1.6 m，则必须在该水槽(袋)的上方增设一个水槽(袋)。

(6) 水槽距巷道轨面不应小于 1.8 m，水棚应保持同一高度，需要挑顶时，水棚区内的巷道断面应与其前后各 20 m 长的巷道断面一致。

(7) 当水袋采用易脱钩的布置方式时，挂钩位置要对正，每对挂钩的方向要相向布置(钩尖与钩尖相对)，挂钩为直径 4～8 mm 的圆钢，挂钩角度为 60°±5°，弯钩长度为 25 mm。

3. 水棚的管理

要经常保持水槽(袋)的完好和规定的水量；每半个月要检查一次。

(二) 设置岩粉棚

岩粉棚结构如图 12-10 所示，它是由安装在巷道中靠近顶板处的若干块岩粉台板组成的，台板的间距稍大于板宽，每块台板上放置一定量的惰性岩粉，当发生煤尘爆炸事故时，火焰前的冲击波将台板震倒，岩粉即弥漫于巷道中，火焰到达时，岩粉从燃烧的煤尘中吸收热量，使火焰传播速度迅速下降，直至熄灭。岩粉棚分为轻型和重型两类，前者用作主要岩粉棚，后者用作辅助岩粉棚。

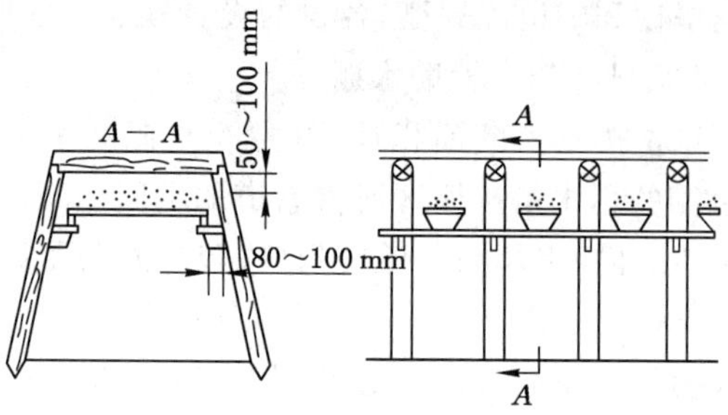

图 12-10　岩粉棚

岩粉棚的设置应遵守以下规定：

① 岩粉棚的岩粉用量按巷道断面积计算，主要岩粉棚为 400 kg/m^2，辅助岩粉棚为 200 kg/m^2；

② 岩粉棚的宽度为 100～150 mm；岩粉棚的长度：重型棚 350～500 mm，轻型棚为不大于 350 mm；

③ 堆积岩粉的板与两侧支柱(或两帮)之间的间隙不得小于 50 mm；

④ 岩粉板面与顶梁(或顶板)之间的距离为 250～300 mm，使堆积岩粉的顶部距顶梁(或顶板)不小于 100 mm；

⑤ 岩粉棚的排间距：重型棚为 1.2～3.0 m，轻型棚为 1.0～2.0 m；

⑥ 岩粉棚与工作面之间的距离，必须保持在 60～300 m 之间，岩粉棚不得用铁钉和铁丝固定；

⑦ 岩粉棚上的岩粉每月至少检查一次，如果发现岩粉受到潮湿、变硬，则应立即更换，如果岩粉量减少，则应立即补充，如果在岩粉表面沉积有煤尘则应加以清除。

此外，《煤矿安全规程》第一百八十七条第二款明确规定：矿井应当每周至少检查 1 次隔爆设施的安装地点、数量、水量或岩粉量及安装质量是否符合要求。

一般而言，与岩粉棚相比，水棚具有以下优点：水的比热容比岩粉的约高 5 倍，因而吸热量大、隔爆效果好；水在接触高温火焰时形成的水蒸气，更有利于扑灭火焰；在冲击波的作用下，水飞洒的时间比岩粉的更短；水的供给比岩粉更加方便，可长期使用不必更换，而岩粉必须经过加工和定期更换。因此，近年来，水棚已逐步取代岩粉棚，我国已将水棚作为隔爆的主要形式。

(三) 设置自(主)动隔爆装置

自动隔爆棚是利用各种传感器，将瞬间测量的煤尘爆炸时的各种物理参量迅速转换成电信号，指令机构的演算器根据这些信号准确计算出火焰传播速度后选择恰当时机发出动作信号，让抑制装置强制喷洒出固体或液体等消火剂，从而可靠地扑灭爆炸火焰，阻止煤尘爆炸蔓延。目前，许多国家正在研究自动隔爆装置，并在一定范围内进行了试验应用。《规范》规定：在煤及半煤岩掘进巷道中，可采用自动隔爆装置，根据所选用的自动隔爆装置的性能进行布置与安装。随着科技的不断进步，在未来的煤矿煤尘(或瓦斯煤尘)爆炸的防治技术体系中，自动抑爆装置将占据重要地位。

第五节 综合防尘技术

国内外矿井防尘实践证明，欲将空气中的矿尘浓度降到国家卫生标准以下，必须采取综合防尘措施，即从矿井采、掘、机、运、通五大系统，到各系统的各个生产工序、环节都必须采取综合性防治矿尘的有效措施。这种措施不是单纯的某一项或某两项，也不是带有任何工序性空白环节的间隔性防尘措施，而是在任一产尘工序、任一产尘地点都必须采取一项或几项行之有效的防尘措施，或者以某一项措施为主、某几项为辅，实现多种措施并举，真正控制直至消除粉尘职业危害，杜绝煤尘爆炸事故。

根据我国煤矿现阶段的防尘技术条件和装备，矿井综合防尘措施大致可归纳为五大类，即减尘、降尘、排尘、除尘和阻尘（个体防护），也可称之为综合防尘的五大环节。

（1）减尘措施

减尘就是减少和抑制尘源，是防尘工作的治本性措施。它包括两个方面：一是减少各产尘工序的产尘总量和产尘强度，从产尘数量上把关；二是减少对人体危害性最大的呼吸性粉尘所占的比例，在降尘质量上设防。例如，煤层注水或注入化学试剂、上分层采空区灌水注浆、湿式凿岩和水煤电钻打眼、水封爆破和充填水泡泥、改进截齿和钻具、减少炮眼数量、寻求采煤机最佳截割参数等都属于减尘措施。减尘措施是实现矿尘浓度达标的根本途径，在矿井综合防尘实践中应优先考虑采用。

（2）降尘措施

降尘是使浮尘尽早沉降，以降低浮尘浓度的防治性措施。现阶段煤矿主要是利用喷雾洒水、喷洒泡沫和其他方法（如湿润剂降尘）加速矿尘的沉降。

（3）除尘措施

除尘（也称捕尘）是一项利用除尘设备将空气中的浮尘聚集起来处理的聚歼性措施。主要是采用吸尘器和捕尘器，利用扩散、碰撞、直接拦截、重力、离心力等原理使粉尘与空气分离，以降低空气中的浮游粉尘浓度；或者利用湿式除尘器将粉尘捕捉、收集、沉淀排出。

（4）排尘措施

排尘是指以加强通风为手段，利用新鲜风流稀释、排除采用前述粉尘措施未能沉降的那部分浮尘。

（5）个体防护措施

个体防护是指通过佩戴各种防护工具以减少矿尘吸入量的一项补救性措施。它是防止尘害的最后一道防线。

一、煤层注水

煤层注水能大幅度减少采煤工作面粉尘产生量，是国内外广泛采用的最积极、最有效的防尘措施。因此，《煤矿安全规程》第六百四十五条规定“井工煤矿采煤工作面应当采取煤层注水防尘措施”。

自 1890 年在德国萨尔煤田进行试验以来，煤层注水防尘技术逐步引起了各国的重视。我国煤矿最早于 1956 年在本溪彩屯煤矿进行了煤层注水试验。目前我国煤矿的注水装备、工艺逐步得到完善，注水技术取得长足进步。

（一）煤层注水的实质

煤层注水是采煤工作面最重要的防尘措施之一，它是在采煤之前预先在煤层中打若干钻孔，通过钻孔向煤体注入压力水，使其渗入煤体内部，增加煤的水分，从而减少煤层开采过程中的煤尘产生量。煤层注水的减尘作用表现在以下三个方面：

(1) 煤体内的裂隙中存在着原生煤尘，水浸入后，可将原生煤尘湿润并黏结，使其在破碎时失去飞扬能力，从而有效地消除这一尘源。

(2) 水浸入煤体各级孔、裂隙，甚至 1 μm 以下的微孔隙中也充满了毛细作用渗入的水，使煤体均匀湿润。当煤体在开采中受到破碎时，绝大多数破碎面均有水存在，从而抑制了煤尘的产生。

(3) 水浸入煤体后使其塑性增强，脆性减弱，改变了煤的物理力学性质，当煤体因开采而破碎时，脆性破碎变为塑性变形，因而减少了煤尘的产生量。

采煤工作面产量占全矿井煤炭总产量的 90%，注水后的煤层，在采煤及整个生产流程中都具有连续的防尘作用，而其他防尘措施则大多为局部的。实践证明，煤炭浸润的水分增值达 1%时，可使开采时的降尘率达到 50%以上。因此，煤层注水对减少煤尘产生、防止煤尘爆炸具有重要意义。

（二）影响煤层注水效果的因素

1. 煤的裂隙和孔隙的发育程度

对于不同成因及煤岩种类的煤层来说，其裂隙和孔隙的发育程度不同，注水效果差异也较大。煤体的裂隙越发育则越易注水，可采用低压注水（在煤层注水工艺中，根据注水压力的高低，习惯上分为低压注水、中压注水和高压注水，其中低压为小于 2.5～3.0 MPa，中压为 3.0～15.0 MPa，高压为大于 10.0～15.0 MPa），否则需采用高压注水才能取得预期效果，但是当出现一些较大的裂隙（如断层、破裂面等），注水易散失于远处或煤体之外，达不到预湿煤体的目的。

衡量煤的孔隙发育程度，一般采用孔隙率 K 来表示，煤的孔隙率为孔隙的总体积与煤的总体积的比率。按下式计算：

$$K = \frac{V_a - V_d}{V_a} \times 100\% = \left(1 - \frac{V_d}{V_a}\right) \times 100\% \tag{12-22}$$

式中 V_a——煤的总体积（包括孔隙体积），mL；

V_d——煤的实际体积，mL。

$$V_d = \frac{M}{d} \tag{12-23}$$

式中 d——煤的真相对密度，g/mL；

M——煤的质量，g。

根据实测资料，当煤层的孔隙率小于 4%时，煤层的透水性较差，注水无明显效果，孔隙率 4%这一数值，可作为煤层能否注水的下限值；孔隙率为 5%～14%时，煤层能注水，且有较好的湿润效果；孔隙率为 15%时煤层的透水性最高，注水效果最佳；而当孔隙率达 40%时，煤层成为多孔均质体，天然水分丰富则无需注水，此情形多见于褐煤的煤层。

2. 上覆岩层压力及支承压力

地压的集中程度与煤层的埋藏深度有关，煤层埋藏越深则地层压力越大，而裂隙和孔隙变得更小，导致透水性能降低，因而随着矿井开采深度的增加，要取得良好的煤体湿润效果，需要提高注水压力。在长壁工作面的超前集中应力带以及其他大面积采空区附近的集中应力带，因承受压力增高，其煤体的孔隙率与受采动影响的煤体相比，要小 60%～70%，减弱了煤的透水性。

3. 液体性质的影响

煤是极性小的物质，水是极性大的物质，两者之间极性差越小，越易湿润。为了降低水的表面张力，减小水的极性，提高对煤的湿润效果，可以在水中添加表面活性剂。阳泉一矿在注水时加入 0.5%浓度的洗衣粉，注水速度比原来提高 24%。

4. 煤层内的瓦斯压力

煤层内的瓦斯压力是注水的附加阻力。水压克服瓦斯压力后才是注水的有效压力，所以在瓦斯压力大的煤层中注水时，往往要提高注水压力，以保证湿润效果。

5. 注水参数的影响

煤层注水参数是指注水压力、注水速度、注水量和注水时间。注水量或煤的水分增量是煤层注水效果的标志，也是决定煤层注水减尘率高低的重要因素，如图 12-11 和图 12-12 所示。通常，注水量或煤的水分增量变化在 50%～80%之间，注水量和煤的水分增量都与煤层的渗透性、注水压力、注水速度以及注水时间有关。

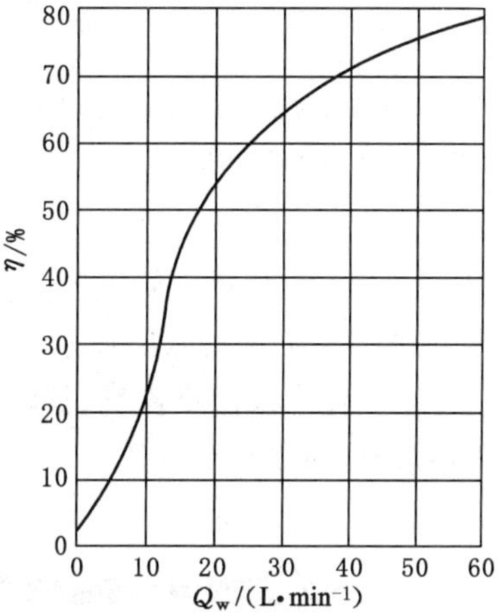

图 12-11　减尘率(η)与注水量(Q_w)的关系

(三) 煤层注水方式及选择

1. 煤层注水方式

注水方式是指注水钻孔的位置、长度和方向等。按国内外注水状况，有以下 4 种注水方式：

(1) 短孔注水。即在采煤工作面垂直煤壁或与煤壁斜交打钻孔注水，孔长为工作面一个循环的长度，一般为 2 m 左右，采用低压注水，如图 12-13 中的 a 所示。

(2) 深孔注水。即在采煤工作面垂直煤壁打钻孔，注水孔长度一般为 5～25 m，如图 12-13 中的 b 所示。

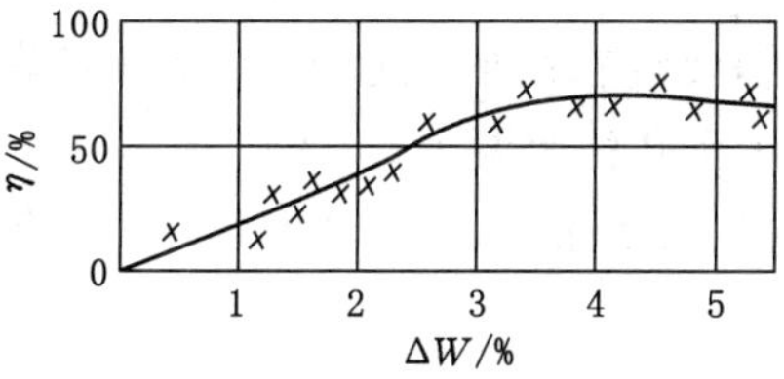

图 12-12　减尘率(η)与煤水分增量(ΔW)的关系

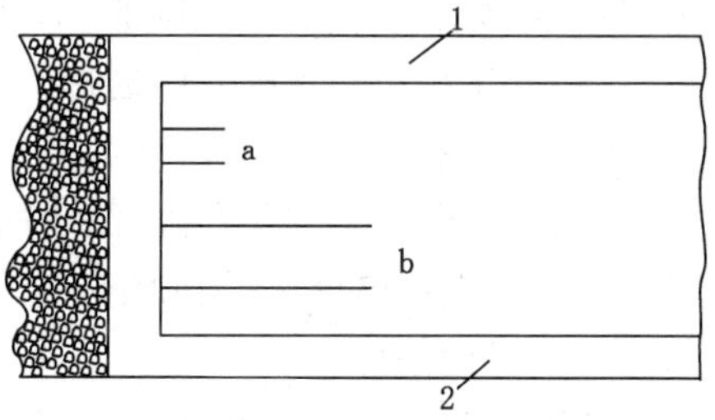

a—短孔；b—深孔；

1—回风巷；2—运输巷。

图 12-13　短孔、深孔注水方式示意图

(3) 长孔注水。即从采煤工作面的运输巷或回风巷，沿煤层倾斜方向平行于工作面打上向孔或下向孔注水(图 12-14)，孔长 30～100 m；当工作面长度超过 120 m 而单向孔达不到设计深度或煤层倾角有变化时，可采用上向、下向钻孔联合布置钻孔注水(图 12-15)。

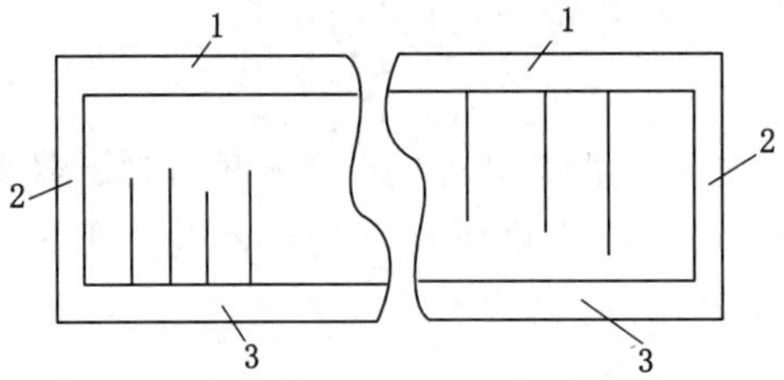

(a) 上向孔　(b) 下向孔

1—回风巷；2—开切眼；3—运输巷。

图 12-14　单向长钻孔注水方式示意图

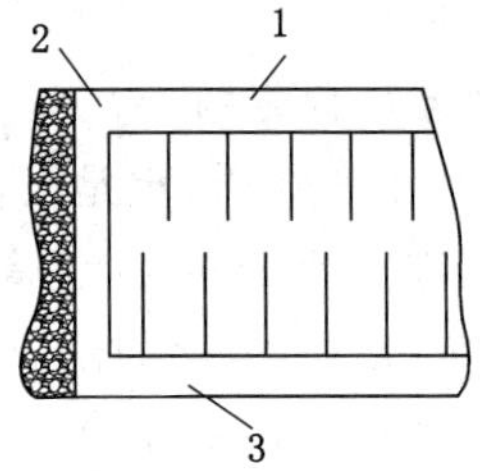

1—回风巷；2—工作面；3—运输巷。

图 12-15　双向长钻孔注水方式示意图

(4) 巷道钻孔注水。即由上邻近煤层的巷道向下煤层打钻注水或由底板巷道向煤层打钻注水，如图 12-16 中(a)(b)所示。在一个钻场可打多个垂直于煤层或扇形布置方式的钻孔。巷道钻孔注水采用小流量、长时间的注水方法，湿润效果良好；但打岩石钻孔不经济，而且受条件限制，所以极少采用。

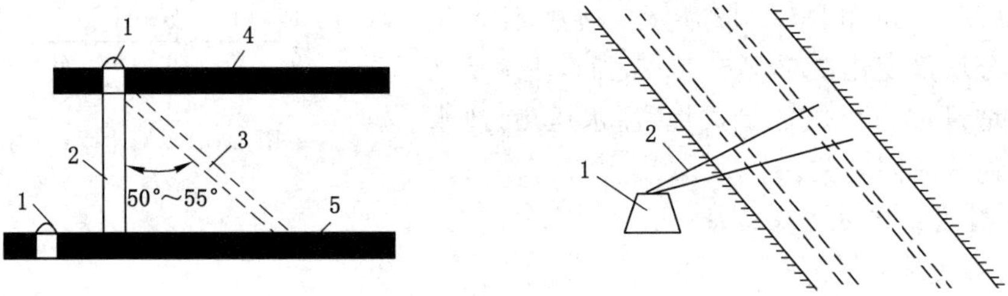

(a)　(b)

1—巷道；2，3—钻孔；4—上煤层；5—下煤层。

图 12-16　巷道钻孔注水法示意图

2. 煤层注水方式的选择

选择注水方式，首先要考虑岩石压力的影响。长壁工作面采场受地压作用，在工作面前方形成卸压带、集中应力带和常压带。短孔注水是在卸压带中进行，深孔注水是在集中应力带中进行，长孔注水是在常压带中进行。卸压带煤体次生裂隙发育，透水性强，注水压力要求较低；集中应力带裂隙不发育，孔隙率低，透水性弱，要求较高的注水压力；常压带煤体未受采动影响，只有原生裂隙和孔隙，注水压力一般低于深孔注水要求。

其次要考虑煤层厚度、煤层倾角、有无断层、围岩性质及采煤工艺、作业组织方式等。三种注水方式的适用条件如下。

(1) 短孔注水

对于煤层赋存不稳定，地质构造复杂，煤层薄(＜0.7 m)、产量较低的采煤工作面或者顶、底板岩性易吸水膨胀而影响顶板管理的工作面，采用短孔注水较为合理。由于短孔注水压力低，所以其工艺装备简单，具有较大的适应性和灵活性。它的缺点是钻孔数量多、湿润范围小、钻孔长度短、易跑水，且注水必须在准备班进行，容易与回采作业发生矛盾，对生产能力高的工作面不适用，加上注水效果不如深孔和长孔注水，所以正规工作面已很少采用。

（2）深孔注水

由于钻孔较长，要求煤层赋存稳定。它具有适用于各种工作面顶、底板吸水膨胀等特点。与短孔注水相比，其钻孔数量少，湿润范围大且均匀，国外采用较多。但它对注水压力要求较高，注水工艺装备较复杂，而且采用这种方式的前提是采煤循环中要有准备班或每周有双休日，以便在此期间进行注水工作。

（3）长孔注水

能湿润较大区域的煤体，注水时间长，煤体湿润均匀，采煤与注水互不干扰，注水施工比较集中，易于管理，为实现全矿井注水施工专业化创造了条件，便于普遍推广和长期坚持，所以被各国广泛采用。缺点是打长钻孔的难度大，定向打钻困难，对地质条件的适应性差，故在厚度及倾角变化很大、断层褶曲较多的煤层中不宜采用。长孔注水是一种先进的注水方式，选择时应优先考虑，特别是开采强度大（如综采、综放开采时）和地质条件较好的中厚及厚煤层更宜采用这种注水方式。

合理的注水方法应使注水工艺尽可能简单、使用设备人力尽可能减少、湿润效果要达到预期目的，而且还必须考虑在本矿有条件地长期推广使用。我国矿井目前大多数采用低压或中压长钻孔注水湿润煤层，一般都能取得预期效果。

我国部分矿井的煤层长孔注水参数如表 12-14 所列。

表 12-14 我国部分矿井煤层长孔注水参数

地 区	加压方式	钻孔长度/m	钻孔间距/m	封孔深度/m	注水压力/MPa	钻孔有效流量/[L·(h·m)$^{-1}$]	注水时间/h	吨煤注水量/(L·t^{-1})	钻孔注量/m^3
石炭井各矿	静压	25～90	10～15	3～5	0.3～1.2	6～27	360～960	9～20	30～80
抚顺龙凤矿	静压	16～130		3～5	1～2	2.0～15.7	144～300	20～40	20～340
同家梁矿	静压	60～90	12～15	4	0.2～1.0			17～40	59～286
煤峪口矿	静压	100～130	15～20	3	0.8～1.0			15～25	
汾西水峪矿	静压	30～50	25	3～5	0.5～0.8	38	192	15～47	
西山白家庄矿	静压	80～100	15	2.5	0.8～1.2	4～5	240	20～30	96
井陉三矿	静压	45～62	10～15	5～7	0.1～2.0	1～10	144～600		10.7～20.0
本溪彩屯矿	动压	37～50	8	2.5	0.6～1.1	2.1～20.5	14～120	14～23	4.7～22.0
阳泉二矿	动压	40～66	3～7	8	0.6～1.7	14.9～35.4	12～25		24.5～42.6
轩岗六亩地矿	动压	50～60	15	3～4	1.5～2.5			12～16	
枣庄陶庄矿	动压	80	10	5～6	6～8	13.3～20.0	48～72		30～40
新汶孙村矿	动压	36～84	15～20	6～9	5～12	12.0～16.6			30～45
北京门头沟矿	动压	17～45	25	10	7.5～11.0	87～243	61～161		102～233

表 12-14(续)

地　区	加压方式	钻孔长度/m	钻孔间距/m	封孔深度/m	注水压力/MPa	钻孔有效流量/[L·(h·m)$^{-1}$]	注水时间/h	吨煤注水量/(L·t^{-1})	钻孔注量/m^3
松藻煤矿	动压	28～42	40	9～16	4.7～3.5	43～90	16～32		20～66
抚顺胜利矿	动压	19～76	11～30	7	5～10	22～79	41～216		51～49
石炭井各矿	动压	25～90	10～15	3～5	0.7～1.2	20～52	72～192		30～80
中梁山南井	动压	30～55	20	2.5～3.5	4.0～7.5	7.8～20.3	5～48		4.8～23
徐州韩桥矿	动压	15～30	15～30	4～6	6～12	25～50	15～20	20～70	10～25

(四) 煤层注水效果及其考察方法

1. 煤层注水效果

(1) 降尘效果

煤层注水的降尘效果表现为采煤时空气含尘量的降低，可按下式计算降尘率 η：

$$\eta = [(C_2 - C_1) - (C'_2 - C'_1)]/(C_2 - C_1) \times 100\% \tag{12-24}$$

式中　C_2, C_1——开采未注水煤层时，尘源下风侧及上风侧风流中的矿尘浓度，mg/m^3；

C'_2, C'_1——煤层注水后，开采时尘源下风侧及上风侧风流中的矿尘浓度，mg/m^3。

煤层注水降尘效果与注水状况有直接关系。从我国一些矿井采用各种注水方式的降尘率情况来看，短钻孔注水为 40%～90%、长钻孔注水为 60%～90%。国外还对注水降低呼吸性粉尘的作用做了考察：美国用计数法测定 5 μm 以下的煤尘，结果是降低了 50%～70%；法国在渗水性强的煤层中测定 5 μm 以下的煤尘，降尘率为 73%，在中等透水性的煤层中，降尘率为 47%；而苏联的测定结果是 3 μm 以下的煤尘量并未明显降低。

(2) 其他效果

① 能抑制瓦斯涌出、降低工作面和回风流的瓦斯浓度；

② 能使工作面的气温降低 1～3 ℃；

③ 能降低煤的硬度，易于开采，可提高生产效率；

④ 可降低炸药、雷管和采煤机截齿的消耗，降低采煤机的采煤功率；

⑤ 能缓和冲击矿压；

⑥ 煤层受到充分湿润时能一定程度上预防煤与瓦斯突出。

2. 煤层湿润效果的考察

煤层注水降尘效果取决于煤体湿润程度，即含水量的多少。一般认为，煤体水分增加 1%才有较高的降尘效果。因此，首先要在注水后考察煤层的水分增加值。应以注水钻孔为中心、以周围煤体的水分增加 1%为界限确定湿润半径，湿润半径以内的区域称为煤层注水的有效湿润范围。其次，煤层注水的效果好坏与水在煤层中的分布是否均匀有关。考察表明：煤层注水后，一般在煤层厚度方向，靠近底板的水分较大；而沿煤层倾斜方向，不论下向和上向钻孔注水，都是下部水分较上部水分大。

煤层湿润效果的具体考察方法，有直接观察法、分析法和专门仪器测定法三种。

(1) 直接观察法。根据煤壁或煤帮渗水(出汗)状况简单判断注水湿润范围。

(2) 分析法。从煤壁或煤帮上采取煤样进行全水分分析，由注水前、后的水分变化确定湿润范围和湿润程度。采集煤样有以下几种方法。

① 刻槽法。在工作面煤壁沿注水孔长度，选择 3 个采样点，在每个采样点垂直煤层层理方向从顶板到底板刻一宽 109 mm、深 50 mm 的槽。

刻槽刻下来的煤即为所采煤样。将落在防水布上的采下煤样适当粉碎和缩分后，装瓶密封送去化验分析。采样应在新鲜煤壁上进行，以免水分蒸发影响分析结果。若工作面每推进一段距离采样一次，还可考察煤体水分与钻孔距离的关系。

该方法能测出煤层全厚的平均湿润程度，而不能测出沿煤层厚度的水分分布。其缺点是采样麻烦、工作量大，煤硬时采样极为困难，特别是破碎缩分时需要的时间很长，煤样的水分损失较大，影响实测的准确性。

② 挖坑法。采用长孔注水时，在采煤工作面煤壁沿钻孔长度，适当选取 3 个采样点，每个采样点沿煤层厚度等分出 3 条(薄煤层 2 条)采样线，在采样线上用手镐挖坑采样。

该方法能测出水分沿煤层厚度的分布情况，特别是采样简单、工作量小、水分损失小，更有利于硬煤煤层的采样；缺点是水分分析的工作量较大。

③ 钻孔法。这种方法的采样点布置与挖坑法完全相同，只是将手镐挖坑改成电钻打孔。取样深度控制在 20～50 cm。该方法简化了采样和缩分工序，可作为主要方法采用。

(3) 专门仪器测定法。国外将含有 K^{42} 的 KCl(或其他同位素)水溶液注入煤体，然后用特制探测器和 VA-1-10 居里计(一种压电石英静电计)在打出的检查孔中测定放射性同位素所在的位置，以此确定湿润范围和湿润程度。

二、湿式作业

湿式作业是利用水或其他液体，使之与尘粒相接触而捕集粉尘的方法，它是矿井综合防尘的主要技术措施之一，具有所需设备简单、使用方便、费用较低和除尘效果较好等优点。缺点是增加了工作场所的湿度，恶化了工作环境，影响了煤矿产品的质量。除缺水和严寒地区外，在煤矿应用较为广泛。我国煤矿较成熟的经验是采取以煤层注水、喷雾洒水、湿式凿岩、水炮泥和水封爆破等相结合的防尘技术措施。煤层注水前已述及，喷雾降尘也将在本节中叙述，故此处仅介绍湿式凿岩(钻眼)、水炮泥和水封爆破。

(一) 湿式凿岩、钻眼

该方法的实质是指在凿岩和钻眼过程中，将压力水通过凿岩机、钻杆送入并充满孔底，以湿润、冲洗和排出产生的矿尘。

在煤矿生产环节中，井巷掘进产生的粉尘不仅量大，而且分散度高。据统计，煤矿尘肺患者中 95%以上工作于岩巷掘进工作面；煤巷和半煤岩巷的煤尘瓦斯燃烧、爆炸事故发生率占较大比例。而掘进过程中的矿尘又主要来源于凿岩和钻眼作业。据实测，干式钻眼产尘量占掘进总产尘量的 80%～85%，而湿式凿岩的减尘率可达 90%左右，并能提高凿岩速度 15%～25%。因此，湿式凿岩、钻眼能有效降低掘进工作面的产尘量。

(二) 水炮泥和水封爆破

水炮泥就是用盛水的塑料袋代替或部分代替炮泥充填于炮眼内(图 12-17)，爆破时水袋破裂，水在高温高压下汽化，与尘粒凝结，达到降尘的目的。采用水炮泥时的矿尘浓度比单纯用土炮泥时低 20%～50%，尤其是呼吸性粉尘含量有较大的减少。除此之外，水炮泥还能降低爆破产生的有害气体，缩短通风时间，并能防止爆破引燃瓦斯。

水炮泥的塑料袋应难燃、无毒、有一定的强度。水袋封口是关键，目前使用的自动封口水袋(图 12-18)，装满水后，能将袋口自行封闭。

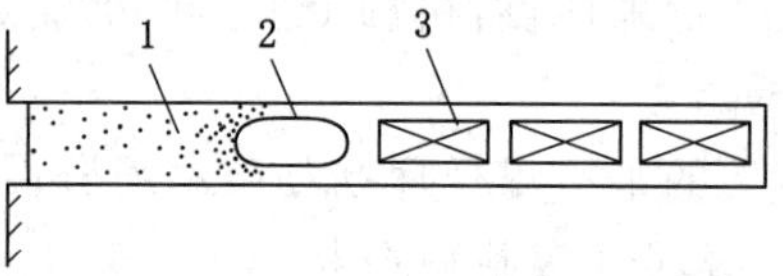

1—黄泥;2—水袋;3—炸药包。

图 12-17　水炮泥布置图

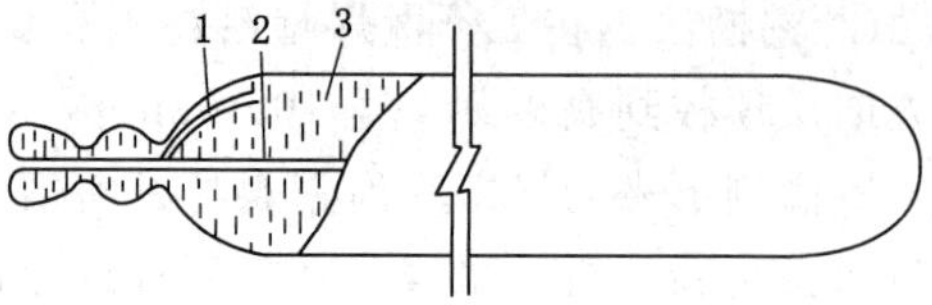

1—逆止阀注水后位置;2—逆止阀注水前位置;3—水。

图 12-18　自动封口炮泥

水封爆破是将炮眼的炸药先用一小段炮泥填好，然后再给炮眼口填一小段炮泥，填好两段炮泥之间的空间，插入细注水管注水，注满后抽出注水管，并将炮泥上的小孔堵塞。

三、喷雾降尘

（一）喷雾降尘原理

喷雾降尘是将压力水通过喷雾器(又称喷嘴)，在旋转或冲击的作用下，使水流雾化成细微的水滴喷射于空气中(图 12-19)，它的捕尘作用有：① 在雾体作用范围内，高速流动的水滴与浮尘碰撞接触后，尘粒被湿润，在重力作用下下沉；② 高速流动的雾体将其周围的含尘空气吸引到雾体内湿润下沉；③ 将已沉落的尘粒湿润黏结，使之不易飞扬。

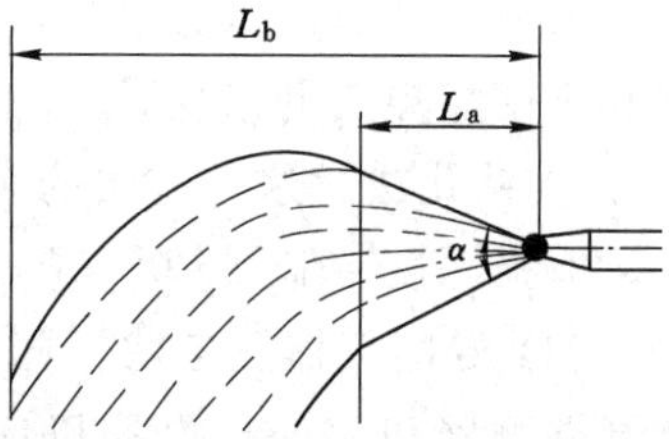

L_a—射程；

L_b—作用长度；α—扩张角。

图 12-19　雾体作用范围

（二）影响喷雾降尘效果的主要因素

1. 雾体的分散度

全部雾粒中各种粒径范围或区间内的雾粒所占的百分比叫作雾体的分散度。雾体的分散度是影响捕尘效率的重要因素。低分散度雾体水粒大、水粒数量少，尘粒与大水滴相遇时会因旋流作用而从水滴边绕过而不被捕获。过高分散度的雾体，水粒十分细小，容易汽化，降尘率也不高。据试验，用 0.5 mm 的水粒喷洒粒径为 10 μm 以上的粉尘时，捕尘率为 60%；当尘粒直径为 5 μm 时，捕尘率为 23%；而当尘粒直径为 1 μm 时，捕尘率只有 1%。将水粒直径减小到 0.1 mm，雾体速度提高到 30 m/s 时，对 2 μm 尘粒的捕尘率可提高到 55%。因此，矿尘的分散度越高，要求水粒的直径越小，一般说来，水粒直径为 10～15 μm 时的捕尘效果最好。

2. 水滴与尘粒的相对速度

相对速度越高，两者碰撞时的动能越大，有利于克服水的表面张力而将尘粒湿润捕获。但如果风流速度过高，使尘粒与水滴接触时间缩短，也会降低捕尘效率。

3. 水压

喷雾洒水降尘的过程，是尘粒与水滴不断发生碰撞、湿润、凝聚、增重而不断沉降的过程。当提高供水压力(如采用高压洒水)时，由于在很大程度上提高了雾化程度，增加了雾滴密度和雾滴的运动速度，以及增加了射体涡流段的长度，无疑大大增加了尘粒与雾粒之间的碰撞机会和碰撞能量，使微细粉尘易于捕捉。同时，高压洒水能使射体雾滴增加带电性，产生静电凝聚的效果。这一综合作用，加速了尘粒与雾滴碰撞、湿润、凝聚的效果，从而提高降尘效率。苏联研究表明，在掘进机上采用低压洒水，降尘率为 43%～78%，而采用高压喷雾时则达到 75%～95%；炮掘工作面采用低压洒水，降尘率为 51%，高压喷雾则高达 72%，且对微细粉尘的抑制效果明显。

高压喷雾产生的雾粒粒度的大小，与高压喷雾方法有关。高压喷雾方法有脉冲喷雾和恒压喷雾两种。所谓脉冲洒水是指洒水压力的变化不小于最大压力的 20%～30%；恒压洒水的压力变化不超过 5%。通常，脉冲洒水的雾滴粒度比恒压洒水时的粒度小得多，其降尘效果要比恒压洒水好。

4. 粉尘的湿润性

粉尘的湿润性是影响喷雾洒水降尘效果的一个重要因素。不易湿润的粉尘与水滴碰撞时，能产生反弹现象，难以捕获。尘粒表面吸附空气形成气膜或覆盖油层时，都难被水滴捕获。向水中添加表面活性剂降低水的表面张力或使之荷电，均可提高湿润效果。

5. 单位体积空气的耗水量

单位体积空气的耗水量越多，捕尘效率越高，但所用动力亦增加。使用循环水时，需采取净化措施，如水中微细粒子增加，将使水的黏性增加，且会使分散水滴粒径加大，降低降尘效率。

（三）喷雾降尘实施地点

1. 掘进机喷雾洒水

掘进机喷雾分内喷雾和外喷雾两种。外喷雾多用于捕集空气中悬浮的矿尘，内喷雾则通过掘进机切割机构上的喷嘴向割落的煤岩处直接喷雾，在矿尘生成的瞬间将其抑制。较好的内外喷雾系统可使空气中含尘量减少 85%～95%。《煤矿安全规程》规定，掘进机作业时，应使用内、外喷雾装置，内喷雾装置的工作压力不得小于 2 MPa，外喷雾装置的工作压力不得小于 4 MPa；在内、外喷雾装置工作稳定性得不到保证的情况下，应当使用与掘进机联动联控的除降尘装置。另外，如果掘进机上喷雾系统的降尘效果达不到《规范》规定标准，则应采用除尘器抽尘净化等高效防尘措施。

掘进机高压外喷雾系统主要由高压泵、自动控制水箱、水质过滤器、高压管路、高压喷嘴、喷雾架和控制开关等组成。掘进机的外喷雾采用高压喷雾时，高压喷嘴安装在掘进机截割臂上，启动高压泵的远程控制按钮和喷雾开关均安装在掘进机司机操纵台上。掘进机截割时，开动喷雾装置；掘进机停止工作时，关闭喷雾装置。喷雾水压控制在 10～15 MPa 范围内，降尘效率可达 75%～95%。

2. 采煤机喷雾洒水

采煤机的喷雾系统分为内喷雾和外喷雾两种方式。《煤矿安全规程》规定，采煤机必须安装内、外喷雾装置。截煤时必须喷雾除尘，内喷雾装置的工作压力不得小于 2 MPa，外喷雾装置的工作压力不得小于 4 MPa，喷雾流量应与机型相匹配。无水或喷雾装置不能正常使用时必须停机。

采用内喷雾时，水由安装在截割滚筒上的喷嘴直接向截齿的切割点喷射，形成“湿式截割”；采用外喷雾时，水由安装在截割部的固定箱上、摇臂上或挡煤板上的喷嘴喷出，形成水雾覆盖尘源，从而使粉尘湿润沉降。喷嘴是决定降尘效果好坏的主要部件，喷嘴的形式有锥形、伞形、扇形、束形。一般来说，内喷雾多采用扇形喷嘴，也可采用其他形式；外喷雾多采用扇形和伞形喷嘴，也可采用锥形喷嘴。

滚筒采煤机喷雾降尘的效果与采用的喷嘴型号及布置、喷雾参数、矿尘性质及割煤方式等因素有关。因此，不同国家、同一国家不同矿井所取得的降尘效果均有差异。在不同的采煤机上，采用PZ型喷嘴和符合要求的喷雾参数时，对总粉尘的降尘率可达到80%～86%。德国对EDW300L型滚筒采煤机组采用各种喷雾方式的降尘效果进行了考察，结果发现：内、外喷雾再加喷嘴喷雾，其降尘效率最高，但对呼吸性粉尘的降尘率只有70%左右；采用内、外喷雾时，降尘率在65%以上；只用内喷雾时，则为62%；只用外喷雾时，则仅为52%。

国内外实践证明，采煤机喷雾降尘采用内、外喷雾相结合的方式，并以内喷雾为主(即将大部分水用于内喷雾)、外喷雾为辅，均可获得良好的降尘效果。

3. 综放工作面喷雾洒水

综放工作面具有尘源多、产尘强度高、持续时间长等特点，因此，为了有效降低产尘量，除了实施煤层注水和采用低位放顶煤支架外，还要对各产尘点进行广泛的喷雾洒水。

(1) 放煤口喷雾

放顶煤支架一般在放煤口都装备有控制放煤产尘的喷雾器，但由于喷嘴布置和喷雾形式不当，降尘效果不佳。为此，可改进放煤口喷雾器结构，布置为双向多喷头喷嘴，扩大降尘范围；选用新型喷嘴，改善雾化参数；有条件时，水中添加湿润剂，或在放煤口处设置半遮蔽式软质密封罩，控制煤尘扩散飞扬，提高水雾捕尘效果。

(2) 支架间喷雾

支架在降柱、前移和升柱过程中产生大量的粉尘，同时由于通风断面小、风速大，来自采空区的矿尘量大增，因此采用喷雾降尘时，必须根据支架的架型和移架产尘的特点，合理确定喷嘴的布置方式和喷嘴型号。

(3) 转载点喷雾

转载点降尘的有效方法是封闭加喷雾。通常在转载点加设半密封罩，罩内安装喷嘴(图12-20)，以消除飞扬的浮尘，降低进入采煤工作面的风流含尘量。为了保证密封效果，密封罩进、出口安装半遮式软风帘，软风帘可用风筒布制作。

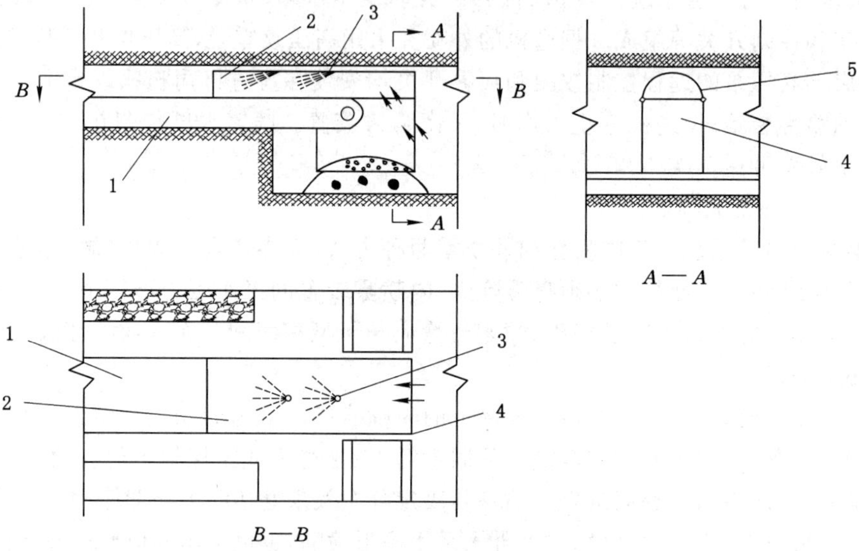

1—工作面输送机；2—转载点煤尘罩；3—喷嘴；4—下罩；5—托架。

图12-20　输送机转载处防尘罩

(4) 其他地点喷雾

由于综放面放下的顶煤块度大,数量多,破碎量增大,因此,必须在破碎机的出口处进行喷雾降尘。

此外,还需对煤仓、溜煤眼及运输过程等产尘点实施喷雾降尘。

四、净化风流

净化风流是使井巷中含尘的空气通过一定的设施或设备,将矿尘捕获的技术措施。目前使用较多的是水幕和湿式除尘器。

(一) 水幕净化风流

水幕是在敷设于巷道顶部或两帮的水管上间隔地安上数个喷雾器喷雾形成的,如图 12-21 所示。喷雾器的布置应以水幕布满巷道断面、尽可能靠近尘源和缩小含尘空气的弥漫范围为原则。

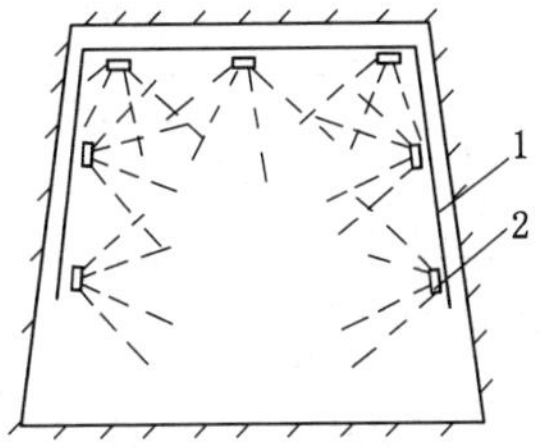

1—水管;2—喷雾器。

图 12-21　巷道水幕示意图

净化水幕应安设在支护完好、壁面平整、无断裂破碎的巷道段内。一般安设位置如表 12-15 所列。

表 12-15　水幕安设位置

水　　幕	安设位置
矿井总入风流净化水幕	距井口 20～100 m 巷道内
采区入风流净化水幕	风流分岔口支流内侧 20～50 m 巷道内
采煤回风流净化水幕	距工作面回风口 10～20 m 回风巷内
掘进回风流净化水幕	距工作面 30～50 m 巷道内
巷道中产尘源净化水幕	尘源下风侧 5～10 m 巷道内

水幕的控制方式可根据巷道条件,选用光电式、触控式或各种机械传动的控制方式。选用的原则是既经济合理又安全可靠。

水幕是净化进风流和降低回风流矿尘浓度的有效方法。徐州董庄矿在距掘进工作面 20 m、40 m 和 60 m 处各设了一道水幕,工作面含尘风流经第一道水幕后降尘率为 59%～60%,经第二道水幕后降尘率为 78%～80%,经第三道水幕后,矿尘浓度只有 0.78 mg/m^3,降尘率达到 98.6%。基于水幕的良好防尘效果,《煤矿安全规程》和《规范》的规定与要求,运输巷、带式输送机斜井与平巷、上下山、采区运输巷与回风巷、采煤工作面运输巷与回风巷、掘进巷道等场所必须设置一定数量的自动控制风流净化水幕。

(二) 湿式除尘器

除尘器是指把气流或空气中含有的固体粒子分离并捕集起来的装置,根据是否利用水或其他液体,除尘装置可分为干式和湿式两大类。

我国对机掘工作面的防尘,基本上都是采用湿式除尘器进行除尘,主要原因是湿式除尘器结构较为简单,体积较小,使用方便。

目前我国常用的除尘器有 SCF 系列除尘风机、KGC 系列掘进机除尘器、TC 系列掘进机除尘器、MAD 系列风流净化器及奥地利 AM-50 型掘进机除尘设备、德国 SRM-330 掘进除尘设备等。表 12-16 为常用除尘设备的技术性能。

表 12-16　常用除尘设备的技术性能

技术指标	SCF 系列除尘风机			风流净化设备		KGCⅡ型	AM-50 型
	SCF-5 型	SCF-6 型	SCF-7 型	TC-1 型 掘进除尘器	MAD-Ⅱ型 风流净化器	掘进机 除尘器	掘进机 除尘器
处理风量/($m^3 \cdot s^{-1}$)	2.83	3.75	6.8	2.5～3.33	2.5～5.0	2.5～3.0	3.0
风压/kPa	21.73	29.33	40.8			40.0	137.3
阻力/kPa				1.47	0.29～0.49	1.76	6.86
吸风口直径/mm	460	610	760	600	380～480	600	600～800
主机功率/kW	11	18.5	37	18.5	11 kW 局部 通风机	18.5	111
泵功率/kW	1.5	2.2	5.5	2.0	静压供水	4.0	
外形尺寸	205 mm× 960 mm× 690 mm	2 961 mm× 974 mm× 1 276 mm	3 615 mm× 1 260 mm× 1 740 mm	3 000 mm× 800 mm× 1 400 mm	ϕ600 mm× 1 000 mm	2 264 mm× 780 mm× 1 075 mm	9 400 mm× 1 200 mm× 1 400 mm
质量/kg	690	1 575	2 200	250	45	1 200	7 800
除尘(全尘)/%	80～95	80～95	80～95	80～95	95～98	80～96	95
除尘(呼吸性粉尘)/%	90～98	90～97	90～98	90～98	80	85～90	98

根据我国井下的不同条件，可以参照表 12-17 选用不同型号的掘进机除尘器。

表 12-17　掘进机除尘器适用条件

作业条件	粉尘浓度 /($mg \cdot m^{-3}$)	处理风量 /($m^3 \cdot min^{-1}$)	选用型号	通风方式	配套设备
锚喷巷道风流净化及爆破掘岩巷工作面	100～600	100～150	SCF-6	长抽短压	ϕ600 mm 伸缩风筒长 800～1 000 m
岩巷打眼爆破工作面	100～600	100～150	JTC-Ⅱ	长压短抽	ϕ500 mm 伸缩风筒长 150 m
3～14 m^2机掘工作面	1 000～2 000	150～200	KGC-Ⅰ	长压短抽	吸尘罩，伸缩风筒
8 m^2以下掘进工作面	1 000～2 000	100～150	JTC-Ⅱ	长压短抽	ϕ500 mm 伸缩风筒长 100 m
8～14 m^2掘进工作面	1 000～2 000	150～200	JTC-Ⅰ	长压短抽	ϕ600 mm 伸缩风筒

五、通风排尘

通风排尘是指通过风流的流动将井下作业点的悬浮矿尘带出，降低作业场所的矿尘浓度，因此做好矿井通风工作能有效地稀释和及时地排出矿尘。

以风治尘首先要有合理的通风系统，实行分区通风，尽量避免含尘污风窜入井下作业场所；其次是在安全条件允许的情况下，改变通风方式，避免高浓度粉尘长时间污染工作面和巷道；三是调整风速，寻求最佳排尘风速，提高通风排尘能力。

决定通风排尘效果的主要因素是风速及矿尘密度、粒度、形状、湿润程度等。风速过低，粗粒矿尘将与空气分离下沉，不易排出；风速过高，能将落尘扬起，增大矿内空气中的粉尘浓度。因此，通风除尘效果是随风速的增加而逐渐增加的，达到最佳效果后，如果再增大风速，效果又开始下降，如图 12-22 所示。排除井巷中的浮尘要有一定的风速。如前所述，我们把能使呼吸性粉尘保持悬浮并随风流运动而排出的最低风速称为最低排尘风速；把能最大限度排除浮尘而又不致使落尘二次飞扬的风速称为最优排尘排尘风速。一般来说，掘进工作面的最优风速为 0.4～0.7 m/s，机械化采煤工作面的最优排尘风速为 1.5～2.5 m/s。

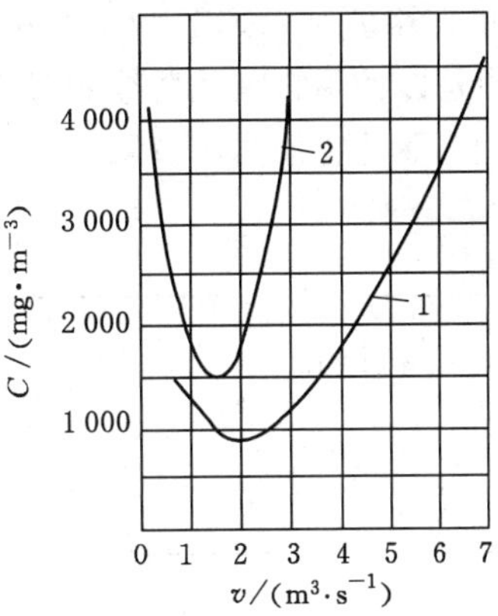

1—刨煤机工作时；

2—联合采煤机工作时。

图 12-22　矿尘浓度与风速的关系

由此可见，《煤矿安全规程》规定采掘工作面最高容许风速为 4 m/s，不仅考虑了工作面供风量的要求，同时也充分考虑到了煤、岩尘的二次飞扬问题。

此外，若将国内外普遍采用的长压短抽（前抽后压）通风方式与除尘设备配合应用于机掘工作面，就可形成混合式通风-除尘系统，新鲜风流由压入式通风机经风筒进入工作面，清洗工作面后的污风经吸尘口、抽出式伸缩软风筒进入除尘器中处理，净化后的空气排入回风巷。只要掘进机与除尘器搭配合理，它就是一种理想的通风除尘系统，特别适用于大断面巷道的通风除尘。

六、个体防护

矿井各生产环节，尽管采取了各种防尘措施，但也难以使各作业地点粉尘浓度达到卫生标准，有些作业环节的粉尘浓度甚至严重超标，所以，个体防护是综合防尘工作中不容忽视的一个重要方面。《煤矿安全规程》规定：粉尘、毒物及有害物理因素超过国家职业卫生标准的作业场所，除采取防治措施外，作业人员必须佩戴防尘或防毒等个体防护用品。个体防护的防尘用具主要包括防尘面罩、防尘帽、防尘呼吸器、防尘口罩等，其目的是使佩戴者既能呼吸净化后的洁净空气，又不影响正常操作。

我国煤矿使用的个体防护用品较多。对防护用品的基本要求如下：

(1) 呼吸空气量：人员行走时，呼吸量为 17 L/min 左右；跑步时，约为 64 L/min；较繁重劳动时，为 20～30 L/min。矿用口罩应保证至少 30 L/min 的呼吸量。

(2) 呼吸阻力：若阻力过大，呼吸肌容易疲劳。一般要求呼吸量为 30 L/min 时，呼吸阻力小于 45 Pa。

(3) 有害空间：口罩面具与人面部之间的自由空间称为有害空间，这一空间里停留着一部分呼出的气体，影响吸入新鲜空气，所以有害空间越小越好。我国的标准为有害空间不大于 180 cm^3。

(4) 阻尘率：在满足上述条件下，阻尘率越高越好。

(5) 妨碍下方视野角度：亦称妨碍视线广度，其越小越好。我国标准为小于 10°。

除上述要求外，个体防护用品还应具备质量轻、佩戴方便、使用周期长等特点。

由于多方面的原因,我国煤矿尚未普及使用动力型防尘面具和防尘服等个体防护用品,各矿还是以使用自吸式防尘口罩为主。各矿应根据作业地点的实际粉尘浓度,按表12-18的规定选取适宜的防尘口罩。

表 12-18　防尘口罩的适用条件

适用条件	一级防尘口罩		二级防尘口罩		三级防尘口罩	四级防尘口罩
	阻尘率≥99%		阻尘率≥95%		阻尘率≥90%	阻尘率≥85%
粉尘中游离 SiO_2 含量/%	>10	<10	>10	<10	<10	<10
作业场所粉尘浓度/($mg \cdot m^{-3}$)	<200	<100	<40	<200	<100	<70

需要指出的是,个体防护不可以也不能完全代替其他防尘技术措施。防尘是首位的,但鉴于目前绝大部分矿井尚未达到国家规定的卫生标准的情况,采取一定的个体防护措施是必要的。

七、其他防尘措施

除上述防尘措施外,国内外还在探讨水湿润粉尘的机理和研究粉尘理化性质的基础上,进行了诸如隔尘风帘、水中添加湿润剂降尘及泡沫除尘等方面的研究,取得一定进展和成效。

(一) 隔尘风帘防尘

随着机械化采煤工作面粉尘浓度越来越大,采用传统工艺已很难达到国家职业卫生标准。近年来各煤矿开始重视采用隔尘风帘的方法,隔绝与封闭采煤工作面的尘源,有效阻止矿尘与采区作业人员相接触。

这种方法是根据气幕洁净棚隔尘原理,在采煤工作面产尘源与作业人员之间安设空气幕,阻止呼吸性粉尘向采煤机司机等作业人员所在位置扩散的防尘方法。

有关试验表明,在采煤机上安设隔尘风帘,可以有效防止呼吸性粉尘向工作面其他区域扩散,对呼吸性粉尘的平均隔尘效率可达到80%左右,效果显著。同时,隔尘风帘结构设计简单,易于制作,具有较好的推广应用前景。但值得注意的是,这种方法只起隔尘作用,而不能除尘。因此,必须与喷雾洒水等其他传统防尘方法结合使用;此外,由于风帘的风量来源于工作面司机侧风流,故需严格计算风量分配,在满足工作面正常通风的前提下,方可应用此技术。

(二) 水中添加湿润剂降尘

水中添加湿润剂是在水力除尘的基础上发展起来的一种降尘技术。通常情况下,水的表面张力较高,微细粉尘不易被水迅速、有效地湿润,致使单纯的水力降尘效果不佳。但是,不可否认的是,水力除尘方法是迄今为止最为简便、最易于推广的除尘方法之一。

为了提高水力除尘方法的效率,国内外都很重视对湿润剂防尘的研究。目前,国际上广泛使用的矿用降尘剂有:俄罗斯的дб型、оп-7、оп-10型及环亚胺型降尘剂等,德国的非离子矿用降尘剂,波兰的卡波剂,日本的[Q]剂、[P]剂,英、美等国的Dustally降尘剂、M-R型降尘剂等。目前,我国申请专利的矿用降尘剂已达20余种。

据试验,几乎所有的煤尘都具有一定的疏水性,加之水的表面张力又较大,对粒径在2 μm以下的粉尘,捕获率低于28%。添加降尘剂后,则可大大增加水溶液对粉尘的浸润性，即粉尘粒子原有的固-气界面被固-液界面所代替，使得液体对粉尘的浸润程度大大提高，从而提高降尘效率。因此，《规范》规定：为提高防尘效果，可在水中添加降尘剂。

矿用降尘剂大部分为非离子型表面活性剂，也有一些阴离子型表面活性剂，但很少采用阳离子型表面活性剂。表面活性剂是由亲水基和疏水基两种不同性质基团组成的化合物。降尘剂溶于水中时，其表面活性剂分子完全被水分子包围，亲水基一端被水分子吸引，疏水基一端被水分子排斥；亲水基被水分子引入水中，疏水基则被排斥伸向空气中。于是表面活性剂分子会在水溶液表面形成紧密的定向排列层，即界面吸附层。由于存在界面吸附层，使得水的表层分子与空气接触状态变化，接触面积大大缩小，导致水的表面张力降低，同时朝向空气的疏水基与粉尘之间有吸附作用，而把尘粒带入水中，得到充分湿润。

随着矿井湿式除尘技术研究的深入和表面活性剂工业的发展，国内外每年都在发明大量矿用降尘剂配方，这些配方及其研究有以下几个特点：

(1) 新出现的低浓度配方比高浓度配方更有效、更经济。国内外在 20 世纪 80 年代前研制的降尘剂，使用浓度大多为 0.1%。如果低于 0.1%，会使其对矿尘的湿润能力大大降低，而失去实用价值。近年来俄罗斯研制的分别含有环亚胺、聚乙二醇、脂肪酸二羟乙基胺氯化醇的降尘剂，其使用浓度在 0.001%～0.01%时，仍具有很高的湿润效率，如 0.005%的含有环亚胺的降尘剂的效果优于 0.1%的 д6、оп-7 型、оп-10 型等传统降尘剂，成本降低 95%～99%，并在降低药剂消耗量的同时，降低了水中药剂的残留量。

(2) 固体配方的出现简化了药剂的运输及添加工艺，如我国生产的 SR-2 型降尘剂等。

(3) 降尘剂配方趋于简单化和专业化，如对特定粉尘采用特定的湿润剂配方等。

我国降尘剂的降尘效率较清水一般可提高 60%～90%。与国外相比，我国的降尘剂研究尚有一定的差距，主要体现在表面活性剂单体少、质量较差、降尘剂成本相对较高等方面。为使化学降尘剂的作用效果更佳，其配方和制备工艺日趋复杂，且逐渐向复合型和专业型方向发展。

(三) 泡沫除尘

泡沫除尘是指将发泡剂和水按一定比例混合，通过泡沫发生器产生大量泡沫喷洒到尘源或含尘空气中，覆盖和遮断尘源，使刚产生的矿尘得以湿润、沉积，从而失去飞扬能力。20 世纪 50 年代中期，英国最先开展了这方面的研究，此后，美国、苏联、波兰、德国、日本等国相继进行了试验与研究，取得了一定的成果。近年来，我国已在潞安、汾西、铁法等矿区进行了研究与试验，取得良好效果。

泡沫的发泡原理如图 12-23 所示，由软管 7 供给的高压水，进入过滤器 3 中加以净化，随后流入管路定量分配器 2，此处由于高压水引射作用将发泡液储槽 4 中的发泡液按定量(一般混合比为 0.1%～1.5%)吸出；含有发泡原液的高压水通过软管 8 流入发泡喷头。从发泡喷头喷出的泡沫，其射程随喷头上的金属网网孔大小而有所不同。

泡沫降尘可应用于综采机组、掘进机组、带式运输机以及尘源较固定的地点。试验表明，与普通喷雾洒水相比，泡沫降尘的效率高出 30%～80%(特别是对呼吸性粉尘降尘效果显著)、耗水量节约一半以上。

此外，为更好地降低粉尘浓度，近年来，国内外还在磁化水降尘、黏结式防尘、声波雾化降尘、预荷电高效喷雾降尘、超声波除尘、电离水除尘、微生物法除尘等方面进行了研究，并取得了较大进展，为高效防尘提供了新途径。

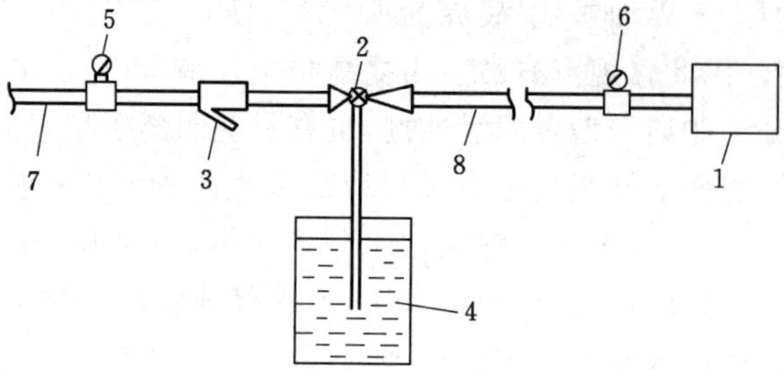

1—发泡喷头；2—管路定量分配器；3—过滤器；4—发泡液储槽；
5，6—压力表；7，8—高压软管。

图 12-23　发泡器原理示意图

第六节　矿尘的监测

矿尘监测是粉尘防治工作的重要组成部分。矿井要经常进行测尘工作，以便及时了解作业场所的矿尘状况，监测与评价劳动卫生条件，检查通风防尘措施的效果，并为研究改进防尘技术提供依据。矿尘测定项目主要为矿尘浓度、分散度和游离 SiO_2 含量。因此，《煤矿安全规程》规定，煤矿企业必须按国家规定对生产性粉尘进行监测，并遵守下列规定：

（1）总粉尘。作业场所的粉尘浓度，井下每月测定 2 次；粉尘分散度，每 6 个月测定 1 次。

（2）呼吸性粉尘。工班个体呼吸性粉尘监测，采、掘工作面每 3 个月测定 1 次，其他工作面或作业场所每 6 个月测定 1 次；每个采样工种分 2 个班次连续采样，1 个班次内至少采集 2 个有效样品，先后采集的有效样品不得少于 4 个；定点呼吸性粉尘监测每月测定 1 次。

（3）粉尘中游离 SiO_2 含量。每 6 个月测定 1 次，在变更工作面时也必须测定 1 次；各接尘作业场所每次测定的有效样品数不得少于 3 个。

一、矿尘浓度测定

我国以质量浓度为标准，主要采用滤膜质量测尘法测定矿尘浓度。滤膜法具有采样简便、操作快速及准确性较高等优点。

1. 测定原理

对于总粉尘，用已知质量的滤膜采集，由滤膜的增量和采气量，计算出空气中总粉尘的浓度。对于呼吸性粉尘，空气中粉尘通过采样器上的预分离器，分离出的呼吸性粉尘颗粒采集在已知质量的滤膜上，由采样后的滤膜增量和采气量，计算出空气中呼吸性粉尘的浓度。

2. 滤膜测尘系统及浓度计算

滤膜测尘系统如图 12-24 所示，在电动抽气机的作用下，使一定体积的含尘空气通过已知质量的滤膜，粉尘被截留在滤膜上，然后根据采样后的滤膜质量和采气量计算出矿尘浓度 $C(mg/m^3)$。

$$C = \frac{m_2 - m_1}{Q t} \times 1\,000 \tag{12-25}$$

式中 m_2——采样后的滤膜质量，mg；

m_1——采样前的滤膜质量，mg；

Q——采样流量，L/min；

t——采样时间，min。

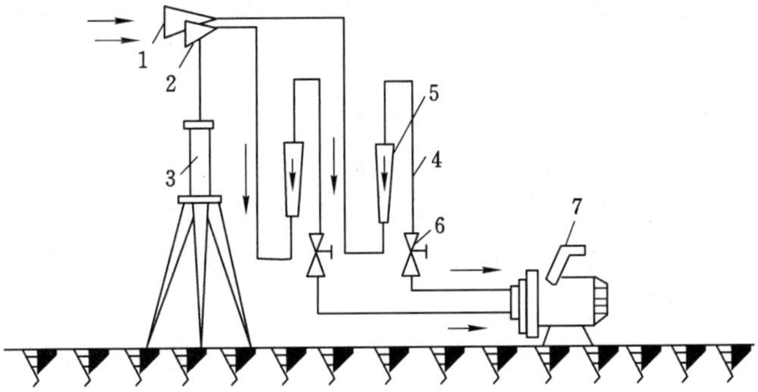

1—滤膜；2—采样头；3—三脚架；4—胶管；

5—转子流量计；4—螺旋夹；7—抽气机。

图 12-24　滤膜测尘系统示意图

3. 主要器材

(1) 滤膜。滤膜是用超细合成纤维制成的，有直径为 40 mm 和 75 mm 两种规格，表面呈细绒状，有明显的带负电性及疏水性和耐酸碱性，其除尘率大于 99%，阻力（流量 20 L/min、面积 80 cm^2）不大于 980 Pa。

(2) 采样器。由测尘系统各部件（采样头、流量计、抽气机、调节夹等）组装而成，便于应用。煤矿井下应使用防爆型粉尘采样器，用于个体采样时，流量范围为 1～5 L/min；用于定点采样时，流量范围为 5～80 L/min。用于长时间采样时，连续运转时间应不小于 8 h。

(3) 采样头。由采样漏斗和滤膜夹两部分组成，如图 12-25 所示，一般用塑料制成。初次使用时，应检查气密性。

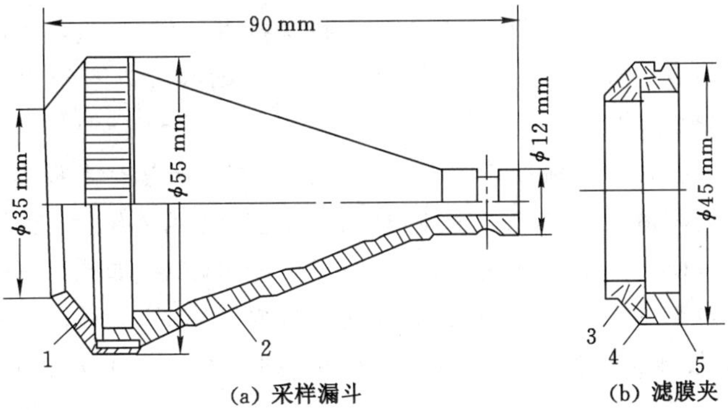

1—漏斗顶盖；2—漏斗；3—锥形环；4—固定盖；5—底座。

图 12-25　粉尘采样头

(4) 流量计。常用流量为 15～40 L/min 的转子流量计，精密度达到±2.5%，每年应进行校准。

(5) 抽气装置。主要用电动抽气机，也有用压气(水)引射器的。

(6) 分析天平。感量 0.1 mg 或 0.01 mg，每年检定一次。

(7) 秒表。或相当于秒表的计时器。

(8) 干燥器。干燥滤膜(夹)用，内装变色硅胶。

4. 测定步骤

(1) 准备滤膜。将干燥器中的待用滤膜，用镊子取下面的衬纸，置于天平上称量，记下初始质量，然后装入滤膜夹，放入带编号的样品盒内，备用。

(2) 采样。到采样地点，架好采样器，将准备好的滤膜夹固定在采样漏斗中。

① 采样位置。一般在工人呼吸带，采场、平巷作业在距工作面 5 m 左右的下风侧，天井在安全棚下回风流中，采样高度距地面 1.5 m 左右。

② 采样头方向。入口迎向风流，特殊情况(如天井有飞溅泥水)可垂直于风流。

③ 采样开始时间。连续产尘作业开始 20 min 后，阵发性产尘作业，应在工人工作的同时采样。

④ 采样流量和时间。应使所采矿尘量不少于 1 mg，小号(直径为 40 mm)滤膜采样量不大于 10 mg，一般采样时间不应小于 10 min，流量为 15～40 L/min，并保持稳定。在排尘风筒中，风速较高，含尘量也大，测尘时要求等速采样，以使对尘粒没有选择性。

(3) 矿尘浓度计算及统计分析。

① 称量。采样后滤膜连同滤膜夹一起放于干燥器中；称量时，用镊子取下，受尘面向上，对折 2～3 次，用原天平称量，记下质量。如滤膜上有水雾，干燥 2 h 后称量一次，然后再干燥 30 min，再称量，直到前后两次质量差小于 0.1 mg 为止，视为恒值。

② 计算矿尘浓度。按式(12-25)计算。

③ 统计分析。采样时应记录现场生产条件及通风防尘状况，要求露天矿以矿、井下以坑口、地面以厂为单位逐月统计分析上报，内容包括应测点数、合格率、作业合格率、不合格点的分析等。

滤膜测法的准确性较高，能够反映作业场所的矿尘状况，但它测定的是全尘质量浓度，且是短时间定点采样，测定程序也较复杂。随着科学技术的发展，近年来涌现了一些快速直读式测尘方法(仪器)，如光电法(光电直读式测尘仪)、β 射线吸收法(β 射线测尘仪)、压电晶体差频法(石英晶体粉尘测定仪)等。

光电法是将光通过含尘气流使光强变化的一种方法。通常有光吸收测尘仪和光散射测尘仪两种。前者是利用薄膜泵抽取一定体积的含尘空气送到滤纸上，然后将通过滤纸吸尘前后的光通量变化转换为电信号输出，指示出空气中粉尘浓度，如图 12-26 所示。后者是利用微型抽气泵将含尘空气吸入仪器内，当光线通过含尘气体时，尘粒的表面对光线产生散射作用，气体中粉尘浓度不同，散射光在接收屏上按不同角度形成不同的强度分布，根据接收屏上光强分布的不同来测得气体中粉尘浓度。该方法的优点是可立即测得瞬间空气中粉尘浓度，缺点是测量结果受粉尘组成、分散度和光折射率的影响较大，且难以精确地进行实验室标定，必须使用现场标定，使得标定工作量大。

β 射线吸收法是利用 β 射线穿过特定物质后，其强度衰减程度与所穿过物质的质量有关，而与物质的物理、化学性质无关的原理，通过测定清洁滤膜和采尘滤膜对 β 射线吸收程

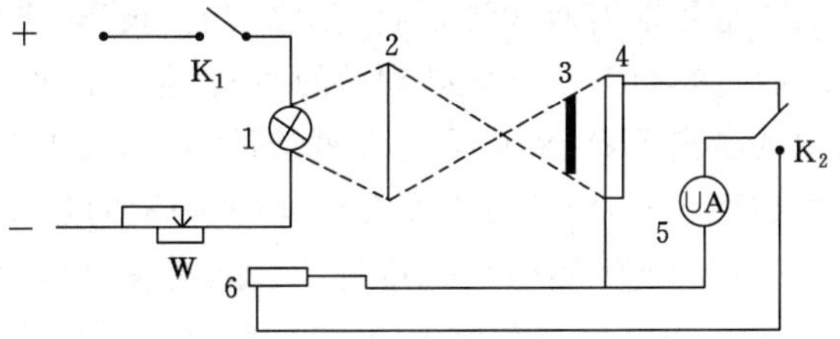

1—光源；2—透镜；3—滤纸；4—光敏电阻；5—电流表；6—可变电阻。

图 12-26 光吸收测尘仪原理图

度的差异来测定采尘量，进而测出空气中粉尘浓度(采集含尘空气的体积已知)。β射线测尘仪可以直接读出粉尘的质量浓度，具有操作比较简单、获得结果迅速等优点，适于瞬间测定环境中的粉尘浓度。

压电晶体差频法的原理：石英压电晶体有一定的振荡频率，当晶体表面沉积有一定量的粉尘粒子时就会改变其振荡频率，根据频率的变化求出粉尘浓度。该方法的优点是能较快地获得现场的粉尘浓度，如多次采样可以了解生产过程中粉尘浓度的变化规律；缺点是只能测量较低浓度(一般在 10 mg/m^3 以内)的矿尘，而且还需要经常清洗晶体。

需要指出的是，滤膜质量法是测定矿尘浓度的基本方法，采用其他仪器或方法测定粉尘质量浓度时，必须以其为基准。

二、分散度测定

粉尘分散度的测定方法较多，目前常用的有滤膜溶解涂片法和沉降法两种。

滤膜溶解涂片法的原理是：将采集有粉尘的过氯乙烯滤膜溶于有机溶剂中，形成粉尘颗粒的混悬液，制成标本，在显微镜下测量和计数粉尘的大小及数量，计算不同大小粉尘颗粒的百分比。

该方法不能测定可溶于乙酸丁酯的粉尘(可用自然沉降法)和纤维状粉尘。镜检时，如发现涂片上粉尘密集而影响测量时，可向粉尘悬液中再加乙酸丁酯稀释，重新制备标本；制好的标本应放在玻璃培养器皿中，避免外来粉尘的污染。

自然沉降法的原理：将含尘空气采集在沉降器内，粉尘自然沉降(沉降时间不能小于3 h)在盖玻片上，在显微镜下测量和计数粉尘的大小及数量，计算不同大小粉尘颗粒的百分比。

该法适用于各种颗粒性粉尘，包括能溶于乙酸丁酯的粉尘；使用的盖玻片和载物玻片均应无尘粒。

三、游离 SiO_2 含量测定

粉尘中游离 SiO_2 是尘肺病发生发展的重要致因。我国煤矿粉尘浓度控制标准按粉尘中游离 SiO_2 含量进行分级。因此，必须准确测量粉尘中游离 SiO_2 的含量。目前，粉尘中游离 SiO_2 含量的测量方法有化学法(如焦磷酸质量法、碱熔钼蓝比色法等)和物理法(如 X 射线衍射法、红外分光光度法等)两类。

焦磷酸质量法是传统测定方法，其测定原理：取一定量(0.1～0.2 g)的粉尘样品，经焦磷酸在 245～250 ℃处理，则粉尘中的硅酸盐及金属氧化物等能完全溶解，而游离 SiO_2 则几乎不溶，称量处理后的残渣质量，即可算出游离 SiO_2 含量，以质量百分数表示。焦磷酸质量法适用于大多数矿尘，但焦磷酸不能溶解少数矿物，如绿柱石、黄玉、碳化硅、硅藻土等。对含有焦磷酸不能溶解物质的矿尘，可对焦磷酸处理后的残渣（包括游离 SiO_2 和未溶解物质）再用氢氟酸处理，使残渣中的游离 SiO_2 溶解，再称量残渣的质量，可求出游离 SiO_2 含量。焦磷酸质量法适用范围广，可靠性较好，但分析程序复杂，需要一定的熟练技术。

近年来发展起来的物理（仪器）分析法灵敏、准确、快速，有逐步取代化学分析方法的趋势，红外分光光度法和 X 射线衍射法已逐渐成为国内外定量测定粉尘游离 SiO_2 含量的主要方法。前者的测定原理：α-石英在红外光谱中于 12.5 μm（800 cm^{-1}）、12.8 μm（780 cm^{-1}）及 14.4 μm（694 cm^{-1}）处出现特异性强的吸收带，在一定范围内，其吸光度值与 α-石英质量呈线性关系。通过测量吸光度，进行定量测定。后者的测定原理：当 X 射线照射游离 SiO_2 结晶时，将产生 X 射线衍射；在一定的条件下，衍射线的强度与被照射的游离 SiO_2 的质量成正比。利用测量衍射线强度，对粉尘中游离 SiO_2 进行定性和定量测定。

复习思考题

12-1　何谓矿尘？何谓呼吸性粉尘、总粉尘？

12-2　产生矿尘的环节有哪些？影响产尘量的因素主要有哪些？矿尘的危害有哪些？

12-3　表示矿尘颗粒大小的指标有哪些？它们对衡量矿尘的危害性有何意义？

12-4　矿尘的湿润性和荷电性对防尘有何作用？

12-5　何谓最低、最优排尘风速？何谓扬尘风速？

12-6　滤膜质量测尘法的原理是什么？

12-7　测定矿尘分散度通常有哪几种方法，其原理分别是什么？

12-8　测定矿尘中游离 SiO_2 含量的方法有哪几种？

12-9　煤矿尘肺病分为哪几类？影响尘肺病的发病因素有哪些？

12-10　煤尘爆炸的条件及特征是什么？

12-11　影响煤尘爆炸的因素主要有哪些？

12-12　煤尘爆炸性如何鉴定？

12-13　预防和隔绝煤尘爆炸的措施分别有哪些？

12-14　哪些地点必须设置水（岩粉）棚？撒布岩粉时对惰性岩粉有何要求？

12-15　综合防尘措施包括哪些内容？

12-16　煤层注水的实质是什么？影响注水效果的因素有哪些？

12-17　煤层注水方式有哪几种？如何选择合理的注水方式？

12-18　影响喷雾降尘效果的因素有哪些？

12-19　净化风流是指什么？常用的净化措施有哪些？

12-20　何谓通风排尘？以风治尘应从哪几个方面入手？

12-21　个体防护用品应满足哪些基本要求？

12-22　泡沫降尘技术的优越性体现在哪几个方面？

第十三章　矿井防治水

在矿井建设与生产过程中，地下水、地表水和雨水等都可能通过各种通道进入矿井，所有流入矿井的水，被统称为矿井水。为了保证矿井建设与生产的正常进行，就必须及时地将其排出矿外。当矿井涌水量超过正常排水能力时，即酿成矿井水害（也称矿井水灾），给矿井建设与生产造成严重的后果，甚至造成人员的重大伤亡。

我国煤矿矿床水文地质条件复杂，是世界上矿井水害最严重的国家之一。矿井水害是煤矿生产过程中与矿井的水文地质条件有密切关系的一种灾害，水文地质条件复杂的矿井，其煤层顶、底部岩层富水性较好，补给水源充足，那么矿井在开拓、采掘过程中，煤层顶、底部岩层遭到破坏，从而使地下水或地表水得以突破隔水层进入矿井，形成矿井水害。近年来，随着煤矿开采规模不断扩大、开采深度逐渐增加，导致了开拓、采掘工程对地下含水层的扰动影响增大，开采时所承受的水压也越来越大，矿井水害发生的概率逐年增加。

第一节　矿井充水条件

防治矿井水害，需回答3个问题：一是充水水源是否存在？如果存在，有何特征？二是充水通道是否存在？如果存在，属何种类型？三是充水强度如何？矿井一旦充水会带来怎样的后果？我们把矿井充水水源、充水通道和充水强度三者综合作用的结果称为矿井的充水条件。

一、矿井充水水源

不同地质、水文地质、气候和地形条件下会形成不同类型的矿井充水水源，而不同的充水水源会给矿井带来不同的矿井水害充水模式和灾害强度。但总体来看，矿井充水水源主要包括大气降水、地表水、地下水和老空水。

1. 大气降水

从严格意义上讲，大气降水是一切矿井充水的最终水源，因为无论是地表水还是地下水，都直接或间接地来自于大气降水的补给。但这里所指的是大气降水本身成为矿井充水的直接或唯一的充水水源。该类矿井的涌水特征是：

（1）矿井涌水动态与当地降水的变化过程相一致，具有明显的季节性和多年周期性变化规律。

（2）同一矿床，随开采深度增加，矿井涌水量减小，且其涌水高峰值出现延滞时间加长，可由浅部的延滞数小时至深部的数日、数十日。

（3）矿井涌水量的大小还与降水性质、强度、连续时间及入渗条件等有密切关系。

大气降水很少造成灾难性矿井水害，但暴雨径流常沿海拔较低的井口、塌陷区和岩溶塌陷坑等溃入井下，造成人员伤亡和财产损失，这种水害很难与地表水害严格区分。例如，

2007 年 8 月 17 日，山东华源矿业集团新泰煤矿发生一起大气降水径流溃入井下的事故，造成 172 人死亡，其原因是煤矿附近的柴汶河上游突降大暴雨，从而导致山洪暴发，柴汶河水位暴涨并漫溢，冲毁了约 65 m 的柴汶河河岸，洪水通过煤矿用于井下水砂充填的废弃砂井溃入井下，造成淹井。

2. 地表水

矿井常见的地表水充水水源有：① 江河水；② 湖泊水；③ 海洋水；④ 水库水。地表水体除了海洋水外，其他类型的地表水可能具有季节性，即在雨季积水或流水，而在旱季干涸无水，这种现象在我国北方及西北地区非常常见。地表水体能否构成矿井充水水源，关键在于是否存在沟通水体与矿井之间的导水途径，只有水体和导水通道同时存在，才能形成矿井充水。例如，2010 年 8 月 10 日，吉林省通化市宏远煤矿发生洪水倒灌矿井事故，造成 18 人死亡，事故的直接原因是矿井东侧的大罗圈沟河上游突降暴雨，使得河水水位暴涨，河水裹挟着砂石、树木等杂物造成河道局部堵塞，漫堤淹井，导致事故发生。

3. 地下水

大多数采矿活动发生在地表以下，地下水往往是造成矿山充水的最主要水源。以地下水作为主要充水水源的矿井有如下基本特点：

(1) 矿井涌水的强度与充水含水层的孔隙度及其富水程度有密切关系，不同的岩性决定不同岩体中的空隙发育特征，按空隙性质可把地下水水源分为孔隙水、裂隙水和岩溶水三种基本形式。一般来说，受裂隙水充水的矿床，其充水强度小于受孔隙水和岩溶水充水的矿床，而受卵砾石层潜水和强岩溶含水层水充水的矿床，多成为大水矿床。

(2) 矿井充水特点和涌水量变化规律与充水含水层中地下水的性质及其水量有关。流入矿井的水往往包含两部分：一是静储量，指充水含水层空隙中储存的水的体积，这部分水量大小及其对矿井充水的能力主要取决于含水层厚度、分布规模、空隙性质以及储存水的给出能力。二是动储量，指含水层中获得的补给水量，该部分水量是以一定的补给和排泄为前提，以地下径流的形式在充水含水层中不断地进行水交替。若充水含水层中的水以静储量为主，则初期矿井涌水量较大，随着排水时间的延续，矿井涌水会逐渐减少，该类地下水易于疏干。若矿井充水含水层以动储量为主，则矿井涌水量相对比较稳定，矿井涌水量的动态特点往往会受充水含水层补给量的动态变化的影响，该类地下水不易疏干。因此，动储量往往是矿井充水的主要威胁。2010 年 3 月 1 日，神华集团乌海能源有限责任公司骆驼山煤矿发生特别重大透水事故，造成 32 人死亡，事故原因是该矿回风大巷掘进工作面遇煤层下方隐伏陷落柱，在承压水和采动应力作用下，承压水突破隔水带形成导水通道，导致奥灰岩溶水从煤层底板涌出。

4. 老空水

老空水(亦称老窑水)主要是指矿床体开采结束后，封存于采矿空间的地下水，许多矿井周边分布有很多废弃的小煤窑以及火烧区，这些废弃空间积存了大量的地下水，这些水体通过某种途径一旦进入生产矿井，便形成了老空水充水水源，特别是一些非法开采的小煤窑，由于缺乏合理的设计和准确的测量资料，其井下巷道的分布特征往往不清楚，很容易和生产矿井沟通形成水害。2005 年 8 月 7 日，广东梅州大兴煤矿发生特别重大透水事故，造成 121 人死亡，其原因是该矿超强度开采，致使 −290 m 水平至 −180 m 水平防水安全煤柱抽冒导通了 −180 m 水平至 +262 m 水平的老空水淹区，造成上部采空区内的老空水大量溃入大兴煤矿，导致事故的发生。2022 年 7 月 25 日，陕西省榆林市米脂县龙镇煤矿芦则沟矿井发生一起较大水害事故，造成3人死亡，其原因是该矿11503运输平巷掘进至1 243.6 m时，与相邻的茂源煤矿老空区打通，老窑积水突入掘进工作面，导致事故发生。

老空水充水特征有以下几点：

(1) 老空水多分布在矿井的边缘及矿体浅埋处。

(2) 老空水属于静储量但具有一定的静水压力，储水量一般为老窑容积储量，可按采空区体积计算。

(3) 老空水是长期积存起来的，多为酸性水，有较强的腐蚀性，对矿山设备危害大；有害气体含量高，对作业人员的生命威胁大。

(4) 老空水突水时水势猛，破坏性大，如与其他水源无联系，则突水水量可急剧衰减。

必须指出，矿井涌水大都是以某种水源为主，接受多种水源补给的。

二、矿井充水通道

矿井充水通道是指连接充水水源与矿井之间的流水通道，它是矿井充水因素中最关键、也是最难以准确认识的因素，大多数矿井突水灾害正是由于对矿井充水通道认识不清所致。矿井充水通道主要有自然的断裂带、地震裂隙和导水陷落柱等，以及人为的采矿裂隙、岩溶塌陷及天窗、钻孔等。

1. 断裂带通道

由构造断裂形成的断层破碎带，往往具有较好的透水性，会形成矿井充水的良好通道。大量的统计结果表明，突水绝大多数与断层有直接关系，90%以上的突水发生在断层带本身及邻近范围内，其中断层突水占74%，断层影响突水占23%，由于断层面或断层牵引的裂隙带导水而引发的矿井突水灾害在矿井突水事故中占有绝对主导的位置，如图13-1所示。

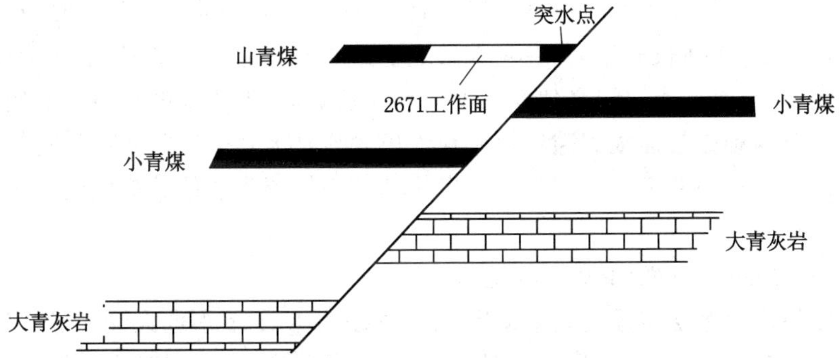

图13-1　峰峰二矿2671工作面断层导通突水

2. 地震裂隙通道

位于地震活动带的矿井，由于地震作用可以在水源与井巷之间造成新的裂隙，彼此连通，成为涌水通道，增加矿井涌水量。例如距唐山约490 km的邯郸地区某煤矿的工作面，采后巷道已垮落无水。在1976年8月8日发生突水，分析原因认为，在矿压作用下，又受唐山地震（7月28日—8月10日）主震和余震连续作用，使先后形成的裂隙叠加，形成裂隙通道，导致突水。

3. 陷落柱通道

岩溶陷落柱，是指由岩溶和坍塌作用形成的镶嵌在煤系中杂乱无章的碎石堆积体，简称陷落柱。岩溶陷落柱是华北石炭-二叠系煤田的一种重要地质现象，陷落柱一般不同程度地贯穿奥灰以上的地层，可能成为奥灰水进入矿井的通道。如河北井陉矿区已查明陷落柱 71 个，在这些陷落柱分布带上共发生大小突水 38 次，有的陷落柱直接构成突水通道。

从矿井充水的观点来说，陷落柱可分为全充水型、边缘充水型和疏干型三类。其中以全充水型陷落柱对矿井充水的危害最大，井巷工程一旦揭露就发生突水，突水量大而稳定；边缘充水型陷落柱为井巷工程揭露时，一般以滴淋水为主，涌水量不大；疏干型陷落柱被揭露时只有少量滴水或无水。陷落柱绝大多数不导水，如一旦揭露充水陷落柱，尤其是全充水型陷落柱，往往酿成水害。如开滦范各庄矿 2171 工作面揭露的 9 号陷落柱，最大突水量为 2 053 m^3/min，造成突水淹井的恶性事故。

4. 采矿造成的裂隙通道

(1) 顶板垮落通道

煤层开采以后，由于在地下形成采空空间，如果没有专门顶板管理技术，则必然造成采空区上方岩层的变形、移动、破坏，甚至形成开裂、离层或碎块状垮塌。采空区顶板岩层的破坏变形形态与规律会受到采空空间几何结构、顶板岩性及其组合、矿床产状及采矿方法、岩石应力环境及其受力状态等多种因素的控制，不同条件的组合会产生完全不同的顶板岩石变形破坏特征，但就一般规律而言，采空区上方可划分出 3 个不同性质的破坏和变形影响带，即岩层垮落带、裂隙带、弯曲带。顶板垮落所形成的垮塌裂隙属典型的采矿扰动导水通道。

(2) 底板突破通道

当矿层底板隔水层之下赋存有高承压水时，在矿床未开采前，地下水和岩石处于一定的力学平衡状态之下，矿体被开采后，在隔水层之上形成临空边界并产生应力释放后，在矿压和水压的作用下，隔水底板岩层必然受到不同程度的破坏，形成新的破裂面或使原有的闭合裂隙活化。一旦这种破裂面或裂隙沟通底板承压含水层水时，必然导致底板之下承压含水层水涌入矿井。这种因巷道掘进或矿床开发扰动其底板隔水层使其形成的导水通道称为底板突破通道。

5. 岩溶区塌陷及“天窗”造成的通道

在有一定厚度松散层覆盖的岩溶矿区，如矿井排水使地下水位大幅下降，溶蚀空洞中部分充满地下水，使疏干洞内水体形成瞬时“真空”，对洞壁产生吸蚀作用；此外，空洞上方松散隔水层失去顶托力，导致顶部土体失去平衡而塌陷。这种岩溶塌陷，可导致松散层地下水、岩溶水或地表水涌入矿井通道。其涌水特点：岩溶愈发育，塌陷愈严重，通道愈大，涌水与涌砂量愈多。

“天窗”是指含水层顶板隔水层由于岩相变化或隔水层受后期冲刷而失去隔水性的部位。“天窗”的存在本身就是一个连通两个含水层的通道，可导致邻层地下水甚至地表水涌入矿井。

6. 钻孔造成的通道

矿井井田范围内往往存在许多不同勘探时期留下的钻孔，所有钻孔终孔后都应按封孔设计要求和钻探规程的规定进行封孔。未进行封孔或虽封孔，但质量不合乎要求的钻孔便成为沟通煤层上部或下部含水层的导水钻孔。当采掘工程揭露或接近钻孔时，会酿成突水事故。如1962年7月14日山东新汶矿务局良庄矿在±0 m水平11煤层下山掘进中，遇封孔不合格的35号钻孔突水，使上部流砂层水、一灰水和下部四灰水导入矿井(图13-2)，最大涌水量288 m^3/h，造成矿井局部停产。

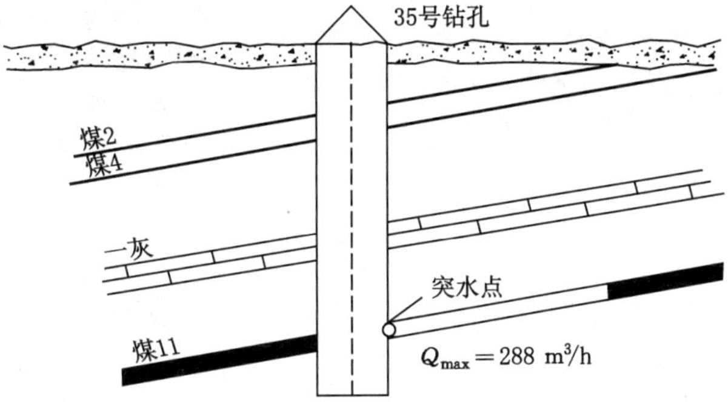

图13-2　新汶矿务局良庄矿钻孔突水示意图

三、矿井充水强度

1. 矿井充水强度及其指标

地下水存储在不同的充水含水层中，含水层的埋藏条件和岩石性质差异决定了它们含水强度的不同，当采掘工程一旦接近或者揭露含水层时，涌入矿井的水量是不一样的。煤矿生产中，把地下水涌入矿井内水量的多少称为矿井充水强度，它用来反映矿井水文地质条件的复杂程度。

在煤矿生产中，一般采用含水系数(K)或者矿井涌水量(Q)两个指标来表示矿井充水强度。

(1) 含水系数

含水系数又称为富水系数，它是指生产矿井在某时期的涌水量$Q(m^3)$与同一时期的煤炭产量$P(t)$的比值，即矿井每采1 t煤的同时，需要从矿井内排出的水量。含水系数用K表示，即$K=Q/P$，m^3/t。

(2) 矿井涌水量

矿井涌水量是指单位时间内流入矿井的水量，用符号Q_1和Q_2分别表示矿井正常涌水量和最大涌水量，用Q_3表示井下发生突水时的突水量，单位为m^3/h。

2. 影响矿井涌水量大小的因素

根据矿山开采资料，矿井涌水量的大小除与充水水源和充水通道的性质和特征有关外，还与一些因素有关，主要有：充水岩层出露和接受补给条件、矿井的边界条件、地形条件、地质构造条件、地震的影响等。

四、矿井水文地质类型

为了有针对性地做好矿井防治水工作，从矿区水文地质条件、巷道充水特征及其相互关系出发，根据矿井及其周边是否存在老空积水、矿井受采掘破坏或影响的含水层的富水性及补给条件、矿井涌水和突水分布规律及水量大小、矿井开采受水害影响程度和防治水工作难易程度等，把矿井水文地质划分为简单、中等、复杂、极复杂4个类型(表13-1)。

表 13-1　矿井水文地质类型

分类依据		类别			
		简单	中等	复杂	极复杂
井田内受采掘破坏或者影响的含水层及水体	含水层(水体)性质及补给条件	为孔隙、裂隙、岩溶含水层,补给条件差,补给来源少或者极少	为孔隙、裂隙、岩溶含水层,补给条件一般,有一定的补给水源	为岩溶含水层、厚层砂砾石含水层、老空水、地表水,其补给条件好,补给水源充沛	为岩溶含水层、老空水、地表水,其补给条件很好,补给来源极其充沛,地表泄水条件差
	单位涌水量 $q/[L\cdot(s\cdot m)^{-1}]$	$q\leqslant0.1$	$0.1<q\leqslant1.0$	$1.0<q\leqslant5.0$	$q>5.0$
井田及周边老空水分布状况		无老空积水	位置、范围、积水量清楚	位置、范围或者积水量不清楚	位置、范围、积水量不清楚
矿井涌水量 $/(m^3\cdot h^{-1})$	正常 Q_1	$Q_1\leqslant180$	$180<Q_1\leqslant600$	$600<Q_1\leqslant2\ 100$	$Q_1>2\ 100$
	最大 Q_2	$Q_2\leqslant300$	$300<Q_2\leqslant1\ 200$	$1\ 200<Q_2\leqslant3\ 000$	$Q_2>3\ 000$
突水量 $Q_3/(m^3\cdot h^{-1})$		无	$Q_3\leqslant600$	$600<Q_3\leqslant1\ 800$	$Q_3>1\ 800$
开采受水害影响程度		采掘工程不受水害影响	矿井偶有突水,采掘工程受水害影响,但不威胁矿井安全	矿井时有突水,采掘工程、矿井安全受水害威胁	矿井突水频繁,采掘工程、矿井安全受水害严重威胁
防治水工作难易程度		防治水工作简单	防治水工作简单或者易于进行	防治水工作难度较高,工程量较大	防治水工作难度高,工程量大

注:1. 单位涌水量 q 以井田主要充水含水层中有代表性的最大值为分类依据;

2. 矿井涌水量 Q_1、Q_2 和突水量 Q_3 以近 3 年最大值并结合地质报告中预测涌水量作为分类依据;

3. 同一井田煤层较多,且水文地质条件变化较大时,应当分煤层进行矿井水文地质类型划分;

4. 按分类依据就高不就低的原则,确定矿井水文地质类型。

五、我国矿井水害的主要类型及特点

通过对我国煤矿曾发生的所有水害案例进行系统地分析与研究发现,我国矿井水害主要有以下 4 种类型。

1. 煤层底板承压岩溶水水害

这是我国煤矿危害程度最大的一种水害,曾多次造成突水淹井或淹没整个生产水平的恶性事故。究其原因,主要是我国主要煤矿床的基底沉积了巨厚的碳酸盐岩岩溶充水含水层,如华北型煤田的奥陶系(甚至包括寒武系)碳酸盐岩和华南型煤田的茅口灰岩。这些碳酸盐岩分布范围广,露头面积或隐伏在第四系松散孔隙含水层下的面积大,能接受大气降水和地表水或孔隙地下水的强烈补给,一次大的降雨过程,几乎可以补给回填其长期疏排消耗形成的地下水疏降漏斗。由于煤层的倾伏,随着开采水平的延伸,作用于煤层底板的充水含水层水压越来越大,煤层底板相对隔水层的厚度及其岩性组合在剖面上又复杂多变,断裂裂隙的发育程度各不相同，采动矿压作用于煤层底板的强度和对其产生的影响和破坏也因地而异。因此，煤层底板突水条件事前很难分析查明，即使做了探查分析和判断，也常常发生意料之外的情况，致使煤层底板突水的概率较高，稍一疏忽就可能会出现底板水害事故。这是我国矿床水文地质研究领域目前未能很好解决的一个难题。

2. 煤层顶板砂岩裂隙水水害

煤系地层中一般包括多层可采煤层，其中有的可采煤层厚度又很大，在这些煤层顶板之上往往沉积有多层充水含水层，有的甚至是强岩溶充水含水层，如南方型龙潭组煤系的顶板就是长兴灰岩。由于厚煤层与多煤层的重复采动和断层裂隙塌陷滑移程度不同，采动导水裂隙带的发育高度和部位也随之变化，这些常使煤层顶板充水含水层未查明的一些富水带中地下水突然泄入采掘工作面，造成重大水害事故，有时甚至淹没整个工作面、采区乃至生产水平。如果这类充水含水层在隐伏露头部位得到了第四系松散孔隙含水层地下水或在露头部位得到地表水或大气降水的强烈补给，并且它们位于煤层采动导水裂隙带影响范围之内，只要开采煤炭资源就无法躲避时，其水害的防治就更加复杂困难，个别情况下甚至可能造成大量煤炭资源无法开采，或开采后经济效益极不理想。

3. 老窑积水水害

所谓老窑积水，是指年代久远且采掘范围不明的老窑积水、矿井周围缺乏准确测绘资料的乱掘小窑及火烧区积水或矿井自掘的废巷老塘水。这种水贮集在采空区或与采空区相连的巷道内，水体的几何形状极不规则，不断推进的采掘工作与这种水体的空间关系错综复杂，难以分析判断。而且这种水体十分集中，压力传递迅速，与地表水的流动形式相同，不同于含水层中地下水的渗透。采掘工程一旦意外接近水源便可突然溃出，发生通常所说的“透水”事故。事实表明，即使只有几立方米的老窑水，一旦溃出，也可能造成人员伤亡，水量较大的老窑积水则可造成矿毁人亡。这种水体不仅存在于地下水资源丰富的矿区，还可能存在于干旱缺水的矿井。事故统计数据表明，老窑积水水害事故起数和死亡人数在一次死亡3人以上的水害事故中，分别占66%和70%，因此，老窑积水的防治是矿井水害防治的关键。

4. 地表水及新近系、第四系松散含水层水水害

地表水及新近系、第四系松散含水层水水害是指煤层埋藏较浅，煤层开采后顶板冒裂可直接引起浅部松散含水层水与地表水涌入矿井的水害类型，该类型矿井水害主要分布于我国东北、内蒙古东北部、鄂尔多斯盆地及南方区与西南区的部分矿区。其中东北、内蒙古东北部及鄂尔多斯盆地区主要是因煤层埋藏较浅，矿床以露天或平硐开采形式为主，这样必然导致直接揭露或剥离新近系、第四系松散含水层（如内蒙古平庄煤业集团的元宝山露天矿）或工作面顶板垮落后直接沟通第四系含水层水（如神东公司的几个矿井），从而导致第四系水或地表水进入矿井，给矿井带来水害威胁。而南方区和西南区的部分矿井主要是由于广泛发育的溶洞、落水洞、地面塌陷坑等导通第四系水、地表水，使其迅速进入矿井的水害类型，该类型充水矿床在四川、广西及湖南最为常见。

六、我国矿井水害的分布

根据我国聚煤区的不同水文地质特征和自然地理条件，并考虑矿井水对井下生产活动的危害程度，可将全国矿井水害划分为6个区域，即华北石炭-二叠纪煤田的岩溶-裂隙水水害区、华南晚二叠世煤田的岩溶水水害区、东北侏罗纪煤田的裂隙水水害区、西北侏罗纪煤

田的裂隙水水害区、西藏-滇西中生代煤田的裂隙水水害区、台湾古近纪和新近纪煤田的裂隙-孔隙水水害区。

1. 华北石炭-二叠纪煤田的岩溶-裂隙水水害区

该区主要分布于我国阴山构造带以南、秦岭大别山构造带以北、贺兰山构造带以东直至渤海的广大区域，主要包括北京、河北、河南、山东、山西、内蒙古西部、陕西、宁夏、江苏、安徽等省市区内的煤田含煤岩系地层（主要是晚古生代的石炭-二叠系地层）。区内中奥陶统灰岩岩溶发育，厚度较大，含水层富水性强，带压较高，且随着煤层开采深度的增加，区内深部下组煤开采已成必然趋势，造成煤层底板突水危险性增加。此外，区内煤层开采历史悠久，对老空区范围勘探不明，以及浅部煤层开采形成的采空区积水易发生老空水突水危险；华北型煤田部分区域第四系松散孔隙含水层不整合覆盖于煤层地层之上，也易造成顶板水害事故。华北型煤田煤矿开采时，矿井涌（突）水较频繁，突水量大，常影响矿井正常生产，对矿井疏排水系统建设要求更高。

2. 华南晚二叠世煤田的岩溶水水害区

该区主要分布在昆仑-秦岭构造带东段以南、川滇构造带以东至东南沿海的广大区域，主要包括福建、江西、湖南、湖北、广西、重庆、贵州、云南、四川等地区。中、晚二叠世含煤地层为华南主要含煤地层，该区煤系地层底部发育有二叠系茅口灰岩，厚度较小但是岩溶较发育，地下暗河、溶洞等分布较多，顶板发育长兴灰岩，顶底板含水层比较发育，且该区地形切割强烈、降雨集中，雨季汇流较强，易发生淹井等事故。区内煤田主要受底板突水、顶板突水以及雨季洪水威胁。该区矿井突水频繁，常影响矿井正常生产甚至淹井事故；突水量大，矿井正常涌水量也大，对矿井排水能力要求较高，矿井防治水投入巨大；区内岩溶地貌发育地面塌陷严重，且井下突水伴有泥沙堵塞井巷；雨季矿井突水危险性增大。

3. 东北侏罗纪煤田的裂隙水水害区

该区主要分布在阴山构造带以北地区，包括辽宁、吉林、黑龙江、内蒙古东部等地区，区内含煤岩系主要为晚侏罗-早白垩世陆相含煤岩系，局部区域（三江-穆棱河区域）存在近海型含煤岩系。该区主要受第四系松散层孔隙水以及裂隙水、地表水、老空水水害影响，由于区内含煤岩系基底岩溶不发育，含水性比较弱，因此底板水害对煤层开采威胁不大。总体来说，该区矿井水害对矿井正常生产影响不大，部分矿区受地表水和第四系孔隙含水层水害危害较重，有时造成淹井事故。

4. 西北侏罗纪煤田的裂隙水水害区

该区主要分布在昆仑山-秦岭构造带西段以北、贺兰山构造带以西地区，行政区划属甘肃、青海、新疆3个省区。区内含煤岩系主要为侏罗系含煤地层，该区属干旱少雨，地表及地下均严重缺水，生活用水和工业用水困难，仅有少部分地区有地表水和老窑水构成的矿井水害，近年来随着煤炭资源深部开发以及火烧区的影响，该区域水害问题日趋复杂。

5. 西藏-滇西中生代煤田的裂隙水水害区

该区主要分布在我国昆仑山-秦岭构造带西段以南、川滇构造带以西区域，行政区划属西藏、滇西等，主要聚煤期为晚三叠世和早白垩世，区内煤矿开采规模小，受水害威胁尚不严重。

6. 台湾古近纪和新近纪煤田的裂隙-孔隙水水害区

该区主要分布在我国台湾省区域，含煤岩系以陆相碎屑岩系为主，含水性弱，水文地质条件较简单，煤矿开采规模小，水害也不严重。

第二节　矿井涌水量预测

矿井涌水量是指矿井在建设开发过程中，不同水源的水通过不同途径进入矿井的总水量。矿井涌水量的大小是评价矿井建设的经济可行性、安全可行性的重要指标，也是合理设计矿井建设与生产方案，设计矿井防排水系统，制定矿井防治水措施的主要依据。对矿井涌水量在时间和空间上进行预测评价是矿井水文地质工作的重要任务。矿井涌水量按其性质可分为矿井正常涌水量、矿井最大涌水量和矿井灾害涌水量。

矿井正常涌水量指矿井开采期间，单位时间内流入矿井的平均水量。一般以年度作为统计区间，以“m^3/h”为计量单位。

矿井最大涌水量指矿井开采期间，正常情况下矿井涌水量的高峰值。主要与采动影响和降水量有关，不包括矿井灾害涌水量。

在生产实践中，主要运用相关比拟法、解析法、数值法和水均衡法对矿井涌水量进行预测。

一、相关比拟法

1. Q-S 曲线方程法

根据稳定井流理论，抽水井的涌水量 Q 与水位降深 S 之间可用 Q-S 曲线的函数关系表示。Q-S 曲线法就是利用稳定流抽(放)水试验的资料，建立涌水量 Q 与水位降深 S 的曲线方程，然后根据试验阶段与未来开采阶段水文地质条件的相似性，把 Q-S 曲线外推，以预测涌水量。Q-S 曲线法外推计算时，一般有以下 4 个步骤。

(1) 建立各种类型的 Q-S 曲线方程。

Q-S 曲线方程可以归纳为 4 种基本类型(图 13-3)，每一种 Q-S 曲线类型均有相应的数学模型。

① 直线型(Ⅰ型)的数学模型为：$Q=aS$。

② 抛物线型(Ⅱ型)的数学模型为：$S=aQ+bQ^2$ 或(令 $S_0=S/Q$)$S_0=a+bQ$。

③ 幂曲线型(Ⅲ型)的数学模型为：$Q=aS^{1/b}$ 或 $\lg Q=\lg a+\frac{1}{b}\lg S$。

④ 对数曲线型(Ⅳ型)的数学模型为：$Q=a+b\lg S$。

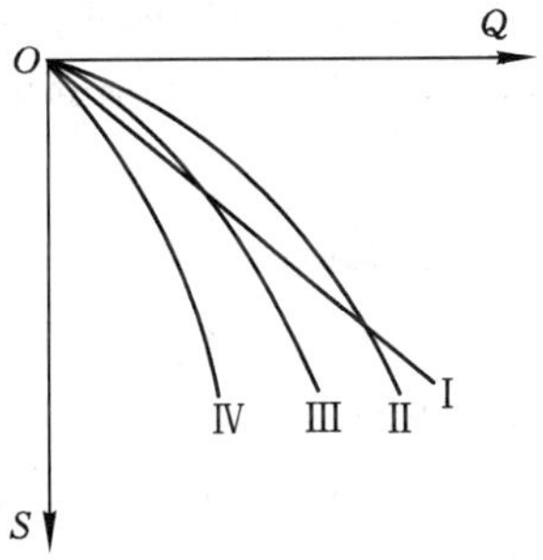

图 13-3　不同类型的 Q-S 曲线

(2) 判别实际的 Q-S 曲线的类型。

(3) 确定方程中的待定参数 a 和 b。

(4) 井径换算。

Q-S 曲线方程法的优点：它避开了各种水文地质参数，且计算简单易行。因此，在一些水文地质条件复杂的矿区，当边界条件复杂而难以建立解析公式时，常借助该法来解决矿井涌水量的预测问题。但应注意，Q-S 曲线方程法在做外推预测时，推断的范围一般不应超过抽水试验的最大降深的 2～3 倍(也有人认为不应超过最大降深)，否则预测的可靠性就会降低。

2. 水文地质比拟法

水文地质比拟法是利用地质和水文地质条件相似、开采方法基本相同的生产矿井(采区或工作面)的排水或涌水量观测资料,来预测新建矿井的涌水量。该法的应用前提是新建矿井(采区或工作面)与老矿井(采区或工作面)的条件应基本相似,老矿井要有长期的水量观测资料,以保证涌水量与各影响因素之间数学表达式的可靠程度。但水文地质条件完全相似的矿井少见,再加上开采条件也有差异,故它只是一种近似的计算方法。

3. 相关分析法

相关分析法是一种数学统计法,是研究同一体中的各种变量之间的相互关系。相关分析在于能从大量的矿井水文地质资料中,找出涌水量与水位降深、开采面积、地表水补给和大气降水补给等因素之间的相互关系,依据这些关系和它们间表现出的密切程度,建立相应回归方程,推算预测未知矿井涌水量。该方法对原始数据的采集有严格的要求:一是需要采集不少于一个水文年的动态观测数据,且数据量不少于 30 个;二是预测对象条件需一致。相关分析法的优点是避免了各影响参数对涌水量的干扰,处理简便;缺点是需要大量的原始数据,回归方程具有地域性,要求多个自变量与涌水量之间的相关系数不小于 0.7。

二、解析法

解析法是目前矿井涌水量预测中应用最广的一种方法,它适用于各种类型井巷和坑道系统,以及专门型疏干装置的涌水量计算;同时,还可以为疏干设计提供各项重要指标,如疏干时间、疏干范围及其疏干水位等。该方法适应能力强、实施快速、简便,但在计算时一般没有考虑地下水补给量,容易产生一定的误差。

1. 基本原理

解析法是根据地下水动力学原理,以数学的解析方法求解描述地下水运动规律的偏微分方程,对各种特定模式(指一定边界和初值条件下)的地下水运动模型建立其解析公式,达到在各种不同条件下预测矿井涌水量的目的。

2. 计算步骤

使用解析法预测矿井涌水量时,关键问题是如何在查清水文地质条件的前提下,将复杂的水文地质条件(根据解析法计算模型的特点)理想化,这就是矿区(井)水文地质条件的概化。它可概括为 3 个步骤:

第一步:分析疏干流场的水力特征。矿床的疏干流场,是在天然流场背景下,叠加人为开采因素演变而成的。因此分析疏干流场各种水力特征时,均应以天然条件为基础,充分考虑开采的影响,区分流场的状态。

第二步:确定边界类型。为了获得理想的解析解,应根据解析解计算模型的要求,对边界条件进行合理的概化,包括边界进水类型的划分及边界形态的简化等。

第三步:确定各项参数。计算参数直接影响矿井涌水量预测的精度,为此必须根据解析法计算模型的特点,结合矿区的水文地质条件及未来的开采方案,合理地确定各项参数,如岩层的渗透系数(K),含水层的给水度(μ)、厚度(H),大井的半径(r_0),影响半径(R)和影响带宽度(L),最大水位降深(S_{max})等。

三、数值法

数值法是随电子计算机的出现而发展起来的,它可以解决许多复杂条件下的疏干流场计算问题。常用的数值法有两种:有限单元法和有限差分法。其中,有限单元法更为常用。

有限单元法和有限差分法一样，在分割近似原理的指导下，将一个反映实际疏干流场渗流运动的光滑连续曲面，用一个彼此衔接无缝不重叠的有限三角形或多边形拼凑起来的连续但不光滑的折面代替，从而可以使复杂的非线性问题简化为线性问题。这样把非线性偏微分方程的定解问题转化为线性代数方程组的求解问题，从而摆脱了解析法求解微分方程时各种严格理想化的要求，使数值法能灵活地适应各种非均质地质结构和复杂边界条件下的矿井涌水量计算。由于采用与空间状态有关的分布参数系统的数学模型，数值法能较真实地描述地质模型的各种特征。工程的控制程度愈高，剖分愈细，数学模型就愈逼真，预测的精度也愈高，因此数值法在数学上虽是一种近似值，但对于解决实际问题来说，却是逼真的。

用数值法预测矿井涌水量时，能够解决的问题有：① 反求水文地质参数，验证边界条件，进行各种状态下水文地质模型的识别；② 模拟地下水疏干过程，预报地下水位、疏干流量及矿井涌水量。

四、水均衡法

水均衡法是利用水均衡原理预测矿井涌水量的一种方法，它通过研究某一时期（均衡期）矿区地下水各收支项目之间的关系，建立地下水均衡方程，从而计算矿井涌水量。其基本的形式为：

$$V_c - V_e = \Delta V \tag{13-1}$$

式中　V_c——均衡期内均衡区的补给量；

V_e——均衡期内均衡区的排泄量；

ΔV——均衡期内均衡区储存量的变化。

针对不同的水文地质条件，式(13-1)的三个均衡要素可以表现为不同的组成。例如，V_c包括侧向流入、大气降水入渗、地表水体渗漏补给、其他含水层越流补给、人工灌溉入渗等；V_e包括人工排泄和天然排泄，而天然排泄又可分为侧向径流排泄、地下水蒸发排泄以及向其他含水层越流等；ΔV 可以表现为弹性释放和重力给水形式。当均衡区由几个不同的含水层单元组成时，各单元的规模和给水度不尽相同，而且随矿山排水的进行，地下水系统的补给、径流和排泄条件也随之变化。由此可知，要准确计算地下水均衡的各组成部分十分困难。因此，均衡法一般只适用于完整的水文地质单元内补给和排泄量容易确定并且有长期观测资料的矿区总涌水量的概算。

第三节　矿井突水及其预测

凡因井巷、工作面与含水层、被淹井巷、地表水体或含水的裂隙带、溶洞、陷落柱、顶板垮落带、构造破碎带等接近或沟通而突然产生的出水事故，称为矿井突水（简称突水）。

矿井突水按采掘工作所处的阶段，可分为掘进突水和回采突水；按突水点与开采煤层所处的相对位置，可分为顶板突水、底板突水和煤柱突水；按突水相对于采掘工程进行的时间可分为即时突水和滞后突水等。依据突水点的水量大小，将突水点分为小突水点（$30\ m^3/h \leqslant Q \leqslant 60\ m^3/h$）、中等突水点（$60\ m^3/h < Q \leqslant 600\ m^3/h$）、大突水点（$600\ m^3/h < Q \leqslant 1\,800\ m^3/h$）和特大突水点（$Q > 1\,800\ m^3/h$）。

一、突水的征兆

各种类型的突水，事前都可能出现各种征兆，下面分别作以下介绍：

1. 一般征兆

(1) 煤层变潮湿、松软；煤帮出现滴水、淋水现象，且淋水由小变大；有时煤帮出现铁锈色水迹。

(2) 工作面气温降低，或出现雾气及硫化氢气味。

(3) 有时可听到水的“嘶嘶”声。

(4) 矿压增大，发生片帮冒顶及底鼓。

2. 工作面底板灰岩含水层水突水征兆

(1) 工作面压力增大，底板鼓起，底鼓量有时可达 500 mm 以上。

(2) 工作面底板产生裂隙，并逐渐增大。

(3) 沿裂隙或煤帮向外渗水。

(4) 底板破裂，沿裂缝有高压水喷出，并伴有“嘶嘶”声或刺耳水声。

(5) 底板发生“底爆”，伴有巨响，水大量涌出，水色乳白或呈黄色。

3. 松散孔隙含水层水突水预兆

(1) 突水部位发潮、滴水，滴水逐渐增大，仔细观察可发现水中有少量细沙。

(2) 发生局部冒顶，水量突增并出现流砂。流砂常呈间歇性，水色时清时浊，总的趋势是水量、砂量增加，直至流砂大量涌出。

(3) 发生大量溃水、溃砂，这种现象可以影响到地表，致使地表出现塌陷坑。

以上征兆是典型情况，在一些具体的突水过程中，并不一定全部表现出来，所以，应该细心观察，具体情况具体分析。

二、突水水源分析与判别

分析和判断突水水源可以对突水的发展及突水的后果做出预测，是组织抢救和正确决策的前提，分析水源一般可以利用以下方法。

1. 直观分析法

矿井突水后，应仔细观察突水点及周围情况，包括出水点位置、周围的地质情况、巷道压力，以及水的气味、颜色、声音、水压、水温及水中携带的物质，根据突水的现象和突水特征直观地分析突水水源。

2. 水文地质条件分析法

发生突水后，应对突水的水文地质条件进行综合分析，可从以下几个方面进行分析：

(1) 煤层底板接近强含水层，致使水突破隔水层。

(2) 底板有断层、裂隙、隐伏的陷落柱，发生地下水垂向补给。

(3) 采掘工作面接近或揭露含水陷落柱。

(4) 断层使强含水层与煤层中的薄层灰岩含水层接触，地下水发生侧向补给。

(5) 工作面接近或揭露与强含水层串通的钻孔。

(6) 浅部露头补给。

(7) 地表水和冲积层水补给。

(8) 断层带含水，并与地表水或强含水层沟通。

(9) 采掘工作面揭露含水层或含水溶洞。

(10) 上下采空区被导水裂缝带连通。

上述 10 项突水因素应逐一分析，以便准确地判断突水水源和地点。现以峰峰四矿 −24 m 水平大青灰岩水为例(图 13-4)，对分析水源的方法加以说明。峰峰四矿位于峰峰煤田西北部，岩层走向近南北，倾向东，倾角 15°，西部为煤层及薄层石灰岩含水层的露头，地势较高，无地表水。井田内东南侧 F_6 断层及西北侧 F_8 断层使本井田形成地垒构造，北部 F_{65} 断层将奥陶系石灰岩含水层抬起，但在煤层与奥陶系石灰岩交接处有火成岩阻隔。1965 年该矿 −24 m 水平勘探钻窝发生底鼓破裂和突水，涌水量 7 m^3/min，并冲出大量黄泥和杂物，接着附近一钻孔也发生喷水，涌水量为 14 m^3/min。

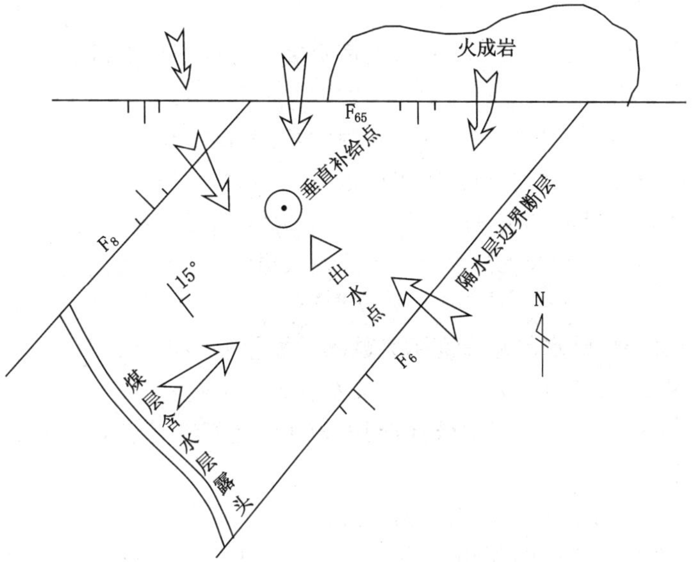

图 13-4　峰峰四矿出水点水文地质条件分析图

据观测，水量初期稳定，水位降深很小，水质与奥陶系含水层水质相同。

根据分析，有可能成为补给水源的有：

(1) 奥灰水通过陷落柱或垂向裂隙补给。

(2) F_{65} 断层西段奥灰水的侧向补给。

(3) F_{65} 北侧奥灰水→F_8 北侧伏青灰岩水→本井田大青水，多层次侧向补给。

针对上述 3 种可能性，经过水文地质勘探和试验以及放水试验，排除了侧向补给的可能，证实大青水是由下部奥灰水通过垂向通道补给的，后经注浆堵截垂向补给通道成功。

3. 地下水示踪试验

地下水示踪试验是指在可能成为补给水源的水体中投放随地下水流动的示踪剂，并在预期可能到达的井下出(突)水点进行取样检测，根据检测结果，综合分析和评价场区的地下水补给关系，还能够判断地下水流的通道和主导方向等水文地质条件。

4. 水质判别模型法

地下水中的化学成分是地质、水文地质历史发展过程的结果，与形成地下水的水文地质环境有关，因此，不同含水层在不同时期有着区别于其他含水层的水化学特征。地下水化学成分的这种横向差异是建立水质判别模型的条件。有多个含水层的矿井，应对区内各含水层和地表水体进行系统的地下水化学成分分析，建立起本矿区可用于判断突水水源的水质判别模型。一旦发生突水，只要测定突水点的地下水水质，便可通过水质判别模型判定突水水源。

5. 地下水动态分析法

地下水在自然状态下一般保持相对稳定的运动规律，在矿井突水时，水位发生急剧变化的往往是突水水源，不变化的含水层一般不是突水水源；当多个含水层同时发生变化时，一般变化大的含水层是主要突水水源，变化小的是次要水源。

三、突水的影响因素与突水预测

1. 影响底板突水的因素

底板突水机理比较复杂，一般认为，影响底板突水有以下主要因素：

(1) 含水层富水性及水压

含水层的富水性是底板突水发生的内在因素，决定着突水量的大小及其稳定性；水压则是底板突水的基本动力。在煤层底板隔水层条件相同时，水压愈大，底板突水的概率愈高，对于遭受变形破坏较为严重的底板隔水层，水压作用愈明显。在我国受奥灰或茅口灰岩水影响的矿井，随着矿井的延深，底板承受的水压愈来愈大，矿井受底板水的威胁也随之增大。

(2) 隔水层

当其他条件相同时，隔水层的厚度越大越不易发生底板突水。隔水层抑制底板突水的能力除取决于其厚度外，还与其岩性及组合关系有关。研究表明，柔性岩石有利于阻止水的渗入；刚性岩层抵抗矿压破坏的能力较强；刚柔相间的底板有利于抑制底板突水。

(3) 断裂构造

断裂构造是底板突水的重要因素。据统计，80%～90%以上的突水发生在断裂带及其附近(表 13-2)，断裂构造所起的作用表现为降低底板隔水层的强度，缩短煤层与对盘含水层的间距，甚至成为承压水涌入矿井的导水通道，从而导致底板突水。

表 13-2　断裂带突水点所占百分数

矿区或国家	井陉	峰峰	淄博	匈牙利
断裂带突水点所占百分数/%	97	84～90	70～80	96

(4) 矿压

矿压对煤层底板的变形破坏主要是在隔水层上部形成矿压破坏带，从而直接影响隔水层的有效厚度，为突水的发生创造条件。在天然条件下，水压的作用与经过原生破坏后的隔水层的阻水能力已大体上处于相对平衡状态时，一旦加上矿压的破坏作用，相对平衡即遭破坏，底板突水随之发生。因此，人们将矿压视为底板突水的诱发因素。如果底板下含水层具有一定的水压，隔水层的稳定性就成了控制底板突水的决定因素。当水压和隔水层的稳定性处于相对平衡时，构造(主要是断裂)和矿压的作用将促使矛盾由不突水向突水转化。当自然条件下的水压与受构造影响削弱后的隔水层稳定性处于相对平衡状态时，矿压则成为诱发底板突水的主要因素。地应力大时，更会加剧底板突水的发生。

2. 突水预测

(1) 易发生突水地段

据统计，当煤层底板存在强含水层时，在下列构造部位突水概率最大：

① 断层交叉或汇合处，如焦作演马庄矿北东向的F_3断层与东西向的3条小断层相交处均发生突水，其突水量分别为120 m^3/min、57 m^3/min和89 m^3/min。

② 断层尖灭或消失端一带，如演马庄矿F_4断层的尖灭地段及峰峰二矿F_{18}断层尖灭地段都曾发生突水，其突水水量分别为15 m^3/min和14.4 m^3/min。

③ 褶曲轴部裂隙密集带或小断裂密集带，如焦作王封矿西部背斜轴一带常常突水。

④ 背斜倾伏端一带，如湖南煤炭坝、斗笠山、双狮岭等矿区的倾伏背斜的倾伏端一带突水频繁，突水点水量占全矿区涌水量的90%以上。

⑤ 两条大断层相互对扭地带(即张扭性破碎带)，如焦作中马村矿西端李河断层和东端李庄断层形成对扭状态，导致这一地段小构造密集，突水频繁。

⑥ 与导水或富水大断裂呈"人"字形连接的小断裂带，如李封矿一采煤区的4条与凤凰岭断层呈"人"字形连接的小断层两侧，突水点成群分布。

⑦ 复合部位小断层与次级小褶曲轴在地层倾向急剧转折带上的复合部位，或小褶曲轴与地层倾向转折带的复合部位或平缓小褶曲翼部。如峰峰四矿中奥灰水垂向进入大青灰岩的补给通道处在这类复合地段。

⑧ 压性断裂下盘、张性断裂上盘因富水性强，井巷通过或接近时往往发生突水。

⑨ 新构造活动强烈的断裂带，如峰峰矿区62%的突水发生在活动强烈的断裂带处。

⑩ 不同力学性质的断裂组成的断裂带，富水性强，易于发生突水。

(2) 采掘前的突水预测

采掘前的突水预测方法有突水系数法、五图双系数法和脆弱性指数法三种。

① 突水系数法。突水系数是指单位隔水层厚度所承受的水压，又称水压比。其表达式为：

$$T=\frac{p}{M-C} \tag{13-2}$$

式中　p——隔水层承受的水压，MPa；

M——底板隔水层厚度，m；

C——采矿对底板隔水层的扰动破坏厚度，m。

我国一些矿区的临界突水系数如表13-3所列。

表13-3　我国一些矿区的临界突水系数T_s

矿区	峰峰	焦作	淄博	井陉
突水系数/(MPa·m^{-1})	0.06～0.08	0.06～0.15	0.06～0.14	0.06～0.10

用式(13-2)算出的某一地段安全等效隔水层厚度或突水系数值小于其实际的等效隔水层厚度或临界突水系数值时，此地段是安全的，否则可能突水。

突水系数是通过长期生产实践总结出来的，在煤矿生产中得到了广泛的应用，对评价与预测煤矿底板突水起到了积极的作用。但存在一些问题：① 由于已知突水点的80%～90%发生在断层带及附近，由这些突水资料总结出的临界突水系数值用于评价和预测构造破坏地段的底板突水较为可靠，评价或预测正常块段底板突水偏于保守；② 根据对大量突水资料的统计分析，用浅部突水资料来预测或评价深部突水也偏于保守；③ 在实际突水资料缺乏或较少的矿区，临界突水系数值难以确定；④ 在实际应用中，因受专门水文地质孔数量的限制以及灰岩含水层岩溶发育和富水性的极不均匀，在通过内插法编制的等水压线图上确定的水压值很难满足精度要求；⑤ 没有考虑充水含水层的富水性、含水层中古风化壳的作用、含水层的岩性组合等因素。

② 五图双系数法

五图双系数法中，五图是指底板保护层破坏深度等值线图、底板保护层厚度等值线图、煤层底板以上水头等值线图、有效保护层厚度等值线图、带压开采评价图；双系数是指带压系数和突水系数，带压系数是表示每米岩层可以阻抗多大水压的指标，是通过保护层的阻抗水压能力测试中所获参数计算所得。

在工作面回采过程中，由于矿压等因素综合作用的结果，在煤层底板产生一定深度的破坏，这种破坏后的岩层具有导水能力，故称为“导水破坏深度”，通过实验和计算可以获得该值的分布状况。据此绘制“底板保护层破坏深度等值线图”(第一图)。

煤层底面至隔水层顶面之间的这段岩层称为“底板保护层”。它是阻止承压水涌入采掘空间的屏障，需查明其厚度及其变化规律。据此绘制“底板保护层厚度等值线图”(第二图)。

煤层底板以下含水层的承压水头将分别作用在不同标高的底板上。根据计算绘制“煤层底板上的水头等值线图”(第三图)。

把导水破坏深度从底板保护层厚度中减去，所剩厚度称为“有效保护层”。它是真正具有阻抗水头压力能力且起安全保护作用的部分。据此绘制“有效保护层厚度等值线图”(第四图)。

最后根据有效保护层的存在与否和厚度大小，依照“双系数”和“三级判别”综合分析，即可绘制带压开采技术的最重要图件“带水头压力开采评价图”(第五图)。

③ 脆弱性指数法。基于突水系数法已无法满足深部带压开采和现代采煤方法提出的要求，相关学者提出采用脆弱性指数法对煤层底板突水进行预测预报和评价。脆弱性指数法采用的基本模型就是将具有强大空间信息分析处理功能的 GIS 与可确定底板突水多种主控因素权重系数的信息融合耦合于一体的评价模型，即

$$VI = \sum_{i=1}^{N} S_i \times I_i \tag{13-3}$$

式中 VI——煤层底板突水的脆弱性指数；

S_i——第 i 个主控因素对底板突水的“贡献”或相对权重；

I_i——第 i 个主控因素归一化后的无量纲值。

其技术思路是首先根据大量已知的突水样本，对模型进行训练学习，确定主控因素体系及其对应的权重系数，建立底板突水评价的脆弱性指数模型；而后对各主控因素在突水过程中的灵敏度进行分析，并通过分级方法对底板脆弱性指数进行处理，得到底板突水危险性分区。与突水系数法相比，脆弱性指数法是多种突水影响因素的叠加，具有一定的优越性，更能有效指导矿井水害防治。

3. 采掘过程中的突水预测

煤矿防治水工作应当坚持预测预报、有疑必探、先探后掘、先治后采的原则，在前述预测工作的基础上，对有突水危险的区段或易于发生突水的构造部位及其附近地段，采取物探先

行、化探跟进、钻探验证、综合探测的方法对水害进行预测。

（1）物探。目前，应用于矿井突水预测的地球物理技术主要包括电磁波技术和弹性波技术两大类，其中电磁波技术是根据不同介质的电阻率差异探测地层富水性，弹性波技术是根据不同地层的物性差异探测地层厚度变化及不良地质构造等。电磁波技术一般采用矿井瞬变电磁法、矿井直流电法、无线电波透视法和音频电透视法，弹性波技术一般采用三维地震、槽波、瑞利波、微震等。矿井瞬变电磁法和直流电法主要应用于巷道内探测煤层工作面底板下导水、含水构造、隔水层厚度、巷道掘进前方超前预测预报、煤层内已知陷落柱含（导）水性探测等；无线电波透视法主要用于探测煤层内异常构造（如陷落柱、断层、煤层变薄区等）的具体位置，对异常构造的富水情况可进行定性或半定量分析；音频电透视法主要用于解决煤层底板下或顶板上一定深度范围内的富（含）水异常构造；矿井弹性波探测法主要用于探查工作面内落差大于 1/2 煤厚的小断层、长轴直径 10 m 以上陷落柱以及煤层变薄、岩浆岩侵入等不良地质体结构，其中透视槽波是煤矿井下探测精度最高的物探技术。

（2）化探。化探又称水文地球化学探测，是依据地下水系统中天然（或人工示踪剂）的化学、物理及同位素成分的分布及变化规律，分析和了解地下水的补给、径流、赋存及排泄特征，了解含水介质本身的结构特征，从而达到对地下水水源探查的目的。

（3）钻探。在物探及化探探测结果圈定的异常区范围内，采用钻探技术对含水区域进行验证，提高探测准确率。近年来，精确定位与造斜分支钻探技术、井下长距离近水平定向钻探技术以及地面大口径定向钻探技术取得了较大进展，为水害的预测预报提供了高效的探测手段。

（4）综合探测。综合矿井物探、化探和钻探信息，结合工作面实际地质及采掘条件，预测矿井突水危险性，对有发生突水危险地段的采掘工作面，超前采取探放水措施，保障采掘活动的安全。

四、突水量的估算

1. 现场测量突水量方法

突水发生后，水量的估算是一项必不可少的重要工作。根据现场具体条件，迅速而准确地对矿井突水水量做出估算，是矿井防治水工作布置和抢险救灾措施制定的重要科学依据。现场实测突水量的方法主要有以下三种。

（1）浮标法

矿井发生突水后，初期水量一般较小，可在巷道的排水沟内测量其水量。选用几何形状规整的排水沟（长 5 m 左右），清除沟内的杂物，选择上、中、下三个断面，测量其宽度及 3～5 个深度值，并用木屑或纸屑作浮标，测量排水沟内水的流速，反复测量 3～5 次，采用下式即可计算出突水水量：

$$Q = 60KL\frac{\frac{1}{3}\left(W_1\frac{h_1+h_2+h_3}{3}+W_2\frac{h_4+h_5+h_6}{3}+W_3\frac{h_7+h_8+h_9}{3}\right)}{\frac{t_1+t_2+t_3}{3}} \tag{13-4}$$

式中　Q——突水水量，m^3/min；

L——水沟测量段长度，m；

W_i——水沟断面宽度，m；

h_i——水沟内水深，m；

t_i——浮标在 L 段内运动的时间，s；

K——断面系数，一般按表 13-4 选取。

表 13-4　断面系数（K 值）选择表

水沟特性	水深/m	0.3～1.0		>1.0	
	粗糙度	粗糙	平滑	粗糙	平滑
K 值		0.45～0.65	0.55～0.77	0.75～0.85	0.8～0.9

当突水量增大到不能采取巷道排水沟测量时，可选择巷道中较为平直的一段，测量巷道内的水流量。其具体测量方法与排水沟内测量方法相同。

（2）水泵标定法

突水事故发生后，一般应增开水泵或延长水泵运转时间。水仓内增加的水量 Q（m^3/min）可按下式计算：

$$Q = K_{排} NW + \frac{SH}{t} \tag{13-5}$$

式中　W——水泵的铭牌排水量，m^3/min；

N——增开的水泵台数；

$K_{排}$——水泵的排水系数，一般按照表 13-5 选取；

H——t 时间内水位上升高度，m；

S——水仓的水平断面面积，m^2；

t——水仓水位上涨 H 所用的时间，min。

表 13-5　水泵的排水系数表

排水条件	新泵排清水	旧泵排清水	新泵排浊水	旧泵排浊水	双台旧泵单管排水
$K_{排}$	1.0	0.8	0.9	0.7	0.6

（3）容积法

矿井突水时，如果水是由下而上充满巷道及其他井下空间，则可利用下水平巷道硐室的淹没时间来估算其突水量，用公式表示为：

$$Q = \frac{V}{t} \text{或} Q = \frac{SH}{t} \tag{13-6}$$

式中　V——下水平巷道的淹没体积，m^3；

t——淹没时间，min；

S——下水平巷道或硐室的水平断面面积，m^2；

H——意义同式（13-5）。

2. 突水总水量的估算

突水抢险过程中，需及时掌握从突水开始到某一时刻的突水总水量，其计算方法如下：

（1）算术叠加法

$$V = Q_1 t_1 + Q_2 t_2 + Q_3 t_3 + \cdots + Q_n t_n \tag{13-7}$$

式中　V——从突水开始到某一时刻止突水总体积，m^3；

$Q_1 \sim Q_n$——从突水开始分段计算突水的涌水量，m^3/min；

$t_1 \sim t_n$——从突水开始到某一时刻止，与上述涌水量相对应的连续时间段($t_1 + t_2 + t_3 + \cdots + t_n = t$，min)。

(2) 曲线求积仪法

在直角坐标纸上，绘出涌水量变化曲线，其横坐标为时间，纵坐标为涌水量，绘出从突水开始到某一时刻涌水量变化曲线，在曲线图上用求积仪量出坐标轴与曲线所包围的全面积，然后用该面积乘以单位面积所代表的水量，得出水淹没的总体积。

3. 淹没时间的估算

矿井突水后，应定时测量水量及水位上涨速度，及时预测某一段时间内的水位上涨速度，这对抢险排水具有重要意义。

突水过程中，水量常呈不稳定状态，可用较简单的直线回归统计法进行推算，即

$$Q = a + bt \tag{13-8}$$

式中　Q——涌(突)水量，m^3/min；

t——涌(突)水时间，min；

a，b——待定系数。

在水量变化的情况下，矿井淹没水位上升时间可用下式计算：

$$t = \frac{V_1 + V_2}{Q_{平}} \quad (min) \tag{13-9}$$

式中　V_1——采空区的空隙体积，m^3；

V_2——已疏干的含水层的裂隙体积，m^3；

$Q_{平}$——预测到某时刻水量与最后一次实测水量的平均值，m^3/min。

第四节　矿井水害防治

矿井水的防治工作是在煤田(或矿井)充水条件分析和矿井涌水量预测的基础上，根据充水水源、通道和水量大小的不同，分别采取不同的防治措施。做好矿井防治水工作，必须坚持水害防治的十六字原则，即“预测预报、有疑必探、先探后掘、先治后采”。其中：“预测预报”是指查清矿井水文地质条件，对水害做出分析判断；“有疑必探”是指对可能构成水害威胁的区域，采用物探、化探、钻探等综合技术手段查明或排除水害；“先探后掘”是指先综合探放，确定巷道掘进没有水害威胁后再掘进；“先治后采”是指根据查明的水害情况，采取有针对性的治理措施排除水害隐患后，再安排回采。积极贯彻落实“探、防、堵、疏、排、截、监”的综合防治措施。其中：“探”主要指对有突水危险的区段或易于发生突水的构造进行探测；“防”主要指合理留设各类防水煤柱；“堵”主要指注浆封堵具有突水威胁的含水层；“疏”主要指探放老空水和对承压含水层进行疏水降压；“排”主要指完善矿井排水系统；“截”主要指加强地表水的截流治理；“监”主要指在采掘过程中对有突水危险地段的突水征兆进行监视。

防治矿井水害，首先应在查明矿区地质和水文地质条件的基础上，因地制宜地采取措施加以防治；其次，矿井水的防治工作应坚持以防为主，探、防、排、疏、堵、截、监相结合；再次，应坚持先易后难，先近后远，先地面后井下，先重点后一般，地面与井下相结合，重点与一般相结合的原则；最后，应注意矿井水的综合利用，实现排供结合，保护矿区地下水资源和

环境。

一、地表水防治

地表水的防治是指在由采矿活动产生的地面塌陷、裂隙和地表裂缝区或疏放岩溶水引起的地面岩溶塌陷区、含水层露头及地表水体(暂时和永久的)区段,采取的修筑防治水工程和其他防治水措施,以防止或减少降水和地表水渗(灌)入井下的工作。它既能保证矿井的安全,又能减少矿井的排水费用。

1. 山地矿区地面防治水措施和原则

凡雨季地表水向井下严重渗透的自然沟,汛期对矿井安全构成威胁时,应在漏水段内修建人工河床。如无条件修建者,可利用井下浅部巷道截排。

南方高原山地煤矿为削减暴雨时井下高峰涌水量,保证矿井安全,可利用地势,开凿截水平硐,截断向岩溶暗河灌水的河流。

在河谷下,当煤层顶底板坚硬,采后沿走向造成塌陷沟(坑),无条件充填或修筑人工河床时,应在塌陷沟外围挖截水沟,在河谷处修渡槽,地形有利时,可进行沟河改道。存在泥石流灾害的煤矿,要以预防为主,治山治坡,植树植草。

2. 平原矿区地面防治水措施和原则

凡汛期受河流泛滥威胁的矿区,在无条件提高河流行洪标准或进行河流改道时,其矿井井口、工业广场、主要交通线及生活区的地面高程应做相应加高。条件不允许时,必须在井口、工业广场、生活区周围修筑堤防。

矿井安全受内涝威胁的矿区,应按河网化方式,开挖行洪排涝渠道系统,修建防洪排涝泵站,排除内涝积水。有向井下溃水危险的塌陷坑,应填土夯实或围堤设泵排水。

对不符合水体下顶水采煤条件的工作面,必须排除积水后方可开采,或采取其他有效措施。

经查明河流或其他地表水体直接或间接成为矿井充水来源,对矿井涌水和安全开采有严重影响者,应采取截流防渗或井下浅截浅排措施。

3. 山前或低山丘陵矿区地面防治水措施和原则

地处山前平原受洪水威胁的矿区,为减轻山洪侵袭,有条件者可在山区修建小型水库;在山地开挖鱼鳞坑,植树造林,延缓山洪汇集时间;在山坡下开挖迎山截洪沟,消除山洪直冲矿区的危险。

地处低山丘陵受洪水威胁的矿区,除与山前矿区相同地采取延缓山洪汇集的措施外,尚应在开采区外围开挖环形排(防)洪道,构筑防洪圈,包围矿区截泄山洪,使洪水不流入矿区或集中通过矿区。

山前及低山丘陵矿区内部,要充分利用地形,修建排洪渠道系统,导流疏水。对井下安全生产有影响而又无条件自然泄水的塌陷区或积水洼地,须设排水站排水。漏水的河流、渠道、塌陷坑,汛前都要完成防渗透堵漏或填坑改道工程。如区域主干河有可能向矿区支河或防(排)洪渠道倒灌,严重威胁矿区安全时,应在支河(渠)出口处,建闸设站抽水排涝。

有严重岩溶塌陷的南方丘陵平原矿区河流,应根据当地条件修建人工河床、渡槽或进行河流改道。塌陷洞要填实,岩溶露头区可充填封闭或沿坡开挖截水沟。

二、井下防治水措施

井下防水措施包括以下几项:

1. 探放水

探放水包括探水和放水两个方面。探水是指采矿过程中用超前勘探方法，查明采掘工作面顶底板、侧帮和前方等水体的具体空间位置和状况等，其目的是为有效地防治矿井水做好必要的准备。放水是指为了预防水害事故，在探明情况后采取钻孔等安全方法将水体放出。

在生产矿井范围内，常有一些充水的小窑老空、断层及强含水层。当采掘工作面接触或接近这些水体时，常采取超前探放水的措施。“有疑必探，先探后掘”是超前探放水的重要原则。当采掘工作面接近老空或含水断层、接近或需要穿过强含水层(带)、采掘煤层受顶底板含水层威胁或采掘工作面发现煤层变潮和光泽变暗、煤层发汗及煤壁变冷、工作面气温降低和出现雾气、煤壁挂红或掌子面有水叫声、巷道顶板淋水或底板鼓起时，均需进行超前探放水。

2. 留设防隔水煤(岩)柱

在矿井可能受水害威胁的地段，留设一定宽度(或高度)的煤(岩)柱，称为防隔水煤(岩)柱。在煤层露头风化带，在地表水体、含水冲积层下或者水淹区域邻近地带，与富水性强的含水层间存在水力联系的断层、裂隙带或者强导水断层接触的煤层，有大量积水的老空，导水、充水的陷落柱、岩溶洞穴或者地下暗河，分区隔离开采边界，受保护的观测孔、注浆孔和电缆孔等，必须留设防隔水煤(岩)柱。

防隔水煤(岩)柱的尺寸需考虑地质构造、水文地质条件、煤层赋存条件、围岩物理力学性质、开采方法及岩层移动规律等因素，不得小于 20 m。

3. 水闸门和水闸墙

(1) 水闸门

水闸门一般设置在有突水危险采区的巷道出入口和井下主要设施(如井底车场、水泵房、变电所等)与矿井联络的巷道内，突水时关闭闸门，控制水害。水闸门通常设置在有足够强度的隔水层地段，由混凝土墙、门框和门扇等组成。门框的尺寸应能满足运输需要，门扇可根据水压大小用钢板或铁板制成。门的形状通常呈平面状；当水压超过 2.5～3 MPa 时，则采用球面状。为便于平时运输，水闸门处应设有短的、易于拆卸的活动钢轨，发生水患时，可迅速拆除。门扇与门框之间要加厚胶皮或铅板，以防漏水。

(2) 水闸墙

一般水闸墙是设置在需要永久或长期阻挡水的地方。水闸墙分临时性的和永久性的两类，前者一般用木料和砖砌筑；后者用混凝土或钢筋混凝土浇筑。水闸墙有平面、圆柱面、球面等形状。不论哪种水闸墙，均应有足够的强度，不发生变形、不透水和不位移。因此，修筑水闸墙的地点应选择在岩石坚硬及没有裂隙的地点，且应在墙的四周掏槽砌筑。

三、疏干降压

疏干降压是借助于专门的工程(如疏水巷道、抽水钻孔、放水钻孔、吸水钻孔等)及相应的排水设备，积极地、有计划有步骤地使影响采掘安全的含水层水位(水压)降低或造成不同规模的降落漏斗，使之局部或全部疏干。

一般认为，具备疏干降压的条件：矿层及其顶、底板含水层的涌水，对矿井生产有着严重影响，不进行疏干降压无法保证采掘工作安全和正常进行；矿床赋存于隔水或弱含水层中，但矿层顶、底板岩层中存在有含水丰富或水头很高的含水层，或虽含水不丰富但属流砂层，采掘过程中有突然涌水、涌砂的危险；露天开采时，因地下水的作用，降低了土石的物理力学强度，导致边坡滑落。

按疏干降压进行的阶段，可分为预先疏干和平行疏干。前者是在井巷掘进开始前进行，待地下水位（水压）全部或部分降低后再开始采掘工作；后者与采掘工作同时进行。按疏干进行的方式，又可分为地表疏干、井下疏干和联合疏干。

疏干方案的选择主要取决于矿区水文地质和工程地质条件、矿床开采方法以及采掘工程对疏干的要求等，通过综合的技术经济比较后确定。一般来说，疏干方案在技术上应满足的要求是：采用的疏干方法需与矿区水文地质条件相适应，并能保证有效地降低水位（水压），形成稳定的降落漏斗；疏干后形成的降落曲线应低于相应的采掘工作面标高或安全水头；疏干工程的施工进度和时间，应满足矿井开拓、开采计划的要求。

四、矿井排水

矿井排水是煤矿生产的基本环节。一些开采当地侵蚀基准面以上煤层的平硐，可借助平硐内的排水沟或专门开掘的泄水平硐自流排水；其他所有的煤矿都是将井下各出水点和通过井下疏降设备疏放出的水，经过排水沟或管道系统汇集于水仓，用水泵排至地表。

矿井排水方式有直接排水、分段排水和混合排水三种。应根据矿井涌水量的大小、类型、开采水平的数量和深度、排水设备的能力、矿井水的腐蚀性等条件选择排水方式。

1. 直接排水

由各水平水仓直接将水排至地表。

2. 分段排水

由下部水平依次排至上一水平，最后由最上部水平集中排至地表。如果上部水平的涌水量很小或下部水平的排水能力负荷不足，也可将上水平水排至下水平，再集中排至地表。

3. 混合排水

当某一水平存在具有腐蚀性的酸性水时，可以将该水平的水直接排至地表，以避免腐蚀其他水平的排水设备和排水管路，而其他水平的水仍可按分段排水方式排至地表。

五、注浆堵水

注浆堵水是防治地下水患的有效措施之一。注浆堵水系指将各种材料（黏土、水泥、水玻璃、化学材料等）制成浆液压入地下预定地点（突水点、含水层储水空间等），使之扩散、凝固和硬化，从而起到堵塞涌水通道，增大岩石强度或隔水性能的作用，达到治水的目的。

注浆堵水具有下列优点：减轻矿井排水负担，节省排水用电，从而降低吨煤成本；有利于地下水资源的保护和利用，减轻对环境的破坏；改善采掘工程的劳动条件，提高工效和质量；加固井巷或工作面的薄弱地带，减少突水可能性；能使被淹矿井迅速恢复生产。

1. 注浆材料

注浆材料是注浆堵水及加固工程成败的关键和影响注浆经济指标的重要因素。注浆材料的选择，主要取决于堵水加固地段的水文地质条件、岩层的裂隙、岩溶发育程度、地下水的流速及化学成分等因素。选择注浆材料的一般要求为：可注性好（如流动性好、黏度低、分散相颗粒小等）；浆液稳定性好（析水少、颗粒沉降慢）；浆液凝结时间易于调节，固化过程最好是突变的；浆液固结后，具备所需要的力学强度、抗渗透性和抗侵蚀性；材料源广、价廉，储运方便；配制、注入工艺简单；不污染环境。常用注浆材料有水泥浆液、水泥水玻璃浆液、黏土浆液和化学浆液等。

2. 注浆设备

注浆工程施工所用的设备及机具主要有钻机、注浆泵、搅拌机、止浆塞和混合器等。

(1) 钻机的选择应根据地层条件和注浆深度来确定。

(2) 注浆泵的选择主要考虑的原则：根据设计的注浆压力及注浆量选型，应尽量选用压力、流量可调节的注浆泵；根据单液或双液注浆系统及备用量确定台数；根据注浆材料及灌注骨料与否选泵。

(3) 搅拌机选择的依据是其生产能力应保证供应注浆泵有足够的浆量。

(4) 止浆塞是将注浆孔的任意两个注浆段隔开，只让浆液注入止浆塞以下的岩石空隙中去的工具。止浆塞的选取应以能达到合理使用注浆压力，有效控制浆液分布范围，实现分段注浆，确保注浆质量等为原则。

3. 注浆工艺

注浆工艺一般包括：注浆前的水文地质调查、注浆方案设计、注浆孔施工、建立注浆站、注浆系统试运转和对注浆管路做耐压试验、钻孔冲洗与压水试验、造浆注浆施工、注浆结束后压水、关孔口阀，拆洗孔外注浆管路及设备、打开孔口阀，以及提取止浆塞或再次注浆、封孔和检查注浆效果等。

4. 注浆工程的应用

目前注浆工程应用于井筒巷道预注浆、井壁后注浆及巷道淋(涌)水的封堵、注浆恢复被淹矿井或采区、注浆帷幕截流、注浆加固煤层底板含隔水层以及防渗墙堵水等。

5. 注浆工程实例

2010 年 3 月 1 日，神华集团乌海能源有限责任公司骆驼山煤矿 16 号煤层回风大巷掘进工作面发生特别重大透水事故，造成 32 人死亡、7 人受伤，直接经济损失 4 853 万元。事故调查结果表明，16 号煤层回风大巷掘进工作面遇煤层下方隐伏陷落柱，在承压水和采动应力作用下，承压水突破隔水带形成导水通道，导致奥灰水从煤层底板涌出，涌水量在起初最大时达 7.2 万 m^3/h。事故发生后，救援专家组紧急调运了大功率水泵进行排水作业，累计抽排井下积水 144 万 m^3，在 2 万多人次 14 d 的营救之后，共有 46 人相继升井(其中 1 人经抢救无效死亡)，未发现井下其他受困人员及生命迹象，经救援专家组反复研究，决定于 3 月 14 日停止搜救工作，随即将井下水源封堵工程列为抢险救援第一要务。国家安全生产应急救援指挥中心紧急调集了国内领先、世界先进的各类最新钻井救援装备 10 余台(套)，累计施工钻孔 20 个，进尺 5 874 m，通过采用定向设备"钻斜偏"系统钻机准确透巷，累计向陷落柱注入石子、骨料、水泥、水玻璃等堵水材料 8 384 m^3，使得水位降到 16 号煤层巷道以下，成功封堵了涌水通道，封死了陷落柱水源。

复习思考题

13-1　矿井充水水源和充水通道有哪些？

13-2　我国煤矿水害的类型主要有哪些？

13-3　简述矿井涌水量的预测方法。

13-4　矿井突水征兆有哪些？

13-5　矿井水害防治的原则是什么？

13-6　突水水量如何估算？

13-7　简述井下防治水的主要措施。

13-8　在哪些情况下必须设防水煤柱？

13-9　在哪些情况下必须设置水闸墙？在设计和修筑水闸墙时有哪些要求？

13-10　注浆堵水材料有哪些？

第十四章　矿山救护

在煤矿生产中，由于自然条件复杂，作业环境较差，人们对矿山灾害客观规律的认识还不够深入，加上麻痹大意、违章作业等现象的存在，使得矿山灾害事故时有发生。为了实现安全生产，除了严格执行《煤矿安全规程》、组织上和技术上采取必要的措施之外，还必须加强预案建设，规范事故应急管理和应急程序，强化矿山救护的技术装备，提升矿工自救、互救和现场急救的意识和水平，以保证在一旦发生事故时，现场人员和矿山救护队能采取科学、有效的行动措施，最大限度地缩小灾害范围，减轻事故的危害，并迅速地排除事故、恢复生产。我们把这些围绕矿山减灾、救灾而开展的一系列特殊的工作，统称为矿山救护。矿山救护工作是实现矿山安全生产的一项重要工作。

第一节　矿山救护队

一、矿山救护队的组织与任务

矿山救护队是一支处理矿井火、瓦斯、煤尘、水和顶板等灾害的专业队伍，其队员是煤矿井下一线特种作业人员。

根据我国煤矿救护队的特点和煤炭行业的管理职能，《煤矿安全规程》规定，矿山救护大队应由不少于 2 个中队组成，是本矿区的救护指挥中心和演习训练、培训中心，是完备的联合作战单位。矿山救护大队负责所在区域内矿井重大灾变事故的抢险救灾和应急救援工作，对救护中队实行领导，并对区域内其他矿山救护队进行业务指导。矿山救护中队是独立作战的基层单位，由不少于 3 个救护小队组成，救护中队每天应有 2 个小队分别值班、待机。救护小队应由不少于 9 人组成。煤矿企业也可根据需要建立辅助救护队，业务上受矿山救护队的指导。

矿山救护队至服务矿井的行车时间以不超过 30 min 为限。所有煤矿必须有矿山救护队为其服务。煤矿企业应设立矿山救护队，不具备单独设立矿山救护队条件的煤矿企业，应指定兼职救援人员，并与就近的救护队签订救护协议或联合建立矿山救护队，否则不得生产。实践证明，矿山救护队在预防和处理矿山灾害事故中发挥了重要作用。

矿山救护队的任务：

(1) 抢救井下遇险遇难人员；

(2) 处理井下火、瓦斯、煤尘、水和顶板等灾害事故；

(3) 参加危及井下人员安全的地面灭火工作；

(4) 参加排放瓦斯、震动性爆破、启封火区、反风演习和其他需要佩戴氧气呼吸器的安全技术工作；

(5) 参与审查矿井灾害预防和处理计划，协助矿井搞好安全和消除事故隐患；

(6) 负责辅助救护队的培训和业务指导工作；

(7) 协助矿井搞好职工救护知识的教育。

二、矿山救护工作原则

矿山救护队必须认真执行党的安全生产方针，坚持“加强战备，严格训练，主动预防，积极抢救”的原则，时刻保持高度的警惕，要做到“召之即来，来之能战，战之能胜”。

矿山救护队接到事故召请电话时，在问清和记录事故地点、时间、类别、遇险遇难人员数量、通知人姓名及单位后，应立即发出警报；在向指挥员报告的同时迅速集结队伍，确保队伍在警报发出后 1 min 内出动。与此同时，待机小队立即转入值班。若发生的事故为火灾、瓦斯或煤尘爆炸及煤（岩）与瓦斯（二氧化碳）突出事故时，待机小队应与值班小队一起出发。

矿井发生重大事故后，必须立即成立抢救指挥部，矿山救护队长为指挥部成员，对矿山救护队抢救工作全面负责。如与其他矿山救护队联合作战时，应成立矿山救护联合作战部，由服务于发生事故的煤矿企业的矿山救护队队长担任作战部指挥，协调各矿山救护队行动。

为保证重大事故井下抢救工作的顺利进行，应在靠近灾区的安全地点设立井下基地。井下基地指挥由指挥部选派具有救护知识的人员担任。

选择井下基地的原则是：

(1) 不受灾变威胁或不因灾变进一步扩大而受到波及，距灾区尽可能近。

(2) 在处理事故过程中，基地风流稳定。冒顶、水灾等事故，选在贯穿风流地点即可。

(3) 有一定的空间和面积，保证储备救灾物资和救灾活动能正常进行。

(4) 方便运输，保证通风和照明。

随着灾区处理的进展，基地也可向灾区不断移动。

井下基地应有矿山救护队指挥员、待机小队和急救员值班，并设有通往指挥部和灾区的电话，备有必要的救护装备和器材。井下基地电话应有专人看守并做好记录。井下基地指挥员应与抢救指挥部、灾区工作的救护小队保持联系。井下救灾过程中应有专人检测风流和有害气体浓度。灾情突然发生变化时，井下基地指挥员应采取应急措施，并及时向指挥部报告。

矿井发生火灾、瓦斯或煤尘爆炸、水灾等重大事故后，救护队必须首先进行侦察工作，准确探明事故的类别、原因、范围，遇险遇难人员数量和所在地，以及通风、瓦斯、有毒有害气体等情况，为指挥部制定符合实际情况的处理事故方案提供可靠依据。进入灾区侦察或作业的小队人员不得少于 6 人，并根据事故性质的需要，携带必要的技术设备。

矿山救护队侦察时，应做到以下几点：

(1) 井下基地设待机小队，并用灾区电话与侦察小队保持不断联系。

(2) 进入灾区侦察，必须携带必要的装备。视线不清时应用探险棍探测前进，队员之间要用联络绳联结。

(3) 侦察小队进入灾区前，应考虑退路被堵后可能采取的措施，规定返回的时间，并用灾区电话与井下基地保持联络。小队应按规定时间原路返回，如果不能按原路返回，应经布置侦察任务的指挥员同意。如果没有按时返回或通信中断，待机小队应立即进入救援。

(4) 侦察行进中，应在巷道交叉口设明显的路标，防止返回时走错路线。

(5) 进入灾区时，小队长在队列之前，副小队长在队列之后，返回时与此相反。在搜索遇险遇难人员时，小队队形应与巷道中线斜交前进。

(6) 侦察小队人员应有明确分工，分别检查通风、气体含量、温度、顶板等情况，并做好记录，把侦察结果标记在图纸上。

(7) 在远距离和复杂巷道中侦察时，可组织几个小队分区段侦察。发现遇险人员应积极抢救，并护送到通风巷道或井下基地。在发现遇险人员的地点要检查气体，并做好标记。

(8) 侦察工作要仔细认真，做到有巷必到，凡走过的巷道要标注留名，并绘出侦察线路示意图。

(9) 侦察结束后，小队长应立即向布置侦察任务的指挥员汇报侦察结果。

抢救遇险人员是矿山救护队的首要任务，要创造条件以最快的速度、最短的路线，将受伤、窒息的人员运送到新鲜空气地点进行急救，同时引导未受伤人员撤离灾区。

救灾工作需要果断、勇敢和科学性相结合，不能有侥幸心理和蛮干行为。指挥人员应在准确把握事故情况的基础上认真分析研究，根据《煤矿安全规程》制定出切实可行的作战方案，抓住战机，组织力量，尽快地抢救人员和处理事故。

第二节　煤矿救护技术装备

矿山救护队配备的技术装备按用途不同可分为个体防护类、灭火装备类、检测仪表类、运输通信类和搜救类装备等。

个体防护类装备包括氧气呼吸器、氧气补给器、自动苏生器、自救器、冰冷防热服等；灭火装备类包括惰气发生装置、高泡灭火机、中泡灭火机、惰泡发射机、石膏喷注机、CO_2发生器、高扬程水泵等；检测仪表类装备包括化验设备、红外线烟雾温度测定仪、便携式爆炸三角形测定仪、氧气呼吸器校验仪、便携式气体检测仪、测风仪表等；运输通信类装备包括救护车辆和井上下通信设备等；搜救类装备包括寻人仪、生命探测仪等。

一、个体防护装备

1. 氧气呼吸器

氧气呼吸器是一种与外界空气隔绝的个体防护装置。按工作原理不同，可分为负压氧气呼吸器和正压氧气呼吸器两种。

(1) 负压氧气呼吸器

负压氧气呼吸器是带压缩氧气储备的隔绝再生式闭路循环呼吸保护器具，其工作过程中呼吸循环系统压力低于外界大气压。国内生产的有效使用时间有 2 h、3 h、4 h 和 6 h 四种。如一种 4 h 的氧气呼吸器，它由呼吸循环系统、氧气供应系统和辅助装置组成，其构造如图 14-1 所示。

呼吸循环系统由带口片的口具组件(或全面罩)16、呼吸软管组件 15、呼气阀 21、清净罐 22、呼吸袋 24、自动排气阀 14、降温器 10、吸气阀 11 以及口具附带的鼻夹等组成。呼吸循环系统与呼吸器其他部分有 3 处连接：一是通过呼吸软管组件 15 的中心螺栓，连接口具组件 16 或面罩，以实现和佩用者呼吸器官的连接；二是通过呼吸袋上的手动补给接头 2 与分路器 25 相连，以输入手动补给氧气；三是通过输氧管 18 与调节器 19 相连，以输入定量供氧和自动补给供氧。

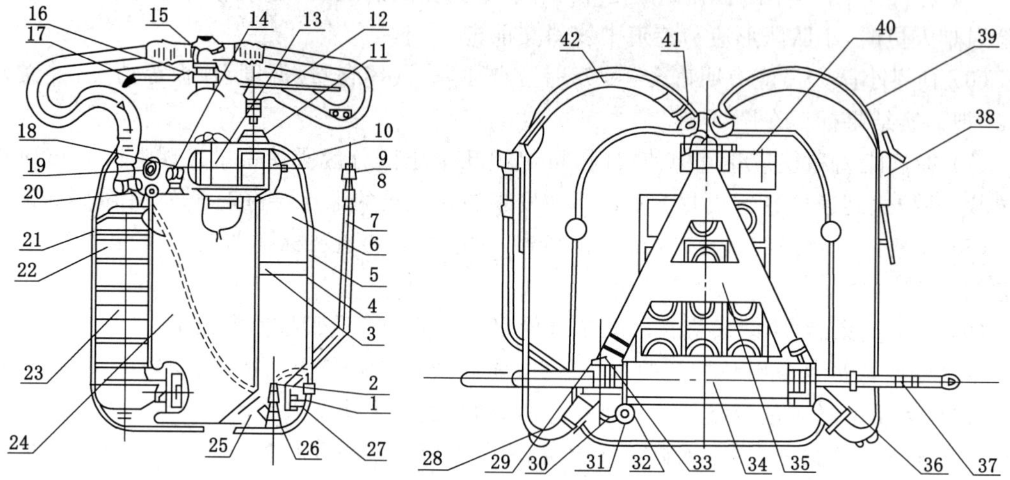

1—外壳；2—手动补给接头；3—氧气瓶左紧带；4—氧气瓶右紧带；5—开口销；6—氧气瓶；
7—压力表导管；8—氧气压力表；9—垫圈；10—降温器；11—吸气阀；12—右头带；13—保护片；
14—自动排气阀；15—呼吸软管组件；16—口具组件（或全面罩）；17—左头带；18—输氧管；19—调节器；
20—连调节器导管；21—呼气阀；22—清净罐；23—清净罐束紧带；24—呼吸袋；25—分路器；
26—氧气瓶开关；27—连氧气瓶导管；28—调节带；29—钩环螺帽；30—手动补给按钮；
31—压力表开关；32—连接螺丝；33—保护管；34—腰垫；35—A形带；36—连接钩环；
37—腰带；38—哨子；39—左肩带；40—螺钉；41—扣环；42—右肩带。

图 14-1 国产 AHG-4A 型氧气呼吸器

氧气供应系统由带开关的压缩氧气瓶 6，连氧气瓶导管 27、分路器 25，连调节器导管 20、调节器 19、输氧管 18、压力表导管 7、氧气压力表 8 等组成。供氧系统的操作部位有 3 处：一是氧气瓶开关 26；二是手动补给按钮 30；三是压力表开关 31。为便于操作，它们均布置在佩用者的右手下方。

辅助装置包括外壳、外壳内部设置的氧气瓶束紧带、清净罐束紧带、降温器束紧带以及外壳外部设置的肩带、腰带、腰垫、A 形带等，以供佩用者呼吸时用。

呼吸器佩用者从肺部呼出的气体经过口具或面罩进入呼吸器循环系统，沿呼气软管、呼气单向阀进入清净罐，呼出气体中的二氧化碳与清净罐中的吸收剂（主要是氢氧化钙）进行反应而被有效减少，净化后的富氧再生气体流入呼吸袋备用。佩用者吸气时，呼吸袋里的富氧气体流进降温器，被吸走部分热量，其温度降低并因此脱去部分水汽，然后穿过吸气单向阀而进入吸气软管。与此同时，来自供氧调节器的定量供氧以 1.3～1.5 L/min 的流量经输氧管进入降温器与再生富氧气体混合，沿吸气管和口具进入佩用者的呼吸器官，完成整个呼吸循环。

负压氧气呼吸器的呼吸循环系统工作压力低于外界大气压力。一旦发生泄漏，容易造成外界有害气体进入呼吸系统内，使佩用人员中毒。另外，该呼吸器防护方式采用口具鼻夹式，佩用过程中易脱落，因此正逐步被正压氧气呼吸器所代替。

(2) 正压氧气呼吸器

正压氧气呼吸器呼吸循环系统的工作压力高于外界大气压力。按照构造不同分为呼吸舱式正压氧气呼吸器和气囊式正压氧气呼吸器。

① 呼吸舱式正压氧气呼吸器

如图 14-2 所示的一种呼吸舱式正压氧气呼吸器，当气瓶开关被打开时，氧气被连续供应到呼吸舱。使用者吸气时，呼吸气体从呼吸舱流入冷却罐，气体在冷却罐里被冷却，然后通过吸气软管进入面罩。使用者呼气时，气体经过呼气软管，再通过清净罐吸收呼气中的 CO_2，进入呼吸舱。呼吸舱中装有带弹簧的呼吸膜片保持系统正压，若使用者吸气时耗完了呼吸舱内的全部气体，自动补给阀就会自动提供所需的额外氧气；若使用者呼气时使膜片完全膨胀，则多余的气体就会从排气阀自动排出。使用过程中，整个呼吸系统的压力始终略高于外界环境气体压力。其构造如图 14-2 所示。

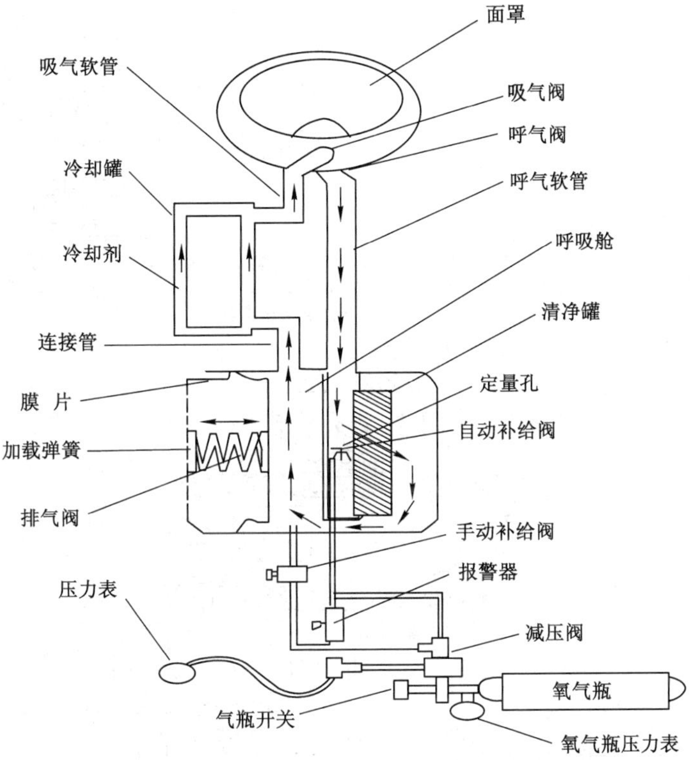

图 14-2 呼吸舱式正压氧呼吸器结构及工作原理图

② 气囊式正压氧气呼吸器

如图 14-3 所示的一种正压氧气呼吸器，使用时打开氧气瓶开关，高压氧气经减压器以稳定流量进入降温器。吸气时，吸气阀开启，呼气阀关闭，气囊中的气体以及定量供给的氧气经降温器、吸气软管、吸气阀、面罩进入人体肺部。呼气时，吸气阀关闭，呼出的气体经呼吸接头内的呼气阀、呼气软管进入装有 CO_2 吸收剂的清净罐内，呼出气体中的 CO_2 气体被吸收剂吸收后，其余气体进入气囊。当佩用者劳动量较小而需氧量较小时，气囊内压力增大到 400～700 Pa 时，排气阀自动排气。当佩用者劳动量较大而需氧量较大时，通过自动补给或手动补给向气囊中供气。安装在正压板上的正压弹簧使整个呼吸系统处于正压状态，当气囊内的压力低于 10 Pa 时，气囊上正压板在弹簧力的作用下触碰自动补给阀，阀门就开启，补充氧气到呼吸系统中，使系统内压力始终高于外界大气压力。其工作原理如图 14-3 所示。

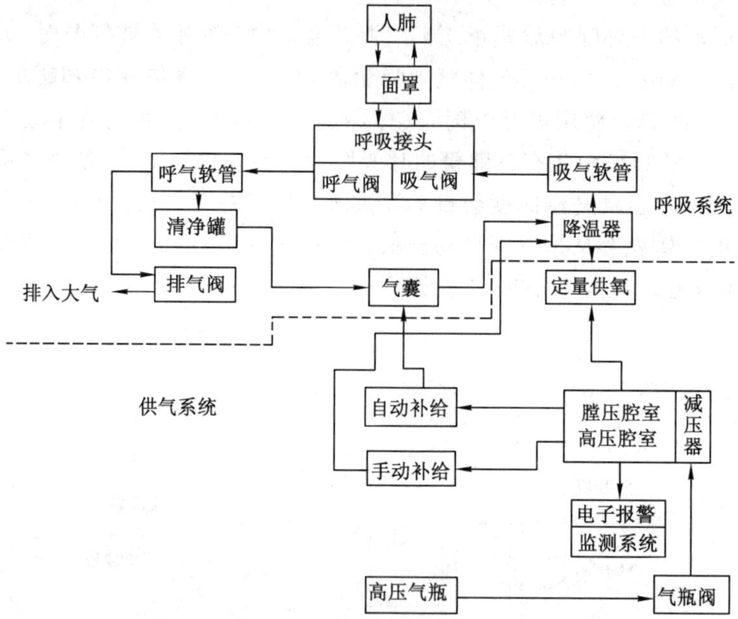

(a) 原理方框图

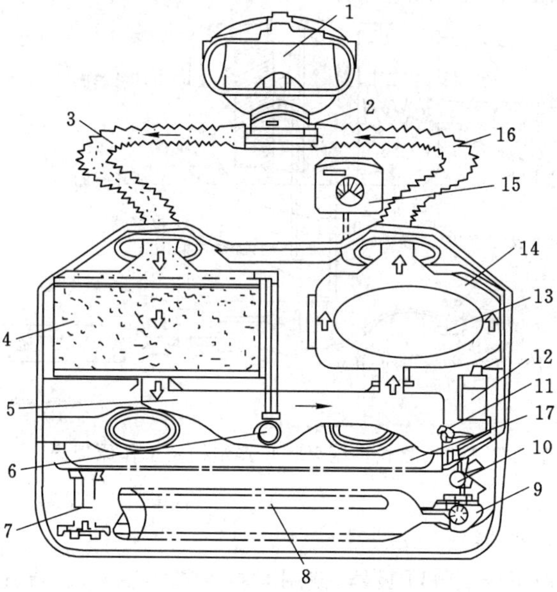

(b) 原理结构图

1—面罩；2—呼吸接头；3—呼气软管；4—清净罐；5—气囊；6—排气阀；7—排水阀；
8—氧气瓶；9—瓶阀；10—减压器；11—自动补给阀；12—模拟窗主机；13—降温器；
14—定量供氧；15—模拟窗显示器；16—吸气软管；17—压力传感器。

图 14-3　气囊式正压氧气呼吸器工作原理图

该装置采用“模拟窗”电子测试报警系统。该系统由传感器、主机、显示器组成，可以连续检测氧气瓶中的压力及系统工作是否正常。当氧气瓶达到余压压力或仪器发生故障时，发出报警信号。

2. 自动苏生器

自动苏生器是一种自动进行正负压人工呼吸的急救装置，它适用于抢救如胸部外伤、中毒、溺水、触电等原因造成的呼吸抑制或窒息的伤员。我国救护队使用的一种自动苏生器的构造和工作原理如图 14-4 所示。

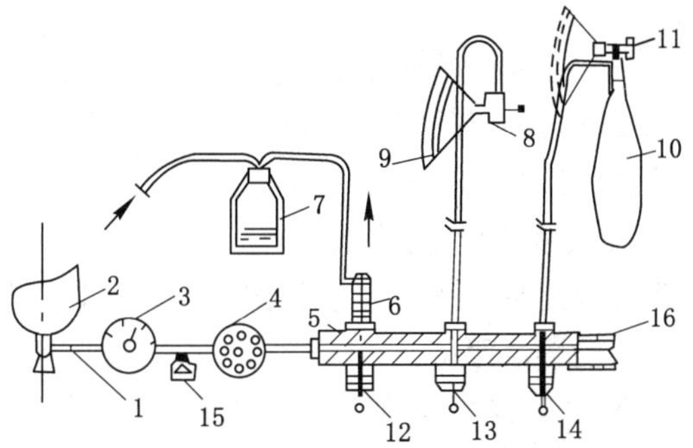

1—氧气管；2—氧气瓶；3—压力表；4—减压阀；5—配气阀；6—引射器；
7—吸引瓶；8—自动肺；9—面罩；10—储气囊；11—呼吸阀；
12，13，14—开关；15—逆止阀；16—安全阀。

图 14-4 自动苏生器工作原理示意图

氧气瓶 2 中的高压（20 MPa）氧气经氧气管 1、压力表 3 进入减压阀 4，将压力减到 0.5 MPa 以下，然后进入配气阀 5。在配气阀 5 上有 3 个气路开关：开关 12 通过引射器 6 和导管相连，其功用是在苏生前，借引射器中高速气流造成的负压先将被抢救人员口中的泥、黏液、水等抽到吸引瓶 7 内；开关 13 利于导气管和自动肺 8 相连，自动肺 8 通过其中的引射器喷出氧气时吸入外界一定量的空气，二者混合后经过面罩 9 压入被抢救人员肺内，然后引射器又自动操纵阀门将肺内气体抽出，以实现自动进行人工呼吸的目的；当被抢救人员恢复自动呼吸能力后，可停止自动人工呼吸，改为自主呼吸下的供氧，即将面罩 9 通过呼吸阀 11 与储气囊 10 相接，储气囊通过导气管和开关 14 相接。储气囊 10 中的氧气经呼吸阀供被抢救者呼吸用，呼出的气体由呼吸阀排出。

为保证苏生抢救工作不致中断，应在氧气瓶内的氧气压力接近 3 MPa 时，换用备用氧气瓶或工业大氧气瓶供氧，备用氧气瓶使用两端带有螺旋的导管接到逆止阀 15 上。此外，在配气阀上还备有安全阀 16，它能在减压后氧气压力超过规定数值时泄出一部分氧气以降低压力，使苏生工作能可靠地进行。

二、大型灭火装备

1. 高倍数泡沫灭火机

高倍数泡沫灭火机简称发泡机，它是以泡沫液和水为原料，在风力的作用下通过发泡机产生高倍数空气泡沫。主要适用于煤矿井下巷道及其他地下或半地下建筑物（油罐）等有限空间内的煤炭、木材、油类及织物等明火火灾。目前装备的主要有 BGP-200 型和 BGP-400 型。

如 BGP-200 型发泡机是属于防爆可移动式的中型发泡机，其工作原理是：通过潜水泵排出的泡沫剂溶液（泵吸水口同时吸水和泡沫剂），以一定压力（0.10～0.14 MPa）经旋叶式喷嘴，均匀地喷洒在棉线织成的双层发泡网上，借助于风机风流的吹动，即连续产生大量的空气机械泡沫。产生的泡沫性能稳定，在 6 m^2 断面的水平巷道中输送泡沫的距离可达 250 m 以上，其工艺流程如图 14-5 所示。

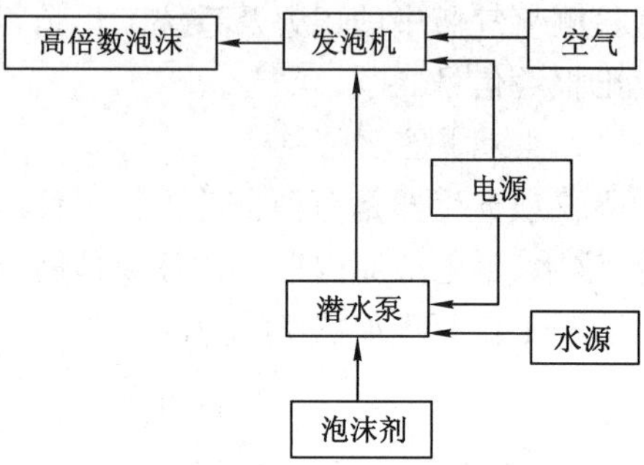

图 14-5　BGP-200 型发泡机工艺流程图

2. 惰气发生装置

惰气发生装置的工作原理是以燃油为原料，在风机供风条件下，通过启动点火，燃油喷嘴的适量喷油，在特制的燃烧室内进行急剧的氧化反应，高温的燃烧产物（主要成分是非燃性的 N_2、参与氧化反应后剩余的 O_2 和氧化反应产物 CO_2 及 CO 等）经水套及烟道喷水冷却，即可得到符合灭火要求的湿式惰性气体。惰气发生装置有 DQ-150 型、DQ-400/500 型、DQ-1000 型等类型。

如 DQ-400/500 型惰气发生装置由供风装置、喷油室、风油比自控系统、燃烧室、喷水段、封闭门、烟道、供油系统、控制台及供水系统等组成，如图 14-6 所示。

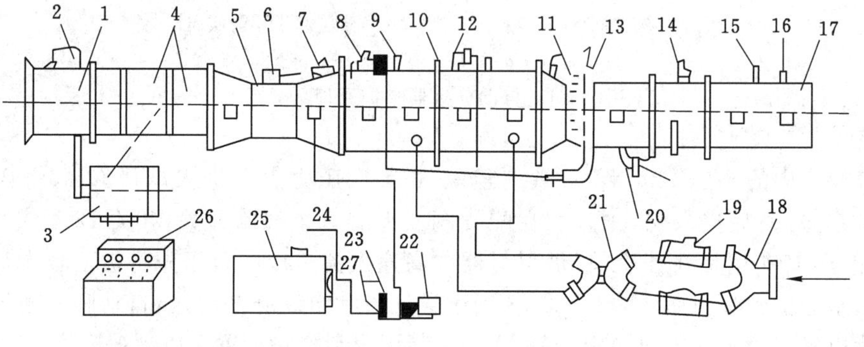

1—进风筒；2—自控传感器；3—电机；4—风机；5—整流段；6—点火线圈；7—点火器；8—燃烧室；9—安全阀；10—快卸环；11—喷嘴；12—压力传感器；13—水杯；14—封闭门；15—温度传感器；16—取气管；17—烟道；18—分水器；19—滤水器；20—水漏；21—三通管；22—电机；23—油泵；24—油门电机开关；25—油箱；26—操作台；27—回油钢管。

图 14-6　DQ-400/500 型惰气发生装置示意图

3. 惰泡发生装置

惰泡发生装置同时具备高倍数泡沫和惰气发生装置的功能，是扑灭煤矿井下大型火灾、抑制瓦斯爆炸、减少或杜绝残火复燃的技术装备。

如 DQP-200 型惰泡发生装置是先以煤油为燃料，在自备风机供风条件下，在特制的燃烧室内适量喷油，通过启动点火引燃喷出的均匀油雾，在有水保护套的燃烧室内进行急剧的氧化反应，经高温燃烧除氧后，通过喷水冷却降温，然后采用耐高温浓烟型高泡药剂，在压力水的作用下，通过喷嘴将泡沫溶液均匀地喷洒到发泡网上，借助于惰气流的吹动，使每个网孔连续形成包裹着惰性气体的气液结合泡沫体，即形成了惰气高倍数泡沫（简称惰泡）。

该装置主要由供风系统、燃烧系统、冷却系统、发泡系统、供油系统、监控台等 6 个部分组成，如图 14-7 所示。

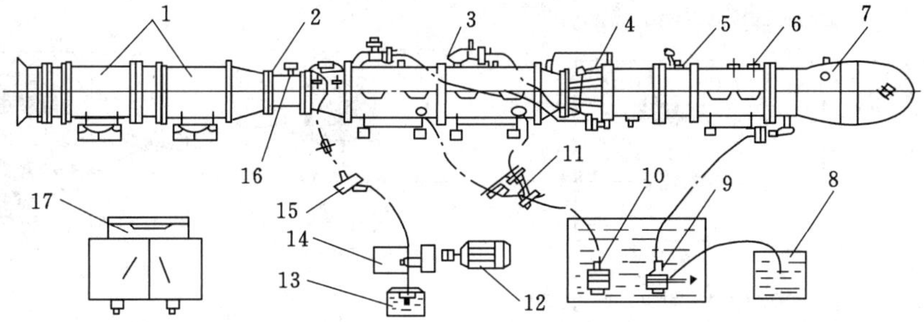

1—供风装置;2—喷油室;3—燃烧室;4—喷水降温段;5—封闭门;6—取气管;7—发泡系统;
8—药箱;9—泡沫泵;10—冷却水泵;11—分器;12—电机;13—油箱;14—油泵;
15—油门电机;16—风油比系统;17—控制台。

图 14-7 DQP-200 型惰泡发生装置示意图

三、救护通信设备

矿山救护通信设备(俗称灾区电话),是矿山救护队在抢险救灾过程中不可缺少的设备。目前使用的有声能电话机和可视化救灾通信设备。随着技术的进步,救灾通信正逐步向可视化方向发展。

1. 声能电话机

声能电话机为矿用防爆型,有效通话距离 2～4 km。该机由发话器、受话器、声频发电机、扩大器等组成。有手握式对手握式和手握式对面罩式组成无源通话两种安装形式。在抢险救灾时,进入灾区的人员可选用发话器、受话器全装在面罩中,扩大器固定在腰间的安装形式,如图 14-8 所示。

日常工作联络或指挥所用时,可选用手握式电话机,其安装形式如图 14-9 所示。

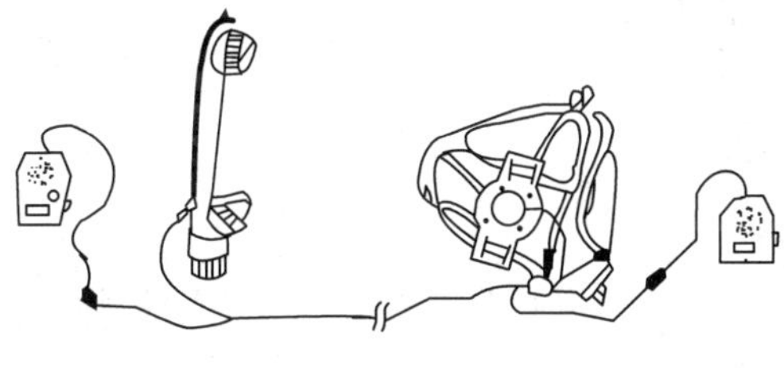

图 14-8 手握式对面罩式的安装形式

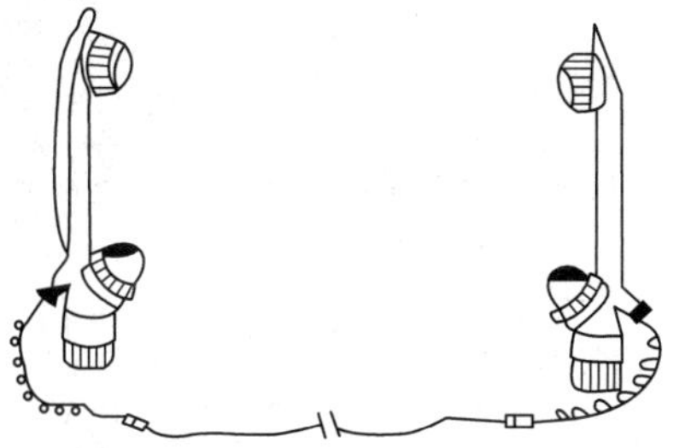

图 14-9 手握式对手握式的安装形式

2. 矿山救援可视化通信装置

矿山救援可视化通信装置通过视频、音频信号的高速传输,实时监视和直接联络井下事故现场。该装置由救护队员随身携带,将井下事故现场图像实时传输到井下基地和地面指挥中心,井下灾区的救护队员和井下基地及地面指挥中心之间可实时进行信息沟通,并且救援全过程的视频图像、语言资料可完整存储,并能回放。该装置的使用为事故原因分析、总结经验教训提供了不可多得的基础资料。同时能实时通过互联网进行传输,外地业内人士可直接了解灾区救援情况,并对救援过程进行指导。如图 14-10 所示。

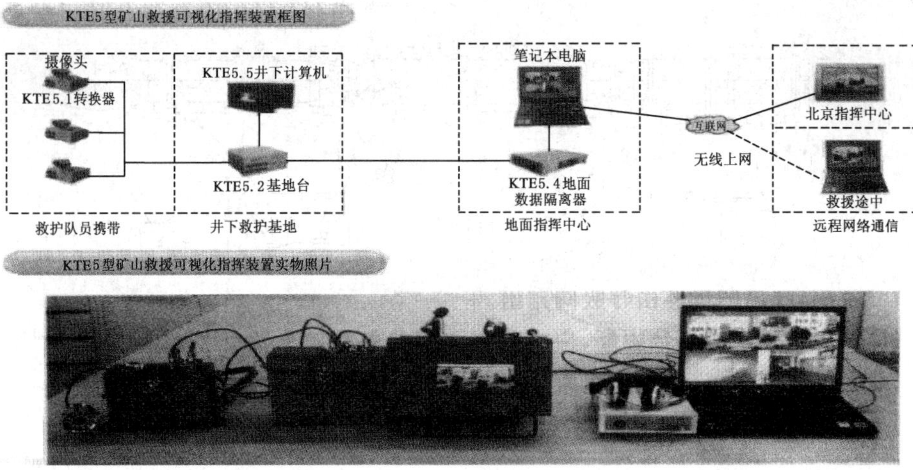

图 14-10 矿山救援可视化通信装置

四、生命探测仪

生命探测仪是借着感应人体所发出的超低频电波产生的电场(由心脏产生)来找到人的位置。如 DKL 生命探测仪在空旷地带可侦测距离为 500 m,在煤层、岩层地带可侦测距离达 80 m。生命探测仪在侦测到人体发出超低频电波产生的电场后,侦测杆会自动锁定此电场,人体移动时,侦测杆也会跟着移动,可较为准确地确定遇险人员的位置。其构造如图 14-11 所示。

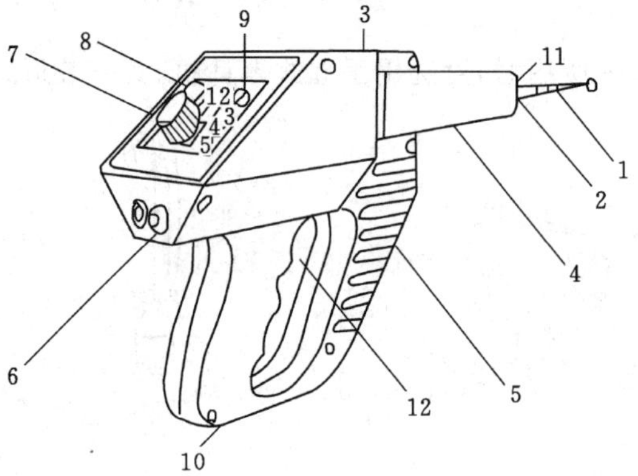

1—伸缩天线;2—天线底部;3—镭射开关;4—侦测杆总成;5—本体;6—保留功能按钮;
7—选择按钮;8—计算机开关;9—计算机灯;10—电瓶充电口;11—镭射;12—扳机按钮。

图 14-11 DKL 生命探测仪结构图

第三节 矿井灾害预防与处理计划

为了实现安全生产,除了要严格执行《煤矿安全规程》及其他有关法规和制度之外,还必须针对某些可能发生的事故,事先做好周密细致的预案,并编写在《矿井年度灾害预防和处理计划》中。一旦灾害出现时,就可以作为在场人员及专业救护人员处理事故时的行动纲领，使大家知道如何正确保护自己和参与救护工作，从而把灾害限制在最小的范围，使人员伤亡和国家财产损失控制在最低程度。《煤矿安全规程》也明确要求，煤矿企业必须编写《矿井年度灾害预防和处理计划》(以下简称《计划》)，并根据具体情况及时修改。《计划》必须贯彻预防为主的方针，能起到防止事故发生，并在一旦发生事故时，能有效地防止事故扩大和迅速抢救受灾遇难人员的作用。

一、《计划》的内容

《计划》内容应根据本矿(井)的地质条件和自然因素，针对可能发生的各种灾害事故——瓦斯积聚、瓦斯喷出、煤尘积聚、自然发火、外因火灾、透水、冲击地压和顶板大面积垮落等做出估计，编制有针对性的预防和处理措施。《计划》内容虽因矿(井)而异，但一般应包括下列主要内容。

1. 文字资料

总结归纳矿井可能发生的各种灾害事故的多发地段(地点)、预兆及其他应遵循的规律；制定预防可能发生的各种灾害事故的技术措施、组织措施以及必须完善的设施、设备、器材等的购置计划；确定矿井发生灾害事故时的处理方法和措施。

具体包括以下内容：

(1) 确定安全出口和避灾路线，提供安全路标设置说明；

(2) 规定避难硐室的设立地点、使用条件，向避难人员供风、供水的方法，以及构筑临时避难硐室的方法和要求；

(3) 井下人员自救方法以及自救设施、设备配备情况和使用方法；

(4) 抢救人员的行动路线、抢救方法和措施；

(5) 控制、消灭各种灾害事故的指导原则和具体措施；

(6) 控制、消灭各种灾害事故所必需的设施、设备、器材、工具等的数量、存放地点、使用方法和管理办法等。

2. 图表资料

《计划》必备的图表资料有：

(1) 矿井通风系统示意图和通风网路图(图中要标明通风设施的位置、风向和风量)、反风试验报告及反风设施完好可靠的检查报告；

(2) 矿井供电系统图和井下电话的安装地点；

(3) 井下消防洒水、排水、注浆、充填、瓦斯抽采和压风等管路系统图；

(4) 地面和井下消防材料库的位置及其所储备的材料、设备、工具的品名和数量登记表；

(5) 地面、井下对照图，图中应标明井口标高、地面铁路、公路、钻孔、水井、水管、储水池、地面河流、积水区的位置，以及其他可供处理事故使用的材料、设备和工具的存放地点。

3. 救灾人员的分工

明确处理灾害事故时的组织领导和各有关部门及其领导人的任务、职责，以及通知方法和顺序，是有效处理灾害事故的重要保证。

煤矿发生事故后，必须按一定的顺序通知有关单位和人员，见表 14-1，并做好记录。通知单中单位和人员的排序应以先急后缓为序。集团公司经理、矿长和技术负责人必须立即采取措施组织抢救，矿长负责抢救指挥，并按有关规定及时上报。

表 14-1　发生灾害事故后必须立即通知到位的单位和个人名单

序　号	单位和负责人姓名	电话号码		住　址	电话通知时间	接电话人
		办公室	住　宅			
1	矿长					
2	矿井总工程师					
3	矿井副总工程师					
4	副矿长					
……	……					

二、几种灾害事故的处理

当井下发生煤与瓦斯突出、瓦斯或煤尘爆炸、火灾等重大灾害事故时，首先必须将灾区和受灾害威胁区域的人员迅速撤至安全地点，全力以赴抢救遇难人员，同时探明灾区地点和范围；然后，再根据事故的性质，采取有针对性的处理措施。

1. 瓦斯突出事故的处理

处理瓦斯突出事故，矿山救护队的主要任务是抢救人员，对充满瓦斯的巷道恢复通风，以及扑灭由瓦斯突出可能引起的火灾。

一般小突出，瓦斯涌出量不大，未引起火灾，除局部灾区由救护队处理外，在通风正常区内矿井通风安全人员可参与抢救工作。但大型、特大型突出或涌出量大、灾区范围广或发生火灾时，要组织多支救护队，协助抢救。

采煤工作面突出，救护队应分别由进、回风道进入灾区。灾区进出口应设岗哨，禁止未佩戴呼吸器的人员进入。回风巷堵塞引起瓦斯逆流时，应尽快疏通并恢复正常通风。如反向风门受损，大量瓦斯仍侵入进风时，应迅速堵好，缩小灾区范围。

若进入灾区发现电源未切断，不得在瓦斯超限的电源开关处切断电源，应在远离灾区的安全地点切断电源。如瓦斯涌出量大，少量瓦斯已侵入主要水泵房，或切断电源会引起主要水泵房断电，且矿井水涌出量大，断电会引起淹井危险时，应加强通风，使电气设备附近不产生瓦斯积聚，并做到通风设备不停电，停电设备不送电，直到迅速恢复通风后，电气设备才能正常运转。

矿山救护队必须携带0～100％的瓦斯检定器，严密监视瓦斯浓度的变化。发现遇险人员立即抢救，能行动的佩戴自救器引出灾区；不能自主呼吸的，应迅速运出或创造供风条件就地苏醒。如遇险人员过多，一时无法运出，则就近以风障隔成临时避灾区，以压风管通风，或拆开风筒供风，在避灾区进行苏生，再分批转运到安全地点。

发现火源应立即组织灭火。灭火时，必须严格掌握通风与瓦斯浓度变化情况，防止瓦斯浓度接近爆炸范围引起爆炸；在火灾严重时，应用综合灭火和惰气灭火。

2. 瓦斯爆炸事故的处理

处理瓦斯爆炸事故，救护队的主要任务：抢救遇险人员，恢复通风，清理堵塞物和扑灭因爆炸引起的火灾。抢救要密切监视灾区瓦斯浓度变化，认真检查残留火源，防止二次爆炸，发现火源应彻底处理。在无火源、无爆炸危险的情况下，尽可能恢复通风，排除瓦斯。尽力查清现场情况，以确定爆炸源与爆炸波传播方向及影响区。

抢救方法与安全注意事项如下：

(1) 选择最短线路进入灾区。一般应从进风侧进入,如进风巷道受阻,则由回风巷进入。灾区较大时,应分别从进风侧与回风侧同时进入。

(2) 爆炸后,经侦察确认无火源时,应尽可能恢复通风。

(3) 反风与停风时要慎重进行,未经周密研究不允许行动。一般应保持原有的通风状态。遇有害气体威胁回风侧人员时,为了救人,可在撤出进风流中的人员后进行反风。

(4) 如遇独头巷道,应及时清理堵塞物。巷道堵塞严重、短时间不能清除时,应恢复通风后再进行。如出现独头巷道较长、有害气体浓度大、支架损坏严重的情况,在确认没有火源、遇险人员已牺牲前严禁冒险进入工作;要在恢复通风、护好支架后,方可搬运遇难人员。

(5) 火灾引起的爆炸事故或在抢救遇险人员有明火存在时,应同时救人与灭火,并派专人监测瓦斯浓度,防止瓦斯积聚。

(6) 进入灾区前,应切断灾区电源。如掘进工作面瓦斯引起火灾,则应考虑切断局部通风机电源后有可能引起工作面瓦斯积聚,再次发生爆炸。如进入灾区后发现电气设备附近瓦斯浓度超限,则不允许在该处切断电源,应在采区变电所或其他安全地点切断电源。

(7) 进入灾区时,要有专人检查瓦斯、各种有害气体、温度及通风设施破坏情况。如瓦斯浓度达 2%,且仍在迅速上升时,救护队要立即退出灾区,灾区无人或确认受灾人员已经牺牲时,必须先恢复通风,再进行处理。

(8) 进入灾区行动要谨慎,防止碰撞而产生火花,进而避免引起爆炸。

3. 煤尘爆炸事故的处理

处理煤尘爆炸事故,同处理瓦斯爆炸事故基本一样,但煤尘爆炸事故有一些特征,在处理时需要引起重视。

处理煤尘爆炸事故,矿山救护队应集中力量抢救遇险人员。要在进入灾区时,根据遇难人员的分布和数量,携带足够的自救器,切断灾区电源,对灾区全面侦察,发现火源,立即扑灭,防止二次爆炸。如火势较大,一时难以扑灭,可立即封闭;清除堵塞物,恢复通风;根据处理事故的需要,决定通风方法及供给风量。

4. 矿井火灾事故的处理

处理矿井火灾应采取合理的通风方法。

处理井下火灾时,通风方法的正确与否,对灭火的效果和救护人员是否安全起着决定性作用。处理矿井火灾的通风方法应满足以下要求:

(1) 不使瓦斯积聚、煤尘飞扬,造成爆炸;

(2) 控制烟雾的蔓延,不危及井下人员的安全;

(3) 不使火源蔓延到瓦斯积聚的地方,也不使超限的瓦斯通过火源;

(4) 有助于阻止火灾扩大,压制火势,创造接近火源的条件;

(5) 防止再生火源的发生和火烟的逆退;

(6) 防止火风压的形成,造成风流逆转。

处理火灾应注意以下问题:

(1) 采取通风措施限制火风压,通常是采取控制风速、调节风量、减少回风道风阻或设水幕洒水措施。要注意防止因风速过大造成煤尘飞扬而引起爆炸。

(2) 在处理火灾事故的过程中,要注意顶板的变化,以防止因燃烧造成支架损坏,形成顶板垮落伤人,或者是顶板垮落后造成风流方向、风量变化,而引起灾区一系列不利于安全抢救的连锁反应。

(3) 在矿井火灾的初始阶段，应根据现场的实际情况，积极组织人力、物力，控制火势，用水、沙子、黄土、干粉、手雷、泡沫等直接灭火。

(4) 在采用挖除火源的灭火措施时，应先将火源附近的巷道加强支护，以免燃烧的煤和矸石下落而截断指战员的退路。

(5) 扑灭瓦斯燃烧火灾时，可采用岩粉、沙子和泡沫、干粉、惰气灭火，并注意防止采用震动性的灭火手段。灭火时，多台灭火机要沿瓦斯的整个燃烧线一起喷射。

(6) 火灾范围较大、火势发展很快、人员难以接近火源时，应采用高倍数泡沫灭火机和惰气发生装置等大型灭火设备直接灭火。

(7) 在人力、物力不足或直接灭火法无效时，为防止火势蔓延，应采取隔绝灭火和综合灭火措施。

扑灭矿井火灾的行动原则：

(1) 火灾发生在倾斜巷道上行风流中，应保持正常风流方向，在不引起瓦斯积聚的前提下应减少供风量，不应停止通风机运转，以防发生局部或全矿井的风流逆转或烟气蔓延；利用中间巷道、小平巷、联络巷和行人巷接近火源，不能接近火源时可用高倍数泡沫、惰气进行远距离灭火。在倾斜巷道中需要从下方向上方灭火时，应采取措施防止岩石和燃烧物掉落伤人。

(2) 火灾发生在倾斜巷道下行风流中，必须采取措施，防止风流逆转，增加出入风量，减少回风风阻，决不允许停止通风机运转。同时要注意并联和角联风路的作用。对入风斜井的中、下部发生火灾时，必须慎重，救护人员不允许从井口沿新鲜风流入井，防止因火风压作用使风流突然逆转；为防止火灾气体侵入井下巷道和工作区，可采取反风或停止通风机运行，也可采用局部反风和缩短风流路线等措施。

(3) 火灾发生在井底车场及硐室中，可采用反风或缩短风流路径，不使火灾烟气侵入井下工作地点；硐室位于一翼或采区总进风时，可采用短路风流或局部反风。火灾时应关闭硐室防火门，无防火门时要用挂风障或打临时密闭等方法控制入风，进行直接灭火。当火灾危及火药库、变电所、水泵房时，应以主要人力、物力和技术措施保护这些关键地点。绞车房着火时，应将火源下方的矿车固定，防止烧断钢丝绳，造成跑车伤人。蓄电池机车库着火时，为防止氢气爆炸，应切断电源，停止充电，加强通风，并及时把蓄电池运出硐室。井底车场的火灾扑灭后，要加强对碹顶和巷道两帮(常有木垛或留有浮煤等)检查，发现温度异常，立即采取打钻或打开混凝土碹层，掘探火道等措施，扑灭碹顶和巷道两帮的高温或阴燃火源。

(4) 掘进巷道发生火灾时，原则上要维持局部通风机正常通风情况下，进行积极灭火；到达火灾现场后，一定要注意保持原来的通风状态，即通风机停运的不要随便开启，运转中的通风机不要盲目停止，侦察后再确定措施；有爆炸危险的已着火巷道，在不需要救人时，不要冒险进入；在处理过程中，如果巷道中瓦斯浓度达到 2%以上，并继续增加，矿山救护队必须立即将全部人员撤到安全地点，然后采取措施，排除爆炸危险。

(5) 采煤工作面发生火灾时，必须先妥善撤出人员，再采取措施进行灭火。一般要在正常通风情况下进行灭火，当火源上风侧有瓦斯涌出源时，为避免瓦斯积聚引起瓦斯爆炸，应尽量保持正常通风状态；工作面发生瓦斯燃烧时要增大工作面的风量，但应注意，由于风量增大，负压降低，防止采空区瓦斯涌出；处理瓦斯燃烧过程中，不要随意开闭回风侧的风门，以防止压力波动引起爆炸;为控制或减弱火势发展,接近火源灭火,而必须采用短路风流或封闭火区等方法时,应尽量把瓦斯引向旁侧风路或隔绝在火区通道之外;从进风侧灭火难以奏效时,可采用局部反风,在进风侧先设水幕再反风;急斜煤层工作面发生火灾时,不准在火源上方灭火,防止水蒸气伤人,也不准在火源下方灭火,防止火区塌落伤人;有条件时应从中巷或采空区方向接近火源;封闭火区,并隔绝和综合方法灭火时,应分析封闭过程中风量的减少与瓦斯量增大之间的时间差,保证安全工作;着火范围较大不具备直接灭火的条件时,可先将火区封闭,待火势减弱,再采用综合灭火手段进行处理。

(6) 其他地点火灾,如井口建筑物火灾应采取关闭进风井口防火铁门,盖住井口,安设临时密闭,主风机反风或风流短路,或停止主风机运转等,以防燃烧烟雾侵入井下;进风井筒发火时,应立即撤出上风侧人员,使主风机反风;出风井筒发火时,在风流方向不改变的原则下,为了防止火势增大,应打开风机风道闸门,减小风量,然后用直接灭火方法灭火;采空区火灾应采用隔绝灭火或综合灭火法,如向封闭的火区注惰气、泥浆或水沙充填,也可采用均压灭火法。当条件允许时,还可绕道接近火源直接灭火。

5. 矿井水灾事故的处理

处理矿井水灾,主要任务是抢救受淹和被困人员,防止井巷进一步被淹,恢复井巷通风。

处理矿井水灾的行动原则:

(1) 应立即了解灾区情况,包括水源、事故前人员分布、井下人员生存条件及进入该地点的通道。依据井巷布置及出水标高,计算被堵人员地点的高程、空间容积、氧含量及瓦斯含量,推算救出人员最长的时间,供指挥部制定方案。

(2) 在加大排水能力或泄水措施都不能在短期生效时,可利用打钻孔、开小巷的方法,供给遇险人员新鲜空气、饮料、食物;如所在地点低于透水后的水位时,禁止打钻孔泄压,防止井下水串通扩大灾情。

(3) 处理上山巷道出水时,应防止发生二次透水或积水淤泥的冲击;突水点的下方,应有待存水及沉积物的有效空间;保证人员在抢救中的通信联系和安全退路;处理事故时作业地点应有安全设施(如躲避处等)。

(4) 当矿井透水量超过排水能力,水位逐渐上升,全矿或水平有被淹危险时,在下部水平人员撤出后,可以向下部水平或采空区放水。如果下水平的人员尚未撤出,而上部水平的排水设备又受到被淹的危险时,可用装有黏土、砂石的麻袋构成临时防水墙,堵住泵房口和通往下部的水平巷道。

透水后,遇险人员生存条件的分析:矿井发生水灾后,当外部水位高于遇险人员所在地时,遇险人员并不一定就失去了生存条件。为避免或减少遇险人员伤亡,要根据图纸资料和调查研究,判断遇险人员所在地的位置、高程、人员的生存条件,以便制定正确的救援方案。

第一,对遇险人员所在地点进行空气质量分析。

① 氧气减少量

正常空气中的氧气含量为20.96%,当氧气含量降到10%~12%时呼吸困难。因此,把10%的氧气含量作为人员生存的下限值。人员平卧不动时,每人每分钟耗氧量为0.237 L,可以用来计算灾区的氧气减少量。

② 二氧化碳增加量

正常空气中二氧化碳含量为0.04%,当空气中二氧化碳含量上升到10%时,人员呼吸困难。因此，把二氧化碳含量上升到10%作为人员生存的上限值。遇险人员平卧时，每人每分钟呼出的二氧化碳为0.197 L，可以计算出灾区的二氧化碳增加量。

③ 其他有害气体(如一氧化碳、硫化氢、二氧化氮和二氧化硫等)的增加量及对遇险人员的影响，根据矿井资料预测。

第二，对遇难人员进行生命能源分析。

根据人体的需要，营养物质主要来源于糖、脂肪和蛋白质。糖类的作用是供给人体热量，每克糖可产生17.14 kJ热量。人体热能的60%～70%是靠糖供给的。脂肪的作用也是供给人体热量。每克脂肪可分解产生38.87 kJ热量。蛋白质是促进身体发育生长和补充机体的主要原料，也能供给人体热量，每克蛋白质的发热量为17.14 kJ。

水是人体的主要体液成分，人体体液的78%是由水组成的。如果长期缺水，身体内的酸碱平衡就不能维持，体内的废物不能排出，人体就会发生中毒。

矿井发生水灾，虽然食物中断，但只要有空气和水，人体通过消耗体内储存的营养物质，就能使生命在一定时间内得以维持，从而为抢救工作赢得时间。一个正常的男子，体内可储存热量约287 166 kJ，可供38 d消耗。据资料，我国水灾后在井下能幸存的事故案例显示，湖南省辰溪惠煤矿的3名矿工，在1948年的一次水灾中，断绝食物32 d后被救出。山西省阳泉汉河沟煤矿1956年10月24日井下透水后，灾区有2名被困人员，在27 d后被救出。

援救遇险人员的措施：

(1) 不能接近遇险人员时，要利用一切条件，向遇险人员输送食物、饮料和新鲜空气，如打钻孔、使用压风管路等。如遇险人员所在地点低于外部水位时，则禁止使用此方法，以免放走空气，造成局部泄压，引起水位上升，淹没遇险人员。

(2) 如果被堵人员的巷道不具备打钻孔的条件，可考虑派潜水人员(距离不太远时)携带氧气瓶、食物、药品等送往被堵地点。

(3) 抢救长时间被困在井下的遇险人员，禁止用矿灯照眼睛，以免在强光的刺激下，造成瞳孔急剧收缩，导致眼睛失明。

(4) 救护人员进入被围困地点后，可打开氧气瓶提高空气中的氧气浓度。

(5) 发现遇险人员时要注意保暖，先抬到安全地点，由医生检查，并给予必要的治疗。等适应环境和情绪稳定后，分阶段运出矿井进行治疗。

(6) 在运送遇险人员时，要稳抬轻放，保持平衡，以免震动，要注意受伤人员的伤情变化。

(7) 供给遇险人员高营养值的物品和高蛋白的稀软食品，采用少食多餐的方法，逐步恢复肠胃功能，然后正常饮食。

(8) 遇险人员在治疗期间，谢绝亲友探视，以免情绪过度兴奋，影响健康或造成死亡。矿井发生透水事故时，抢救受淹矿井和被困的遇险人员时要设专人观测水位的下降情况和有害气体的含量。了解灾情情况、水源、事故前的人员分布，矿井有生存条件的地点，以及进入该地点的通道；应计算出被堵人员地点的容积、氧气、瓦斯、二氧化碳浓度和被困人员应救出的时间等；要利用一切条件，向被困地点输送氧气。当井下水位降到人员可以通过时，为防止二次透水，救护队要采取措施，组织人员，携带必要的装备，对灾区进行侦察，检查巷道内的有害气体情况。在有淤泥的上、下山巷道工作时，严密注意淤泥的崩溃。

6. 冒顶事故的处理

发生冒顶事故时，现场人员要了解发生事故的原因、冒落顶板特性、事故前人员分布、瓦斯浓度等情况，并实地查看支护和顶板，以及处理冒顶的材料数量、品种和堆放位置。必要时应加固附近支架，以保证退路安全。

处理冒顶事故时，要根据岩层的冒落高度、冒落块度、冒顶位置、冒顶范围大小、围岩破碎程度和矿压等情况采取不同的抢救方法；始终要有专人检查瓦斯和观察顶板；用呼喊、敲击等方法，判定遇险人员位置，与他们保持联系，并鼓励他们配合抢救；用掘小巷、绕道等方式通过冒顶区上部空间或清理塌落物接近遇险人员时，应架好临时支架；一时无法接近时，应设法利用压风管路供给新鲜空气、饮料和食物；清理堵塞物时，使用工具要小心。防止伤害遇险人员；如遇大块矸石、木棚、金属网、铁梁柱等物压人时，可使用千斤顶、液压起重器、圆盘锯、液压剪刀等工具进行处理；对抢救出来的遇险伤员，要用毯子保温，并迅速送到安全地点进行救护。

第四节 矿工自救

多数灾害事故发生初期，波及范围和危害程度都比较小，这是消灭事故、减少损失的最有利时机。若灾害刚发生，救护队很难马上到达，在场人员要尽可能利用现有的设备、工具和材料将其消灭在萌芽阶段。如不能消灭灾害事故时，正确地进行自救和互救也是极为重要的。

一、发生事故时在场人员的行动原则

发生事故后，现场人员应尽量了解和判断事故的性质、地点和灾害程度，迅速向矿调度室报告。同时应根据灾情和现有条件，在保证安全的前提下，及时进行现场抢救，防止灾害进一步扩大。在制止无效时，应由在场的负责人或有经验的老工人带领，选择安全路线迅速撤离危险区域。

当井下掘进工作面发生爆炸事故时，在场人员要立即打开并按规定佩戴好随身携带的自救器，同时帮助受伤的同志戴好自救器，并迅速将其抬至新鲜风流中。如因井巷破坏严重，退路被阻时，应千方百计疏通巷道。如巷道难以疏通，应坐在完好支架的下面，等待救护队抢救。采煤工作面发生爆炸事故时，现场人员应立即佩戴自救器，在进风侧的人员要逆风撤出，在回风侧的人员要设法经最短路线，撤退到新鲜风流中。如果由于冒顶严重撤不下来时，应集中在避难硐室、救生舱等安全地点等待地面人员救援。

井下发生火灾时，在初始阶段要竭力扑救。当扑救无效时，应选择相对安全的避灾路线撤离灾区。烟雾中行走时迅速戴好自救器，最好利用平行巷道，迎着新鲜风流背离火区行走。如果巷道已充满烟雾，也绝对不要惊慌、乱跑，要冷静而迅速辨认出发生火灾的地区和风流方向，然后有秩序地外撤。如无法外撤时，要尽快在附近找一个硐室等地点暂时躲避，并把硐室出入口的门关闭以阻断风流，防止有害气体侵入。

当井下发生透水事故时，应避开水头冲击(手扶支架或多人手挽手)，然后撤退到上部水平。不要进入透水地点附近的平巷或下山独头巷道中。当独头上山下部唯一出口被淹没无法撤退时，可在独头上山迎头暂避待救。独头上山水位上升到一定位置后，上山上部会因空气压缩增压而保持一定的空间。若是采空区或老窑涌水，要防止有害气体中毒或窒息。

井下发生冒顶事故时,应查明事故地点顶、帮情况及人员埋压位置、人数和埋压状况,采取措施,加固支护,防止再次冒落。同时小心地搬运开遇险人员身上的煤、岩块,把人救出。搬挖的时候不可用镐刨、锤砸的方法扒人或破岩(煤)。如岩(煤)块较大,可多人搬或用撬棍、千斤顶等工具抬起,救出被埋压人员。对救出来的伤员,要立即抬到安全地点,根据伤情妥善救护。

二、矿工自救设施与设备

1. 自救器

自救器是一种体积小、携带轻便但作用时间较短的供矿工个人使用的呼吸保护仪器。主要用途是当煤矿井下发生事故时,矿工佩戴它可以通过充满有害气体的井巷,迅速离开灾区。因此,《煤矿安全规程》规定:"入井人员必须随身携带自救器。"

自救器分为过滤式自救器和隔离式自救器两类。隔离式自救器又分为化学氧隔离式自救器和压缩氧隔离式自救器两种。

化学氧自救器的结构原理如图 14-12 所示。人的呼气从口具 1 经呼吸软管 3、带降温器的阀盒 4、呼气阀 19、呼气管 8、药罐中心管 18、再从生氧药罐 11 的底部返上来,经过药箱中的生氧剂 13(药片状或粒状超氧化钾),将呼气中的水汽及 CO_2 吸收掉并放出 O_2,富氧的空气再进入气囊 6 以供吸气时使用。吸气时,富氧空气经吸气阀 20、带降温器的阀盒 4、呼吸

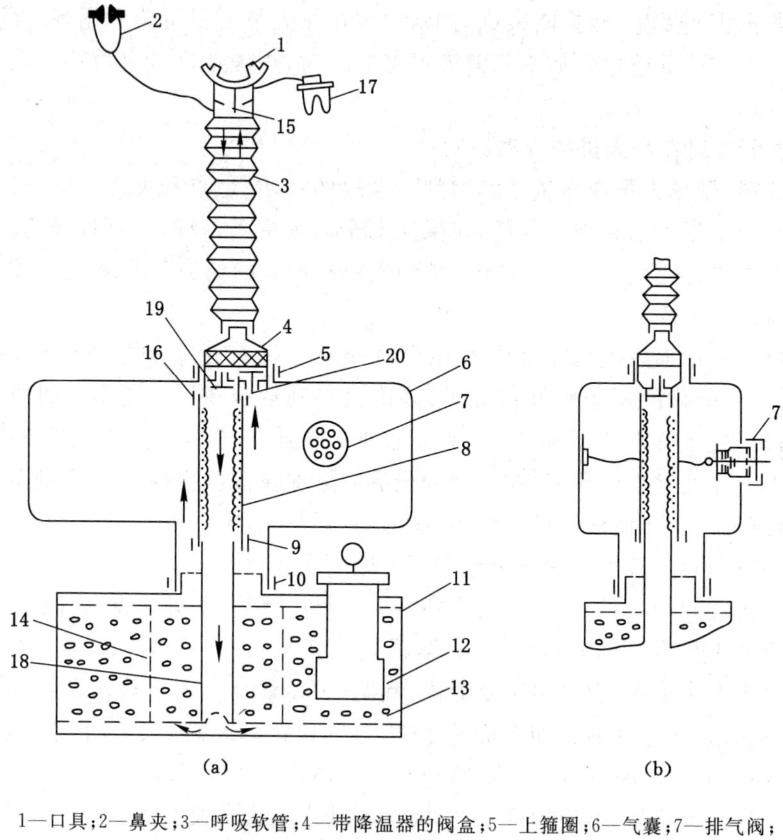

1—口具;2—鼻夹;3—呼吸软管;4—带降温器的阀盒;5—上箍圈;6—气囊;7—排气阀;8—呼气管;9—下小箍圈;10—下大箍圈;11—生氧药罐;12—启动装置;13—生氧剂;14—散热片;15—口具衬管;16—中箍圈;17—口具塞;18—药罐中心管;19—呼气阀;20—吸气阀。

图 14-12 化学氧自救器的结构原理

软管3、口具1而吸入人的肺部。当生氧量超过人的呼吸需要时，气囊因积聚过多气体而膨胀，设在气囊上的拉绳遂将排气阀7拉开，见图14-12(b)，气囊中过剩的气体即从排气阀排放到外界大气中去。

(1) 自救器的选用原则

对于流动性较大，可能会遇到各种灾害威胁的人员应选用隔离式自救器；在煤与瓦斯突出区域的采掘工作面，应选用隔离式自救器。其余情况下，一般应选用过滤式自救器。

(2) 自救器的佩戴注意事项

① 戴上自救器后，吸气温度逐渐升高，表明自救器工作正常，绝不能因吸气干热而把自救器取下。

② 化学氧自救器佩戴初期生氧剂放氧速度慢，如条件允许，应缓慢行走，等氧足够呼吸时再加快速度。撤退时最好按4～5 km/h速度行走，呼吸要均匀，千万不要跑。

③ 佩戴过程中口腔产生的唾液可以咽下，也可任其自然流入口水盒降温器，严禁拿下口具往外吐。

④ 在未到达安全地点前，严禁取下鼻夹和口具，以防有害气体的毒害。

2. 压风自救装置

压风自救装置是利用矿井已装备的压风系统，由管路、自救装置、防护罩(急救袋)三部分组成，该装置在煤矿已普遍使用。

在井下使用的压风自救装置系统如图14-13所示，它安装在硐室、有人工作场所附近、人员流动的井巷等地点。当井下出现煤与瓦斯突出预兆或突出时，避难人员立即到自救装置处，解开防护袋，打开通气开关，迅速钻进防护袋内。压气管路内的压缩空气经减压阀节流减压后充满防护袋，对袋外空气形成正压，使其不能进入袋内，从而保护避难人员不受有害气体的侵害。防护袋是用特制塑料经热合而成，具有阻燃和抗静电性能。每组压风自救装置上安多少个头(开关、减压阀和防护袋)，应视工作场所的人数而定。

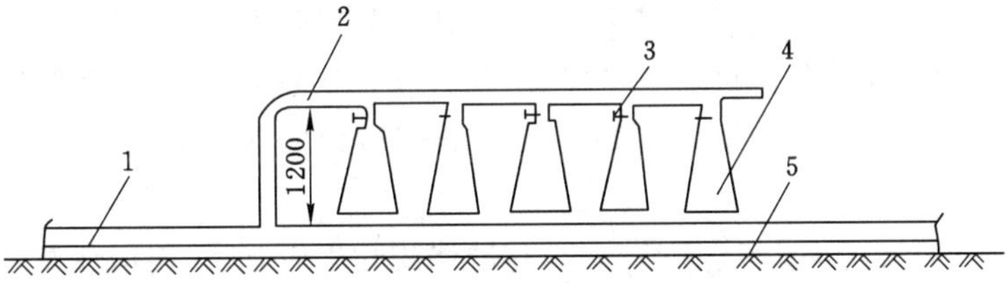

1—压风管路；2—压风自救装置支管；3—减压阀；4—防护袋；5—巷道底板。

图14-13 压风自救装置示意图

3. 避难硐室

避难硐室是供矿工遇到事故无法撤退而躲避待救的一种设施。避难硐室有永久避难硐室和临时避难硐室两种：永久避难硐室是指设置在井底车场、水平大巷、采区(盘区)避灾路线上，具有紧急避险功能的井下专用巷道硐室，服务于整个矿井、水平或采区，服务年限一般不低于5年。临时避难硐室是指设置在采掘区域或采区避灾路线上，具有紧急避险功能的井下专用巷道硐室，主要服务于采掘工作面及其附近区域，服务年限一般不大于 5 年。

避难硐室应布置在稳定的岩层中，避开地质构造带、高温带、应力异常区以及透水危险区。前后 20 m 范围内巷道应采用不燃性材料支护，且顶板完整、支护完好，符合安全出口的要求。特殊情况下确需布置在煤层中时，应有控制瓦斯涌出和防止瓦斯积聚、煤层自燃的措施。永久避难硐室应确保在服务期间不受采动影响，临时避难硐室应在服务期间避免受采动损坏。避难硐室应采用向外开启的两道门结构。外侧第一道门采用既能抵挡一定强度的冲击波，又能阻挡有毒有害气体的防护密闭门；第二道门采用能阻挡有毒有害气体的密闭门。两道门之间为过渡室，密闭门之内为避险生存室。

防护密闭门上设观察窗，门墙设单向排水管和单向排气管，排水管和排气管应加装手动阀门。过渡室内应设压缩空气幕和压气喷淋装置。永久避难硐室过渡室的净面积应不小于 3.0 m^2；临时避难硐室不小于 2.0 m^2。生存室的宽度不得小于 2.0 m，长度根据设计的额定避险人数以及内配装备情况确定。生存室内设置不少于两趟单向排气管和一趟单向排水管，排水管和排气管应加装手动阀门。永久避难硐室生存室的净高不低于 2.0 m，每人应有不低于 1.0 m^2 的有效使用面积，设计额定避险人数不少于 20 人，宜不多于 100 人。临时避难硐室生存室的净高不低于 1.85 m，每人应有不低于 0.9 m^2 的有效使用面积，设计额定避险人数不少于 10 人，不多于 40 人。

有条件的矿井宜为永久避难硐室布置由地表直达硐室的钻孔，钻孔直径应不小于 200 mm。通过钻孔设置水管和电缆时，水管应有减压装置：钻孔地表出口应有必要的保护装置并储备自带动力压风机，数量不少于 2 台。避难硐室还应配备自备氧供氧系统，供氧量不小于 24 h。接入避难硐室的矿井压风、供水、监测监控、人员定位、通信和供电系统的各种管线在接入硐室前应采取保护措施。避难硐室内宜加配无线电话或应急通信设施。

4. 救生舱

煤矿用救生舱通常指煤矿井下发生灾变事故时，为遇险人员提供应急避难空间，保证必备生存条件的一种装置。其中可通过牵引、吊装等方式实现移动以适应矿井采掘作业要求的，我们称之为可移动式救生舱。一般情况下，我们所说的救生舱大多指的是可移动式救生舱。

救生舱根据外壳材质可分为两类：一类是硬体式救生舱，即采用钢铁等硬质材料制成的救生舱；另一类是软体式救生舱，即采用阻燃、耐高温帆布等软质材料制造，依靠快速自动充气膨胀架设的救生舱。按照救生舱舱体的机械结构特点划分，救生舱可分为组装式、整体式等。

救生舱由安全防护系统、氧气供给保障系统、空气净化与温湿度调节系统、环境监测系统、通信系统、照明及指示系统、动力供应系统、生存保障系统等组成，其功能定位：井下发生煤与瓦斯突出、火灾、瓦斯煤尘爆炸、水灾等灾变事故后，在逃生路径被阻的情况下，为无法及时撤离的遇险人员提供一个安全的密闭空间。对外能够抵御高温烟气，隔绝有毒有害气体，对内能为遇险人员提供氧气、食物和水，去除有毒有害气体，创造基本生存条件，并且能为应急救援创造通信、监测条件，赢得救援时间。

第五节 现场急救

一、对中毒、窒息人员的急救

在井下发现有害气体中毒者时，一般可采取下列措施：

(1) 立即将伤员抢运到新鲜风流中，安置在安全、干燥和通风正常的地点。

(2) 立即清除患者口、鼻内中的污物，解开上衣扣子和腰带、脱掉胶鞋，并用衣被等物盖在伤员身上以保暖。

(3) 根据心跳、呼吸、瞳孔、神志等情况，判断伤情的轻重。正常人每分钟心跳 60～80 次、呼吸 16～18 次，两眼瞳孔是等大等圆的，遇光线后能迅速收缩变小，神志清醒。休克伤员的两瞳孔不一样大，对光线反应迟钝。对呼吸困难或停止者，应及时进行人工呼吸。当出现心跳停止现象时，除进行人工呼吸外，还应同时进行心脏按压法急救。

(4) 人工呼吸持续的时间以伤员恢复自主性呼吸或真正死亡时为止。当救护队员到达现场后，应转由救护队用苏生器苏生。对重度 CO 中毒和 SO_2、NO_2 中毒者，只能进行口对口的人工呼吸或用苏生器苏生，不能采用压胸或压背法的人工呼吸，以免加重伤情。

二、对外伤人员的急救

1. 对烧伤人员的急救

(1) 尽快扑灭伤员身上的火，减少烧伤时间。

(2) 检查伤员呼吸和心跳情况，看是否有其他外伤及有害气体中毒、内脏损伤和呼吸道烧伤等。

(3) 要防止休克、窒息和创面污染。伤员发生休克或窒息时，可进行人工呼吸等急救。

(4) 用较干净的衣服把伤面包裹起来，防止感染。在现场除化学烧伤可用大量流动的清水冲洗外，对其他烧伤创面一般不做处理，尽量不弄破水泡以保护表皮。

(5) 把重伤员迅速送往医院。搬运伤员时，动作要轻柔，行进要平稳。

2. 对出血人员的急救

对出血伤员抢救不及时或不恰当，就可能使伤员流血过多而危及生命。出血的种类有：① 动脉出血。血液鲜红，随心跳频率从伤口向外喷射。② 静脉出血。血液暗红，血流缓慢均匀。③ 毛细血管出血。表现为创面渗血，像水珠似地从伤口流出。出血较多者，一般表现为脸色苍白、出冷汗、手脚发凉、呼吸急促。对这类伤员要尽快有效地止血，然后再进行其他急救处理。

止血的方法随出血种类的不同而不同。对毛细血管和静脉出血，用纱布、绷带(无条件时，可用干净布条等)包扎伤口即可；大的静脉出血可用加压包扎法止血；对于动脉出血应采用指压止血、加压包扎止血或止血带止血法。

3. 对骨折人员的急救

对骨折人员首先用毛巾或衣服做衬垫，然后根据现场条件用木棍、木板、竹笆等材料做成临时夹板，对受伤的肢体临时固定后，抬运升井，送往医院。

三、对溺水者的急救

发生水灾后，应首先抢救溺水人员。人员溺水时，由于水大量地流入人的肺部，因此可造成呼吸困难而窒息死亡。所以，对溺水人员应迅速采取下列急救措施：

(1) 把溺水者从水中救出后,要立即送到比较温暖且空气流通的地方,脱掉湿衣服,盖上干衣服,不使其受凉。

(2) 立即检查溺水者的口鼻,如果有泥沙等污物堵塞,应迅速清除,擦洗干净,以保持呼吸道通畅。

(3) 使溺水者取俯卧位,用木料、衣服等垫在溺水者肚子下面,或将左腿跪下,把溺水者的腹部放在救护者的右侧大腿上,使头朝下,并压其背部,迫使其体内的水由气管、口腔里流出。

(4) 上述方法控水效果不理想时,应立即做俯卧压背式人工呼吸或口对口吹气式人工呼吸,或体外心脏按压。

四、对触电者的急救

(1) 立即切断电源。

(2) 迅速观察伤员的呼吸和心跳情况,如发现已停止呼吸或心音微弱,应立即进行人工呼吸或体外心脏按压。若呼吸和心跳都已停止时,应同时进行人工呼吸和体外心脏按压。

(3) 对触电者,如发现有其他损伤(跌伤、出血等),应做相应的急救处理。

复习思考题

14-1 矿山救护队的任务有哪些?

14-2 氧气呼吸器主要由哪些系统组成?

14-3 简述正压氧气呼吸器的工作原理。

14-4 发生事故时,在场人员的行动原则是什么?

14-5 井下发生爆炸、火灾、水灾事故时,人员应怎样撤出灾区?

14-6 避难硐室有哪几种?如何构筑临时避难硐室?避难待救时应注意什么?

14-7 什么是压风自救装置?

14-8 试述过滤式自救器的工作原理与佩戴方法。

14-9 佩戴自救器时应注意哪些事项?

14-10 试述对中毒、窒息人员的急救方法。

主要参考文献

[1] 蔡永乐.矿井内因火灾防治理论与实践[M].北京:煤炭工业出版社,2001.
[2] 岑衍强,侯祺棕.矿内热环境工程[M].武汉:武汉工业大学出版社,1989.
[3] 常心坦,刘剑,王德明.矿井通风及热害防治[M].徐州:中国矿业大学出版社,2007.
[4] 陈国新,窦永山.矿井通风能力核定实用指南[M].北京:煤炭工业出版社,2006.
[5] 陈全君.煤矿事故分析与处理[M].徐州:中国矿业大学出版社,2009.
[6] 戴国权.矿井空气压力[M].北京:中国工业出版社,1964.
[7] 戴国权.矿井通风网络计算原理及其应用[M].北京:煤炭工业出版社,1979.
[8] 邓军,徐精彩,王洪权,等.新型复合胶体防灭火技术及应用[J].煤矿安全,2001,32(12):42-44.
[9] 丁国玺.工程热力学及传热学[M].北京:煤炭工业出版社,1986.
[10] 范天吉.煤矿粉(煤)尘防治综合技术手册[M].长春:吉林电子出版社,2004.
[11] 范维澄,王清安,姜冯辉,等.火灾学简明教程[M].合肥:中国科学技术大学出版社,1995.
[12] 方裕璋,等.矿井通风系统技术改造[M].北京:煤炭工业出版社,1994.
[13] 房佩贤,卫中鼎,廖资生,等.专门水文地质学[M].北京:地质出版社,1987.
[14] 傅贵,金龙哲,徐景德.矿尘防治[M].徐州:中国矿业大学出版社,2002.
[15] 傅贵.矿井通风系统分析与优化[M].北京:机械工业出版社,1995.
[16] 郭勇义,吴世跃.矿井热工与空调[M].北京:煤炭工业出版社,1997.
[17] 国家安全生产监督管理总局.矿山救护规程[S].北京:煤炭工业出版社,2008.
[18] 国家煤矿安全监察局.《防治煤与瓦斯突出规定》读本[M].北京:煤炭工业出版社,2009.
[19] 国家煤矿安全监察局.防治煤与瓦斯突出细则[S].北京:煤炭工业出版社,2019.
[20] 国家煤矿安全监察局.国家煤矿安全监察局办公室关于继续做好国有煤矿"一通三防"统计年报填报工作的通知[EB/OL].(2003-11-17)[2007-05-10].https://www.pkulaw.com/chl/cc2acb4743284e5fbdfb.html.
[21] 国家煤矿安全监察局.煤矿防治水细则[S].北京:煤炭工业出版社,2018.
[22] 何学秋.煤矿瓦斯防治技术与工程实践[M].徐州:中国矿业大学出版社,2009.
[23] 何学秋.中国煤矿灾害防治理论与技术[M].徐州:中国矿业大学出版社,2006.
[24] 胡千庭.矿井瓦斯防治技术优选:煤与瓦斯突出和爆炸防治[M].徐州:中国矿业大学出版社,2008.
[25] 胡千庭.煤矿瓦斯抽采与瓦斯灾害防治[M].徐州:中国矿业大学出版社,2007.
[26] 虎维岳.矿山水害防治理论与方法[M].北京:煤炭工业出版社,2005.
[27] 淮南煤炭学院,焦作矿业学院,中国矿业学院,等.矿井地质及矿井水文地质[M].北

京:煤炭工业出版社,1979.
[28] 黄元平.矿井通风[M].徐州:中国矿业学院出版社,1986.
[29] 浑宝炬,郭立稳.矿井粉尘检测与防治技术[M].北京:化学工业出版社,2005.
[30] 霍然,胡源,李元洲.建筑火灾安全工程导论[M].合肥:中国科学技术大学出版社,1999.
[31] 蒋曙光,张人伟,陈开岩.监测温度和气体确定采空区自燃“三带”的研究[J].中国矿业大学学报,1998(1):58-61.
[32] 金晶.基于ARM的超声波风速测量系统设计[D].南京:南京信息工程大学,2008.
[33] 金龙哲.矿井粉尘防治[M].北京:煤炭工业出版社,1993.
[34] 井悦,王长毅.我国煤层气开发的经济战略价值分析[J].经济问题探索,2002(5):35-37.
[35] 孔珑.工程流体力学[M].2版.北京:水利电力出版社,1992.
[36] 孔祥言.高等渗流力学[M].合肥:中国科学技术大学出版社,1999.
[37] 李德文,马骏,刘何清.煤矿粉尘及职业病防治技术[M].徐州:中国矿业大学出版社,2007.
[38] 李诗久.工程流体力学[M].北京:机械工业出版社,1980.
[39] 李世华,向健.矿井通风设备使用维修[M].北京:机械工业出版社,1990.
[40] 李恕和,王义章.矿井通风网络图论[M].北京:煤炭工业出版社,1984.
[41] 李学诚.中国煤矿安全大全[M].北京:煤炭工业出版社,1998.
[42] 李增华.煤炭自燃的自由基反应机理[J].中国矿业大学学报,1996,25(3):111-114.
[43]《离心式与轴流式通风机》编写组.离心式与轴流式通风机[M].北京:电力工业出版社,1980.
[44] 林柏泉,张建国.矿井瓦斯抽放理论与技术[M].2版.徐州:中国矿业大学出版社,2009.
[45] 刘吉波.煤炭的阻燃机理分析和氯化盐类汽雾阻化剂的应用[J].华北科技学院学报,2002,4(2):8-10.
[46] 刘应中,缪国平.高等流体力学[M].上海:上海交通大学出版社,2000.
[47] 卢义玉,王克全,李晓红.矿井通风与安全[M].重庆:重庆大学出版社,2006.
[48] 陆伟,王德明,陈舸,等.煤自燃阻化剂性能评价的程序升温氧化法研究[J].矿业安全与环保,2005,32(6):12-14.
[49] 马中飞.工业通风与防尘[M].北京:化学工业出版社,2007.
[50]《〈煤矿安全规程〉专家解读》编委会.《煤矿安全规程》专家解读:井工部分[M].徐州:中国矿业大学出版社,2006.
[51]《煤矿通风与安全》编写组.煤矿通风与安全[M].北京:煤炭工业出版社,1979.
[52]《煤矿总工程师工作指南》编委会.煤矿总工程师工作指南[M].北京:煤炭工业出版社,1990.
[53] 煤炭工业部安全司.矿井安全监测原理与应用[M].徐州:中国矿业大学出版社,1995.
[54] 煤炭工业部安全司.矿井安全监控原理与应用[M].徐州:中国矿业大学出版社,1996.
[55] 南非通风协会.南非金矿通风[M].马秉衡,等译.北京:冶金工业出版社,1984.

[56] 秦波涛,王德明,李增华.悬砂稠化剂流变特性研究[J].湖南科技大学学报(自然科学版),2005,20(3):1-5.
[57] 商景泰.通风机手册[M].北京:机械工业出版社,1994.
[58] 沈斐敏.矿井通风微机程序设计与应用[M].北京:煤炭工业出版社,1995.
[59] 沈阳鼓风机研究所.离心式通风机[M].北京:机械工业出版社,1984.
[60] 石必明.易自燃煤低温氧化和阻化的微观结构分析[J].煤炭学报,2000,25(3):294-298.
[61] 孙继平.2001年版《煤矿安全规程》关于矿用传感器的修订情况[J].工矿自动化,2002,28(4):51-54.
[62] 谭国运.矿井通风网络分析及电算方法[M].北京:煤炭工业出版社,1991.
[63] 谭允祯.矿井通风系统优化[M].北京:煤炭工业出版社,1992.
[64] 王德明,李增华.用 SF_6 示踪气体测定停采线及上分层采空区的漏风[J].煤矿安全,1994(1):18-19.
[65] 王德明,王俊.基于无导师神经网络的煤炭自燃危险性聚类分析[J].煤炭学报,1999(2):37-40.
[66] 王德明.矿井防灭火新技术:三相泡沫[J].煤矿安全,2004,35(4):16-18.
[67] 王德明.矿井火灾学[M].徐州:中国矿业大学出版社,2012.
[68] 王德明.矿井通风安全理论与技术[M].徐州:中国矿业大学出版社,1999.
[69] 王惠宾.矿井通风网络理论与算法[M].徐州:中国矿业大学出版社,1996.
[70] 王魁军.矿井瓦斯防治技术优选:瓦斯涌出量预测与抽放[M].徐州:中国矿业大学出版社,2008.
[71] 王连成,高克德.地质雷达探测采空区隐蔽火源[J].煤炭科学技术,1998(2):7-9.
[72] 王省身.矿井灾害防治理论与技术[M].徐州:中国矿业学院出版社,1986.
[73] 王省身,张国枢.矿井火灾防治[M].徐州:中国矿业大学出版社,1990.
[74] 王显政.用科学发展观统领全局,以求真务实精神抓好当前工作[R].北京:国家安全生产监督管理局,2004.
[75] 王英敏.矿井通风与安全[M].北京:冶金工业出版社,1979.
[76] 王英敏.矿井通风与防尘[M].北京:冶金工业出版社,1993.
[77] 王英敏.矿内空气动力学与矿井通风系统[M].北京:冶金工业出版社,1994.
[78] 王佑安.矿井瓦斯防治[M].北京:煤炭工业出版社,1994.
[79] 王佑安,董瑞端,吴继周.我国矿井瓦斯及其抽放综述[J].中国煤层气,1996(2):133-137.
[80] 威廉斯,等.矿井水文学[M].孙茂远,李英贤,译.北京:煤炭工业出版社,1991.
[81] 魏树群,王玺瑞.用测氡法探测地下火区的研究[J].煤炭工程师,1997(2):24-26.
[82] 吴龙标,袁宏永.火灾探测与控制工程[M].合肥:中国科学技术大学出版社,1999.
[83] 吴中立.矿井通风与安全[M].徐州:中国矿业大学出版社,1989.
[84] 仵自连,张玉华.矿井瓦斯防治[M].徐州:中国矿业大学出版社,2009.
[85] 武强,李周尧.矿井水灾防治:A类[M].徐州:中国矿业大学出版社,2002.
[86] 武强,董书宁,张志龙.矿井水害防治[M].徐州:中国矿业大学出版社,2007.

[87] 武强,管恩太.煤矿水害应急救援预案探讨[J].煤炭学报,2006,31(4):409-413.
[88] 鲜学福,王宏图,姜德义,等.我国煤矿矿井防灭火技术研究综述[J].中国工程科学,2001,3(12):28-32.
[89] 萧景瑞.矿井通风[M].徐州:中国矿业大学出版社,1994.
[90] 萧景瑞.矿井通风网路解算及测定数据处理[M].北京:煤炭工业出版社,1994.
[91] 辛广龙.煤矿安全规程问答:一通三防[M].北京:煤炭工业出版社,2004.
[92] 徐竹云.矿井通风系统优化原理与设计计算方法[M].北京:冶金工业出版社,1996.
[93] 严荣林,侯贤文.矿井空调技术[M].北京:煤炭工业出版社,1994.
[94] 阳昌明.矿井通风网路的风流状态与控制[M].北京:煤炭工业出版社,1982.
[95] 杨大明,尹贻勤.煤矿安全管理:A类[M].徐州:中国矿业大学出版社,2002.
[96] 杨胜强,张人伟,邸志前,等.煤炭自燃及常用防灭火措施的阻燃机理分析[J].煤炭学报,1998,23(3):62-66.
[97] 杨胜强.粉尘防治理论与技术[M].徐州:中国矿业大学出版社,2015.
[98] 叶钟元.矿尘防治[M].徐州:中国矿业大学出版社,1991.
[99] 余恒昌.矿山地热与热害治理[M].北京:煤炭工业出版社,1991.
[100] 俞启香.矿井瓦斯防治[M].徐州:中国矿业大学出版社,1992.
[101] 俞启香.矿井灾害防治理论与技术[M].2版.徐州:中国矿业大学出版社,2008.
[102] 袁亮.低透气性煤层群无煤柱煤与瓦斯共采理论与实践[M].北京:煤炭工业出版社,2008.
[103] 张光德,李栋臣,胡斌,等.矿井水灾防治:B类[M].徐州:中国矿业大学出版社,2002.
[104] 张国枢.矿井实用通风技术[M].北京:煤炭工业出版社,1992.
[105] 张国枢.通风安全学[M].2版.徐州:中国矿业大学出版社,2011.
[106] 张惠忱.计算机在矿井通风中的应用[M].徐州:中国矿业大学出版社,1992.
[107] 张人伟,李增华.新型凝胶阻化剂的研究与应用[J].中国矿业大学学报,1995,24(4):46-51.
[108] 张铁岗.矿井瓦斯综合治理技术[M].北京:煤炭工业出版社,2001.
[109] 张旭葵,蒋协和.通风机司机[M].北京:煤炭工业出版社,1990.
[110] 张延松,王德明,朱红青.煤矿爆炸、火灾及其防治技术[M].徐州:中国矿业大学出版社,2007.
[111] 张永吉,李占德,秦伟瀚,等.煤层注水技术[M].北京:煤炭工业出版社,2001.
[112] 张玉凤.测风测尘工[M].北京:中国劳动社会保障出版社,2007.
[113] 张子敏,张玉贵.大平煤矿特大型煤与瓦斯突出瓦斯地质分析[J].煤炭学报,2005,30(2):137-140.
[114] 张子敏.瓦斯地质学[M].徐州:中国矿业大学出版社,2009.
[115] 赵全福,黄元平.煤矿安全手册[M].北京:煤炭工业出版社,1990.
[116] 赵以蕙.矿井通风与空气调节[M].徐州:中国矿业大学出版社,1990.
[117] 赵振保.磁化水的理化特性及其煤层注水增注机制[J].辽宁工程技术大学学报(自然科学版),2008,27(2):192-194.

[118] 中国矿业学院瓦斯组.煤和瓦斯突出的防治[M].北京:煤炭工业出版社,1979.

[119] 中国煤炭工业劳动保护科学技术学会.矿井粉尘防治技术[M].北京:煤炭工业出版社,2007.

[120] 中国煤炭工业劳动保护科学技术学会.矿井火灾防治技术[M].北京:煤炭工业出版社,2007.

[121] 中国煤炭工业劳动保护科学技术学会.瓦斯灾害防治技术[M].北京:煤炭工业出版社,2007.

[122] 中华人民共和国煤炭工业部.矿井水文地质规程[M].北京:煤炭工业出版社,1984.

[123] 中华人民共和国应急管理部,国家矿山安全监察局.煤矿安全规程[S].北京:应急管理出版社,2022.

[124] 周福宝,王德明,陈开岩.矿井通风与空气调节[M].徐州:中国矿业大学出版社,2009.

[125] 周福宝.井巷网络火灾特性及其应用研究[M].徐州:中国矿业大学出版社,2003.

[126] 周光垌.流体力学[M].2版.北京:高等教育出版社,2000.

[127] 周心权,方裕璋.矿井火灾防治:A类[M].徐州:中国矿业大学出版社,2002.

[128] 周心权,吴兵.矿井火灾救灾理论与实践[M].北京:煤炭工业出版社,1996.

[129] 朱徐立.超声波涡街风速计的研究及理论分析[D].厦门:厦门大学,2008.

[130] 邹在邦,史惠昌.建井通风与安全[M].北京:煤炭工业出版社,1986.

[131] BANERJEL S C. Spontaneous combustion of coal and mine fires[M]. Rotferdam:A. A. Balkoma,1985.

[132] CHENGY P,WANG L,ZHANG X L. Environmental impact of coal mine methane emissions and responding strategies in China[J]. International journal of greenhouse gas control,2011,5(1):157-166.

[133] COLINET J F, RIDER J P, THIMONS E D. Controlling respirable dust in underground coal mines in the United States[R]. Atlanta: Centers for Disease Control and Prevention,2006.

[134] FRED N K. Handbook for dust control in mining[M]. Pittsburgh, PA: U. S. Department of Health and Human Services,2003.

[135] GOODSON C,BARBARA A,MARSHA S. Fire service ventilation[M]. Stillwater: Fire Protection Publications,1994.

[136] HARTMAN H L, MUTMANSKY J M, WANG Y J. Mine ventilation and air conditioning[M]. 2nd ed. New York:Wiley,1982.

[137] KÜÇÜK A, KADıO Ğ LU Y, GÜLABO Ğ LU M Ş. A study of spontaneous combustion characteristics of a Turkish lignite: particle size, moisture of coal, humidity of air[J]. Combustion and flame,2003,133(3):255-261.

[138] MCPHERSON M J. Subsurface ventilation and environmental engineering[M]. London:Chapman & Hall,1993.

[139] SINGH A K,SINGH R V K,SINGH M P,et al. Mine fire gas indices and their application to Indian underground coal mine fires[J]. International journal of coal

geology,2007,69(3):192-204.

[140] TIMKO R J,DERICK R L,THIMONS E D. Analysis of a fire in a Colorado coal mine[C]//4th International Mine Ventilation Congress. Brisbane:[s. n.],1988:345-353.

[141] WANG DEMING. Mine ventilation and safety[M]. Xuzhou: China University of Mining and Technology Press,2007.

附 录

附录Ⅰ 干湿温度与相对湿度的关系表

干温度计读数/℃	干、湿温度计读数差/℃								干温度计读数/℃	干、湿温度计读数差/℃							
	0	1	2	3	4	5	6	7		0	1	2	3	4	5	6	7
	相对湿度%									相对湿度%							
0	100	81	63	46	28	12	—	—	18	100	90	80	72	63	55	48	41
5	100	86	71	58	43	31	17	4	19	100	91	81	72	64	57	50	41
6	100	86	72	59	46	33	21	8	20	100	91	81	73	65	58	50	42
7	100	87	74	60	48	36	24	14	21	100	91	82	74	66	58	50	44
8	100	87	74	62	50	39	27	16	22	100	91	82	74	66	58	51	45
9	100	88	75	63	52	41	30	19	23	100	91	83	75	67	59	52	46
10	100	88	77	64	53	43	32	22	24	100	91	83	75	67	59	53	47
11	100	88	79	65	55	45	35	25	25	100	92	84	76	68	60	54	48
12	100	89	79	67	57	47	37	27	26	100	92	84	76	69	62	55	50
13	100	89	79	68	58	49	39	30	27	100	92	84	77	69	62	56	51
14	100	89	79	69	59	50	41	32	28	100	92	84	77	70	64	57	52
15	100	90	80	70	61	51	43	34	29	100	92	85	78	71	65	58	53
16	100	90	80	70	61	53	45	37	30	100	92	85	79	72	66	59	53
17	100	90	80	71	62	55	47	40									

附录Ⅱ 标准状况下饱和湿空气的绝对湿度

温度/℃	ρ_s		水蒸气的绝对压力		温度/℃	ρ_s		水蒸气的绝对压力	
	g/m³	g/kg	mmHg	Pa		g/m³	g/kg	mmHg	Pa
−20	1.1	0.8	0.96	127.894	14	12.0	9.8	11.99	1 597.337
−15	1.6	1.1	1.45	193.172	15	12.8	10.5	12.79	1 703.914
−10	2.3	1.7	2.16	287.76	16	13.6	11.2	13.64	1 817.154
−5	3.4	2.6	3.17	422.315	17	14.4	11.9	14.50	1 933.169

续附表

温度/℃	ρ_s		水蒸气的绝对压力		温度/℃	ρ_s		水蒸气的绝对压力	
	g/m³	g/kg	mmHg	Pa		g/m³	g/kg	mmHg	Pa
0	4.9	3.8	4.58	610.159	18	15.3	12.7	15.5	2 066.491
1	5.2	4.1	4.92	655.454	19	16.2	13.5	16.5	2 198.170
2	5.6	4.3	5.29	704.746	20	17.2	14.4	17.5	2 331.392
3	6.0	4.7	5.68	756.703	21	18.2	15.3	18.7	2 491.259
4	6.4	5.0	6.09	811.324	22	19.3	16.3	19.8	2 637.804
5	6.8	5.4	6.53	869.942	23	20.4	17.3	21.1	2 810.993
6	7.3	5.7	7.00	932.557	24	21.6	18.4	22.4	2 984.182
7	7.7	6.1	7.49	997.836	25	22.9	19.5	23.8	3 170.693
8	8.3	6.6	8.02	1 068.444	26	24.2	20.7	25.2	3 357.204
9	8.8	7.0	8.58	1 143.048	27	25.6	22.0	26.7	3 557.038
10	9.4	7.5	9.21	1 226.978	28	27.0	23.4	28.4	3 783.516
11	9.9	8.0	9.84	1 310.908	29	28.5	24.8	30.1	4 009.994
12	10.6	8.6	10.52	1 401.500	30	30.1	26.3	31.8	4 236.472
13	11.3	9.2	11.23	1 496.088	31	31.8	27.3	33.7	4 489.595

附录Ⅲ　各种类型巷道摩擦阻力系数 α

一、水平巷道

（一）不支护巷道 $\alpha\times10^4$ 值

附表 3-1　不支护巷道的 $\alpha\times10^4$ 值

巷道壁的特征	$\alpha\times10^4/(\mathrm{N\cdot s^2\cdot m^{-4}})$
顺走向在煤层里开掘的巷道	58.8
交叉走向在岩层里开掘的巷道	68.6～78.4
巷壁与底板粗糙程度相同的巷道	58.8～78.4
同上，在底板阻塞情况下	98～147

（二）混凝土、混凝土砖及砖、石砌碹的平巷 $\alpha\times10^4$ 值

附表 3-2　砌碹平巷的 $\alpha\times10^4$ 值

类　别	$\alpha\times10^4/(\mathrm{N\cdot s^2\cdot m^{-4}})$
混凝土砌碹、外抹灰浆	29.4～39.2
混凝土砌碹、不抹灰浆	49.0～68.6
砖砌碹、外面抹灰浆	24.5～29.4
砖砌碹、不抹灰浆	29.4～30.2
料石砌碹	39.2～49.0

注：巷道断面小者取大值。

（三）圆木棚子支护的巷道 $\alpha\times10^4$ 值

附表 3-3　圆木棚子支护的巷道 $\alpha\times10^4$ 值

木柱直径 d_0 /cm	支架纵口径 $\Delta=L/d_0$ 时的 $\alpha\times10^4$/($N\cdot s^2\cdot m^{-4}$)							按断面校正	
	1	2	3	4	5	6	7	断面/m^2	校正系数
15	88.20	115.6	137.2	155.8	174.4	164.6	158.8	1	1.2
16	90.16	118.6	141.1	161.7	180.3	167.6	159.7	2	1.1
17	92.12	121.5	141.1	165.6	185.2	169.5	162.7	3	1.0
18	94.08	123.5	148.0	169.5	190.1	171.5	164.6	4	0.93
20	96.04	127.4	154.8	177.4	198.9	175.4	168.6	5	0.89
22	99.00	133.3	156.8	185.2	208.7	178.4	171.5	6	0.86
24	102.9	138.2	167.6	193.1	217.6	192.0	174.4	8	0.82
26	104.9	143.1	174.4	199.9	225.4	198.0	180.3	10	0.78

注：表中 $\alpha\times10^4$ 值适合于支架后净断面 $S=3\ m^2$ 的巷道，对于其他断面的巷道应乘以校正系数。

（四）金属支架的巷道 $\alpha\times10^4$ 值

工字梁拱形和梯形支架巷道 $\alpha\times10^4$ 值如附表 3-4 所列。

附表 3-4　工字梁拱形和梯形支架巷道 $\alpha\times10^4$ 值

金属梁尺寸 d_0 /cm	支架纵口径 $\Delta=L/d_0$ 时的 $\alpha\times10^4$ 值/($N\cdot s^2\cdot m^{-4}$)					按断面校正	
	2	3	4	5	8	断面/m^2	校正系数
10	107.8	147.0	176.4	205.4	245.0	3	1.08
12	127.4	166.6	205.8	245.0	294.0	4	1.00
14	137.2	186.2	225.4	284.2	333.2	6	0.91
16	147.0	205.8	254.8	313.6	392.0	8	0.88
18	156.8	225.4	294.0	382.2	431.2	10	0.84

注：d_0 为金属梁截面的高度。

（五）金属横梁和帮柱混合支护的平巷 $\alpha\times10^4$ 值

附表 3-5　金属横梁、帮柱支护平巷 $\alpha\times10^4$ 值

边柱厚度 d_0 /cm	支架纵口径 $\Delta=L/d_0$ 时的 $\alpha\times10^4$ 值/($N\cdot s^2\cdot m^{-4}$)					按断面校正	
	2	3	4	5	6	断面/m^2	校正系数
40	156.8	176.4	205.8	215.6	235.2	3 4 6	1.08 1.00 0.91
50	166.6	196.0	215.6	245.0	264.6	8 10	0.88 0.84

（六）钢筋混凝土预制支架的巷道 $\alpha\times10^4$ 值

钢筋混凝土预制支架的巷道 $\alpha\times10^4$ 值为 88.2～186.2 $N\cdot s^2/m^4$（纵口径大，取值亦大）。

（七）锚杆或喷浆巷道的 $\alpha\times10^4$ 值

锚杆或喷浆巷道的 $\alpha\times10^4$ 值为 78.4～117.6 $N\cdot s^2/m^4$。

注：装有皮带输送机的巷道 $\alpha\times10^4$ 值可增加 147～196，设有水管、风管、木梯台阶的巷道 $\alpha\times10^4$ 值增加 98 $N\cdot s^2/m^4$；当巷道堵塞严重时，$\alpha\times10^4$ 值增加 29.4～98 $N\cdot s^2/m^4$。

二、井筒、暗井及溜道

（1）无任何装备的清洁的混凝土和钢筋混凝土井筒的 $\alpha\times10^4$ 值如附表 3-6 所列。

附表 3-6　无装备混凝土井筒 $\alpha\times10^4$ 值

井筒直径 /m	井筒断面 /m^2	$\alpha\times10^4/(N\cdot s^2/m^4)$	
		平滑的混凝土	不平滑的混凝土
4	12.6	33.3	39.2
5	19.6	31.4	37.2
6	28.3	31.4	37.2
7	38.5	29.4	35.3
8	50.3	29.4	35.3

（2）有装备的井筒，井筒用混凝土、钢筋混凝土、混凝土砖及砖砌碹的 $\alpha\times10^4$ 值为 343～490 $N\cdot s^2/m^4$。选取时应考虑到罐道梁的间距、装备物纵口径以及有关梯子间和梯子间规格等。

（3）木支护的暗井和溜道 $\alpha\times10^4$ 值如附表 3-7 所列。

附表 3-7　木支护的暗井和溜道 $\alpha\times10^4$ 值

井筒特征	断面/m^2	$\alpha\times10^4/(N\cdot s^2\cdot m^{-4})$
人行格间有平台的溜道	9.00	460.6
有人行格间的溜道	1.95	196.0
下放煤的溜道	1.80	156.8

三、采煤工作面

（一）炮采工作面

采用金属摩擦支柱时，$\alpha\times10^4$ 值为 270～350 $N\cdot s^2/m^4$；采用木支柱时，$\alpha\times10^4$ 值为 300～350 $N\cdot s^2/m^4$。

（二）普采工作面

采用单体液压支柱时，$\alpha\times10^4$ 值为 420～500 $N\cdot s^2/m^4$；采用金属摩擦支柱时，$\alpha\times10^4$ 值为 450～550 $N\cdot s^2/m^4$。

（三）综采（放）工作面

采用支撑式液压支架时，$\alpha\times10^4$ 值为 300～420 $N\cdot s^2/m^4$；采用掩护式液压支架时，$\alpha\times10^4$ 值为 220～330 $N\cdot s^2/m^4$；采用支撑掩护式液压支架时，$\alpha\times10^4$ 值为 320～350 $N\cdot s^2/m^4$。

四、矿井巷道 $\alpha\times10^4$ 值的实际资料

(一) 半圆拱形料石砌碹的运输和通风巷道 $\alpha\times10^4$ 值

附表 3-8　半圆拱形料石砌碹的运输和通风巷道 $\alpha\times10^4$ 值

断面/m²	4	5	6～10	11～16
$\alpha\times10^4/(N\cdot s^2\cdot m^{-4})$	9.5	9.1	86.2～78.4	76.4～69.6

(二) 半圆拱形金属锚杆支护的运输或通风巷道 $\alpha\times10^4$ 值

附表 3-9　半圆拱形金属锚杆支护的运输或通风巷道 $\alpha\times10^4$ 值

断面/m²	4	5	6	7～9	10～12	13～16
$\alpha\times10^4/(N\cdot s^2\cdot m^{-4})$	183.3	175.4	169.5	165.6～157.8	153.9～148.0	146.0～140.1

(三) 半圆拱形锚杆喷浆支护巷道的 $\alpha\times10^4$ 值

1. 运输或通风巷道 $\alpha\times10^4$ 值

附表 3-10　半圆拱形锚喷巷道的 $\alpha\times10^4$ 值

断面/m²	12	6
$\alpha\times10^4/(N\cdot s^2\cdot m^{-4})$	68.6～88.2	98～117.6

2. 有行人梯子道斜井 $\alpha\times10^4$ 值

附表 3-11　半圆拱形锚喷有行人梯子道斜井的 $\alpha\times10^4$ 值

断面/m²	12	8
$\alpha\times10^4/(N\cdot s^2\cdot m^{-4})$	127.4～147.0	166.6～186.2

备注：有提升设备时，α 值增加 20%～30%，矿井超过 5 个或提升速度较快时，可取上限；不同大小的断面，其 α 值可相应比例地增减。

(四) 梯形预制混凝土棚子支护运输或通风巷道 $\alpha\times10^4$ 值

1. 构件断面为 180 mm×180 mm 混凝土棚子支护巷道 $\alpha\times10^4$ 值

附表 3-12　构件断面 180 mm×180 mm 混凝土棚子巷道 $\alpha\times10^4$ 值

棚距/m	断面/m²				
	3.5	4.0	5.0	6.0	7.0
	$\alpha\times10^4/(N\cdot s^2\cdot m^{-4})$				
0.2～0.4	151.9～171.5	141.1～154.8	135.2～148.0	130.3～143.1	117.6～140.1
0.6～1.5	213.6～186.2	198.9～173.5	190.1～165.6	184.2～160.7	179.3～156.8

2. 构件断面为T形混凝土棚子支护巷道 $\alpha\times10^4$ 值

附表 3-13　构件断面为T形混凝土棚子支护巷道 $\alpha\times10^4$ 值

型式	断面/m^2	$\alpha\times10^4/(N\cdot s^2\cdot m^{-4})$	备　注
T_2	9～8	98.0～117.6	(1) 规格见图(单位:cm) 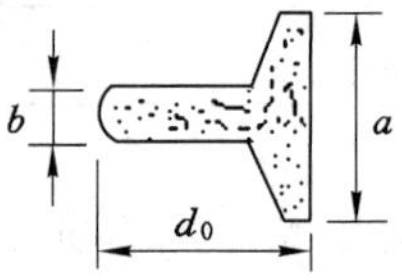 梁:$a=12;b=4;d_0=25$ T_1 型:$a=10;b=3;d_0=20$ T_2 型:$a=10;b=4;d_0=20$ (2) 有行车的巷道,α 值增加 30%;不同断面时,α 值相应增减
	7～6	137.2～156.8	
T_1	同上	比上增加 20%～30%	

3. 构件断面为矩形(100 mm×200 mm)混凝土棚子支护巷道 $\alpha\times10^4$ 值

附表 3-14　构件断面为矩形(100 mm×200 mm)混凝土棚子巷道 $\alpha\times10^4$ 值

断面/m^2	8～7	6～5	备　注
$\alpha\times10^4/(N\cdot s^2\cdot m^{-4})$	117.6～137.2	147～176.4	有行车的巷道,α 值增加 30%;不同断面时 α 相应地增减

(五) 梯形钢棚子支护运输或通风巷道 $\alpha\times10^4$ 值

附表 3-15　梯形钢棚子支护巷道 $\alpha\times10^4$ 值

型号	断面/m^2	$\alpha\times10^4/(N\cdot s^2\cdot m^{-4})$	备　注
9# 工字钢	7～6	78.4～98	有吊挂胶带时,α 值增加 30%～40%
11# 工字钢	7～6	比上增加 10%～20%	

(六) 不同立井 $\alpha\times10^4$ 值

(1) 砖和料石砌碹的圆形立井、直径为 4.5 m、有罐笼无梯子间,$\alpha\times10^4=441\ N\cdot s^2/m^4$。

(2) 混凝土砌碹的圆形立井、直径为 6.5 m、罐笼提升有梯子间,$\alpha\times10^4=517\ N\cdot s^2/m^4$。

(3) 砖或料石砌碹的回风立井、直径为 4.5 m、有小铁管,$\alpha\times10^4=245\ N\cdot s^2/m^4$。

(4) 砖或料石砌碹的回风立井、直径为 4.5 m、无任何装备,$\alpha\times10^4=78\ N\cdot s^2/m^4$。

查表时还要注意以下几点:

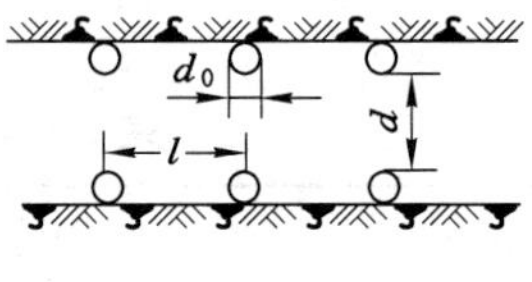

附图 3-1　巷道支护参数

对于用木棚子、拱形和梯形工字钢、金属梁和柱所支护的巷道,常用纵口径 Δ 的大小表示壁面的粗糙程度。如附图 3-1 所示,纵口径 Δ 是相邻支架的中心距 l 与支柱的直径或厚度 d_0 之比。查表时,现根据某巷道的 d_0 和 Δ 两个数值在附表 3-3 或附表 3-4、附表 3-5 中查出该巷道的 α 系数初值;还要用该巷道的净面积 S 值查出校正系数,去乘 α 的初值。这是因为,在完全紊流状态下,α 值与 λ 成正比,而 λ 与相对粗糙度 d_0/d 成正比,d 与 S 成正比,故 α 与 S 成反比。即对于支架形式相同、断面积不同的巷道,断面较大者,其 α 值较小。

附表 3-3 所列的数据是用模型巷道观测出来的,该模型巷道是模拟 3 m^2 净断面的实际巷道。故实际巷道的净断面等于 3 m^2时，校正系数等于 1；大于 3 m^2时，校正系数小于 1；小于 3 m^2时，校正系数大于 1。同理，附表 3-4 和附表 3-5 都是模拟 4 m^2净断面的试验数据。

附表 3-16　各种巷道突然扩大与突然缩小的 ξ 值(光滑管道)

S_1/S_2	1	0.9	0.8	0.7	0.6	0.5	0.4	0.3	0.2	0.1	0.01	0
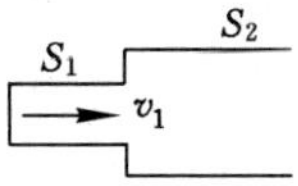	0	0.01	0.04	0.09	0.16	0.25	0.36	0.49	0.64	0.81	0.93	1.0
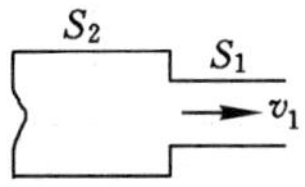	0	0.05	0.10	0.15	0.20	0.25	0.30	0.35	0.40	0.45	0.50	

附表 3-17　其他几种局部阻力的 ξ 值(光滑管道)

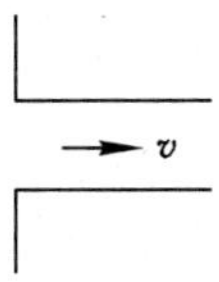	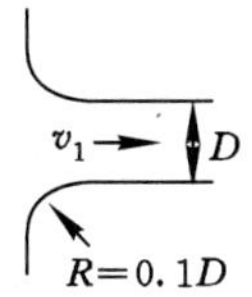	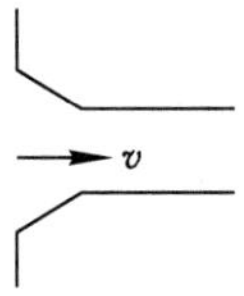	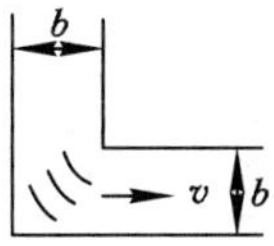	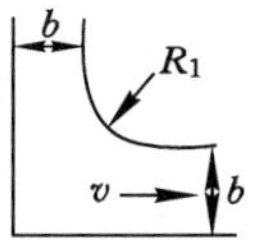	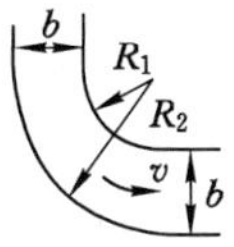
0.6	0.1	0.2	有导风板 0.2 无导风板 1.4	0.75，当 $R_1=\frac{1}{3}b$ 0.52，当 $R_1=\frac{2}{3}b$	0.6，当 $R_1=\frac{1}{3}b$，$R_2=\frac{3}{2}b$ 0.3，当 $R_1=\frac{2}{3}b$，$R_2=\frac{17}{10}b$
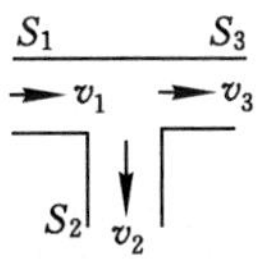	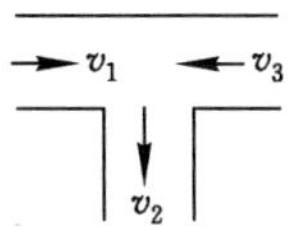	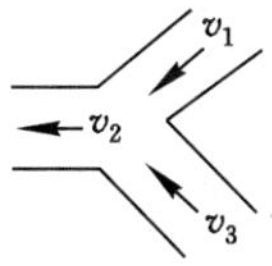	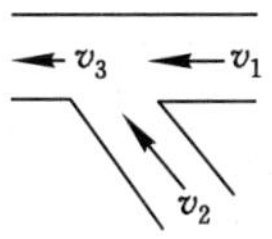	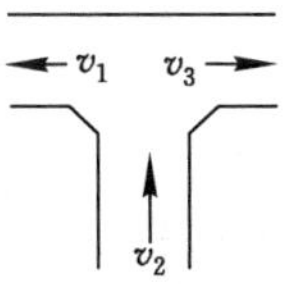	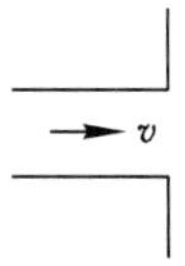
3.6 当 $S_2=S_3$，$v_2=v_3$ 时	2.0 当风速为 v_2 时	1.0 当 $v_1=v_3$ 时	1.5 当风速为 v_2 时	1.5 当风速为 v_2 时	1.0 当风速为 v 时

附表 3-16 表示巷道局部地点小断面 S_1和大断面 S_2的比值相同时，突然缩小比突然扩大的局部阻力系数要小；附表 3-17 第一项所示的进风口比最后一项所示的出风口的局部阻力系数也要小。这是因为风流突然缩小时，所产生的冲击现象没有风流突然扩大时那样急剧的缘故。

附录Ⅳ　矿用局部通风机主要技术参数

DBKJ 型局部通风机性能参数表

机号	电机功率 /kW	风量 /($m^3 \cdot min^{-1}$)	全压 /Pa	最高全压效率/%	转速 /($r \cdot min^{-1}$)	比 A 声级 /[dB(A)]
№3.5	2×1.1	153～76	250～1 500	≥75	750	≤30
	3×1.1	153～76	350～2 100			
	4×1.1	153～76	450～2 700			
№4	2×2.2	220～113	300～1 800	≥75	750	≤30
	3×2.2	220～113	420～2 520			
	4×2.2	220～113	540～3 240			
№4.5	2×4	220～150	300～2 300	≥75	750	≤30
	3×4	220～150	420～3 220			
	4×4	220～150	540～4 140			
№4.5	2×5.5	240～160	320～3 100	≥75	750	≤30
	3×5.5	240～160	440～4 340			
	4×5.5	240～160	580～5 580			
№5.0	2×7.5	300～180	340～3 500	≥75	500	≤30
	3×7.5	300～180	480～4 900			
	4×7.5	300～180	610～6 300			
№5.6	2×11	400～200	350～4 000	≥80	500	≤25
	3×11	400～200	490～5 600			
	4×11	400～200	630～7 200			
№6.0	2×15	450～250	440～5 100	≥80	500	≤25
	3×15	450～250	620～7 100			
	4×15	450～250	790～9 200			
№6.0	2×18.5	500～250	450～5 500	≥80	500	≤25
	3×18.5	500～250	630～7700			
	4×18.5	500～250	810～9900			
№6.0	2×22	550～250	450～6 000	≥80	500	≤25
	3×22	550～250	630～8 400			
	4×22	550～250	810～10 800			
№6.3	2×30	630～260	460～6 300	≥80	500	≤25
	3×30	630～260	640～8 820			
	4×30	630～260	830～11 340			

续附表

机号	电机功率/kW	风量/(m³·min⁻¹)	全压/Pa	最高全压效率/%	转速/(r·min⁻¹)	比A声级/[dB(A)]
№6.7	2×30	680～310	600～6 400	≥80	500	≤25
	3×30	680～310	840～8 900			
	4×30	680～310	1 080～11 500			
№6.7	2×37	730～410	920～6 500	≥80	500	≤25
	3×37	730～410	1 200～9 000			
	4×37	730～410	1 480～11 600			
№7.1	2×45	820～550	1 480～6 650	≥80	500	≤25
	3×45	820～550	1 480～9 130			
	4×45	820～550	1 850～11 740			
№7.5	2×55	980～630	1 850～6 800	≥80	500	≤25
	3×55	980～630	1 850～9 240			
	4×55	980～630	2 200～11 880			
№8.0	2×75	1 250～680	2 200～7 100	≥80	500	≤25

附录Ⅴ　光滑管道局部阻力系数

入口与出口局部阻力系数

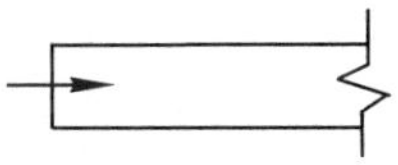	$\xi=0.5\sim0.6$							
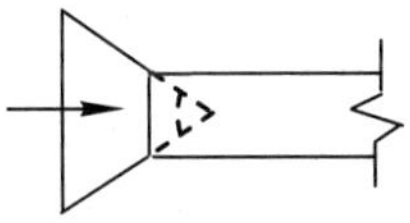	$\alpha/(°)$	10	20	30	40	90	120	150
	ξ	0.14	0.07	0.04	0.05	0.11	0.20	0.30
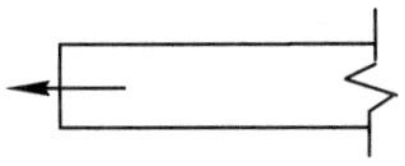	$\xi=1.0$							

拐弯处局部阻力系数

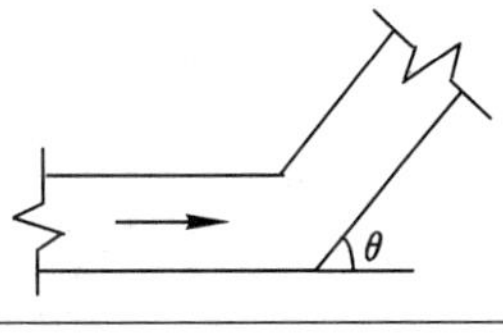	$\xi=0.57\left(\frac{\pi\theta}{180°}\right)^2$	$\theta/(°)$	60	90	120
		ξ	0.62	1.4	2.5

续附表

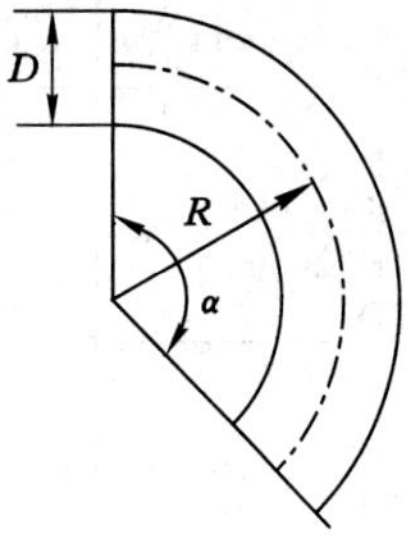

$$\xi=0.008\frac{\alpha^{0.75}}{n^{0.6}}$$

式中，$n=\frac{R}{D}$

R α/(°)	D	1.5D	2.0D
15	0.058	0.044	0.037
30	0.11	0.081	0.069
60	0.18	0.41	0.12
90	0.23	0.18	0.15
120	0.27	0.20	0.17
150	0.30	0.22	0.19

关键词索引

第一章　矿内空气

第二章　矿内空气动力学基础

第三章 矿井通风阻力

第四章 矿井通风动力

第五章 局部通风

第六章 通风网络风量分配与调节

第七章　采 区 通 风

第八章　矿井通风系统设计

第九章　矿 井 热 害

第十章　矿 井 瓦 斯

第十一章 矿井火灾

第十二章 矿 尘

第十三章　矿井防治水

第十四章　矿 山 救 护